新世纪高等学校研究生适用教材

材 料 加 工 物 理

The Physics of Materials Processing

王惜宝　主编

天津大学出版社
TIANJIN UNIVERSITY PRESS

内容提要

本书包括材料热力学、金属结构理论、晶体缺陷理论、扩散与固态相变理论、固溶体及其沉淀和分解、金属的强化理论以及金属的塑性变形理论等涉及材料在加工过程中基本结构、组织、性能及其变化规律的七个方面的基础知识。

本书可作为材料加工专业的研究生学习材料物理课程的教材，也可作为焊接、热处理、锻压、铸造、模具等专业的研究生、教师以及工程技术人员的参考书。

图书在版编目(CIP)数据

材料加工物理/王惜宝主编. —天津：天津大学出版社，2011.8

新世纪高等学校研究生适用教材

ISBN 978-7-5618-4092-4

Ⅰ.①材… Ⅱ.①王… Ⅲ.①工程材料 - 加工 - 物理性能 Ⅳ.①TB303

中国版本图书馆 CIP 数据核字(2011)第 167306 号

出版发行 天津大学出版社
出 版 人 杨欢
地　　址 天津市卫津路 92 号天津大学内(邮编:300072)
电　　话 发行部:022-27403647　邮购部:022-27402742
网　　址 www. tjup. com
印　　刷 天津泰宇印务有限公司
经　　销 全国各地新华书店
开　　本 185mm × 260mm
印　　张 26
字　　数 649 千
版　　次 2011 年 8 月第 1 版
印　　次 2011 年 8 月第 1 次
印　　数 1 – 2 000
定　　价 46.00 元

前　言

材料加工物理是专门为材料加工专业的硕士研究生学习较为深入的材料物理基础理论而编写的一本教材。材料加工专业的主要任务是通过更高效的热加工方法将各种材料加工成具有更好使用性能的零部件或结构件。材料加工工艺对材料加工性能以及加工后零部件性能的影响，是通过材料的加工工艺条件对材料本身组织结构的影响实现的。因此，支撑材料加工专业最基本的理论基础是关于材料组织结构和性能方面的基础知识。在本科阶段，材料加工专业的学生系统学习了金属学及热处理课程，该课程知识主要是让学生在材料金相组织层次（微米尺度）上去理解材料性能随热处理工艺变化而改变的组织基础。围绕着对金属的组织变化规律的学习，使学生建立材料的成分—工艺—组织—性能之间的内在联系。到了硕士研究生阶段，由于培养目标是材料加工领域的研究型人才以及能够解决复杂工程技术问题的高级工程技术人才，因此，要求学生对材料加工过程出现的各种现象具有更敏锐的洞察力和更深刻的理解力。

众所周知，金属材料性能变化的结构基础是金属材料的组织变化，而金相组织只是金属材料的基本晶体结构在微米尺度上的一种表现形式，材料组织变化的物理本质是材料内部各种组元（原子）浓度及其组合方式的改变。因此，要深刻了解材料在热加工过程中材料的各种复杂的组织和性能变化规律，就必须对引起这种组织和性能变化背后材料更微观尺度上的物理变化规律有一个充分的认识。材料加工物理就是一门从原子及晶体结构层次上认识材料在加工过程中组织和性能变化规律的课程。只有具备了扎实深厚的材料加工物理基础，材料加工的研究人员和工程技术人员才能深刻认识材料在各种复杂的加工条件下其组织结构的复杂变化规律，从而通过改变加工工艺去控制材料的成形性能和所形成的各种结构件的性能，并在此基础上去研发各种更先进、更合理的材料加工工艺。

材料加工物理内容涵盖了材料热力学、金属结构理论、晶体缺陷理论、扩散与固态相变理论、固溶体及其沉淀和分解、金属的强化理论以及金属的塑性变形理论等涉及材料在加工过程中基本结构、组织、性能及其变化规律的七个方面的基础知识。本教材的各章节的内容就是围绕着材料组织、结构、性能形成及其变化的物理本质及物理过程而安排的。考虑到材料研究的需要，教材中部分章节收入了较为深入抽象的理论内容，希望研究生通过对这些基本理论的学习，对材料组织、结构及其性能形成的物理本质和变化规律有一个更为深刻的理解，在认识材料组织、结构及其性能的形成和变化规律中，去品味自然结构的和谐与平衡，去感悟人与自然的相处之道！

材料加工物理实质上就是材料物理，是一本适合材料加工专业研究生研读的材料物理。

材料物理的相关理论经一百多年的研究整理，已经形成一套完整的理论体系。本教材除绪论之外的各章节的内容基本上全部取自相关的参考资料，编者只是基于本课程的教学需要和材料加工学科研究生对材料基础理论知识结构的需要，对内容进行了一些编辑和删减，在此，特对本书所有相关参考资料的作者表示诚挚的谢意！

在本教材的编写过程中，研究生杨智华、徐连锋、肖川、王暾、李丽鸽、李庆、吴道亮、张盼盼、王金枝、李乡亮等同学在文字录入、图表处理、图文格式编排等多方面给予了大力协助，在此表示衷心感谢！

编者

2011 年 3 月于天津

目 录

绪论 …… (1)

0.1 材料加工物理课程的内涵和外延 …… (1)

0.2 材料的结构与性能 …… (3)

第1章 材料热力学基础 …… (8)

1.1 材料热力学的基本概念 …… (8)

1.2 内能、焓、热容和热力学第一定律 …… (10)

1.2.1 热力学第一定律 …… (10)

1.2.2 比热容与温度之间的关系 …… (12)

1.3 熵和热力学第二定律 …… (13)

1.3.1 熵的定义和热力学第二定律 …… (13)

1.3.2 熵变的计算 …… (14)

1.4 热力学第三定律和绝对熵、标准熵 …… (16)

1.5 自由能函数 …… (17)

1.5.1 自由能函数的表达式 …… (17)

1.5.2 自由能函数的物理意义 …… (19)

1.6 统计熵和混合熵 …… (20)

1.6.1 统计熵 …… (20)

1.6.2 混合熵 …… (21)

1.7 同素异晶转变热力学 …… (22)

1.8 偏摩尔量和化学位 …… (24)

1.8.1 偏摩尔量 …… (24)

1.8.2 化学位和多相平衡 …… (25)

1.9 活度 …… (28)

1.10 界面热力学 …… (29)

1.10.1 界面的一般理论 …… (29)

1.10.2 相界面的热力学关系式 …… (31)

1.11 微粒的蒸气压和固体粒子的溶解度 …… (36)

1.12 晶粒的长大 …… (37)

1.13 金属和合金的表面能 …… (39)

1.13.1 表面能的估算 …… (39)

1.13.2 影响表面能的因素 …… (41)

1.13.3 晶界界面能的测定 …… (42)

第2章 金属结构理论 …… (43)

2.1 组成材料的基本粒子 …… (43)
2.1.1 关于基本粒子研究的动态 …… (43)
2.1.2 原子的基本结构 …… (43)
2.2 原子结构研究的相关理论及其方法 …… (46)
2.2.1 玻尔的量子化理论 …… (46)
2.2.2 海森堡的测不准原理 …… (47)
2.2.3 基于量子力学的电子波动理论 …… (48)
2.3 分子结构和结合键 …… (56)
2.3.1 原子间的作用力 …… (57)
2.3.2 离子键 …… (59)
2.3.3 共价键 …… (60)
2.3.4 金属键 …… (61)
2.3.5 分子键 …… (62)
2.3.6 氢键 …… (63)
2.3.7 真实晶体的键合特征 …… (63)
2.4 晶体中的电子状态 …… (64)
2.4.1 德鲁特-洛伦兹(Drude-lorents)理论 …… (65)
2.4.2 自由电子理论 …… (65)
2.4.3 靠近费米能级的能量 …… (66)
2.4.4 能带理论 …… (68)
2.4.5 能带理论的应用 …… (75)
2.5 金属的晶体结构 …… (82)
2.5.1 纯金属及固溶体晶体的基本结构 …… (83)
2.5.2 金属间化合物的晶体结构 …… (87)
2.6 晶体材料常见性能的物理本质 …… (88)
2.6.1 密度 …… (89)
2.6.2 强度和硬度 …… (94)
2.6.3 弹性及弹性变形 …… (98)
2.6.4 金属的导电性 …… (102)
2.6.5 材料的导热性 …… (105)
2.6.6 其他物理性能 …… (107)
第3章 晶体缺陷理论 …… (109)
3.1 点缺陷 …… (109)
3.1.1 点缺陷的产生及其形成能 …… (110)
3.1.2 点缺陷的运动 …… (111)
3.1.3 点缺陷的平衡浓度的估算 …… (112)
3.1.4 过饱和空位的形成以及空位对性能的影响 …… (114)
3.2 线缺陷 …… (115)
3.2.1 位错概念的提出 …… (115)

3.2.2 位错基本类型及特征 …… (117)
3.2.3 位错的运动 …… (123)
3.2.4 位错的应力场 …… (128)
3.2.5 位错的来源和增殖 …… (132)
3.2.6 实际金属中的位错组态 …… (134)
3.2.7 位错的观测 …… (143)
3.3 面缺陷 …… (145)
3.3.1 晶界 …… (145)
3.3.2 亚晶界 …… (153)
3.3.3 孪晶界 …… (154)
3.3.4 相界 …… (155)
3.4 晶体缺陷之间的交互作用 …… (157)
3.4.1 位错与位错之间的交互作用 …… (157)
3.4.2 位错与点缺陷之间的交互作用 …… (162)
3.5 晶体缺陷理论的应用 …… (165)
3.5.1 裂纹形核和扩展的位错理论 …… (165)
3.5.2 对晶体缺陷的几点新认识 …… (177)
第4章 金属中的扩散及相变理论 …… (179)
4.1 Fick 扩散第一定律及应用 …… (179)
4.1.1 Fick 扩散第一定律 …… (179)
4.1.2 扩散的本质及扩散系数的物理含义 …… (180)
4.1.3 Fick 扩散第一定律的应用 …… (181)
4.2 Fick 扩散第二定律及其在材料研究中的应用 …… (192)
4.2.1 Fick 扩散第二定律 …… (192)
4.2.2 扩散第二定律方程的解 …… (193)
4.2.3 Fick 扩散第二定律的应用 …… (199)
4.3 扩散的微观机制 …… (208)
4.3.1 间隙扩散机制 …… (208)
4.3.2 空位扩散机制 …… (209)
4.3.3 离子晶体与共价晶体中的扩散 …… (210)
4.3.4 非晶体中的扩散 …… (212)
4.4 扩散热力学 …… (212)
4.4.1 扩散激活能及其影响因素 …… (212)
4.4.2 扩散系数的热力学解释 …… (214)
4.4.3 反应扩散 …… (216)
4.4.4 高速扩散通道 …… (217)
4.5 沉淀相粒子的长大和粗化过程所涉及的扩散问题 …… (220)
4.5.1 沉淀相粒子的长大 …… (220)
4.5.2 沉淀相粒子的粗化 …… (225)

4.6 固态相变的理论基础 …… (227)
4.6.1 固态相变的分类与特征 …… (227)
4.6.2 相变驱动力与形核驱动力 …… (232)
4.6.3 固态相变的形核 …… (234)
4.6.4 新相长大 …… (238)
4.7 钢中发生的共析转变、贝氏体转变和珠光体转变 …… (244)
4.7.1 共析转变 …… (244)
4.7.2 贝氏体转变 …… (250)
4.7.3 马氏体相变 …… (263)
4.8 相场模型原理及其在晶粒长大计算中的应用 …… (273)
4.8.1 相场模型的建立 …… (275)
4.8.2 相场模型的求解和应用 …… (276)
第5章 固溶体及其沉淀与分解 …… (277)
5.1 固溶体 …… (277)
5.1.1 固溶度和固溶体的类型 …… (277)
5.1.2 一次固溶体 …… (279)
5.1.3 有序固溶体 …… (292)
5.2 中间相 …… (295)
5.2.1 电子相 …… (295)
5.2.2 拉弗斯相和密堆原理 …… (296)
5.2.3 过渡族元素构成的中间相 …… (298)
5.2.4 σ 相 …… (299)
5.2.5 β-W 结构 …… (299)
5.2.6 间隙相 …… (300)
5.2.7 中间相的结构缺陷 …… (301)
5.3 固溶体的沉淀 …… (301)
5.3.1 沉淀的条件和分类 …… (301)
5.3.2 沉淀相粒子的形核 …… (304)
5.3.3 沉淀过程举例 …… (311)
5.4 固溶体的调幅分解 …… (318)
第6章 金属及合金的强韧化理论 …… (320)
6.1 纯铁的塑性变形行为 …… (320)
6.1.1 纯铁(α-Fe)的塑性变形 …… (320)
6.1.2 纯铁(bcc)的塑性 …… (321)
6.1.3 纯铁(bcc)屈服强度和流变应力的温度敏感性 …… (322)
6.1.4 纯铁(bcc)的韧性与冷脆性 …… (324)
6.1.5 纯铁(fcc)的强韧性与塑性变形行为 …… (325)
6.2 强化机制的分类 …… (325)
6.3 固溶强化 …… (326)

6.3.1 均匀固溶强化理论 ……………………………… (326)
6.3.2 柯氏气团 ……………………………… (330)
6.3.3 史氏气团 ……………………………… (333)
6.3.4 铃木气团 ……………………………… (335)
6.3.5 气团拖曳与动态应变时效 ……………………………… (337)
6.3.6 空位与位错的交换作用 ……………………………… (341)
6.3.7 置换固溶和间隙固溶与塑性 ……………………………… (342)
6.4 第二相强化 ……………………………… (344)
6.4.1 沉淀强化机制 ……………………………… (346)
6.4.2 弥散强化机制 ……………………………… (347)
6.4.3 第二相粒子强化的应用 ……………………………… (348)
6.5 细晶强化 ……………………………… (359)
6.5.1 细晶粒强化与刃型位错的塞积 ……………………………… (359)
6.5.2 关于 k_y 值 ……………………………… (361)
6.5.3 在易于交滑移时晶界的强化作用 ……………………………… (362)
6.5.4 孪晶与位错的交互作用 ……………………………… (363)
6.5.5 次生滑移的强化作用 ……………………………… (363)
6.5.6 细化晶粒与塑性 ……………………………… (364)
6.5.7 钢材晶粒尺寸的控制 ……………………………… (365)
6.6 位错强化与加工硬化 ……………………………… (367)
6.6.1 位错强化 ……………………………… (367)
6.6.2 位错强化与塑性和韧性 ……………………………… (369)
6.6.3 金属的加工硬化 ……………………………… (371)
6.6.4 加工硬化的微观解释 ……………………………… (373)
6.6.5 硬化第三阶段与加工软化 ……………………………… (377)
6.7 强化作用的叠加 ……………………………… (379)
第7章 金属的塑性变形 ……………………………… (381)
7.1 滑移变形 ……………………………… (381)
7.1.1 滑移变形的物理现象 ……………………………… (381)
7.1.2 滑移时的晶体学特征 ……………………………… (383)
7.1.3 临界分切应力定律 ……………………………… (385)
7.1.4 滑移过程的一般叙述 ……………………………… (386)
7.2 孪生变形 ……………………………… (391)
7.2.1 孪生变形的物理现象 ……………………………… (391)
7.2.2 孪生变形的结晶学关系 ……………………………… (392)
7.2.3 孪生变形的一些特点 ……………………………… (394)
7.2.4 孪生形成机制 ……………………………… (398)
7.3 多晶体的塑性变形 ……………………………… (398)
7.3.1 多晶体与单晶体的比较 ……………………………… (399)

7.3.2 多晶体变形的不均匀性 …… (400)
7.3.3 晶体结构对多晶体塑性的影响 …… (400)
7.3.4 内应力及其影响 …… (400)
7.3.5 晶界的作用 …… (401)
7.4 形变织构 …… (401)
7.4.1 形变织构的意义及其表示方法 …… (402)
7.4.2 织构形成理论 …… (402)
参考文献 …… (404)

绪 论

0.1 材料加工物理课程的内涵和外延

材料物理是材料类研究生必修的一门专业学位课程。而材料加工物理则是为材料加工专业的研究生学习材料物理知识而专门收集、整理、缩写的。因此材料加工物理实质上就是材料加工专业学生学习的材料物理。材料物理是什么呢？为什么要学习材料物理呢？材料物理课程的内涵和外延又是什么？也许，在满怀信心准备学习本课程之前，对这些问题还必须先了解清楚。

在介绍材料物理课程的内涵之前，有几个名词需要先进行仔细的思考和甄别。

1. 什么是"材料"？

作为材料学院的研究生，大家对"材料"这个名词可谓再熟悉不过了，各位也天天在跟各种材料打交道，但是，大家是否思考过到底什么是"材料"？"材料"与"物质"之间有什么区别？这是一个非常基础的问题，看起来应该从哲学角度去认识。

从一般意义上看，大家研究或使用材料都有很强烈的目的性，也就是说从使用属性来说材料都存在使用价值或潜在的使用价值。而从其自然属性来说，材料则是由基本粒子构成的物质。所以，从物理本质上看，"材料"应该是那些具有使用价值或潜在使用价值的"物质"。

然而，人们又何曾发现没有使用价值的物质？某些物质现在看来似乎没有使用价值，但那只是暂时没有发现它的使用价值，通过努力，在不远的将来它的使用价值一定可以被发现，这也正是科学研究的目的：认识自然、利用自然。因此，从这一角度看，"材料"就是"物质"。

2. 什么是物理？

大家从中学就开始学物理课程，那么什么是"物理"呢？这又是一个十分基础的问题。大多数物理教科书，对"物理学"有过定义：物理学是研究物质结构、物质相互作用和运动规律的自然科学。由此可见，"物理"就是指物质的基本结构及物质间相互作用和运动规律。

然而，研究物质结构及其相互作用和运动规律有很多方法，如我国传统的以"五行"、"八卦"为基础的"易学"和"中医学"，这些理论的建立都是基于对自然或人体现象及其属性的观察、总结、分析后依据某一种"空想出来"的逻辑建立起来的。不否认这种方法有其科学的合理成分，如辩证的、对立统一的、联系的、全面的等诸多理性成分，有的还与现代物理学的研究结果不谋而合，但这些理论的建立却不以实验结果为基础，因此不能被纳入"物理学"领域。

真正的物理学是一门以实验为基础的研究物质结构、物质相互作用和运动规律的自然科学，它是高度定量化的精密科学，被人们公认为最重要的基础的科学。当然，对物质结构的认识有不同的层次和不同的角度，因而，物理学也出现了不同的分支，如高能物理学、固体物理学、应用物理学、金属物理学、生命物理学（生理学），等等。

然而，在实际的物理学研究实践中，虽然实验是必需的研究手段，但实验在物质结构及其运动规律的研究中只能提供若干个验证的点,并不能将实验覆盖整个物理学研究的全过程。因此,要依靠严密的数学推理将实验点与点之间连接起来。由此可见,物理学的发展与数学密不可分。

3. 材料物理的内涵和外延

(1)材料物理的内涵

"材料"和"物理"的含义告诉我们"材料物理"实质上就是"物理",是介绍物质结构、物质相互作用和运动规律的一门课程。然而,由于材料所覆盖范围太广,结构层次又不同,因此,对材料结构及其相互作用和运动规律的认识根本无法在一门课程中进行全面介绍,也没有哪一门课程能容纳如此浩瀚无垠的物理知识。鉴于本教材的适用对象——金属类专业特征,本课程虽名为"材料物理",但主要介绍基于原子结构水平的金属类材料的结构及其相互作用和运动规律,因此取名"金属物理"也许更为贴切。不过由于研究生学位课程按一级学科设置,因此本课程还是沿用"材料物理"的课程名称。

另外,虽然本课程主要介绍金属类材料的结构及其相互作用和运动规律,但对金属结构理论和规律的介绍是基于对物质共性结构理论的认识上进行的。而且从原子结构水平来看,金属结构理论及其研究方法与自然界其他物质结构基本一致。由此可见,本课程的知识对研究生从物理本质上认识自然世界具有重要的支撑作用。

(2)材料物理的外延

由于哲学是自然科学规律的总结,因此学习材料物理的过程,实际上也是在认识材料的基本结构及其运动规律的过程中去品味哲学内涵的过程,这就是材料物理的哲学性。

说到物理的基础性,我们认为所有物质之间的相互作用在最基本层次上都是物理的过程,因此认识物质的物理过程是支撑其他自然学科发展的不可缺少的知识基础。

说到物理学的重要性,正如国际纯粹物理和应用物理联合会第23届代表大会的决议《物理学对社会的重要性》指出的,物理学是一项国际事业,它对人类未来的进步起着关键性的作用:探索自然,驱动技术,改善生活以及培养人才。

实际上,物理学的发展不仅仅体现在人类对物质结构、物质相互作用和运动规律认识的进一步深入,也体现在人类认识自然的科学思想方法的进步和创新。诚如诺贝尔物理学奖得主、德国科学家玻恩所言:"与其说是因为我发表的工作里包含了一个自然现象的发现,倒不如说是因为那里包含了一个关于自然现象的科学思想方法。"物理学之所以被人们公认为一门重要的科学,不仅仅在于它深刻地揭示了客观世界的规律,还因为它在发展、成长的过程中,形成了一整套独特而卓有成效的思想方法体系。

因此我们学习材料物理,不仅仅要认识材料的基本结构、相互作用和运动规律,还要学习材料物理研究的思想方法(这种思想方法的核心就是实事求是地通过实践去认识事物及其运动规律的本质)。同时,还要细细去品味由材料的基本结构及其运动规律所体现出来的哲学思想。

材料物理是求真求实的学科。物理最讲实证,物理最讲真实。物理学家在科学研究活动中最基本的态度就是实事求是。因此通过学习材料物理,我们也应该学到物理的"求真务实"的内在品性。

材料物理学的思想与方法不仅对物理学本身有价值,而且对整个自然科学,乃至社会科学的发展都有着重要的贡献。有人统计过,自20世纪中叶以来,在诺贝尔化学奖、生理学或医学奖，甚至经济学奖的获奖者中，有一半以上的人具有物理学的背景，这意味着他们从物理学中汲取了智能，转而在非物理领域里获得了成功。

物理学在研究过程中表现为“求真”，在研究目的性上除了为探索自然奥秘的“求知”之外，更体现为利用自然规律造福人类的“为善”，因此，它在目的性上体现出“求知为善”；在研究结果方面，物理学揭示了自然物质结构及其运动规律，让人们能真正领略到大自然那种本质的、内在的“和谐相处、平衡共存”的和谐之美、平衡之美，这种和谐之美、平衡之美源自自然的本性，却正是人类之追求！人类只有深刻领悟自然结构的那种和谐之美，才能超于自然又融于自然、回归自然，与自然和谐相处。对我们每一个人来说，只有参透自然结构及其运动规律的和谐、平衡之本质，我们才能在急功近利的浮华社会中保持一份淡定和宁静，达到“宁静以致远”的境界。由此可见，物理学本身兼具真、善、美的三重属性，我们完全有理由说，材料物理不仅是一门课程、一种知识，更是一种文化、一种修为，而且是一种高层次、高品位的文化和修为。正如有位物理学家曾经说过的那样，物理学不仅帮助人们不断认识自己和环境，而且可促使人的生活趋于高尚。

让我们来学习材料物理、品味材料物理、感悟材料物理、鉴赏材料物理吧！虽然要领略材料物理的“真、善、美”及其哲学思想并非易事，因为它们深藏在书本知识的后面，只有在你真正参透书本知识并融会贯通之后才能逐步领悟到，而对于一个刚踏入材料领域的研究生来说，材料物理内容繁杂，要学好它也并非易事，但正因为如此，这种“材料物理的美”才不是那些浮躁势利之人所能领略！只要你有心，材料物理一定能帮助每位用心研读它的研究生在视野、思维、学识乃至品性修养方面都迈上一个新的台阶！

0.2 材料的结构与性能

1. 材料的性能

材料最主要的属性是它的使用属性，作为从事机械、材料工程领域的工程技术人员，也许最关心的就是材料的宏观性能，因为这直接决定了材料所要采取的加工工艺与所制造的构件的使用性能。

(1) 材料性能的物理本质

从宏观层面看，材料的性能多种多样，如物理性能、化学性能、力学性能、热学性能、电学性能，等等。但从物理本质上看，材料性能又是什么？理解材料性能的物理本质对于了解影响材料性能的主要因素，从而找到改善材料性能的途径具有重要意义。

编者认为，从普遍意义上看，所谓性能就是材料的材质特性和组织结构特性应对外界载荷变化的一种反应的宏观表现。材料对热载荷的应对反应体现的就是其热学性能，对力学载荷的应对反应体现的就是其力学性能，等等。这里所涉及的组织结构特性不仅包括其相组成的结构、形态、尺寸、位向和组成比例等组织特性，还包括诸如位错、空位、晶界等晶体缺陷以及各类夹杂、气孔、裂纹等显微或宏观缺陷在内的各个层次的缺陷特性。组织和缺陷在很多情况下是难以分开的，因为每种组织中都包含大量缺陷（详见后文）。但为了充分突出缺陷对材料性能的影响的重要性，在此把结构缺陷单独作为一个影响因素进行分析。由此可见，材料的宏观性能是由材料的材质、组织和结构缺陷三个因素共同决定的（见图 0-1 所示）。当然，具体到材

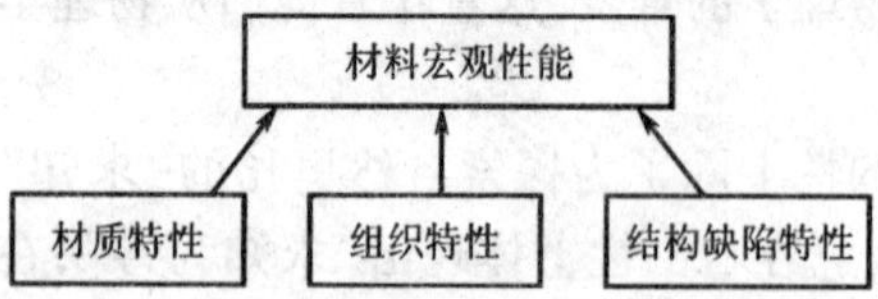

图 0-1 决定材料性能的本质因素

料性能的实际指标(测试结果)除了受材料本身的因素影响外,还会受到外界载荷特性的影响。例如,某种材料的抗拉强度值,不仅取决于这种材料的材质、组织和结构缺陷,还与测试时拉伸载荷及其加载速度有关系。一种材料的熔点测试值,不仅取决于这种材料的材质、组织和结构缺陷,还与测试熔点时的加热速度有关联。

(2)材质特性是决定材料性能的基础因素

材料的成分—工艺—组织—性能是材料研究的一条不变的主线,此处的组织不仅指相组织,还应包括组织中各种各样的缺陷。材料的成分是决定材料性能的最基本因素。材质因素主要是通过影响组织结构而对材料的性能产生影响的。材质影响组织结构的方式有两种:一是材料的成分因素通过与加工工艺的结合形成各种组织和结构,即通过浓度与能量的耦合改变异类原子间的相互作用特性,从而影响材料的组织结构;二是材料的本质特性通过自身原子结构特性直接影响组织结构。以铁碳合金材料为例,不同含碳量的铁碳合金通过与各种加工工艺结合可以获得各种不同的组织,从而获得不同钢铁材料的性能;但是,如果是不同种类的材料,即使获得了相同的晶体结构,也会有不同的性能。如由铁原子组成的体心立方结构晶体(β-Fe)和由钛原子组成的体心立方晶体(β-Ti),虽然同样是体心立方结构,但具有截然不同的性能,β-Fe 室温强度只有 100 ~ 200 MPa,而 β-Ti 室温强度则可高达 1 372 ~ 1 666 MPa,这就是材质本身的原子结构特性对材料组织性能产生的直接影响。

(3)组织特性是决定材料性能的直接因素

材质特性是决定材料性能的基础因素,而组织特性则是决定材料性能的直接因素。材质因素对材料性能的影响在很大程度上要通过组织特性才能实现。就像盖房子一样,水泥和砖瓦等建筑材料体现的是材质特性,由建筑材料堆砌而成的地基、墙体等建筑结构体现的是组织特性,建筑材料的性能对房屋结实程度的影响显然要通过地基、墙体等建筑结构的可靠程度体现出来。

这里所讨论的材料组织特性单指组成相的种类、结构、晶粒尺寸、形态、位向及比例,等等,即通常所说的"组织",是组成材料宏观结构的微观基本单元。如果是单晶材料,晶体组织通过其晶体结构的稳定性和晶体学取向影响晶体的宏观性能。而对于多晶体材料,影响材料宏观性能的因素除了每个晶体相的结构稳定性和晶体学取向及尺寸之外,还有各个晶体相之间的堆砌方式、分布状态、相对取向关系以及相对含量等各晶体相之间的协调因素。而且在大多数情况下,各晶体相之间的协调因素对材料性能的影响更为重大。如果把多晶体材料看成是一个由各种不同晶体组成的多晶体社团,每个晶体的性能固然重要,然而各个晶体之间只有充分协调匹配才能使这个社团在应对外部载荷时获得最佳的性能。在多晶材料中,担当这种协调作用的就是"晶界"。例如,在承受某一个方向的力学载荷时,多晶体材料在"晶界"的协调下,各个晶粒都会根据载荷的大小逐渐将自己最强大的承载位向转向最大受力方向,以便使整个材料发挥最佳的承载性能,从而使整个材料的屈服强度越来越高。如果材料内部组织中存在一些晶粒尺寸较大,位向性又强,且承载过程中难以转动的组织(如上贝氏体组织、魏氏组织等),那么这种材料的承载能力就一定不会很高。这就是多晶材料中晶界协调作用的重要性,这也是自然结构中"和谐"的表现和"和谐"的重要性。由此可见,"和谐的组织"是保证材料具有优越性能的重要条件,组织越和谐,材料的强韧性会越好。也许,作为人类社会结构的参与者,我们也应从中领悟一点处世之道。

(4)结构缺陷特性是影响材料性能的最敏感因素

前面我们已经提到,组织和缺陷在很多情况下是难以分开的,因为每种组织中都包含着大量的缺陷,特别是非平衡冷却条件下形成的组织,如贝氏体、马氏体组织等内部都包含着大量位错,这些组织的性能与其高密度的位错有直接关系。因此材料的组织与结构缺陷之间常常相互联系,相互影响。

但有的缺陷,如空位、夹杂、夹渣、气孔、显微裂纹的形成与各种组织之间并无直接关系。为了充分突出缺陷对材料性能影响的重要性,在此还是把缺陷单独作为一个重要的影响因素进行分析。

材料的晶体缺陷是材料内部原子的堆砌过程中造成的纳米级甚至更小尺寸的缺陷。而诸如夹杂、夹渣、气孔、显微裂纹等缺陷则是材料在结晶过程和固态冷却过程中形成的微米级甚至更大尺寸的缺陷。

对于完整的晶体结构来说,晶体缺陷一定是该晶格中最薄弱的部位。同样,对于均一的固溶体材料来说,内部所包含的各种缺陷也必定是该材料最薄弱的部位,材料在承受外界载荷时,最先产生应对反应的必定是缺陷部位,因为此处承载能力最低。这就会导致在其他部位完好无损的情况下在缺陷处发生率先破坏,而材料是否会产生整体宏观破坏,则要看完整部分的晶体能否有效阻碍缺陷处破坏的快速扩展。因此,从微观机制上看,材料的宏观破坏都是由内部缺陷处的微观破坏扩展造成的。由此可见,缺陷的性质、尺寸和数量对材料的性能的影响最为敏感。怪不得有人说,金属材料的性能是由缺陷决定的。

用一个不太恰当的比喻,这就像一个水桶,评价水桶盛水的性能不仅要看水桶“好的地方有多好”,更要关注“坏的地方有多坏”、“被腐蚀的地方还剩下多少承载能力”。如果水桶有一小块地方快腐蚀漏了,其他地方即使都是铜墙铁壁,也无济于事。由此可见,对于连续介质材料,最薄弱的地方是决定材料性能的最关键地方,这就是缺陷对材料性能的影响。

对于常见的金属材料来说,缺陷种类很多,除上面提到的各种缺陷之外,对于特定构件来说,还可能存在各种各样的形状、结构缺陷。关于夹杂、气孔、裂纹等显微或宏观缺陷以及形状、结构缺陷对材料性能的影响,已经在焊接冶金学、材料力学、断裂力学等课程中有所涉及,本课程不再重复,本课程中主要关注晶体材料内部无处不在的晶体缺陷及其对材料性能的影响规律。

2. 材料的组织结构

(1)决定材料组织结构的基本因素

由前面的分析可知,材料的性能是由材料的成分和组织结构决定的。那么除了材料成分因素之外,材料的组织结构又是由什么来决定的呢?它们又是如何决定材料性能的呢?理解这些问题,对于认识组织结构的形成本质及其影响因素,以便更好地控制和改善材料的组织结构都有重要的价值。

简单地说,决定材料组织结构的基本因素是材料的成分和加工工艺。

材料的成分决定了材料的材质特性,而材料的加工工艺则通过赋予材料热、力或辐射等作用决定了材料所具有的能量特性。材料材质特性和能量特性的耦合就决定了材料的组织结构。

因此,更准确地说,决定材料组织结构的基本因素是材料的材质特性、所具有的能量特性及其两者之间的耦合。如果把材料内部及其所处的环境看成是一个多种组元、多因素的复杂系统的话,那么,在某个时间和空间节点处,材料所形成的组织和结构的状态就是这个复杂系统内材料的材质特性和能量特性在这个时空节点上所达到的一个综合平衡的暂态结果,这种组织状态虽然不是所期望的最佳组织,但却是一种自然平衡的结果,是一种自然的选择,也是该时空条件下的最佳选择。说它是一个暂态结果,是因为随时间或空间的改变,这种平衡可能会被逐渐改变。

(2)材质特性对材料组织结构的作用

材料的成分是构成组织结构的物质基础,材质特性的体现及其对材料组织结构的影响主要有以下三个方面。

第一方面,材质特性体现在内含的各种原子的种类、原子结构、原子直径、原子质量及其电子云结构等原子结构特性方面。这种原子结构特性将直接决定同类原子之间的结合方式和堆砌方式,即决定同类原子之间的键合性质和组织的晶体结构,同时也决定了此类材料对外界条件变化的基本应对反应,即决定了材料基本的物理化学性能。当然,这种原子结构特性也将影响与其他异种原子之间的结合形式。这部分内容将在“金属结构理论”一章进行详细介绍。

第二方面,材质特性体现在各种原子之间的相互作用特性方面,即材料所包含的异类原子之间如何结合、如何堆砌、堆砌成何种晶体结构,等等。这种相互作用特性不仅受到原子结构特性的影响,而且受到材料内各种原子浓度特性的影响,同时还会受制于各类原子的能量特性(包括热、力和辐射等能量的作用),因此相互作用过程相当复杂。

对于固体材料,原子之间的相互作用特性具体表现在异类原子之间在原子结构特性、浓度特性和能量特性的耦合下是形成固溶体还是化合物,是形成短程有序的中间相还是形成长程有序的金属间化合物,即决定了异类原子间会形成相组织的类型和性质。

各种原子之间的相互作用特性与原子结构特性、浓度特性和能量特性有什么样的关系?各种固溶体、中间相又有什么样的性能?有关这方面的内容将在“固溶体及其沉淀与分解”一章进行详细介绍。

材料材质特性第三个方面的体现是各种原子的浓度特性,即组成材料的各种原子的浓度及分布。材料的浓度特性对异类原子之间的相互作用特性和扩散行为都具有重要的影响。

材质特性的原子结构特性、浓度特性和相互作用特性三者共同构成了材料组织的物质基础,它们的作用既有各自特点,又有相互的联系。例如,材料中某些元素的浓度分布会因为它与周围其他元素之间的相互作用特性的差异而改变;同样,材料中某些元素之间是否能形成某种特定的键合类型和晶体结构,也要取决于这些元素在该材料中的浓度分布,浓度低的地方可能会形成固溶体,而浓度高的地方则可能会形成中间相。

(3)能量特性对材料组织结构的作用

如前所述,材料的加工工艺通过热、力或辐射等作用赋予了材料特定的能量特性。这些能量包括由传热引起的热能(动能)、由受力引起的弹性能(势能)以及由受辐射引起的原子附加热能或动能。能量因素对材料组织结构的作用主要是通过影响原子之间的相互作用特性和原子的扩散行为来实现的,能量因素必须与材质因素相结合才会对材料的组织结构产生作用。由于能量是驱动原子进行运动的必要条件,因而,能量因素是驱动组织结构形成和改变的原动力,是支撑材料组织结构形成的除材质因素之外的另一根支柱。

(4)材质特性与能量特性的耦合决定了材料的组织结构

材质和能量是支撑材料组织结构形成和变化的两根支柱。然而材质和能量又是材料截然不同的但又存在联系的两种属性。由此可见,材料组织结构形成和变化过程同时包含着两类截然不同而又相互联系的过程:一个是能量传递和能量驱动的热力学过程,另一个是物质传递的传质过程。关于能量传递的传热学理论已经在其他课程中涉及,本课程将介绍的是能量驱动的热力学相关理论。对于材料形成过程中的传质过程,液体材料内的传质形式有对流和扩散两种,而固体材料的传质形式则主要是扩散。

由此可以看出,固体材料组织结构的形成和变化主要是通过材料内部的各种成分在能量条件(在此统称为热力学条件)驱动下的扩散过程来完成的,因此,原子的扩散行为是固体材料形成组织结构和改变组织结构所依赖的最基本的物理行为,对材料组织结构的形成和变化具有决定性的作用。当然,原子的扩散行为不仅仅受到原子本身及周边环境能量条件的影响,同时还受到材质特性(原子结构特性、相互作用特性和浓度特性)的影响,因此,材料中的扩散行为实际上是材料的材质特性与热力学条件耦合的结果。材料的材质特性与热力学条件的这种耦合就决定了材料的组织类型,也决定了组织内部的各种结构缺陷。

为了便于理解材料材质特性和能量特性及其相互耦合对材料组织性能的影响机制,可参见图0-2。

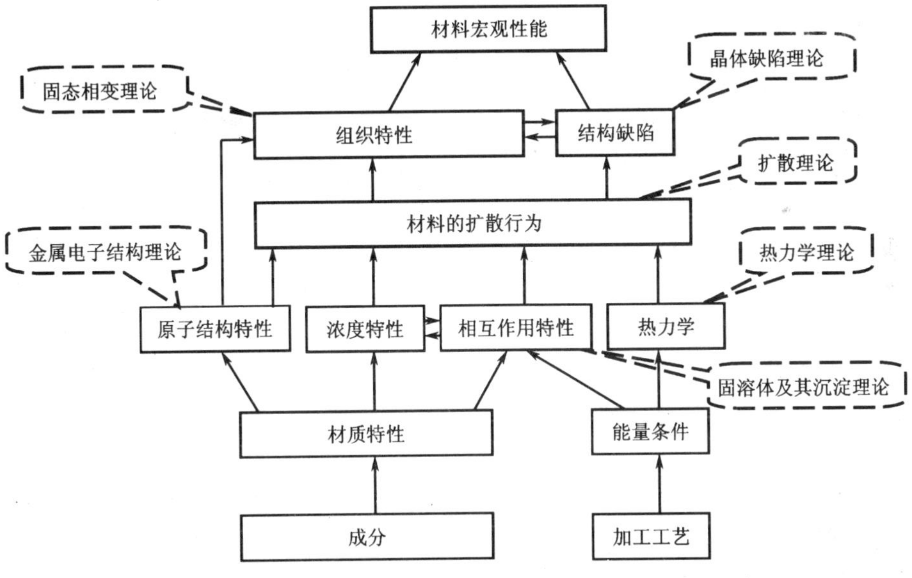

图0-2　决定材料性能的本质因素及其内在联系

本课程各章节的内容就是围绕着影响材料组织性能的各个本质因素而安排的(见图0-2中虚框内容)。希望研究生通过对这些基本理论的学习,对材料组织、结构及其性能形成的物理本质和变化规律有一个更为深刻的理解,在认识材料结构与其性能的形成规律中去品味自然结构的和谐和平衡,去感悟人与自然的相处之道!

第1章 材料热力学基础

能量是宇宙间一切物理和化学变化过程的源动力。材料热力学就是一门从能量角度研究合金特定体系中某个特定过程变化的趋向性和平衡性的学科，通过分析计算某个物理或化学变化过程的能量变化趋势来判断这个过程是否能够自发进行以及能够进行到什么程度。因此，材料热力学是研究材料化学冶金过程以及组织结构变化过程的重要理论工具。从能量角度分析材料结构变化的趋势性是从事材料研究的研究生所必须具备的专业素质；材料热力学理论也可以指导研究生透过错综复杂的事物表象从能量角度去认识材料、物质、自然结构的演变乃至社会发展的本质，培养一种从能量角度认识世界和分析世界的思维方式。作为材料加工物理的一部分内容，限于篇幅，本章只简单介绍合金热力学的基本概念、基本理论和初步应用方法。

1.1 材料热力学的基本概念

1. 体系与环境

热力学中为了把所研究的对象与周围其他物质分割开来，把所研究的对象称为体系，把与体系关联的周围其他物质称为环境。体系与环境之间的界面可以是一个实际界面，也可以是一个虚拟的界面。根据体系与环境之间的联系情况，可以将体系分成下列几类。

①孤立体系：孤立体系与环境之间既无物质交换，也无能量交换。

②封闭体系：封闭体系与环境之间仅有能量交换，但无物质交换。

③开放体系：开放体系与环境之间既有物质交换，也有能量交换。

2. 状态与状态函数

体系的状态是指体系在某一时刻所具有的存在方式和存在条件。体系的宏观条件和性质决定了体系的状态；反之，当体系的状态确定以后，它的各种宏观性质也都有确定的数值，即体系的各种宏观性质应是它所处状态的单值函数，所以体系的各种宏观性质称为状态函数。

体系的宏观性质可分为两类。一类为强度性质，如压力(强)、温度、密度等，这一类性质与体系中物质的数量无关，没有加和性；另一类为量度性质，如质量、体积、物质的量等。体系的各种宏观性质之间是相互联系的，如两个量度性质的比值属于强度性质，如质量/体积 = 密度。在体系的几个主要性质确定以后，其余的性质也就随之确定。

3. 过程与途径

过程是指体系状态发生的变化。描述体系状态的变化过程有几种常见的特定条件，如等温过程、等压过程、等容过程，等等。如果过程中体系与环境之间没有热交换，则称之为绝热过程；如果体系由始态经过一系列过程后又恢复到原来的状态，称之为循环过程。

途径是指完成(变化)过程(即从始态到终态)所经历的具体步骤(历程)。完成同一过程可以有无数种途径，尽管体系变化的途径不同，只要体系的始态和终态是固定的，其状态函数的变化值不会因途径不同而改变。根据这一特点,可以将实际体系的复杂变化过程设想成几个简单途径的叠加组合,以简化体系状态函数变化值的计算,其结果应与实际过程相同。这是研究热力学问题的一个重要简化方法。

4. 热与功

热是由温度差异引起的能量传递的一种形式,是由于体系内部粒子无序运动的平均强度不同而交换的能量。热力学上热常用 Q 表示,一般规定体系吸热 Q 为正值,体系放热 Q 为负值。

功是除温度之外其他推动势差引起的能量传递形式,是体系内部粒子有序运动与环境交换的能量。热力学上功常用 W 表示,一般规定体系对环境做功 W 为正值,体系从环境得到功 W 为负值。

功与热都是能量的一种表现形式,从量纲角度,能量是强度与量度的乘积,即:能量 = 强度 × 量度。功有很多种类型,但都是强度性质与量度性质的变化值的乘积。如体积功 = 压强 × 体积、形变功 = 力 × 位移等等。

功和热都是能量交换的形式,但它们都不是体系的状态函数,它们是与体系过程途径相关的物理量。

5. 热力学平衡问题

体系的状态不随时间变化而保持稳定时,这种状态称为平衡态。热力学平衡状态是指体系内部已达到热平衡、力学平衡和化学平衡,即体系内部没有温度差、压力差和化学位差。满足这三种平衡条件的体系可以被称为处于热力学平衡状态。

但是应该注意,从材料物理本质上看,任何平衡都是相对的和动态的,宇宙间不存在绝对的和完全静止的东西。一切事物都处于运动之中,运动是物质存在的最基本形式。因此,所谓体系的热力学平衡只是指体系在宏观上的相对静止。从微观来看,体系内各种粒子都在不停地运动,只是运动的某些物理量的统计平均值不随时间而改变,并且正向和逆向的变化速度相等。总之,热力学平衡是一种动态平衡,体系在平衡态时局部区域内的能量起伏和浓度起伏是时刻存在的。

实际上,热力学非平衡问题是自然界中最为普遍存在的问题,热力学平衡现象则只是宏观而短暂的。

从不同层次看,宏观平衡,微观却不平衡。但是如果众多的微观不平衡趋向相对均布,则可形成宏观的相对平衡。

体系的环境条件改变,宏观平衡将被打破,进入变化过程,宏观变化过程是建立在大量的微观的取向性的非平衡变化基础上,进而逐渐建立一个适应新环境条件的新的相对平衡状态。

相对于体系的平衡状态,其非平衡状态严格来说不能称为状态,而应称为过程。因为处于非平衡的状态是不稳定的,肯定在经历着某种变化的过程。根据变化过程的稳定性,将非平衡过程分为稳态非平衡过程和非稳态非平衡过程。在状态变化过程中体系的某些状态函数的变化遵循一定的可解析规律,那么这种非平衡变化过程可称为稳态非平衡过程。如果状态变化过程中体系的某些状态函数的变化在目前的认识水平上是毫无规则或不可预测的,则可称为非稳态平衡过程。

对于稳态非平衡问题,由于状态函数变化的规律性,只要解析这种变化规律,就可以对不同状态的函数进行预测,获得对非平衡过程的定解。例如,焊接过程中的传热问题是一个典型的非平衡问题，工件上各点的温度场处于不断的变化过程中。但是在热源、材料和环境等条件确定的情况下，热源与工件之间以及工件内部的传热问题却严格遵循传热学规律。工件上某一时刻的温度场以及任一位置的温度变化可以按传热学规律进行计算和预测。

而对于非稳态非平衡问题，则由于过程变化的随机性和不可预测性，人们无法对此类非平衡问题进行数学解析。然而，就像众多的微观不平衡可以形成宏观的平衡一样，在某些情况下，许多微观非稳态非平衡问题，也可以在高一层次找到其稳态的非平衡过程。例如，2008 年的中国股市，虽然从日线上看涨涨跌跌毫无规律可循，但综观 2008 年全年的走势却是呈现出一条从高到低的稳态下降之势，表现出一种稳态的非平衡走势。另外，如焊接过程中的化学冶金问题，在焊条焊接过程中，药皮中的各种合金元素向焊缝金属中的过渡的瞬时效果是一个受多种不确定因素影响的非稳态非平衡问题，各种影响因素的瞬时特征都具有不可预测性，而且，每根焊条焊接的条件和过程都不一样，因此，对药皮中合金元素向焊缝中过渡的影响也具有不可预测性。然而，焊接完成后，通过对比分析焊缝金属与焊条药皮中的合金含量，不难发现对于同一规格的两根焊条，当采用相近的焊接参数时，焊条中同种合金元素的过渡系数却会保持相对稳定。这说明，焊条中合金元素过渡的瞬间非稳态非平衡过程，从整个焊接过程而言却形成了一个相对稳定的从焊条药皮向焊缝金属的非平衡过渡过程，也即稳态非平衡过程。

6. 可逆过程和不可逆过程

自然界中的自发过程都是单向趋向平衡的过程，它们是在各种推动势作用下进行的；如无外界影响或外部推动力，其逆过程不能进行，这样的过程称为不可逆过程。

当体系和环境都不发生变化时，有可能使体系状态发生变化而又恢复到始态的过程，称为可逆过程。可逆过程是一个无限缓慢的过程，它的中间过程是一系列平衡状态；在反向的同样缓慢的过程中，按照原来的路径，可使系统和环境完全恢复原来状态。可逆过程是一种极限过程，推动势无限小，过程中没有能量降级。

当体系内部或体系与环境之间的不平衡推动势为一无限小量时，就可以使体系处于接近一系列平衡态的情况下从始态进行到终态，这种过程称为准稳态过程（也有人称之为似静态过程）。准稳态过程中的状态函数是连续变化的。自然界中许多事物的不可逆过程宏观上都可能表现为准稳态过程，它是一个量变的过程。

1.2 内能、焓、热容和热力学第一定律

1.2.1 热力学第一定律

在某个系统中，当物质的成分、数量、温度、压力等状态参数确定时，可以说系统处于某一特定状态，系统在一定状态下具有一定的内能，体系内部所含能量的总和称为体系的内能（E）。系统从始态 A 变为终态 B，内能的改变量 ΔE 完全由始态和终态的状态决定，和由 A 到 B 的过程无关，也就是说系统的内能只与系统状态有关，是状态的函数。

当系统的状态改变时，根据能量守恒定律，系统将与环境进行能量交换。热力学第一定律就是能量守恒定律的一种表达方式。其内容可以表述为：当系统状态改变时，系统的内能的增量 $\mathrm{d}E$ 等于由环境进入系统的热能 δQ 和系统对环境所做的功 δW 的差，即

$$dE = \delta Q - \delta W \tag{1-1}$$

此处规定热量由环境流入系统时 δQ 为正，系统对环境做功时 δW 为正。dE 是状态函数，与过程无关，但 Q 和 W 都是与过程的途径有关的参数，不具有状态性质。

如果环境对孤立系统做可逆功，则 $\delta W = F\mathrm{d}x$，力 F 是压强 p 和其作用的面积 A 的乘积，故 $\delta W = pA\mathrm{d}x = p\mathrm{d}V$，因而

$$dE = \delta Q - p\mathrm{d}V \tag{1-2}$$

对于等容过程，$\mathrm{d}V = 0$，则

$$dE = \delta Q \tag{1-3}$$

此式说明在等容过程中体系吸收或放出的热量等于体系内能的增加或减少。

等式(1-2)两边除以 $\mathrm{d}T$，得

$$\frac{\mathrm{d}E}{\mathrm{d}T} = \frac{\delta Q}{\mathrm{d}T} - p\frac{\mathrm{d}V}{\mathrm{d}T} \tag{1-4}$$

如果转变过程系统的体积保持恒定（即保持等容过程），$\mathrm{d}V/\mathrm{d}T = 0$，则等容过程的热容 c_V（单位温升所吸收的热量）为

$$c_V = \left(\frac{\delta Q}{\delta T}\right)_V = \left(\frac{\partial E}{\partial T}\right)_V \quad 或\ \mathrm{d}E = c_V\mathrm{d}T \tag{1-5}$$

对于固态系统，由于热胀冷缩，实验过程中保持恒定体积是比较困难的，因此 $\mathrm{d}V/\mathrm{d}T \neq 0$。此时通常都在等压下做试验，为了方便处理这种等压状态下的能量变化，引入另一个特性函数"焓"(H)比较方便。焓(H)的定义是

$$H \equiv E + pV \tag{1-6}$$

即焓是一定状态下体系的内能和压强与体积之乘积的和。由于 E、p、V 都是状态函数，所以焓也是一个与过程无关的状态函数。

对式(1-6)进行微分

$$\mathrm{d}H = \mathrm{d}E + p\mathrm{d}V + V\mathrm{d}p \tag{1-7}$$

将(1-2)代入上式，则

$$\mathrm{d}H = \delta Q + V\mathrm{d}p \tag{1-8}$$

对于等压过程，$\mathrm{d}p = 0$，可见

$$\mathrm{d}H = \delta Q \tag{1-9}$$

式(1-9)说明，在等压过程中，体系吸收或放出的热量等于体系焓的增加或减少（焓变）。

将等式(1-8)两边除以 $\mathrm{d}T$，则有

$$\frac{\mathrm{d}H}{\mathrm{d}T} = \frac{\delta Q}{\mathrm{d}T} + V\frac{\mathrm{d}p}{\mathrm{d}T}$$

当压力恒定 $\mathrm{d}p/\mathrm{d}T = 0$ 时，可得等压热容

$$c_p = \left(\frac{\delta Q}{\delta T}\right)_p = \left(\frac{\partial H}{\partial T}\right)_p \quad 或\ \mathrm{d}H = c_p\mathrm{d}T \tag{1-10}$$

对于等容过程，系统不做功，环境流入系统的热量完全用来增加内能，提高它的温度；对于等压过程，外来的热量大部分增加系统的内能，小部分消耗于系统对环境做功，所以 c_p 大于 c_V。

在凝聚态体系中，其 $\left(\frac{\partial V}{\partial T}\right)_p$ 值很小，可忽略不计，因此 $c_V \approx c_p$。此时可用焓变代替内能的

改变量,可以省去膨胀功的计算。此时的焓变(ΔH)可看成是体系反应放出或吸收的热量。

在等压过程中,焓变可以通过 c_p 来确定,而等压热容 c_p 是容易通过实验测量的。

1.2.2 比热容与温度之间的关系

在本节中讨论的热容是系统加热时升温一开所吸收的能量,这与我们平常所说的比热容虽然符号一样,但在物理意义上有所差别,比热容是单位质量的物质升温一开所吸收的热量。平时经常使用的是比热容。

在晶体中,离子是以它们占有的格点为中心而进行振动的,公有化的电子也在快速运动。晶体在加热过程中吸收的热量,一方面使能量接近费米能的少数电子动能增加,表现为电子比热容 c_V^{e};另一方面,使原子的晶格振动能量增加,表现为振动比热容 c_V^{a}。在常温时,对于一般金属,电子比热容对晶体总的比热容的贡献率是很小的,只有在以下两种情况下,电子比热容才会显得较为重要:①晶体由于受到某种强烈辐射,使接近费米能的电子数目大幅度增加;②温度接近绝对零度,晶格热振动很弱。

需要指出的是,虽然一般金属电子比热容对晶体总的比热容的贡献率是很小的,但过渡金属由于 ns、$(n-1)$d 能带交叠,而且 d 带能级密度很高,电子比热容比其他金属要大得多。

经典的物理理论认为,原子的热振动是以晶格节点为中心在三维空间中进行谐振的,温度为 T 的原子在每一个自由度上所具有的平均能量是 kT(k 为玻尔兹曼常数),其中 $kT/2$ 是平均动能,$kT/2$ 是平均势能。若晶体有 N 个原子,每个原子在三维空间中振动相当于三个线谐振子,有三个自由度,所以总平均能量 $\bar{E}$ 为 $3NkT$,对 1 mol 晶体,N_A 是阿伏加德罗常数,则振动比热容

$$c_V^{\mathrm{a}} = \left(\frac{\partial \bar{E}}{\partial T}\right)_V = 3\,N_A k = 24.9\ \mathrm{J/(mol\cdot K)}$$

可见,振动比热容为一个与温度无关的常数,这种现象在高温时和实验结果较为吻合,但在低温时却相差较大。在低温时,实验结果显示比热容随温度的增加而增大,这种现象可用晶格振动的量子理论来解释。爱因斯坦通过量子理论推算得到晶体振动比热容与温度之间的关系为

$$c_V^{\mathrm{a}} = 3N_A k\left(\frac{\Theta_{\mathrm{E}}}{T}\right)^2 \frac{\mathrm{e}^{\Theta_{\mathrm{E}}/T}}{(\mathrm{e}^{\Theta_{\mathrm{E}}/T}-1)^2} \tag{1-11}$$

式中:$\Theta_{\mathrm{E}} = \dfrac{h\nu}{k}$,称为爱因斯坦特征温度,$h$ 为普朗克常数,ν 为晶体原子的振动波的特征频率;N_A 为阿伏加德罗常数;k 为玻尔兹曼常数。

爱因斯坦忽略了原子振动频率随温度的变化,德拜(Debye)考虑了原子振动波的频率分布,采用最大频率 ν_{m},将爱因斯坦推出的公式改进为(在温度很低时)

$$c_V^{\mathrm{a}} = \frac{12\pi^4 N_A k}{5}\left(\frac{T}{\Theta_{\mathrm{D}}}\right)^3 \tag{1-12}$$

式中:$\Theta_{\mathrm{D}} = \dfrac{h\nu_{\mathrm{m}}}{k}$,称为德拜特征温度,$\nu_{\mathrm{m}}$ 是原子的振动波最大频率。用该公式计算出的晶体振动比热容比爱因斯坦公式与实验符合得更好。

从式(1-12)可见,在温度较低时,振动比热容和 T^3 成正比。式(1-12)对于理解比热容与温度之间的关系具有重要意义,却不适合在实际科研工作中用于比热容的计算。在实际应用

中，常采用下列经验公式计算不同温度下的等压比热容：

$$c_p = A + B\times t + C\times t^2 + D\times t^3 + E/t^2 \tag{1-13}$$

式中：A、B、C、D、E 为特定系数，晶体不同其值各不相同，各物质的 A、B、C、D、E 数值可在有关手册中查到，也可以从某些物质热力学数据库（如http://webbook.nist.gov/等）中搜索。

1.3 熵和热力学第二定律

热力学第一定律描述了一个孤立体系内状态发生变化时系统做功与系统内能变化之间的关系，但热力学第一定律无法判断过程是否可以自发进行，因为系统内能的变化或者焓的变化不能作为过程是否能够自发进行的判据。例如在298 K，灰锡的热焓比白锡低2.1 kJ/mol，如果热焓降低能够作为过程能否进行的判断，则应当发生白锡→灰锡的转变；但事实与之相反，在298 K，白锡是稳定的。因而需要另找物态稳定性的判据，这个判据就是熵。热力学第二定律描述的就是体系自发过程与体系熵变之间的关系。

1.3.1 熵的定义和热力学第二定律

熵 S 是表示过程方向和限度的一个热力学参数，用于度量体系自发过程的不可逆程度。

考虑一个含有两个不同温度物体的孤立体系，如图1-1。设 $T_2 > T_1$，温度为 T_2 的物体将自发给温度为 T_1 的物体传递热量 δQ。其自发传热过程的特征可表示为

$$\frac{\delta Q}{T_2} < \frac{\delta Q}{T_1} \Leftrightarrow \frac{\delta Q}{T_1} - \frac{\delta Q}{T_2} > 0$$

当 $T_1 = T_2$ 时，两边已建立热平衡，进入可逆过程，此时 $\frac{\delta Q}{T_2} = \frac{\delta Q}{T_1}$。可见 $\frac{\delta Q}{T}$ 值对过程的方向和限度起着决定作用。为此，对于一个可逆过程，定义

$$dS = \frac{\delta Q}{T}\text{（可逆）} \tag{1-14}$$

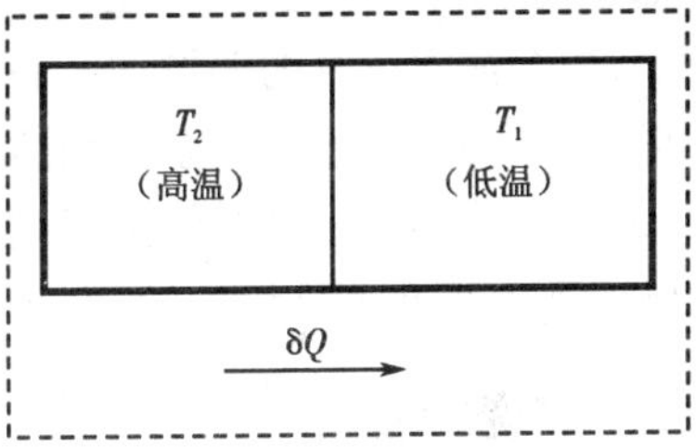

图 1-1 两个不同温度的孤立体系内部传热

式中：S 为熵，dS 为熵的变化；从量纲角度，Q 是能量，T 是强度性质，S 应该是量度性质，因而计算 dS 时应考虑体系的质量，S 常用单位是 J/(K·mol)。

人们常利用过程的熵变值来判断过程自发进行的方向性。在孤立体系中，某一过程的 $dS>0$ 为自发过程，$dS=0$ 为平衡的可逆过程，$dS<0$ 则为非自发过程或者不能进行的过程。

而对于非孤立体系，可以将系统加环境看成一个孤立体系，因此

$$dS_{总} = dS_{系统} + dS_{环境} \tag{1-15}$$

以此 $dS_{总}$ 作为过程能否自发进行的判据，而 $dS_{系统}$ 本身不能作为判据。

例如，在13 ℃（286 K）等温等压下，从灰锡到白锡的转变是一个平衡的可逆过程，即

$$\text{Sn（灰锡，286 K）} \rightleftharpoons \text{Sn（白锡，286 K）}$$

由于在等压下 $dH = \delta Q$，因而

$$dS = \frac{dH}{T} \tag{1-16}$$

对于在平衡温度下的此可逆过程，对式(1-16)积分

$$\int_{\text{灰锡}}^{\text{白锡}} dS = \frac{1}{T}\int_{\text{灰锡}}^{\text{白锡}} dH \tag{1-17}$$

得到

$$\Delta S_{\text{系统}} = \frac{\Delta H_{\text{系统}}}{T} \tag{1-18}$$

$\Delta H_{\text{系统}}$是这一可逆转变过程中系统的焓变，实验测定 $\Delta H_{\text{系统}}=2\ 091$ J/mol，因而根据式(1-18)可得系统的熵变 $\Delta S_{\text{系统}}=7.32$ J/(K·mol)。

但由于 δQ 是从环境传输给系统的，显然 $\Delta H_{\text{环境}}=-\Delta H_{\text{系统}}$，则

$$\Delta S_{\text{环境}} = -\frac{\Delta H_{\text{系统}}}{T} = -7.32 \text{ J/(K·mol)}$$

因此，对此非孤立体系的可逆过程

$$\Delta S_{\text{系统}} + \Delta S_{\text{环境}} = 0 \tag{1-19}$$

可见，对非孤立体系的可逆过程，系统的熵变加环境的熵变等于零。

由于熵也是体系的状态函数，其数值与过程无关，仅取决于体系的始态和终态，所以，对于不可逆过程，可以将不可逆过程转化成体系始态与终态与之相同的可逆过程来计算体系状态变化过程的 ΔS。

如果把系统和环境合在一起看成一个孤立体系，则热力学第二定律可以表述为："在自发过程中，一个孤立体系的熵增加。"也就是说在一个自发过程中，孤立体系的熵逐渐增加，当过程完毕达到平衡状态时，体系的熵达到最高值。所以热力学第二定律也称"熵增原理"。应当指出，从以上特例导出一般结论在逻辑上是不严格的，不过，熵变作为过程能否进行的判据，在热力学专著中是有严格讨论的，有兴趣的同学可以参考有关热力学专著。

1.3.2 熵变的计算

1. 无化学变化和相变的过程

(1) 等温过程(T 为常数)

$$\Delta S = \int_1^2 \frac{\delta Q}{T} = \frac{\Delta Q}{T} = \frac{\Delta E + \Delta W}{T}$$

对于理想气体，等温时 $\Delta E=0$，则

$$\Delta Q = \Delta W = \int_1^2 p\mathrm{d}V = nRT\ln\frac{V_2}{V_1} = nRT\ln\frac{p_1}{p_2}$$

因而

$$\Delta S = nR\ln\frac{p_1}{p_2} = nR\ln\frac{V_2}{V_1} \tag{1-20}$$

(2) 等压或等容(p 为常数或 V 为常数)的变温过程

等压过程中，$\delta Q=n\tilde{c}_p\mathrm{d}T$，由于 c_p 为温度的函数，为方便计算，可取其变温范围内的均值 $\tilde{c}_p$，则

$$\Delta S = \int_{T_1}^{T_2}\frac{\delta Q}{T} = \int_{T_1}^{T_2}\frac{n\tilde{c}_p\mathrm{d}T}{T} = n\tilde{c}_p\ln\frac{T_2}{T_1} \tag{1-21}$$

同理，对于等容过程可得

$$\Delta S = \int_{T_1}^{T_2} \frac{\delta Q}{T} = \int_{T_1}^{T_2} \frac{n\tilde{c}_V \mathrm{d}T}{T} = n\tilde{c}_V \ln \frac{T_2}{T_1} \tag{1-22}$$

(3) 变压、变容、变温(p、V、T 都变化)过程

对于理想气体,不论是否为等容过程,$\mathrm{d}E = n\tilde{c}_V\mathrm{d}T$,且 $\mathrm{d}W = p\mathrm{d}V = nRT\frac{\mathrm{d}V}{V}$,所以

$$\Delta S = \int_{T_1}^{T_2} \frac{\delta Q}{T} = \int_1^2 \frac{\mathrm{d}E + \mathrm{d}W}{T} = \int_1^2 \frac{n\tilde{c}_V\mathrm{d}T}{T} + \int_1^2 \frac{nR\mathrm{d}V}{V}$$

若取 $\tilde{c}_V$ 为常数,则

$$\Delta S = n\tilde{c}_V \ln \frac{T_2}{T_1} + nR\ln \frac{V_2}{V_1} \tag{1-23}$$

因 $\tilde{c}_V = \tilde{c}_p - R$,$\frac{p_1V_1}{T_1} = \frac{p_2V_2}{T_2}$,代入上式得

$$\Delta S = n\tilde{c}_p \ln \frac{T_2}{T_1} + nR\ln \frac{p_1}{p_2} \tag{1-24}$$

如以 $\frac{T_2}{T_1} = \frac{p_2V_2}{p_1V_1}$ 代入上式,化简得

$$\Delta S = n\tilde{c}_p \ln \frac{V_2}{V_1} + n\tilde{c}_V \ln \frac{p_2}{p_1} \tag{1-25}$$

对于绝热过程,因 $\Delta S = 0$,由上述公式可推得

$$p_1{V_1}^k = p_2{V_2}^k, \frac{T_2}{T_1} = \left(\frac{p_2}{p_1}\right)^{\frac{k-1}{k}}, \frac{T_2}{T_1} = \left(\frac{V_2}{V_1}\right)^{k-1}$$

等等,式中 $k = \frac{\tilde{c}_p}{\tilde{c}_V}$。这些公式就是理想气体的可逆绝热方程。

(4) 传热过程的熵变计算

可以参照本节开始部分的例子进行。

2. 等温等压相变过程

(1) 可逆相变过程

可逆相变过程是指两相平衡时进行的相变,例如熔化—凝固平衡、气化—冷凝平衡等。这类相变过程的熵变计算比较简单,可采用以下公式:

$$\Delta S = \frac{\Delta H_{相变}}{T_{相变}} \tag{1-26}$$

实际上大多数金属的上述相变热和相变温度都可在有关手册中查到,因而很容易根据式(1-26)求得各种平衡转变的相变熵。不过,实际上各种金属的熔化熵(ΔS_m)大致相近,为 8~16 J/(K·mol),各种液态金属的气化熵也大都相同,其值在 88 J/(K·mol)左右。

(2) 不可逆相变过程

不可逆相变过程是指不在两相平衡条件下进行的相变。这只能根据熵是状态函数的特点,将不可逆相变过程设计成几个可逆步骤分别计算。

例如,对于银基钎料,请计算钎焊过程 1 mol 熔融钎料过冷至 800 ℃时,其凝固过程的熵值变化。(为简化计算,银基钎料可按纯银选取热力学参数)已知银的熔点为 961 ℃,熔化热为 11.2 kJ/mol,等压比热容为

$$Ag(S):\tilde{c}_{pS}=21.3+8.52\times10^{-3}T+1.50\times10^{5}T^{-2}\ \text{J/(mol}\cdot\text{K)}\ (298\ \text{K}\sim\text{熔点})$$

$$Ag(L):\tilde{c}_{pL}=30.5\ \text{J/(mol}\cdot\text{K)}\ (\text{熔点}\sim1\,600\ \text{K})$$

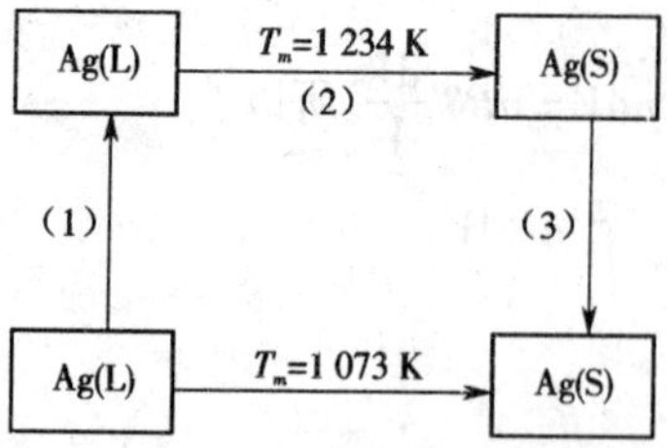

图 1-2 不可逆过程的等效转变成可逆过程

该题实际是要求解 $Ag(L)\xrightarrow{1\,073\ K}Ag(S)$过程的熵变，由于此过程为不可逆过程相变，而且相变过程与环境有热交换，因此，可以将此不可逆过程等效转变成如图 1-2 所示的三个可逆转变过程，求出此过程中体系的总熵变，然后求出由于体系传热给环境引起的环境熵变，体系和环境的熵变之和就是要求的该过程的总熵变。

图 1-2 中可逆过程(1)、(2)、(3)的各自熵变为

$$\Delta S_1=\int_{1\,073}^{1\,234}\frac{\tilde{c}_{pL}\mathrm{d}T}{T}$$

$$\Delta S_2=\frac{\Delta H_m}{T_m}$$

$$\Delta S_3=\int_{1\,234}^{1\,073}\frac{\tilde{c}_{pS}\mathrm{d}T}{T}$$

而 $\Delta S_{体系}=\Delta S_1+\Delta S_2+\Delta S_3$，代入有关数据可得

$$\Delta S_{体系}=-9.20\ \text{J/(K}\cdot\text{mol)}$$

根据上述过程中体系产生的热效应计算体系焓变 $\Delta H_{体系}$，得

$$\Delta H_{体系}=\int_{1\,073}^{1\,234}(\tilde{c}_{pL}-\tilde{c}_{pS})\mathrm{d}T+\Delta H_m$$

代入有关数据可得

$$\Delta H_{体系}=-11\,349\ \text{J/mol}$$

由于 $\Delta H_{环境}=-\Delta H_{体系}=11\,349$ J/mol，因而

$$\Delta S_{环境}=\frac{\Delta H_{环境}}{T}=10.58\ \text{J/(K}\cdot\text{mol)}$$

最后得到该过程的总熵变

$$\Delta S=\Delta S_{体系}+\Delta S_{环境}=1.38\ \text{J/(K}\cdot\text{mol)}>0$$

1.4 热力学第三定律和绝对熵、标准熵

热力学第三定律的内涵是：在绝对温度为零时，任何完整晶体的熵值规定为零，即

$$S_0=0 \tag{1-27}$$

这里所说的完整晶体是指晶体内部无缺陷，且为有规律排列的点阵结构，内部处在完全平衡的状态。

1. 绝对熵

根据热力学第三定律，可以求出各物质在指定温度时的熵值，称为绝对熵。

在等压条件下

$$\mathrm{d}S=\frac{\delta Q}{T}=\frac{\mathrm{d}H}{T}=\frac{c_p\mathrm{d}T}{T}$$

$$S = \int_0^T \frac{c_p \mathrm{d}T}{T} + S_0$$

式中：S_0 为积分常数，其物理意义表示为物质在 0 K 时的熵值，即 $S_0 = 0$。因此可用公式

$$S = \int_0^T \frac{c_p \mathrm{d}T}{T} \tag{1-28}$$

求取物质在不同温度时的绝对熵。如果该物质在 0(K)到计算温度 T(K)之间发生了相变，则计算绝对熵时必须考虑相变熵。例如，某物质从 0(K)到 T(K)之间发生了同素异晶转变、熔化、气化等相变过程，则其 T(K)时的绝对熵

$$S = \int_0^{T_{相变}} \frac{c_{pS1}\mathrm{d}T}{T} + \frac{\Delta H_{相变}}{T_{相变}} + \int_{T_{相变}}^{T_{熔点}} \frac{c_{pS2}\mathrm{d}T}{T} + \frac{\Delta H_{熔化}}{T_{熔点}} + \int_{T_{熔点}}^{T_{沸点}} \frac{c_{pL}\mathrm{d}T}{T} + \frac{\Delta H_{气化}}{T_{沸点}} + \int_{T_{沸点}}^{T} \frac{c_{pV}\mathrm{d}T}{T}$$

式中：c_{pS}、c_{pL}、c_{pV} 分别为物质的固相、液相和气相等压比热容，$T_{相变}$ 为其同素异晶转变温度。

2. 标准熵

通常，各种手册和数据库中所给出的物质的绝对熵都是 1 atm（1 atm = 101 325 Pa）、298 K 时的值，称之为标准熵（$S_{298}^{\ominus}$）。查得物质的标准熵后，其在指定温度和 1 atm 时的绝对熵就很容易求得，即

$$S_T^{\ominus} = S_{298}^{\ominus} + \int_{298}^{T} \frac{\tilde{c}_p \mathrm{d}T}{T} \tag{1-29}$$

如果该物质在 298(K)到计算温度 T(K)之间发生了相变，计算时同样要考虑相变熵。

1.5 自由能函数

1.5.1 自由能函数的表达式

熵作为自发过程的判据仅适用于孤立体系，对于非孤立体系必须使用 $\Delta S_{系统} + \Delta S_{环境}$ 来判断过程是否可以自发进行。由于体系与环境之间的交互作用有时很复杂，因此，环境熵变的计算并不容易。为此，应该寻找一个不受环境影响的系统状态函数作为判据，则更容易解决实际问题。

如果研究等温、等压下的自发反应，由热力学第二定律

$$\mathrm{d}S_{系统} + \mathrm{d}S_{环境} > 0 \tag{1-30}$$

虽然过程是不可逆的，但热量可以可逆地传输给环境，由热力学第二定律

$$\mathrm{d}S_{环境} = \frac{\delta Q}{T}（由系统到环境）$$

$$= -\frac{\delta Q}{T}（由环境到系统）$$

在等压下 $\delta Q = \mathrm{d}H$，代入上式

$$\mathrm{d}S_{环境} = -\frac{\mathrm{d}H}{T}（由环境到系统）$$

将上式代入式(1-30)，得

$$\mathrm{d}S_{系统} - \frac{\mathrm{d}H}{T}（由环境到系统）> 0$$

即

$$dH - TdS_{系统} < 0 \tag{1-31}$$

式(1-31)表明:对一自发过程,系统的焓变减去绝对温度与系统熵变的乘积应小于零,即自发过程

$$dH - TdS_{系统} < 0$$

而在平衡状态时,

$$dH - TdS_{系统} = 0$$

当过程不能进行时,

$$dH - TdS_{系统} > 0$$

所以组合参数($dH - TdS_{系统}$)可以用来判断过程是否可以自发进行,这样就省去了环境熵的计算,只讨论系统的熵变。为书写方便,在后文中去掉 $dS_{系统}$ 的脚注,以 dS 代替 $dS_{系统}$,并将 $dH - TdS_{系统}$ 定义为 dG,即

$$dG = dH - TdS \tag{1-32}$$

等温下对上式等号两边积分,得

$$G = H - TS \tag{1-33}$$

G 称为系统的吉布斯自由能(Gibbs free energy)。(等温等压条件下适用)

如果过程在等容下进行,$\delta Q = dE$,则定义

$$dF = dE - TdS \tag{1-34}$$

等温下对上式等号两边积分,得

$$F = E - TS \tag{1-35}$$

F 称为系统的亥姆霍兹自由能(Helmholtz free energy)。(等温等容条件下适用)

从上面的讨论可以看出,系统自由能下降的过程可以自发进行;当过程进行完毕达到平衡状态时,系统的自由能改变量 $dG = 0$(在等温等压时),或 $dF = 0$(在等温等容时)。

所以,在分析一个过程是否自发进行,在什么条件下达到平衡时,只考虑内能和热焓的改变是不够的,还必须考虑系统的熵变,自由能就是一个综合考虑了系统内能、热焓和熵变的综合状态函数。由于 E、H、T、S 都是状态函数,因此 G 和 F 也是状态函数。

对于等压过程,dE 和 dH 以及 dF 和 dG 之间均差 pdV。在一般的固相反应中,体积膨胀功的数值比其他能量项小,所以在一般性的讨论中,常常忽略它们之间的差别。

在理论研究中较多地讨论 dE、c_V 和 dF,不再讨论膨胀功;而在实验工作中,因为 c_p 易于测定,所以较多地讨论 dH、c_p 和 dG。

式(1-33)和式(1-35)的导出是基于等温等压或者等温等容条件的,如果系统不具备等温等压或等温等容条件的过程,则

$$dG = dH - TdS - SdT$$

由于 $dH = dE + pdV + Vdp$,代入上式得

$$dG = dE + pdV + Vdp - TdS - SdT$$

由热力学第一定律 $dE = \delta Q - pdV$,代入上式可得

$$dG = \delta Q + Vdp - TdS - SdT$$

对于可逆过程,由热力学第二定律 $dS = \delta Q/T$,代入上式得

$$dG = Vdp - SdT \text{(非等温等压)} \tag{1-36}$$

同理可得

$$dF = -pdV - SdT\text{（非等温等容）} \tag{1-37}$$

还有

$$dH = TdS + Vdp \tag{1-38}$$

$$dE = TdS - pdV \tag{1-39}$$

这一组方程只适用于可逆过程，是一些热力学运算的基础，由这些方程可以导出各种热力学关系式。在热力学各种计算中常会用到等容热容 $c_V = \left(\frac{\partial E}{\partial T}\right)_V$、等压热容 $c_p = \left(\frac{\partial H}{\partial T}\right)_p$、体膨胀系数 $a = \frac{1}{V}\left(\frac{\partial V}{\partial T}\right)_p$、压缩系数 $x = -\frac{1}{V}\left(\frac{\partial V}{\partial p}\right)_T$ 等参数，其中 c_p、a、x 都易于实验测定，而 $c_V = \left(\frac{\partial E}{\partial T}\right)_V = c_p - \frac{a^2VT}{x}$。

1.5.2 自由能函数的物理意义

上面已经推导出了不依赖于环境熵变的体系过程的判据——自由能函数 G 和 F 的表达式，那么，从其物理意义上看，自由能函数 G 和 F 又分别代表什么？

一个过程所产生的功可以分为两种：一种是机械功或称体积功，即系统体积膨胀时所做的功 pdV；另一种是有用功 $\delta W'$。因此可以把一个无限小的过程的总功 δW 写为

$$\delta W = pdV + \delta W' \tag{1-40}$$

代入热力学第一定律，得

$$dE = \delta Q - pdV - \delta W'$$

如果过程是可逆的，则 $\delta Q = TdS$，所以

$$dE = TdS - pdV - \delta W'$$

由亥姆霍兹自由能 F 的定义可知，对于非等温过程，有

$$dF = dE - TdS - SdT$$

合并以上两式，可得

$$dF = -SdT - pdV - \delta W'$$

如果过程在等温下进行，即 $dT = 0$，则

$$-dF = pdV + \delta W'$$

积分后得

$$-\Delta F = \int_1^2 (pdV + \delta W') = W_{max} \tag{1-41}$$

公式(1-41)表明，对于可逆过程，系统自由能 F 的减小量就是体系在等温过程中对外所做的总功，显然这个功是最大的功，因为如果过程是不可逆的自发过程，那么体系的一部分内能将用于体系熵的增量，因此体系对外所做的功就会减小（小于 $-\Delta F$）。

如果温度不变，且 $\Delta W' = 0$，则

$$-\Delta F = \int_1^2 pdV$$

如果温度、体积均不变，但 $\delta W' \neq 0$，则

$$-\Delta F = \int_1^2 \delta W' = W'$$

这就是说，F 的减小量是可逆的等温、等容过程中体系对外所做的最大有用功。

如果温度、压力均不变，且 $\delta W' = 0$，则 $\Delta F = 0$。

同理，对于吉布斯自由能 G

$$dG = -SdT + Vdp - \delta W'$$

对等温过程 $-dG = -Vdp + \delta W'$，两边积分后得

$$-\Delta G = -\int_1^2 Vdp + \int_1^2 \delta W' \tag{1-42}$$

如果温度不变，且 $\delta W' = 0$，则

$$\Delta G = \int_1^2 Vdp$$

如果温度、压力均不变，但 $\delta W' \neq 0$，则

$$-\Delta G = \int_1^2 \delta W' = W'$$

这就是说，吉布斯自由能的减小量就是可逆的等温、等压过程中，体系对外所做的最大有用功。自由能 F 或 G 可以释放出来做膨胀功或有用功，它们的减小量是体系做功的度量，在相转变中，它们是推动转变的驱动能。

1.6 统计熵和混合熵

1.6.1 统计熵

热力学第二定律表明，在一个自发过程中，孤立体系的熵逐渐增加，当过程进行完毕，达到平衡状态时，孤立体系的熵达到最高值。而统计热力学的观点认为，一切孤立体系将是从概率较小的状态自发地趋向概率较大的状态，一个最无秩序的体系存在的概率最大。由此可以看出，宏观体系的熵和热力学概率之间存在着某种关系，这种关系被称为玻尔兹曼(Boltzmann)关系，其数学表达式为

$$S = k\ln w \tag{1-43}$$

式中：S 是宏观体系的熵，k 是玻尔兹曼常数(1.38×10^{-23} J/K)，w 是这一状态的热力学概率。

式(1-43)建立了宏观参量和微观状态之间的联系，它是一个重要的基本公式。下面结合例子介绍统计热力学中热力学概率的计算方法。

8 个小球，按 1,2,…,8 编号；4 个空匣按 $\Delta V_1, \Delta V_2, \Delta V_3, \Delta V_4$ 编号。现在计算 8 个小球均匀分布于 4 个匣子，即形成 2－2－2－2 这样一种均态分布(宏观态)的热力学概率。从 8 个小球中选两个放入 ΔV_1。放第一个进入 ΔV_1 可能选 1,2,3,…,8 号中的任一个球，因而有 8 种选法。在剩下的 7 个球中选一个进入 ΔV_1，有 7 种选法，因而总共有 $8 \times 7 = 56$ 种选法。但两个球进入 ΔV_1 时，先进 1 号后进 2 号和先进 2 号后进 1 号属同一分布状态，与进入顺序无关，因此从 8 个球中任选两个进入 ΔV_1，有 $8 \times 7/2! = 28$ 种选法。写成数学表达式为

$$\frac{8 \times 7}{2!} = \frac{8!}{2!6!} = 28$$

同理，在剩下的 6 个小球中任选两个进入 ΔV_2 的选法有

$$\frac{6\times5}{2!}=\frac{6!}{2!4!}=15$$

剩下的4个小球中任选两个进入 ΔV_3 的选法有

$$\frac{4\times3}{2!}=\frac{4!}{2!2!}=6$$

最后剩下的两个小球进入 ΔV_4 的选法有

$$\frac{2\times1}{2!}=\frac{2!}{2!0!}=1$$

8个小球在4个匣子中均匀分布这样一种宏观态的热力学概率 w，是这些选择方式的数目的乘积，即

$$w=\frac{8!}{2!6!}\times\frac{6!}{2!4!}\times\frac{4!}{2!2!}\times\frac{2!}{2!0!}=\frac{8!}{2!2!2!2!}=2\ 520$$

推广到一般情况，N 个粒子进入 $\Delta V_1,\Delta V_2,\Delta V_3,\cdots,\Delta V_n$ 个小体积，在这些体积中粒子分布分别为 $N_1,N_2,N_3,\cdots,N_n$ 的宏观态的热力学概率

$$w=\frac{N!}{N_1!N_2!N_3!\cdots N_n!} \tag{1-44}$$

对式(1-44)取对数，得

$$\ln w=\ln N!-\ln N_1!-\ln N_2!-\ln N_3!-\cdots-\ln N_n!$$

由斯蒂令(Stirling)近似，当 $N\gg1$ 时，$\ln N!\approx N\ln N-N$，所以有

$$\ln w=N\ln N-N-\sum_{i=1}^{n}(N_i\ln N_i-N_i)$$

由于 $\sum\limits_{i=1}^{n}N_i=N$，所以

$$\ln w=N\ln N-\sum_{i=1}^{n}N_i\ln N_i \tag{1-45}$$

上式是统计热力学中常用的公式。当热力学概率 w 最大时，应有 $\mathrm{d}\ln w=0$。用变分法可以求得，当 $\ln w$ 最大时，$\ln N_i=-a$(常数)，即

$$N_i=\mathrm{e}^{-a}=\text{常数} \tag{1-46}$$

这就是说，在平衡状态，各 ΔV_i 中的粒子数 N_i 相等。这个结论和人们的经验相符，如容器中的气体分子运动，如果把容器分成许多小体积元，则在平衡态时，气体分子在这些小体积元中的分布是均匀的。按统计物理学的观点，平衡均匀分布的熵最大，这种分布出现的概率最大；偏离均匀分布的宏观态也有出现的可能，不过概率较小；偏离平衡分布的程度愈大，出现的概率愈小。在处理合金中的问题时，N 即为溶质原子数，数值很大；热力学概率 w 的数值也很大，w 小的宏观态，出现的概率很小。

1.6.2 混合熵

现在考虑A、B两组元形成的置换固溶体，其原子百分浓度分别为 $1-C$ 和 C，假定原子在晶格中的分布是完全紊乱的，晶体有 N 个原子，组元A、B的原子数分别为 $N-n$ 和 n，形成固溶体后系统熵的增量

$$\Delta S_{\mathrm{m}}=S_{\mathrm{AB}}-S_{\mathrm{A}}-S_{\mathrm{B}} \tag{1-47}$$

式中：S_{AB}是固溶体的熵，S_A、S_B 分别为固溶前纯组元的熵，ΔS_m 称为混合熵。把式(1-43)代入式(1-47)，得

$$\Delta S_m = k(\ln w_{AB} - \ln w_A - \ln w_B) \tag{1-48}$$

式中：w_A、w_B、w_{AB}分别为纯组元 A 原子、B 原子自身排列时的热力学概率和固溶体内 A、B 原子混合分布的热力学概率。

对于纯组元 A 分布的热力学概率，$N-n$ 个 A 原子占有 $N-n$ 个位置，由于它们都是同类原子，不能分辨，所以 $w_A = \dfrac{(N-n)!}{(N-n)!} = 1$；同理，$w_B = \dfrac{n!}{n!} = 1$。对于固溶体内 A、B 原子混合分布的热力学概率 w_{AB}，由于只能区别 A 原子和 B 原子，因而不同元胞中的同类原子互换位置仍是同一个微观态，所以热力学概率

$$w_{AB} = \frac{N!}{n!(N-n)!} \tag{1-49}$$

所以混合熵

$$\Delta S_m = k\ln\frac{N!}{n!(N-n)!} = k[\ln N! - \ln n! - \ln (N-n)!]$$

由斯蒂令近似代入上式，得

$$\Delta S_m = k[N\ln N - n\ln n - (N-n)\ln (N-n)]$$

由于 $1 - C = \dfrac{N-n}{N}$，$C = \dfrac{n}{N}$，代入上式得

$$\Delta S_m = -Nk[C\ln C + (1-C)\ln (1-C)] \tag{1-50}$$

由于 C 和$(1-C)$都小于 1，其对数值为负，所以 ΔS_m 为正值。如果晶体为 1 mol，则 N 等于阿伏加德罗常数(6.023×10^{23})，$Nk = R = 8.314$ J/(mol · K)。当 $C=0.5$ 时，混合熵最大，如图 1-3 所示。曲线对称于 $C=0.5$，当 $C\to0$ 或 $C\to1$ 时，曲线的斜率很大(熵变增速很快)，这意味着少量的第二组元加入会使纯物质的熵急剧增加。

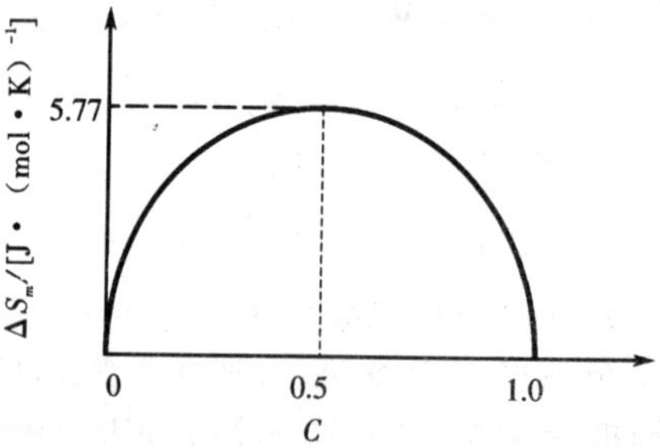

图 1-3　固溶体混合熵与溶质浓度之间的关系

1.7　同素异晶转变热力学

在 1.2 节中关于比热容与温度之间的爱因斯坦或德拜量子理论关系公式不仅建立了比热容与温度之间的关系，而且其中的特征温度表达式

$$\Theta_E = \frac{h\nu}{k} \text{ 和 } \Theta_D = \frac{h\nu_m}{k}$$

也建立了物质的特征频率和物质的热学性质、弹性性质之间的联系。

如果把振动原子看做简谐振子，根据胡克定律，位移 y 产生的回复力 $f=-\alpha y$，α 为弹性系数，则根据牛顿运动定律 $f=ma$（m 为质量，a 为加速度），可得

$$a=\frac{f}{m}=-\frac{\alpha}{m}y=\frac{\mathrm{d}^2y}{\mathrm{d}t^2}$$

根据振动力学可知，对于振动物体，$\alpha/m=(2\pi\nu)^2$，ν 为振动频率。代入上式可求得其振动频率

$$\nu=\frac{1}{2\pi}\sqrt{\frac{\alpha}{m}} \tag{1-51}$$

如果原子间距为 d，则作用在每个原子上的应力为 f/d^2，应变为 y/d，物质的弹性模量为 E，则

$$\frac{f}{d^2}=-E\frac{y}{d}\Rightarrow f=-dEy$$

对应胡克定律，得到 $\alpha=dE$，式(1-51)可以改写为

$$\nu=\frac{1}{2\pi}\sqrt{\frac{dE}{m}} \tag{1-52}$$

上式表明，晶体原子间的结合力愈大（即 E 愈大）及质量越小，则其固有特征频率 ν 越大。而振动频率越大的物质，特征温度越高，比热容越小。因此结合力大的轻元素晶体（例如金刚石），其特征温度高；而结合力小的重元素晶体（如铅），其特征温度低。

这些定性的关系结合热力学三大定律，有助于定性地理解纯金属的多形性转变过程的热力学变化。

以纯铁的同素异晶转变为例，随着温度的升高，纯铁在 1 183 K 由 α（体心立方）→γ（面心立方）；在 1 673 K，由 γ→δ（体心立方）；在 1 812 K，由 δ→L（液态）。由此可见，对于纯铁来说，从 α-Fe→γ-Fe→δ-Fe 晶格中铁原子的能量状态从低到高逐渐增加，其原子间结合强度则相反，从高到低依次递减，所以其弹性模量 α-Fe 最大，γ-Fe 居中，δ-Fe 最小。据式(1-52)可知，其特征频率 ν 也是从 α-Fe→γ-Fe→δ-Fe 依次减小。根据特征温度公式，可推知其特征温度 Θ_D 也是依次减小（α-Fe 和 γ-Fe 的德拜特征温度分别为 420 K 和 355 K），振动比热容 c_V^a 则是依次增加。一般情况下，在某一温度时晶体结构的结合力越小（E 越小），ν 越小，Θ_D 越低，c_p 越大，则结构越稳定。

从热力学规律可知，自发的相变过程其自由能必然下降。晶体在等压下加热，当温度由 T 升高到 $T+\mathrm{d}T$ 时，则

$$\mathrm{d}H=\delta Q=c_p\mathrm{d}T$$

$$\mathrm{d}S=\frac{\delta Q}{T}=\frac{c_p\mathrm{d}T}{T}$$

系统吉布斯自由能的增量

$$\mathrm{d}G=\mathrm{d}H-T\mathrm{d}S-S\mathrm{d}T=c_p\mathrm{d}T-T\frac{c_p\mathrm{d}T}{T}-S\mathrm{d}T=-S\mathrm{d}T$$

式中：S 为晶体在温度 T 时的熵。这个温度的自由能

$$G=G_0-\int_0^T S\mathrm{d}T$$

G_0 是 0 K 时的自由能，由于 0 K 时晶体熵值为零，因此 G_0 等于 0 K 时的热焓 H_0，且过程从 0 到 T 时，系统的熵变即为 T 温度时的熵，该熵值可以写为

$$S=\int_0^T\frac{c_p}{T}\mathrm{d}T$$

所以

$$G = H_0 - \int_0^T \left(\int_0^T \frac{c_p}{T} \mathrm{d}T \right) \mathrm{d}T \tag{1-53}$$

由此可以看出，晶体温度升高时，其自由能下降，比热容越大，下降得越快。因此，对于具有不同比热容值的α-Fe和γ-Fe，由于在一定温度以上γ-Fe的比热容高于α-Fe，γ-Fe自由能的下降速度和幅度都会大于α-Fe；但γ-Fe的自由能低于α-Fe时，就会促使α-Fe向γ-Fe转变。

需特别指出的是，从537 K开始，α-Fe体心立方结构的电子比热容显著增加，使得α-Fe的总比热容 c_V 高于γ-Fe，这种差异促使γ-Fe在1 673 K转变为δ-Fe。

1.8 偏摩尔量和化学位

1.8.1 偏摩尔量

工程中所使用的材料绝大多数是多组元的合金固溶体材料或复合材料。对于固溶体材料，不仅要关注整体固溶体的热力学性质，而且需要研究特定组元在固溶体中的热力学性质，这种组成多元固溶体中的某个特定组元的容量性质称为偏摩尔量。

首先从偏摩尔体积讲起，因为它最具有直观性。例如 $1,2,\cdots,i,\cdots$ 组元组成的单相均匀固溶体，各组元的摩尔数分别为 $n_1, n_2, \cdots, n_i, \cdots$，固溶体具有一定的体积 V，V 随成分而变，是成分的函数，即

$$V = f(n_1, n_2, \cdots)$$

我们做一个操作，使系统在等温、等压下 $n_1, n_2, \cdots$ 分别增加 $\mathrm{d}n_1, \mathrm{d}n_2, \cdots$。这个操作可以采取两种方式完成：一种是在无限大的固溶体中增加一摩尔 $\mathrm{d}n_i$，另一种是在一摩尔固溶体中增加微量 $\mathrm{d}n_i$。这两种方式都可使系统成分的变化小到可以忽略的程度，则固溶体体积的变化

$$\mathrm{d}V = \left(\frac{\partial V}{\partial n_1} \right)_{T,p,n_2,n_3,\cdots} \mathrm{d}n_1 + \left(\frac{\partial V}{\partial n_2} \right)_{T,p,n_1,n_3,\cdots} \mathrm{d}n_2 + \cdots \tag{1-54}$$

i 组元的偏摩尔体积定义为

$$\overline{V_i} = \left(\frac{\partial V}{\partial n_i} \right)_{T,p,n_j} \tag{1-55}$$

n_j 表示除 n_i 改变 $\mathrm{d}n_i$ 以外，其他组元的摩尔数不变。$\overline{V_i}$ 是在一定成分下的性质，它是这一成分下 i 组元在固溶体中的实际摩尔体积。也就是说，在无限大的固溶体中（保持 $n_1 : n_2 : \cdots$ 的比不变），加入一摩尔物质 i 组元所引起的体积变化。据此，式(1-54)可以改写为

$$\mathrm{d}V = \overline{V_1}\mathrm{d}n_1 + \overline{V_2}\mathrm{d}n_2 + \cdots \tag{1-56}$$

当成分一定时，$\overline{V}_1, \overline{V}_2, \cdots$ 都一定，所以在等定成分下积分，有

$$V = \overline{V_1} \int_0^{n_1} \mathrm{d}n_1 + \overline{V_2} \int_0^{n_2} \mathrm{d}n_2 + \cdots = \overline{V_1} n_1 + \overline{V_2} n_2 + \cdots \tag{1-57}$$

将式(1-57)微分，得到

$$\mathrm{d}V = \overline{V_1}\mathrm{d}n_1 + n_1 \mathrm{d}\,\overline{V_1} + \overline{V_2}\mathrm{d}n_2 + n_2 \mathrm{d}\,\overline{V_2} + \cdots$$

将上式和式(1-56)比较，得到如下公式：

$$n_1 \mathrm{d}\,\overline{V_1} + n_2 d\,\overline{V_2} + \cdots = 0$$

上式为吉布斯-杜亥姆(Gibbs-Duhem)公式。对于其他的容量性质，如内能、焓、熵、自由能，都有类似的关系。

下面介绍求偏摩尔量的图解方法。A、B 两组元形成单相均匀合金，其摩尔分数分别为 x_A、x_B，且 $x_A + x_B = 1$。如果固溶体是理想固溶体，也就是说 A、B 组元在合金中所占的体积和纯组元的体积相同，合金体积是纯组元体积的线性叠加，即

$$V^* = V_A^* x_A + V_B^* x_B \tag{1-58}$$

式中：V^*、V_A^*、V_B^* 分别为理想固溶体、纯 A、纯 B 的摩尔体积。式(1-58)在体积—成分图中是连接 V_A^*、V_B^* 的直线(图 1-4)。但是，一般的固溶体都不是理想固溶体，它们在合金中所占的体积大于或小于纯态的体积。由式(1-57)，对一摩尔固溶体，n_i 可改写为 x_i，则

$$V = \overline{V_A} x_A + \overline{V_B} x_B \tag{1-59}$$

上式也是一个直线方程，它表明合金的摩尔体积是组元的偏摩尔体积的线性叠加。如果知道合金摩尔体积随成分变化的曲线，而合金的成分为 x_B，作曲线在 P 点的切线，切线与纵轴的交点 $x_A = 1$、$x_B = 1$ 就是 $\overline{V_A}$、$\overline{V_B}$。写成数学式，有

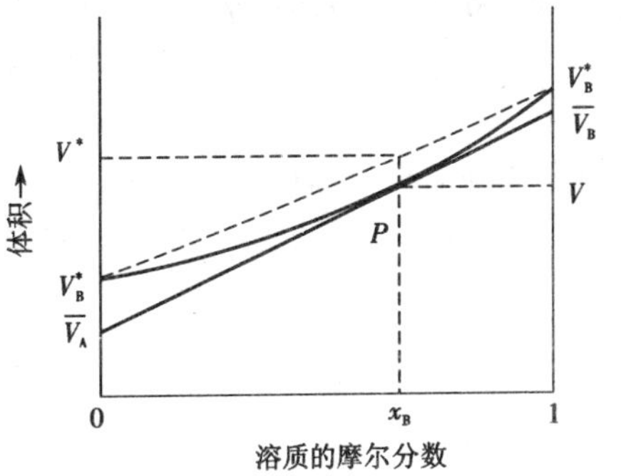

图 1-4　二元合金的体积—成分图

$$\overline{V_A} = V - x_B\left(\frac{dV}{dx_B}\right) \tag{1-60}$$

$$\overline{V_B} = V + (1 - x_B)\left(\frac{dV}{dx_B}\right) \tag{1-61}$$

式中：dV/dx_B 是切线的斜率。

1.8.2　化学位和多相平衡

匀相系统的容量性质都有与式(1-56)、式(1-57)类似的关系，因此，对于系统自由能变化也有如下关系：

$$dG = \left(\frac{\partial G}{\partial T}\right)_{p,n_1,n_2,\cdots} dT + \left(\frac{\partial G}{\partial p}\right)_{T,n_1,n_2,\cdots} dp + \left(\frac{\partial G}{\partial n_1}\right)_{T,p,n_2,n_3\cdots} dn_1 + \left(\frac{\partial G}{\partial n_2}\right)_{T,p,n_1,n_3,\cdots} dn_2 + \cdots \tag{1-62}$$

式中：dT 和 dp 前面的系数代表在成分 $n_1, n_2, \cdots$ 不变的情况下，系统的自由能随温度和压力的变化，与 $dG = Vdp - SdT$ 公式相比较，得到

$$\left(\frac{\partial G}{\partial T}\right)_{p,n_1,n_2,\cdots} = -S \tag{1-63}$$

$$\left(\frac{\partial G}{\partial p}\right)_{T,n_1,n_2,\cdots} = V \tag{1-64}$$

式中：S 和 V 是整个匀相的总熵和总体积。

$$\left(\frac{\partial G}{\partial n_1}\right)_{T,p,n_2,n_3\cdots} = \overline{G_1} \tag{1-65}$$

$$\left(\frac{\partial G}{\partial n_2}\right)_{T,p,n_1,n_3,\cdots} = \overline{G_2} \tag{1-66}$$

$$\vdots$$

$\overline{G_1},\overline{G_2},\cdots$ 分别为组元1,2,…的偏摩尔自由能,在热力学中称为“化学位”,i 组元的化学位记作 μ_i。因而有

$$dG = -SdT + Vdp + \overline{G_1}dn_1 + \overline{G_2}dn_2 + \cdots \tag{1-67}$$

或

$$dG = -SdT + Vdp + \mu_1 dn_1 + \mu_2 dn_2 + \cdots \tag{1-68}$$

对于等温等压过程,有

$$dG = \overline{G_1}dn_1 + \overline{G_2}dn_2 + \cdots \tag{1-69}$$

$$dG = \mu_1 dn_1 + \mu_2 dn_2 + \cdots \tag{1-70}$$

在恒定成分下积分,有

$$G = \overline{G_1}n_1 + \overline{G_2}n_2 + \cdots \tag{1-71}$$

或

$$G = \mu_1 n_1 + \mu_2 n_2 + \cdots \tag{1-72}$$

$$n_1 d\mu_1 + n_2 d\mu_2 + \cdots = 0 \tag{1-73}$$

由于

$$x_i = \frac{n_i}{n_1 + n_2 + \cdots}$$

所以

$$x_1 d\mu_1 + x_2 d\mu_2 + \cdots = 0 \tag{1-74}$$

同理,对亥姆霍兹自由能 F,也有类似的关系。

现在求组元 i 的化学位 μ_i。固溶体的理论继承了溶液理论,而溶液理论可以追溯到混合气体。考虑均匀理想的混合气体,容积为 V,总气压为 p,组元 i 的分压为 p_i,由理想气体方程

$$pV = nRT \tag{1-75}$$

对单原子分子

$$p_i = px_i \tag{1-76}$$

所以

$$V = x_i \frac{RT}{p_i} \tag{1-77}$$

$$x_i = \frac{n_i}{n_1 + n_2 + \cdots}$$

对一摩尔气体,$x_i = n_i$,有

$$V = n_i \frac{RT}{p_i} \tag{1-78}$$

对 n_i 求微商,有

$$\overline{V_i} = \frac{\partial V}{\partial n_i} = \frac{RT}{p_i} \tag{1-79}$$

将式(1-68)对 p,n_i 求偏微商,有

$$\left.\begin{aligned} &\left(\frac{\partial G}{\partial p}\right)_{T,n_1,n_2,\cdots} = V \\ &\frac{\partial^2 G}{\partial n_i \partial p} = \frac{\partial V}{\partial n_i} = \overline{V_i} \\ &\left(\frac{\partial G}{\partial n_i}\right)_{T,p,n_j} = \mu_i \end{aligned}\right\} \tag{1-80}$$

n_j 表示除 i 组元以外，其他组元的含量不变。

$$\frac{\partial^2 G}{\partial n_i \partial p} = \frac{\partial \mu_i}{\partial p} \tag{1-81}$$

因为式(1-68)是连续的，所以式(1-80)和式(1-81)相等，即

$$\frac{\partial \mu_i}{\partial p} = \overline{V_i} \tag{1-82}$$

将上式代入式(1-79)，得

$$\mathrm{d}\mu_i = V_i \mathrm{d}p = RT\frac{\mathrm{d}p}{p_i}$$

等号两边积分，得

$$\mu_i = \int RT\frac{\mathrm{d}p}{p_i} = \mu_i^{\circ}(T) + RT\ln p_i \tag{1-83}$$

式中：$\mu_i^{\circ}(T)$ 是积分常数，它是温度的函数。

有了化学位的概念，就可以讨论多元系多相平衡问题。为了简单起见，讨论 A、B 二元系中 α、β 两相在等温等压下的平衡。由式(1-70)对 α、β 两相分别有

$$G^{\alpha} = \mu_A^{\alpha} x_A^{\alpha} + \mu_B^{\alpha} x_B^{\alpha} \tag{1-84}$$

$$G^{\beta} = \mu_A^{\beta} x_A^{\beta} + \mu_B^{\beta} x_B^{\beta} \tag{1-85}$$

从 α 相迁移 A 组元 $\mathrm{d}n_A$ 到 β 相，则 α 相内自由能改变量为 $-\mu_A^{\circ}\mathrm{d}n_A$，而 β 相自由能改变量为 $\mu_A^{\beta}\mathrm{d}n_A$，系统自由能改变量

$$\mathrm{d}G = \mathrm{d}G^{\alpha} + \mathrm{d}G^{\beta} = -\mu_A^{\circ}\mathrm{d}n_A + \mu_A^{\beta}\mathrm{d}n_A = (\mu_A^{\beta} - \mu_A^{\alpha})\mathrm{d}n_A$$

达到平衡时，$\mathrm{d}G = 0$，所以

$$\mu_A^{\circ} = \mu_A^{\beta} \tag{1-86}$$

$$\mu_B^{\circ} = \mu_B^{\beta} \tag{1-87}$$

所以 $1,2,\cdots,i,\cdots$ 多元系 α、β、γ，…多相平衡的条件是

$$\mu_i^{\circ} = \mu_i^{\beta} = \mu_i^{\gamma} = \cdots \tag{1-88}$$

这就是说，在等温等压下，多元系多相平衡的条件是任一组元在各相的化学位相等。(在等温等容下，也可以导出同样的条件)这个结论是容易理解的，如果组元在两相中的化学位不等，这个组元就会从化学位高的相向化学位低的相自发流动，使系统的自由能降低，直到它在两相中的化学位相等为止。这里还可以看出，化学位的梯度是固溶体中物质流动的驱动力。成分为 x_B 的二元合金，已知 α、β 相的自由能曲线，平衡两相的成分 x_B^{α} 和 x_B^{β} 取决于两相自由能的公切线(如图 1-5 所示)，此时 G^{α}，G^{β} 满足式(1-84)和式(1-85)；因为只有这样，组元在各相中的化学位才能相等，系统自由能(由线段 $\overline{Px_B}$ 表示)才最低。

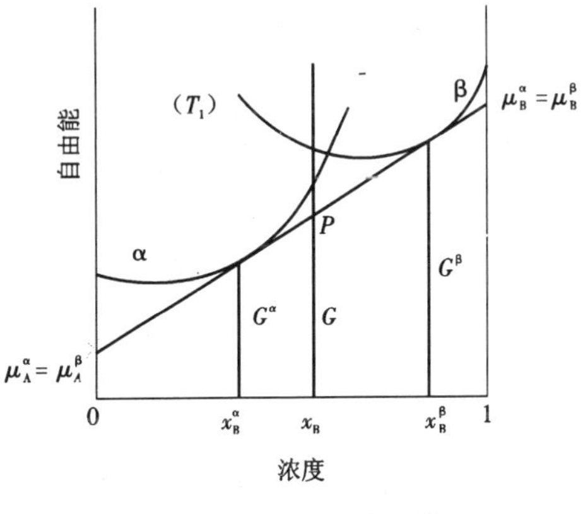

图 1-5 二元系两相平衡

1.9 活度

人们把理想混合气体的理论应用于溶液。对于理想溶液,i 组元的蒸气压 p_i 和摩尔分数 x_i 有线性关系,即

$$p_i = x_i p_i^\circ \tag{1-89}$$

式中:p_i° 是纯 i 的蒸气压。式(1-89)就是拉乌尔(Raoult)定律。将其代入式(1-83),则

$$\begin{aligned}\mu_i &= \mu_i^\circ(T) + RT\ln x_i p_i^\circ \\ &= \mu_i^\circ(T) + RT\ln p_i^\circ + RT\ln x_i \\ &= \mu_i^\circ(T,p) + RT\ln x_i\end{aligned} \tag{1-90}$$

上式建立了理想溶液中 i 组元的化学位和摩尔分数的关系。对于非理想溶液,i 组元的蒸气压和摩尔分数的关系则不完全是线性的,存在偏离。如果摩尔分数为 x_i,i 组元的蒸气压在理想溶液中为 p_i',在非理想溶液中由于组元间的相互作用,蒸气压变为 p_i°。p_i' 相当于 i 组元在摩尔分数 a_i 的理想溶液中的蒸气压,即

$$p_i' = a_i p_i^\circ \tag{1-91}$$

a_i 称为 i 组元的活度。因此只要把摩尔分数用活度来代替,理想溶液的公式就可以用于非理想溶液,即

$$\begin{aligned}\mu_i &= \mu_i^\circ(T) + RT\ln a_i p_i^\circ \\ &= \mu_i^\circ(T) + RT\ln p_i^\circ + RT\ln a_i \\ &= \mu_i^\circ(T,p) + RT\ln a_i\end{aligned} \tag{1-92}$$

实验指出,对于非理想溶液,在摩尔分数较小时,p_i 和 x_i 仍维持较好的线性关系,即

$$p''_i = bx_i \tag{1-93}$$

这就是亨利(Henry)定律。将式(1-93)代入式(1-91),得

$$a_i = \frac{bx_i}{p_i^\circ} = \gamma_i x_i \tag{1-94}$$

其中

$$\gamma_i = \frac{b}{p_i^\circ} \tag{1-95}$$

γ_i 称为 i 组元的活度系数。将式(1-94)代入式(1-92),得

$$\begin{aligned}\mu_i &= \mu_i^\circ(T,p) + RT\ln \gamma_i x_i \\ &= \mu_i^\circ(T,p) + RT\ln x_i + RT\ln \gamma_i\end{aligned} \tag{1-96}$$

式中:$\mu_i^\circ(T,p) + RT\ln x_i$ 是 i 组元在理想溶液中的化学位,$RT\ln \gamma_i$ 是非理想溶液偏离理想的部分。当将非理想系统和假想的、成分相同的理想系统对比起来研究的时候,两者之差取决于 $RT\ln \gamma_i$。在理想情况下 $\gamma_i = 1, a_i = x_i, \ln \gamma_i = 0$;在非理想情况下,如 $\gamma_i > 1$,则 $a_i > x_i$,$\ln \gamma_i > 0$,即 i 组元的偏摩尔自由能比理想溶液高;如 $0 < \gamma_i < 1$,则 $a_i < x_i$,$\ln \gamma_i < 0$,即 i 组元的偏摩尔自由能比理想溶液低。

上述溶液活度理论不仅可以应用于炼钢过程或焊接过程的气氛、熔渣、液态金属等化学冶金性能分析,而且已经成功地推广应用到固溶体,从而将解决非理想固溶体的平衡问题,归结

为求组元的活度或活度系数的问题。

1.10 界面热力学

金属与合金的界面可以分为外表面和内表面两类。外表面是指金属和合金与气体、液体或真空之间的界面,内表面则是指金属与合金内部的结构和组成不同的两部分之间的界面,如晶界、亚晶界,层错、α 相/β 相、奥氏体/马氏体等。

各种界面由于结构和组织不同,具有不同的界面能。界面能对金属和合金的性能都有很大的影响。

1.10.1 界面的一般理论

1. 表面能和界面能

以纯 α 和纯 β 二相之间的平直界面为例(图 1-6(a))。当界面面积增大 dA 时,体系将消耗能量 $dW = -\gamma dA$(注意:此处 γ 为表面张力,非上述的活度系数 γ_i)。即等温等压下,体系自由能的改变为

$$dG^s = -dW = \gamma dA \tag{1-97}$$

积分得

$$G^s = \gamma A \text{ 或者 } \gamma = \frac{G^s}{A} \tag{1-98}$$

即界面张力 γ 为单位面积表面的自由能,因而 γ 也称为界面能。因为在温度、压力一定时,G^S 最小时为最稳定状态,因而界面也倾向于吸附杂质以使 γ 降低或缩小界面 A,以使 G^S 为最小值。由于体积一定时,球形的表面积最小,所以从热力学角度来看,各种界面都有向球形界面变化的趋势。此外,固体的 γ 有各向异性的性质,即与形成界面的两个晶面有关。在温度升高时,由于界面两侧之间原子的相互扩散,会使该界面的 γ 发生变化。

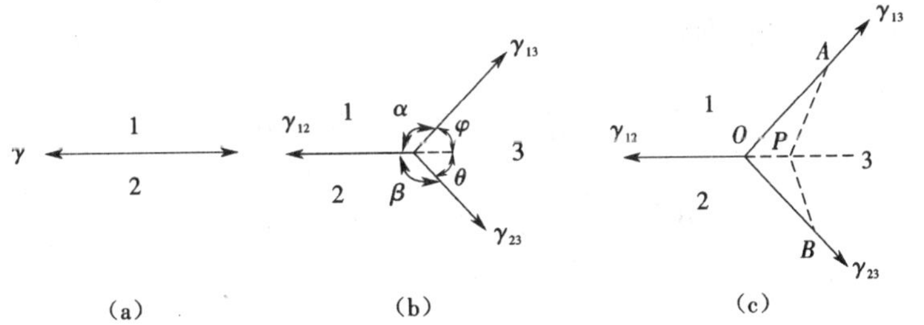

图 1-6 界面平衡示意图

(a)平直界面 (b)三个晶粒界面 (c)晶界移动

2. 晶界的形态

晶界在热力学上是不稳定的,即处于亚稳平衡状态。

当仅考虑界面张力或界面能时,在三个晶粒相交处,在晶粒 1—2、1—3 和 2—3 的界面上具有的界面张力分别为 $\gamma_{12}, \gamma_{13}, \gamma_{23}$,它们的作用是使各自的界面长度减小,如图 1-6(b)。界面之间的夹角 α、β 和 $(\varphi+\theta)$ 对应于这些张力的平衡。在平衡时,有下列重要的关系:

$$\frac{\gamma_{12}}{\sin(\varphi+\theta)}=\frac{\gamma_{13}}{\sin\beta}=\frac{\gamma_{23}}{\sin\alpha} \tag{1-99}$$

或

$$\gamma_{12}-\gamma_{13}\cos\varphi-\gamma_{23}\cos\theta=0 \tag{1-100}$$

在特殊情况下，$\gamma_{12}=\gamma_{13}=\gamma_{23}$，$\alpha=\beta=(\varphi+\theta)=120°$，这适用于液态中各相的情况，对于固体中的界面并不完全适合，因为还有其他一些需要考虑的因素，如在固体中界面的 γ 与其晶体学取向有关，以至还存在一些角向力使界面夹角改变以减小表面张力，这就需要晶界移动，如图 1-6(c)所示。当三晶粒交点 O 移到 P 点时，如垂直于纸面的高度为 L，则 1、2 晶界面积增大 $\overline{OP}\times L$。界面长大阻力为 $\gamma_{12}-\gamma_{13}\cos\varphi-\gamma_{23}\cos\theta$，即晶粒 1、2 由于位向改变使自由能改变

$$\mathrm{d}G_1=(\gamma_{12}-\gamma_{13}\cos\varphi-\gamma_{23}\cos\theta)\times(\overline{OP}\times L) \tag{1-101}$$

同理晶界 2、3 和晶界 1、3 由于位向改变使自由能的改变

$$\mathrm{d}G_2=\left(\frac{\partial\gamma_{23}}{\partial\theta}\cdot\delta\theta\right)\times(\overline{BP}\times L) \tag{1-102}$$

$$\mathrm{d}G_3=\left(\frac{\partial\gamma_{13}}{\partial\varphi}\cdot\delta\varphi\right)\times(\overline{AP}\times L) \tag{1-103}$$

由 $\triangle OAP$ 可得

$$\frac{\sin(\delta\varphi)}{\overline{OP}}=\frac{\sin\varphi}{\overline{AP}}$$

当位移 OP 很小，即 $\delta\varphi$ 很小时，$\sin(\delta\varphi)\approx\delta\varphi$，则

$$\delta\varphi=\overline{OP}\,\frac{\sin\varphi}{\overline{AP}}$$

同理由 $\triangle OBP$ 可得

$$\delta\theta=\overline{OP}\cdot\frac{\sin\theta}{\overline{BP}}$$

则式(1-102)、式(1－103)分别为

$$\mathrm{d}G_2=\frac{\partial\gamma_{23}}{\partial\theta}\cdot\sin\theta\times(\overline{OP}\times L) \tag{1-104}$$

$$\mathrm{d}G_3=\frac{\partial\gamma_{13}}{\partial\varphi}\cdot\sin\varphi\times(\overline{OP}\times L) \tag{1-105}$$

因此，总的自由能改变值为

$$\begin{aligned}\mathrm{d}G&=\mathrm{d}G_1+\mathrm{d}G_2+\mathrm{d}G_3\\&=\left(\gamma_{12}-\gamma_{23}\cos\theta-\gamma_{13}\cos\varphi+\frac{\partial\gamma_{23}}{\partial\theta}\cdot\sin\theta+\frac{\partial\gamma_{13}}{\partial\varphi}\cdot\sin\varphi\right)(\overline{OP}\times L)\end{aligned} \tag{1-106}$$

平衡时 $\Delta G=0$。于是

$$\left(\gamma_{12}-\gamma_{23}\cos\theta-\gamma_{13}\cos\varphi+\frac{\partial\gamma_{23}}{\partial\theta}\cdot\sin\theta+\frac{\partial\gamma_{13}}{\partial\varphi}\cdot\sin\varphi\right)(\overline{OP}\times L)=0 \tag{1-107}$$

式中：$(\partial\gamma_{ij}/\partial\theta)\sin\theta$ 称为扭矩项，它们取决于晶向位向。当 γ 为各向异性时(如液态)，则这些扭矩项为零，即

$$\frac{\partial\gamma}{\partial\theta}=0,\frac{\partial\gamma}{\partial\varphi}=0$$

上式表明位移与晶界形态无关,式(1-107)与式(1-99)一致。在大多数情况下 $\partial\gamma/\partial\theta$ 等项数值较小,可以近似采用式(1-99)。但对于特殊情况,如共生孪晶晶界的界面能很低,γ 由于取向不同而改变很快,这是因为界面处的原子间内聚力会因取向差错而消失。

1.10.2 相界面的热力学关系式

1. 平面

(1)表面自由能与表面能的关系

当体系考虑界面能时,则体系自由能中应增添表面自由能一项,在压力一定时,表面自由能

$$dG^s=-S^s dT+\gamma dA+\sum\mu_i dn_i^s \tag{1-108}$$

上角标"s"表明为界面。按照 Gibbs-Duhem 公式的推导过程,可得类似的 Gibbs-Duhem 的方程式:

$$S^S dT+A d\gamma+\sum n_i^s d\mu_i=0 \tag{1-109}$$

定义单位界面面积上表面过剩量 $S_s=S^s/A,\Gamma_i=n_i{}^s/A$,则由上式可得

$$d\gamma=-S_s dT-\sum\Gamma_i d\mu_i \tag{1-110}$$

在恒温恒压下,

$$d\gamma=-\sum\Gamma_i d\mu_i \tag{1-111}$$

这就是 Gibbs 吸附方程。

由于在恒温恒压下,

$$dG^s=\gamma dA+\sum\mu_i dn^s \tag{1-112}$$

将上式积分,并将式(1-111)代入,得

$$\gamma=G_S-\sum\mu_i\Gamma_i \tag{1-113}$$

(2)溶液中的表面吸附

对于二元系溶液,式(1-111)可写成

$$d\gamma=-\Gamma_1 d\mu_1-\Gamma_2 d\mu_2 \tag{1-114}$$

设溶液内部含的二组元摩尔数为 n_1° 及 n_2°。根据 Gibbs-Duhem 方程,可得

$$n_1^\circ d\mu_1+n_2^\circ d\mu_2=0 \tag{1-115}$$

将式(1-114)对 μ_2 求导,并将式(1-115)代入,得

$$\left(\frac{\partial\gamma}{\partial\mu_2}\right)=-\Gamma_2+\left(\frac{n_2^\circ}{n_1^\circ}\right)\Gamma_1 \tag{1-116}$$

此公式可研究表面吸附现象。为了便利,可选择分界面,使 $\Gamma_1=0$,则上式可简化为

$$\left(\frac{\partial\gamma}{\partial\mu_2}\right)=-\Gamma_2 \tag{1-117}$$

式中:μ_2 为溶质的化学位。Γ_2 为单位界面面积上溶质在表面的过剩量,即

$$\Gamma_2=\frac{n_2-n_2^\circ}{A} \tag{1-118}$$

如采用$\mu_2 = \mu_2^\circ + RT\ln a_2$，则恒温下

$$d\mu = RT\text{dln } a$$

$$\Gamma_2 = -\frac{1}{RT}\frac{d\gamma}{\text{dln } a_2} = -\frac{a_2}{RT}\left(\frac{d\gamma}{da_2}\right)_T \quad (1\text{-}119)$$

对于理想溶液，则

$$\Gamma_2 = -\frac{x_2}{RT}\left(\frac{d\gamma}{dx_2}\right)_T \quad (1\text{-}120)$$

式中：$\left(\frac{d\gamma}{dx}\right)_T$ 表示在温度一定时界面能随溶液成分的变化程度。如溶质浓度增加（即溶质溶入溶液）使界面能增大，则 Γ_2 为正值，即界面的溶质浓度要高于溶液内部（晶粒整体）的浓度，呈现表面吸附现象。

同理，对于气体，$\mu_2 = \mu_2^\circ + RT\ln p_2$，则可得

$$\Gamma_2 = -\frac{1}{RT}\frac{d\gamma}{\partial\ln p_2} = -\frac{p_2}{RT}\left(\frac{d\gamma}{dp_2}\right)_T \quad (1\text{-}121)$$

式(1-119)、式(1-120)、式(1-121)都称为 Gibbs 吸附公式，式中 R 为理想气体常数（玻尔兹曼常数 $k = 1.38\times10^{-23}\ \text{J}\cdot\text{K}^{-1}$与阿伏加德罗常数 $6.023\times10^{-23}\ \text{mol}^{-1}$的乘积）。

在金属和合金中，晶界界面的吸附是降低晶界界面能的溶质或杂质在晶界富集，并沿晶界扩散，对金属和合金的力学、物理、化学性质和相变过程往往影响很大。

应该指出，尽管分界面的选择对 Γ_1、Γ_2 的绝对值有影响，但一般选择有性质（如溶质或溶液的密度、浓度分布）急剧变化的物理面作为分界面，与实际情况基本上能吻合。

(3)合金的晶界偏析

1)晶界上平衡偏析的数量

二元系

$$d\gamma = -\Gamma_1 d\mu_1 - \Gamma_2 d\mu_2 \quad (1\text{-}122)$$

Gibbs-Duhem 方程

$$x_1 d\mu_1 + x_2 d\mu_2 = 0 \quad (1\text{-}123)$$

将式(1-122)两边对 x_2 求导，并以 $x_2 = 1 - x_1$ 及式(1-123)代入，得

$$-\frac{d\gamma}{dx_2} = \left(\Gamma_2 - \Gamma_1\cdot\frac{x_2}{1-x_2}\right)\cdot\frac{d\mu_2}{dx_2} = \Gamma_{2(1)}\cdot\frac{d\mu_2}{dx_2} \quad (1\text{-}124)$$

其中，$\Gamma_{2(1)}$ 定义为：$\Gamma_{2(1)} = \Gamma_2 - \Gamma_1\cdot\frac{x_2}{1-x_2}$。此处的 Γ_2 为单位界面面积上溶质在表面上的过剩量；$\Gamma_1\cdot\frac{x_2}{1-x_2} = \frac{x_2}{x_1}\cdot\Gamma_1 = \frac{n_2}{n_1}\cdot\Gamma_1$ 为单位界面面积溶剂在表面上过剩量所引起的溶质的增量，二者之差（即 $\Gamma_{2(1)}$）为溶质在界面上偏析的数量（mol/cm^2）。

当 $\Gamma_{2(1)}$ 为正值时，γ 随溶液 x_2 增加而降低，但在 $x_2 = 0$ 时，γ 为溶剂的界面张力 γ_1。将式(1-124)在 x_2 为$(0\sim x_2^e)$（x_2^e 为溶解度极限）之间积分，得

$$0 < \gamma_{(x_2^e)} = \gamma_1 - \int_0^{x_2^e}\Gamma_{2(1)}\left(\frac{d\mu_2}{dx_2}\right)\cdot dx_2 \quad (1\text{-}125)$$

对于稀溶液 $x_2 \leqslant 1$，则溶质遵循 Herny 定律：$\mu_2 = \mu_2^\circ + RT\ln x_2$，两边对 x_2 微分得

$$\frac{d\mu_2}{dx_2} = \frac{RT}{x_2} \tag{1-126}$$

为了简化计算，将实验测得 x_2° 的 $\Gamma_{2(1)}$ 标为 $\Gamma_{2(1)}^\circ$，并假定：

当 $0 \leqslant x_2 \leqslant x_2^\circ$ 时，

$$\Gamma_{2(1)} \geqslant \frac{x_2}{x_2^\circ}\Gamma_{2(1)}^\circ$$

当 $x_2^\circ \leqslant x_2 \leqslant x_2^e$ 时，

$$\Gamma_{2(1)} \geqslant \Gamma_{2(1)}^\circ$$

将上述两个假设条件代入式(1-124)，可得

$$\frac{d\gamma}{dx_2} \geqslant -\frac{RT}{x_2^\circ}\cdot\Gamma_{2(1)} \tag{1-127}$$

将相关各参数式代入式(1-125)后两边积分，得

$$\gamma_1 > \int_0^{x_2^\circ}\Gamma_{2(1)}\left(\frac{d\mu_2}{dx_2}\right)\cdot dx_2 + \int_{x_2^\circ}^{x_2^e}\Gamma_{2(1)}\left(\frac{d\mu_2}{dx_2}\right)\cdot dx_2$$

即

$$\gamma_1 > \Gamma_{2(1)}^\circ\cdot RT\left(1 + \ln\frac{x_2^e}{x_2^\circ}\right)$$

或

$$\Gamma_{2(1)}^\circ < \frac{\gamma_1}{RT\left(1 + \ln\dfrac{x_2^e}{x_2^\circ}\right)} \tag{1-128}$$

按照此式代入有关实验数据，就能估算溶质在晶界上偏析的数量 $\Gamma_{2(1)}^\circ$。

例：对于 $w(P) = 0.17\%$ 的铁，已知 $x_2^e = 0.02$，$T = 1\,273$ K，$\gamma_{\gamma\text{-Fe}} = 850\times10^{-7}$ J/cm^2。实验测得 $x_2^\circ = 0.002$，代入式(1-128)，得出磷在铁中晶界上的偏析量为

$$\Gamma_{P(Fe)}^\circ < 2.49\times10^{-5}\text{mol/cm}^2(\approx 1.5\times10^{15}\text{ 原子/cm}^2)$$

相当于磷在晶界上偏聚层厚度约 0.3 nm。

也可用在面积为 A 晶界上溶剂和溶质的原子数来表示 $\Gamma_{2(1)}$。当晶界上原子总数为 N 时，定义可得

$$A\Gamma_2 = N_2 - x_2^\circ\cdot N$$
$$A\Gamma_1 = N_1 - (1 - x_2^\circ)\cdot N$$

将此二式代入 $\Gamma_{2(1)}$ 定义式：$\Gamma_{2(1)} = \Gamma_2 - \frac{x_2}{1 - x_2}\Gamma_1$，得

$$\Gamma_{2(1)}^\circ = \frac{1}{A}\left(N_2 - \frac{x_2^\circ}{1 - x_2^\circ}\cdot N_1\right) \tag{1-129}$$

显然，用此式表示 $\Gamma_{2(1)}$，其物理意义更明确，只是单位改为：原子数/cm^2。

2）晶界偏析与温度之间的关系

设位于晶粒内部和晶界区的溶质原子数分别为 P 和 p，晶粒内部的位置数和晶界区的位置数分别为 N 和 n，$N \geqslant n$，则 P 个溶质原子占据 N 个位置和 p 个溶质原子占据 n 个位置的组态熵为

$$S = k\ln w = k\ln\frac{N!}{P!(N-P)!}\cdot\frac{n!}{p!(n-p)!}$$

而系统内焓为

$$H = Ph_{L} + ph_{B}$$

其中 h_L、h_B 为一个溶质原子在晶体内部和晶界区的焓值。则此情况下合金的自由能 $G = H - TS$，将上式代入，用 Stirling 近似，得

$$G = (P \cdot h_L + ph_B) \\ - kT[N\ln N + n\ln n - P\ln P - (N-P)\ln(N-P) - p\ln p - (n-p)\ln(n-p)]$$

平衡条件为 $\partial G/\partial P = 0$，且 $\mathrm{d}p = -\mathrm{d}P$，即晶界区增加的溶质原子数等于晶格内减少的溶质原子数。化简后，得如下平衡关系式：

$$h_L - h_B = kT\ln\left[\left(\frac{n-p}{p}\right)\cdot\left(\frac{P}{N-P}\right)\right]$$

因此

$$\frac{p}{n-p} = \frac{P}{N-P}\exp\left(\frac{h_L - h_B}{kT}\right) = \frac{P}{N-P}\exp\left(\frac{H_L - H_B}{RT}\right) = \frac{P}{N-P}\exp\left(\frac{\Delta H}{RT}\right) \tag{1-130}$$

式中：ΔH 表示一摩尔溶质位于晶内和晶界产生的焓差，即溶质在晶内和晶界的畸变能之差。如用 $\frac{P}{N} = x_L$，$\frac{p}{n} = x_B$ 分别代表晶内和晶界区的溶质的摩尔分数，则上式可变成

$$x_B = \frac{x_L\exp\left(\frac{\Delta H}{RT}\right)}{1 - x_L + x_L\exp\left(\frac{\Delta H}{RT}\right)} \tag{1-131}$$

对于稀固溶体，$x_L \ll 1$，则

$$x_B \approx \frac{x_L\cdot\exp\left(\frac{\Delta H}{RT}\right)}{1 + x_L\cdot\exp\left(\frac{\Delta H}{RT}\right)} \tag{1-132}$$

或

$$x_B \approx x_L\exp(\Delta H/RT) \tag{1-133}$$

溶质原子进入晶界区，使晶界区致密度增加，导致晶界处原子振动频率的改变，从而引起振动熵 ΔS_V 的改变。所以在自由能中应增加振动熵的贡献，设 $\exp(\Delta S_V/R) = A$，则式(1-133)应写成下列形式：

$$x_B \approx x_L\cdot A\cdot\exp(\Delta H/RT) \tag{1-134}$$

由于 $\Delta H = H_L - H_B > 0$，由式(1-134)可看出，温度升高将使 x_B 下降，而且 x_L 愈大，x_B 也愈大，这是因为晶界区浓度与晶内浓度是平衡的。

另外，还可以看出，溶质在晶内的饱和溶解度(注意是固溶度，而并非此处的 x_L)愈小，溶质原子处在晶内愈困难，则 x_B 将会愈大，这一点与实验结果相符。

应该强调两点，一点是上述晶界偏析公式指的是平衡偏析浓度，晶界偏析时原子要从晶内扩散到晶界，如温度过低，虽然平衡偏析浓度 x_B 较高，但由于扩散速度较慢，限制了达到这种平衡的 x_B 值。另一点是上述模型只估算单一溶质元素的偏析，在实际情况中还需要研究其他合金元素对此元素(或杂质)偏析的影响。

2. 曲面

当相界面为曲面而不是平面时，其力学平衡的条件、化学位都有所改变，但相平衡条件不

变。

设α相为β相包围，分界面为γ相，则在恒温恒容条件下，各相的自由能 F 与热力学参数之间的关系式分别为

$$dF^{\alpha} = -S^{\alpha}dT^{\alpha} - p^{\alpha}dV^{\alpha}$$
$$dF^{\beta} = -S^{\beta}dT^{\beta} - p^{\beta}dV^{\beta}$$
$$dF^{\gamma} = -S^{\gamma}dT^{\gamma} + \gamma\delta A$$

达到热力学平衡时，$(dF)_{T,V}=0$，且 $T^{\alpha}=T^{\beta}=T^{\gamma}$ 保持恒温，$dT=0$。又因体系$(\alpha+\beta+\gamma)$的总体积不变，即 $dV = dV^{\alpha} + dV^{\beta} = 0$，因而

$$dF = dF^{\alpha} + dF^{\beta} + dF^{\gamma} = -p^{\alpha}dV^{\alpha} - p^{\beta}dV^{\beta} + \gamma dA = 0 \qquad (1\text{-}135)$$

当面积元 dA 外移 $\delta\varepsilon$ 距离(图1-7)时，体积变化

$$dV^{\alpha} = -dV^{\beta} = \delta\varepsilon \cdot dA$$

一般对任意曲面用两个主曲率半径 r_1 和 r_2 来表述，则曲面面积的变化

$$dA = [(r_1+\delta\varepsilon)d\theta_1 \times (r_2+\delta\varepsilon)d\theta_2] - [(r_1 d\theta_1)\times(r_2 d\theta_2)]$$

略去高级小量，得

$$dA = (r_1+r_2)d\theta_1 d\theta_2 \delta\varepsilon = \left(\frac{1}{r_1}+\frac{1}{r_2}\right)r_1 r_2 d\theta_1 d\theta_2 d\varepsilon$$
$$= \left(\frac{1}{r_1}+\frac{1}{r_2}\right)\delta A\delta\varepsilon$$

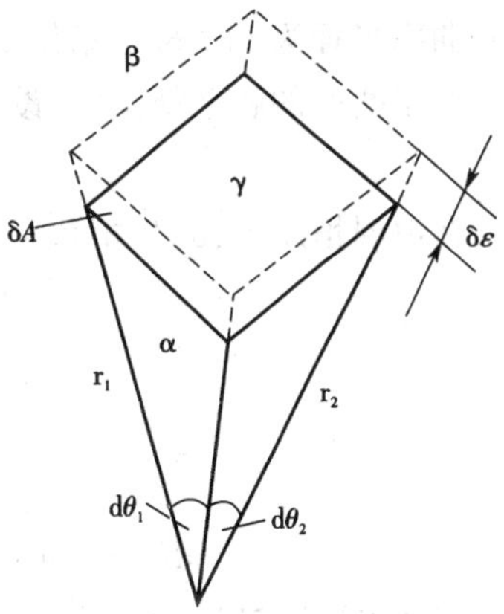

图1-7 两相之间曲界面的移动

将上述一些关系式代入式(1-135)，得

$$\left[\left(\frac{1}{r_1}+\frac{1}{r_2}\right)\gamma + (p^{\beta}-p^{\alpha})\right]\delta A\delta\varepsilon = 0$$

由于 δA 、$\delta\varepsilon$ 均不等于0，所以平衡时必须满足

$$p^{\alpha} - p^{\beta} = \gamma\left(\frac{1}{r_1}+\frac{1}{r_2}\right)$$

如界面为球面，则 $r_1 = r_2 = r$，则

$$\Delta p = p^{\alpha} - p^{\beta} = \frac{2\gamma}{r} \qquad (1\text{-}136)$$

式(1-136)称为 Kelvin 关系式。

如界面为平面，则 $r\to\infty$，$p^{\alpha} = p^{\beta}$。

由此可见，两相之间的界面为平面时，两相平衡时的 p 相等；如界面为曲面时，两相平衡时的 p 不相等。如界面为球面，则被包围的球形相具有较大的 p。

下面分液/气、液/固两种情况分别讨论界面曲率半径对各相化学位的影响。

(1) *液/气之间的界面*

根据溶液各组元化学位的概念，参照式(1-82)，混合溶液中α相的化学位

$$d\mu^{\alpha} = \widehat{V}^{\alpha}\cdot dp^{\alpha}$$
$$\mu_{\gamma}^{\alpha} = \mu_{\infty}^{\alpha} + \int_{p_{\infty}^{\alpha}}^{p_{\gamma}^{\alpha}} \widehat{V}^{\alpha} dp^{\alpha}$$

将式(1-136)及 $p_{\gamma}^{\alpha} = \dfrac{2\gamma}{r} + p^{\beta}$ 代入上式，得

$$\mu_\gamma^\alpha = \mu_\infty^\alpha + \hat{V}^\alpha\left(\frac{2\gamma}{r} + p^\beta - p_\infty^\alpha\right) \tag{1-137}$$

式中：μ_∞^α 为平面相界的 α 相化学位，$\hat{V}^\alpha$ 为 α 相的摩尔体积，p_∞^α 为其压强。因在一般情况下，$p^\beta - p_\infty^\alpha \ll \frac{2\gamma}{r}$，则

$$\mu_\gamma^\alpha = \mu_\infty^\alpha + \hat{V}^\alpha\left(\frac{2\gamma}{r}\right) \tag{1-138}$$

或

$$\mu_\gamma^\alpha - \mu_\infty^\alpha = RT\ln\frac{p_\gamma}{p_\infty} \tag{1-139}$$

此乃曲率半径为 r 时的 α 相化学位。

至于曲面的相平衡条件，设 α 相和 β 相改变的摩尔数为 δn^α 和 δn^β，即

$$-\delta n^\alpha = \delta n^\beta, \delta n^\alpha + \delta n^\beta = 0$$

在恒温恒压下，α、β 相和 γ 界面区自由能的改变分别为

$$\delta F^\alpha = -p^\alpha \mathrm{d}V^\alpha + \mu^\alpha \delta n^\alpha$$

$$\delta F^\beta = -p^\beta \mathrm{d}V^\beta - \mu^\beta \delta n^\beta$$

$$\mathrm{d}F^\gamma = \gamma \mathrm{d}A$$

则

$$\mathrm{d}F = -p^\alpha \mathrm{d}V^\alpha - p^\beta \mathrm{d}V^\beta + \gamma \mathrm{d}A + \mu^\alpha \delta n^\alpha + \mu^\beta \delta n^\beta = 0 \tag{1-140}$$

将式(1-140)减式(1-135)，得

$$\mu^\alpha \delta n^\alpha + \mu^\beta \delta n^\beta = (\mu^\beta - \mu^\alpha)\delta n^\beta = 0$$

由于 δn^β 不等于 0，因而曲面的相平衡条件仍为 $\mu^\alpha = \mu^\beta$，即两相的化学位相等，但此时两相的压强不等，即

$$\mu^\alpha_{\left(\left(p+\frac{2\gamma}{r}\right),T\right)} = \mu^\beta(p,T) \tag{1-141}$$

(2) *液/固之间的界面*

由于晶体表面张力的各向异性，其化学势不能采用式(1-137)，而应是

$$\mu_l^\alpha = \mu_\infty^\alpha + \left(\frac{\partial \sum \gamma_i A}{\partial V^\alpha}\right) \cdot \mathrm{d}\,\hat{V}^\alpha \tag{1-142}$$

式中：μ_∞^α 为晶体表面尺寸 $l = \infty$ 时的化学位，V^α 为晶体（α 相）体积，$\hat{V}^\alpha$ 为晶体（α 相）摩尔体积，γ_i 为晶体表面张力在某一位向的分量。

小晶体与液相之间的相平衡条件仍然是 $\mu^\alpha = \mu^\beta$。

1.11 微粒的蒸气压和固体粒子的溶解度

设平面表面的大块晶体的蒸气压为 p_∞，半径为 r 的微粒蒸气压为 p，粒子的相对原子质量为 M，密度为 ρ。现将质量为 $\mathrm{d}m$ 的物质从大块晶体移至半径为 r 的微粒，使其半径增加 $\mathrm{d}r$，表面积增加 $\mathrm{d}A$，则此过程体系自由能的变化

$$dG = nRT\ln\frac{p}{p_\infty} = \frac{dm}{M}RT\ln\frac{p}{p_\infty} \tag{1-143}$$

而

$$A = 4\pi r^2, dA = 8\pi r dr,$$

$$V = \frac{4}{3}\pi r^3, dV = 8\pi r^2 dr = \frac{\delta m}{\rho}$$

所以

$$dA = \frac{2\delta m}{r\rho}$$

而此过程表面能的增加

$$dG = \gamma dA = \frac{2\gamma \cdot \delta m}{r\rho} \tag{1-144}$$

式(1-143)与式(1-144)相等,则

$$dG = \frac{2\gamma \cdot \delta m}{r\rho} = \frac{\delta m}{M}RT\ln\frac{p}{p_\infty}$$

即

$$\ln\frac{p}{p_\infty} = \frac{2\gamma \cdot M}{RT \cdot r \cdot \rho} \tag{1-145}$$

此即微粒的蒸气压公式。

对于两个半径不同(r_1 和 r_2)的固体粒子或液滴,由于

$$\ln\frac{p_1}{p_\infty} = \frac{2\gamma \cdot M}{RT \cdot r_1 \cdot \rho}, \ln\frac{p_2}{p_\infty} = \frac{2\gamma \cdot M}{RT \cdot r_2 \cdot \rho}$$

二式相减,得

$$\ln\frac{p_2}{p_1} = \frac{2\gamma \cdot M}{RT\rho}\left(\frac{1}{r_2} - \frac{1}{r_1}\right) \tag{1-146}$$

式(1-146)称为 Gibbs-Thomson 公式。由此可见,当 $r_2 < r_1$ 时,$p_2 > p_1$。

根据 $G = \dot{G}^\circ + RT\ln p$ 可以知道:粒子愈小,蒸气压愈大,表面自由能也就愈大。晶粒长大及减小其表面曲率使晶界平直化,都使界面自由能降低。

对于两个平衡相都是固体时,用活度或摩尔分数代替式(1-146)中的压力,即

$$\ln\frac{x_r}{x_{r=\infty}} = \frac{2\gamma \cdot M}{RT \cdot r \cdot \rho} \tag{1-147}$$

式(1-147)称为 Thomson-Freundlich 方程。

对于两个半径不同的固体粒子,也能得到与式(1-146)相似的方程。它们表示 α 相的半径 r 对 β 相平衡浓度(即固溶度或溶解度)的影响。由式(1-147)可看出,晶粒愈小,溶解度愈大。不过,根据实际计算结果,只有粒子半径 $r < 10^{-6}$ cm 时,才对溶解度有影响。

不同半径的 α 相在 β 相中的溶解度具有如下规律:在温度一定时,半径较小的粒子的溶解度比半径较大粒子的溶解度要大一些;而在组成一定时,半径较大粒子在较高温度下就已达到饱和,而半径较小的粒子在此温度下则不饱和,只有在较低温度下才能达到饱和。

1.12 晶粒的长大

在固态合金中一般都存在有大小不同的沉淀相粒子。在高温退火时,会出现小粒子溶解、

大粒子长大的现象。这可用式(1-146)加以解释。由于

$$\ln\frac{x_r}{x_\infty}=\frac{2\gamma\cdot M}{RT\cdot r\cdot\rho}$$

即半径较小粒子的溶解度大于半径较大的粒子,以至半径较大的粒子过饱和,半径较小的粒子尚未饱和,以至在β相中,从小的α相粒子到大的α相粒子之间有一个从高到低的溶质浓度梯度,小粒子周围的溶质有向大粒子周围扩散的趋势,并沉积于大粒子表面。根据式(1-147)并考虑径向扩散,可以建立粒子长大速率的关系式。

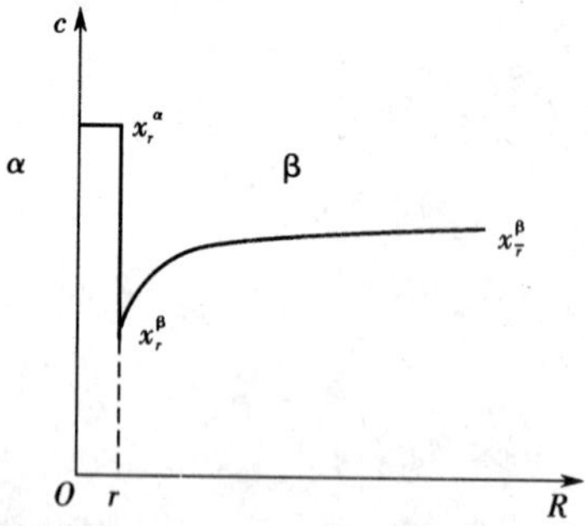

图 1-8 通过扩散的粒子长大机制示意图

图 1-8 是半径为 r 的球状 α 相粒子,在界面 α 相的溶质摩尔分数(溶解度)为 x_r^α,β 相的溶质摩尔分数为 x_r^β。由于小粒不断长大,界面上的 x_r^β 小于 β 相中溶质的平均摩尔分数 $x_{\bar r}^\beta$,粒子长大是由径向扩散控制的。研究范围取半径为 $R(\geqslant r)$的球形区域。根据 Fick 定律,扩散通量

$$J=-4\pi R^2\cdot D\cdot\frac{\partial c}{\partial R}$$

式中:c 为溶质的物质的量浓度,J 的单位为 mol/s。将溶质浓度改用物质的量 n 表示,则

$$c=\frac{n}{\hat V}$$

式中:$\hat V$ 为摩尔体积。于是

$$J=-\frac{4\pi R^2}{\hat V}\cdot D\cdot\frac{\partial n}{\partial R}\tag{1-148}$$

设沉淀的 α 相粒子是半径为 r 的球形,体积为 V,则所含溶质的物质的量

$$n=\frac{V}{\hat V}=\frac{4\pi r^3}{3\hat V}$$

因而

$$\frac{\partial n}{\partial t}=\frac{\mathrm{d}n}{\mathrm{d}r}\cdot\frac{\partial r}{\partial t}=\frac{4\pi r^2}{\hat V}\cdot\frac{\partial r}{\partial t}\tag{1-149}$$

式(1-148)中的 J 是单位时间内提供 α 相粒子长大所需的溶质;式(1-149)是 α 相粒子长大速率,二式应该相等。化简后得

$$\frac{\partial R}{R^2}=\frac{D}{r^2(\partial r/\partial t)}\partial n$$

当 $R=r$ 时,$n=n_r^\beta$;当 $R=\infty$ 时,$n=n_{\bar r}^\beta=n_\infty^\beta$,即溶质数量为 β 相中溶质的平均,与 α 相粒子大平均半径 $\bar r$ 相对应。如粒子瞬时长大速度 $\mathrm{d}r/\mathrm{d}t$ 为常数,将上式积分得

$$\int_r^\infty\left(\frac{\partial R}{R^2}\right)=\frac{n_{\bar r}^\beta D}{n_r^\beta r^2\cdot(\partial r/\partial t)}\cdot\partial x$$

得

$$\frac{1}{r}=\frac{D}{r^2\cdot(\partial r/\partial t)}\cdot(n_{\bar r}^\beta-n_r^\beta)$$

将式(1-147)代入上式,得

$$\frac{\partial r}{\partial t}=\frac{2DM\cdot\gamma\cdot n_{\infty}^{\beta}}{RT\rho r}\left(\frac{1}{\bar{r}}-\frac{1}{r}\right) \tag{1-150}$$

当 $r<\bar{r}$ 时,则 $\frac{\partial r}{\partial t}<0$,即小粒子溶解;

当 $r=\bar{r}$ 时,则 $\frac{\partial r}{\partial t}=0$,即处于平衡状态;

当 $r>\bar{r}$ 时,则 $\frac{\partial r}{\partial t}>0$,大粒子长大;

当 $r=2\bar{r}$ 时, $\frac{\partial r}{\partial t}$ 为最大,即半径为 $2\bar{r}$ 的粒子长大最快。

长大过程中,由于小粒子溶解,大粒子长大,则粒子总数减小, $\bar{r}$ 增大, $\frac{\partial r}{\partial t}$ 减小。

从式(1-150)还可以看出降低 $\frac{\partial r}{\partial t}$ 的措施为:降低扩散系数 D、降低比表面能 γ 和沉淀相的平衡溶解度 x_{∞}^{β} ,这些措施实际上已在发展细晶粒合金中被采用。至于温度 T 的影响,由于升温使扩散系数 D 以指数关系增加,总的效果是升温增加 $\frac{\partial r}{\partial t}$ 。

当以 $\left(\frac{\mathrm{d}r}{\mathrm{d}t}\right)_{\max}$ (即 $\frac{\mathrm{d}r}{\mathrm{d}t}$ 的最大值)作为粒子长大速度,即 $r=2\bar{r}$ 时,式(1-150)可写成

$$\frac{\mathrm{d}r}{\mathrm{d}t}\approx\left(\frac{\mathrm{d}r}{\mathrm{d}t}\right)_{\max}=\frac{DM\cdot\gamma x_{\infty}^{\beta}}{2RT\rho\bar{r}^{2}}$$

积分得

$$r_1^3-r_0^3=\frac{3DM\gamma x_{\infty}^{\beta}}{2RT\rho}\cdot t \tag{1-151}$$

1.13 金属和合金的表面能

1.13.1 表面能的估算

1. 准化学方法估算表面能

金属和合金的表面不是完整无缺的,现已提出有关表面结构的一些模型用来估算表面能。最简单的模型认为:金属表面原子的排列方式没有改变,表面能来自表面上未键合的原子,即认为金属表面有未键合的原子,使结合能降低,内能升高,从而产生表面能。

由于金属间原子的作用,特别是密排结构(fcc 及 hcp)是近程性的,可以采用准化学处理方法估算表面能。

设一晶体配位数为 Z,在含 N_0 个原子的晶体内结合键数目为 $\frac{1}{2}ZN_0$,它们的键能为 ε。Herring 提出,升华热 ΔH_S 就是破坏所有结合键所需要的能量,即

$$\varepsilon = \frac{\Delta H_S}{\frac{1}{2}ZN_0} \tag{1-152}$$

对于 fcc 晶体中(111)面($Z=12$),每个原子有 12 个最近邻的原子,其中同平面的有 6 个,上层(111)面中有 3 个,下层(111)面中有 3 个。如在(111)面理解,则每个原子破坏了 3 个结合键并形成了 2 个表面。因而每 6 个表面上每个原子破断 $\frac{3}{2}$ 个键,则每个原子的表面形成能为 $\frac{3}{2}\varepsilon = \frac{\Delta H_S}{4N_0}$。如单位面积(111)面(1 cm^2)上的原子数为 N_S,则表面能 $\Delta H^{SV} \approx \Delta U^{SV} = \frac{3}{2}\varepsilon N_S = \frac{N_S \Delta H_S}{4H_0}$

原子直径典型数据为 0.3 nm,N_S 约为 $10^{15}/cm^2$。由此式计算得出的金、银及铜的 ΔH^{SV} 值分别是 1 140、1 550 及 1 380 $\times 10^{-7}$ J/cm^2,与实验值非常接近。

对于 fcc 晶体中(100)面解理形成表面,则丧失 4 个键,类似上式的推导,得出表面能

$$\Delta H^{sv} = \frac{N_S \Delta H_S}{3H_0}$$

上述两个晶面的 N_S 可以根据原子堆积方式用几何方法计算出来。所以 fcc(111)面和(100)面的表面能之比

$$\frac{\Delta H^{sv}_{(111)}}{\Delta H^{sv}_{(100)}} = \frac{N_{S(111)}/4}{N_{S(100)}/3} = \frac{4r^2 \times 3}{2\sqrt{3}r^2 \times 4} = 0.866$$

2. 利用结合力及结合能曲线估算表面能

对于离子晶体,由于异性电荷之间库仑力引起的吸引能 $U_{吸}$ 及同性电荷排斥力与电子动能作用引起的排斥能 $U_{斥}$ 的综合作用,可以获得体系内能随原子间距(r)的变化曲线(图 1-9(a))。由它可求出原子间作用力与原子间距之间的关系曲线(图 1-9(b))。

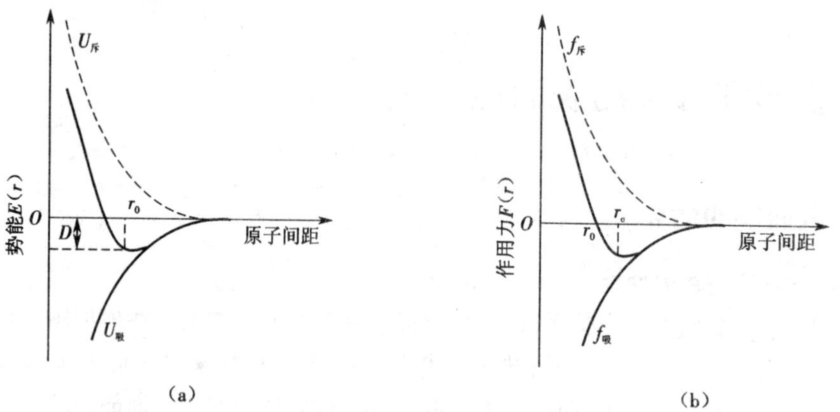

图 1-9　原子间相互作用

(a)势能与原子间距之间的关系　(b)作用力与原子间距之间的关系

设 U 为原子间的作用能,r 为两原子间距离,则原子间的作用力

$$f = -\frac{dU}{dr}$$

在平衡时,吸力与斥力相消,作用力为0,内能为最小。平衡时的原子间距为 r_0。此时

$$\left(\frac{\partial U}{\partial r}\right)_{S,V,r_0} = 0$$

原子间作用能称为结合能,当各原子均在平衡位置时,结合能最大,U_0 值最小。原子间作用力称为结合力。平衡时的结合能最大,但结合力为零。以上讨论虽是针对离子晶体,但也可适用于合金晶体和共价晶体。

利用上述这些曲线,即利用结合力及结合能曲线估计表面能。

设原子间作用力(结合力)与原子间距之间的关系近似于波长为 λ 的正弦曲线。因而,可近似给出原子间结合力

$$f = f_0\sin\left[\frac{2\pi(r-r_0)}{\lambda}\right] \tag{1-153}$$

因而,当此晶体因解理形成新表面时,解理晶体单位面积所做的功

$$W = \int_{r_0}^{\infty} f\mathrm{d}r \approx \int_{r_0}^{\frac{\lambda}{2}} f\mathrm{d}r = \int_{r_0}^{\frac{\lambda}{2}} f\sin\left[\frac{2\pi(r-r_0)}{\lambda}\right]\mathrm{d}r\ \frac{\lambda}{\pi}f_0 \tag{1-154}$$

则所形成单位面积内表面能

$$\Delta U^{sv} = \frac{1}{2}W = \frac{\lambda f_0}{2\pi} \tag{1-155}$$

为了便于计算,假设在 r_0 附近符合胡克定律 $E = \mathrm{d}f/\mathrm{d}r$,E 为杨氏模量。

将式(1-153)微分,得

$$\frac{\mathrm{d}f}{\mathrm{d}r} = f_0\cos\left[\frac{2\pi(r-r_0)}{\lambda}\right]\times\frac{2\pi}{\lambda}$$

则

$$E = f_0\cos\left[\frac{2\pi(r-r_0)}{\lambda}\right]\times\frac{2\pi}{\lambda}$$

$$f_0 = \frac{E\lambda}{2\pi}\frac{1}{\cos\left[\frac{2\pi(r-r_0)}{\lambda}\right]}$$

当应变很小,即 $r-r_0\to 0$ 时,$\cos\left[\frac{2\pi(r-r_0)}{\lambda}\right]\approx 1$,则

$$f_0 \approx \frac{E\lambda}{2\pi} \tag{1-156}$$

将式(1-156)代入式(1-155),得

$$\Delta U^{sv} = \frac{E\lambda^2}{4\pi^2} \tag{1-157}$$

显然,对于固体,表面能 ΔU^{sv} 中的 pV 项很小,$\Delta U^{sv}\approx\Delta H^{sv}$,并且在温度较低时,$\Delta H^{sv}\approx\Delta G^{sv}$。由于原子间引力的短程性质,$\lambda$ 很小,可近似令 $\lambda\approx r_0$,则上式可写成:$\Delta U^{sv}=\frac{Er_0^2}{4\pi^2}$,由此式计算出的 ΔG^{sv} 值,与实验值符合得较好。

1.13.2 影响表面能的因素

如上所述,晶体类型和晶体结构是决定表面能的主要因素,其实还有一些其他因素能影响

表面能,它们都由于影响表面结构,从而影响表面能。

如晶面的取向,遵循 $\sum_i \gamma_i A_i$ 等于最小值的原则。由于晶体各晶面的 γ 的各向异性,因而在高温加热很长时间之后,仍然保持一些晶面,并不形成球形。

此外,表面活性杂质可以降低表面能。温度本身的影响使 γ 随温度升高而下降,如纯物质(单元系)$\left(\frac{\partial\gamma}{\partial T}\right)_p = -S^s$,此处表面熵 S 一般为正值。这是由于表面层原子结合能随温度升高而下降,使原子振动频率减小,振动熵增加;且表面含有空位及吸附的原子,组态熵也增加。但实际上,由于绝对纯净的物质不存在,也极难获得绝对清洁的表面,所以表面实际上都是多元系,即

$$d\gamma = -S^s dT - \sum \Gamma_i d\mu_i$$

$$(\partial\gamma/\partial T)_p = -S^s - \sum \Gamma_i \bar{S}_i$$

式中:$\bar{S}_i$ 为 i 组元的偏摩尔熵,结果使得表面能的温度系数 $(\partial\gamma/\partial T)_p$ 为正值。

1.13.3 晶界界面能的测定

一般利用已知的晶体表面能来求出晶界的界面能。如图 1-10 所示的表面,在真空或惰性气体中长期加热后,由于晶界界面张力的关系,在晶体表面上邻近晶界处发生下陷以降低界面能。晶界的界面张力与表面张力有下列平衡关系:

$$\gamma_{晶界} = 2\gamma_{表面}\cos\frac{\theta}{2}$$

$$\frac{\gamma_{晶界}}{\gamma_{表面}} = 2\cos\frac{\theta}{2}$$

式中:θ 称为二面角,可用干涉显微镜得到的干涉图像中求得。当已知 $\gamma_{表面}$ 后,就可求得 $\gamma_{晶界}$。

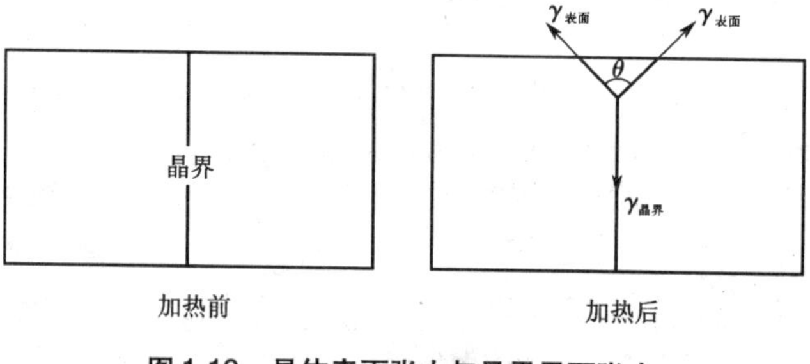

图 1-10 晶体表面张力与晶界界面张力

第2章　金属结构理论

2.1　组成材料的基本粒子

2.1.1　关于基本粒子研究的动态

很多年以来,人们一直把原子当作组成物质的基本粒子。但是随着人类对宏观宇宙世界探索范围的扩展和对微观物质世界认识的深入,已发现越来越多超出人们现有认识的宏观天体现象,如超大质量的"黑洞"等,同时也发现了许多比原子更微观的基本粒子,如质子、中子、介子等。对于组成物质的基本粒子的研究,粒子物理学家一直热切期盼能够找到组成质子、中子等粒子的更小一级的微观粒子,也希望能探索难以捉摸的组成"黑洞"的基本物质"希格斯粒子"或"暗物质粒子"。

美国费米国家加速器实验室的物理学家在最新的对撞实验中发现一种新型粒子——欧米加 b 重子,这是迄今为止物理学界发现的质量最大的重子。

重子是由 3 个夸克组成的亚原子粒子,是组成宇宙间各种物质的基本粒子,人们熟悉的质子和中子是最轻的重子。组成重子的夸克,理论上属于更小一级的基本粒子。物理学理论认为,夸克共分 6 种 3 类:上夸克、下夸克,粲夸克、奇异夸克,顶夸克、底夸克。重子都是由 3 个夸克组合而成。

对撞实验发现的新型粒子,与常见的由第一类夸克(上、下夸克)组成的质子和中子不同,它是由 2 个奇异夸克和 1 个底夸克组成。这是物理学界首次发现由后两类夸克混合组成的重子。

2008 年,位于瑞士、法国交界地区的欧洲粒子物理研究中心的大型强子对撞机(LHC)正式满负荷启动。这台机器是人类建造的最大、最复杂的科学设备,将以 7 倍于以前纪录的能量促使粒子碰撞,这台对撞机内的超级质子加速器圆周长 7 km(见图 2-1),而其大型正负电子对撞机加速器的周长更高达 27 km。

建造这台大型强子对撞机的目的是探索宇宙的起源。它将两束质子分别加速到 7 万亿 eV 的极高状态,再使之对撞。其能量状态可与宇宙大爆炸后不久的状态相比。物理学家将利用质子碰撞的产物,探索新物理世界,如寻找标准模型预言的希格斯粒子,探索超对称、额外空间维等超出标准模型的新的物理世界。

2.1.2　原子的基本结构

现代物理学、化学和材料学都是基于原子是构成物质的基本粒子的假设发展起来的,也就是说这些学科对物质的认识是基于原子水平的。由于对比原子更小一级的基本粒子的认识尚不深入,相关的理论也有待完善,因此本课程所介绍的有关材料物理的基本理论都是基于原子

图 2-1 欧洲粒子物理研究中心的大型强子对撞机的环形加速器

水平来认识的。

现代科学技术广泛应用于具有各种不同性质的材料。研究材料，不仅要了解它所表现的各种性质，而且要知道决定材料性质的内在原因。而决定材料性质的内在原因是其不同层次的细微结构，如晶粒、组织结构、相结构、晶体结构、晶体缺陷等由原子的组合状态和位向决定的微观结构。实际上，作为组成材料基本粒子的原子也具有不同的特性，如不同的质量、不同的直径、不同的电荷分布等，原子的这些特性则是由原子的结构决定的。因此要充分认识材料的微观结构，还需先对原子的基本结构有一个初步了解。

原子本身是一个由带正电的原子核与带负电的核外电子组成的电中性平衡体，而且也是一个由带正电的原子核与带负电的核外电子组成的矛盾体，带正电的原子核和带负电的核外电子之间静电吸引和排斥是基于原子水平的一对基本矛盾。正是这一原子内部的基本矛盾孕育出变化万千、丰富多彩的自然世界。

1912 年卢瑟福(Rutherford)在 α 粒子散射实验的基础上提出了原子模型，即认为原子是由带正电荷的原子核及围绕原子核在封闭轨道上旋转的一定数量的核外电子所组成的，原子保持电中性。

以后的实验又证明，原子核的大小为 10^{-12} cm 数量级，与一般分子或晶体中的原子间距(约为 10^{-9} cm 数量级)相比是很小的，与原子的核外电子所占的范围($10^{-8} \sim 10^{-7}$ cm 数量级)相比也是很小的。

原子核中包含质子和中子，质子和中子具有几乎相同的质量，即原子核质量相当于原子的质量，或相当于电子质量($9.108\,5 \times 10^{-28}$ g)的 1 840 倍。因此原子核虽小，却几乎集中了原子全部的质量。质子具有正电荷，每个质子所带的电荷数值与一个电子所带电荷的数值相等，但符号相反。一个电子的电荷为 $-e = -1.06 \times 10^{-19}$ C(库仑)，而一个质子的电荷为 $+e = 1.06 \times 10^{-19}$ C。

一个原子中的质子数往往是与核外电子数相等的，这就使原子保持为电中性。如果原子中质子数多于电子数，则为正离子，反之，则为负离子。

中子不带电荷，它只和原子的质量有关，而对原子的电性没有影响。原子核中质子数和中子数的和叫质量数。常用质量数和核电荷数表示原子核的组成，即在元素符号的左上角标出它的质量数,左下角标出它的核电荷数(即质子数)。例如$^{12}_{6}C$表示碳原子的核电荷数是6,质量数是12。原子核中所带的核电荷数为元素的原子序数(Z)。每种元素都有自己的原子序数,原子序数决定了元素的化学性质。

组成原子的基本单位中中子、质子及电子为基本粒子,目前已经发现了几百种基本粒子。除电子、质子和中子以外,还有几种不同类型的介子(带正电荷及负电荷的μ介子和π介子,以及中性的π介子)、正电子和反中子等基本粒子,这些基本粒子都处在永恒的运动和变化中。(如图2-2所示)

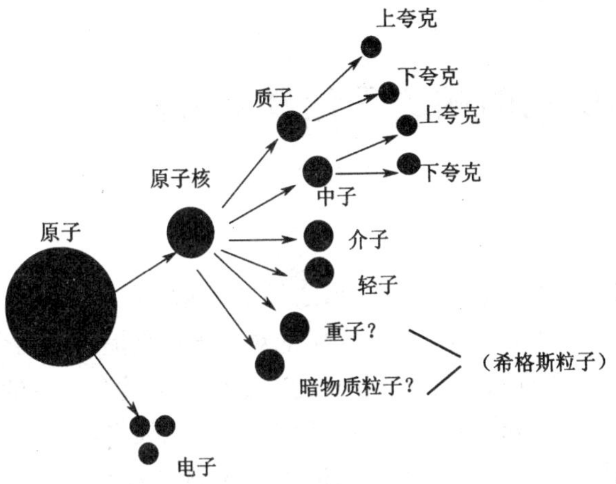

图2-2 基本粒子的组成

在普通化学反应中,一般都认为原子核是不可分的,但是放射性元素的原子核却能够通过放射α射线、β射线和γ射线而自发进行蜕变。其中α射线亦称α粒子。α粒子为带两个正电荷的氦离子(He^{2+}),即由两个质子及两个中子组成;β射线是带电荷为$-e$的电子;γ射线为既无质量又无电荷的波长很短的电磁波。如果从原子核中放射出α射线,那么就是说放射出一个He^{2+}离子,相当于从原子核中失去两个质子及两个中子,因此原子序数在周期表上向前提两位;如果原子核中放射出β射线,则原子核中失去一个带$-e$电荷的电子,即相当于原子核中的一个中子释放出一个电子而成为一个质子,因此使原子序数增加一位;至于放射γ射线,因为不影响电荷,所以不改变原子序数。

除了放射性元素的原子核可通过放射α射线及β射线而发生改变外,其他元素的原子核也可通过放射性元素的α射线的轰击而被打破,即进行人工裂变。

原子序数相同而原子量不同的同一种元素称为同位素。这类原子的质子数和电子数相同,而中子数不同。一种元素的相对原子质量是该元素的同位素的相对原子质量的平均值。

从元素周期表中可发现,原子序数较小的元素的相对原子质量(W)约为原子序数(Z)的两倍,而原子序数较大的元素的相对原子质量要比$2Z$大一些。这是因为随着原子序数的增加,原子核中的中子数将大于质子数。由于质子互相之间存在斥力,所以较多的中子可以缓和这种斥力,使原子核保持稳定。

总之,原子是有带正电荷的原子核和绕原子核运动的带负电荷的电子所构成的。在通常情况下,并不涉及原子核的变化,只是核外电子的运动状态和分布发生变化。核外电子的运动状态与物质性质有着密切的关系,这是下面要着重讨论的问题。

最初确定的原子模型,是电子在原子核外按一定轨道绕核旋转,好像行星绕太阳运行一样。但是经典力学理论对原子运动的这种设想,不能解释原子具有稳定性和原子具有不连续谱线这样一些实验事实。按照经典力学理论,原子是不稳定的。但是实际上电子运动的范围是不能缩小到 10^{-8} cm 以下的。关于谱线问题,根据经典力学的理论,电子可以有一系列连续的运动状态,当电子改变自己的运动状态时,所发射或吸收的能量 ΔE 也将是一个连续谱线。然而,实际所观察到的并不是连续的谱线。这说明在电子运动中,只有某些运动状态是允许的,而且是稳定的,不随时间变化的。因此,从研究宏观现象确立的经典理论不能应用于原子的微观过程。

2.2 原子结构研究的相关理论及其方法

2.2.1 玻尔的量子化理论

为了解决经典理论与原子光谱实验结果之间的矛盾,玻尔(Bohr)结合原子光谱的规律性,发展了普朗克(Planck)的量子概念,1913 年他对原子过程提出了两个基本量子化假设。

①原子只能存在一些不连续的稳定状态,这些稳定状态具有一定的能量 E_1、E_2、E_3……在这些稳定状态下运动的电子,没有能量辐射,只有在发射或吸收辐射时,能量才会发生改变,而且也只能从一个稳定状态过渡到另一个稳定状态,不可能过渡到其他中间状态,即不能连续地变化。

②如果电子从能量为 E_1 的轨道过渡到能量为 E_2 的轨道,原子将发射或吸收一个频率为 ν 的辐射量子,如爱因斯坦关系式所示:

$$E_1 - E_2 = h\nu \tag{2-1}$$

式中:h 是普朗克常数,为 6.625×10^{-34} J·s。$E_1 > E_2$,发射辐射;$E_1 < E_2$,吸收辐射。

根据玻尔假设可以推导出,当电子绕原子核运动时,只有动量矩等于 $\frac{h}{2\pi}$ 的整数的那些运动状态才是稳定的,即

$$mvr = n\left(\frac{h}{2\pi}\right) \tag{2-2}$$

式中:m 是电子质量,为 9.108×10^{-31}kg;v 表示电子的运动速度,单位是 m/s;r 为电子运动轨道半径,单位是 m。mvr 是电子运动的动量矩。n 是轨道的量子数,其值可等于 1、2、3……整数。所以电子的状态和量子数有关,不同的量子数代表不同的能量状态。

根据玻尔理论,可以定量地计算氢原子的能级。玻尔理论设想电子在半径为 r 的圆周轨道上以 v 的速度运动,它的动能 $K=\frac{1}{2}mv^2$,它和原子核的势能 $V=-\frac{e^2}{4\pi\varepsilon_0 r}$($\varepsilon_0$ 为真空中介电常数,$\varepsilon_0\approx8.85\times10^{-12}$ C ^{2}/(N·m^2),e 为电子的电荷)。

根据牛顿定律,原子核电场对电子的吸引力和电子的向心加速度有如下关系:

$$\frac{e^2}{4\pi\varepsilon_0 r^2} = m\frac{v^2}{r} \tag{2-3}$$

由式(2-2)、式(2-3)可求出氢原子稳定的圆周轨道半径

$$r = \frac{\varepsilon_0 n^2 h^2}{\pi m e^2} \tag{2-4}$$

因此,氢原子的总能量

$$E = K + V = \frac{1}{2}mv^2 - \frac{e^2}{4\pi\varepsilon_0 r} = -\frac{e^2}{8\pi\varepsilon_0 r} = -\frac{me^4}{8\varepsilon_0 n^2 h^2} \tag{2-5}$$

这是从玻尔理论导出的氢原子能级公式。电子能级以负值表示,其数值与 n^2 成正比。当 $n \to \infty$ 时,$E_\infty = 0$。

当原子从能级 E_i 过渡到 E_n 时,放出单色光的频率

$$\nu = \frac{E_n}{h} - \frac{E_i}{h} = \frac{me^4}{8\varepsilon_0 h^3}\left(\frac{1}{i^2} - \frac{1}{n^2}\right)(i < n) \tag{2-6}$$

根据玻尔理论,对氢原子光谱的产生可作如下解释:原子在正常状态时,它的能量最低,是最稳定的状态,称为基态。当原子受到辐射的照射或高能粒子的碰撞等外界因素的激发时,它就接受一定的能量而过渡到某一个能级较高的受激状态,就是它的电子过渡到量子数较大的轨道上运动。处于受激状态的原子是不稳定的,它能够自发地过渡到能级较低的受激状态或正常状态,从而发出谱线。

玻尔理论虽然解释了原子稳定性及原子谱线等问题,但是它仍不能完全解决问题,与有的实验结果也不符合。它在逻辑上也存在矛盾,因为它只是在经典力学基础上加一些人为的量子化条件,电子轨道上的运动还是服从经典力学定律的。这反映了玻尔理论的妥协性和不彻底性。

2.2.2 海森堡的测不准原理

根据经典力学的理论,似乎可以确定物体在任何瞬时的位置、速度、动量等各种物理量。但是,这个假设是不正确的。严格分析证明,同时确定位置和动量,原则上是不可能的。可以把其中的一个量测量到任何的准确程度,但这时对另一个的测量准确度就会相应降低。这就是海森堡(Heisenberg)测不准原理。在对宏观物体的观察中,这种测不准的情况完全可以忽略,但是在处理如电子等微观粒子的问题时,测不准原理起了很重要的作用。测不准原理的数学表达式可以采用不同的运动变量。如果运动变量 x 为位置,p 为动量,则最小测不准量 Δx 和 Δp 具有以下关系:

$$\Delta x \Delta p \geqslant \frac{h}{2\pi} \tag{2-7}$$

式中:h 为普朗克常数。从这个关系式可以看到,用经典力学的物理量来描述微观粒子,只能达到一定的近似程度。若决定粒子位置的坐标 x 越准确(即 Δx 越小),则动量测定的准确度越小(即 Δp 越大)。

如果测量的是能量 E 和时间 t,则相应的关系式为

$$\Delta E \Delta t \geqslant \frac{h}{2\pi} \tag{2-8}$$

测不准原理这一表达式对说明电子在同一定态中可以永恒运动的这一事实是很重要的。因为此时 Δt 很大,所以 ΔE 就能够非常小,也就是说,在定态中的电子具有确定的能量值。如果只

是在有限的时间内,则电子的能量就不是一个确定的量,而是一个微小的测不准量。

在有些情况下,一个原子可以经历一系列的变化,通过 E_1、E_2、E_3……许多能态。因为没一个能态只存在很短的时间,根据测不准原理,能量就有一个微小的测不准量,这就引起了谱线的扩展。

2.2.3 基于量子力学的电子波动理论

1. 状态与概率

统计热力学认为,一切孤立体系将是从出现概率较小的状态自发地趋向概率较大的状态,而宏观体系的熵 S 和热力学概率 w 之间存在着玻尔兹曼(Boltzmann)关系,即

$$S = k\ln w$$

这一热力学熵的统计理论表明,系统存在的状态数与系统出现此状态的概率成正相关。

海森堡的测不准原理说明,用经典力学的概念要同时准确地确定电子在原子中的运动的动量和位置是不可能的。但是如果采用统计热力学概率与状态的观点,将电子在原子中的运动轨迹(状态)与电子在原子周围在各位置出现的概率联系起来,就不难找到研究原子中电子运动的规律或电子云分布的特征。于是,逐步建立了描述电子运动的量子力学。量子力学不是把电子想象成沿轨道运动,也不是用电子的位置、动量等数值来描述电子的运动情况,而是用电子在空间体系单元中可能出现的概率来描述电子在原子中的运动情况。量子力学对现象的描述具有统计性质。以概率为基础的量子力学所得出的推论是和实验结果符合的,也更准确地反映了微观粒子的运动规律。

这两种不同的概念可以用以下例子来说明。一台三叶风扇,由于制造精度所限,假如静止时其理论上的力学完全平衡状态为三片扇叶处于如图 2-3(a)所示的 A—B—C 位置,那么,当风扇通电工作后再次关闭时,问风扇的扇叶会停在什么位置?要求解这样的问题,经典力学需要计算扇叶的动能、摩擦力、重力、力矩、环境气流等诸多确定和难以确定的因素,最后才能获得风扇最后的停止位置,一旦计算完成,扇叶位置也是唯一的。而如果采用量子力学观点,则完全避开上述诸多不确定因素的控制,以通过求解扇叶在圆周 360°内任一位置停止的概率来处理这样的问题,获得一个扇叶在圆周 360°内任一位置停止的概率分布,如图 2-3(b)所示。这种概率分布肯定是以平衡位置(A—B—C)为最高,偏离平衡位置越大,概率越小。实际上由于各种因素的影响,扇叶的停止位置存在很大的不确定性,按后一种方法求解应该更符合实际情况。

对于原子中电子的运动分析,上述基于概率分析的量子力学观点认为电子在经典力学所确定的位置出现的概率最大,但在其他地方也有出现的可能。也就是把电子按其在空间位置出现的概率设想为绵延分布在空间的云状物质——“电子云”。如果对电子的位置作多次测量,其测量结果必然落在这条概率分布曲线上。使电子束通过一个固定的装置,并在荧光屏上观察各个电子出现的位置,也可证实这个结果。

2. 电子的波粒二象性

为了分析电子在原子中的运动轨迹,需建立电子在原子中的状态(位置)函数和周期函数。为此把电子看做和光子一样,具有粒子性和波动性的双重性质,利用电子的波动性特征建立电子运动的波动方程,通过求解波动方程建立电子在原子中的状态(位置)函数和周期函

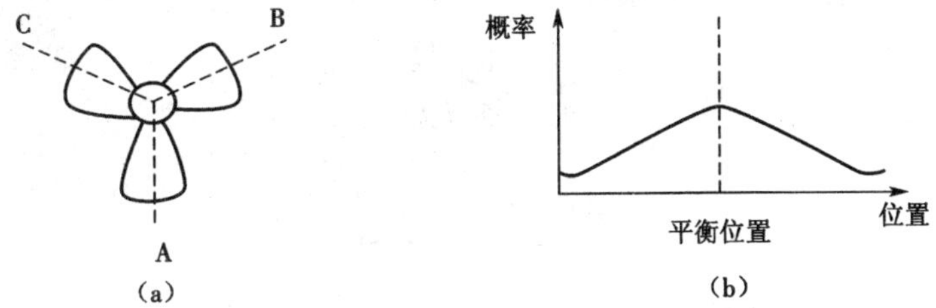

图2-3 量子力学处理运动的方法

(a)平衡位置 (b)量子力学处理方法

数。

在表征波动性的物理量(ν 和 λ)与表征粒子性的物理量(E 和 p)之间有与光类似的关系

$$E = h\nu \tag{2-9}$$

$$p = h/\lambda \tag{2-10}$$

此两式显示了波动性和粒子性物理量之间的联系。等式左面表示粒子的性质,即电子的能量 E 和动量 p;等式右边表示波动的性质,即波动的频率 ν 和波长 λ,这两种性质通过普朗克常数定量地联系起来。把式(2-10)写成

$$\lambda = \frac{h}{mv} \tag{2-11}$$

即为德布罗意(de Broglie)公式。

自从量子力学建立以后,曾有汤姆逊(Thomson)等人进行了电子束的衍射实验。实验结果表明,电子也能被晶体衍射。这些实验有力地证明了电子的确存在波动特性。

3. 波动方程的建立

前面已谈到,电子在原子中的运动状态可以根据其在原子中各个位置出现的概率来确定。但是,要计算电子在原子中各位置出现的概率必须首先建立电子的运动方程,否则难以直接获得电子概率的分布函数,这是量子力学描述微观粒子运动的基本方法。因此根据电子的波粒二象性,可以把电子的运动按波动来处理,但并不意味着实际上电子就是存在这样的物理波,只是因为在数学上有着完全相应的关系。

为了建立物理波动方程,以简单的弹簧围绕其平衡位置的振动为例,推出一维波动方程。对于弹性系数为 k、质量为 m 的弹簧,根据经典力学和运动学规律,其弹性力 f 、弹性位移 y 与运动加速度 a 之间有如下关系:

$$f = -ky = ma \tag{2-12}$$

而加速度

$$a = \frac{\mathrm{d}^2 y}{\mathrm{d}t^2}$$

故弹簧的运动方程为

$$\frac{\mathrm{d}^2 y}{\mathrm{d}t^2} = -\frac{k}{m}y \tag{2-13}$$

而

$$\frac{k}{m} = (2\pi\nu)^2 \tag{2-14}$$

式中：ν 为振动频率。将式(2-14)变换，得

$$\nu=\frac{1}{2\pi}\sqrt{\frac{k}{m}}$$

代入式(2-13)得

$$\frac{d^2y}{dt^2}+(2\pi\nu)^2y=0 \tag{2-15}$$

这就是一个简单的振动方程，该方程的一个特解为

$$y=A\cos 2\pi\nu t \tag{2-16}$$

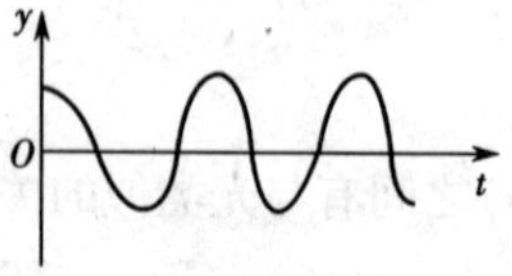

图2-4　振幅随时间的变化规律

即表示其振幅随时间的变化规律。把方程解式(2-16)作图表示则为图2-4。

假如把图2-4中的横坐标转换为与时间相关的 x 轴，即振动向 x 方向传播，取 x 轴上任一点 A，A 点至坐标原点的距离为 x，振动波从坐标原点 O 传递到 A 点的时间为 τ，波的传播速度为 v，则 $\tau=\frac{x}{v}$。现在考虑从 A 点开始向后传播的过程，则

$$y=A\cos 2\pi\nu t'$$

其中，$t'=t-\tau$，代入上式，并考虑波长、频率和速度之间的转换关系，得

$$y=A\cos 2\pi\nu t'=A\cos 2\pi\nu(t-\tau)=A\cos 2\pi\left(\nu t-\frac{\nu x}{v}\right)=A\cos 2\pi\left(\nu t-\frac{x}{\lambda}\right) \tag{2-17}$$

式(2-17)即为平面波方程。

将式(2-17)的平面波方程写成如下的复数形式：

$$y(x,t)=Ae^{i2\pi\left(\nu t-\frac{x}{\lambda}\right)}=A\left[\cos 2\pi\left(\nu t-\frac{x}{\lambda}\right)+i\sin 2\pi\left(\nu t-\frac{x}{\lambda}\right)\right]$$

然后对 x、t 求偏导，可得

$$\frac{1}{\nu^2}\frac{\partial^2 y}{\partial t^2}=\frac{\partial^2 y}{\partial x^2} \tag{2-18}$$

该式即为一维波动方程。将平面波方程的复数形式继续分解成两个各自包含一个自变量的分项，则有

$$y(x,t)=Ae^{i2\pi\left(\nu t-\frac{x}{\lambda}\right)}=Ae^{i2\pi\nu t}\cdot e^{-i2\pi\frac{x}{\lambda}} \tag{2-19}$$

可见该方程中包含两个互相独立的分项，前一分项为 y—t 之间的函数，即时间函数，与 x 无关；后一分项为 y—x 之间的函数，即空间函数，与 t 无关。用该方程来描述电子在晶体中的运动，不仅计算方便，而且既可以获得电子运动的时间函数，又可获得电子运动的空间分布，因此可以比较方便地求取电子运动的概率函数。

在方程(2-19)复数运算时，如果用它们的共轭复数代替，当然也能满足方程。因此如果设定：$Ae^{-i2\pi\frac{x}{\lambda}}=\psi(x)$，则有

$$y(x,t)=\psi(x)e^{i2\pi\nu t} \tag{2-20}$$

把式(2-20)代入式(2-18)，消去 $e^{i2\pi\nu t}$ 得到

$$\frac{d^2\psi}{dx^2}+\left(\frac{2\pi}{\lambda}\right)^2\psi=0 \tag{2-21}$$

此即波长为 λ 的电子波动方程，由于消去了时间因子，$\psi(x)$ 不随时间而变，因此式(2-21)称为定态电子波动方程。利用这个方程就可以研究电子在原子中的状态分布以及电子的能量、能级分布了。

4. 电子在空间的状态分布与能级

有的读者可能会有疑问，前面不是说用电子的概率函数来描述电子的运动状态吗？其定态运动方程中怎么看不出概率函数呢？大家注意，设定的波函数 $Ae^{-i2\pi\frac{x}{\lambda}}=\psi(x)$ 实质上是波的振幅 y 与 x 之间的函数，是振幅 y 在空间位置的分布。而电子的能量则取决于电子波振幅的平方 $|\psi|^2$，同时，电子波的振幅也决定了电子运动的空间体积范围 ΔV，而在某空间区域内，找到电子的概率是与这区域的体积大小成正比的。因此，电子在该区域内出现的概率正比于电子运动体积单元 ΔV，对于某个平面来说，电子在该区域内出现的概率正比于电子波的振幅的平方 $|\psi|^2$。实际上，对于空间位置来说，电子在某空间区域内出现的概率与 $|\psi|^2\Delta V$ 乘积项也成正比。

设 $\psi(x)=Ae^{i2\pi\frac{x}{\lambda}}=Ae^{i\theta}$，式中 $\theta=2\pi\dfrac{x}{\lambda}$，其共轭复数为 $\psi^*(x)=Ae^{-i\theta}$，则

$$|\psi|^2=\psi\times\psi^*=A^2e^{i\theta}e^{-i\theta}=A^2 \tag{2-22}$$

称 A^2 为在坐标为 x 及 $x+dx$ 区间内出现电子的概率，它的数量等于电子波振幅的平方 A^2。这就表明量子力学的描述具有统计的性质。在某一段时间内，来到某一空间范围内的粒子的数目与它们来到这个范围内的概率成正比，所以 $|\psi|^2$ 与概率成正比的原理，事实上包括了 $|\psi|^2\Delta V$ 与电子数成正比的原理。

有了电子波函数就可以确定电子的空间状态分布，那么，又是如何知道电子的能量在原子中具有不同的能级的呢？下面以一维空间内的电子波函数为例加以说明。

在一维空间内，波函数最简单的形式为 $\psi(x)=A\sin\left(\dfrac{2\pi x}{\lambda}\right)$。波函数 $\psi(x)$ 等于零的各点不随时间改变。将该波函数对 x 二次微分，得

$$\frac{d^2\psi}{dx^2}=-\frac{4\pi^2}{\lambda^2}\psi \tag{2-23}$$

根据电子的粒子特性方程(2-9)～(2-11)，得

$$\lambda=\frac{h}{p}=\frac{h}{\sqrt{2mE}}$$

将其代入式(2-23)，得

$$\frac{d^2\psi}{dx^2}+\frac{8\pi^2 mE}{h^2}\psi=0 \tag{2-24}$$

式中：E 是假设势能为零时的电子总能量，故 $E=\dfrac{1}{2}mv^2=\dfrac{p^2}{2m}$。此方程就是最简单的定态薛定谔(Schrödinger)方程。

方程(2-24)虽然尚不足以描述原子结构，但它表示出了量子力学的主要特征。假设一个电子被限制在不能穿透的二个界面 $x=0$ 和 $x=L$ 之间，使它只能在长度为 L 的区域内来回运动，当它遇到界面时，会像镜面一样折回。这样方程(2-24)的解 $\psi(x)=A\sin\left(\dfrac{2\pi x}{\lambda}\right)$ 必须满足

以下边界条件:超过界面,出现电子的概率必须为零,所以当 $x=0$ 和 $x=L$ 时,应该有 $\psi(x)=0$;当 $x=0$ 时,$\sin 0°=0$,所以 $\psi(x)=0$。但是,当 $x=L$ 时,只有在 $\frac{2\pi L}{\lambda}=n\pi$ 时,才可满足 $\psi(x)=0$的条件,即 $\lambda=\frac{2L}{n}(n=1,2,3,\cdots)$时,电子才能处于定态。由此可以看出,量子数 n 确定了电子只能具有某些分立的量子状态。

对于电子的能量

$$E=\frac{1}{2}mv^2=\frac{h^2}{2m\lambda^2}$$

把 $\lambda=\frac{2L}{n}$代入上式,得到

$$E_n=\frac{n^2h^2}{8mL^2}(n=1,2,\cdots,n) \tag{2-25}$$

所以电子的能量被限制在某些能级上,这就是分立的原子谱线和电子轨道理论的基础。

以上对方程(2-24)中的能量项 E 的处理只考虑电子的动能,而把其势能假定为零,而实际上电子不仅具有动能,还具有一定的势能 E',因此电子的总能量 $E=\frac{p^2}{2m}$(动能)$+E'$(势能),故$\frac{p^2}{2n}=E-E'$,用 $E-E'$代替式(2-24)中的 E,就可以得到更具普遍意义的一维空间的定态薛定谔方程,即

$$\frac{d^2\psi}{dx^2}+\frac{8\pi^2m}{h^2}(E-E')\psi=0 \tag{2-26}$$

在三维空间里,用对 x,y,z 轴取的偏导数代替$\frac{d^2\psi}{dx^2}$,可得到薛定谔方程更普遍的形式,即

$$\frac{\partial^2\psi}{\partial x^2}+\frac{\partial^2\psi}{\partial y^2}+\frac{\partial^2\psi}{\partial z^2}+\frac{8\pi^2m}{h^2}(E-E')\psi=\nabla^2\psi+\frac{8\pi^2m}{h^2}(E-E')\psi=0 \tag{2-27}$$

式中:∇^2为拉普拉斯算符,即

$$\nabla^2=\frac{\partial^2}{\partial x^2}+\frac{\partial^2}{\partial y^2}+\frac{\partial^2}{\partial z^2}$$

薛定谔方程不仅在给定的条件下可以算出和实验结果符合的电子分布,而且在解波动方程时,能自然地获得 E_1、E_2、E_3……分立的能值,不需要像玻尔理论那样,人为地加上量子化条件。

以上通过电子波动方程的建立和解析过程,便可理解了有关量子力学研究原子中电子状态分布及其能量分布的相关理论和方法。对于一个学习材料加工的研究生来说,也许不必用上述理论去研究原子中电子的运动规律,因此学习本部分内容的一个重要目的除了要从量子力学意义上了解原子结构及核外电子排布规律的物理本质之外,还要学习量子力学研究微观粒子运动规律所采用的思路和方法,以便能为以后的研究工作提供更好的借鉴。

5. 核外电子的排布规律

(1)薛定谔方程的求解

在通常情况下,原子核并不参与化学反应。所谓化学反应,实际上是在原子化合成分子、分子分解为原子的过程中电子运动状态的变化,也可以说是电子云的重新分布。但是电子围绕原子核的空间究竟是如何分布的呢?

前面已经谈到，在空间某特定的 ΔV 体积中找到电子的概率正比于该电子的波函数平方及体积的乘积项 $(\psi\cdot\psi\Delta V)$，而事实上，由于其状态数正比于其概率，因此在该空间特定的 ΔV 体积中的电子数也正比于 $|\psi|^2\Delta V$。

那么，对于只有一个电子的氢原子来说，在有关空间的 ΔV 体积中找到这个电子的概率就为 $\psi\cdot\psi\Delta V$。但对于其他多电子的原子来说，在空间某特定的 ΔV 体积中找到电子的数目应该是各个电子 $\psi\cdot\psi\Delta V$ 数的总和。如果按电子密度来说，总的电子密度应该是各个电子值的总和。

原子的模型实际上是电子云或分布概率图形的模型，电子云的密度大，即意味着在指定空间内找到电子的概率较大。

薛定谔方程的解就是电子运行的轨道或者电子在原子中的分布，求解薛定谔方程，实质上就是计算在某空间单位体积 $\mathrm{d}V$ 中找到电子的概率 $\psi^2\mathrm{d}V$。考察距原子核不同距离的地方电子出现的概率，不难判定这种概率的分布（薛定谔方程的解）一定具有球对称性质，如果采用极坐标表示，则在电子球壳 $r\sim r+\mathrm{d}r$ 中找到电子的概率（$\psi^2\mathrm{d}V$）可表示为

$$\psi^2\mathrm{d}V=\psi^2 4\pi r^2\mathrm{d}r \tag{2-28}$$

从式(2-28)看出，可以在某个距离原子中心为 r 的位置找到电子的概率正比于 ψ^2r^2。

以只有一个电子的氢原子为例，考虑电子的动能和在原子核静电场中的势能，代入式(2-27)中，可得到该方程的一个最简单的解，即

$$\psi(r)=\mathrm{e}^{-\frac{r}{a}} \tag{2-29}$$

式中：a 为待定的常数。

由于在某个距离原子中心为 r 的位置找到电子的概率正比于 ψ^2r^2，即

$$\psi^2r^2=r^2\mathrm{e}^{-\frac{2r}{a}} \tag{2-30}$$

要求概率的极大值，可使其微商等于零，即

$$\frac{d}{\mathrm{d}r}(r^2\,\mathrm{e}^{-\frac{2r}{a}})=2r\mathrm{e}^{-\frac{2r}{a}}-\frac{2}{a}r^2\mathrm{e}^{-\frac{2r}{a}}=0$$

所以

$$r=a=\frac{h^2}{4\pi^3\,me^2}=0.053\ \mathrm{nm} \tag{2-31}$$

因此，在氢原子中，当 $r=a=0.053$ nm 时，电子出现概率为极大值，这是出现电子概率最大处与原子核之间的距离，恰好与玻尔氢原子理论中的第一个稳定轨道半径相符。

为了求解薛定谔方程的一般解，将波函数 $\psi(x,y,z)$ 转化为用如图2-5所示的球极坐标 $\psi(r,\theta,\phi)$ 表示，然后采用分离变量法，使波函数分为三个独立变量的函数，即

$$\psi(r,\theta,\phi)=R(r)\Theta(\theta)\Phi(\phi) \tag{2-32}$$

式中：$R(r)$ 为径向概率函数，$\Theta(\theta)\Phi(\phi)=Y(\theta,\phi)$ 为角度函数。

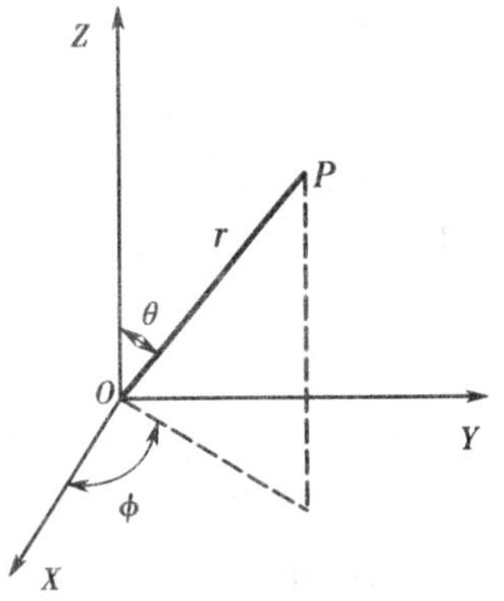

图2-5 球极坐标

每一个满足薛定谔方程的波函数决定了一种电子的运动状态，如果采用一系列不同数值的量子数 n（主量子数）、l（角量子数）、m_l（磁量子数）和 m_s（自旋量子数）组合来确定电子

的运动状态，那么，不同量子数的 ψ 波函数图形，表示电子在原子中不同的稳定运动状态。而其主量子数 n 主要由电子的径向概率函数 $R(r)$ 决定，角量子数和磁量子数则由角度函数 $\Theta(\theta)\Phi(\phi)$ 决定。自旋量子数不能从求解薛定谔方程中得到，它是后来实验和理论进一步研究中为了更准确描述电子运动状态而补充引入的。

主量子数 n 决定原子轨道的能量、能级或轨道，它的取值为1、2、3……。n 越大，电子离原子核的距离越远，电子的能量越高。在一个原子中，常称 n 相同的电子为一个电子层。当 $n=1,2,3,4,5,6,7$ 时，分别称为第一、二、三、四、五、六、七电子层，相应地用符号K、L、M、N、O、P、Q表示。

角量子数 l 决定原子轨道的形状，它的取值为0、1、2……$n-1$。在多电子原子中，当 n 相同而 l 不同时，电子的能量还有差别。因此又常将一个电子层分为几个亚层。当 $l=0,1,2,3$ 时，分别称为s、p、d、f亚层。

$n=1$ 时，$l=0$，K层只有s亚层；

$n=2$ 时，$l=0,1$，L层有s、p亚层；

$n=3$ 时，$l=0,1,2$，M层有s、p、d亚层；

$n=4$ 时，$l=0$、$1,2,3$，N层有s、p、d、f亚层。

在多电子原子中，l 也决定着原子轨道的能量。当 n 相同时，随 l 的增大，原子轨道的能量也升高。

磁量子数 m_l 决定原子轨道在空间的取向。它的取值为0，±1，±2，$\pm l$，因此有 $2l+1$ 种取向。当 $l=0$ 时，m_l 只能取0，s亚层只有1个轨道；当 $l=1$ 时，m_l 可取 -1、0、$+1$，p亚层有3个轨道。同理，当 $l=2$ 时，d亚层有5个轨道；当 $l=3$ 时，f亚层有7个轨道。当 n 和 l 相同，但 m_l 不同的各原子轨道的能量相同时，称为简并轨道或等价轨道。

自旋量子数 m_s 描述电子的自旋方向，它的取值为 $+1/2$ 和 $-1/2$，常用箭头 ↑ 和 ↓ 表示电子的两种自旋方向。

综上所述，n、l、m_l 三个量子数可以确定一个原子轨道，而 n、l、m_l、m_s 四个量子数可以确定电子的运动状态。

知道了波函数的图形，就获得了相应的电子运动状态的重要参数，如电子的能量、角动量和磁矩等，也就获得了电子云形态及核外电子分布的基本规律。

(2) 核外电子分布的规则

已经知道了原子中各种可能的电子状态和它们能量的高低，那么原子的核外电子是怎么分配在这些状态中的呢？是先占据能量最低的状态，还是先占据能量最高的状态呢？是集中在一个或少数几个状态中，还是均匀地或任意地分布在各种可能的状态中的呢？

根据理论推算及实验结果，核外电子的分布要服从下面三个规则。

1) 泡利(Pauli)不相容原理

实验证明，在同一个原子中，不可能有运动状态完全相同的两个电子。即处于完全相同运动状态的电子是不相容的，这个规律叫做泡利不相容原理。

根据这个原理，在原子中4个量子数 n、l、m_l、m_s 完全相同的电子不能多于一个。在有些情况下，省略了自旋量子数，则可以说，每个状态(或称轨道)最多只能包含两个电子，而且这两个电子的自旋方向必须相反。

具有同样主量子数 n 的电子最多只有 $2n^2$ 个。因为 n 确定后，l 可变化的值为 $0,1,2,\cdots,n$

-1；m_l可变化的值为$+l,\cdots,0,\cdots,-l$；m_s为$\pm\frac{1}{2}$。所以，在原子中主量子数 n 相同的电子数最多只能有下式求出的数量：

$$\sum_{l=0}^{n-1}[2(2l+1)]=2\sum_{l=0}^{n-1}(2l+1)=2n^2 \tag{2-33}$$

根据这个原理，可以确定各电子层中的电子数。例如，$n=1$ 的第一能级最多只能容纳 2 个电子，$1s^2$；$n=2$ 的第二能级最多只能容纳 8 个电子，$2s^22p^6$；$n=3$ 的第三能级最多只能容纳 18 个电子，$3s^23p^63d^{10}$。

有了不相容原理还不足以确定核外电子的排布。例如氢原子，它只有一个电子，它占据任何状态都不违背不相容原理，如何确定这个电子的量子态呢？

2）能量最低原理

在正常情况下，原子核外的电子是按能级的高低分层排布的，在不违反不相容原理的前提下，电子的排布将尽可能使体系的能量最低。电子在原子内处于最低能级时最稳定。核外电子总是尽量排布在能级最低的 1s 轨道上，然后依次排列在 2s、2p、3s……能级较高的轨道。这个规律叫做能量最低原理。

对原子序数较大、含有许多电子的原子，要准确求出波函数是非常困难的，因为电子之间有各种相互作用。屏蔽效应是其中一个重要的效应。在原子核附近运动的电子，在原子核与外层电子之间起了部分的屏蔽作用，这就改变了原来量子状态的能级，产生电子轨道的能级交错的情况。如锌原子中的电子的能阶，其中 4s 态的能量比 3d 小，5s 态的能量比 4d 小……按照能量最低原理，其电子排入轨道的顺序为：

1s—2s—2p—3s—3p—4s—3d—4p—5s—4d—5p—6s—4f—5d—6p—7s—5f—6d

3）洪德（Hund）规则

碳的电子排布为 $1s^22s^22p^2$。电子在 1s 及 2s 轨道上均已排满。2p 轨道上排有 2 个电子，而 2p 轨道共有 3 个，这 3 个轨道具有相同的主量子数 n 和角量子数 l，具有相同的能级。根据实验和理论计算证明，在这些轨道上排布的电子，将尽可能地分占不同的轨道，而且自旋方向平行，这个规律叫做洪德规则。因为电子按这样排布，可以占据最多的轨道，原子的能量保持最低。

作为洪德规则的特例，当电子层结构中相同角量子数的轨道为全充满、半充满或全空时，状态是比较稳定的，即

全充满　p^6或d^{10}或f^{14}

半充满　p^3或d^5或f^7

全　空　p^0或d^0或f^0

通过这三个规则，就可以决定原子中电子的排列，同时对元素周期表中各元素的电子排布，也就较容易理解和掌握了。

由于原子中核外电子的排布具有规律性，所以不同序数的原子，其电子状态的分布也具有以下周期规律。

①每一周期（第一周期除外）都是从碱金属元素开始到惰性气体元素结束。这说明原子的电子层结构呈周期性的变化是元素性质随核电荷数的递增而呈周期性变化的根本原因。

②各周期中元素原子的电子层数等于周期数。即第一周期中元素的原子有一个电子层，

第二周期中元素原子有两个电子层,其余类推。

③元素原子的最外电子层最多能容纳 8 个电子,原子的次外层最多能容纳 18 个电子。

④各周期中元素的数目和相应能级组中各电子轨道所能容纳的电子总数相同。

根据原子的电子层结构,可以把周期系中的元素分为 4 个区域。

①s 区元素,包括ⅠA 和ⅡA 主族元素。

②p 区元素,包括 ⅢA 到ⅧA 主族元素。电子层结构是 s^2p^1 到 s^2p^6,大部分为非金属及惰性气体。

③d 区及 ds 区元素,包括ⅢB 到ⅧB 的副族元素及ⅠB、ⅡB 两个副族元素。

④f 区元素,包括镧系和锕系元素。

2.3 分子结构和结合键

在了解原子和原子结构以后,需进一步研究原子是如何形成分子或晶体的。这不仅需要懂得原子的结构,还要知道在形成分子时,原子之间是如何相互作用的。分子的结构不仅取决于原子的种类和数目,而且还取决于分子中原子之间的相互联系以及原子在空间的排列。因此,了解原子结合成分子的过程和分子的结构,对理解物质的性质是很重要的。

同种元素的原子相互结合形成分子或者晶体时,一方面,原子的排列具有一定的方式和规律,表现为晶体结构;另一方面,原子间存在着强烈的相互作用,表现为化学键。而不同元素的原子相互结合形成分子或者晶体时,则除上述两个方面的表现外,不同种类原子的数目会具有一定的比例,表现为化合价。

原子相互结合成分子时,原子核没有变化,只是原子的外层电子之间进行交互作用或重新进行排布。在分子中仍然是带正电的原子核与带负电的核外电子之间静电吸引和排斥这一对基本矛盾的平衡。由于各种原子的结构不同,不同原子相互作用时,静电的吸引和排斥的情况就不一样,不同分子中各原子相互结合的方式就不同。因此,化学键有各种不同的类型,常见的有离子键、共价键、金属键、分子键和氢键。

电负性是原子对成键电子吸引倾向的量化(相对标度);元素的电负性愈大,吸引成键电子对的倾向就愈强。鲍林标度(Pauling scale)是使用最广泛的电负性标度。其标度值的范围从电负性最强的元素氟(F)——标度值为 3.98,到电负性最弱的元素钫(Fr)——标度值为 0.7。常见元素电负性(鲍林标度)见表 2-1。

表 2-1　常见元素电负性(鲍林标度)

氢	2.1	锂	0.98	铍	1.57	硼	2.04	碳	2.55	氮	3.04	氟	3.98
钠	0.93	镁	1.31	铝	1.61	硅	1.90	磷	2.19	硫	2.58	氯	3.16
钾	0.82	钙	1.00	锰	1.55	铁	1.83	镍	1.91	铜	1.9	锌	1.65
铷	0.82	锶	0.95	银	1.93	碘	2.66	钡	0.89	金	2.54	铅	2.33

同一周期内,元素的电负性会随着原子序数的增加而增大;同一族内,元素的电负性会随着原子序数的增加而减小。元素周期表中的惰性元素可以忽略,它不成键,因此也没有电负

性。

一般来说,电负性大于1.8的是非金属元素,而小于等于1.8的往往是金属元素。

从电负性角度,两个原子间的结合方式以及结合强度,与两原子间的电负性差密切相关。

如果原子的电负性相同,那么它们对成键电子对的吸引能力也相同,如图2-6(a)。因而电子出现在两个原子附近的概率相等,电子在平均意义上会出现在两个原子间的正中。形成此类成键的A和B通常为同一种原子,例如H_2分子或Cl_2分子。此类成键被看做是“纯粹”的共价键——电子均匀地为两个原子所共享。

当B的电负性稍强于A时,B对电子对的吸引能力会比A稍强一些,如图2-6(b)。这意味着在成键的B端电子密度会更高一些,因此略微带负电,这种键称为极性键。也就是说极性键就是成键两端电荷不均匀分布的共价键。大多数共价键为此类成键。HCl中的氢—氯成键以及水分子中的氢—氧成键皆为典型的极性键 。

如果B的电负性远远超过了A,电子对会被吸引到成键的B端,如图2-6(c)。A失去了它对成键电子对的控制权,而B完全控制住了这两个电子,因而A、B原子间就形成了离子键。

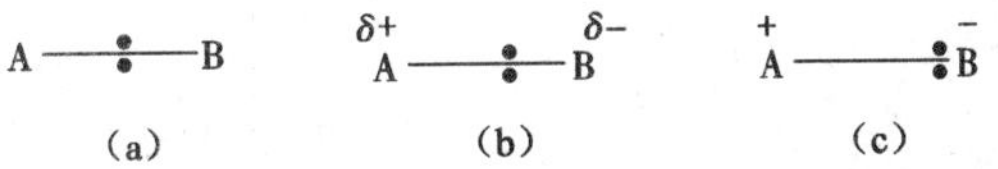

图2-6 电负性差异导致的两个原子间的成键差异

(a)无电负性差 (b)电负性差别较小 (c)电负性差别很大

从电负性差对原子间成键差别的影响可以看出,在共价键和离子键之间并没有明显的分界线。价电子偏向某一大电负性的原子多近可以被算做是离子键,并没有明确界定。一般认为氯化钠是典型的离子型固体。但即便如此,电负性小的钠原子也未完全失去对它电子的控制。但由于氯化钠的特性,宏观上趋向于把它看做是纯粹的离子键化合物。另一方面,碘化锂却被看成是拥有一些共价特性的离子化合物,因为碘化锂的成键电子对并没有完全移动到成键的碘端。

2.3.1 原子间的作用力

两个原子间的化学亲和力,从物理本质上说,是由于在这两个原子间存在吸引力。这种吸引力源于某个原子带正电的原子核和另一个原子带负电的电子云之间的吸引力,这个吸引力是一个长程力,在比原子间距大得多的地方就会产生作用。然而即使在化学亲和力很强的情况下,两个原子也难以过于接近,因为原子在平衡距离很近时,它们之间会显示出很大的排斥力。这种排斥力则源于带同样电荷的原子核之间以及电子云之间的排斥力。排斥力是一种短程力,即在远距离处它的数值很小,但在近距离处它比吸引力大。

量子力学处理有关结合键的问题,往往不是从力的角度,而是从能量的观点来处理的。如果正负单位电荷e之间相距为r,则静电吸引能

$$E_{吸} = \frac{e^2}{r} \tag{2-34}$$

原子之间的总能量E包含原子的动能($E_{动}$)和势能,而上述的静电吸引能$E_{吸}$是原子间势能的主要部分。但原子间距离为无限远时,原子间总的作用能为零,其间的势能也为零。两个原子逐渐接近时,吸引力越来越强。假如所形成的原子集团要比原来分散的原子更稳定,则原子之

间的趋近和吸引是自发过程，其相互作用总能的改变必须小于零，尤其是吸引能的变化更为负值（原子接近的驱动力）。将原子间的作用力定义为能量随距离的变化率，则原子间的吸引力

$$F_{吸} = -\frac{dE_{吸}}{dr} = -\frac{e^2}{r^2} \tag{2-35}$$

在平衡状态时，原子间的吸引力和排斥力相等。这时两个原子间的距离即为平衡距离。原子之间的排斥力有二：一是同性电荷之间的静电排斥力，二是泡利排斥作用力。前者是势能项，后者是动能项。根据泡利原理，当两个原子互相接近时，核外电子云会互相重叠，满壳层电子云之间就会产生排斥力，而未满壳层电子云之间则会产生吸引力。如果原子间距进一步减小，排斥力的增长速度将大于吸引力。当 $dE/dr=0$ 时，两个原子之间处于平衡状态，此时可以确定一个原子的平衡间距 r_0。当 $r<r_0$时，排斥力大于吸引力，总的作用力表现为排斥力；当 $r>r_0$时，排斥力小于吸引力，总的作用力表现为吸引力；当 $r=r_0$时，排斥力和吸引力平衡，如图2-7 所示。

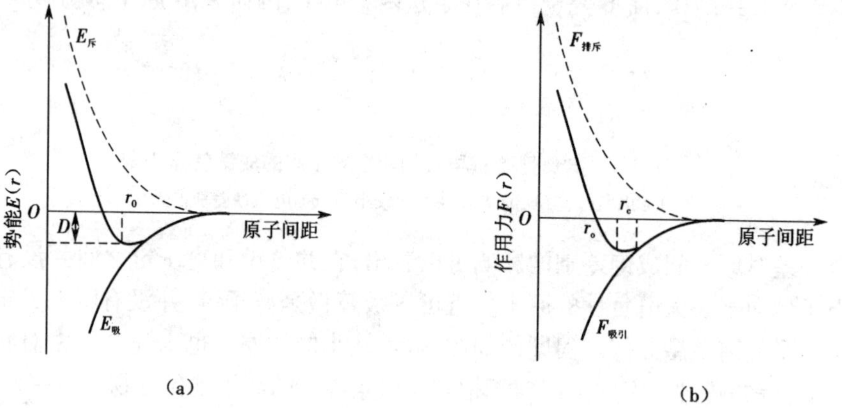

图 2-7 原子间相互作用

(a)势能与原子间距之间的关系 (b)作用力与原子间距之间的关系

关于泡利作用力，一般情况下，满壳层电子云之间由于原先各自都处于饱和的稳定低能状态，因此当满壳层电子云重叠时，它们各自的低能态就会被打破，电子云之间的静电排斥作用就会非常显著，其能量尤其是动能也就会显著增加，为了降低总能量，这些电子必须占据更大的空间，从而产生了很强的排斥力。所以对于两个满壳层的中心原子相互接近时，它们之间难以形成很强的化合键。这种泡利排斥力与电子云的重叠程度有关，因而是短程力，只有在两个原子的距离接近原子间距时，才能显示出其重要性。

需要注意的是，对于具有未填满壳层电子（价电子）的原子来说，当两个原子相互移近时，距原子核最远的价电子比其他电子更早发生重叠，因为未重叠之前价电子只占据部分填充的壳层，处于不饱和的较高能态，当它们重叠时就会相互填充轨道，形成公有电子对，从而降低能态，因而会产生吸引力而成为自发过程。但是，随着两个原子之间距离的进一步接近，当两个原子的满壳层电子云也发生重叠时，就会出现满壳层之间的斥力。不过总的来说，具有未填满壳层电子（价电子）的原子形成分子时，它们之间容易获得更强的结合键。

2.3.2 离子键

在一定条件下,活泼金属原子和活泼非金属原子相互接近时,前者将失去外层电子而形成带正电荷的阳离子;后者将获得电子而形成带负电荷的阴离子。阳离子和阴离子之间将由于静电引力而互相吸引,但当它们充分接近时,就会因离子的电子云重叠而产生斥力。当引力和斥力相等时,可形成稳定的离子键。例如,钠原子有1个$3s^1$价电子处于稳定的满壳层以外,而氯原子的最外层则有7个价电子($3s^23p^5$),需要获得1个电子以组成8个电子的稳定壳层。当钠原子和氯原子在一定条件下互相接近时,氯原子将夺得1个电子而成为具有稳定满壳层电子云的Cl^-,钠原子则将失去1个电子而形成稳定满壳层电子云的Na^+。这两种离子由于相互间的静电引力而彼此吸引,直至引力被满壳层电子云重叠时产生的斥力所平衡为止,形成离子化合物。

离子键的特点是没有方向性和饱和性。由于离子的电荷分布是球形对称的,它在各个方向都可吸引电荷相反的离子,所以离子键结合没有方向性;另外,1个正离子的周围同时可以吸引多个负离子,同样,1个负离子的周围也同时可以吸引多个正离子,因此离子键也没有饱和性。例如,1个Na^+可以同时和几个Cl^-相结合,1个Cl^-也可以同时和几个Na^+结合,而周围的Cl^-或Na^+的数目和排列方式则取决于该晶体的密排方式。这种聚合过程随着温度降低而不断进行,一直在空间继续发展,最后形成离子型晶体——食盐。在食盐颗粒中,并不存在单个的氯化钠分子,化学式NaCl只代表氯化钠中Na^+和Cl^-的数量比和重量组成,并不代表分子组成。氯化钠的晶体结构如图2-8(a)所示。

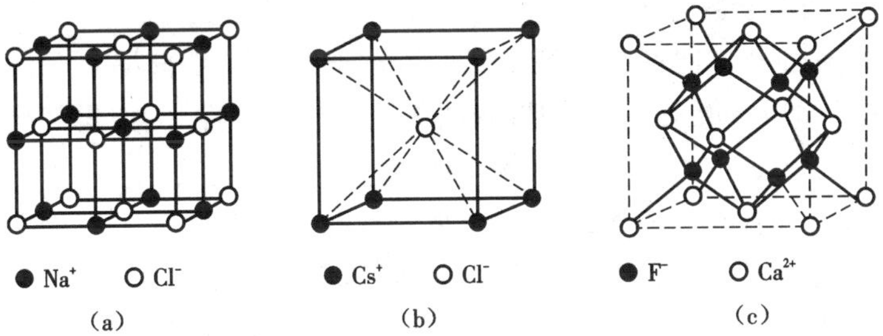

图2-8 一些离子化合物的晶体结构

(a)NaCl (b)CsCl (c)CaF_2

根据博恩(Born)等人的分析,认为离子晶体的势能可以用下式表示:

$$E = -\frac{a}{r} + \frac{b}{r^n} \tag{2-36}$$

式中:a及b为常数,前一项代表引力能,后一项代表斥力能。那么,原子间的作用力

$$F(r) = -\frac{\mathrm{d}E}{\mathrm{d}r} = -\frac{a}{r^2} + \frac{b}{r^{n+1}} \tag{2-37}$$

式中:前一项为静电作用引起的引力,与距离平方成反比;第二项是斥力,n的数值因离子化合物种类不同而不同,对于NaCl来说约为10。所以当r较大时,斥力很小,当r很小时,则斥力剧增,因此斥力属于近程作用力,而对应的引力则是远程作用力。后来博恩及梅耶(Mayer)对式(2-36)作了适当的修改,认为斥力引起的势能改为$be^{-\frac{r}{n}}$更为合适。

离子型晶体的结合较强,破坏这种化学键需要较高的能量。所以离子型晶体的熔点、硬度、强度都很高，热膨胀系数很小。例如用作耐火材料的 MgO、Al_2O_3 和钢中的一些非金属夹杂物均属于此类化合物，具有明显的离子键特征。

离子型化合物的性质很大程度上取决于离子的性能，如离子的电荷、离子的半径、离子的电子层结构及晶体结构等。一般来说，离子电荷数越高、离子半径越小，离子晶体的结合能越高，其熔点、硬度、强度就会越高。

2.3.3 共价键

H_2、N_2、O_2、Cl_2 等单质分子和 HCl、H_2O、NH_3 等化合物分子都是由共价键结合的。它们是通过价电子共有，形成稳定的电子满壳层（如 2、8、18 个电子）的方式结合的。

原子在没有化合前含有未成对的电子，根据不相容原理，当原子相互化合成分子，各原子中未成对的电子如果自旋的方向相反，便可结合成电子对。通过原子间共有一对或几对电子，使分子中的每个原子达到稳定的电子满壳层结构。这些电子对为两个原子所公有，叫做公有电子对。它们环绕着两个原子核运动，将两个原子核结合起来，形成分子。这种由于相邻原子间通过形成公有电子对获得稳定的电子满壳层结构，使相邻原子间产生结合力的键合方式叫做共价键。可见共价键的键能相当于电子云重叠时因形成公有电子对获得稳定的电子满壳层结构所带来的能量的降低。由共价键形成的化合物叫做共价化合物。

在共价键中，价电子成对结合，每一对价电子联结一对相邻原子，ⅣA′至ⅥA′族元素形成晶体时遵循（$8-N$）规律，此处 N 是该元素的族序。这个规律表明任一ⅣA 至ⅦA 族的原子能够用共价键结合的近邻原子数是 $8-N$。如氯的族序为 7，故最近邻的原子数为 1；C、Si、Ge 的族序为 4，故最近邻的原子数为 4。

共价键具有饱和性和方向性的特征。当一个电子和另一个自旋方向相反的电子配对以后，就不能再和第三个电子配对，这种性质叫做共价键的饱和性，例如氢气只能有双原子的分子组成。

只有自旋方向相反的未成对电子，才能形成公有电子对。当两个原子形成共价键时，电子轨道要相互重叠才能成键。电子轨道重叠的程度越大，也就是电子云重叠的程度越大，两个原子核间的电子云密度越大，这样就能使两个核之间的排斥力减小，而使两个核对成键电子的引力增大，所形成的共价键就越稳定。图 2-9 为典型的共价键成键示意图。因此，共价键的形成，在可能范围内，一定采取电子云密度最大的方向进行重叠。这种情况叫做共价键的方向性。共价键成键的方向性主要有以下两种形式：成键轨道头碰头的 σ 共价键（如图 2-10（a））以及成键轨道肩并肩的 π 型共价键（如图 2-10（b））。

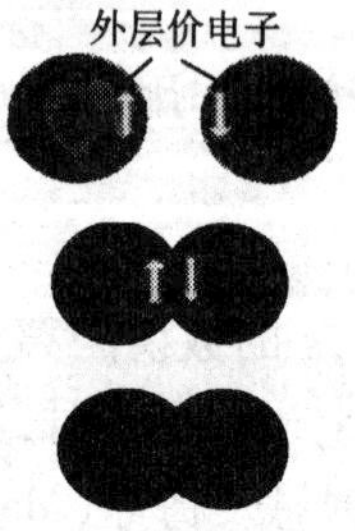

图 2-9　共价键成键示意图

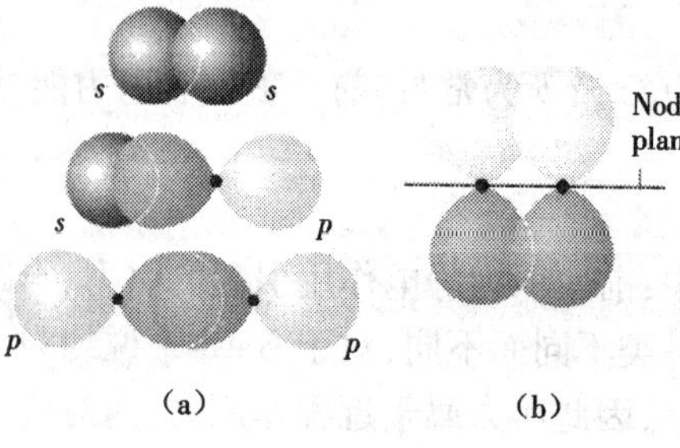

图 2-10　共价键的成键方向性

（a）σ 共价键　（b）π 型共价键

在常见晶体中，金刚石晶体结构中的共价键特征最明显，原子间结合最强，因而熔点、强度和硬度都高。与离子晶体相似，由于其外层电子均用于结合键，因而也是绝缘体。

2.3.4 金属键

周期表左面的元素均在满壳层外面有一个或多个价电子，这些填满的壳层在带正电的原子核和这些价电子之间起着屏蔽的作用，所以这些原子很容易失去它们的价电子而成为正电子。原子核的吸引力愈弱，则外面的电子"轨道"愈大。

在两个金属原子，例如两个钠原子（$Z=11$）互相结晶的过程，其3s轨道首先开始分裂。如果这两个原子的3s轨道上的两个电子自旋相反，则结合成一个电子对，进入3s分裂后的较低能级的轨道，并使系统能量降低。假如又有一个也具有未成对的3s电子的钠原子接近这个电子对，则按照不相容原理，由于分裂后低能级的3s量子态已经填满，这个原子必须受到排斥。然而，实际上因为大量原子凝聚成固体时，最外面电子的能级展宽成带，钠的3p能级和3s能级发生重叠，所以第三个电子可以占据一个3p分裂后的低能级的量子状态以降低能量，当大量原子结合时，自旋相反的成对的价电子按不相容原理及能量最低原理排列在分裂展宽后3s及3p的较低能级的量子态上，因而结合后系统总的能量下降。

上述金属原子分享价电子的设想，可导出金属键模型。在金属晶体中，金属原子上的价电子在整个晶体内自由运动，金属晶体就是靠自由价电子和金属离子形成的点阵之间的静电作用相互结合在一起的。这种相互作用称为金属键。（见图2-11所示）

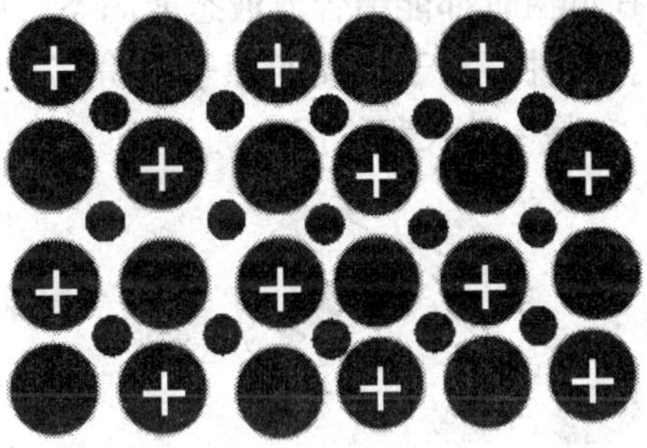

图2-11　金属键示意图

构成金属晶体的金属原子，由于价电子活动在整个金属晶体内，金属离子沉浸在运动的电子云雾中，所以电子云分布可以看成是球形对称的，整个原子可以看做具有一个体积的圆球，金属键没有饱和性和方向性。

金属的这个自由电子模型是德鲁特（Drude）在20世纪初提出的，它成功对典型的金属作了定性的解释。金属自由电子的运动决定了金属的导电性。同时也决定了金属的其他一些特性。自由电子的运动以及原子本身的振动，使金属具有较大的导热率。金属内原子面之间作相对位移时，正离子仍和自由电子保持着结合键，因此金属具有可塑性。自由电子吸收可见光的能量使金属具有不透明性。因吸收能量而激发的电子，当回到原来的低能级时，就发生辐射，这使金属具有光泽。

鲍林（Pauling）在20世纪30年代提出了解释金属结合力的另一个观点。他认为，金属结合是起源于相邻原子间价电子所形成的共价键。以碱金属钠为例，它具有体心立方点阵，每一个钠原子共有14个近邻（8个近邻，6个次近邻），中间的钠原子只有一个未成对的价电子，不足以在所有相邻原子间形成共价键，只能轮流和周围的原子形成单电子结合及双电子结合的共价键，所以可以把它看做是未饱和的共价键。鲍林认为，如果结合键作无序的分布，每一个原子平均只参与一个结合键，而是电子在这些键中共振，也使电子能量降低，即晶体的稳定性提高。所以，金属键被认为是一个共振过程，金属的不同原子之间可以形成一个电子或两个电子共价结合的各种结构，而金属键就是在所有不同结构之间的电子的共振。

早期认为金属的传导性是由于电子在金属晶体中能自由移动的缘故。这种说法有时会造成错误的印象，因为金刚石等共价键晶体具有交换效应，它们的电子也是从一个原子到另一个原子连续运动，整个电子群也被认为是在晶体中连续循环的，但金刚石等却不具有导电性。所以鲍林等认为绝缘体和导体之间的不同，不在于电子是否被束缚或能自由移动，而是在外电场作用下，晶体中的电子能否在给定的方向流动。由于导体具有未被填满的电子状态（或电子轨道），在外加电场的作用下，电子可以经未填满的电子状态而通过。因此，凡是每个具有较少价电子的原子或元素，都具有金属导电性。因为这些元素凝聚后，可利用的核外轨道状态没有被填满，共价键未饱和，电子在外加电场作用下，可通过未被填满的轨道而运动。

应用金属共振结合的观点，虽然能够解释不少实验事实，如金属的导电性、导热性、过渡族金属的强度和磁性等，但是由于共振结构只是在实验数据分析的基础上提出的假设，没有直接的实验证明，因此现代金属结合理论普遍应用是较严格的金属能带理论。金属能带理论不但对金属的电学性质有较好的解释，而且它所作的假设也比较少。

2.3.5 分子键

自由原子状态已经形成稳定电子壳层的惰性气体 He、Ne、Ar 等和分子状态的 H_2、N_2、O_2 等在低温时都能结合成液态或固态。在它们结合成液态或固态的过程中，并不给出或接受电子。这种存在于中性的原子或分子之间的结合力称为分子键，也称范德华（Van dar Waals）力，它是一种长程作用力。

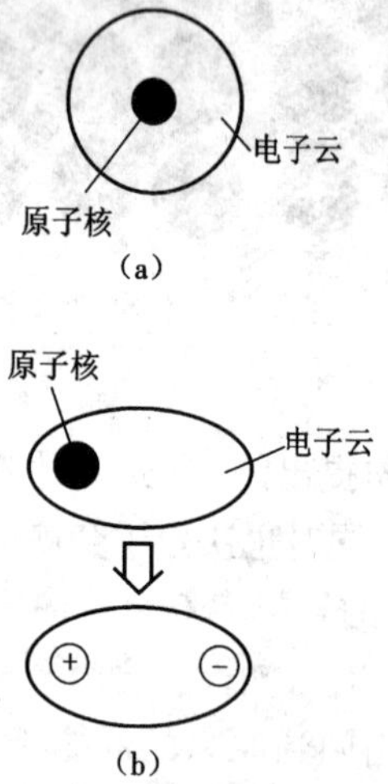

图 2-12 原子极化示意图

（a）理想原子 （b）实际极化原子

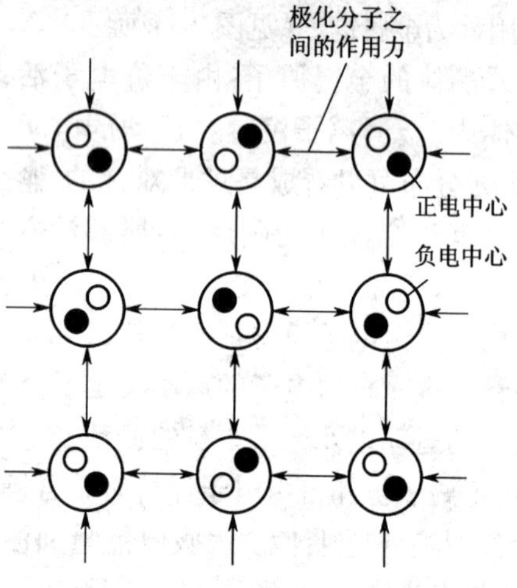

图 2-13 分子键形成示意图

图 2-12（a）所示为一个理想的中性原子，电子云在原子核周围成完全的球对称分布。按照量子力学的观点，非极性分子（或原子）上电子云分布的密度并不是始终均匀分布的，就每一个瞬间而言，由于电子云密度分布不均匀，就产生了瞬时偶极矩，如图 2-12（b）所示。多个中性的原子互相接近时，若处于图 2-13 所示的瞬时状态，则会形成偶极子，就会产生瞬时偶极矩而互相吸引形成大分子，这就是范德华力。这种力很小，所以惰性气体的熔点和沸点都很低。

分子键只是原子间的偶极吸引力,键力远低于离子键、共价键及金属键,稳定性较差。然而它仍是材料结合键的重要组成部分,依靠它大部分气体才能聚合成液态,固态。不过需要注意的是,虽然液态或固态的 H_2、N_2、O_2是靠范德华力进行凝聚的,但它们的分子内部是靠共价键形成的。而石墨层的形成是由于其每个原子通过共价键与三个属于同一层的相邻原子相结合,每个原子的第四个电子形成金属键,为整个原子层所共有,但层间也是靠范德华力来结合的,所以层间结合较弱。

2.3.6 氢键

氢键的本质与分子键一样,也是靠原子(或分子、原子团)的偶极吸引力结合起来的,只是氢键中氢原子起了关键作用。氢原子很特殊,只有一个电子,当氢原子与一个电负性很强的原子(或原子团)X 结合成分子时,氢原子的一个电子转移至该原子壳层上;分子的氢离子侧实质上是一个裸露的质子,对另一个电负性较大的原子 Y 表现出较强的吸引力,这样,氢原子便在两个电负性很强的原子(或原子团)X—Y 之间形成一个桥梁,把两者结合起来,成为氢键。所以氢键可以表达为: X—H—Y,如图 2-14 所示。

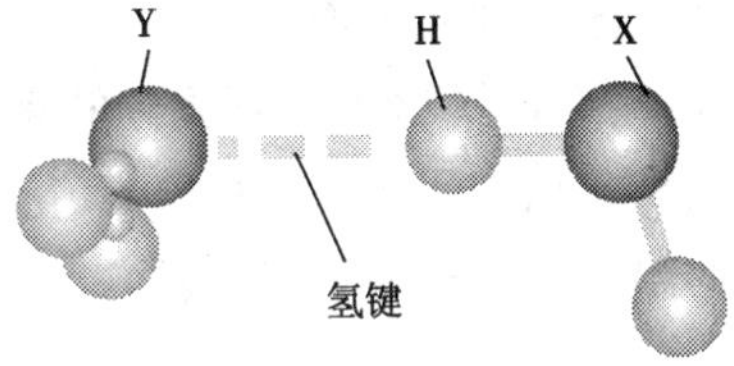

图 2-14 氢键示意图

氢与 X 原子(或原子团)为离子键结合,与 Y 之间为氢键结合,通过氢键将 X、Y 结合起来,X、Y 可以相同或不同。

氢键的结合力比分子键强。在带—COOH、—OH、—NH_2原子团的高分子聚合物中常出现氢键。氢键在一些生物分子如 DNA 中也起重要作用。

2.3.7 真实晶体的键合特征

以上说明了在自由原子凝聚过程中,由于电子结构的变化,有 4 个不同的结合键及其相应的晶体。

在分子键和氢键晶体中,其原子外层的电子结构没有变化,如惰性气体。而其他三类结合键中,外层电子结构都发生了变化。有些原子给出了价电子,根据这些价电子被占有的方式不同,而分别形成三类不同的结合键晶体。

在金属键晶体中,这些价电子为整个晶体所共有,例如单价金属,特别是碱金属。

在共价键晶体中,这些价电子为邻近原子所共有,例如金刚石、硅、锗等。

在离子键晶体中,这些价电子为其他原子所独占,例如碱金属和卤族元素形成 NaCl、LiF 等。

事实上,晶体中原子与原子之间的结合方式并不像以上分析的那样简单可分,而且同一种晶体中原子间的结合键形式也可能并不相同。对于大多数晶体结构其结合键往往是综合性的或者是多键型混合的,只不过是以某一种结合键为主,因此在宏观性能上主要表现出该结合键晶体的共有特性。

化合物中离子键的比例取决于组成元素的电负性差,电负性相差越大则离子键比例越高。陶瓷化合物中出现离子键与共价键混合的情况很常见。通常金属正离子与非金属负离子所组成的化合物并不是纯粹的离子化合物,它们的性质不能仅用离子键予以理解。一些常见的陶瓷化合物中混合键的特征见表2-2。

例如,氧化镁和氧化铝的熔点和沸点就不能完全依据离子键理论解释。氧化镁是密度很小的优质耐火材料,它的熔点高达2 852 ℃,沸点则为3 600 ℃;氧化铝也是一种较好的耐火材料,但其熔点和沸点分别只有2 072 ℃和2 980 ℃,明显低于氧化镁。如果从离子键观点解释的话,由于离子键晶体的熔点和沸点与离子晶体的结构特征有着密切关系,Al^{3+}与Mg^{2+}相比,Al^{3+}电荷高而半径小,按理说氧化铝熔点、沸点也应比氧化镁高,但实际情况相反。所以用离子键理论根本无法解释这种现象。

实际上氧化镁和氧化铝虽归属于离子化合物,但晶体内并非由单纯的离子键组成,而是存在很大比重的共价键成分。不同化合物其离子键所占的比例也不同。有人根据大量事实总结出规律:在离子键占主要成分的化合物中,一般其化合物的熔点、沸点随离子键百分数的增大而升高。从表2-2可以看出,氧化镁和氧化铝的离子键百分数分别为68%和57%,因而氧化镁的熔点沸点要高于氧化铝。

表2-2　某些陶瓷化合物中混合键的特征

化合物	结合原子对	电负性差	离子键比例/%	共价键比例/%
MgO	Mg-O	2.13	68	32
Al_2O_3	Al-O	1.83	57	43
SiO_2	Si-O	1.54	45	55
Si_3N_4	Si-N	1.14	28	72
SiC	Si-C	0.65	10	90

从能量的角度看,一块晶体处于稳定状态时,它的总能量(动能和势能)比组成这块晶体的N个原子在自由状态时的能量要低,两者之差被定义为晶体的结合能。晶体结合的强弱用结合能表示。结合能表示为把单位数量的晶体分解为单个原子(或分子)所做的功,或者是单位数量的原子凝聚形成晶体时所放出的能量,结合能用焦耳/摩尔(即J/mol)来表示。共价键晶体和离子键晶体的结合能约为10^5(J/mol)数量级,金属键晶体的结合能约为10^4(J/mol)数量级,分子晶体的结合能约为10^3(J/mol)数量级。因此,共价键晶体和离子键晶体结合最强,金属键晶体次之,分子键晶体最弱。

2.4　晶体中的电子状态

在单原子金属的蒸气中,原子一般被认为是自由的。分析这类自由原子的核外电子状态时可以不考虑原子之间的相互作用。但是对金属固体来说,组成金属固体的原子间的相互作用对其性质有很大的影响。而原子间的相互作用很大程度上取决于晶体中电子云的分布状态。对于金属晶体中的电子状态,原则上可以用波动力学来确定其特有的能值,但是数学上的困难使这种方法的应用受到了限制,因此,需要采用不同的近似方法来解决晶体中的电子状态描述问题。下面介绍三种逐渐完善的解法。

2.4.1 德鲁特-洛伦兹(Drude-Lorents)理论

原子中不是所有电子在决定固体金属的强度、硬度等特性的相互作用中都是起同样作用的。X 光的谱线明显地说明,形成原子满壳层的内部电子实质上是没有影响的,只是外面的价电子在金属键中起主要作用。德鲁特-洛伦兹理论对上述这两类电子作了严格的区分,主要考虑了价电子的作用,即想象在一块金属中,所有原子的价电子组成一种能在金属整体中自由运动的“电子气”。这个理论在定性地解释金属的一些主要特性,如导电、导热等方面取得了满意的结果。电子的总能量是由动能(像理想气体一样取 $3/2RT$)和势能的和来决定的。这个总能量大大高估了电子的比热容,它比试验数据高出 100 倍,所以这个理论是不完善的,其主要意义只是建立了金属内部的电子云的概念。

2.4.2 自由电子理论

这个理论保留了前面所叙述的在金属内部具有一个均匀势能的概念,但是该理论用薛定谔方程来计算总能量(其方法如同氢原子能量的计算)。假设一个电子被限制在不能穿透的两个界面之间(或匣中)运动,并假设势能为零,解薛定谔方程后,可得到一维空间问题总能量相应的允许值,即 $E_n=\dfrac{n^2h^2}{8mL^2}$。

假如要解一个变长分别为 L_x、L_y、L_z 具有三维尺寸的金属晶体块问题,由于电子在所在方向运动,因此需要三个量子数(n_x、n_y、n_z)表示在相应的三个垂直轴 x、y、z 方向的分量。类似一维空间的方法,得到

$$E_n=\frac{h^2}{8\pi^2 m}\left[\left(\frac{n_x\pi}{L_x}\right)^2+\left(\frac{n_y\pi}{L_y}\right)^2+\left(\frac{n_z\pi}{L_z}\right)^2\right] \tag{2-38}$$

这里金属晶体块体积 $V=L_xL_yL_z$,而 $n^2=n_x^2+n_y^2+n_z^2$。对一个边长为 L 的立方体金属块来说 $L_x=L_y=L_z$,则可得到如下更简单的形式:

$$E_n=\frac{n^2h^2}{8mV^{\frac{2}{3}}} \tag{2-39}$$

整数 n_x、n_y、n_z 可独立地具有从 0、1、2……到适应于金属块价电子的任何正值。

为了计算在指定金属中价电子的能量分配,可利用状态密度 $\rho(E)$ 来表示,它是每单位能量间隔存在的状态数。这个函数是很容易计算的,因为假定电子是占据最低能量的量子状态的。由于组成电子云的所有电子之间的相互作用,必须考虑系统中所有电子服从不相容原理。也就是说,一个由三个量子数 n_x、n_y、n_z 确定的状态只能由第四个量子数不同的两个电子所占有。在一块金属中有 10^{24} 个价电子,它们填充了数量很多的量子状态,其能量是不断增加的。

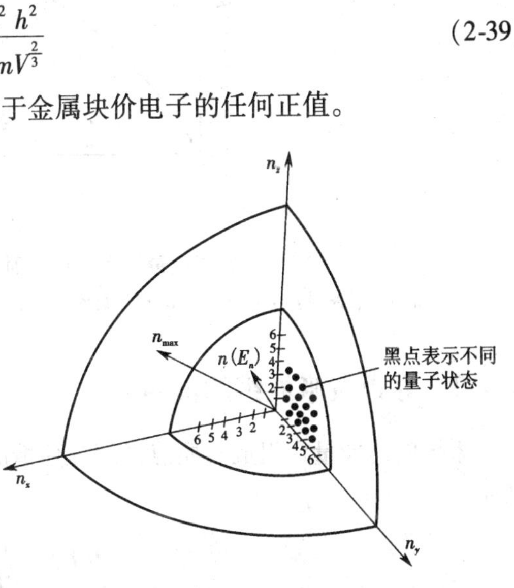

图 2-15 金属晶体中价电子的量子状态

图 2-15 中,在半径为 n_{max} 的球形区域内

为已充填的状态，n_{max}相应为容纳所有电子所必须的最大能量。图中每个单位体积即代表一个能量状态，对于任何给定的 n 值（相应能量为 E_n）其状态数应为

$$N = \frac{1}{8}\left(\frac{4}{3}\pi n^3\right) \tag{2-40}$$

因为 n_x、n_y、n_z 正数值只占有球体积的一个象限，所以乘一个系数 1/8。

利用方程(2-39)可把方程(2-40)化为用能量 E_n 表示的关系式

$$N = \frac{\pi V}{6}\left(\frac{8m}{h^2}\right)^{\frac{3}{2}} E_n^{\frac{3}{2}} \tag{2-41}$$

根据 $\rho(E)$ 的定义，可得到

$$\rho(E) = \frac{dN}{dE_n} = \frac{\pi V}{4}\left(\frac{8m}{h^2}\right)^{\frac{3}{2}} E_n^{\frac{1}{2}} \tag{2-42}$$

因此，$\rho(E)$ 与能量的关系是个抛物线，如图 2-16(a)所示。

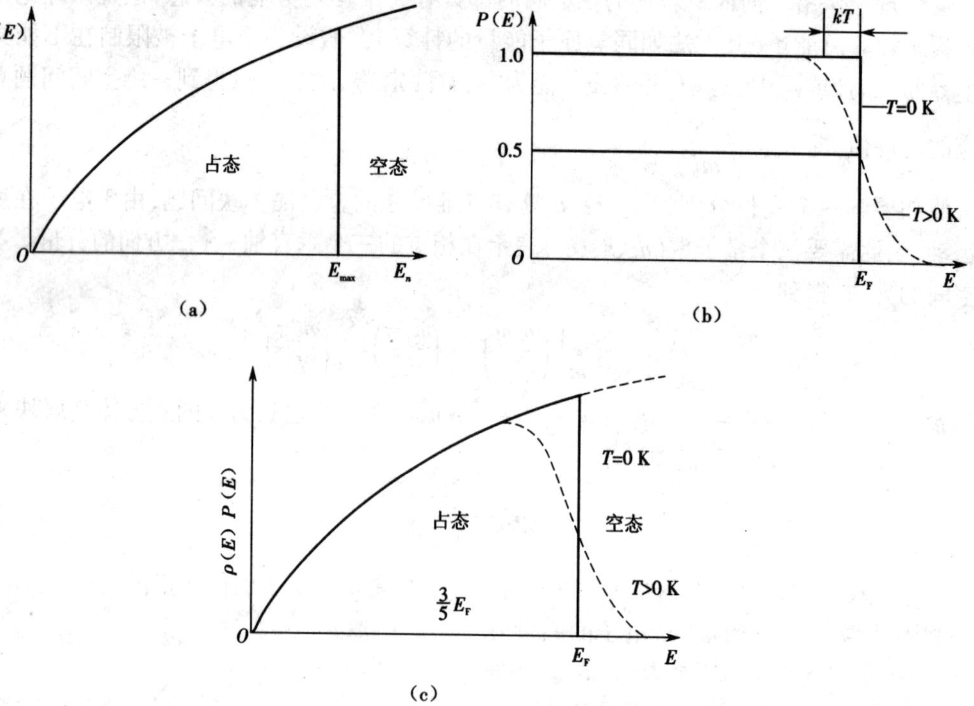

图 2-16　靠近费米能级时单价金属电子能量分配的特点

(a)能量密度曲线 $\rho(E)-E_n$　(b)电子能量概率分布曲线 $P(E)-E_n$　(c)概率分布对电子能量分配的影响

2.4.3　靠近费米能级的能量

系统的总能量在组成的质点之间分配情况取决于不同的统计方式。玻尔兹曼统计如下式所示：

$$P(E) = \frac{1}{kT}\exp\left(-\frac{E}{kT}\right) \tag{2-43}$$

式中：$P(E)$ 表示能量为 E 的质点在温度为 T 时出现的概率，k 为玻尔兹曼常数。玻尔兹曼统

计只是在当原子组成气体的经典系统中才适用。对于金属中自由电子系统是不适用的。

费米-狄拉克(Fermi-Dirac)统计适用于量子力学系统,在这个系统里存在的能量必须符合薛定谔方程和不相容原理。在这种情况下,具有能量E的状态被充填的概率由费米-狄拉克分配律决定:

$$P(E)=\frac{1}{\exp\left[(E-E_{\mathrm{F}})/kT\right]+1} \tag{2-44}$$

式中:E_{F}为费米(Fermi)能,它是$P(E)$为1/2处的能量。当$T=0$ K时,若E小于E_{F},则$P(E)=1$;若E大于E_{F},则$P(E)=0$,见图2-16(b)。这个分配情况符合图示的简单的状态密度曲线,其中所有小于$E_{\max}$的状态都被填满,大于$E_{\max}$的状态都未充填。在高于0 K的任何温度时,方程(2-44)预示着从占态到空态的过渡,如图2-16(b)中的虚线所示。这样的分配应用于能态密度曲线方程(2-42),所得到的图形表明,在靠近费米能处有个逐渐的过渡,见图2-16(c)。E_{F}仍由$P(E)=1/2$确定,但是从式(2-44)中估算,有些被充填状态的能量约比E_{F}大kT。

在一般温度下,电子的能量比由玻尔兹曼统计所决定的气体原子指点的能量(平均能量只有kT)要高得多。体积为V的金属中有N_{e}数量的电子,其费米能可由方程(2-39)进行计算。因为有自旋量子数,状态N的数目只是电子数目的一半,把方程(2-39)重新整理,可得到所需要的关系:

$$E_{\mathrm{F}}=\frac{h^2}{8m}\left(\frac{3}{\pi}\frac{N_{\mathrm{e}}}{V}\right)^{\frac{2}{3}} \tag{2-45}$$

所以费米能是每单位体积电子数目的函数。在绝对温度0 K时,价电子的平均能量可用下式求得

$$\bar{E}=\frac{2\int_0^{E_{\mathrm{F}}}E\rho(E)\,\mathrm{d}E}{2\int_0^{E_{\mathrm{F}}}\rho(E)\,\mathrm{d}E} \tag{2-46}$$

由式(2-42)可得以下关系

$$2\int_0^{E_{\mathrm{F}}}\rho(E)\,\mathrm{d}E=\int_0^{E_{\mathrm{F}}}\frac{\pi V}{2}\left(\frac{8m}{h^2}\right)^{3/2}E^{1/2}\,\mathrm{d}E=\frac{\pi V}{3}\left(\frac{8m}{h^2}\right)^{3/2}E_{\mathrm{F}}^{3/2} \tag{2-47}$$

$$2\int_0^{E_{\mathrm{F}}}E\rho(E)\,\mathrm{d}E=\int_0^{E_{\mathrm{F}}}\frac{\pi V}{2}\left(\frac{8m}{h^2}\right)^{3/2}E^{3/2}\,\mathrm{d}E=\frac{\pi V}{5}\left(\frac{8m}{h^2}\right)^{3/2}E_{\mathrm{F}}^{5/2} \tag{2-48}$$

把式(2-47)和式(2-48)代入式(2-46),得

$$\bar{E}=\frac{3}{5}E_{\mathrm{F}} \tag{2-49}$$

一般情况下,$kT\ll E_{\mathrm{F}}$,所以平均电子能量$\bar{E}$受温度影响不大,仍可以上式表示。N_{e}个电子总能量

$$E_n=\frac{3}{5}N_{\mathrm{e}}E_{\mathrm{F}} \tag{2-50}$$

温度变化时,只有一小部分的电子受到影响,故自由电子理论正确地解释了金属具有较小的电子比热容的原因。比热容数值只有德鲁特-洛伦兹理论的1/200。导电性也可用同样的方法来解释。在没有外加电压时,电子运动是没有规律的,它们在一个方向运动的效应被其在相反方向运动的效应所平衡,所以在金属内部没有电流。施加一个电压,对大多数电子不产生净效

应,因为它们可能达到的较高能态已被填满。只有靠近费米能级的那些电子的能量,才有一个净变化,沿着一定方向运动构成一个电流。自由电子理论能满意地说明绝大多数金属的导电性,但它不能解释为什么绝缘体等物质同样具有运动电子却没有导电性。下面的能带理论解决了这个问题。

2.4.4 能带理论

前面两种理论都忽略了金属离子的作用,同时还假定在金属内部存在均匀的势能。实际上,电子是在由金属离子组成的非均匀势场中运动的。因此,前面两种理论的假设和实际情况差别很大。作用于电子的势场在晶体内随原子的重复排列而周期性地变化,图 2-17 是正离子一维阵列势能的图解。如自由电子理论那样,在两个离子之间的空间势能等于 0,但在每个离子的附近势能具有绝对值较大的负值。由于

$$\lambda = \frac{h}{p} = \frac{h}{mv}$$

所以

$$\frac{1}{\lambda} = \frac{mv}{h},\ \frac{2\pi}{\lambda} = \frac{2\pi mv}{h}$$

称$\frac{2\pi}{\lambda}$为波数,用符号 k 表示,若将电子运动的方向考虑进去,则称 k 为波矢。波矢的方向即电子运动的方向,波矢的数值

$$k = \frac{2\pi}{\lambda} = \frac{2\pi mv}{h} \tag{2-51}$$

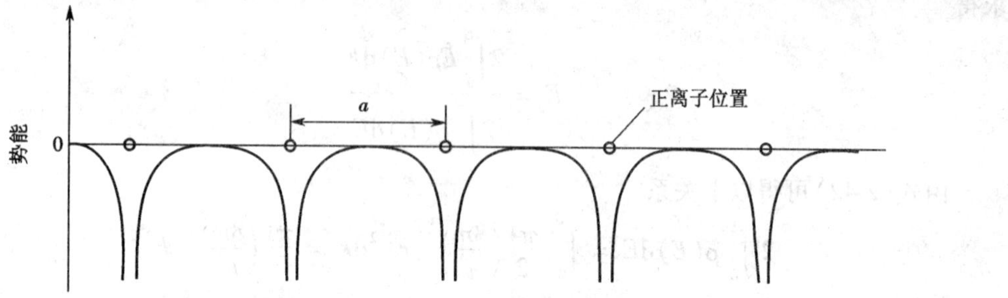

图 2-17 电子沿正离子一维阵列运动时势能的变化

可以建立一个波矢空间(k 空间)来表示电子的能量状态。图 2-18 代表三维 k 空间,它由相互垂直的三个波矢量 k_x、k_y、k_z的坐标轴组成,与在实际空间中平行于 x、y、z 轴的波运动相对应。一般选择 x、y、z 轴使之与晶体的相应轴平行,例如在立方系中 k_x、k_y、k_z与单位晶胞相应的三条相互垂直的棱的方向平行。

从 k 空间的原点 O 到 A 点的距离代表有关电子态 k 值的大小。在自由电子的理论中,费米面是球形的,可以设想电子在 k 空间中也是呈球形分布的。球面代表等能面,在 k 空间中,等能面上各点的垂直方向就是电子运动的方向,它们与原点连线的方向相同。周期场中运动的电子,由于周期排列的金属离子的作用,在 k 空间的等能面一般情况下不是球面。电子运动的方向仍与等能面垂直,但往往与过原点连线的方向不一致。自由电子在 k 空间中离原点近的点的波数较低,对应的能量较低,离原点远的点波数较高,对应的能量较高。

在自由电子理论中，电子的动能 E 和 k 有如下的关系：

$$E=\frac{1}{2}mv^2=\frac{1}{2m}p^2=\frac{h^2}{8\pi^2 m}k^2 \tag{2-52}$$

首先用这个方程式来说明所假设的一维金属的情况，如果金属内部的势能是均匀的，则 E 和 k 的关系将符合式(2-52)，其曲线如图 2-19 所示。

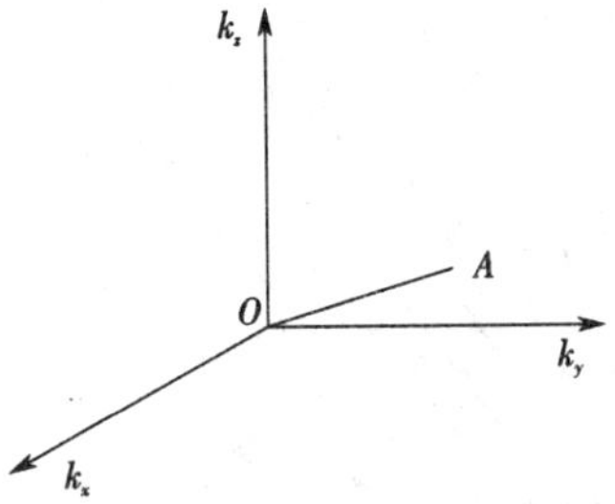

图 2-18　k 空间坐标系

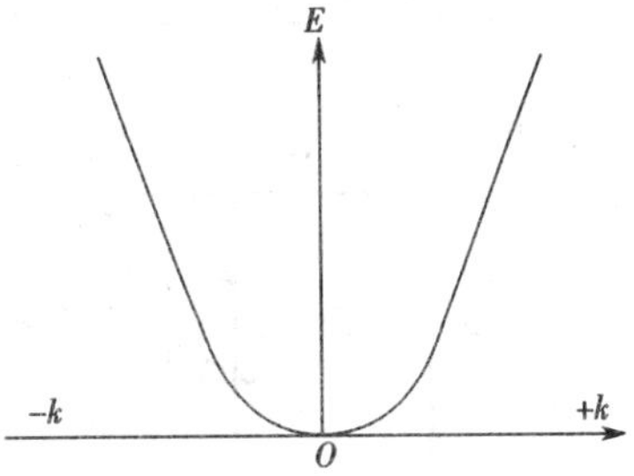

图 2-19　自由电子的 E—k 曲线

当有周期势场存在时，相应的曲线如图 2-20 所示。这里 a_1b_1，a_2b_2，…代表能隙。在周期场中沿着晶体的某一方向运动的电子，如果符合布拉格方程 $n\lambda=2d\sin\theta$，将发生反射，因此相应的电子能态不复存在，形成能隙。这说明，如果电子的值增加，在达到相应于 a_1 的临界值时，若过渡到更大的波数的话，能量将突然增加。图 2-20 中曲线最下面部分和自由电子的曲线与图 2-19 相似，所以电子在周期场的一维模型中，其最初电子的行为与自由电子模型是十分相似的。在高能阶段，曲线上有一系列间断，电子在此附近的行为就与低能阶段很不一样。图 2-20 中曲线的每一部分可以成为一个带，每个带的顶部和底部的曲线具有极值。每个带的底部是个抛物线，其顶部是个反向曲率的抛物线，即$\frac{d^2E}{dk^2}$在带的底部为正，在带的顶部为负。

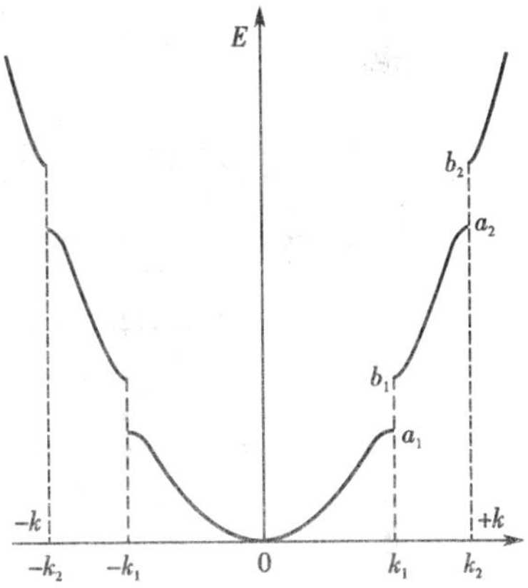

图 2-20　电子在周期场中的 E—k 曲线

其次研究二维晶体。假如图 2-21(a)代表原子的一个简单正方形点阵。图 2-21(b)表示相应的波矢图，其中 k_x 和 k_y 平行于正方形的两边。如在图中画一条任意直线 OA，它表示在相同波运动上的一系列电子状态。当 k 值增加时，在能量曲线上相应于能隙的地方存在间断点。现假设在图 2-21(c)中，线 p_1、p_2、p_3 代表二维晶体中的原子列，OA 线的方向同图 2-21(b)。一般情况下，由 OA 上的波矢来表示其状态的电子将通过这些原子列而很少散射。如果电子的波长能满足布拉格方程，将发生强烈的反射，电子不能通过点阵。如果要过渡到更高的波矢，能量将有一个陡增，在 2-21(b)的波矢图中，OA 上将有 a_1、a_2、a_3……一系列的波数的点能满足布拉格方程。从 O 到 a_1、a_1 到 a_2、a_2 到 a_3，能量是连续增加的，但在 a_1、a_2、a_3……点处，能量是急剧增加的。

可以具体计算符合反射条件的 k 值。如图 2-21(d)，电子沿 x 方向运动，当 $n\lambda=2d\sin\theta$ 时，符合衍射条件，则当 $n=1$ 时，$\frac{2\pi}{k}=2d\sin\theta$，

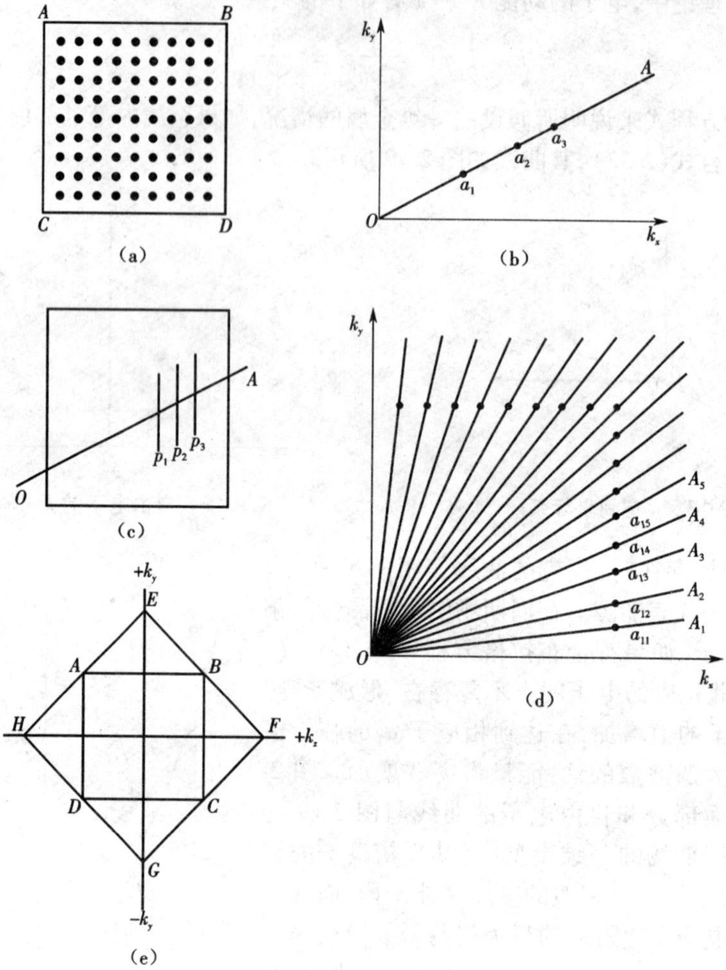

图 2-21　*k* 空间坐标系

(a)简单正方形点阵　(b)正方形点阵的波矢图　(c)二维晶体中的原子列

(d)二维结构中的第一布里渊区　(e)简单正方点阵的头两个布里渊区

$$k=\frac{\pi}{d\sin\theta}$$

对二维晶格中的 AC、BD 面来说，$\theta=90°$，$d=a$，则 $k_x=\frac{\pi}{d\sin 90°}=\frac{\pi}{a}$，即当 $k_x=\pi/a$ 时符合衍射条件。同理，对于 AB、CD 晶面，电子沿 y 方向运动时，当 $k_y=\pi/a$ 时，也符合衍射条件。如果电子运动的方向为 45°，则对于 AC、BD 面反射条件为

$$k_{45°}=\pi/\sin\theta=\pi/45°=\pi/a\sqrt{2}/2=\sqrt{2}\pi/a$$

同理可求得各个不同方向符合反射条件的 k 值。图 2-21(d)表示在波矢图中有一系列不同方向的波动 OA_1、OA_2、……符合反射条件的 k 值，如图 2-21(d)中的 a_{11}、a_{12}、a_{13}……所示。连接这些点形成的多边形称为二维结构的第一布里渊(Brillouin)区。同样，图 2-21(b)中 a_2点是第二个多边形边界上的一点，第二个多边形为第二布里渊区。每个晶体结构有自己特定的布里渊区。一个简单正方形点阵的头两个布里渊区如图 2-21(e)所示。这个图说明在 $ABCD$ 正方形内，能量随波数连续变化。当 k 值很小时，它与自由电子在 k 空间中的充填情况相似，是以

原点为中心的等能球面分布。但当接触布里渊区边界时，由于周期场的反射，等能面发生畸变，电子波经反射后与原来运动的方向不一致，但电子波运动的方向仍与 k 空间中等能面垂直。在经过布里渊区边界时能量有个陡增。同样在 AEB、BFC……的区域内，能量也随波数连续变化，但在经过线 AE、EB、BF、FC……时，能量却急剧增高。

同样的原理也适用于三维晶体，只要把图 2-21(b)的二维波矢图代之三维波矢图，图中任一方向上的能态都有符合布拉格反射波数的临界值。连接这些点，形成三维的布里渊区。

图 2-22 所示为面心立方结构的第一布里渊区。图 2-22(a)中每个原子具有的电子数较少，画平行线的表面为已充填的状态，它接近于一个球面。这些费米面具有一定的能量，在这一状态中电子运动的方向与这一表面垂直。一些单价金属属于这样的类型。在图 2-22(b)中，每个原子具有的电子数较多，充填状态的费米面到达了布里渊区的边界。从图中看到，靠近边界具有一定能量的等能表面(图中画平行线的)和球形的差别较大。

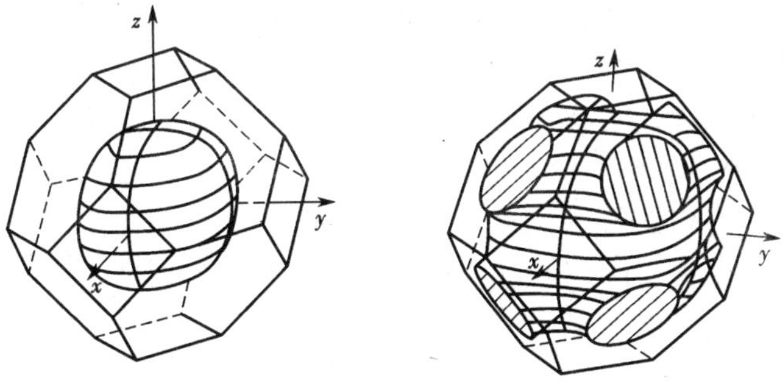

(a) (b)

图 2-22 面心立方结构的第一布里渊区

(a)单价金属晶体结构中的第一布里渊区 (b)多价金属的第一布里渊区

对三维晶体而言，k 空间是三维的，但当只考虑波矢的两个分量，即 k_x 和 k_y 时，则 k 空间是二维的。沿 x 轴和 y 轴量度 k_x 和 k_y(见图 2-23)，显然这个图中任意一点都表示一特定的运动状态。E—k 曲线的间断，可用产生间断的 k_x 和 k_y 值标志出来。第一间断产生时，至少要满足以下条件之一：$k_x=\pm\dfrac{\pi}{a}$，$k_y=\pm\dfrac{\pi}{a}$。所以正方形 $ABCD$ 边上的点都是产生第一间断的状态。这个正方形就是该点阵的第一布里渊区的边界。如取更高的 n 值，并且考虑其他的反射晶面，可以得到更高的布里渊区的边界。如果欲标出等能线(电子能量相同的各组 k 值的连线)，可沿晶体某些方向作 E—k 曲线，在这些曲线上找出与某一选定能级相应的 k 值，把这些 k 值标在二维 k 空间图上并连接起来，就得出一条等能线。近似自由电子的一组典型等能线如图2-23 所示。低能量的等能线 1、2 和 3 距离布里渊区的边界较远，是一些以原点为中心的圆。这是因为波数和临界值相差较大的电子和自由电子类似。这些

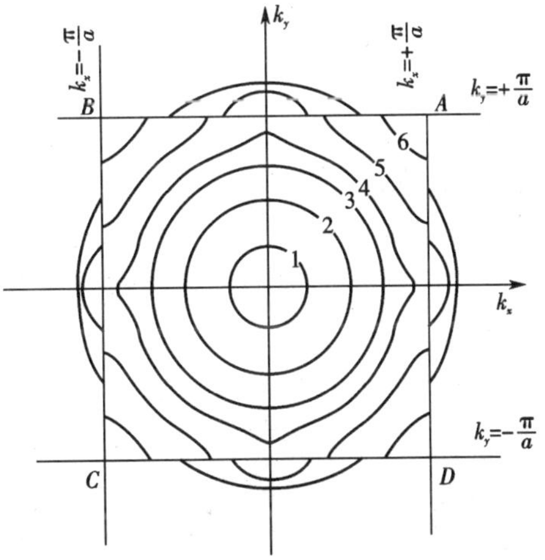

图 2-23 二维正方形点阵的第一布里渊区

电子由于没有周期场给予它们的方向性，所以它们不论运动方向怎样，都有同样的 $E—k$ 关系。但是当离 k 空间原点稍远时，等能线就开始偏离圆形，例如等能线 4，它接近布里渊区边界的那部分向外突出。这是因为在接近边界时，$E—k$ 曲线偏离到自由电子的抛物线以下，E 随 k 值缓慢地增加，因此在 k 空间的这个区域里，能量从一个等能线增加到另一个等能线，k 值有一个特别大的增值。再高的等能线如图中 5、6，已与布里渊区边界相交，表明具有这个范围的能量的电子状态位于布里渊区的角落。

等能线不能穿过布里渊区边界，因为在这里，能量是不连续的。如果把图 2-23 看成是一个接近抛物线形的洼地的等高地形图，则布里渊区边界就代表一个垂直的峭壁。在第二区的等能线中，属于低能量的几条等能线也画在图上，这些等能线的能量取决于上述峭壁的高度。

两个布里渊区之间的关系会出现两种情况。第一种是具有禁带的情况，如图 2-24(a) 所示。不同方向布里渊区边界值为 $k_1, k_2, \cdots, k_w$，第一布里渊区和第二布里渊区之间相应的能隙为 a_1b_1，$a_2b_2, \cdots$，a_wb_w。这里如果第一布里渊区所有方向的状态的最高能量均低于第二布里渊区所有方向的状态的最低能量，则电子在 k 空间充填过程是先填满第一布里渊区，然后再填第二布里渊区。从能态密度 $N(E)$ 的曲线，可看到这样的特点。(见图 2-25)

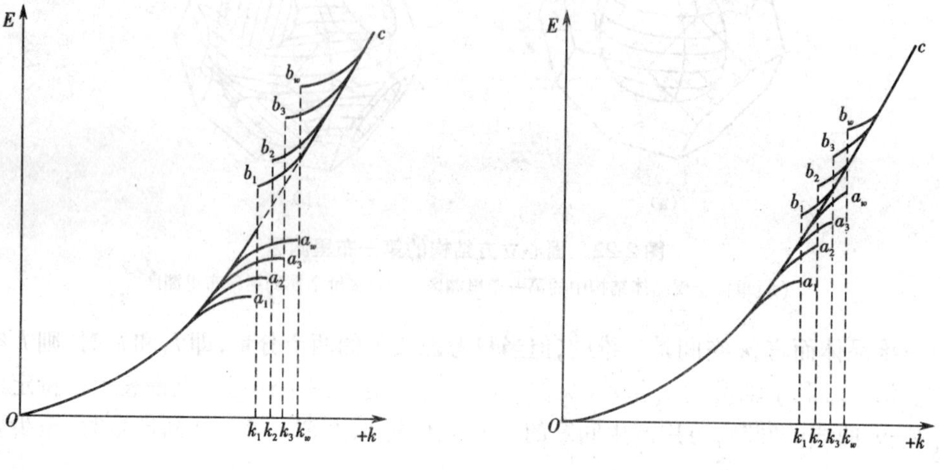

(a) (b)

图 2-24 布里渊区有间隔或重叠的 $E—k$ 曲线

(a)有间隔 (b)有重叠

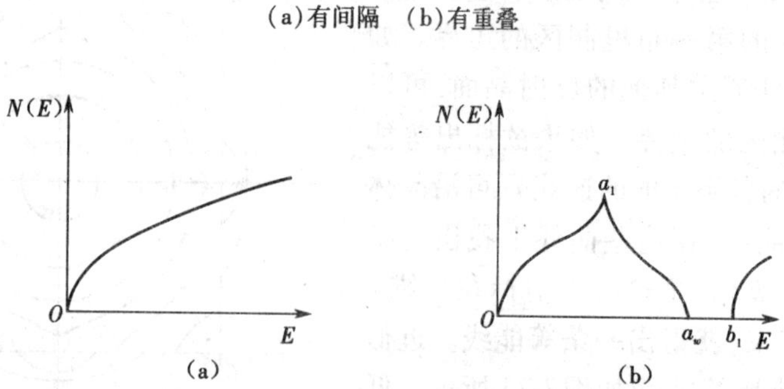

(a) (b)

图 2-25 具有禁带的 $N(E)—E$ 曲线

(a)布里渊区电子填充初期 (b)具有禁带的电子充填过程能态密度变化

为了更好地理解这个曲线的形状，可以设想有一个空的布里渊区，然后把电子一个个地充填进去。当电子充填 k 空间的最初阶段，$N(E)$ 曲线如自由电子模型那样呈抛物线（见图2-25(a)。当在 k 空间中表示被占状态的球扩大且接近布里渊区边界的最近点时（见图2-25(b)，这些状态的 $E—k$ 曲线就开始偏离 $E—k$ 抛物线。即当接近布里渊区边界时，E 增加较慢，因此状态密度增高。在这个范围内，$N(E)$ 曲线位于抛物线之上。当这个变形的球继续增大，并终于在最近点碰到布里渊区边界时，$N(E)$ 曲线达到最高点 a_1。在这以后，只有布里渊区的角落部分可以充填电子，由于角落部分的状态数有限，因此状态密度降低。当布里渊区完全填满时，曲线到达 a_w，$N(E)$ 降为0。图中 a_w 代表第一带最后一条曲线的顶部。当第一布里渊区填满后，再充填下一个电子状态 b_1，能量将有个陡增。这时出现了禁带（能隙）$a_w b_1$。此时，再增加电子将充填第二布里渊区，并要求电子具有更高的能量。

第二种是布里渊区产生重叠的情况。如果在不同方向的布里渊区边界值对应的能隙中，出现第一布里渊区有些方向最高的能量比第二布里渊区有些方向最低的能量要高，如图2-24(b)所示，这样就会发生布里渊区能态重叠。其能态密度 $N(E)$ 曲线如图2-26(a)。进入第一布里渊区最初的电子和第一种情况一样。当充填状态的费米面到达第一布里渊区的边界时，在 a_1 点发生陡降。从图2-24(b)中可看到 a_1 是与第一布里渊区边界相接触的最低能量状态。当达到图2-26(a)中的 b_1 点时，电子开始进入第二布里渊区。从图2-24(b)中可以看到 b_1 相当于第二布里渊区的最低能量状态。因为第一布里渊区状态的能量高于第二布里渊区的 b_1 的能量，当继续充填更多电子时，它们充填第一布里渊区的剩余状态和第二布里渊区的低能状态，在 $N(E)$ 曲线上表示的是两个重叠区纵坐标的和（图2-26(a)），所以 $N(E)$ 曲线在 b_1 和 c_1 之间突然升高。到达 c_1 时，也就是第一布里渊区到达 a_w，即第一布里渊区完全填满。以后的电子继续充填第二布里渊区。如果第二布里渊区和第三布里渊区重叠，也产生同样的效应。典型的区域重叠的 $N(E)$ 曲线上有一系列的峰谷，如图2-26(b)所示，它们的位置取决于晶体结构和区域之间能隙的大小。

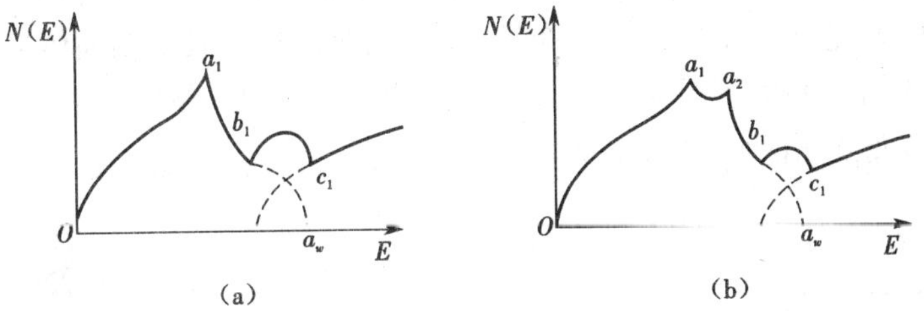

图2-26 布里渊重叠区的 $N(E)—E$ 曲线

(a)能态密度在重叠区突然升高 (b)典型的区域重叠的 $N(E)—E$ 曲线上的一系列峰谷

一个正方形点阵的第一布里渊区逐渐被电子充填的过程可用图2-27来表示。图中1、2、3、4表示布里渊区的各个填充阶段，已填充的区域画有影线。图2-27(a)为第一种有禁带的情况；图2-27(b)为布里渊区重叠的情况。由于所有电子作为一个整体，要求保持尽可能小的动能，所以填充区域的界面（费米面）的能量应在各点都相等，因为如果费米面的某个地方电子的能量高于其他地方，这些电子就会移入其他费米面以上的空能级，从而降低自己的能量。由此可见，当两区重叠时，在第一区未填满以前，第二区已开始填充，如图2-27(b)所示。这类晶体的布里渊区，不论电子浓度如何，常常是部分填充的。当布里渊区不重叠时，就可能存在某个电子浓度正好把某些区填满，而另一些区完全空着。

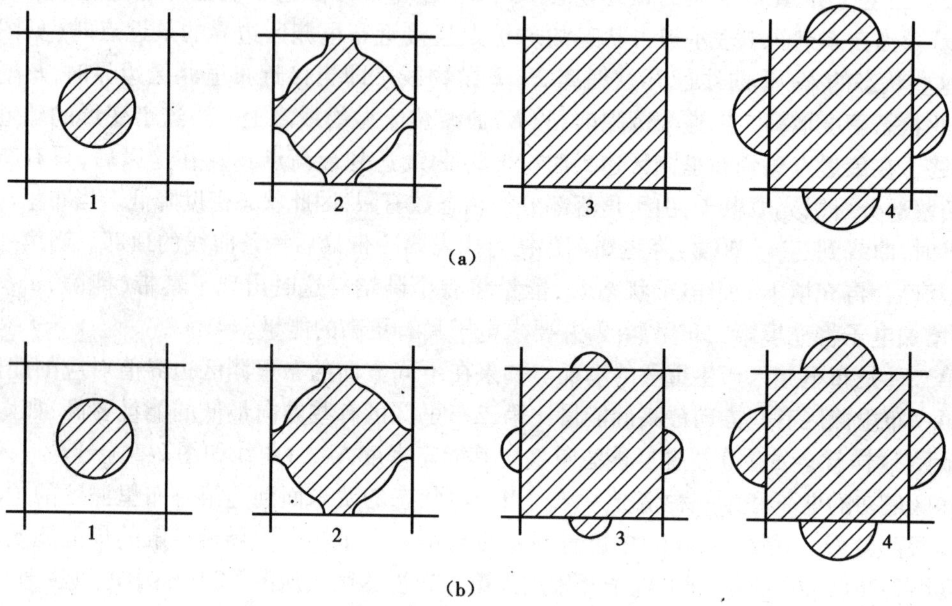

图 2-27　电子填充布里渊区的不同阶段

(a)无重叠布里渊区　(b)有重叠布里渊区

布里渊区的形状是由不同的晶体结构所决定的。

①简单立方晶体。布里渊区是简单立方体，由{100}面反射所形成，如图 2-28 所示。在 k 空间中第一布里渊区离原点最近距离为 π/a，布里渊区体积为 $8\pi^3/a^3$。

②面心立方晶体。布里渊区是由{200}及{111}晶面反射形成的。{200}面形成的布里渊区界面是距离原点为 $2\pi/a$ 的立方面；而{100}面反射形成的布里渊区界面是距原点 $\sqrt{3}\pi/a$ 的八面体的八个面。面心立方结构的第一布里渊区(见图 2-21)，其十四面体的体积为 $32\ \pi^3/a^3$。

③体心立方晶体布里渊区是十二面体。其边界面是{110}晶面反射所形成的，其界面距原点 $\sqrt{2}\ \pi/a$，布里渊区的体积为 $16\ \pi^3/a^3$。体心立方的第一布里渊区如图 2-29 所示。

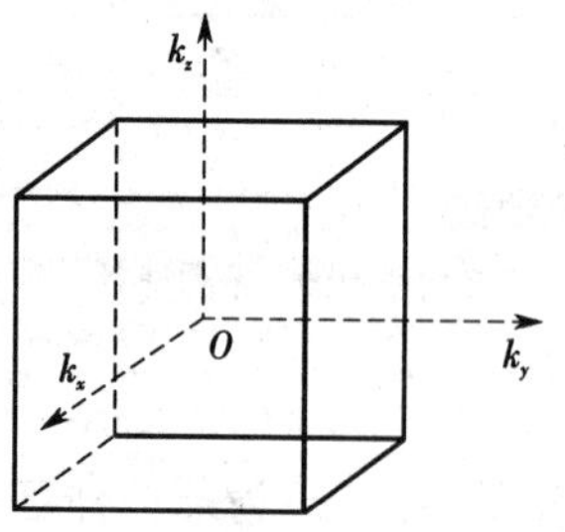

图 2-28　简单立方结构的第一布里渊区

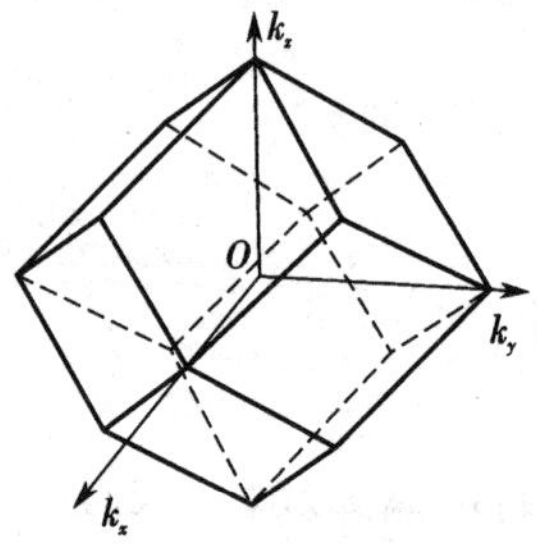

图 2-29　体心立方结构的第一布里渊区

2.4.5 能带理论的应用

1. 能带和原子的能级

前面推导能带概念的步骤是先考虑自由电子,然后考虑近似的自由电子。如果用相反的方法进行推导,同样可以得出能带的概念。即先考虑完全束缚的电子,然后考虑近似束缚的电子。该方法对于了解自由原子能级与固体能带间的联系是非常有用的。

设想一个晶体,它的原子排列是规则的,但原子间距较大,原子间没有相互作用。在这种情况下,每个原子的电子都处在原子特有的能级上。现在把原子间距不断缩小到晶体的正常原子间距,并研究这些能级将如何变化。当属于同一个能级的电子云开始重叠时,该能级就要分裂。分裂后的能级数(量子状态数)与原子数相等,对两个原子来说,只分裂成两个能级,但在一个晶体中,每一个原子能级分裂成一个准连续的能带。当原子间距进一步减小,以致电子云的重叠范围更为扩大时,能带的宽度也随之增加。能级的分裂和能带的展宽首先是由价电子开始的,因为价电子位于原子的最外层。内层电子的能级只是在原子非常接近时,才开始分裂。能级分裂的情形示于图2-30。

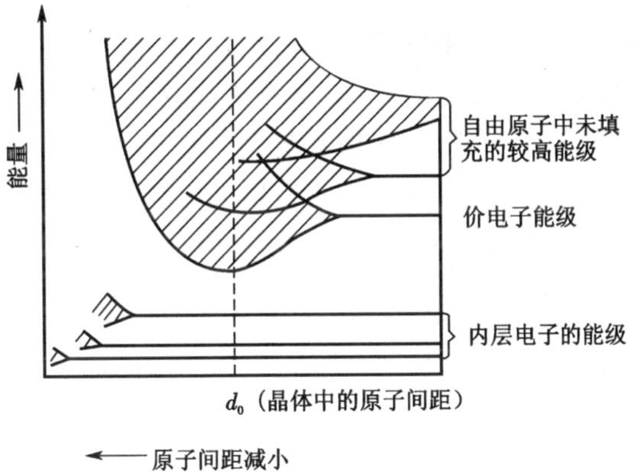

图2-30 当原子构成晶体时原子能级的扩展

对金属来说,当原子处于平衡的点阵间距时,其价电子能级和更高能级展宽的程度已足以使能带有很大的重叠。

因此,金属电子结构的这种近似法所得出的一般结论与前面所讲的布里渊区的理论是非常相似的。这两种方法是互相补充的。对于价电子近似自由的情况,例如碱金属和铜(Cu)、银、(Ag)、金(Au)的s电子,布里渊区的理论较为适当;而当电子比较紧密地束缚于它们原来所属的原子时(例如过渡族金属的d电子),则第二种方法更适用些,这种方法通常叫做紧密结合近似法。

2. 导体、绝缘体和半导体

自由电子能够在位能为常数的整个区域内运动,同时电子由于有隧道效应,即假想电子能够通过隧道穿过位垒,故也能在周期场中到处运动。

既然一切固体中的价电子都能移动,为什么只有某些固体是金属? 又为什么像石英、金刚石这样的绝缘体,其电阻为金属的10^{24}倍呢? 为了区别金属和绝缘体,可用能带理论进行解释。

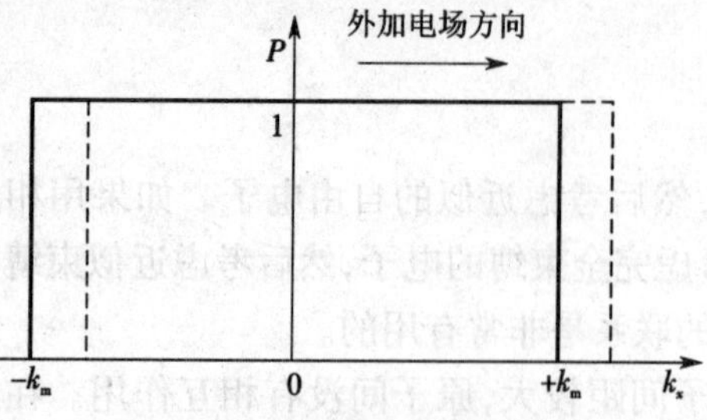

图 2-31 波数和占态概率曲线

假设沿晶体 $+x$ 方向施加一个电场。在未加电场以前，沿这个方向自然没有电流通过，因为每当有一个电子以某一速度沿 $+x$ 方向运动，则必有一个电子以相同速度向相反方向运动。这是由于在未加电场以前，电子填充的状态是对 k 空间原点对称分布的，可以用像费米分布曲线的形式来表示这种情况。图 2-31 就是这样形式的曲线，P 表示状态被占的概率，k 为该状态的波数。在未加电场以前，分布情形(0K 时)以实线代表。可以看到，这条分布曲线是与 $k_x=0$ 的轴对称的。所有在 $\pm k_m$ 以内的状态(k_m 是与 E_{max} 相应的 k_x 值)都被占；而所有其他的状态都是空的，因此没有电流。施加电场以后，电子沿 $+x$ 方向受到加速，此时整个分布曲线向右移动到虚线所示的位置。在这个移动后的状态分布中，大多数电子仍然不产生电流，因为除了波数接近 $+k_m$ 的电子以外，在其他的电子中，如有一个电子的波数为 $+k_x$。只有波数接近 $+k_m$ 的电子，由于没有相应的 $-k_m$ 的电子与之平衡，所以它们沿 $+x$ 方向的运动能产生电流。由此可见，虽然所有的电子都受到电场的加速，但只有那些在费米分布曲线顶部的电子，即能量接近 E_{max} 的电子能够产生电流。

现在假定一个布里渊区已被完全占满，并且没有重叠，如图 2-32(a)所示。在这种情况下，除非把某些电子的能量提高到布里渊区边界能量峭壁以上，使电子状态进入第二区，费米分布曲线不能发生位移。一般来说，只有在若干千伏的电场下，电子才能获得足够的能量越过这个峭壁。但是只要电子还留在满区内，则由于分布仍与 $k_x=0$ 对称，就不可能有电流产生。因此具有如图 2-32(a)所示的布里渊区结构的物质，为不能导电的绝缘体。

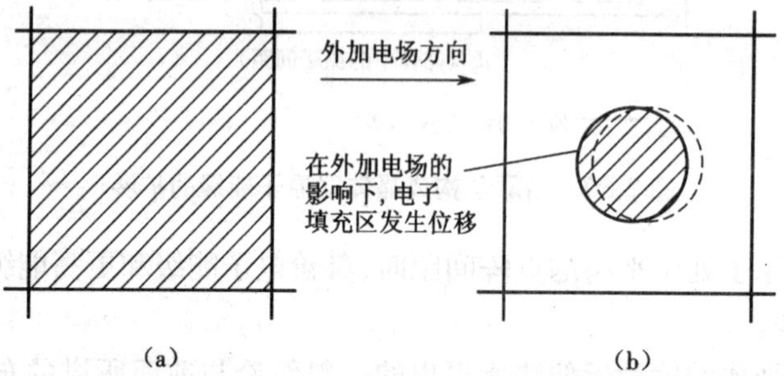

图 2-32 两种不同的布里渊区充填

(a)绝缘体的布里渊区 (b)导电体的布里渊区

当布里渊区是部分充填时，如图 2-32(b)、图 2-27(a)中的 1、2、3、4 所示，则电子可以移入同一区的相邻状态，因此能级分布状况发生位移。同一区的相邻状态相应的能级是非常接近的，只要很小的电场就能把电子提升到相邻的较高能级，这个条件对于宏观电子导电是必需的，因此金属是具有部分充填的布里渊区的固体。

形成部分充填区有两种途径：

①电子数目不足以填满布里渊区；

②区与区发生重叠，以致在一个区还未充填满时，第二区已开始部分充填。

在金属晶体中，布里渊区一般都有重叠，例如二价碱土金属的布里渊区就必然是重叠的，否则它们的第一区就正好被价电子填满(因为每个原子有两个价电子),就应当成为绝缘体了。对于铜、银、金、铝及碱金属,部分填充区的产生,一方面是由于重叠,另一方面也因为价电子是奇数,而布里渊区填满时需要偶数的价电子(每个原子有两个价电子)。

第三类物质是半导体。这类物质能态密度曲线的特点是,第一布里渊区是填满的,它和空的第二布里渊区之间只有一个较小的能量间隙,如图2-33(a)。这种物质在绝对零度时是个绝缘体,但是在温度升高时,第一布里渊区顶部的电子受到激发,进入第二布里渊区。当电子处在第二布里渊区底部状态时,它们将如自由电子那样,在外加电场作用下,表现出导电性。温度越高,激发到第二区的电子数目越多,导电性越强。这类在纯态时是半导体的物质称为本征半导体。石墨(C)、硅(Si)、锗(Ge)属于这类半导体。

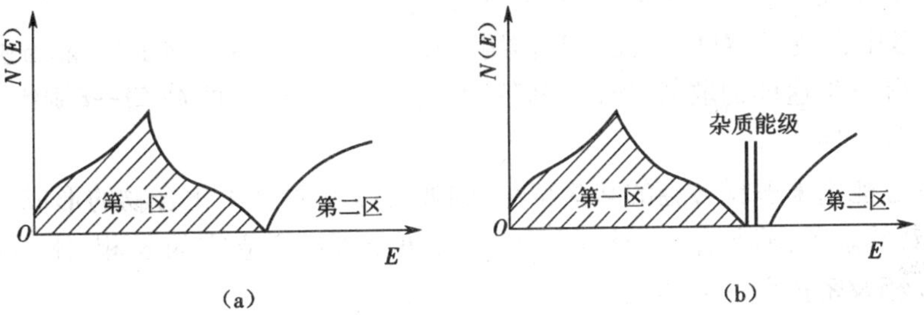

图2-33 半导体的能态密度曲线

(a)无掺杂的半导体 (b)有掺杂的半导体

另一类为掺有杂质的半导体,其能态密度曲线如图2-33(b)所示,在填满的第一区和空的第二区的空隙中有一杂质的能级。在绝对零度时,这种物质也是绝缘体,但当温度升高时,电子由于热激发,可以从杂质的能级中进入第二区,或从第一区顶部进入杂质能级,分别形成N型或P型半导体。常在四价的Si、Ge中掺入五价的P或As,或掺入三价的B,组成这类半导体。

3. 金属和合金

每个碱金属都有一个s电子,如锂(Li)中为2s电子,钠Na中为3s电子……这些在原子中的s能级,在碱金属中将分裂为很宽的能带,而且是半充满的,所以碱金属都是导体。铜、银、金等贵金属都是单价金属,它们的原子都有一个s价电子,如铜中为4s电子。但是它们与碱金属不同,内部有填满了的d壳层,而碱金属的d壳层是完全空着的。原子间距主要取决于离子半径,由于铜、银、金的离子半径较大,所以自由电子能量最低的原子间距小于平衡间距,但是自由电子的能量并不直接取决于原子间距,而是取决于原子体积。对于一定的原子间距,如果相接触的离子排列成最紧密形式,则体积可减到最小。所以它们的晶体结构都是面心立方,碱金属在常温时都是体心立方结构。由于贵金属原子中的s能级未填满以及s带和d带有重叠,因此也属导体。

碱土金属Be、Mg、Ca……都是二价的。在自由原子的s态内有两个价电子,故s带已被填满,但由于有更高的能带与s带重叠,故仍能导电。不过Ca的上下两个能带重叠的部分很小,所以是不良导体。

过渡金属如Sc、Ti、Co、Ni等都具有未填满的d壳层。把Ni和Cu进行比较,Cu的3d区是完全填满的,4s区有一半是空的。而Ni晶体中每个原子具有不到一个电子。因为布里渊区重叠,4s 区域的一些状态实际上比 3d 区的能量还要低,如图 2-34 所示。Ni 的布里渊区模型包含一个近乎填满的 3d 区和一个部分充填的 4s 区。当有一个电场作用于 Ni 晶体时,靠近费米能 E_F 的已填充的状态能转移到附近的空态。所观察到的导电性首先是由 4s 电子决定的。当一个电子达到布里渊区边界状态时,会发生什么情况呢? 从图 2-34 布里渊区模型可看到,两组量子状态在边界处有完全相同的能量。所以这样一个电子可以跃迁到任何一个布里渊区状态。如果 4s 电子能够"散射"到 3d 区的状态中去,它将对传导性不起作用。在过渡金属中实际发生这样的散射,所以它们和铜比较具有较低的导电性。

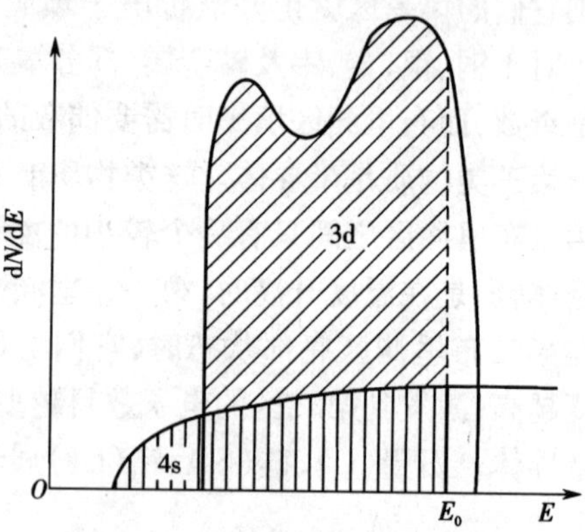

图 2-34 Ni 的 3d 和 4s 区重叠的 $N(E)$—E 曲线

能带理论也能用来解释合金的某些特性,例如可以说明电子化合物的形成。以 Cu-Zn 合金为例,根据其状态图,随着合金中锌原子的增加可出现面心立方的 α 相,体心立方的 β 相、复杂立方的 γ 相及密排六方的 δ 相等。

琼斯(Jones)认为,这种合金结构的变化是服从费米能最低原理的。不同的结构具有不同的能态密度曲线,如图 2-35 所示。如有同样数量的电子,则填入 α 结构的费米能要比填入 β 结构的费米能低,因此取 α 的结构。

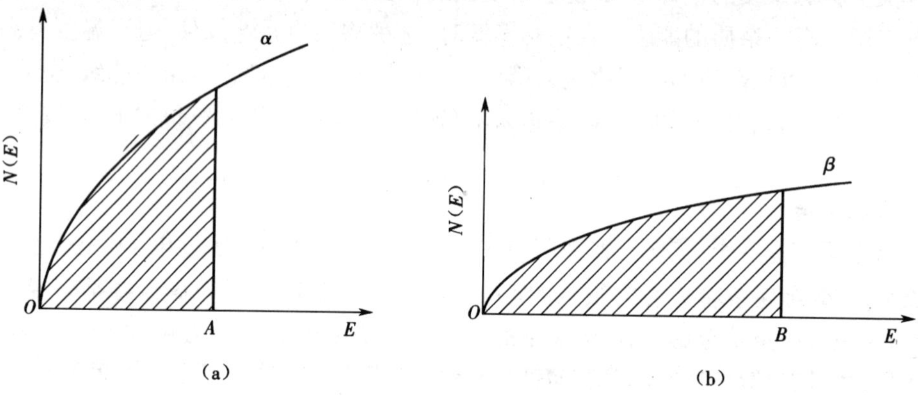

图 2-35 不同结构电子能态密度曲线

(a) α 结构的 $N(E)$—E 曲线 (b) β 结构的 $N(E)$—E 曲线

当 Cu-Zn 形成面心立方的 α-黄铜时,其能态密度曲线如图 2-36 实线所示。由于 α 结构开始填充时具有较小的费米能,所以电子首先按 α 结构充填。当能量为 E_1 时能态密度达到极大值,也就是已与 α 结构第一布里渊区的边界接触。此时如继续增加锌原子,即增加更多的电子,α 结构的能态密度曲线迅速下降,费米能迅速增加,因此 α 结构不稳定。此时如果转变成体心立方结构(β-Cu)的话,可以合金化较多的锌原子,即增加更多的电子,而具有较低的费米能。于是 Cu-Zn 系中就发生了这种从面心立方(α-Cu)到体心立方(β-Cu)的转变。同理,电子浓度继续增加,则体心立方结构也不稳定,要向复杂立方结构转变。

对于 Cu-Zn 系的 α 相和 β 相的饱和电子浓度可以进行理论计算。假设球形费米能与相

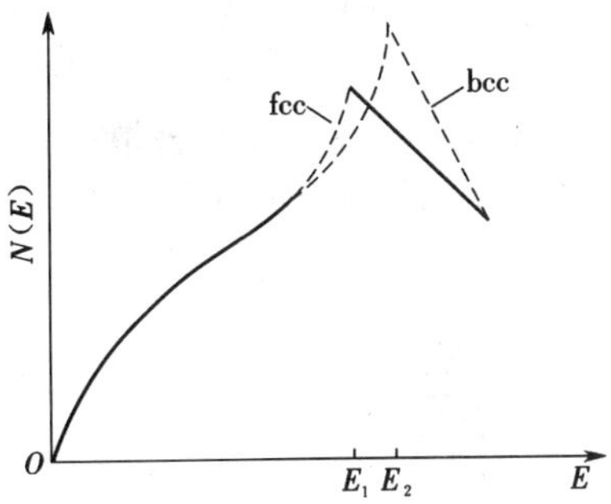

图2-36 面心和体心立方结构的 $N(E)$—E 曲线

对应结构的第一布里渊区界面接触时的电子浓度为饱和电子浓度,理论计算结果饱和电子浓度 α 相为 1.36,β 相为 1.48,而实际的饱和电子浓度则是 α 相为 1.38,β 相为 1.50。可以看出,理论计算和实际的数值是很接近的。与实际浓度存在差别的原因是由于只考虑电子浓度的影响以及费米球形的简化所引起。

能带理论也能说明有序合金的稳定性。当由纯金属组成合金时,如果合金是无序的,则其布里渊区的特征与溶剂组元(纯金属)的布里渊区特征相似。如果出现了有序化转变,则在 X 线衍射图上出现新的峰,在 k 空间中出现新的能量不连续的平面。因此原来布里渊区的形状发生了变化。图 2-37 中表示在无序的面心立方第一布里渊区(十四面体)内包含有序 Ag_3Mg 合金的第一布里渊区,图 2-38 为其能态密度曲线。由图中可看到,在原来结构(以 a 表示)的峰值以内产生一个新的峰值,是由于形成了有序合金结构(以 b 表示),它具有更低的费米能,使有序合金能稳定存在。对大多数有序合金来说,其稳定性是由于有序排列降低了应变能,也就是减少了晶格畸变。但是在某些情况下(如 CuPt、Ag_3Mg)更重要的是降低了费米能。一般情况下,两个因素都应考虑。

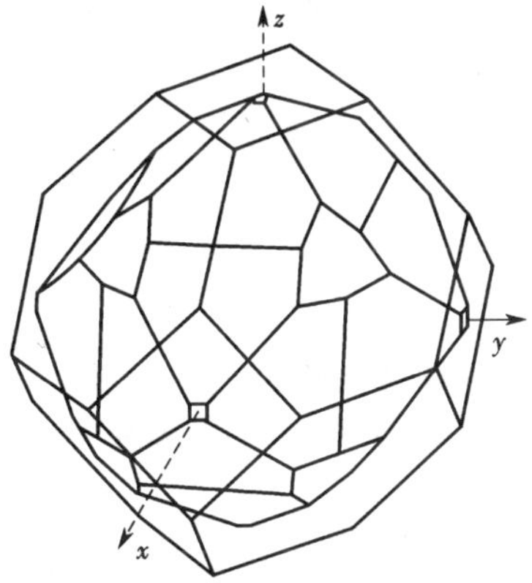

图 2-37 有序 Ag_3Mg 的第一布里渊区

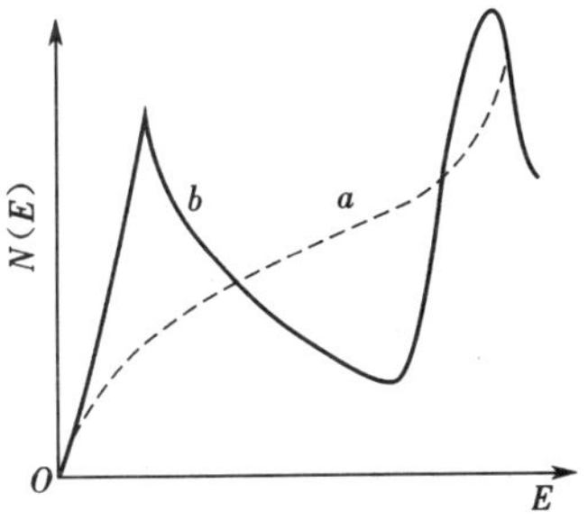

图 2-38 Ag_3Mg 的 $N(E)$—E 曲线

4. 磁性

由于电子自旋的原因,不同元素在其内部和外部“轨道”上的每一个电子都具有磁性和磁矩(由波尔磁子表示),磁性的符号可以是正的或负的,它取决于电子自旋的方向。一个指定的能级所能够容纳的正旋和反旋的电子数是等量的。因为相互抵消,被电子填满的能级基本上没有磁矩。一个只是被电子部分充填的能级,有两个相反的因素决定这些电子的自旋。

大多数情况下,主要的因素为:当有效的量子状态按正常的顺序从最低能态开始充填时,结果能得到较低的能量。外面的价电子通常是按照这样的方式充填的,如图 2-39 所示 Ni 的 4s 图解。从图 2-39(a)可看出,4s 带占有较大的能量范围,因而对于每个能量的增量 dE,只有较少的量子状态(见图 2-39(c))。图 2-39(c)是接近能级 E_{max} 的电子状态的简图,已填满至 4s 带的 E_{max}。如图中所示,自旋相反的电子状态,具有同样的能量,而电子的能量随着向右而增加。所以在 E_{max} 范围以内是有(+)、(-)自旋两种状态占有的,它的能量是最低的。4s 带最多只能容纳 2 个电子,而 3d 带最多能够容纳 10 个电子。如图 2-39(a)所示,3d 带一般比 4s 带要窄,因此一定能值的电子状态数处于 3d 带时相对较多,见图 2-39(b)。在这种情况下,具有(+)、(-)自旋电子的占态就要少一些,此时决定自旋的第二个因素起作用了。

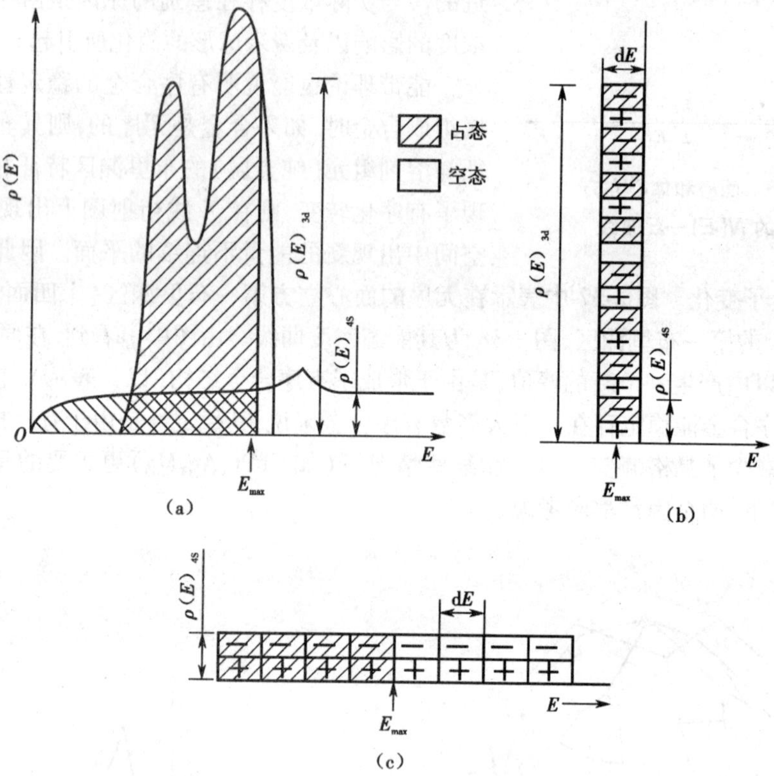

图 2-39 在 Ni 的 3d、4s 能带中 E_{max} 附近能态的充填

(a) Ni 的 $3d_1 4s$ 能态曲线 (b)各能值的电子状态数 (c) E_{max} 附近的电子状态简图

决定自旋的第二个因素是静电能,它有利于具有同样自旋的电子的存在。由于它作用的结果,电子优先地占有负自旋的状态。因为负自旋的电子有盈余,从而使原子有一个净磁矩。

虽然许多元素满足上述条件,但只有少数金属和合金显示工程中最感兴趣的铁磁性。这是因为促使 d 电子间同向排列的因素,是 d 电子与重叠 s 带的电子之间的交换作用。由于这些交换作用,电子与电子之间以及电子与原子核之间的静电作用发生了量的改变。有些作用使系统静电能增加,而另一些作用则使系统的静电能降低。对产生铁磁性的电子来说,如果电子有平行的自旋,则交换能将降低。所以产生铁磁性的条件是:

①产生铁磁性的电子必须是自由原子中未填满壳层中的电子,由这些电子壳层所形成的能带就有空的量子状态,使电子自旋同向排列而改变电子的状态;

②要有足够的状态密度,使由于电子自旋同向排列而增加的动能小于交换作用而降低的能量。

按照这样的模型来讨论 Fe、Co、Ni 的情况。它们每一个原子具有两个 4s 电子和未填满的 3d 壳层,如果交换作用有利于平行自旋,则电子在适合的状态中的分配情况如下:

Fe	$3d^6$	↑↓	↑	↑	↑	↑	$4s^2$	↑↓
Co	$3d^7$	↑↓	↑↓	↑	↑	↑	$4s^2$	↑↓
Ni	$3d^8$	↑↓	↑↓	↑↓	↑	↑	$4s^2$	↑↓

按此，这些金属的原子磁矩应该分别为4、3、2个波尔磁子，但实际上Fe、Co、Ni的原子磁矩为2.22、1.70及0.61波尔磁子。以Ni为例，按能带理论可以认为由于Ni的4s及3d带能带重叠(见2-39(a))，平均每个原子有9.4个电子占据10个3d状态，0.6个电子占据两个4s状态。3d的5个状态被一种自旋的电子填满，而3d的另5个状态只填了自旋相反的4.4个电子，因此每个原子有0.6个不成对的自旋电子，它解释了实验事实。

5. 超导性

金属的电阻和温度有关，当温度降低时，原子振动的振幅减小，电子的平静自由程(电子与点阵离子两次碰撞之间电子运动的平均距离)增加，金属的电阻减小。然而许多金属在温度降到4K附近时却表现出异常大的导电性，这种性质称为超导性。这种性质不仅在铝(Al)等良导体中可观察到，而且在铅(Pb)、铟(In)等不良导体中也可观察到。1911年奥涅斯(Onnes)首先在汞中观察到了超导性，但是定量和准确的理论一直到后来才由巴丁(Bardeen)、考帕(Copper)和薛利福(Schrieffer)发展起来。在任意温度时，一个完全没有缺陷的金属电阻是由于热振动原子的电子散射所引起的。在绝对零度时，原子的能量降到零点能($1/2h\nu$)。这意味着离子没有足够的能量散射电子，金属的电阻真正成为零。在稍高一点的温度，电子和声子(晶体点阵振动能的量子)间发生敏锐的相互作用，能有效地消除电子-离子的散射。在某个临界温度下，电阻恰好成为零。所以实验证明，如果在一个环形超导体中产生电流后，即使去掉外电场，它仍将继续无限地循环许多年而没有明显的衰减。

马萨斯(Matthias)和赫姆(Hulm)在1950年发现，价电子和原子的比值为3、5、7的元素总是具有超导性的。例如每个原子有7个价电子的锝(Tc)在温度为11 K以下成为超导体。在周期表中与锝并列在一起的两个元素中，每个原子有6个价电子的钼(Mo)，只有在低于0.1 K时才有超导性；每个原子有8个电子的钌(Ru)在低于0.5 K时，才成为超导体。然而当钼和钌按同样比例合金化时，平均的电子和原子的比值为7，则MoRu在10.6 K时成为超导体。同样每个原子具有5个价电子的氮化铌，大约在15 K以下成为超导体。因为这些材料不需要极低温就能处于超导状态，所以人们对它们很感兴趣。

对超导体施加一个交变的电场或把它放在一个强磁场中，它很容易转变为正常的状态(非超导)。根据这个原理，已经设想了一些应用装置，例如在计算机电路中，用导电、超导的转变作为开关元件。

巴丁、考帕和薛利福发表于1957年的定量理论指出，电子、声子的相互作用使得超导体的状态密度在费米能附近无限增加，如图2-40所示。同时，出现一个对称于E_0的较窄的禁带区或能隙。由于在其边缘有一个无穷大的状态密度，电子的有效状态在能量不需要明显增加的情况下，可以连续过渡。这个模型后来被吉弗(Giaever)证明是正确的。他在由两片金属箔和一片很薄的绝缘层所组成的复合板上做了一系列的测量。绝缘层为电子从金属箔1到金属箔2设置了一个能垒。一个电子可依靠量子力学的隧道效应穿过这个能垒。当两个超导体被一个薄绝缘层分隔时，它们的能量图解如图2-41(a)。在金属1中接近影区顶部的占态电子不能穿过能垒到达金属2相类似的能量状态，因为这些状态处于禁带。然而当作用以一个外电场时，相关的能量产生移动，如图2-41(b)所示。现在电子在外电场作用下，能够从金属1穿过能垒到达金属2，在实际中可观察到一个可度量的电流。在绝对零度以上1～2 K，金属1中的有些电子实际上可以得到足够的能量去占有能隙以上的状态。在那时候，一个很小的电场就能够产生穿过绝缘层的电流。用这个办法可以度量不同超导体禁带的宽度。

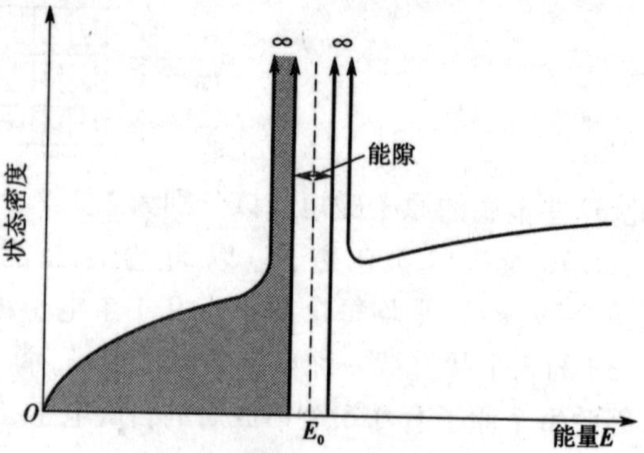

图2-40　超导体中状态密度的分布

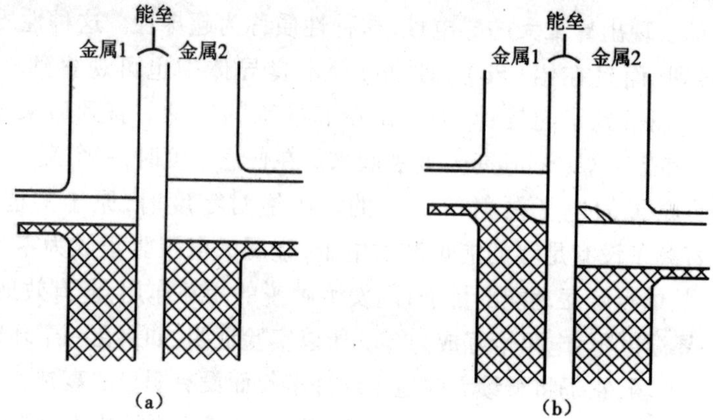

图2-41　复合超导体的能带模型

(a)被绝缘层分隔的能带模型　(b)有外电场作用时超导体能带模型

2.5　金属的晶体结构

材料的性能是选择和使用材料的首要依据。在材料加工和使用过程中，材料的性能随着外界条件的变化会发生显著变化。因此了解材料性能及其变化的物理本质，对于从事材料工程领域的研究生来说非常重要。

简单地说，材料的宏观性能所表现的是材料内部的物理结构特性(如密度)，或者是其内部结构对环境因素及其变化所表现出来的某种反应特性，如材料结构对温度的反应特性在宏观上表现为熔点、沸点、热膨胀等热物理特性，材料结构对受力的反应则宏观表现为弹性、塑性强度等力学特性，等等。材料的任何宏观性能的外在表现都有其内在的物理结构基础。

固体材料都是由大量的原子通过各种化学键联结而成的，不过，这些原子之间的堆积可以按一定的规律性堆积成有序结构，也可以随意杂乱无章地堆积为无序的结构。那些原子排列成长程有序结构的固体称为晶体，而那些原子无序堆积的固体称为非晶(体)。但实际的非晶体材料其内部原子并非真的完全无序堆积，也会呈现一定程度的短程有序结构。

根据自然界中固体晶体结构的对称性可以将所有晶体结构归纳成32种晶类，而依据这32种晶类的对称轴的性质，又可分成三斜、单斜、正交、三角、四方、六角和立方7种晶系。上节介绍的体心立方和面心立方晶格属于立方晶系，而密排六方晶格则属于六角晶系。根据晶系内原子排列的特点，可以将7种晶系细分成14种典型的空间点阵结构，这14种典型空间点阵结构分别为：三斜、单斜、单斜面心、正交、正交面心、正交体心、六角、菱方、四角、四角体心、立方、体心立方、面心立方等，如图2-42所示。

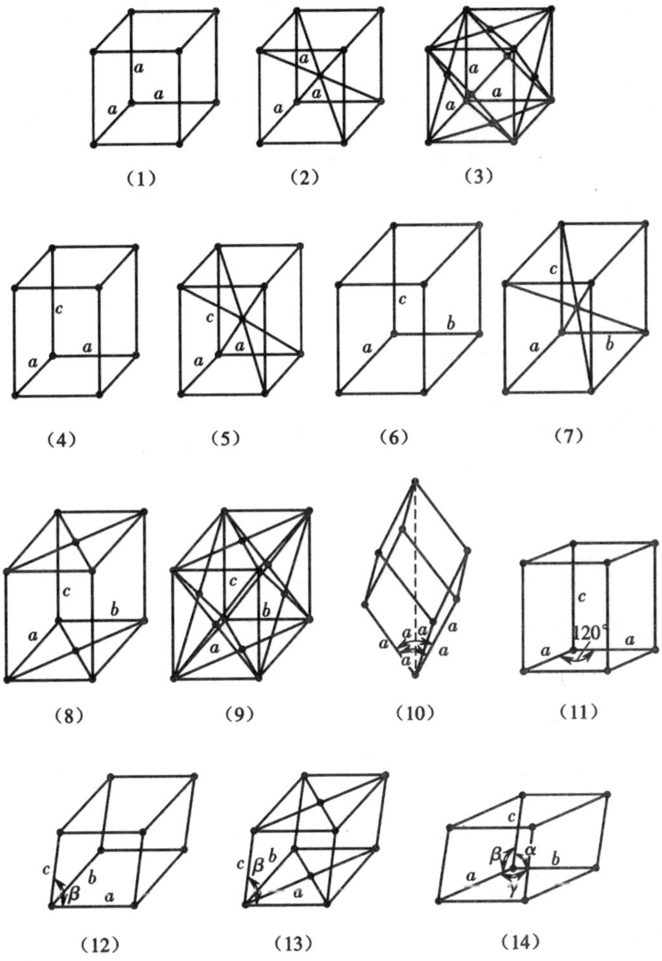

图2-42　十四种布拉菲点阵的晶胞

1—简单立方　2—体心立方　3—面心立方　4—简单正方　5—体心正方　6—简单正交　7—体心正交
8—底心正交　9—面心正交　10—菱方　11—六方　12—简单单斜　13—底心单斜　14—三斜

2.5.1　纯金属及固溶体晶体的基本结构

晶体是由大量的同类或异类原子按一定的规律集合而成的空间结构体，晶体内各原子之间依据各自的电子结构特性以一定的化学键联结。不同的晶体会有不同的原子排列规律，因而会形成不同的晶体结构。对于自然界已发现的元素中，其晶体结构大致有：体心立方、面心立方、金刚石立方、复杂立方、正方、正交、六方、密排六方、菱形、单斜等。许多元素的晶体在不同的条件下还具有不同的晶体结构形式。

对于金属晶体来说,除了少数例外,绝大多数金属都具有面心立方、体心立方或者密排六方的晶体结构。表 2-3 为常见金属元素的晶体结构类型。

表 2-3　常见金属元素的晶体结构类型

体心立方结构	面心立方结构	密排六方结构	其他结构	多种晶体结构
Li	Al	Be	In：正方	Ca：密排六方 或 面心立方
Na	Ti	Mg	Sn：正方	Co：密排六方 或 面心立方
K	Ni	Ti	Sb：菱形	Cr：密排六方 或 体心立方
V	Cu	Zn	Te：六方	Zr：密排六方 或 体心立方
Mo	Ag	Cd	Se：单斜	Hf：密排六方 或 体心立方
Nb	Ir	Ru		Fe：体心立方 或 面心立方
Rb	Au	Sc		Mn：体心立方 或 面心立方或复杂立方
Ba	Pb	Y		W：体心立方 或 复杂立方
Cs	Pt	Re		La：密排六方或面心立方
	Sr	Nd		Ce：密排六方 或 面心立方
	Rh			
	Th			

典型的体心立方结构(bcc)如图 2-43 所示。

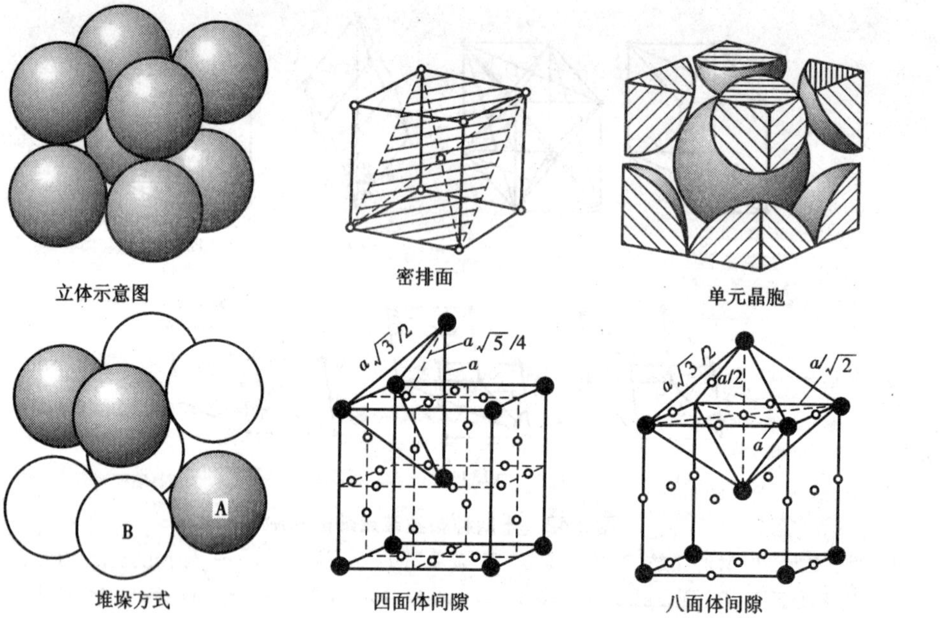

图 2-43　体心立方晶体晶胞示意图

在体心立方晶格中,设单胞边长为 a,每个原子有八个原子间距为 0.866a 等距离最近邻,还有六个原子间距为 a 的等距离次近邻,因此体心立方结构的配位数通常取 8,有时也可看做 (8+6)。体心立方结构原子间存在两种类型的间隙,空间较大的是四面体间隙,空间较小的是八面体间隙。如果把点阵上的原子设想成是半径为 r 的刚性小球,则能够进入四面体间隙的最大刚性球半径为0.291 r，而能进入八面体间隙的最大刚性球半径为0.154 r。不过请大家注意，体心立方晶格的四面体间隙是边长均等（为$\frac{\sqrt{3}}{2}a$）的正四面体间隙，而其八面体间隙则是不对称的，在<100>方向上的间距（a）小于<110>方向的间距（$\sqrt{2}a$），因此是一个较扁平的八面体间隙。那么，当一个直径大于0.291 r的间隙原子（如铁晶格中的碳原子）要进入间隙位置时，到底会进入哪一种间隙位置呢？

按理说，体心立方中的四面体间隙空间大于八面体间隙，碳原子会优先进入四面体间隙，但是请读者仔细分析，如果碳原子进入铁晶格的四面体间隙，由于四面体间隙是一个正四面体，当直径大于其间隙最大可容尺寸（0.291 r）的碳原子进入时，必须同时向外挪动相邻的四个节点原子，而如果进入八面体间隙，则只需挪动<100>方向上的一个原子就可以进入。因此，在体心立方结构的铁素体中或体心正方结构的马氏体中，碳原子总是倾向于分布在较小的八面体间隙中。

在晶体原子阵列的单元晶格中，单位面积截面内原子数最多的截面称为密排面。体心立方晶格的密排面是如图2-43所示{110}晶面，在该密排面上聚集了5个原子，而原子最密排的方向是该晶面的两个对角线方向<111>。

体心立方结构的原子排列规则是：层与层之间的堆积方式是上面一层原子球心对准下面一层球隙，下层球心的排列位置用A标记，上面一层球心的排列位置用B标记，体心立方晶格中密排原子层之间的堆积方式可以表示为：AB AB AB AB……如图2-43。也可以看做以密排面为基准，设密排面原子为B，与密排面层相邻的上下两层原子具有相同的位置则为A。

典型的面心立方结构（fcc）如图2-44所示。

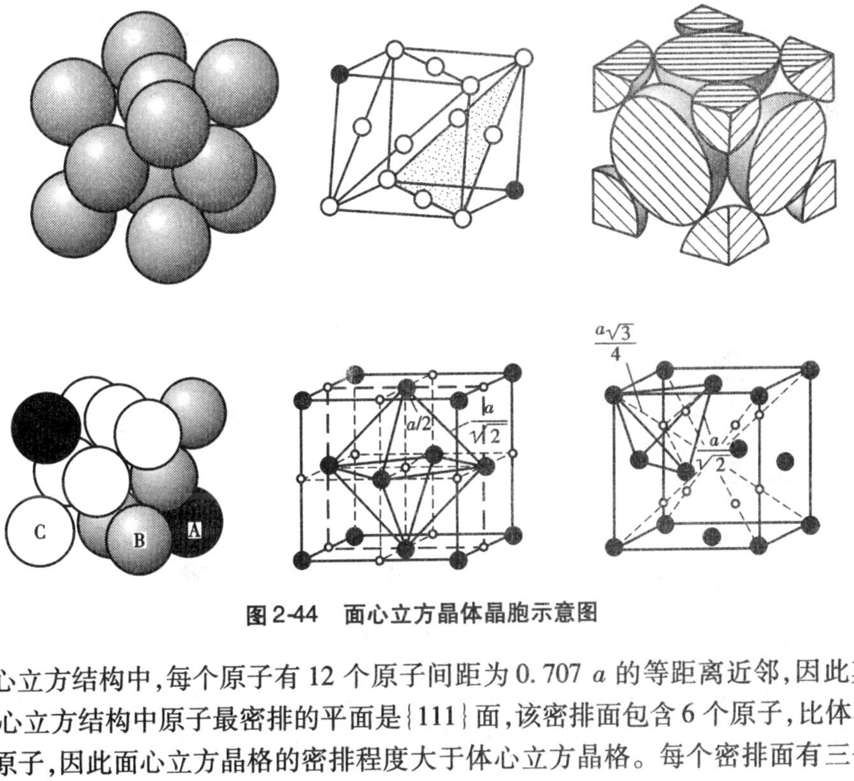

图2-44 面心立方晶体晶胞示意图

在面心立方结构中，每个原子有12个原子间距为0.707 a的等距离近邻，因此其配位数是12。面心立方结构中原子最密排的平面是{111}面，该密排面包含6个原子，比体心立方晶格多一个原子，因此面心立方晶格的密排程度大于体心立方晶格。每个密排面有三个密排方向,沿这些密排方向,原子可以认为是互相以最紧密的方式接触排列的。

面心立方结构的节点原子间也存在四面体和八面体两种类型的间隙,不过与体心立方晶格相反,面心立方结构空间较大的是八面体间隙,空间较小的是四面体间隙。如果把点阵上的原子设想成是半径为 r 的刚性小球,则能够进入八面体间隙的最大刚性球半径为 $0.410\ r$,而能进入四面体间隙的最大刚性球半径为 $0.225\ r$。不过,面心立方晶格的四面体间隙和八面体间隙都是边长均等的正四面体和正八面体间隙。因此对于具有面心立方结构的钢的奥氏体,间隙原子碳通常溶入八面体间隙之中。

面心立方结构的原子排列规则也是上面一层原子球心对准下面一层原子球的间隙,在单元晶胞中,将两平行的原子密排面层原子分别标记为 B、C(图 2-44),则处于该两层密排层以上一层和以下一层的原子具有相同的位置,标记为 A,所以面心立方晶格中密排原子层之间的堆积方式可以表示为:ABC ABC ABC ABC……

晶体结构中的原子堆垛顺序对原子层之间位错的产生和移动以及滑移、孪晶等变形行为都有重要的影响,这将在以后的章节中讨论。

典型的密排六方结构(hcp)如图 2-45 所示。晶格结构中的六角层中的原子间距为 a,相邻两个六角层原子面之间的间距为 c,c/a 称为密排六方结构的轴比,对于大多数具有密排六方结构的金属来说,其轴比 c/a 在 1.56 ~ 1.63 范围内,只有金属锌和镉例外,其晶格的 c/a 值分别达到 1.86 和 1.89。六角层中的某个原子与相邻层(中间层)中六个近邻原子的距离 $a' = \sqrt{\frac{1}{3}a^2 + \frac{1}{4}c^2}$,如果 c/a 值正好等于 1.633,a' 正好等于 a,这样的结构称为理想密排结构。

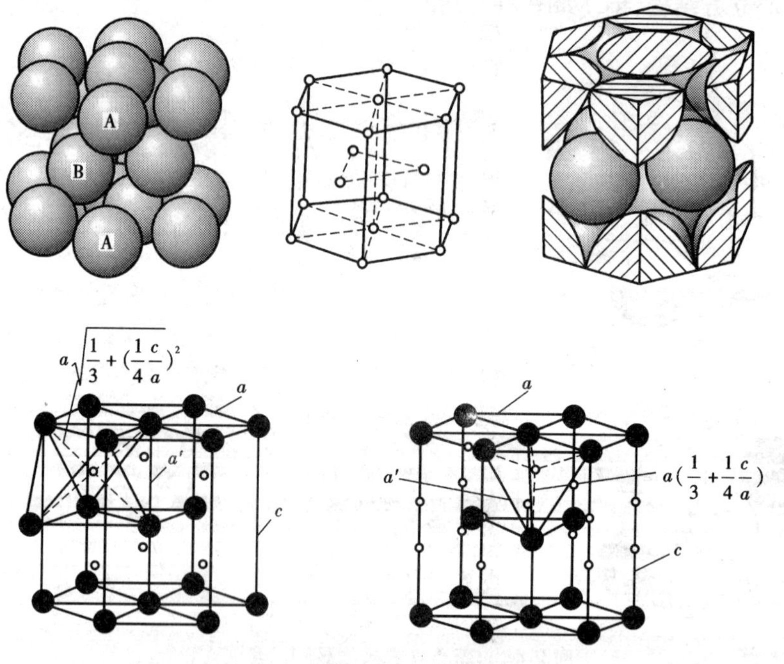

图 2-45 密排六方晶体晶胞示意图

密排六方结构为堆垛紧密的晶体结构,如六角层中心的原子不仅与同一层内的六个原子紧密相接,而且也与上下层的各三个原子紧密接触,因此密排六方结构的配位数达到 12 个,其致密度与面心立方结构一样。密排六方结构的原子密排面为上下六角原子面,其原子堆垛方式为:AB AB AB……

密排六方结构中也有八面体和四面体两种间隙,当晶体结构的轴比 c/a 等于 1.633 时,即密排六方结构为理想密堆时,两种间隙的形状和大小都与面心立方结构相同,八面体间隙可容纳 0.41r,四面体间隙可容纳 0.225r。

常见元素的晶体结构参数见表 2-4。

表 2-4 常见元素的晶体结构参数

元素	晶体结构	密度/(g/cm^3)	晶格常数/nm
α-Fe	体心立方	7.87	0.286
α-Ti	密排六方	4.50	a=0.292 c=0.467
Mg	密排六方	1.74	a=0.320 c=0.520
Cu	面心立方	8.95	0.361
Cr	体心立方	7.23	0.287
Ni	面心立方	8.90	0.352
V	体心立方	5.68	0.304
Mo	体心立方	10.21	0.314
W	体心立方	19.32	0.316
Nb	体心立方	8.57	0.330
Zr	密排六方	6.40	a=0.323,c=0.514
Si	面心立方	2.33	0.543
N	四方	1.16	a=0.396,c=0.511
C	四方	3.51	0.356
	简单立方	2.38	0.555
	密排六方	2.26	a=0.246,c=0.670
B	四方	2.31	a=0.874,c=0.508
	密排六方	—	a=0.976,c=1.002
	简单立方	—	2.347
S	面心正交	2.07	a=1.048,b=1.292,c=2.455
		2.07	a=1.045,b=1.294,c=2.446
		2.07	a=1.047,b=1.287,c=2.449
		0.01	a=1.38,b=3.24,c=0.925
	密排六方	2.21	a=1.082,c=0.428
P	正交	0.34	a=0.331,b=0.438,c=1.05

金属合金固溶体根据溶质原子在溶剂金属晶格中所处的位置,一般可以分为置换型固溶体、间隙型固溶体和混合型固溶体。对于传统的钢铁合金材料,一般都是兼具置换固溶和间隙固溶的混合型晶体结构。典型的固溶体晶体结构见图 2-46 所示。

2.5.2 金属间化合物的晶体结构

金属与金属、金属与某些非金属(氮、氧、硅、碳、硼等)之间形成的化合物统称为金属间化合物。由于它们常处于相图的中间位置,故又称中间相。不过,中间相不仅指金属间化合物,还包括那些长程有序的固溶体。金属间化合物的晶体结构一般与组成它的组元不同,而固溶体晶体结构则是与其中的溶剂组元结构相同的。常见金属化合物的结构及结构参数见表 2-5。

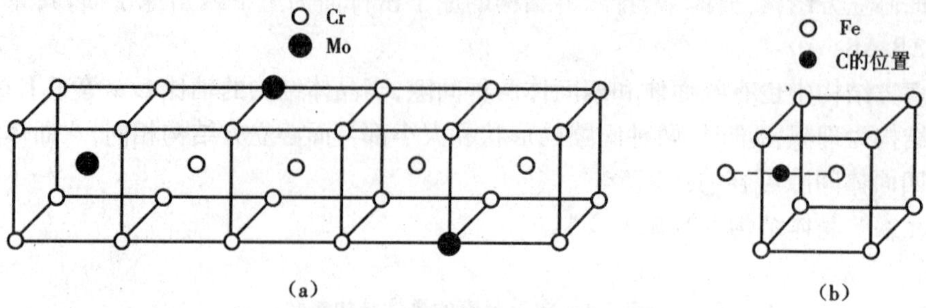

图 2-46 合金固溶体结构

(a) Cr 中固溶 Mo (置换型) (b) α-Fe 中固溶 C (间隙型)

表 2-5 常见金属化合物的晶体结构及参数

元素	晶体结构	密度/(g/cm^3)	晶格常数/nm
TiC	面心立方	4.01	0.460
		4.90	0.433
		4.25	0.431
VC	面心立方	5.40	0.430
	密排六方	6.35	$a=0.289, c=0.457$
ZrC	面心立方	6.62	0.470
NbC	面心立方	2.04	0.440
		7.29	1.115
WC	密排六方	15.49	$a=0.292, c=0.285$
W_2C	密排六方	17.27	$a=0.299, c=0.472$
Fe_3C	正交	7.73	$a=0.452, b=0.507, c=0.673$
Cr_3C_2	简单正交	6.70	$a=1.146, b=0.552, c=0.281$
Cr_2C_3	简单正交	3.33	$a=1.148, b=0.553, c=0.283$
CrB	正交	6.10	$a=0.297, b=0.786, c=0.292$
CrB_2	密排六方	5.20	$a=0.297, c=0.307$
TiB_2	密排六方	4.51	$a=0.303, c=0.323$
ZrB_2	密排六方	6.10	$a=0.317, c=0.353$
NbB_2	密排六方	6.92	$a=0.310, c=0.330$
Mo_2B	四方	9.25	$a=0.554, c=0.474$
VB_2	密排六方	5.06	$a=0.300, c=0.306$
FeB	正交	6.75	$a=0.405, b=0.550, c=0.295$
		6.75	$a=0.550, b=0.405, c=0.295$
Fe_2B	四方	7.38	$a=0.510, c=0.424$

2.6 晶体材料常见性能的物理本质

材料的任何宏观性能的外在表现都有其内在的物理结构基础，本节就金属晶体材料的一些常见性能的物理本质进行简要分析，以便同学们能更好地理解这些性能的本质及其影响因素，为充分利用和改善材料的性能奠定理论基础。

2.6.1 密度

在物理学中，把某种物质单位体积的质量叫做这种物质的密度，即质量和其体积的比值，单位为 $kg \cdot m^{-3}$、$g \cdot cm^{-3}$。密度是物质的一种特性，它只与物质的种类有关，与质量、体积等因素无关，不同的物质，密度一般是不相同的，同种物质的密度在不同条件下也会产生变化。例如同样温度下，一杯白开水和一盆白开水的密度是相同的，并不会随着水的体积增大而改变。同样是 H_2O，水就比冰的密度大。

材料的密度是一个宏观的物理量，它与材料的微观结构有密切的联系。金属与合金通常都是晶体，其密度与其组成原子或离子的质量大小、空间排列方式、质点间的结合力大小（结合键强弱）有关。

1. 密度与相对原子质量

单位体积的质量叫做密度，即物质的质量与其体积之比，用符号 ρ 表示，其单位为 $kg \cdot m^{-3}$。若已知某金属的质量 m 与体积 V，则其密度

$$\rho = \frac{m}{V} \tag{2-53}$$

元素的相对原子质量为1摩尔元素原子的质量 M，假若能得到该物质1摩尔的体积 V_m，则根据密度定义：

$$\rho = \frac{M}{V_m} \tag{2-54}$$

因此只要从理论上计算出 M 与 V_m，则金属密度就可以从理论上给出一个近似值。

事实上，物质的摩尔质量 M 由相对原子质量可以简单得到，而物质的摩尔体积 V_m 的理论计算就显得稍微复杂，但是可以计算金属晶体中一个晶胞的质量，并通过数学关系计算晶胞的体积，从而借助晶胞计算晶体的密度。自然界中有成千上万种晶体，这些晶体理论上可以归属于7个晶系共14种空间点阵类型，工业上使用的金属元素除少数具有复杂晶体结构外，绝大多数都具有比较简单的晶体结构。

2. 金属密度的微观计算

从金属晶体的微观结构分析，可以通过计算单个晶胞的质量与体积，进而根据密度定义从理论上得到晶体密度的近似值。下面以具有体心立方结构的金属为例加以分析。

体心立方结构的三个棱边 a、b、c 均相等，三个轴间夹角均为90°，除有八个原子位于立方体的八个顶点外，还有一个原子位于立方体的体心，如图2-43所示。

（1）原子半径

在体心立方结构中，沿对角线原子排列最密集，且体对角线长度为 $4r$（r 为原子半径），令棱边长度为 a，由立体几何知识得到

$$3a^2 = (4r)^2 \tag{2-55}$$

即

$$a = \frac{4}{\sqrt{3}}r$$

（2）原子数

由于晶体由大量晶胞堆垛而成，晶胞每个顶点上的原子同时属于与其相邻的八个晶胞所共有，故只有1/8属于此晶胞，而中心的原子完全属于这个晶胞，所以体心立方晶胞中原子数

为：$8\times\frac{1}{8}+1=2$(个)。

(3)配位数和致密度

晶体结构中与任一原子最邻近且距离相等的原子数目叫配位数。配位数越大，原子排列越紧密，体心立方结构中，以体心处原子为研究目标，距离它最近的等距离原子为四面体顶点上的八个原子，故体心立方结构的配位数为8。

晶胞中原子所占体积与晶胞体积之比，称为致密度或致密系数，其计算公式为

$$K=\frac{nV_k}{V} \tag{2-56}$$

式中：n 为一个晶胞中实际包含的原子个数，V_k为一个原子体积，V 为晶胞体积。由式(2-56)可以得到

$$\frac{n}{V}=\frac{K}{V_k} \tag{2-57}$$

体心立方晶格的晶胞中包含2个原子，棱边长度为 $a=4r/\sqrt{3}$，则其致密度

$$K=\frac{nV_k}{V}=\frac{2\times\frac{4}{3}\pi r^3}{a^3}=\frac{2\times\frac{4}{3}\pi r^3}{(4r/\sqrt{3})^3}\approx 0.680\ 2$$

(4)密度

设某元素的摩尔质量为 M，阿伏加德罗常数 $N_0=6.023\times10^{23}\ \mathrm{mol}^{-1}$，则单个原子质量 m_0 可由下式确定：

$$m_0=M/N_0 \tag{2-58}$$

而每个晶胞的质量

$$m=nM/N_0 \tag{2-59}$$

根据每个体心立方结构中每个晶胞的体积

$$V=a^3=(4r/\sqrt{3})^3 \tag{2-60}$$

从而可以得到晶体的密度

$$\rho=\frac{nm_0}{V}=\frac{n}{V}\times m_0=\frac{K}{V_k}\times\frac{M}{N_0}=\frac{K}{4\pi r^3/3}\times\frac{M}{N_0}=\frac{3K}{4\pi N_0}\times\frac{M}{r^3} \tag{2-61}$$

将 K、π、N_0代入上式，可得体心立方结构晶体密度计算公式为

$$\rho=\frac{3K}{4\pi N_0}\times\frac{M}{r^3}=\frac{3\times0.680\ 2}{4\times3.14\times6.02\times10^{23}}\times\frac{M}{r^3}=2.697\ 4\times10^{-25}\times\frac{M}{r^3} \tag{2-62}$$

用同样的方法可以得到面心立方结构和密排六方结构晶体的致密度和密度。

面心立方结构的致密度

$$K=\frac{nV_k}{V}=\frac{4\times\frac{4}{3}\pi r^3}{a^3}=\frac{4\times\frac{4}{3}\pi r^3}{(2\sqrt{2}r)^3}\approx 0.740\ 5$$

面心立方结构的密度

$$\rho=\frac{3K}{4\pi N_0}\times\frac{M}{r^3}=\frac{3\times0.740\ 5}{4\times3.14\times6.02\times10^{23}}\times\frac{M}{r^3}=2.936\ 6\times10^{-25}\times\frac{M}{r^3} \tag{2-63}$$

密排六方结构的致密度

$$K=\frac{nV_k}{V}=\frac{6\times\frac{4}{3}\pi r^3}{\frac{3\sqrt{3}}{2}a^2\sqrt{\frac{8}{3}}a}=\frac{6\times\frac{4}{3}\pi r^3}{3\sqrt{2}\ a^3}=\frac{6\times\frac{4}{3}\pi r^3}{3\sqrt{2}\times(2r)^3}\approx 0.740\ 5$$

密排六方结构的密度

$$\rho=\frac{3K}{4\pi N_0}\times\frac{M}{r^3}=\frac{3\times 0.740\ 5}{4\times 3.14\times 6.02\times 10^{23}}\times\frac{M}{r^3}=2.936\ 6\times 10^{-25}\times\frac{M}{r^3} \tag{2-64}$$

上述几个公式中 M 均为原子的相对原子质量(即摩尔质量),r 为元素的原子半径。

3. 金属密度的计算值与实验值比较

通过上面的分析,得到了从理论上计算金属密度的公式,利用这些公式计算的 55 种金属单质晶体的理论密度与实验测试密度值比较如表 2-6 所示。

表 2-6 金属单质的密度

元素	晶体结构	相对原子质量 M	金属原子半径 r (10^{-12} m)	M/r^3	密度 ρ/(g/cm³) 计算值	密度 ρ/(g/cm³) 实验值	偏差 (g/cm³)
Ag	fcc	107.87	144	36.125	10.61	10.5	0.11
Al	fcc	26.98	143	9.226 4	2.71	2.70	0.01
Au	fcc	196.97	144	65.965	19.37	19.30	0.07
Ba	bcc	137.34	217	13.441	3.62	3.50	0.12
Be	hcp	9.01	112	6.413 1	1.88	1.85	0.03
Ca	fcc	40.08	197	5.24 24	1.54	1.55	-0.01
Cd	hcp	112.40	149	33.979	9.98	8.65	1.33
Ce	fcc	140.12	183	22.864	9.74	6.78	2.96
Co	fcc	58.93	125	30.172	8.86	8.90	-0.04
Cr	bcc	52.00	125	26.624	7.18	7.19	-0.01
Cs	bcc	132.91	265	7.142 0	1.93	1.87	0.06
Cu	fcc	63.55	128	30.303	8.90	8.96	-0.06
Dy	hcp	162.05	175	30.237	8.88	8.54	0.34
Er	hcp	167.26	173	32.304	9.45	9.05	0.40
Eu	bcc	151.96	199	19.283	5.20	5.26	-0.06
Fe	bcc	55.85	124	29.293	7.90	7.86	0.04
Gd	hcp	157.25	179	27.418	8.05	7.89	0.16
Hf	hcp	178.49	156	47.015	13.8	13.1	0.7
Ho	hcp	164.93	174	31.308	9.19	8.80	0.39
Ir	fcc	192.22	136	76.416	22.44	22.5	-0.06
K	bcc	39.10	227	3.342 4	0.90	0.86	0.04
La	fcc	138.91	187	21.243	6.24	6.17	0.07
Li	bcc	6.94	152	1.9762	0.53	0.53	0.00
Lu	hcp	174.97	172	34.386	10.1	9.84	0.26
Mg	hcp	24.31	160	5.935 1	1.74	1.74	0.00
Mo	bcc	95.94	136	38.140	10.29	10.2	0.09
Na	bcc	22.99	186	3.572 7	0.96	0.97	-0.01
Nb	bcc	92.91	143	31.773	8.57	8.55	0.02
Nd	hcp	144.24	181	24.325	7.14	7.00	0.14
Ni	fcc	58.71	125	30.060	8.83	8.90	-0.07
Os	hcp	190.2	134	79.049	23.21	22.4	0.81
Pb	fcc	207.2	175	38.661	11.35	11.4	-0.05

续表

元素	晶体结构	相对原子质量 M	金属原子半径 r (10^{-12} m)	M/r^3	密度 ρ/(g/cm³) 计算值	密度 ρ/(g/cm³) 实验值	偏差 (g/cm³)
Pd	fcc	106.4	138	40.486	11.89	12.0	-0.11
Pr	fcc	140.91	182	23.374	6.86	6.77	0.09
Pt	fcc	195.09	139	72.642	21.33	21.4	-0.07
Pu	fcc	(224)	151	65.060	19.11	19.8	-0.69
Rb	bcc	85.47	248	5.603 5	1.51	1.53	-0.02
Re	hcp	186.2	137	72.413	21.26	21.0	0.26
Rh	fcc	102.91	134	42.770	12.56	12.4	0.16
Ru	hcp	101.07	133	42.960	12.62	12.2	0.42
Sc	hcp	44.96	161	10.773	3.16	3.0	0.16
Sm	hcp	150.4	179	26.223	7.70	7.54	0.16
Sr	fcc	87.62	215	8.816 3	2.59	2.6	-0.01
Ta	bcc	180.95	143	61.880	16.69	16.6	0.09
Tb	hcp	158.93	176	29.152	8.56	8.27	0.29
Tc	hcp	98.91	135	40.201	11.81	11.5	0.31
Th	fcc	232.04	180	39.787	11.68	11.7	-0.02
Ti	hcp	47.90	145	15.712	4.61	4.50	0.11
Tl	hcp	204.37	170	41.598	12.22	11.85	0.37
V	bcc	50.94	131	22.659	6.11	5.8	0.31
W	bcc	183.85	137	71.499	19.29	19.3	-0.01
Y	hcp	88.91	178	15.765	4.63	4.5	0.13
Yb	fcc	173.04	194	23.700	6.96	6.98	-0.02
Zn	hcp	65.38	133	27.790	8.16	7.14	1.02
Zr	hcp	91.22	159	22.693	6.66	6.49	0.17

4. 影响密度的因素

(1)键合类型和键能

由于各种原子的结构不同,不同原子相互作用时,静电的吸引和排斥的情况就不一样,不同分子中各原子相互结合的方式就不同。因此化学键有几种不同类型,有离子键、共价键、金属键和分子键。

原子的核外电子结构多种多样,但都具有通过得到或失去电子来使自己外层电子结构稳定的倾向。电负性越小,元素的金属性越强。一定条件下,电负性差异大的原子间靠离子键结合成分子,电负性相近甚至是相同的原子是靠原子共享电子形成共价键而结合成分子的。而金属晶体是靠自由价电子和金属离子形成的点阵之间的相互作用即金属键结合在一起的。对于自由原子状态,已经形成稳定电子壳层的惰性气体 He、Ne、Ar 等和分子状态的 H_2、N_2、O_2 等,在降低温度、增大压强时能够凝结成液态或固态,说明分子间存在着相互作用力,这种作用力称为分子间力或范德华力,它是一种长程作用力。

一般情况下,对于分子间距,同一种物质,气态大于液态大于固态。因此,密度为固态大于液态大于气态。但是也有很多例外,例如水。水结冰时体积膨胀,密度减小,这是水的一种反常性质。这需要用氢键来解释。在水蒸气中水以单个的 H_2O 分子形式存在;在液态水中,经常是几个水分子通过氢键结合起来,形成$(H_2O)_n$;而在固态水(冰)中,水分子大范围地以氢键互相联结,形成相当疏松的晶体,从而在结构中有许多空隙,造成体积膨胀,密度减小。

材料的密度与结合键的类型有关系。大多数金属有高的密度，如铂、钨、金、锇等，它们的密度达到工程材料的最高值。金属的高密度有两个原因：第一，金属元素有较高的相对原子质量；第二，与金属键有很大关系，金属键的结合方式没有方向性，所以金属原子总是趋于密集排列，金属常得到简单的原子密排结构。而离子键或共价键结合时，原子结合不可能很致密，共价键结合时，相邻原子的个数要受到共价键数目的限制；离子键结合时，则要满足正，负离子间电荷平衡的要求，它们的相邻原子数都不如金属多，所以陶瓷材料的密度较低。

另外，结合键强度越高的材料其密度受温度的影响越小，这是因为键强度高的材料，具有较低的热膨胀系数。对于成分相同的材料，由于结构不同密度也不相同。例如 Fe 不同结构有着不同的密度，面心立方结构的密度要大于体心立方结构。在面心立方结构中铁原子之间的原子间距要小于体心立方的原子间距，前者的结合能要大于后者。当然结合能对材料的密度影响不是最主要的，材料的密度主要与材料物质本身有关。

在温度等外界条件一定的情况，材料的密度会随结合能的增强，有所增大。对于同素异构体来说，材料的密度受温度的影响有所不同。例如：奥氏体和铁素体，前者的密度受温度的影响要大于后者。

(2)晶体结构

晶体结构对密度的影响在上面的密度理论计算过程中已经阐述得很清楚。晶体结构对密度最主要的影响是其致密度，经计算，体心立方结构的致密度约为 0.68，面心立方结构和密排六方结构的致密度都约为 0.74。因此，面心立方晶格转变成体心立方晶格时，致密度减小，晶体体积会膨胀。例如，奥氏体的密度要大于低温铁素体的密度，同样导致体积膨胀的拉伸应力会促进致密度较大的面心立方结构向致密度较小的体心立方结构转变(如奥氏体向马氏体转变)。

晶体结构影响致密度的另一个方面是其原子间隙类型和尺寸。原子之间都必然存在间隙，这些间隙对于金属的性能以及形成合金后的晶体结构等都有重要影响。常见间隙有两种，四面体间隙和八面体间隙。在体心立方中，四面体间隙体积大于八面体间隙体积；而在面心立方中，八面体间隙体积大于四面体间隙体积；密排六方与面心立方相同，只是间隙中心在晶胞中的位置不同。不同的间隙大小及形状必然影响固溶体形成时的溶质浓度，进而影响固溶体的密度。此外，固溶体类型的不同，其溶解其他物质的能力也不同，溶解的多少也会在体积不变的情况下影响固溶体的密度。

还有，晶体内部的各种晶格缺陷和晶格畸变也会在一定程度上影响晶体的密度。空位多了，必然密度减小；间隙原子多了，密度可能增加。

在熔化时非过渡族金属的体积变化与结晶类型有关，具有最致密点阵的金属在熔化时表现出最大的体积增加。随着致密度的减小，熔化时的体积膨胀效应也会减小。不过，需要引起注意的是，位于金属与非金属中间的元素 Sb、Bi、Ga 和 Si 在熔化后变得更为致密，液态金属的配位数比其固体晶体结构更多，因而密度更高。另外从占优势的共价键结合向金属键结合的转变，会使晶体体积收缩、密度增加。

(3)合金组分

当材料由两种或两种以上的金属组成合金时，组元的性质和含量是合金中对密度影响最大的因素。通常组元的密度越大，合金的密度也越大，高密度的组元含量越高，合金的密度也越大。

钢的密度在杂质(碳或其他元素)浓度较小的情况下与杂质浓度有如下线性关系:

$$\rho = \rho_0 + x\Delta\rho \tag{2-65}$$

式中:ρ 为钢的密度,ρ_0为纯铁的密度,x 为杂质的质量分数,$\Delta\rho$ 为增加 1% 杂质对密度的影响值。

(4)加工工艺的影响

金属材料在制备过程中,通常要进行冶炼、压力加工和热处理等,这些工艺过程对金属材料密度的影响比较复杂。

金属及合金的铸件经过冷加工或热加工后,密度往往增加,这是由于铸件中的孔隙、气孔和缩孔等宏观缺陷在压力加工下产生固结所致。而致密金属在大的压缩比下冷加工时密度会减小,这是由于冷加工使晶体空间发生畸变、晶体缺陷(空位和位错)密度急剧增加所致。对冷加工后的金属进行加热,因回复再结晶又可使其密度提高,并能恢复到其原来的数值。

金属材料经过不同的热处理后得到不同的显微组织,它的密度随显微组织内所包含的相结构的致密度的变化而有所变化。热处理造成的密度变化与金属内部发生的过程有关,如点阵参数变化、晶粒取向排列、有序—无序转变、晶型转变、脱溶沉淀、气体溶解、氧化、位错和空位浓度变化等。

以上讨论均建立在低速运动条件下,当物体接近光速时,质量会转换为能量,这部分能量可称为潜在能量。密度的概念此时也将会发生转换。实际上,密度的大小应当是单位体积物质所具有的所有潜在能量的大小。密度越大,能量越高。例如,宇宙中黑洞的能量是最大的,因此其密度也应当是最大的。因此可以设想,在一定区域内,高能量密度的物质具有将低能量密度的物质同化的趋势。例如,一般情况下,加热时所施加的热能能量密度都会低于被加热物质所具有的潜在能量密度,因此加热后,物质具有恢复初始潜在能量密度的趋势,所以会膨胀,物质的实际密度会减小。但是不会完全恢复到初始值,其潜在能量密度仍然是增大的。

对于实物微粒,其密度 ρ 的含义是该粒子在空间任一微小区域里出现的概率,即概率密度。

2.6.2 强度和硬度

1. 强度

材料抵抗塑性变形或断裂的能力称为强度。材料强度高,是指这种材料比较坚固,不易破坏;材料强度低,则是指这种材料不够坚固,易被破坏。强度是材料中极为重要的力学性能,有十分重要的意义,是设计和使用材料的一项重要指标。强度大小通常用应力来表示。根据载荷作用方式不同,强度可分为抗拉强度、抗压强度、抗弯强度、抗剪强度和抗扭强度等。

金属受力时,宏观上表现为形状、尺寸的变化,按变形可以分为弹性变形和塑性变形。其中弹性变形是指当外力消除后,金属能恢复原来形状的变形。弹性变形的本质是外力克服了原子间的作用力,使原子间距发生改变,而但当外力去除后,原子间的作用力又使它们恢复到原来的平衡位置,使金属恢复到原来的形状。弹性变形只是原子间距发生微小的变化,即原子暂时偏离各自的平衡位置,因而对金属的显微组织和性能没有什么影响。而塑性变形是指金属因受外力而发生形变,卸载后仍不能消失的那部分变形,是一种不可逆的变形,原子不能回到平衡

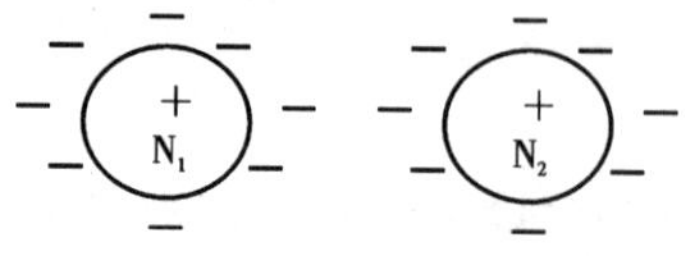

图 2-47 双原子变形模型

位置。实际上,材料宏观的性能主要是由材料的组织结构及其组织内的缺陷决定的。金属的强度性能也一样,这部分内容将在介绍晶体缺陷以后的金属强化理论一章详细介绍。这里仅介绍无缺陷完整晶体的理论强度的物理本质。因此可以用图2-47的双原子模型来讨论两个原子之间的相互作用势能 U 和相互作用力 F(图2-48)。

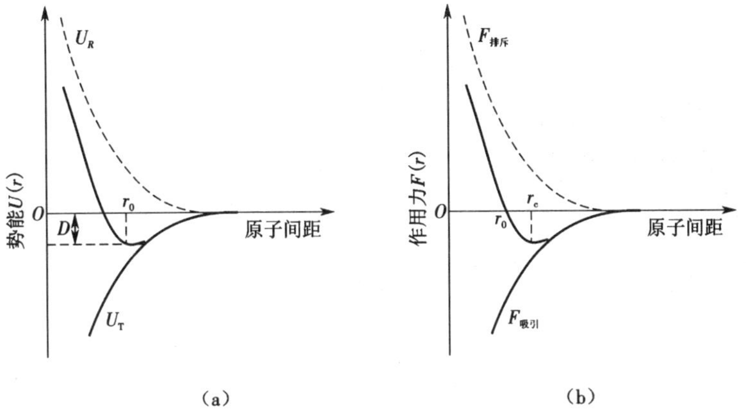

图2-48 势能和原子间作用力与原子间距之间的关系

(a)势能 (b)原子间作用力

(1)两原子间的相互作用势能U和相互作用力F

相互作用能 U 由吸引能 U_T 和排斥能 U_R 构成,即

$$U = U_T + U_R$$

吸引能 U_T 主要来自于异性电荷间的静电吸引力,其随原子间距 r 的变化规律可以表示为

$$U_T = -\frac{a}{r^m} \tag{2-65}$$

式中:a、m 都为常数。排斥能 U_R 主要来自两个方面:一是同性电荷间的库仑排斥能,主要是核之间的排斥能;二是泡利原理引起的排斥能,即当两个原子相互靠近时,原子的电子壳层相互交叠,根据泡利原理,在交叠区域内的部分电子必须占据更高的能级,因而使原子间的能量增加,表现为排斥作用,其大小随原子间距 r 的变化规律也可以表示为

$$U_R = \frac{b}{r^n} \tag{2-66}$$

式中:b、n 也都为常数。所以两个原子间的相互作用势能可以写成

$$U = -\frac{a}{r^m} + \frac{b}{r^n}$$

与之相对应,两个原子间的相互作用力可以表示成为

$$F = -\frac{\partial U}{\partial r} = -\frac{am}{r^{m+1}} + \frac{bn}{r^{n+1}} \tag{2-67}$$

两个原子间的相互作用力和相互作用势能曲线如图2-48所示。

由图2-48(a)可以看出,当两原子相距无限远时,相互作用势能趋于零,随着原子从无限远开始靠近时,相互作用势能降低,并在 $r = r_0$ 达到极小值。随着 r 的进一步降低,又开始上升。由图2-48(b)可以看出,当 $r = r_0$ 原子间的吸引力和排斥力大小相等时,系统处于势能最低的稳定状态。

而对于整个晶体来说,原子之间的相互作用能就是晶体的结合能。当许多单个的原子从自由状态组成晶体时,整个系统将会放出能量;或者说把整个晶体拆成单个的自由原子时,需要外界提供能量。这个能量就是晶体的结合能。若将晶体中两个原子的相互作用势能表示为 $u(r_{ij})$,则由 N 个原子组成的晶体的结合能可以表示为

$$U = \frac{1}{2}\sum_{i}^{N}\sum_{j\neq i}^{N}u(r_{ij}) \tag{2-68}$$

式中:因子 1/2 来自在求和时同时计入了 $u(r_{ij})$ 和 $u(r_{ji})$,它们都是原子 i 和原子 j 的相互作用势能。除了金属晶体以外的其他晶体都可以用上式描述其结合能。一个原子与其他原子的相互作用势能的主要部分是这个原子与其近邻(最近邻和次近邻)原子之间的相互作用势能,也就是只需取 r 在 1 ~2 nm 以内的贡献就够了。这是因为随着原子间距的增大,相互作用势能很快趋于零。结合能的大小反映了晶体中原子结合的牢固程度。结合能大的晶体,原子间的结合比较强,反之则小。

(2)材料的理论结合强度

材料的理论结合强度是指材料的原子间结合力的最大值 σ_{th},可用正弦函数曲线近似描述原子间结合力 σ 随原子间距增量 x 的变化,即

$$\sigma = \sigma_{\text{th}}\sin\frac{2\pi x}{\lambda} \tag{2-69}$$

式中:λ 表示正弦波长。又由于外力分开单位面积的原子面所做的功等于断裂时产生的两个单位面积的新表面所需的表面能 2γ,则有

$$2\gamma = \int_0^{\pi/2}\sigma_{\text{th}}\sin\frac{2\pi x}{\lambda}\mathrm{d}x = \frac{\lambda\sigma_{\text{th}}}{\pi}$$

得

$$\sigma_{\text{th}} = \frac{2\pi\gamma}{\lambda} \tag{2-70}$$

而在原子平衡位置 a 的邻近区域 x 很小,根据胡克定律

$$\sigma = E\varepsilon = E\frac{x}{\lambda}$$

又

$$\sin\frac{2\pi x}{\lambda}\approx\frac{2\pi x}{\lambda}$$

则可得材料的理论结合强度的近似表达式(Kelly 公式):

$$\sigma_{\max} = \left(\frac{E\gamma_{\text{s}}}{a_0}\right)^{1/2} \tag{2-71}$$

式中:E 为弹性模量,γ_{s}为表面能,a_0为垂直于外力的晶面间距(即原子平衡位置间距)。由上式可以看出,影响理论结合强度的因素主要有表面能、弹性模量和平衡位置间距。一般金属材料的典型数值为:$E = 300$ GPa,$\gamma = 1$ J/m^2,$a = 3\times10^{-10}$ m,则根据上式得出:$\sigma_{\text{th}} = 30$ GPa。

然而因为存在各种缺陷,材料的实际断裂强度一般都比理论结合强度低几个数量级,只有晶须或纤维材料具有接近于理论强度的实际强度。

从晶体点阵剪切滑移角度,也可以推得理论剪切强度(Frankel 公式):

$$\tau_{max} = \frac{\mu b}{2\pi d}$$

式中:μ 为切变模量,b 为切变方向上的原子间距,d 为滑移面的晶面间距。由此公式计算获得的金属材料理论剪切强度也比实际测量值高得多。

α-Fe 强度的物理本质:弹性极限 σ_e和滞弹性极限 σ_A是与刃位错运动有关的强度指标,是起始塑性形变的抗力。宏观的屈服强度是使相当数量螺位错定向运动所需的应力,而大塑性抗力 σ_b是反映塑性形变过程中位错间弹性交互作用对强度的贡献,宏观塑性形变主要依靠螺位错的运动来实现。

α-Fe 的实际强度(σ_s为 100 ~ 170 MPa,σ_b为 180 ~ 230 MPa)难以满足工程技术的要求,这主要是与其晶体中存在大量位错有关,因此亟需加以强化。钢的强化措施基本出发点就在于造成位错运动的障碍。提高 α-Fe 强度的有效途径是运用固溶强化、细化晶粒强化、第二相沉淀硬化和位错强化等机制。

2. 硬度

硬度是材料的基本力学性能,是衡量金属材料软硬程度的一项重要的力学性能指标,受金属晶体结构及晶体类型等因素影响。由于硬度试验方法简便,试验效率高,属于非破坏性试验,在实际生产和科学研究中广泛应用。

(1)硬度的物理意义

硬度是指金属在表面上的不大体积内抵抗变形或者破裂的能力,硬度既可理解为是材料抵抗弹性变形、塑性变形或破坏的能力,也可表述为材料抵抗残余变形和反破坏的能力。硬度不是一个简单的物理概念,而是材料弹性、塑性、强度和韧性等力学性能的综合指标。究竟它表征哪一种抗力及其物理意义,都随试验方法不同而不同,取决于所采用的试验方法。如刻划法型硬度试验表征金属抵抗破裂的能力,硬度值表征金属的切断强度。而压入法型硬度试验表征金属抵抗变形的能力,硬度值表征金属塑性变形抗力及应变硬化能力。回跳法硬度试验则表征材料抗弹性变形的能力,硬度值主要表征金属弹性变形功的大小。因此,“硬度”不是一个金属独立的力学性能。

(2)硬度的影响因素

金属的硬度是指金属表面局部体积内抵抗因外物压入而引起的塑性变形的抗力,硬度越高表明金属抵抗塑性变形的能力越强,金属产生塑性变形越困难。从晶体结构角度,硬度与晶体类型及实际晶体结构关系密切。

1)晶体类型对硬度的影响

构成晶体原子之间的结合力决定晶体的许多物理性质,如结合力越强,晶体的熔点、沸点越高;同样,晶体内原子结合力越大,其硬度也越大;但也有许多例外,因为晶体的硬度除与晶体结构类型有关外,还与晶体缺陷密切相关。

对于离子晶体,由于晶体主要是由离子间的离子键结合而成,通常是阴阳离子的半径越小,离子的电荷数越高,离子键的作用越强,离子晶体的硬度越大。

对于分子晶体,由于晶体主要是由分子间作用力结合而成的,作用力较小,因而分子晶体的硬度也较小。

原子晶体即共价键化合物,晶体是由原子间主要通过共价键结合成的具有空间网状结构,硬度普遍很大,如金刚石、单晶硅、碳化硅、二氧化硅等。

而金属晶体是由金属离子与自由电子之间主要通过金属键结合而成，硬度介于共价键化合物与分子晶体之间。一般的金属固溶体晶体主要是由金属键结合而成的，但金属固溶体中小区域内也可能会出现共价键晶体结构，即金属间化合物相，这种相的硬度大都比金属固溶体高。

2）金属的晶体结构缺陷对硬度的影响

实际金属的晶体结构不像理想晶体那样规则和完整，由于各种因素的作用，晶体中不可避免地存在着许多不完整的部位，这些晶格不完整的部位称为晶体缺陷。晶体缺陷对金属的性能有着重要影响。根据几何特征，可将晶体缺陷分为点缺陷、线缺陷和面缺陷三种类型。

点缺陷是指空间三维尺寸都很小的缺陷，如空位、间隙原子、置换原子等。点缺陷的存在，破坏了原子的平衡状态，使晶格发生扭曲（称为晶格畸变），从而使金属强度、硬度提高，塑性、韧性下降。

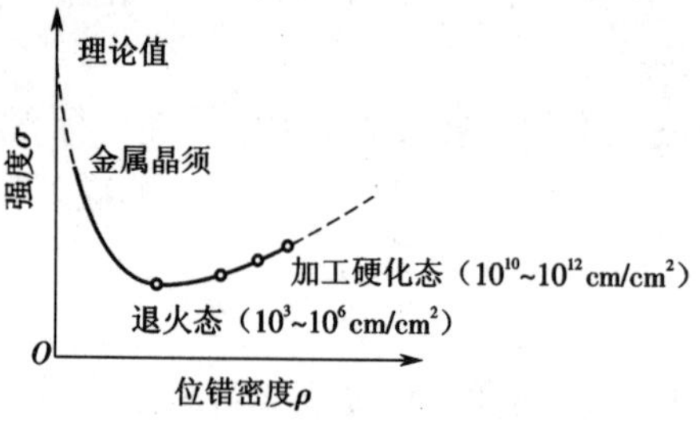

图 2-49　金属强度与位错密度的关系

线缺陷就是晶体中的位错。当晶格中一部分晶体相对于另一部分晶体沿某一晶面发生局部滑移时，滑移面上滑移区与未滑移区的交界线称为位错，金属的塑性变形主要是由位错运动引起的。因此，阻碍位错运动是强化金属的主要途径。图 2-49 为金属强度与位错密度的关系曲线，可以看出，减少或增加位错密度都可以提高金属的强度。

实践证明，金属材料的各种硬度值之间，硬度值与强度值之间具有近似的相应关系。因为硬度值是由起始塑性变形抗力和继续塑性变形抗力决定的，材料的强度越高，塑性变形抗力越高，硬度值也就越高。

晶体中晶界和亚晶界等称为面缺陷。实际使用的金属材料几乎都是多晶体，即由许多彼此位向不同、外形不规则的小晶体组成，这些小晶体称为晶粒。晶粒与晶粒之间的交界面称为晶界，大角度晶界的宽度为 5 ~ 10 个原子间距，晶界两侧晶粒的位向差一般为 20° ~ 40°。晶界是两个晶粒的过渡部位，原子排列不规则。晶界对运动位错有强烈的阻碍作用，金属的晶粒越细，晶界总面积就越大，金属的强度、硬度也就越高。

而对于晶粒内部，成分结构也不是完全一致的，晶粒本身也不是完整的理想晶体，内部存在许多生长位向存在一定差别的小晶区，这些小晶区尺寸很小，相互之间位向差也很小（小于 1° ~ 2°），这些小晶区称为亚晶粒。亚晶粒之间的交界面称为亚晶界。亚晶界实际上是由刃型位错垂直排列形成的位错壁，亚晶界对金属同样有强化作用。

2.6.3　弹性及弹性变形

1. 弹性及弹性变形的物理本质

固体金属的变形是晶格点阵上的原子相互位置发生变化实现的。在无外力情况下，图 2-47 所示的相邻两个原子之间在原子核和核外电子云之间的静电引力作用下保持着平衡。相互之间保持着一定的平衡原子间距 r_e。如果在两个原子上再施加一个外力，则两原子之间的距离将增大或缩小，到达一个新的平衡位置，伴随原子间平衡位置的改变，就会产生变形。如果去除外力，两个原子又会回到原来的平衡位置，这种变形就是弹性变形。如果伴随外力的去除，这两个原子间的位置已无法完全恢复到原来的平衡位置，则这种变形必定存在塑性变形。

弹性变形有可逆性（伴随着外力的作用而产生，随着外力的去除而消失）、单值性（应力和应变之间的线性关系）和全程性（从受力开始直至断裂全程伴随）的特征。

从宏观角度讲，弹性是衡量物体抵抗初始变形的能力，单位与应力相同。而从微观来说，弹性则是原子间结合力强弱的反映，是材料的一种基本性能。弹性变形则是材料的可逆变形，是弹性性能的外在体现。但与弹性不同，弹性变形不仅与该材料的弹性模量有关，还与材料的组织及缺陷等有关。度量弹性的参数是弹性模量，因此弹性模量也是反映材料原子间结合力强弱的重要指标，它只与材料的本质、点阵间距、晶格类型、温度等相关。在某个温度下，弹性模量 E 可以用下式进行估算：

$$E = k / r^m \tag{2-72}$$

式中：k、m 为材料常数，r 为点阵常数。

工程中常用的弹性模量有以下几种形式。

弹性模量 E：正应力与相应的正应变之比，反映材料抵抗正应变的能力。

切变模量 G：切（剪）应力与相应的切应变之比，反映材料抵抗切应变的能力。

泊松比 μ：在均匀分布的轴向应力作用下，横向应变和相应的轴向应变之比（绝对值）。

体积模量 K：体应力与相应的体应变之比，反映材料抵抗体应变的能力。

压缩率 β：体积模量 K 的倒数。

对于各向同性材料，它们之间的关系为

$$G = \frac{E}{2(1+\mu)} \tag{2-73}$$

$$K = \frac{E}{3(1-2\mu)} = \frac{EG}{9G-3E} \tag{2-74}$$

根据热力学定律，物体的内能 $E_{内}$ 的变化应满足

$$\mathrm{d}E_{内} = T\mathrm{d}S - p\mathrm{d}V$$

式中：T、S、p、V 分别是物体的温度、混合熵、压力和体积。

等式右边两项分别是因温度变化和对外做功所致的内能变化。当在绝对零度时，物体的熵为零，此时 $\frac{\mathrm{d}p}{\mathrm{d}V} = -\frac{\mathrm{d}^2E_{内}}{\mathrm{d}V^2}$。

根据体积模量 K 的定义，应有 $\mathrm{d}p = -K\frac{\mathrm{d}V}{V}$，即

$$K = -V\frac{\mathrm{d}p}{\mathrm{d}V} = V\frac{\mathrm{d}^2E_{内}}{\mathrm{d}V^2} \tag{2-75}$$

可见，体积模量是物体原子结合力变化率的表征，体积模量越大，改变原子位置所需的力越大，即体积模量越大的物体，抗变形能力越强。

2. 弹性模量的影响因素

（1）材料的本质、点阵间距、晶格类型的影响

弹性模量与原子间结合力的密切联系，使其与原子的价电子数量和原子半径的大小有关。弹性模量随原子序数的增加而发生周期性变化（不同周期之间），如图 2-50 所示。同族元素中随原子序数的增加（相应的原子半径也增大），弹性减少。弹性模量与原子间距 r 之间满足式

(2-72)的关系,即 $E=\frac{k}{r^m}$。但该公式不适用于过渡金属元素,过渡金属元素的弹性模量普遍较大,而且弹性模量随原子半径增大而增大。这与其核外3d层中的电子对原子结合力的影响有关。

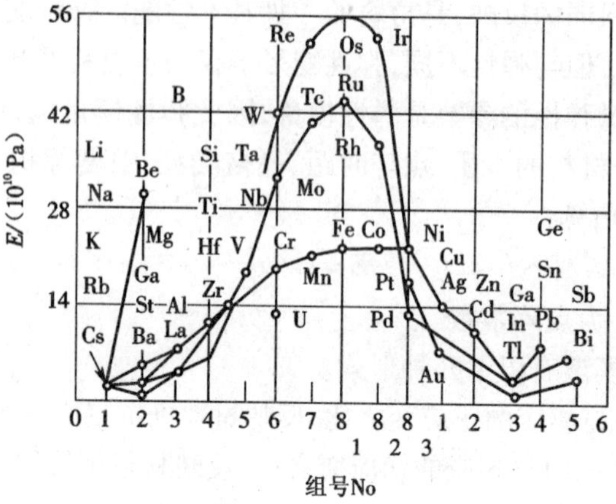

图 2-50 弹性模量随原子序数的增加而发生的周期性变化

(2)合金元素的影响

合金元素对合金弹性模量的影响没有统一的规律,一般表现为以下两点。

①若固溶体的两组元的点阵类型相同,且价电子数和原子半径均相近,则合金的弹性模量和溶质原子浓度间呈线性关系;当溶质原子为过渡族元素时,合金的弹性模量有极大值。

②当溶质与溶剂元素的价电子数不同时,合金的弹性模量随溶质原子浓度的增大而成比例地减小。合金弹性模量随溶质原子浓度的变化速率也与溶质原子的价电子数有关,溶质价电子数越高,弹性模量减小得越快,若用 C 表示溶质原子浓度,用 Z 表示其价电子数,则发现合金弹性模量的减小与 CZ^2 成直线关系;除此之外,合金中溶剂和溶质的原子半径差 ΔR 对弹性模量也有影响,在铜合金中,一般 $\mathrm{d}E/\mathrm{d}C$ 与 ΔR^2 成比例。

合金元素的溶入可以改变合金的晶格常数,按理说会改变合金的弹性模量,但是对钢材来说,大多数溶入的合金元素在数量不多时对晶格常数改变不大,对弹性模量影响也较小。例如,退火钢中,弹性模量随含碳量的增加而减小,含碳量每增加0.1%,弹性模量 G、K 约减小0.3%,与此同时,泊松比也相应减小。

(3)组织的影响

在两相合金中,弹性模量与合金相的体积分数成直线关系,而与第二相的分布无关。晶粒尺寸的改变并不影响弹性模量,第二相的尺寸和分布对弹性模量的影响也很小,淬火会使 E 稍有降低,但回火后 E 又能恢复。

(4)冷变形的影响

塑性变形使 E 稍有降低,一般在5%左右。大量的塑性变形,产生织构和各向异性,沿变形方向 E 会增大。

(5)温度

在 $-50\sim+50$ ℃范围内 E 变化很小,高温时每升高100 ℃,E 下降4%左右。

原子的有序排列构成晶体中的晶格,晶格中原子的运动一般呈振动的方式。这种振动能分为与温度有关的热运动动能和与温度无关的零点能。当温度高于绝对零度时，热运动使原子偏离平衡位置，但原子间的相互作用力又使它具有回到原平衡位置的趋势。这种过程的反复就造成了原子在其平衡位置附近的振动。形成振动波（格波），这种振动波是一种弹性振动，也可看成是一种弹性波，波速 $c=\sqrt{\dfrac{E}{\rho}}$，式中 E 为弹性模量，ρ 为密度。正因为如此，可以采用共振法来测量材料的弹性模量。

在绝对温度零度时，晶格中的原子振动并不停止，此时的格波振动能为零点能。随着温度的升高，原子热振动的幅度增加，原子间的平均间距加大，结合能降低。当振动能量足够大时，原子间平均间距增加到了一个相当大的程度，相邻原子间的约束力变得很小，原子就可能摆脱周边原子的束缚而成为相对自由的原子。此时固体就熔化了，其弹性模量也趋近零值。金属弹性模量与其熔点温度之间存在如下经验公式（Portevin 公式）：

$$E = kT_s^{\ a}/V^b \tag{2-76}$$

式中：T_s为金属的熔点绝对温度；V 为比容；k 为玻尔兹曼常数；a、b 为常数，对大多数材料说，$a\approx1$，$b\approx2$。可见，金属熔点越高，其弹性模量越大。

（6）磁场的影响

对铁磁性材料来说，样品退磁状态下和磁化到饱和状态下的应力—应变曲线有很大的差别，铁磁材料在零磁场下有较小的弹性模量，而在较强的磁场中有较大的弹性模量。其原因与由磁场变化引起的磁致伸缩产生的附加应变有关。

从物质的原子结构观点来看，磁铁质内电子间因自旋引起的相互作用是非常强烈的，在这种作用下，铁磁质内部形成了一些微小的自发磁化区域，叫做磁畴。每一个磁畴中，各个电子的自旋磁矩排列得很整齐，因此它具有很强的磁性。磁畴的体积为 $10^{-12}\sim10^{-9}$ m^3，内含 $10^{17}\sim10^{20}$ 个原子。在没有外磁场时，铁磁质内各个磁畴的排列方向是无序的，所以铁磁质对外不显磁性。当磁铁质处于外磁铁场中时，各个磁畴的磁矩在外磁场的作用下都趋向于一致，磁化程度非常大，它所建立的附加磁场强度比外磁场的磁场强度在数值上一般要大几十倍到数千倍，甚至达数万倍。

从实验中得知，铁磁质的磁化和温度有关。随着温度的升高，它的磁化能力逐渐减小，当温度升高到某一温度时，铁磁性就完全消失，铁磁质退化成顺磁质。这个温度叫做居里温度或居里点。这是因为铁磁质中自发磁化区域因剧烈的分子热运动而遭破坏，磁畴也就瓦解了，铁磁质的铁磁性消失，过渡到顺磁质。从实验知道，铁的居里温度是 1 043 K，78% 坡莫合金的居里温度是 873 K，45% 坡莫合金的居里温度是 673 K。

（7）弹性模量与其他力学性能之间的关系

多数金属 20 ℃时的维氏硬度与弹性模量之间存在线性关系，只有 W、Ti、Co、Zr 等金属偏离直线关系。实践表明，在 500～800 ℃之间弹性模量与硬度还成线性关系。

对许多金属来说，弹性模量与屈服强度亦成一定的比例关系，不过不同的材料，其比例系数差异较大。

3. 材料实际的弹性变形过程

上述的材料弹性变形分析所讨论的晶格原子间相对位置的变化模型是建立在具有完整的晶格点阵的晶体之上，而且没有考虑到原子间相对位置变化的时间效应。在实际材料中晶格缺陷无处不在，而且原子间相对平衡位置的恢复需要时间，因此实际的弹性变形过程会存在弹性不完整性,弹性不完整性主要表现为包申格(Bauschinger)效应、弹性后效和弹性后滞环。

2.6.4 金属的导电性

1. 金属导电性的物理本质

(1) 经典自由电子理论

最初,人们对金属导电机理的认识主要是建立在经典自由电子理论上的。德鲁特-洛伦兹的经典电子理论认为:金属是由原子点阵构成的,价电子是完全自由的,可以在整个金属中自由运动,就好像分子能在一个容器内自由运动一样,故可以把价电子看成“电子气”。这些电子在一般情况下可以沿所有方向运动,但在电场作用下它们将逆着电场方向运动,从而使金属中产生电流。电子与原子的碰撞妨碍电子的无限加速,形成电阻。

根据经典自由电子理论导出金属电导率的表达式为

$$\sigma = \frac{ne^2 l}{m\bar{v}} \tag{2-77}$$

式中:m 为电子质量,$\bar{v}$为电子运动的平均速度,n 为电子密度,e 为电子电量,l 为电子平均自由程。

(2)量子自由电子理论

公式(2-77)是以所有自由电子都对金属电导率做出贡献为假设推出的。而根据费米-狄拉克分布,在导电中受到加速度的电子仅是靠近费米能处的电子,即参与导电的电子不是全部价电子,而是其中的一部分。因此由量子自由电子理论可将式(2-77)进一步改进为

$$\sigma = \frac{e^2 l_F}{mv_F} \tag{2-78}$$

式中:n 为金属电子密度,e 为电子电荷,m 为电子质量,l_F和 v_F分别为费米面附近电子的平均自由程和运动速度。

前两种理论都忽略了金属离子的作用,同时还假定在金属内部存在均匀的势能。实际上,电子是在由金属离子组成的非均匀势场中运动的,因而由此得出的导电机理有很大的局限性,如它不能解释为什么绝缘体等物质同样具有运动的电子却没有导电性。能带理论就解决了这个问题。

(3)能带理论

在孤立金属原子中,电子处于能级分立的轨道上。但当组成晶体时,它已成为一个系统,按泡利不相容原理,简并化能级发生分裂,首先从最外层能级开始分裂。由于能级间隔很小,可以把这些能级看做是准连续的能谱,或叫做能带。每一个区域中能量是连续的,这种区域称为布里渊区。区和区之间能量是不连续的,这个区域称为禁带,禁带宽度的不同可以用来区分导体和绝缘体;把电子可以具有的能级所组成的能带称为允带,禁带和允带相互交替。电子可以具有允带中各能级的能量,但允带中每个能级只能允许有两个不同自旋量子数的电子存在。在外电场的作用下电子有没有活动的余地,即能否转向电场正端运动的能级上去而产生电流,这要取决于物质的能带结构。能带结构则与价电子数、禁带的宽窄及允带的空能级等因素有关。所谓空能级是指允带中未被填满电子的能级,具有空能级允带中的电子是自由的,在外电场的作用下参与导电,所以这样的允带称为导带。禁带的宽窄取决于周期势场的变化幅度,变

化越大，则禁带越宽；若势场没有变化，则能量间隙为零。

如果允带内的能级未被填满，则允带之间没有禁带或允带相互重叠。在外电场的作用下电子很容易从一个能级转到另一个能级上去而产生电流，具有这样能带结构的就是导体。所有金属都属于导体。

一个允带所有的能级都被电子填满了，这种能带称为满带。若一个满带上面相邻的是一个较宽的禁带，由于满带中的电子没有活动的余地，即便是禁带上面的能带完全是空的（空带），在外电场的作用下电子也很难跳过禁带。也就是说，电子不能趋向于一个择优方向运动，即不能产生电流。有这种能带结构的是绝缘体。

半导体的能带结构与绝缘体相同，所不同的是它的禁带比较窄。电子跳过禁带不像绝缘体那么困难。满带中的电子受热振动的影响，能被激发跳过禁带而进入上面的空带，在外电场的作用下，空带中的自由电子便产生电流。

利用能带理论最终严格导出如下电导表达式：

$$\sigma = \frac{n_{ef} e^2 l_F}{m^* v_F} \tag{2-79}$$

相对于式(2-78)式(2-79)的变化有两点：①$n \to n_{ef}$，n_{ef}表示单位体积内实际参加传导过程的电子数；②$m \to m^*$，称 m^* 为电子的有效质量，它是考虑点阵结构对电场作用的结果。

具有部分被填充的布里渊区，即能带中较低的能级中有电子，能级较高的能级是空的，当施加外电场后，能量接近费米能 E_F 的电子受到电场加速成为载流子而产生电流。如果布里渊区几乎是空的，只有很少电子，则由于起载流子作用的电子数 n_{ef}太少，按导电定律电导率与 n_{ef}成正比，所以这种情况的电导率不高。如果布里渊区里有较多的电子，其费米面附近的状态密度也较高，因此载流子的电子数 n_{ef}较多，则电导率较高。但是，在布里渊区接近填满电子的情况下，由于布里渊区边界附近的能级密度低，n_{ef}也低，所以其电导率也是低的。在第一布里渊区完全填满电子，且与第二布里渊区有禁带相隔的情况下，n_{ef}为零，则其电导率也为零。

依据上述原则，不同元素具有不同的能带结构和电子填充情况，故有不同的导电性能。例如，ⅠB 族 Cu，Ag，Au，ⅢA 族 Al 和 ⅠA 族元素具有填充一半的布里渊区，所以是良导体。二价的碱土族金属的第一布里渊区是几乎填满的，而“溢出”第二区的电子又很少，因此导电性就很差。

2. 影响纯金属导电的因素

从导电定律关系式(2-79)中，可以看出电子的电荷 e 是固定的数值，n_{ef}及 m^* 决定于金属的晶体结构及能带结构，而电子的平均自由程 l_F则决定于在外电场作用下，电子波动过程中所受到的散射。电子波在金属中所受到的散射可用散射系数 μ 来表述。μ 的来源有两个方面，一是温度引起的离子振动造成的 μ_t，二是各种缺陷及杂质引起晶格畸变造成的 μ_n，即

$$\mu = \mu_T + \mu_n$$

相应的电阻率

$$\rho = \rho_T + \rho_n \tag{2-80}$$

由温度造成的晶格动畸变和由缺陷造成的晶格静畸变，两者都会引起金属电阻率增大。

(1) 温度对金属电阻的影响

温度对金属电阻的影响是由于温度引起离子晶格热振动造成对电子波的散射，而使电阻率随温度的升高而增加。所以 ρ 与温度 T 成正比，故纯金属的电阻率与温度的关系可用下式

表述:

$$\rho_T = \rho_0(1 + \alpha T) \tag{2-81}$$

式中:ρ_0为绝对温度零度时的基础电阻率,α 为电阻温度系数。

(2)金属中的缺陷对导电性的影响

金属中的各种缺陷造成晶格畸变引起电子波散射,从而影响导电性。空位、位错、间隙原子及它们的组合等晶体缺陷会使金属电阻率增加。根据马基申定律,在极低温度下,纯金属电阻率主要由其内部缺陷(包括杂质原子)决定。因此,研究晶体缺陷对电阻率的影响,对于分析单晶体结构完整性有重要意义。掌握这些缺陷对电阻的影响,可以研制具有一定电阻值的金属。半导体单晶体的电阻值就是根据这个原则进行人为控制的。

(3)受力情况对金属电阻的影响

1)拉应力的影响

在弹性范围内单向拉伸或扭转应力能提高金属的ρ,并有

$$\rho = \rho_0(1 + \alpha_\gamma \sigma) \tag{2-82}$$

式中:ρ_0是无负荷时金属的电阻率,α_γ是拉应力系数,σ 是拉应力。

2)压应力的影响

对大多数金属来说,在受压力情况下电阻率降低,也有

$$\rho = \rho_0(1 + \varphi\sigma) \tag{2-83}$$

式中:φ 是压应力系数,为负值;σ 是压应力。

压应力之所以能对材料的性能表现出如此强烈的影响,是由于金属在压力的作用下,其原子间距缩小,内部缺陷的形态、电子结构、费米面和能带结构以及电子散射机制等都将发生变化,这必然会影响金属的导电性能。尤其对过渡族金属,由于其内部存在着具有能量差别不大的未填满电子的壳层,因此在压力的作用下,有可能使外壳层电子转移到未填满的内壳层,这就必然会表现出性能的变化,即存在着类似于温度影响下很容易发生的多晶型现象。

(4)冷加工对金属电阻的影响

一般来说,冷加工变形使 Fe、Cu、Ag、Al 等金属的电阻率增加 2% ~6%,但冷加工变形可使 W、Mo、Sn 等金属的电阻率分别增加 30% ~50%、15% ~20%、90%。一般单相固溶体经冷加工后,电阻可增加 10% ~20%,而有序固溶体则增加 100% 甚至更高。也有相反的情况,如镍-铬,镍-铜-锌、铁-铬-铝等合金,冷加工变形将使电阻降低。

金属经冷加工电阻率增大的原因,可以认为是由于冷加工使晶体点阵发生畸变和产生更多缺陷,从而增加了电子散射的概率。同时冷加工也会引起金属原子间结合键的变化,导致原子间距的改变,对电阻有一定的影响。

若以 ρ_0代表加工前的电阻率,ρ'代表冷加工引起的电阻率增加的部分,则冷加工后金属的电阻率

$$\rho = \rho_0 + \rho' \tag{2-84}$$

当温度降低到 0 K 时,上式中的 ρ_0趋于 0,故 ρ 趋于 ρ',就是说,在 0 K 时,冷加工的金属仍保留有某极限电阻率 ρ',称之为残余电阻率。实验证明,ρ'与温度无关,故 ρ'/ρ 将随温度的降低而增加。据此,在低温时可用电阻法来研究金属的冷加工变形。

(5)热处理对金属电阻的影响

金属冷加工形变后,若再进行退火,则可使电阻降低,尤其当退火温度接近再结晶温度时

(再结晶退火),电阻可恢复到接近冷加工前的水平。例如,冷加工后的金属铁、铜、银的电阻随退火温度的升高而下降;但当退火温度高过再结晶温度时,电阻反又增大了。这是再结晶后新晶粒的晶界阻碍了电子运动造成的。

淬火能够固定金属在高温时的空位浓度,从而产生残余电阻。淬火温度越高,空位浓度越高,则残余电阻率就越大。如纯金属 800 ℃淬火后,4.2 K 时的电阻增大 35%。

(6)几何尺寸效应对电阻的影响

从金属的导电机制可知,当导电电子的自由程同试样尺寸是同一数量级时,这种“尺寸效应”就显得十分突出。这一现象对研究和测试金属薄膜和细丝材料的电阻非常重要。

在低温下,随金属纯度的提高,样品尺寸对电阻的影响也更明显起来。因为此时导电电子自由程超过了原子间距(4.2 K 时,纯金属电子自由程达几毫米),这样电子在试样表面的散射就构成了新的附加电阻。其试样的有效散射系数 L^* 可由下式求得:

$$\frac{1}{L^*}=\frac{1}{L}+\frac{1}{L_d} \tag{2-85}$$

式中:L、L_d 分别表示电子在试样中和表面的散射自由程。将上式代入式(2-79)中,并令 $L_d=d$(薄膜厚度),则薄膜试样的电阻率

$$\rho_d=\rho_\infty(1+L/d) \tag{2-86}$$

式中:ρ_∞ 为大尺寸试样的电阻率。电阻率的“尺寸效应”在超纯单晶体和多晶体中发现最多。

2.6.5 材料的导热性

热传导简称导热。两个相互接触且温度不同的物体,或同一物体的各不同温度部分间在不发生相对宏观位移的情况下所进行的热量传递过程称为导热。密实固体内部和静止流体中的热量传递都是纯导热在起作用。导热部分参与了在运动流体中的热量传递。设有如图 2-51 所示的一块大平壁,左右两侧分别保持均匀恒定温度 t_{w1} 和 t_{w2},且 $t_{w1}>t_{w2}$,平壁厚度为 δ,侧面积为 A,则单位时间内从左向右的导热量为 Φ_λ 与平壁两侧温差及侧面积成正比,与平壁厚度 δ 成反比,还与平壁材料性质有关。用公式可表示为

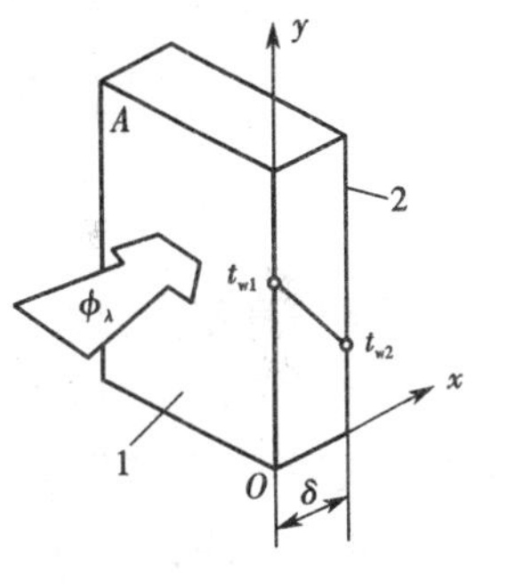

图 2-51 通过大平壁的导热

$$\Phi_\lambda=\lambda A\frac{t_{w1}-t_{w2}}{\delta}=\lambda A\frac{\Delta t}{\delta} \tag{2-87}$$

式中:λ 为热导率或导热系数,反映材料本身导热能力大小的物性参数,W/(m·K);Δt 为温差或温压,表示平壁中热量流动驱动力的大小,K。

从微观角度看,导热是依靠组成物质的微粒的热运动传递热量的。温度较高时有较高的能量。这些微粒和低温部分较低能量的微粒相互作用(碰撞、扩散等)就形成了导热。正是原子和分子的这些运动维持着热传导的进行。可以认为,热传导是由于物质粒子间的相互作用而导致的从高能级粒子向低能级粒子的能量传输。

用学过的热力学中所熟悉的概念来研究一种气体中的热传导,就很容易解释这种传热方式的物理机理。试考察一种内部存在温度梯度,但没有宏观运动的气体,这种气体充满了保持不同温度的两个表面之间的空间。把任一点的温度与该点附近气体分子所具有的能量联系起

来,发现分子的能量与分子的随机运动有关,也与分子内部的自旋及振动有关。且温度高的分子所具有的分子能量也大。由于分子之间经常不断地发生碰撞,所以当邻近的分子相撞时,能量大的分子就必然把能量传递给能量较小的分子。因此,存在温度梯度的情况下,在沿温度降低的方向上必然产生热传导。图 2-52 清楚地表示了这个传热过程。由于分子的随机运动,有些分子将不断地从上方和下方穿过假想的平面 x_0。但由于在 x_0 面以上的分子温度比在 x_0 面以下的分子温度高,所以沿 x 轴正方向上必然有净能量传递。由于热传导与分子的随机运动有关,所以可把这种传热方式称为能量扩散。

在液体中的热传导情况也一样,不过其分子间距离更小、分子的相互作用更强,也更频繁罢了。同样地,固体中的热传导也可以归之于体现为晶格振动形式的分子运动。一种现代观点认为:固体中的能量传递归之于由原子运动引起的晶格运动。非导体完全靠这种晶格波动来传递能量;而在导体中,还存在自由电子迁移引起的能量传递。

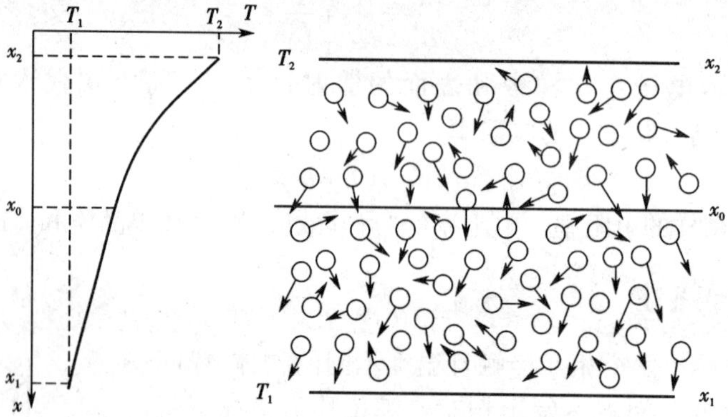

图 2-52 热传导和由分子运动引起的能量扩散的关系

1. 热传导影响因素

导热是依靠材料中的电子、原子、分子和晶格热运动来传递热量。但材料性质不同,其主要导热机理不同,效果也不一样。一船来说,金属的热导率大于非金属,纯金属热导率大于合金。物质三态中,固态热导率最大,液态次之,气态最小。例如:标准大气压下 0 ℃时的冰、水和水蒸气的热导率分别为 2. 22 W/(m · K)、0. 55 W/(m · K)和 0. 183 W/(m · K)。

金属导热主要依靠自由电子的热运动,导电性能好的金属材料其热导率也大。金属热导率范围在 2. 3 ~420 W/(m · K),银是 420 W/(m · K)。但纯金属内加入其他元素成为合金后,由于这些元素的嵌入,严重阻碍自由电子的运动,使热导率大大下降。例如纯铜的 $\lambda=398$ W/(m · K),加入 30% 的锌后纯铜变成黄铜,λ 仅为 109 W(m · K)。

非金属材料导热主要依靠晶格结构振动产生弹性波的方式来传递能量。物理学中称它为声子传递能量。在传递过程中,若存在声子散射的因素,如晶体缺隙、裂纹,热导率会显著下降。液体的热导率在 0. 07 ~0. 7W/(m · K)的范围内,液体的导热机理比较复杂。气体的导热是依靠分子热运动,高温区分子的速度高于低温区,通过分子碰撞把能量传给低温区分子。气体热导率在 0. 006 ~0. 7W/(m · K)范围。气体分子对热导率影响较大,分子量越小、重量越轻、运动速度越快,热导率就越大。电厂发电机采用氢气冷却代替空气冷却,冷却效果较好就是这个道理。

2. 温度对物体热导率的影响

温度升高时,纯金属内电子和晶格热运动都同时加剧,结果使在纯金属导热过程中起主要作用的自由电子定向穿梭运动受阻。因此随着温度的升高,纯金属热导率反而减小。非金属导热主要是依靠原子、分子和晶格的振动,温度升高、振动加剧,热导率跟着升高。气体导热主要依靠分子热运动,温度升高,热运动加快,热导率随之上升。由上可知,热导率是温度的函数。图2-53给出了一些材料热导率与温度的关系趋势。这一关系一般可近似表达为

$$\lambda = \lambda_0(1 + bt) \tag{2-88}$$

式中:λ_0为0 ℃时的热导率值,W/(m·K);b为热导率与温度关系比例系数,$b>0$时热导率随温度升高而增大,$b<0$时热导率随温度升高而减小,$b=0$时热导率是常数;t为摄氏温度,℃。

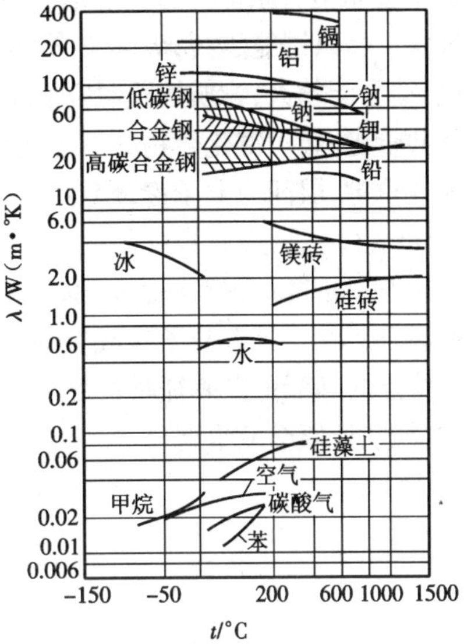

图2-53 热导率随温度变化的关系

在建筑、热能、深冷技术中经常使用绝热或保温材料。它们大都是多孔材料,孔中储有导热能力很差的空气,所以能起到隔热和保温作用。而且它们都是不连续体,热量传递既有固体骨架和空气的导热,还有空气对流,甚至辐射作用。工程上把这种复合传热所折合的热导率称为表观热导率。表观热导率除受材料成分、压力、温度影响外,还受材料密度和含湿量的影响。密度越小,材料内小空隙越多,表观热导率就越小。但密度小到一定程度时,说明内部空隙增大或者已互相连通,引起内部空气对流,传热增强,表观热导率反而增加。另一方面保温材料中的孔隙容易吸附水分,水分在温度梯度作用下的蒸发和迁移,使表观热导率大为增加。例如,常温下干的红砖表观热导率为0.46 W/(m·K),而湿的红砖表观热导率达0.86 W/(m·K)。

2.6.6 其他物理性能

1. 热容量和热膨胀

热胀冷缩是自然界普遍存在的现象,热膨胀系数分体膨胀系数和线膨胀系数。

晶体中原子围绕着其平衡位置作简谐振动,当温度升高时,振幅增大,动能增长,可以解释热容量。因为作简谐振动的原子不论振幅多大,其振动中心是不能产生位移的,所以,原子的简谐振动无法解释热膨胀。但是随振幅增大,原子间平均距离增大,因此各个振动中心相对于材料的某个中心点的距离在增大,宏观表现为热膨胀。由于晶格各个方向上的原子间结合力差别较大,因此也会导致热膨胀系数的各向异性。

2. 熔点和升华热

根据传统的定义,熔点是材料开始熔化的温度或固相和液相的平衡温度。而升华热是将单位原子固体转变为中性原子的气体所需要的能量。但从熔化和升华热的物理本质上看,要定义熔点和升华热却并非易事,它是一个跟原子间结合力密切相关的热力学参数。它们不纯粹是固态性质,而且还与液相和气相性质有关。

熔点与材料结合键的关系:熔点的高低代表了材料稳定性的程度。物质加热时,当热振动

能足以破坏相邻原子间的稳定结合时，便会发生熔化，熔化的过程，其实就是一个结合键的破坏过程。所以键能越高，破坏结合键需要的热振动能量越大，材料熔点越高（见表2-7）。一般来说，结合能越大，物质熔化时需要吸收的能量越多，结合键越不易被破坏，材料的熔点越高，所以共价键、离子键化合物的熔点较高。例如：纯共价键的金刚石具有很高的熔点，石墨的层内为共价键，层间为分子键，熔点稍低。与金属材料相比，陶瓷材料以共价键为主，金属材料则以金属键为主，所以陶瓷材料的熔点相对较高。但金属中过渡族金属有较高的熔点，特别是难熔金属W、Mo、Ta等熔点更高，这可能起因于内壳层电子未充满，使结合键中有一定比例的共价键混合所致。具有分子键或氢键结合的材料，它们的熔点偏低，如聚合物等。

熔点的高低可以表征材料稳定性的程度。物质加热时，当热振动能足以破坏相邻原子间的结合键时，便会发生熔化。

表2-7　不同材料的键能和熔点

键　型	物　质	键能/(kJ/mol^{-1})	熔点/℃
离子键	NaCl	640	801
	MgO	1 000	2 800
共价键	Si	450	1 410
	C(金刚石)	731	>3 550
金属键	Hg	68	−39
	Al	324	660
	Fe	406	1 538
	W	849	3 410
氢键	NH_3	35	−78
	H_2O	51	0
分子键	Ar	7.7	−189
	Cl_2	3.1	−101

对于同种键型的材料，键能越高，熔点越高。如Hg、Al、Fe、W四种金属材料随键能的增大，熔点递增。

但是对于不同种键型的材料，熔点不仅受到键型的影响，还与材料结构有关。如离子晶体NaCl键能640 kJ/mol，大于金属Fe的键能406 kJ/mol，但其熔点只有801℃，小于Fe的熔点1 538 ℃。金刚石的键能只有731 kJ/mol，但因其具有非常稳定的正四面体结构，熔点大于3 550 ℃。

第3章 晶体缺陷理论

人们为什么要研究晶体缺陷理论?

大家知道,看一个水桶是否漏水,不是看它是用什么材料做成的,而是看它有没有"孔洞"。如果桶底有一个小孔,即使水桶是用不锈钢做的,照样没有使用价值。这种现象反映出一个带有普遍意义的道理,即决定某种系统强弱的因素往往不是其强的地方有多强,而是其弱的地方有多弱。其实,这是自然界中的一种普遍现象。如决定某种材料强度的因素往往不是其强度最高的部分,而是强度最低的部分。

通过前面关于晶体材料结构的描述可以认识到,晶体是原子长程有序排列的集合体,因此,晶体材料的强度应该主要取决于晶体中原子之间的结合强度,即原子之间结合键能的高低。但是事实上原子结合键能对晶体材料强度的影响要远小于材料的其他结构性因素,如晶体内部的缺陷等。

实际晶体中原子的排列偏离规则排列的不完整性区域,通常称为"晶体缺陷"或"晶格缺陷"。实质上,晶体内部原子的规则排列和不规则排列是原子排列过程中的一对矛盾,这种矛盾在晶体内部无处不在,晶体内原子呈完全规则排列是很困难的,因此没有晶体缺陷的晶体也是很难找到的。

实际上对于晶体材料这个系统来说,晶体缺陷就是其最弱的部分,所以晶体材料的许多性能往往受这些晶体缺陷的控制。按照晶体缺陷几何形状的不同,可将它们分为点缺陷、线缺陷和面缺陷等三类。在晶体中这三类缺陷经常共存,它们既互相联系又互相制约,而且在一定条件下还能相互转化,从而对晶体性能产生复杂的影响。晶体缺陷对晶体的性能(特别是那些对结构敏感的性能,如强度、塑性、韧性、电阻等)会产生重大影响,而且还对材料的某些与结构有关的动态行为如扩散、相变、塑性变形、再结晶、氧化、烧结等有着密切的关系,离开晶体缺陷就不可能了解材料这些性质及其变化过程的物理本质。由此可见,研究晶体的缺陷具有重要的实际意义。

学习晶体缺陷理论的目的,在于理解晶体缺陷产生、运动和交互作用的机制以及对金属的组织和性能的重要影响,并在此基础上对晶体缺陷进行有效利用和控制,以改善晶体材料的性能。

3.1 点缺陷

点缺陷系指在晶体空间点阵中具有原子尺度的偏离规则原子排列的那些缺陷,包括空位、自填(间)隙原子、填(间)隙式固溶原子、置换式固溶原子(图3-1),以及由它们所组成的复杂点缺陷(如空位对、空位集团和空位-溶质原子对)等。

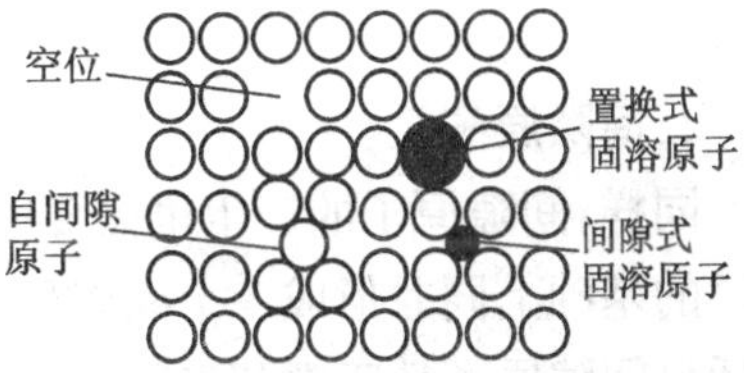

图3-1 点缺陷示意图

3.1.1 点缺陷的产生及其形成能

1. 空位

正常条件下，晶体晶格点阵中的原子(离子)都在其平衡的节点位置附近振动。当完整晶格点阵中的某个节点上的原子因某种原因缺失了，在该节点上就会形成一个原子的空缺，简称“空位”。

那么晶体晶格点阵中的原子在什么情况下会出现缺失呢？众所周知，在一般情况下，晶体晶格点阵中的原子都围绕其平衡的节点位置作热振动，原子的振动能是按概率分布而呈现涨落的。当某一原子具有足够大的振动能而使振幅增大到一定限度时，就可能克服周围原子对它的制约作用，跳离其原来的平衡位置，使点阵中形成空位。空位包括肖脱基(Schottky)空位和弗仑克耳(Frenkel)空位。对于离开原来平衡节点位置的原子，在大多数情况下会运动到晶体表面(或亚晶表面)的另外的正常节点位置，构成“Schottky 点缺陷”，它包括肖脱基空位和移至表面正常位置的原子。但是某些跳离节点位置的原子也可能挤在点阵的间隙中，形成弗仑克耳空位和自间隙原子。这种由弗仑克耳空位和自间隙原子所组成的点缺陷称为“Frenkel 缺陷”，如图 3-2 所示。

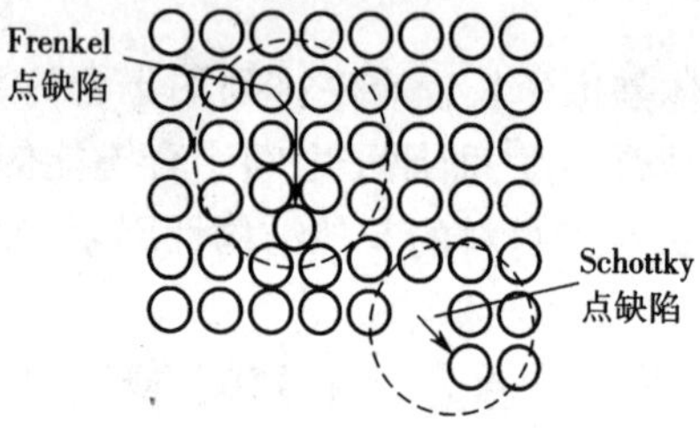

图 3-2 点缺陷的两种形式

“空位”的“形成能”被定义为在晶体中取出一个原子放在晶体表面上(但不改变晶体的表面积和表面能)所需要的能量。空位产生时，不仅破坏了周边正常节点上原子间的受力平衡，形成负压，引起点阵畸变，产生“晶格畸变能”，同时还需克服周边原子对原先跳离原子的化学键约束，改变空位周围的电子云分布状态，因此，空位形成时还会产生与化学键相关的“电子能”。由此可知，空位形成时所需的空位形成能包含“晶格畸变能”和“电子能”两部分。相对于晶格点阵间距，空位尺寸越大，空位形成时产生的晶格畸变能越大，而晶体的化学键能越大，空位形成能中“电子能”越大。对于一般的小直径金属原子组成的金属晶体，如 Al、Mg 等，空位形成能中“晶格畸变能”所占比例很小，主要是“电子能”，而对于大直径金属原子组成的金属晶体，如 W、Pt 等，空位形成能中“晶格畸变能”所占比例就较大。

所以，某个原子在热涨落时获得的最大能量必须大于上述这两部分能量之和，它才能跳离原来的位置，形成空位。一般来说，金属的熔点越高，结合能越大，则空位的形成能越高；金属原子的直径越大，其空位形成能也越高，如金属元素 Al 的空位形成能约为 0.65 eV，金属 Cu 的空位形成能约为 1.1 eV，而金属 W 的空位形成能则高达 3.3 eV。此外，金属中空位的数量与空位形成能有密切的关系，空位形成能大则空位密度小。

空位形成时需要的空位形成能既可以通过原子的热涨落获得，也可以通过高能粒子辐照获得。

2. 间隙原子

同样，间隙原子的产生也需要间隙原子形成能。自间隙原子形成时，实质上是在形成一个空位的基础上同时形成一个间隙原子。因此，自间隙原子形成能不仅包含空位形成能，而且还包括自间隙原子从正常节点位置跳至间隙位置后在点阵中引起的晶格畸变能，自间隙原子从正常节点位置跳至间隙位置后在点阵中引起的晶格畸变要比空位大得多，会产生比空位更大的晶格畸变能。因此自间隙原子的形成能要大于空位形成能，由此说明，自间隙原子的产生比空位产生需要更高的外部能量。在熔点以下，单靠热涨落难以产生自间隙原子，而需外部供给能量。实验证明，高能粒子（特别是快中子）辐照可使金属同时产生空位和自间隙原子。而对于异类间隙原子，间隙原子直径与正常晶格点阵参数的比值越大，间隙原子引起的晶格畸变能越大，间隙原子的形成能越大。因此，在晶体点阵中，一般较小尺寸（相对于正常溶剂原子）的溶质原子容易形成间隙原子。

在许多情况下，单个点缺陷有相互组合起来形成点缺陷集团（如空位对、空位集团以及空位、溶质原子对等）的倾向，因为这样的组合可降低系统的自由能。

3.1.2 点缺陷的运动

1. 空位的移动和移动能

点缺陷在晶体中并不是静止不动的，通常，它们在热激活的帮助下不断地作无规则的布朗运动。图3-3示意地表示空位的移动过程，当图3-3(a)中的原子1获得足够大的振动能和振幅时，它就会经过图3-3(b)所示的高能状态（“鞍点组态”），而跳入到相邻的空位中去，使空位迁移到一个新的位置，如图3-3(c)所示。这种使空位移动所必需的能量，称为“空位移动能ΔE_m”。从空位的移动过程可以看出，同一元素晶格中的空位移动能应该小于空位的形成能，因为新位置处空位的晶格畸变能和电子能可由原来空位处的晶格畸变能和电子能补偿。因此空位移动过程中前后不会产生能量的变化，只需要克服“鞍点组态”的能垒。而这个能垒的大小与点阵原子间的化学键能有关，也与原子尺寸有关。原子间结合键能越大，点阵原子尺寸越大，“鞍点组态”能垒就越高，空位移动时原子要挤过“鞍点组态”所需要的能量也越高，空位移动能就越大。但由于“鞍点组态”的能量只涉及点阵晶格畸变能，不涉及与化学键相关的电子能，因此空位移动能一般小于同种晶体的空位形成能。例如：金属元素Al的空位形成能约为0.65 eV，而其空位移动能约为0.62 eV；金属Cu的空位形成能约为1.1 eV，而其空位移动能约为0.90 eV；金属W的空位形成能则高达3.3 eV，而其空位移动能约为1.9 eV。

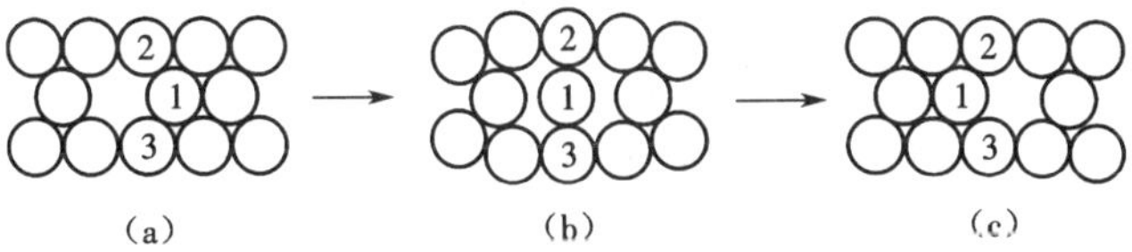

图3-3 空位迁移示意图

(a)迁移前 (b)迁移中 (c)迁移后

设空位周围原子的振动频率为ν（约为10^{13}/s），它可看做是周围原子在每秒钟内企图越过能垒而跳入空位的次数，但是，能否跳动成功，则决定于这些原子能否从热涨落中获得足够的能量。根据统计物理原理，在温度T，空位作无规则运动的跳动频率ω可表示为

$$\omega = \nu \exp\ (\Delta S_m/k) \exp\ (-\Delta E_m/kT) \tag{3-1}$$

式中：k为玻尔兹曼常数，T为绝对温度，ΔS_m为空位移动熵，因子$\exp(\Delta S_m/k)$的数值为1～10，ΔE_m为空位移动能。如已知ν和ΔE_m，则根据上式可求出在不同温度的空位移动频率ω。

式(3-1)虽不能用于直接计算空位的移动速率，但是由于空位移动速率是移动频率和每次移动距离的乘积，在假设空位每次移动距离相对稳定的情况下，利用式(3-1)就可以描述空位移动速率的影响因素。从式(3-1)可以看出,空位的移动速率除了受空位移动能 ΔE_m 影响之外,对温度很敏感,随着温度的下降,其移动速率显著减慢。

空位移动所造成的原子迁移,就是金属晶体中的自扩散。自扩散速度取决于空位的浓度和跳动频率,自扩散的激活能相当于空位的形成能与移动能的总和。

2. 间隙原子的移动和迁移能

间隙原子在晶体点阵中也会在各种外部因素的作用下产生频繁的迁移。虽然自间隙原子的形成能高于空位形成能,但自间隙原子的移动能却比空位的移动能小得多,因此,其迁移频率也远高于空位。间隙原子从一个间隙位置跳至另一个间隙位置的过程中虽需要割断原来的化学键,却在新的位置又形成了新的化学键。因此在此过程中化学键能的变化不会很大,即自间隙原子移动时"电子能"很小。同时,间隙原子从一个间隙位置跳至另一个间隙位置也不会引起晶格畸变能的变化。间隙原子迁移所需要的只是克服跳跃过程中原子经过所谓的"鞍点组态"所具有的"能垒",这一点与空位移动时所要克服的能垒是一样的。因此,与空位移动能一样,间隙原子迁移能实质上也就是"鞍点组态"所具有的自由能与间隙原子跳跃前原子组态的自由能的差值。

那么,空位的迁移和自间隙原子的迁移实质上都是原子克服"鞍点组态"的"能垒"的移动过程,为什么自间隙原子的移动能却会比空位的移动能小得多呢?其主要原因是空位迁移时和间隙原子迁移时点阵中"鞍点组态"所具有的"能垒"高低不一样。

如图3-3(a)所示,因受空位的负压作用产生的晶格畸变,空位周边原子2和3之间会靠得更紧密,空位移动时,原子1从一个正常节点位置要跳入该空位,必须推开比正常点阵原子之间更为紧密的原子组合,因而,需要更高的能量,即"鞍点组态"能垒更高。

而间隙原子移动时(如图3-4(a)),因受间隙原子1的挤压,间隙原子周边的原子已承受一个被拉伸的晶格畸变,因此该处节点上的原子间距比正常点阵间距要大,间隙原子只需要较小的额外做功就可以挤过与此相邻的原子对2、3,到达相邻的间隙位置(如图3-4(b))。"鞍点组态"的能垒相对较低,因此,间隙原子的移动能会比空位的移动能小很多。例如,根据对Cu和Ni所作的估算,两者相差可达一个数量级。

由于间隙原子的移动能要明显小于空位,因此,可以预测,晶体中间隙原子的迁移频率也会远远高于空位。也就是说,间隙原子在晶体中的扩散迁移速度会远远高于空位的扩散迁移速度。

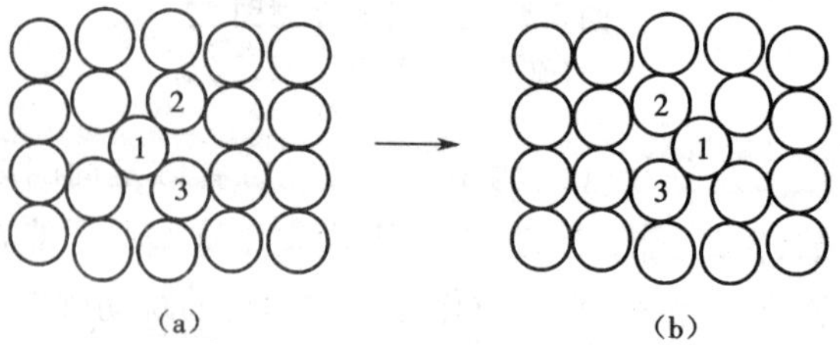

图3-4 间隙原子移动示意图

3.1.3 点缺陷的平衡浓度的估算

足够大的热振动可使晶体中产生点缺陷,而且,还可使点缺陷作无规则运动而漫游于晶体中。当空位与自间隙原子相遇,便会互相抵消;当它们移到晶体外表面、晶界或位错等处(可看做点缺陷的“陷阱”)时,便会在那里消失。所以,晶体中的点缺陷实际上是在不断地产生,不停地运动,同时也在不断地消失。对应于一定的温度,有一定的热力学平衡浓度,而且这种平衡浓度是可以计算出来的。根据热力学原理,系统的自由能

$$F = E - TS \tag{3-2}$$

式中:E 为内能,S 为总熵值(应同时包括组态熵 S_e 和振动熵 S_v 两项),T 为绝对温度。在平衡状态时 F 应当最小。

晶体中存在空位时必然导致内能升高(设形成一个空位所增加的内能为 ΔE_V,则晶体中形成 n 个空位时所引起内能的增加为 $n\Delta E_v$)。但是,空位的引入又使晶体中的混乱程度增加,熵值急剧增大,这又有降低系统自由能的作用。由于内能和熵的变化是在相反的方向改变系统的自由能,因此,在一定温度就会有一定的空位浓度对应于自由能最小的平衡状态。由此可求出在该温度下空位的平衡浓度。

设一晶体含有 N 个节点,在无空位时,原子的可能分布方式只有一种,即每个节点上有一个原子。当晶体中引进 n 个空位时,则原子的可能分布方式的数目 W_e 增多,并可用下式计算:

$$W_e = \frac{N!}{(N-n)!n!} \tag{3-3}$$

根据玻尔兹曼关系

$$S_e = k\ln W_e \tag{3-4}$$

则晶体的组态熵的增值

$$\Delta S_e = S_{n\text{个空位}} - S_{0\text{个空位}} = k\left[\ln \frac{N!}{(N-n)!\ n!} - \ln 1\right] = k\ln \frac{N!}{(N-n)!\ n!} \tag{3-5}$$

因 N 和 n 的数值都很大,可利用 Stirling 近似式 $\ln x! \approx x\ln x - x$ 将上式简化为

$$\Delta S_e = -k\left[N\ln \frac{N-n}{N} + n\ln \frac{n}{N-n}\right] \tag{3-6}$$

除组态熵外,还必须考虑振动熵。设形成一个空位时,振动熵的增量为 ΔS_v,那么当形成 n 个空位时,则该晶体中振动熵的变化为 $n\Delta S_v$。因此,当引入 n 个空位时,与无空位的晶体相比,自由能的变化为

$$\begin{aligned}\Delta F &= n\Delta E_v - T(\Delta S_e + n\Delta S_v)\\ &= n(\Delta E_v - T\Delta S_v) - kT[\ N\ln N - (N-n)\ln(N-n) - n\ln n\ ]\end{aligned} \tag{3-7}$$

为计算平衡状态的空位浓度,可将式(3-7)对 n 求一次偏导,并令其等于零,即

$$\left(\frac{\partial \Delta F}{\partial n}\right)_r = \Delta E_v - T\Delta S_v + kT\ln\left(\frac{n}{N-n}\right) = 0$$

$$\frac{n}{N-n} = \exp\ (\Delta S_v/k)\exp\ (-\Delta E_v/kT) \tag{3-8}$$

由于 $n \ll N$,故空位平衡浓度 $C = \frac{n}{N} \approx \frac{n}{N-n}$,所以

$$C = \frac{n}{N} = \exp\ (\Delta S_v/k)\exp\ (-\Delta E_v/kT) = A\exp\ (-\Delta E_v/kT) \tag{3-9}$$

式中:$A = \exp\ (\Delta S_v/k)$ 是由振动熵决定的系数,为 1 ~ 10。若已知某一金属的 ΔE_v 和 ΔS_v,则根据式(3-9)很容易求得不同温度平衡条件下的空位浓度。

根据上述计算公式可以得出以下几点推论。

①晶体中的空位在热力学上是稳定的，对应于一定温度有一定的空位平衡浓度，过高或过低均为不稳定。

②空位浓度与温度之间呈指数关系，随着温度的升高，空位浓度急剧增大。大多数常用金属在接近熔点时，空位平衡浓度约为 10^{-4}，即 10 000 个节点中就约有一个空位。

③空位的形成能 ΔE_v 越大，则空位浓度越小。

自间隙原子的平衡浓度也可用类似方法求得。设晶体具有可以容纳自间隙原子的间隙位置数为 N，自间隙原子数为 n，自间隙原子的形成能为 $\Delta E'$，振动熵为 $\Delta S'_v$，当 $n \ll N$ 时，则自间隙原子的平衡浓度

$$C' = \frac{n}{N} = \exp\left(\Delta S'_v/k\right)\exp\left(-\Delta E'/kT\right) \tag{3-10}$$

在密排结构金属中，自间隙原子的形成能相当大，对于铜，$\Delta E'$ 约为 4 eV，为简单计将 $\exp\left(\Delta S'_V/k\right)$ 取为 1，则利用式(3-10)可算出铜中自间隙原子的平衡浓度在 300 K 时为 10^{-67}，在 1 300 K 时为 10^{-15}。可见在一般情况下金属中自间隙原子的浓度非常小，作用不明显。但在承受过辐照的材料中，间隙原子的作用就相当重要了。

3.1.4 过饱和空位的形成以及空位对性能的影响

上述分析表明，平衡条件下，温度越高，空位浓度越高。低温时晶体中的平衡空位浓度是很小的。高温时形成的空位，在温度缓慢下降时，为维持平衡，一部分空位将迁移至晶体外表面、晶界和位错等处而消失，空位浓度会逐渐减小（例如铝慢冷至 20 ℃时，其空位平衡浓度约为 10^{-13}）。倘若冷却速度过大，空位来不及逸出晶体，就可能被冻结，从而获得过饱和空位。

此外，晶体在承受高能粒子的辐照时，高能粒子也能够把晶体中的原子从平衡节点位置撞出，形成同等数量的空位和自间隙原子。例如，在原子反应堆中，由裂变产生的高能快中子（平均能量高达 2 MeV）辐照金属晶体时，不但可以直接将原子从晶体晶格节点上撞出，而且这些被撞出的原子还会以很大的速度继续撞击其他原子，造成“骨牌”效应，形成更多的空位和自间隙原子。据估计，每个具有被上述能量的快中子直接撞击的原子，可产生 100 ~ 200 对空位和自间隙原子。

材料经冷加工变形时，通过位错的相互作用，也会产生大量的过饱和的空位。有关这方面的知识将在位错一节中专门论述。

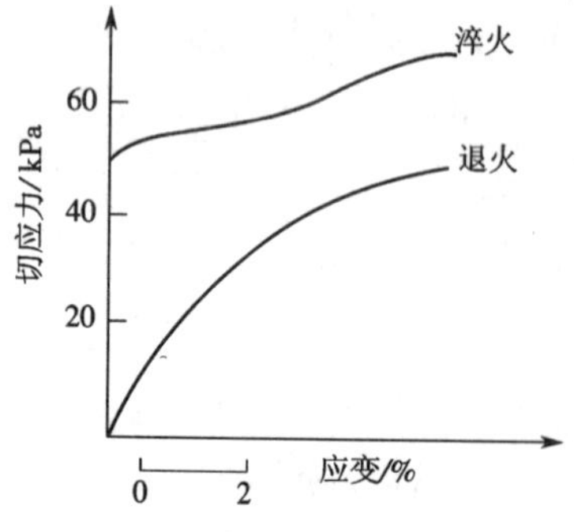

图 3-5 纯铝单晶淬火态和退火态的强度比较

空位对金属的性能以及许多物理化学过程均产生一定的影响。

①空位所引起的点阵畸变会使传导电子受到散射，产生附加电阻。附加电阻的大小与空位浓度成正比，因此，可以间接地利用电阻法测定空位的浓度。

②空位也能引起金属力学性能发生改变。如图 3-5 所示，纯铝单晶淬火态的强度远高于退火态，这是由于淬火保留了过饱和空位。但是，分散的个体空位并无强化作用，屈服强度的提高是通过空位聚集成盘并转化为位错环，以及空位与位错的交互作用等来实现，其机理

将在位错一节中讲述。

③金属的自扩散主要是通过空位移动所造成的原子迁移来实现的。

此外,空位还对金属材料在高温发生的许多物理化学过程,如蠕变、沉淀、回复、表面氧化、烧结等产生重大的影响,因为这些过程都与空位的存在和运动有密切的联系。

3.2 线缺陷

线缺陷即位错,它的特点是沿着空间点阵某一方向的尺寸很长,而在另两个方向的尺寸则很短,在所有晶体缺陷中,位错最为重要。

3.2.1 位错概念的提出

位错的概念是在研究晶体塑性变形过程中提出来的。实验发现,金属塑性变形后表面上出现明显的滑移痕迹——滑移线。滑移线是晶体的一部分沿着某一晶面(滑移面)的某一方向(滑移方向),相对于另一部分作相对滑动时,在晶体表面上产生的滑移台阶。对于此现象的解释,最初,有人认为滑移台阶是由于理想的完整晶体在切应力作用下,上下两半晶体作刚性的相对滑动而造成的(如图3-6)。

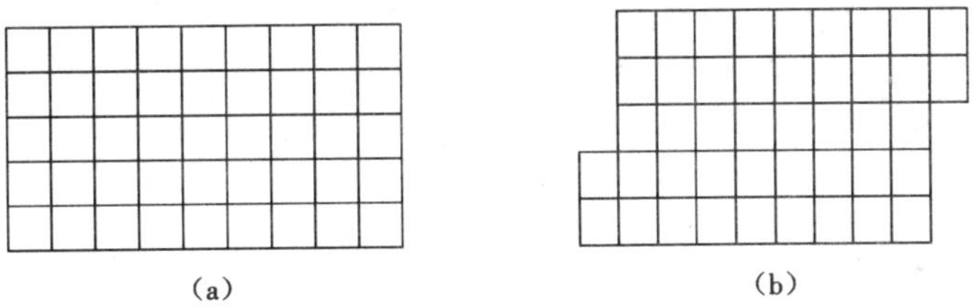

图3-6 晶体滑动示意图

(a)滑动前 (b)滑动后

假定完整晶体中原子排列是理想的,晶体滑移面以上部分原子在外加切应力作用下,将相对滑移面以下部分发生沿 x 方向的位移。由于原子平衡点阵位置的周期性,那么在匀速滑移条件下对应于原子从一个平衡位置到相邻的另一个平衡位置的滑移过程所需要的外加切应力也应该是周期性变化的(如图3-7)。假设该切应力 τ 与原子位移 x 之间的关系为正弦关系,即

$$\tau = k\sin\frac{2\pi x}{b} \tag{3-11}$$

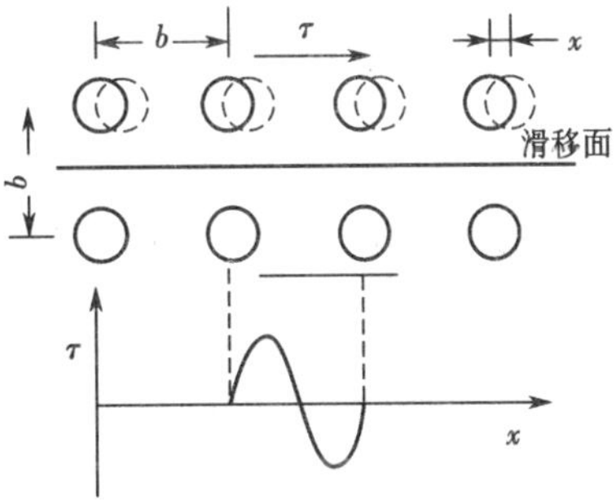

图3-7 计算理论剪切强度时所用的模型

式中:b 为原子间距,k 为常数。当应力最大时,必须满足

$$\frac{d\tau}{dx} = \frac{2\pi k}{b}\cos\frac{2\pi x}{b} = 0 \tag{3-12}$$

即：$\cos\dfrac{2\pi x}{b}=0$，得到 $x=\dfrac{b}{4}$。

将最大应力处的位移 x 值代入式(3-11)，可求出滑移所需的最大剪切应力

$$\tau_m = k\sin\frac{\pi b}{2b} = k \tag{3-13}$$

当原子位移很小时，应力和应变之间可用胡克定律处理，即

$$\tau = \frac{x}{b}G = k\sin\frac{2\pi x}{b} \approx k\frac{2\pi}{b} \tag{3-14}$$

得到

$$\tau = \frac{G}{2\pi}$$

或者

$$\tau_m = \frac{G}{2\pi} \tag{3-15}$$

式中：G 为剪切弹性模量，τ_m为最大剪切应力。

按照这一模型计算，所估算出的使完整晶体产生塑性变形所需的临界切应力（称为晶体的理论屈服强度）约等于 $G/(2\pi)$，式中 G 为切变模量。但是，由实验测得的实际晶体的屈服强度值仅为理论值的百分之一，甚至几千分之一。

也有人从拉伸应力作用下完整晶体的断裂角度对晶体的抗拉伸断裂强度进行了估算。当拉伸应力 σ 达到晶体的断裂强度 σ_m时，晶体将发生断裂，晶体断裂时将储藏在内部的弹性能转变为两个断裂面的表面能。设晶体断裂前断裂面处产生的弹性变形量 d，每侧断裂面的表面能为 γ，则

$$\frac{1}{2}\sigma_m d = 2\gamma \tag{3-16}$$

根据胡克定律得

$$\sigma_m = \frac{d}{b}E \tag{3-17}$$

式中：b 为晶体原子间距，E 为晶体弹性模量。由式(3-16)和式(3-17)，可得

$$\sigma_m = 2\sqrt{\frac{\gamma}{b}E} \tag{3-18}$$

对于一般金属晶体，取 b 为 3×10^{-10} m，E 为 10 GPa，γ 为 10 J/m^2。代入式(3-18)可得 γ_m约为 1×10^4 MPa，比金属晶体的实际抗拉强度大上百倍。

为了解释上述晶体强度的理论分析结果与实际测试结果之间的差异，奥罗温（Orowan）等人提出，晶体的实际滑移过程并不是滑移面两边的所有原子都同时整体地作刚性滑动，而是在晶体的某些区域内存在某些缺陷，在这些缺陷处由于存在应力集中，此处发生滑移所需要的平均应力必然可以比理论强度低。由此提出了局部滑移的概念。考虑局部滑移必然会涉及已滑移与未滑移的交界问题，其交界处就是位错线。奥罗温认为，晶体的滑移过程就像蚯蚓等动物的爬行那样，是由局部的变形逐步地达到整体的移动，因此不需要很大的外加应力就可以使晶体产生变形。

这种位错在较低应力的作用下就能开始滑移，使滑移区逐渐扩大，直到整个滑移面上的原

子都发生滑移。按照这一模型进行理论计算,其理论屈服强度比较接近于实测值。

位错概念在1934年就已提出,但是,直到1956年有人利用电子显微镜薄膜透射法直接观察到位错后,它才完全为人们所信服。目前,位错理论不仅成为研究金属力学性能的必不可少的理论基础,而且还广泛地被用来解释固态相变、晶体的电磁性质和热学性质,以及催化和表面性质等。不过,现在的位错理论还不能被用来定量地计算各种合金的力学性能,它尚在发展之中,还有许多研究工作要做。

位错理论涉及的范围很广,本书只在位错的一些基本概念基础上,介绍位错理论在材料加工学科领域的某些应用。

3.2.2 位错基本类型及特征

1. 位错基本类型与基本结构

对于一个完整的晶体,如果将它切开一个面,如图3-8(a)所示的*ABCD*,那么可以用两种不同的办法使上下两部分作相对滑移。

如果沿*Y*轴方向发生一个原子间距的位移,在滑移区与未滑移区的交界处*BC*,形成一个位错,这种位错就称为刃型位错(由于它的形状类似于在晶体中插入一把刀刃而得名),如图3-8(b)所示。

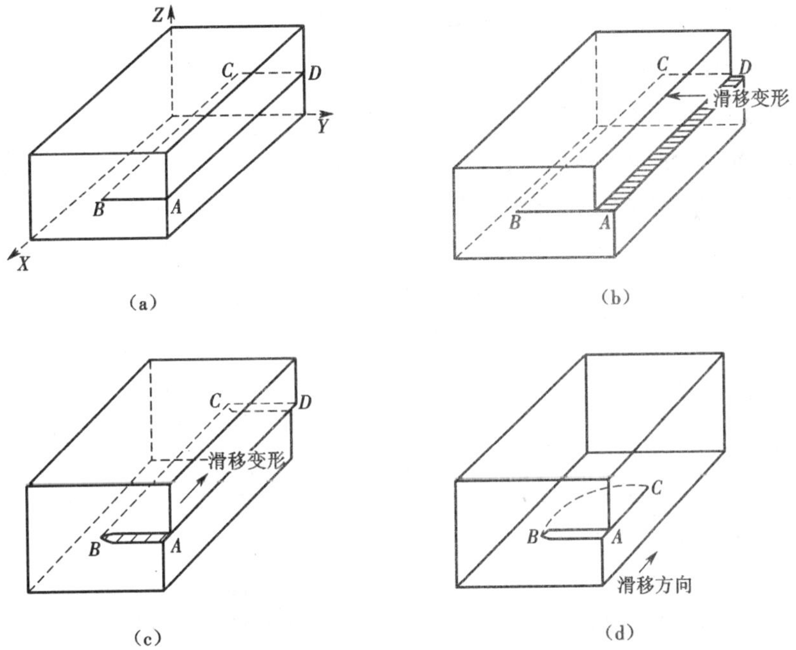

图3-8 位错的基本类型

(a) 晶体局部切开 (b)刃型位错 (c) 螺型位错 (d)混合位错

如果沿*X*轴方向发生一个原子间距的位移,在滑移区与未滑移区的交界处*BC*,形成一个位错,这种位错就称为螺型位错,如图3-8(c)所示。

如果不将晶体一侧完全切开,而是沿某一角切开一部分,在晶体的滑移面上部施加外力,让晶体的上部相对下部由一角开始滑移,如图3-8(d)所示,在滑移区与未滑移区的交界处就

形成弧线 BC，其中 B 处形成一个螺型位错，C 处形成一个刃型位错，弧线 BC 就称为混合位错。

晶体中最基本的位错是刃型位错和螺型位错，混合位错是由它们组合而成的。

(1)刃型位错的结构特征

刃型位错的结构特征如图 3-9 所示。设想在晶体点阵中，某一原子面在晶体的内部中断，这个原子平面中断处的边缘就是一个刃型位错。刃型位错刃口处的原子列称为"位错线"。这个中断的原子面则称为额外半原子面。

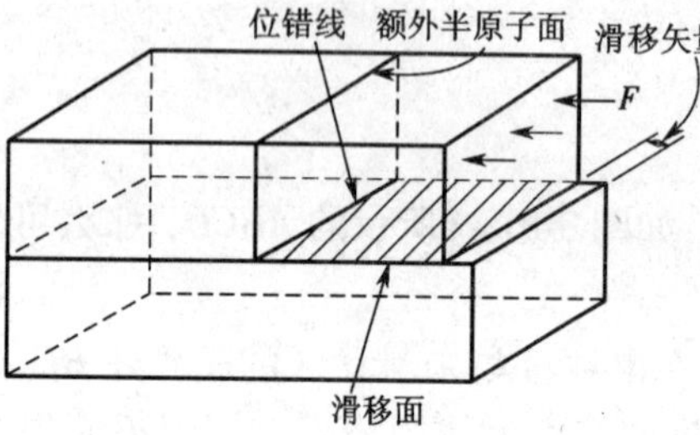

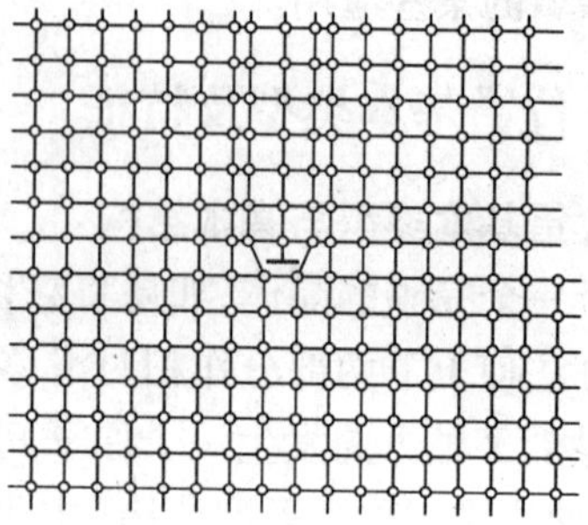

图 3-9　刃型位错的结构特征

(a)形成机制　(b)原子模型

若额外半原子平面位于晶体的上半部，则此处的位错线称为"正刃型位错"，以符号"⊥"表示。反之，若位于晶体的下半部则称为"负刃型位错"，以"⊤"表示。实际上这种正、负之分并无本质上的区别，只是为了表示两者的相对位置而已。

由图 3-9(b)可见，刃型位错线周围的原子不同程度地离开了平衡位置，点阵发生了弹性畸变。

就正刃型位错而言，滑移面上边的原子显得拥挤，点阵受到压应力，而下边的原子则显得稀疏，受到拉应力。负刃型位错则与此相反，滑移面以上受拉应力，滑移面以下受压应力。这些应力的大小决定于原子间可被压缩或可被拉开的难易程度，因而与晶体的原子间结合能有关。由图还可看出，在额外半原子面两边的点阵畸变是对称的。在位错中心，即额外半原子面的边缘处，畸变度最大，随着离位错中心距离的增加，畸变度逐渐减小。一般把点阵畸变程度大于其正常原子间距的 1/4 的区域的宽度定义为"位错宽度"，其值为 2 ~ 5 个原子间距。但位错线长度一般为数百到数万个原子间距，相比之下，位错宽度显得非常小，所以位错被看作为线缺陷。严格来说，位错线是一条具有一定宽度(2 ~ 5 个原子间距)的细长管道，在研究相当于原子尺度那么小的范围中的现象时，就要考虑位错的实际宽度。

刃型位错不一定是直线，但刃型位错线一定与其滑移矢量垂直，而且只有平行于滑移面并与位错线垂直的切应力分量才能使位错线滑移。

综上所述，刃型位错具有以下特征。

①刃型位错有一额外半原子面。

②位错线不一定是直线，也可以是折线或曲线，但刃型位错线必与其滑移矢量垂直。

③滑移面必定是同时包含有位错线和其滑移矢量的平面，在其他面上不能滑移。由于在刃型位错中，位错线与其滑移矢量互相垂直，因此由它们所构成的平面只有一个。

④晶体中产生刃型位错之后，位错周围的点阵发生弹性畸变，既有切应变，又有正应变。就正刃型位错而言，滑移面上方点阵受到压应力，下方点阵受到拉应力。负刃型位错则与此相反。

⑤刃型位错线的滑移方向平行于其滑移矢量（柏氏矢量）方向。

(2)螺型位错的结构特征

螺型位错的结构特征如图3-10所示。在晶体的右上端施加一切应力，使右端上下两部分晶体沿滑移面 *ABCD* 的滑移方向相对滑移一个原子间距，而晶体左边并未发生滑移，于是就出现了已滑移区（晶体右部分）与未滑移区（晶体左部分）的边界 *BC*。

滑移面上下相邻的两个晶面上的原子投影到与之相平行的平面上，则发现局部地区的原子发生了错排和不对齐的现象。这种情况可从图3-10(a)看出，“○”代表上层原子，“●”代表下层原子，原来在滑移面上下层的原子是对齐的，经局部滑移之后，边界就出现一个上下层原子不对齐的过渡带。此过渡带的原子排列已改变为螺旋型，它沿着一根轴线（即 *BC* 位错线）盘旋前进，每绕轴线一周，原子面就沿滑移方向前进一个晶面间距，所以形象地把该地带的原子错排称为“螺型位错”；把管道的轴线，即过渡地带的中心线定义为“螺型位错线”。实际上，螺型位错也是一根管道，而不是一根线。

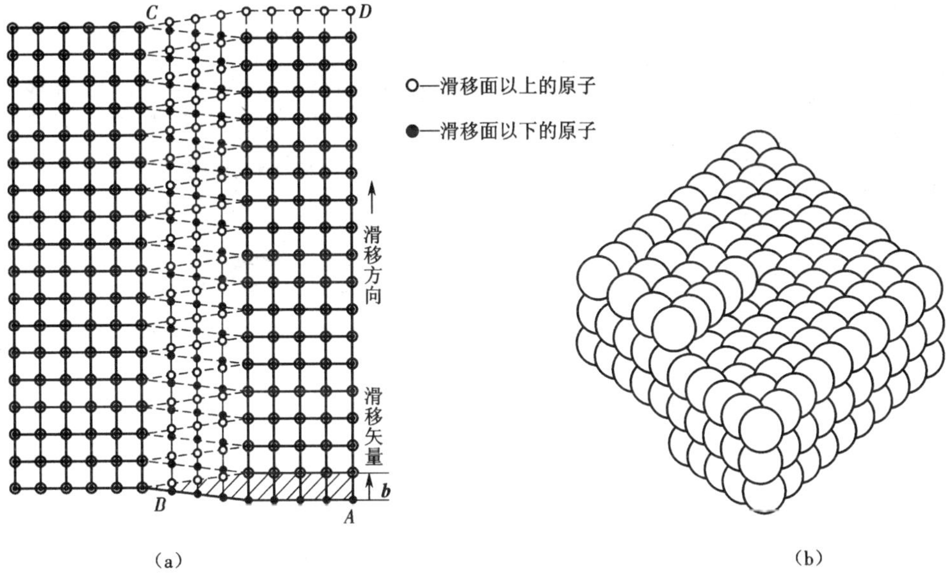

图3-10 螺型位错的原子排列模型

(a)螺型位错的原子点阵模型 (b)螺型位错的原子实物模型

与刃型位错不同，螺型位错没有额外半原子面，而且垂直于位错线的晶面在空间连成一个螺旋面，原子的错排是以螺型位错为中心轴而呈轴对称的。在螺型位错中，只存在平行于位错线的切应变，而无垂直于位错线的正应变；在垂直于位错线的平面的投影上，原子排列看不出有缺陷，也看不出原子的位移。螺型位错线平行于滑移矢量，但位错线的移动方向都与晶块的滑移方向不一致，这两个方向是相互垂直的。由于螺型位错线平行于滑移矢量，所以凡是包含有滑移矢量（亦即包含螺型位错线）的平面均可作为滑移面。这种平面从理论上讲可以有无限个（但实际上的滑移面大多数情况下是那些原子密度大的密排面），所以，与刃型位错相比，螺型位错可以在更多的滑移面上滑移。由于螺型位错必须与滑移矢量平行,故螺型位错只能呈直线,而不像刃型位错那样可以在平面上呈任意形状的曲线。

按照螺旋面旋转前进的旋转方向可将螺型位错区分为正的(或右的)与负的(或左的)两种。

综上所述,螺型位错具有以下重要特征:

①螺型位错无额外半原子面,原子错排呈轴对称;

②螺型位错线周围的点阵也发生了弹性畸变,但是,只有平行于位错线的切应变而无正应变,即在垂直于位错线的平面的投影上,看不到原子的位移,看不出有缺陷;

③螺型位错线与其滑移矢量平行,因此一定是直线;

④纯螺型位错的滑移面是不定的,凡是包含螺型位错线的平面都可作为它的滑移面,但实际上,滑移通常是在那些原子的密排面上进行;

⑤位错线的移动方向与晶块滑移方向互相垂直,即与其滑移矢量(柏氏矢量)方向垂直。

(3)混合位错

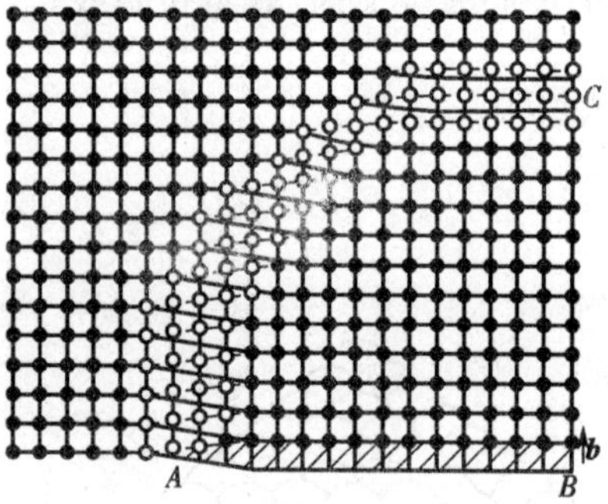

图 3-11 混合位错的结构特征

它可看成是由刃型位错和螺型位错合成的。如图3-11所示,晶体右上角在外力 F 的作用下发生切变,其滑移面 ACB 的上层原子相对于下层原子移动一段距离之后,就出现了已滑移区与未滑移区的边界 AC。此边界是一条曲线,在此曲线上每一点的滑移矢量是相同的,但整个位错线上各线段则与滑移矢量成任意角度。这种与滑移矢量成任意角度并具有任意形状的位错线称为"混合位错",它是晶体中较常见的一种位错线。靠近 A 端的位错线段平行于滑移矢量,属于纯螺型位错;靠近 C 端的位错线段垂直于滑移矢量,属于纯刃型位错;其余部分则为上述两类位错的混合型。混合位错的滑移面是含有位错线和滑移矢量的平面。

位错的特殊结构也可看成是晶体在塑性变形时,由于局部区域的原子发生相对滑移而在已滑移区与未滑移区的边界附近原子排列的规则性遭到了破坏造成的。因此,可以把位错理解为晶体中已滑移区与未滑移区的边界。

2. 柏氏矢量(Burgers Vector)

前面在讲解位错的结构特征时已用到了滑移矢量,滑移矢量包含了滑移面上下相对滑移量的大小和方向,但没有明确是哪一个面产生了滑移。柏格斯(J. M. Burgers)最先提出了一种可以准确描述某个位错形成时晶体局部区域中上下两半部晶块沿滑移面相对滑移的方向和距离的矢量描述方法,并具体地规定了这种矢量确定和计算方法,后来人们就把这种矢量称为"柏格斯矢量",或简称"柏氏矢量",常用字母 $\boldsymbol{b}$ 表示。

下面结合图3-12来叙述确定柏氏矢量(包括方向和大小)的方法和步骤。

①首先,规定位错线的正方向。对于刃型位错目前有两种假定:一种是假定从纸背走向纸面的方向为正,另一种则恰好相反。应当注意,不同的假定会导致位错线方向与柏氏矢量方向的位向关系发生改变。本书采用前一种假定。

②用右手螺旋法则来确定柏格斯回路的旋转方向,使位错线的正向与右螺旋的正向一致,

这样就可以确定图 3-12 中的柏格斯回路应朝反时针方向旋转。

③将含有位错的实际晶体和一理想的完整晶体相比较(两者的晶体结构一定要相同)。设从实际晶体中任一原子(图 3-12(a)中的 A 原子)出发,围绕位错线作一闭合回路,使起点与终点相重合,回路的每一步均走一个原子间距,这样的回路称为“柏格斯回路”。在完整晶体中(图 3-12(b))也按相同的路线和步伐作回路,此时回路的终点(×)将不和起点(◎)相重合,自路线终点引向起点的矢量,即为“柏氏矢量”。这样定出的柏氏矢量与回路起点的选择无关,也与回路所经过的途径(只要绕了位错一周)无关。由于此柏氏矢量与位错线相垂直,并且在晶体左边轴上指向 x 轴的正方向,所以称为正刃型位错。假设图 3-12(a)中额外半原子面处于滑移面的下方,按同样的方法作回路(即回路的方向不变,均按反时针方向旋转),可求出其柏氏矢量指向 x 轴的负方向,故称为负刃型位错。

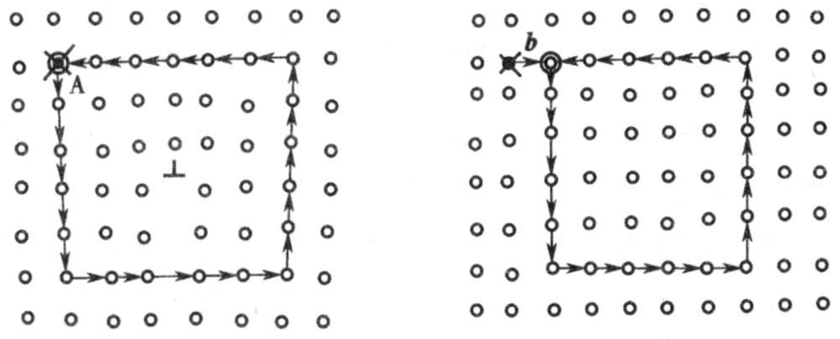

(a) (b)

图 3-12 确定柏氏矢量方向和大小的方法

(a)围绕位错线作闭合回路 (b)在完整晶体中作相同步数的闭合回路

图 3-13 中的螺型位错也可按同样的方法(即人为地确定螺型位错的正向是由上向下或由纸背向纸面,并根据右手螺旋法则来确定回路的旋转方向)和步骤求出其柏氏矢量 $\boldsymbol{b}$,此矢量与位错线平行,而且柏氏矢量的方向与位错线方向相反,故为负(或左旋)螺型位错。如果以上两种方向一致,则为正(或右旋)螺型位错。

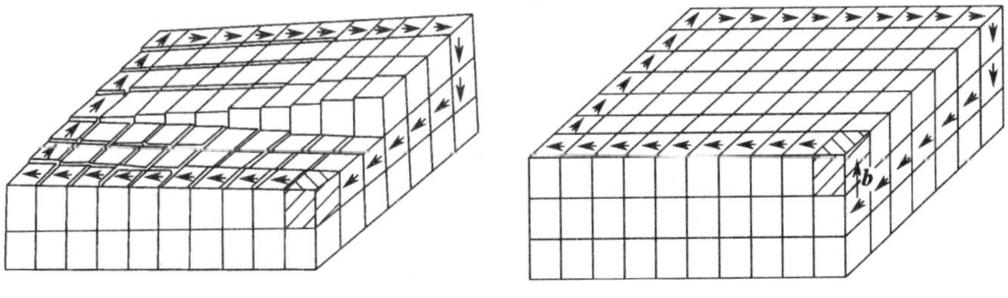

(a) (b)

图 3-13 螺型位错确定柏氏矢量方向和大小的方法

(a)围绕螺型位错作闭合回路 (b)在完整晶体中作相同步数的闭合回路

上述根据俯视或正视投影在同一平面上的位错线与柏氏矢量之间的位向关系来区分位错的方法,可形象地概括于图 3-14 中。对刃型位错来说,柏氏矢量与位错线垂直,如果柏氏矢量 $\boldsymbol{b}$ 顺时针方向转 90°,其箭头方向与位错线的箭头方向一致,则为正刃型位错;如果转 90°后两者的箭头方向相反,则为负刃型位错。对螺型位错来说,其柏氏矢量与位错线平行,如果两者的箭头方向一致,就是正(或右旋)螺型位错;如果两者的箭头方向相反,就是负(或左旋)螺型位错。混合位错的柏氏矢量与位错线成任意角度，其柏氏矢量 $\boldsymbol{b}$ 可分解为垂直于位错线的 $\boldsymbol{b}_1$ 和平行于位错线的 $\boldsymbol{b}_2$。这说明该位错是由柏氏矢量为 $\boldsymbol{b}_1$ 的正刃型位错和柏氏矢量为 $\boldsymbol{b}_2$ 的右旋螺型位错组合而成，可写成 $\boldsymbol{b}=\boldsymbol{b}_1+\boldsymbol{b}_2$。

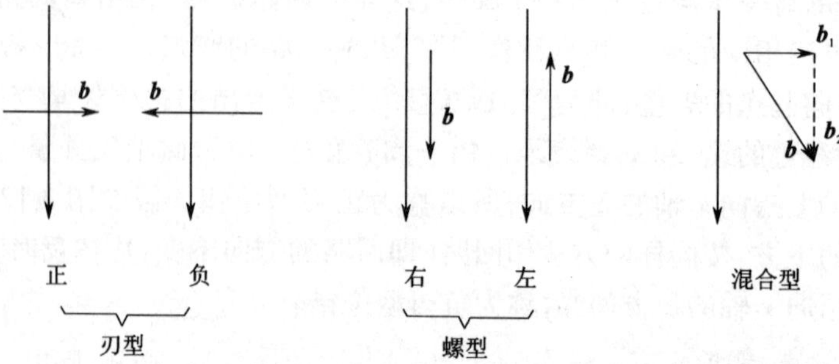

图 3-14　根据位错线与柏氏矢量的位向关系判断位错类型

柏氏矢量是表示位错线运动后，晶体的相对滑移方向和滑移量，是位错最基本的一个物理量，现将它的一些重要特性归纳于下。

①柏氏矢量反映了位错线周围总的点阵畸变的大小。如果将围绕一根位错线的柏氏回路任意扩大或移动，只要在此过程中回路不和原位错或其他位错相遇，那么回路中包含的点阵畸变量的总累积不会改变，因而由这种畸变总量所确定的柏氏矢量也不改变。

②一根不分岔的位错线，不管它的形状如何变化，不管它是直线、曲折线或是封闭的环，均具有相同的柏氏矢量。即一根位错线只有一个柏氏矢量，这就是柏氏矢量的守恒性。

③假设几根位错线相遇于一点（称为位错的节点），那么方向朝着节点的各位错线的柏氏矢量之和必等于离开节点的各位错线柏氏矢量之和。例如图 3-15 中，位错线 1 分岔为 2、3 两位错线，则 2、3 两位错线的柏氏矢量之和（$\boldsymbol{b}_2+\boldsymbol{b}_3$）应等于位错线 1 的柏氏矢量 $\boldsymbol{b}_1$，即 $\boldsymbol{b}_1=\boldsymbol{b}_2+\boldsymbol{b}_3$。

④假设所有位错线的方向均指向或离开节点，则这些位错线的柏氏矢量之和恒为零，即 $\boldsymbol{b}_1=-(\boldsymbol{b}_2+\boldsymbol{b}_3+\boldsymbol{b}_4)$，或 $\sum\boldsymbol{b}_i=0$。图 3-16 示意地表明在完全退火的晶体中，位错线相遇于一点（节点），并排列成三维网状，这些由许多位错线缠结在一起所形成的彼此牵制的位错网络很难运动。

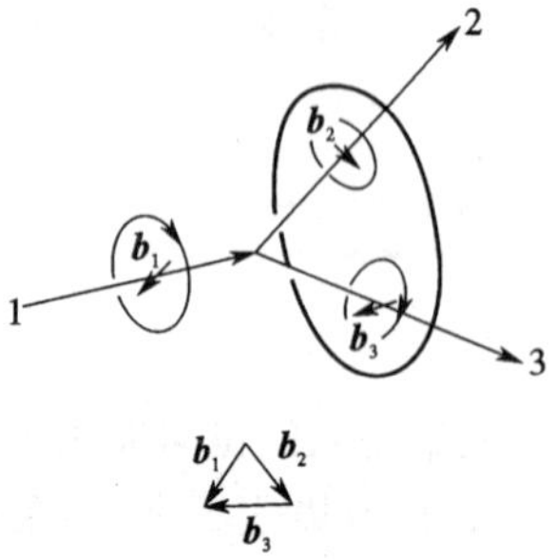

图 3-15　位错线相交的情形

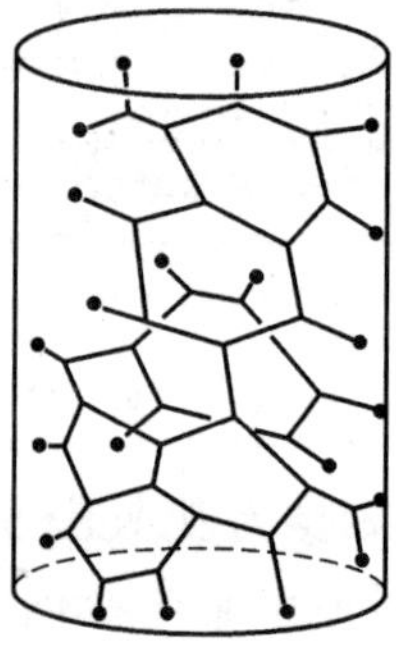

图 3-16　晶体中的位错网

⑤柏氏矢量的大小代表位错的强度。在同一晶体中，柏氏矢量大的位错将比矢量小的位

错具有更为严重的点阵畸变，即能量更高而且更不稳定。在特定条件下，一个高能量位错（设柏氏矢量为 $\boldsymbol{b}_1$）可能分解为二个低能量位错（设柏氏矢量分别为 $\boldsymbol{b}_2$ 和 $\boldsymbol{b}_3$），即 $\boldsymbol{b}_1 \rightarrow \boldsymbol{b}_2 + \boldsymbol{b}_3$。

3. 位错基本属性

从滑移角度看，位错是晶体滑移面上已滑移和未滑移部分的交界线。由此可获得其下列基本的属性。

①位错是原子排列偏离正常点阵节点位置的缺陷，而且是一种线状缺陷。但从原子尺度来说，位错是一种管状缺陷。也就是说，位错线处原子错排范围不仅仅局限于一排原子范围，位错线周围若干排原子都存在不同程度的偏离正常点阵节点位置的现象。只是位错线的长度相对于宽度要大得多。一般把点阵畸变程度大于其正常原子间距的1/4 的区域的宽度定义为“位错宽度”，位错宽度为 2 ~5 原子间距。而位错线长度一般为数百到数万个原子间距。

②晶体中的位错，其长度方向上的末端只能终止于晶体表面或晶粒（含亚晶粒）边界，或者在晶体内部形成一个封闭的环，其端部不能终止于晶体内部。

③位错线把晶体中已变形部分和未变形部分或者两个变形程度不同的部分区分开来。

④在位错线及其附近，存在很大的应力集中，在晶体内形成一个内应力场。此应力场对晶体中的溶质原子或其他缺陷将发生交互作用，对金属和合金的性能将产生重大影响。在位错管道内原子的平均能量比其他地区大得多。

⑤已滑移部分的滑移方向和距离可以用一个矢量 $\boldsymbol{b}$ 来表示，这个矢量称为柏氏矢量。$\boldsymbol{b}$ 的数值代表原子从一个平衡位置到另一个平衡位置的距离，故柏氏矢量有时也称位错强度或滑移矢量。

⑥位错的集合形态和类型，完全由位错线与柏氏矢量之间的关系确定。如果位错线与柏氏矢量相互垂直，就是刃型位错；如果两者相互平行就是螺型位错；如果两者成其他任意角度就是混合位错。

3.2.3 位错的运动

晶体宏观的塑性变形是通过位错运动来实现的。金属的许多力学性能（如强度、延性、断裂等）均与位错的运动有关，因此，了解位错运动的有关规律对于改善和控制金属各种力学性能是有益的。

1. 移动单个位错所需临界切应力

在无其他缺陷和障碍物的均匀晶体中，移动单个位错所需临界切应力是相当小的。如图3-17(a)所示，当位错在外应力作用下由位置 1 移至位置 2，尽管位错本身已移动了一个原子间距，但其相邻近的原子却只作很小的位移。由图还可看出，处于位置 1（或 2）的位错，其两侧的原子虽然发生了不同程度的弹性畸变，但由于它们均处于对称的点阵位置，因而从两侧作用在位错上的原子之力可以相互抵消，这样就使 1 或 2 位置上的位错处于低能量状态。然而，位错由 1 向 2 过渡时其两侧原子排列要经历不对称状态，此时作用在位错上的力不能完全抵消，位错必须越过一势垒才能前进（图 3-17(b)），这就表明位错的移动会遇到一种阻力，此阻力来源于周期排列的晶体点阵，故称为“点阵阻力”。派尔斯（Peirls）和纳巴罗（Nabarro）估算了此阻力，故又称为“派-纳力”。

派-纳力（τ_{p}）实质上是指在周期点阵中移动单个位错所需临界切应力，其近似计算式为

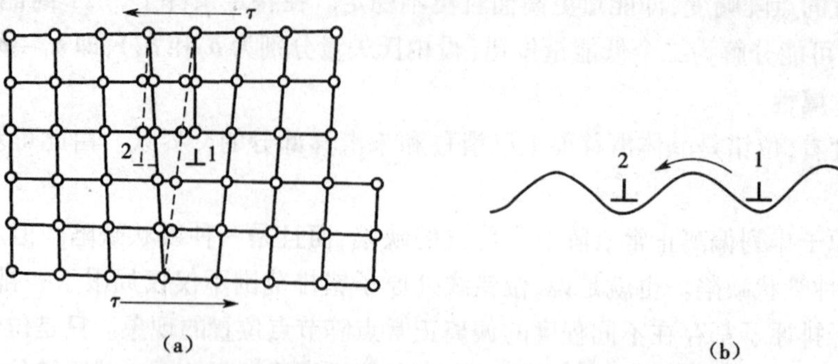

图 3-17 刃型位错滑移时周围原子的运动及其势能变化

(a)刃型位错滑移时周围原子的运动 (b)刃型位错滑移时势能的变化

$$\tau_p = \frac{2G}{(1-\nu)}\exp\left(-\frac{2\pi W}{b}\right) = \frac{2G}{(1-\nu)}\exp\left[-\frac{2\pi a}{(1-\nu)b}\right] \tag{3-19}$$

式中:b 为柏氏矢量的模;G 为切变模量;ν 为泊松比;W 为位错宽度,它等于 $a/(1-\nu)$;a 是滑移面的面间距。由上式可得出以下重要物理概念。

①通过位错移动而使晶体滑移,所需临界切应力是小的。一般 $a \approx b$,ν 约为 0.3,根据式(3-19)计算,τ_p 为($10^{-4} \sim 10^{-3}$)G,这比理想晶体作刚性滑动所需的临界切应力(参照式(3-15))低得多,而和晶体的临界分切应力值相接近。可见含有位错的实际晶体的临界切应力远小于晶体的理论切变强度。

②点阵阻力随 a 值的增大和 b 值的减小而下降。在晶体中,原子密排面的面间距 a 最大,原子密排方向的 b 值最小(即原子间距最小),这就可以解释滑移为什么常沿晶体中原子密排度最大的面和原子排列最密的方向进行。

③点阵阻力随位错宽度的减小而增大。离子晶体、陶瓷和具有共价键的物质,位错宽度很小,所以点阵阻力很大,表现出脆性。相反,塑性材料的位错宽度大,点阵阻力则较小。

2. 刃型位错的运动

刃型位错既可以在滑移面上滑移,又可以在垂直于滑移面的方向运动,刃型位错在垂直于滑移面的方向运动称为攀移。

在外加切应力作用下,位错线在滑移面上逐步移动(如图 3-18),相当于晶体中的已滑移区在逐步扩展,待位错线滑出晶体至表面,就在晶体表面形成台阶,台阶的大小等于位错柏氏矢量的量值(在简单立方晶体中为一个原子间距)。如果有大量位错重复按此方式滑过晶体,就会在晶体外表面形成显微镜下能见的滑移痕迹(滑移线),这说明晶体的塑性变形是通过位错滑移来实现的。

需要注意的是,在相同切应力作用下,异号位错的运动方向恰好相反,但产生完全相同的形变。对于同一位错来说,改变切应力的作用方向,就会使位错线的运动方向改变。

刃型位错在滑移过程中不容易从一滑移面改换到另一滑移面。例如图 3-19 中的刃型位错 AD 原是沿着 $ABCD$ 滑移面向右移动,现在假设此位错线要改换到另一 $AEFD$ 新滑移面上滑移,那么,为达此目的,就必须把多余半原子面旋转使之达到与新滑移面相互垂直的位置。此旋转是困难的,它需要大量原子的扩散,并需提供较高的能量,所以刃型位错的滑移往往被限制在位错线与柏氏矢量所规定的平面内,不易改换其滑移面。

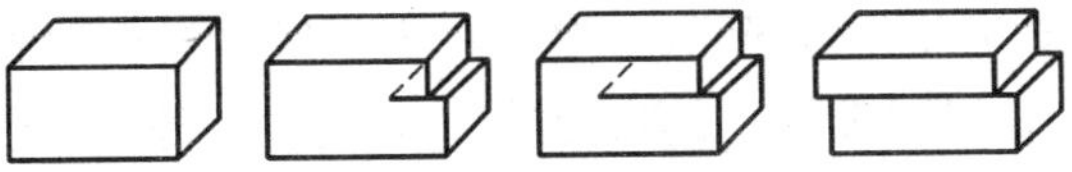

图3-18 刃型位错在晶体中滑移过程

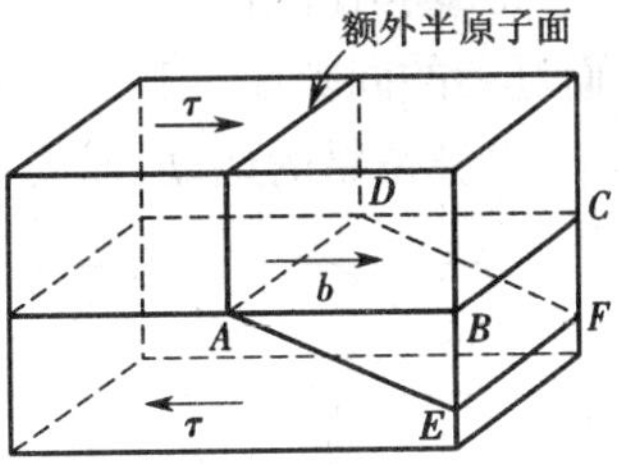

图3-19 刃型位错不易改变滑移面

图3-20代表一些不规则形状的刃型位错在切应力作用下的滑移形式，其中图3-20(a)表示曲折型位错在外力作用下于几组滑移面上沿着同一滑移方向同时滑移，这样的滑移会使晶体表面出现曲折状滑移线（在较低分辨率的情况下呈波浪形滑移线），图3-20(b)表示位错线在两个方向不同的滑移面上沿着同一方向同时滑移，其结果在晶体表面会出现交叉滑移线。

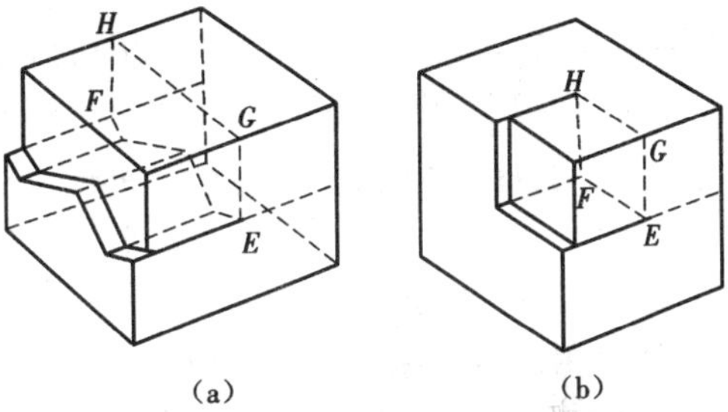

图3-20 不规则形状刃型位错的移动

(a)曲折型位错滑移

(b)不同滑移面上的位错沿同一方向滑移

位错的滑移不会引起晶体体积的变化，故这种运动称为“守恒运动”（或保守运动）。

刃型位错除能在滑移面上滑移之外，还可以在垂直于滑移面的方向运动，从而使位错线脱离原来的滑移面产生伸长或缩短的现象，这种运动称为“攀移”，如图3-21所示。如果额外半原子面下端添加原子，则使额外半原子面扩大，称为“负攀移”。

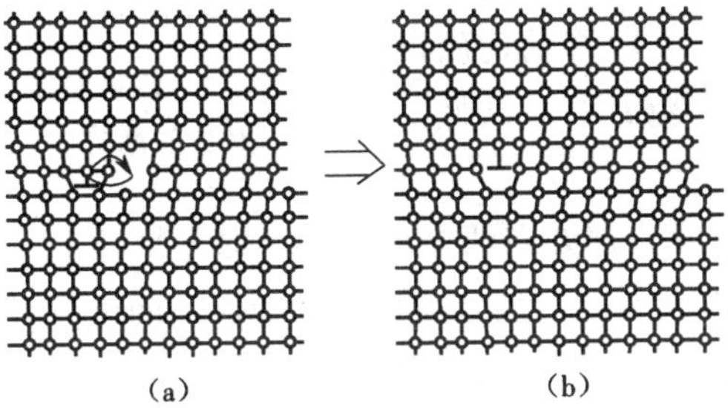

图3-21 位错的攀移

(a) 攀移前 (b) 攀移后

由此看出，刃型位错的攀移必须通过空位和原子的扩散迁移才能实现，而且会引起晶体体积变化（例如，正攀移是空位与额外半原子面下端的原子交换位置，这样就会使晶体中的空位数目减小，密度增大），故把这种运动称为“非守恒运动”（或非保守运动）。

在室温时，位错的攀移要比滑移困难得多，当升高温度时原子扩散能力增大，攀移才易于进行。所以，位错攀移对大多数金属常温物理过程的影响很小，而对许多高温物理过程（如蠕变、回复等）却有重要影响。

刃型位错的攀移还与外部施加应力的性质有关。众所周知，纯切应力并不能引起晶体体积改变，所以对位错的攀移不起作用。相反，作用在额外半原子面上的正应力，能使晶体体积变化，因而可以促进刃型位错的攀移。拉应力可使晶体体积增加，有利于负攀移；而压应力则使体积缩小，有利于正攀移。不过，相对于温度升高导致的热激活所引起的攀移来说，正应力对位错攀移的促进作用则要小得多。

由于正攀移使晶体中空位消失,负攀移使晶体产生空位,因此过饱和空位有助于位错的正攀移,而过剩的间隙原子和未饱和的空位浓度则有利于位错的负攀移。

关于刃型位错的运动,需要注意以下问题。

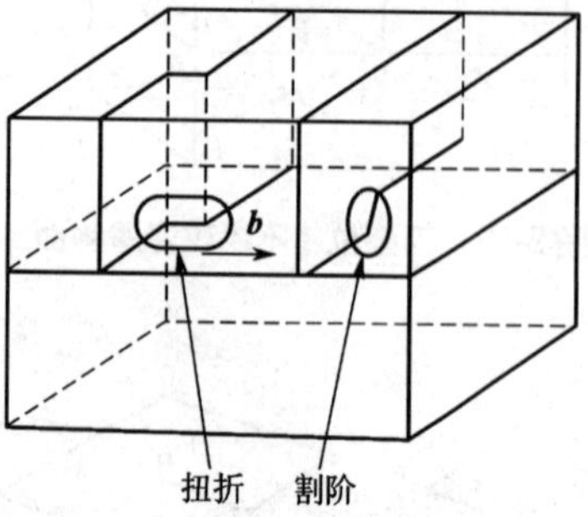

图 3-22 刃型位错的扭折和割阶

位错线的不均匀滑移运动容易造成位错线扭折。必须指出,即使没有遇到障碍,要使一根直线位错同时作整体运动也是很困难的,可能的方式是它们的一部分线段首先移动,这样就在已滑移线段与未滑移线段之间形成一种“扭折”(见图 3-22)。如果此扭折了的线段仍处在原来滑移面上,且该扭折线段与柏氏矢量平行,此扭折就属于螺型位错。随后,位错便依靠扭折的移动而继续运动,例如,图 3-22 中扭折线段若向读者方向移动,则促使刃型位错向右移动。如果此扭折的线段不在原来滑移面上,且与原来位错线的柏氏矢量垂直,说明该扭折线段为一不能滑移的刃型位错,这种扭折称之为“割阶”(Jog)。由于割阶不能随相连的位错线一同滑移,只能攀移,因此对相连接的原滑移面上位错的运动具有严重的阻碍作用。

必须指出,原子(或空位)并不是在一瞬间就能一起扩散到整条位错线上,而是逐步迁移到位错线上的。这样,在位错的已攀移段与未攀移段之间就会产生一个台阶(即已攀移段与未攀移段之间的连线),即割阶,如图 3-23 中的台阶 AB。位错的攀移可理解为割阶沿位错线逐步推移,而使位错线上升或下降的过程,因而位错攀移过程及平均攀移速度与割阶的形成能、割阶浓度、割阶移动速度以及空位扩散速度等有关。割阶也可由位错彼此交截而成,这是低温条件下晶体中割阶形成的主要途径。

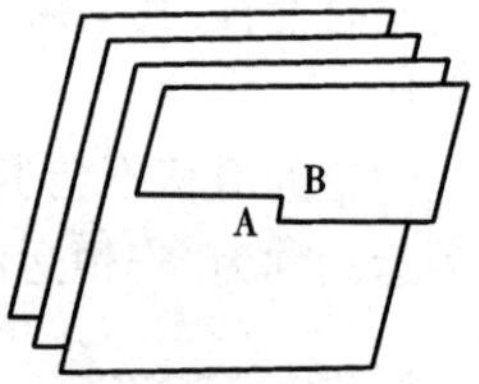

图 3-23 位错攀移产生的割阶

割阶与扭折的区别在于割阶所连接的位错线段分别处在两个或更多个原子平面上,而扭折所连接的位错线段则处在同一滑移面上,所以割阶难以与所连接的位错线段一同进行滑移,而扭折容易与相连的位错线一起滑移,因而扭折是不稳定的,容易在滑移过程中消失。

3. 螺型位错的运动

螺型位错由于没有额外的半原子面,所以不能攀移只能滑移。图 3-24 代表螺型位错的滑移过程,从图中可以清楚看出滑移过程中螺型位错线的运动方向与晶体的移动方向是垂直的。图 3-25 代表螺型位错滑移时周围原子的移动情况,图中“·”代表下层晶面中的原子,“○”代表上层晶面中的原子。位错中心线开始是在 1 - 1 处,在切应力作用下,位错周围的原子作少量位移,移动到虚线所标志的位置,这样位错中心线就由 1 - 1 移到 2 - 2 处,即位错向左移动了一个原子间距。螺型位错可以在包含位错线的任意平面上滑移,并在垂直于螺型位错线的晶体表面上造成永久变形的痕迹。螺型位错在一个滑移面上遇到障碍物之后,还可能

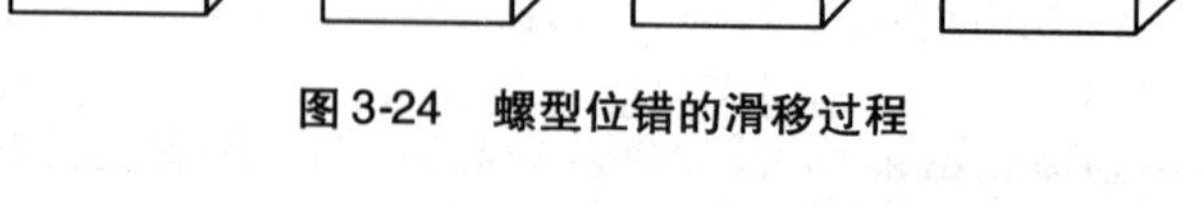

图 3-24 螺型位错的滑移过程

转换到另一个与之相交的滑移面上滑移，这种动作称为“交滑移”。交滑移反复进行之后，就出现“割阶”和“扭折”（图3-26）。此时的割阶线段和扭折线段均与柏氏矢量垂直，已属于刃型位错了。

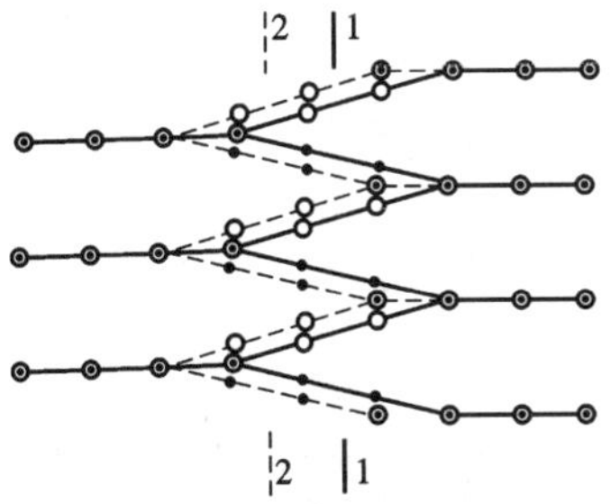

图3-25 螺型位错滑移时周围原子的移动情况

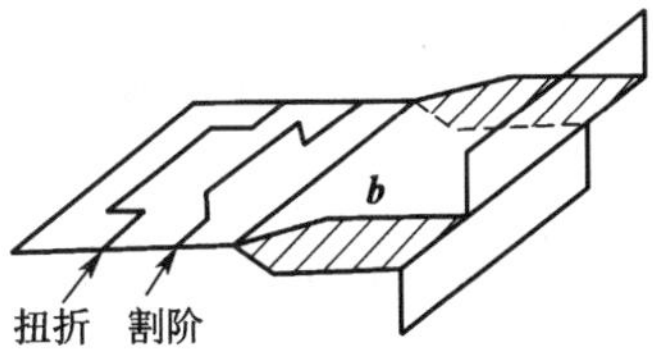

图3-26 螺型位错运动中出现割阶和扭折

4. 混合位错的运动

图3-27代表一混合位错线的滑移过程，最终使上下两块晶体沿柏氏矢量方向移动一原子间距。图3-28表示被包围在晶体内部某一滑移面上的位错环的运动过程。该位错环除平行于柏氏矢量 $\boldsymbol{b}$ 的两线段（纯螺型位错）和垂直于柏氏矢量的两线段（纯刃型位错）外，其余线段则为不同程度的螺型位错和刃型位错组合而成的混合型位错。假设在晶体上下两底面各加一切应力 τ，则位错环会向垂直于位错线的各个方向朝外扩张，使滑移区不断扩大，最终使滑移面上部晶块相对于下部晶块移动相当于一柏氏矢量 $\boldsymbol{b}$ 的距离，如图3-28(b)所示。

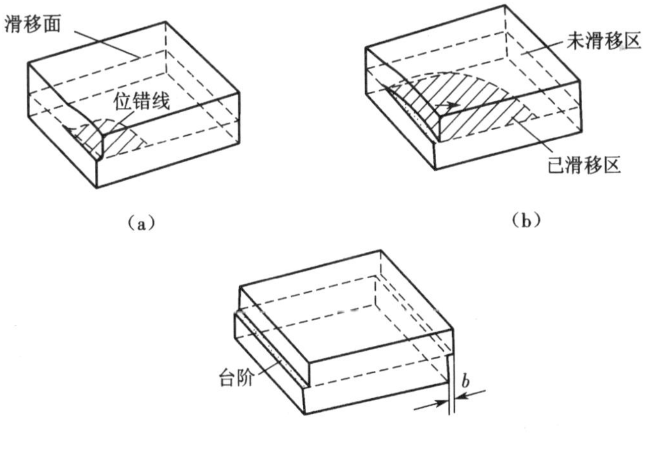

图3-27 混合位错的滑移过程

(a)滑移初期 (b)滑移过程中 (c)滑移一个原子间距后

为便于理解位错环为什么会向外扩张，现假设此环形位错线不是圆形而是方形，而且柏氏矢量 $\boldsymbol{b}$ 平行于方形的任意两边，环形位错线段的方向则如图中箭头所示（图3-29）。按位错线段与柏氏矢量的位向关系可判断出：HG 线段为正刃型位错，FE 线段为负刃型位错，EH 为右螺型位错，GF 为左螺型位错。根据右手定则可以确定位错线的运动方向。在图3-29所示切

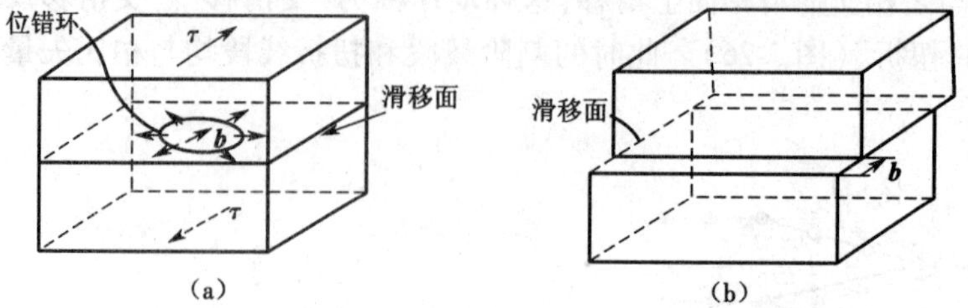

图 3-28　包围于晶体中的位错环的运动过程

(a)滑移前　(b)滑移后

应力作用下,*HG* 正刃型位错必向 *x* 轴的负方向移动,*FE* 负刃型位错必向 *x* 轴的正方向移动。总之,此位错环的各线段均向外扩张,直到这个环移至晶体表面,在表面上留下变形的痕迹。位错环这样运动并不会在晶体四周均形成突出部分,而只在柏氏矢量所指方向形成台阶。若切应力方向与此相反,则该位错环将向内缩小。

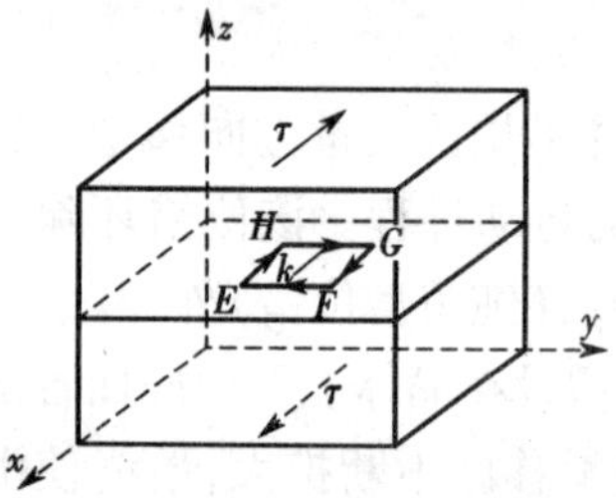

图 3-29　方形位错环的运动

圆形位错环在某种程度上类似于方形位错环,所以图 3-28(a)的圆形位错环在该情况下也是朝着各方向向外扩张。

5. 关于位错运动的小结

①位错运动有两种基本方式:滑移和攀移。攀移需要原子和空位的迁移,会引起晶体体积变化,称为非守恒(非保守)运动;滑移不需物质迁移,不引起体积变化,称为守恒(保守)运动。

②螺型位错只能滑移,而刃型位错既可滑移又可攀移。但在低温时攀移比滑移困难得多,只有当温度升高时攀移才显得重要。另外,垂直于额外半原子面的正应力也促进攀移。

③刃型位错的滑移面只有一个,它是由位错线和柏氏矢量所限定的。螺型位错的滑移面理论上可以有无限个,它可以在所有包含位错线的平面上滑移,所以螺型位错容易发生交滑移。

④不论哪种类型和哪种形状的位错,其位错线的移动方向总是与位错线垂直,晶块的滑移方向则总是沿着柏氏矢量的方向。因此,对刃型位错来说,位错线滑移方向和晶块滑移方向是平行的。而对螺型位错来说,位错线移动方向和晶块滑移方向是垂直的,混合位错线的移动方向则和晶块移动方向成0°至90°之间的交角。

⑤刃型和螺型位错在运动过程中均可产生"扭折"和"割阶"。

⑥金属的塑性变形是通过位错的运动来实现的。在无其他缺陷和障碍物的均匀晶体中,移动单个位错所需临界切应力(称为派-纳力或点阵阻力)相当小。由于位错的易动性,所以当晶体中含少量位错时,其强度远比理想晶体低。但是,当大量位错存在时,由于它们彼此干扰,运动受到阻碍,强度又有所提高。所以强化金属的基本途径,或者是建立一种不产生位错的状态;或者是引入大量位错和其他障碍物,使位错难以运动。

3.2.4　位错的应力场

位错的存在会引起点阵畸变,因而在位错周围必然产生一应力场。位错之间以及位错与其他晶体缺陷之间就是通过它们的应力场来发生交互作用的，而这些交互作用往往又决定着材料的性能（特别是力学性能），因此有必要对位错的应力场进行研究。

位错线周围的应力场包括两个区域：位错中心区域和中心以外的区域。前一区域点阵畸变特别严重，已不服从胡克定律，不能用弹性理论来处理。后一区域畸变程度较小，其应力场（实际属于长程应力场）可采用连续介质弹性模型来处理。为简化计算，假定晶体是各向同性的。下面就从这种假设出发，分析后一区域中的应力场。

1. 刃型位错的应力场

可近似地用下述方法来分析刃型位错周围的弹性应变和应力场。设想有一中心被挖空的各向同性材料的圆柱体，先沿 xz 面切开至中心，使两切面沿 x 轴方向相对移动一段距离 b，然后再把该两面粘合起来（图 3-30），这样就在圆柱体内引入了相当于柏氏矢量为 $\boldsymbol{b}$ 的直刃型位错周围的弹性应力场。根据弹性力学计算，可求得

$$\left.\begin{aligned}
\sigma_{xx} &= -D\frac{y(3x^2+y^2)}{x^2+y^2}\\
\sigma_{yy} &= D\frac{y(x^2-y^2)}{(x^2+y^2)^2}\\
\sigma_{zz} &= \nu(\sigma_{xx}+\sigma_{yy})\\
\tau_{xy} &= \tau_{yx} = D\frac{x(x^2-y^2)}{(x^2+y^2)^2}\\
\tau_{xz} &= \tau_{zx} = \tau_{yz} = \tau_{zy} = 0
\end{aligned}\right\} \tag{3-20}$$

式中：$D = Gb/2\pi(1-\nu)$，G 是切变模量，ν 是泊松比，σ_{xx} 表示 $y—z$ 面上 x 方向的正应力，τ_{xy} 表示 $y—z$ 面上 y 方向的切应力，其他类推。如用圆柱坐标表示，则为

$$\left.\begin{aligned}
\sigma_{rr} &= \sigma_{\theta\theta} = -D\frac{\sin\theta}{r}\\
\sigma_{zz} &= -2D\frac{\nu\sin\theta}{r}\\
\tau_{r\theta} &= \tau_{\theta r} = D\frac{\cos\theta}{r}\\
\tau_{z\theta} &= \tau_{\theta z} = \tau_{rz} = 0
\end{aligned}\right\} \tag{3-21}$$

根据上述各式，刃型位错的应力场具有以下特征。

①应力的大小与 r（距位错中心的距离）成反比，与 G、b 成正比。

②刃型位错的应力场既有切应力，又有正应力。最大切应力处于滑移面上（因 $\theta=0$，$\cos\theta=1$，$\tau_{r\theta}=\tau_{\theta r}$，得最大值），在同一地点 $|\sigma_{xx}| > |\sigma_{yy}|$，故最大正应力为 σ_{xx}，它垂直作用于额外半原子面上。

③由式(3-20)可见，当 $y>0$ 时，σ_{zz} 为负值，这说明在滑移面以上的正应力是压应力；当 $y<0$ 时 σ_{zz} 为正值，这说明在滑移面以下的正应力为拉应力。

图 3-31 概括了正刃型位错周围的应力分布状态，读者可根据上述各式进行分析。

图 3-32 代表正刃型位错在 $y—z$ 面上的 x 方向的正应力 σ_{xx} 的应力场分布。图中虚线表示与位错中心的距离，单位为位错强度 b；实线为等应力曲线，表示位错周围应力分量 σ_{xx} 的符号和大小。在滑移面以上 σ_{xx} 为负，即表示该区在 x 轴方向受压缩；在滑移面以下 σ_{xx} 为正，即表示该区在 x 轴方向受拉伸。随着与位错中心距离的增大，应力的绝对值减小，应力场的这种性

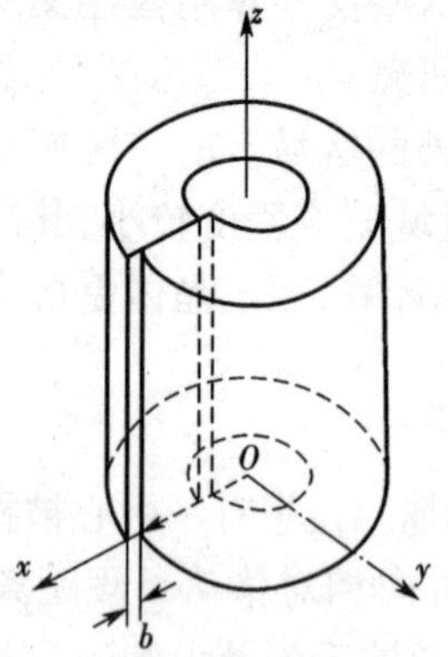

图 3-30 刃型位错周围的应变状态（模拟的）

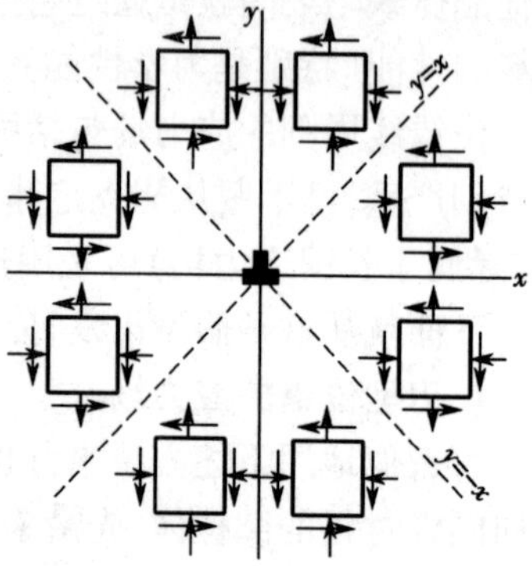

图 3-31 刃型位错周围的应力场

质是与图 3-7 所示的正刃型位错的结构特点相符的。

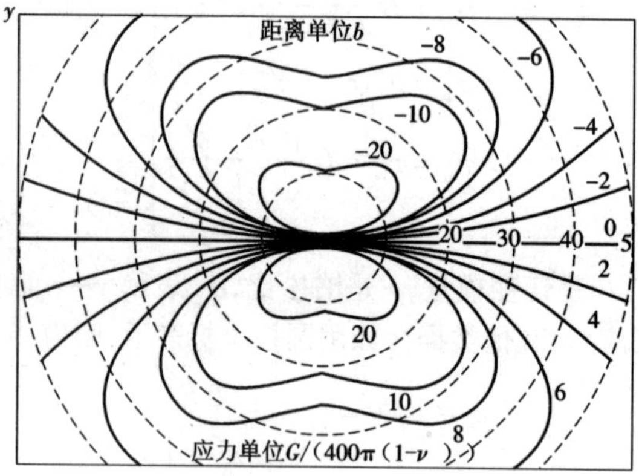

图 3-32 刃型位错在 y—z 面上的 σ_{xx} 应力场

2. 螺型位错应力场

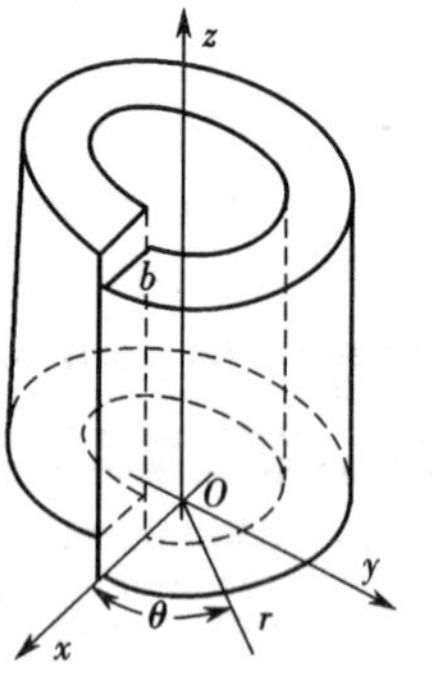

图 3-33 螺型位错的应变状态

仿照前法将图 3-33 所示的空心圆柱沿 x—z 面切开至中心，然后使切面两侧沿 z 轴相对移动 b 再粘合起来，这样就在圆柱体内引入了相当于螺型位错周围的应力场。此时沿 z 轴的切应变 $\gamma_{\theta z}$ 为 $b/(2\pi r)$，与之相对应的切应力

$$\tau_{\theta z}=\tau_{z\theta}=G\gamma_{\theta z}=\frac{Gb}{2\pi r} \tag{3-22}$$

由于沿 z、y 轴方向没有位移，所以其他的应力分量均为零，因而在该应力场中只包含两个纯切应力：一个是处在径向平面内与 z 轴平行的切应力 $\tau_{\theta z}$，滑移是由于这个切应力引起的；另一个是处在与 z 轴成 90°的平面内，并与半径 r 垂直的切应力 $\tau_{z\theta}$。

3. 位错应变能

对于刃型位错利用极坐标 $\tau'_{r\theta}=\dfrac{Gab}{2\pi(1-\nu)}\dfrac{1}{r}$，在切应力 $\tau'_{r\theta}\mathrm{d}r$ 作用下，面元位移为 $\mathrm{d}(ab)$，

那么,单位长度的刃型位错所做的功(即位错的应变能)

$$E_s = \int_{r_0}^{r_1}\int_0^1 \tau'_{r\theta}\,\mathrm{d}(ab)\,\mathrm{d}r = \int_{r_0}^{r_1}\int_0^1 \frac{Gb^2\,a\mathrm{d}a}{2\pi(1-\nu)}\frac{\mathrm{d}r}{r}$$

$$= \int_{r_0}^{r_1}\frac{Gb^2}{2\pi(1-\nu)}\frac{\mathrm{d}r}{r} = \frac{Gb^2}{4\pi(1-\nu)}\ln\left(\frac{r_1}{r_0}\right) \quad (3\text{-}23)$$

同理可得到单位长度螺型位错的应变能

$$E_s = \int_{r_0}^{r_1}\int_0^1 \tau'_{r\theta}\mathrm{d}(ab)\,\mathrm{d}r = \int_{r_0}^{r_1}\int_0^1 \frac{Gb^2 a\mathrm{d}a}{2\pi}\frac{\mathrm{d}r}{r} = \frac{Gb^2}{4\pi}\ln\frac{r_1}{r_0} \quad (3\text{-}24)$$

如果位错是混合型的,位错线与柏氏矢量之间的夹角为 ψ。此时,可以把混合位错分解为一个刃型位错分量(柏氏矢量为 $\boldsymbol{b}\sin\psi$)和一个螺型位错分量(柏氏矢量为 $\boldsymbol{b}\cos\psi$)。由于螺型位错与刃型位错没有共同的应力分量,它们之间就没有相互作用能,所以把两者的能量叠加起来就可以得到混合型位错的能量,其表达式为

$$E_s^{混} = \frac{G(b\sin\psi)^2}{4\pi(1-\nu)}\ln\frac{r_1}{r_0} + \frac{G(b\cos\psi)^2}{4\pi}\ln\frac{r_1}{r_0}(1-\nu\cos^2\psi)$$

令

$$1/K = \frac{1-\nu\cos^2\psi}{1-\nu}$$

则得

$$E_s^{混} = \frac{Gb^2}{4\pi K}\ln\frac{r_1}{r_0} \quad (3\text{-}25)$$

所有直位错的能量均可用上式表达,只需取不同的 K 值就行。对于螺型位错 $K=1$,对于刃型位错 $K=1-\nu$,对于混合位错 $K=\dfrac{1-\nu}{1-\nu\cos^2\psi}$。一般认为 r_0 接近于 b(约 10^{-8} cm),r_1 通常不超过亚晶尺寸,约为 10^{-4} cm,因此单位长度直位错的能量

$$\frac{Gb^2}{4\pi K}\ln 10^4 \approx (0.5\sim1.0)Gb^2 \quad (3\text{-}26)$$

直线位错的能量取上限,弯曲位错的能量取下限。对 Cu 而言,$G=4\times10^5$ MPa,$b=2.5\times10^{-8}$ cm,因此,位错能量约为 2.5×10^3 J/cm。

由以上讨论可得出以下重要结论。

①位错的应变能与柏氏矢量的平方成正比,柏氏矢量越小则应变能越低,位错越稳定。柏氏矢量大的位错可能分解为柏氏矢量小的位错。

②应变能随半径 r 而增加,在位错能中长程应变场的能量起主导作用,位错中心区的能量小,可忽略不计。

③比较式(3-23)和式(3-24)可以看出,螺型位错与刃型位错单位长度的能量的比值为$(1-\nu)$,ν 是泊松比,一般金属的 ν 为 1/3,故前者的能量约为后者的 2/3。

④两点之间以直线为最短,所以直线位错的应变能小于弯曲位错的应变能。由此可知,位错总有被拉直的趋势,并产生一线张力,使之尽可能缩短位错线的长度。

⑤一方面,晶体中存在位错时必然导致内能(主要由应变能确定)升高;另一方面,位错的引入又使晶体的熵值增加。有人曾对熵和应变能对系统自由能的贡献作过估算,认为于室温时,在含位错的晶体中熵值的增加对于自由能的总贡献,对位错线所穿过的每个原子平面来说,约为 1/8 电子伏,而应变能对于自由能的贡献却大至几个电子伏,所以,因应变能而引起系

统自由能的增加远大于因熵增加而引起系统自由能的减小。由此可见,位错与空位不同,它在热力学上是不稳定、不平衡的,这就是能够生产出无位错的单晶体及金属胡须的热力学依据。但位错在运动过程中由于彼此交截(参见下节)会形成位错网络和缠结,很难移动,更不易使之完全消除,所以位错在力学上是相对稳定的。

3.2.5 位错的来源和增殖

1. 位错的来源

晶体中的位错密度 ρ 用单位体积内位错的总长度,或通过单位面积的位错数目来表示。金属凝固后就有位错,即使很小心制备的晶体,其位错密度也有 $10^2 \sim 10^4/cm^2$。大多数金属晶体的 ρ 为 $10^6 \sim 10^8/cm^2$。这些原始位错(即晶体在凝固过程中产生的位错)究竟是通过哪些途径产生的,其机制并未完全搞清楚,但可能有以下几种。

①由快速凝固时所保留下来的过饱和空位转化而成。

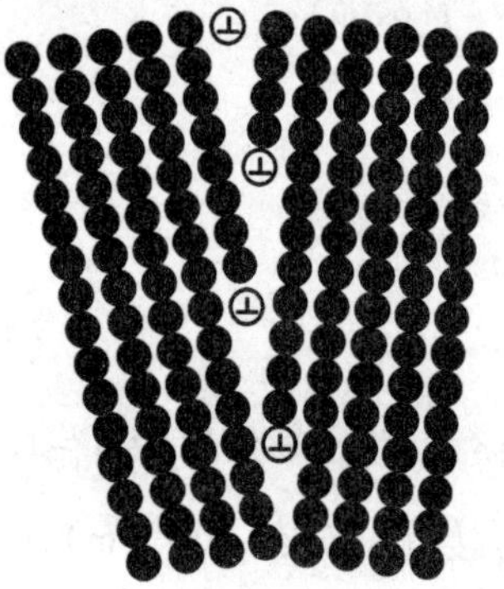

图 3-34　亚晶界上排列的刃型位错

②晶体在生长过程中产生位错。其主要来源有二:其一是模壁和籽晶本身有缺陷;其二是由于正在生长的晶体受到温度梯度、浓度梯度、机械振动和杂质的影响而产生了内应力,使枝晶发生偏转或弯曲,导致相邻晶块(嵌镶块)有一小角度(2° ~5°)的位向差而形成亚晶界。实验证明,亚晶界就是由一系列刃型位错所组成(图 3-34),还有人认为亚晶界上的位错在足够大的切应力作用下还能够被推到亚晶粒中间去。

③由于热应力和组织应力的作用,晶体内部的某些界面(如第二相质点、孪晶、晶界等)和微裂纹的附近。往往出现应力集中现象,当此应力高至足以使该局部区域发生滑移时,就在该区域产生位错。明显的例子就是这些界面上的已有台阶(或突起),在应力作用下向某方向移动,从而形成位错(图 3-35)。另外,当第二相与基体的比热容差别很大时,则在冷却过程中,由于两者收缩不一致,也可能在相界面附近产生位错环。

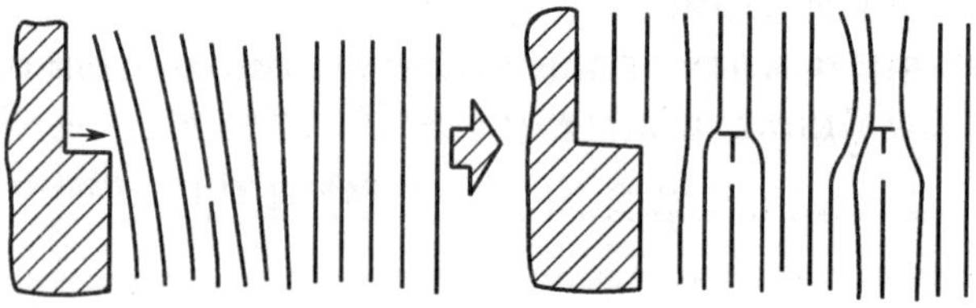

图 3-35　界面上的台阶在压力作用下迫使局部晶体滑移而产生位错

2. 位错的增殖

前面谈过,晶体表面的滑移台阶(即滑移线)是由许多个位错分别扫过滑移面,并跑出晶体表面而造成的。如果晶体在变形过程中不重新产生位错,那么晶体内部的位错数目将会越来越少。但是事实与此相反,晶体在塑性变形过程中,位错密度不是减少而是增加(例如退火状态金属的位错密度为 $10^6 \sim 10^8/cm^2$,而冷加工状态金属的位错密度为 $10^{10} \sim 10^{12}/cm^2$),这说明晶体在塑性变形过程中存在着位错的增殖,它可以源源不断地产生新的位错。

目前引用最多的一种增殖机制是 Frank-Read 源(简称为 F-R 源)机制。这种机制的说法是:如果晶体中有一段两端被钉住的位错线,那么它在外加切应力作用下便会由于滑移而变弯,并逐渐向外扩张,因位错所受作用力恒与位错线相垂直,所以位错线在运动过程中的演变将如图 3-36 所示。当两端弯出来的线段相互靠近时,由于该两线段分别属于左螺型和右螺型位错,它们可以互相抵消并形成一闭合的位错环和位错环内的一小段弯曲位错线。只要外加应力继续作用,位错环便继续向外扩张,同时环内的弯曲位错在线张力作用下又被拉直,恢复到原始状态,并重复以前的运动,络绎不绝地产生新的位错环。当许多位错环滑出晶体表面时就形成了滑移台阶,这就是显微镜下所观察到的滑移线。

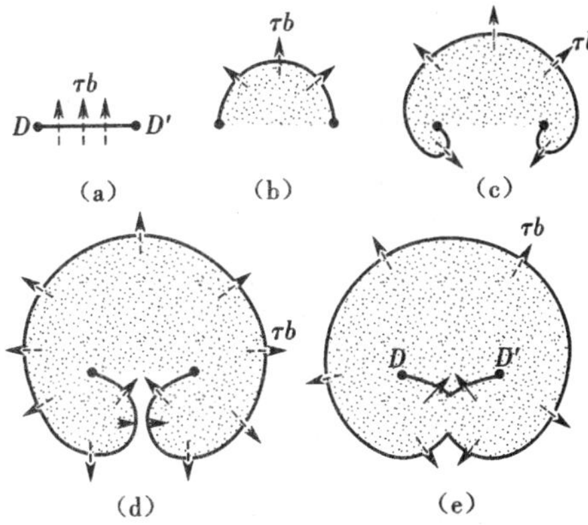

图 3-36　F-R 源的位错增殖机制

位错线弯曲到曲率半径为 R 时所需切应力 τ 等于 $Gb/(2R)$(见位错受力)。设图 3-36(a)中由 D 至 D' 的距离为 L,此时的位错线是一直线,它的曲率半径可看做为无穷大。当位错线被弯曲到图 3-36(b)所示的半圆形时,曲率半径减至最小,$R=\frac{1}{2}L$。当位错线再继续向外弯曲时(图 3-36 (c)),其平均曲率半径又大于$\frac{1}{2}L$。由此可见,位错线在运动过程中,其平均曲率半径是由无穷大变至最小值$\frac{1}{2}L$,随后又继续加大。因此,位错线相当于图 3-36 (b)而呈半圆形时是一临界位置,此时曲率半径最小而所需切应力则最大。为了使位错线由图 3-36 (a)弯曲成图 3-36 (b),其外加应力必须由零增至 Gb/L。如果再由图 3-36 (b)向外弯曲,则所需切应力又小于 Gb/L。这样就得到一个开动 F-R 源所需临界切应力 τ_c,它等于 Gb/L。假若 $\tau<\tau_c$,则位错线只能弯曲到相当于 3-36 (a)和图 3-36 (b)之间的位置,不可能形成位错环。只有当 $\tau>\tau_c$ 时,位错线才能突破图 3-36 (b)位置,向外扩张,源源不断地产生位错环,起到增殖的作用。

在塑性变形过程中,产生的位错会越来越多,它们相互交截之后的可动位错线段 L 越来越短,这样开动位错源所需的临界切应力便越来越高,这也是加工硬化的原因之一。

F-R 位错源机制已在硅、镉、Al-Cu、Al-Mg 合金等晶体中直接观察到。

上述固定在一平面上的 F-R 源只能说明在一个平面上的滑移。实际上,晶体在变形过程中滑移带不断变宽,这就很难用一个固定的平面位错源来解释,而必须采用另一机制——“双交滑移位错源”来说明。设想晶体中有一正在运动的螺型位错线段在滑移过程中遇阻(如遇到障碍物、不利的内应力或其他位错等),它就沿着另一滑移面(通常称为交滑移面)进行交滑移,以后又可能在外加应力作用下回到与原始滑移面平行的面上滑移,这种现象称为“双交滑移”。这样多次交滑移的结果,则在交滑移面上会出现一对刃型位错割阶(图 3-37),它们不能跟随其他部分的位错线一道滑移(因不在同一滑移面上),所以就起着钉扎作用,使平行于原始滑移面上的位错均产生了 F-R 源,可以分别在一组平行的滑移面上源源不断地增殖新的位

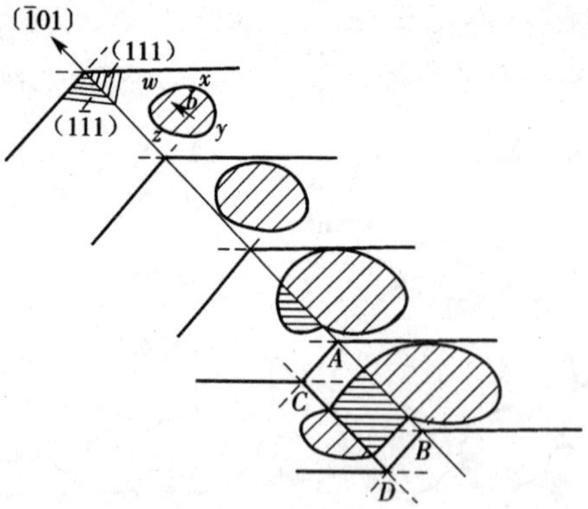

图 3-37　面心立方晶体的双交滑移示意图

错。此机制不仅可解释在原始滑移面上位错数目的增多，而且还可以说明在变形过程中为什么滑移带会变宽。

3.2.6　实际金属中的位错组态

前面所讲内容只是笼统地用简单立方结构来描述位错的共性，而没有讨论实际金属的晶体结构对位错所产生的影响。实际金属的晶体结构大多是面心立方、体心立方和密排六方。它们不同于简单立方，而是具有比较密排的晶体结构，因此，它们当中的位错就会出现一些特殊组态（如不全位错、扩展位错等）。本节主要结合面心立方结构来叙述实际金属中的位错特殊组态。

1. 实际晶体中位错的种类

简单立方晶体中位错的柏氏矢量 $\boldsymbol{b}$ 总是等于点阵矢量（即连接点阵中相邻两节点的矢量）。但实际金属晶体中，位错的柏氏矢量除了等于点阵矢量外，还可能小于或大于点阵矢量。通常把柏氏矢量等于单位点阵矢量的位错称为“单位位错”，把柏氏矢量等于单位点阵矢量整数倍的位错称为“完全位错”，把柏氏矢量不等于点阵矢量整数倍的位错称为“不全位错”，把柏氏矢量小于单位点阵矢量的位错称为“部分位错”（或半位错），后两者在文献中往往不严格区分，具有相同含义。

2. 柏氏矢量

柏氏矢量可用数字和符号来表示，一般的表示方法是根据该矢量在晶体的三个坐标轴上的分量来表示，与晶向指数表示方法相类似。若柏氏矢量在三坐标轴上的投影（用相应的点阵参数 a、b、c 来度量）分别为 $1a$、$0b$ 和 $0c$，则该柏氏矢量可写成为

$$\boldsymbol{b} = 1\boldsymbol{a} + 0\boldsymbol{b} + 0\boldsymbol{c}$$

再化简为 $\boldsymbol{b} = [1,0,0]$，在立方点阵中 $a = b = c$，可进一步简化为 $\boldsymbol{b} = a[100]$。

在室温时，[100]是面心立方结构中原子最密排的晶向，此晶向相邻两原子间距在三坐标轴上的投影分别为 $a/2$，$a/2$，$0a$，故面心立方金属中单位位错的柏氏矢量可用 $\boldsymbol{b} = \frac{a}{2}[110]$ 表示，而 $|\boldsymbol{b}| = \frac{\sqrt{2}}{2}a$；同理，体心立方结构中单位位错的柏氏矢量为 $\frac{a}{2}[111]$，$|\boldsymbol{b}| = \frac{\sqrt{3}}{2}a$；密排六方结构中单位位错的柏氏矢量是 $\frac{a}{3}[11\bar{2}0]$，$|\boldsymbol{b}| = a$。单位位错的柏氏矢量平行于最密排的晶向，这和实际观察到的晶体滑移方向是一致的。

柏氏矢量可以相加，设 $\boldsymbol{b} = \boldsymbol{b}_1 + \boldsymbol{b}_2$，其中 $\boldsymbol{b}_1 = a[100]$，$\boldsymbol{b}_2 = \frac{a}{2}[\bar{1}11]$，则

$$\boldsymbol{b} = \boldsymbol{b}_1 + \boldsymbol{b}_2 = a[100] + \frac{a}{2}[\bar{1}11]$$

$$= a\left[\left(1 - \frac{1}{2}\right),\left(0 + \frac{1}{2}\right),\left(0 + \frac{1}{2}\right)\right]$$

$$=a\left[\left(\frac{1}{2}\right),\left(\frac{1}{2}\right),\left(\frac{1}{2}\right)\right]$$

$$=\frac{a}{2}[111]$$

3. 堆垛层错

实际金属的不全位错总是伴随着堆垛层错而存在,因此在讨论不全位错之前,必须先讨论堆垛层错。

第2章中曾经讲过,密排的晶体结构可看成由许多密排原子面按一定顺序堆垛而成。面心立方中密排晶面的堆垛顺序为ABC,ABC,…,密排六方结构中密排晶面的堆垛顺序为AB,AB,…。也可用另一种符号来表示堆垛顺序,例如用△表示ABC次序(即AB、BC、CA)的堆垛,用▽表示次序相反(即BA,CB,AC)的堆垛,于是,面心立方结构的堆垛顺序为△△△△……密排六方结构的堆垛顺序为△▽△▽……

在实际金属中,密排晶面的堆垛顺序可能发生局部错乱,称为“堆垛层错”(简称为层错)。譬如,面心立方结构的正常堆垛顺序为△△△△……如果抽走一层,堆垛顺序变为

A　B　C　A　B　A　B　C　A　B　C

↓

△　△　△　△　▽　△　△　△　△　△

其中箭头所指的即代表“抽出型”层错所在位置。相反,如果插入一层,则堆垛顺序变为

A　B　C　A　B　A　C　A　B　C　A

↓　↓

△　△　△　△　▽　▽　△　△　△　△

其中箭头所指的为插入一层相当于A位置的原子面后所引起的二层错排,称为“插入型层错”。对前两者进行比较,可见一个插入型层错相等于两个抽出型层错。面心立方结构中的层错可看成是嵌入了薄层密排六方结构。同理,密排六方结构中的层错则可看成是嵌入了薄层面心立方结构。

层错也可能出现在体心立方金属(如α-Fe、Ta等)和其他非密排结构的非金属材料(如硅、石墨、碳化硅等)中。利用电子显微镜薄片衍衬法可观察到晶体中层错所产生的干涉条纹(图3-38)。

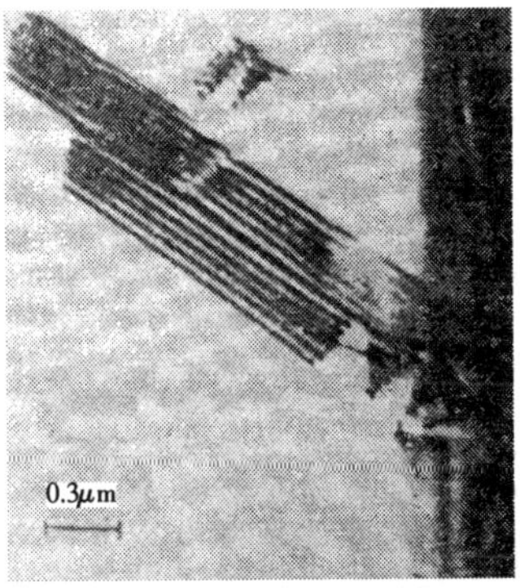

图3-38　层错的电镜照片

层错也是一种晶体缺陷,它破坏了晶体的周期完整性,引起能量升高。通常,把产生单位面积层错所需的能量称为“层错能”。在密排结构中,层错的影响仅表现在改变了原子的次近邻关系(即在层错处,只有从连续三层原子面的关系中才能发现与正常堆垛顺序的差别,如果仅取出相邻的两个原子面来看,就不存在错误),但几乎不产生点阵畸变,所以层错能相对于晶界能(约为500×10^{-7} J/cm^2)而言是比较小的(见表3-1)。层错能越小的金属,则层错出现的概率越大,例如,在面心立方金属中,于不锈钢和α-黄铜中可以看到大量的层错,而于铝中则根本看不到层错。

表 3-1 某些金属和合金的层错能

金属	Ni	Al	Cu	Au	Ag	黄铜(10% at. Zn)	不锈钢
层错能 $/10^{-7}$ J·cm^{-2}	400	200	70	60	20	35	13

4. 不全位错

假设层错没有贯穿整个晶体而是中止在晶体内部，那么，在层错与完整晶体的交界处就出现柏氏矢量 $\boldsymbol{b}$ 不等于点阵矢量的不全位错，见图 3-39。在面心立方晶体中，有两种不同类型的不全位错。

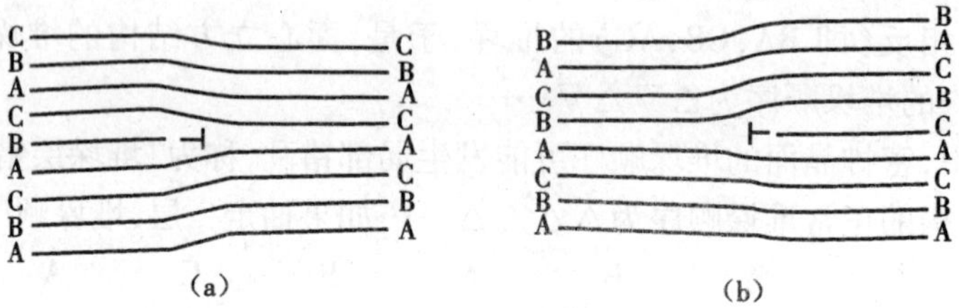

图 3-39 层错的边界出现不完全位错

(a)插入型层错所致的不全位错 (b)抽出型层错所致的不全位错

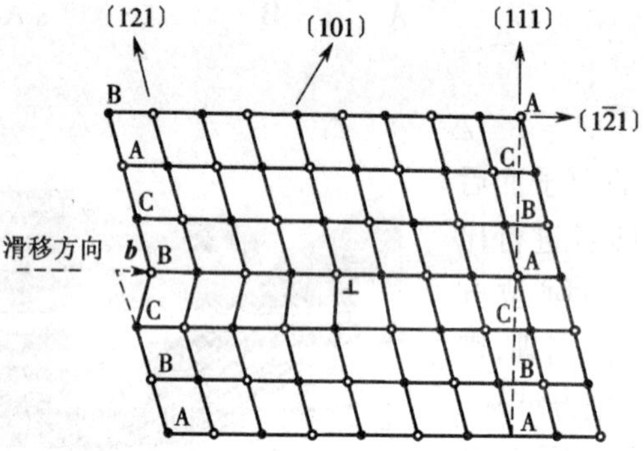

图 3-40 面心立方晶体中的肖克莱位错

(1) 肖克莱(Shockley)不全位错

图 3-40 表示面心立方晶体的($\bar{1}$01)面，○表示前一面原子排列的位置，●表示后一面原子排列的位置。如将左角第四层，即 A 层以上部分相对于下面的 C 层作滑移，使 A 层左半部向右滑至 B 层原子的位置，在 A 层以上各层也相应地按 B→C→A→B 顺序分别滑移一个位置。由于此时的滑移是不均匀的，即滑移中止在晶体内部而不是贯穿整个晶体，这样就在局部地区形成堆垛层错，而层错与完整晶体的交界区域就出现一个所谓"肖克莱不全位错"，其柏氏矢量为$\frac{a}{6}[1\bar{2}1]$（不是点阵矢量的整数倍），矢量的大小为$\frac{a}{\sqrt{6}}$。它平行于{111}面并与位错线垂直，因此这种肖克莱位错是纯刃型的。但也可以有纯螺型和混合型的。

"肖克莱不全位错"可以在具有堆垛层错的{111}面上滑移，并引起层错面的扩张或收缩，可是它不能攀移。

(2) 弗兰克(Frank)不全位错

在面心立方晶体中插入或抽走一层(111)面，就会形成堆垛层错。如果所插入或抽走的不是整个原子面，而是其中一部分（即半原子面），那么晶体就一部分形成层错，而另一部分则没有层错。在此情况下，层错区与完整晶体区的边界就构成所谓"弗兰克不全位错"。为区别起见，通常把插入型的不全位错（即由填隙原子聚集成圆盘而形成的），称为"正弗兰克不全位错”(图3-41),而把抽出型的不全位错(即由空位盘崩塌而形成的)称为“负弗兰克不全位错”(图3-42)。

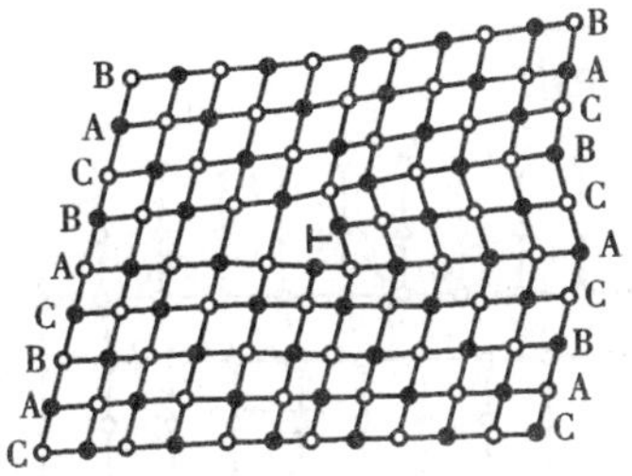

图3-41 正弗兰克不全位错

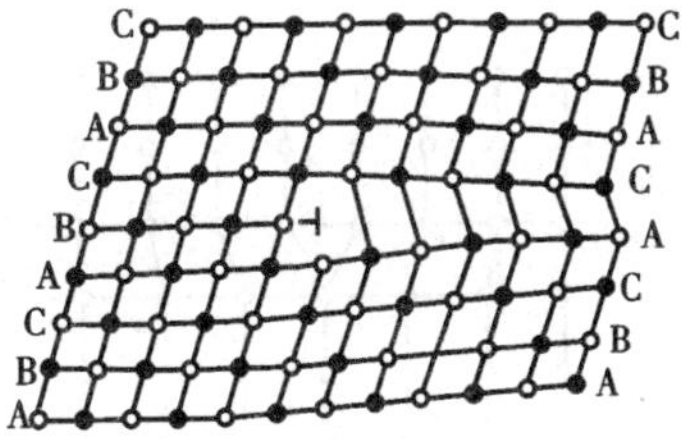

图3-42 负弗兰克不全位错

弗兰克位错的柏氏矢量为$\frac{a}{3}[111]$,与层错面和位错线相垂直,所以弗兰克位错是纯刃型的。弗兰克位错只能攀移(因柏氏矢量与位错线所构成的平面不是{111}滑移面),而攀移又必须借助于原子的扩散,因此该位错的运动较为困难。凡位错能以滑移方式来运动的,如全位错和肖克莱位错,可称之为“可滑动位错”。凡位错不能滑移的(如弗兰克位错),则称之为“固定位错”。

总之,上述三种不全位错均只能在层错面上,即密排的{111}面上存在,肖克莱位错的滑移也限制在此面上。

现将它们的特性综合于表3-2中。密排六方和体心立方晶体中也可能出现不全位错。不全位错的柏氏矢量也可通过作柏格斯回路的方法来确定,但是回路的起点应该选择在层错面上。

表3-2 面心立方晶体中各种不完全位错的特性

项目	肖克莱位错	弗兰克位错	
		正	负
构成不完全位错的方法	在{111}面上沿<112>方向作不均匀滑移	沿{111}面插入一半原子面	沿{111}面抽走一半原子面
位错形成	刃型、螺型或混合型	刃型	
柏氏矢量	在{111}面上,为$\frac{a}{6}<112>$	垂直于{111}面,为$\frac{a}{3}<111>$	
位错线	在{111}面上,任意形状	在{111}面上,任意形状	
运动方式	可滑移,不攀移	可攀移,不滑移	

5. 扩展位错

一个柏氏矢量为$\boldsymbol{b}_1$的全位错分解为两个柏氏矢量分别为$\boldsymbol{b}_2$和$\boldsymbol{b}_3$的肖克莱不全位错,中间还夹着一片层错,它们组合在一起,总称为“扩展位错”(图3-43),并可用下式表示:

$$\boldsymbol{b}_1=\boldsymbol{b}_2+\boldsymbol{b}_3+\text{层错}$$

下面着重讨论面心立方晶体中的扩展位错。图3-44(a)表示面心立方晶体中三层(111)面的堆垛顺序及原子相对位置。设想晶体中的位错线在切应力作用下,沿着(111)$[10\bar{1}]$在B

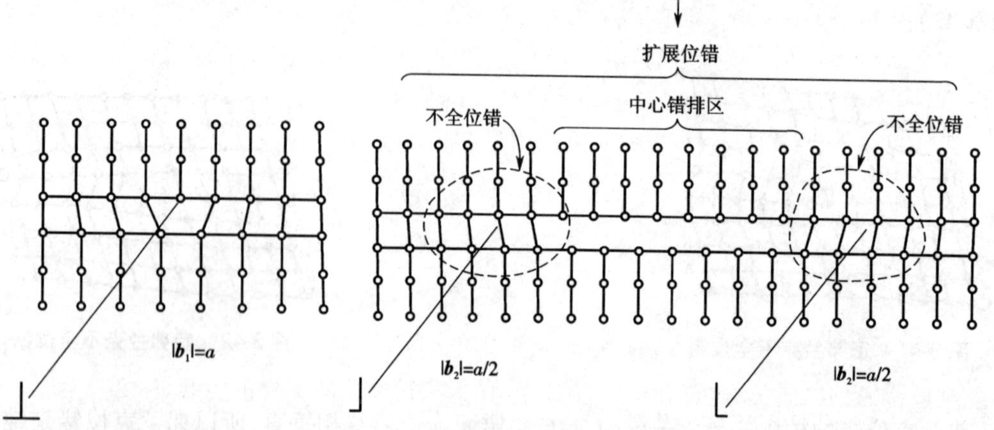

图 3-43 由一个全位错分解成扩展位错

层与 C 层之间滑移。由图可见，原子由 C 移至 C' 有两个途径：一是原子爬过一小坡由 C 直接移至 C'（相当于柏氏矢量为 $\frac{a}{2}[10\bar{1}]$ 的肖克莱不全位错的滑移）；另一条途径是从 C 先沿一低谷滑移到 A 位置（相当于柏氏矢量为 $\frac{a}{6}[11\bar{2}]$ 的肖克莱不全位错的滑移），然后再从 A 位置沿另一低谷滑到 C' 位置（相当于柏氏矢量为 $\frac{a}{6}[2\bar{1}\bar{1}]$ 的肖克莱不全位错的滑移）。很明显，后一途径尽管曲折，但比较平坦，滑移较易进行，而且这两途径所产生的滑移效果是一致的。也就是说，全位错可分解成两个肖克莱不全位错，而柏氏矢量为 $\boldsymbol{b}_1$ 的全位错运动可由柏氏矢量分别为 $\boldsymbol{b}_2$ 和 $\boldsymbol{b}_3$ 的两个不全位错的运动所代替，如图 3-44(b)所示，即

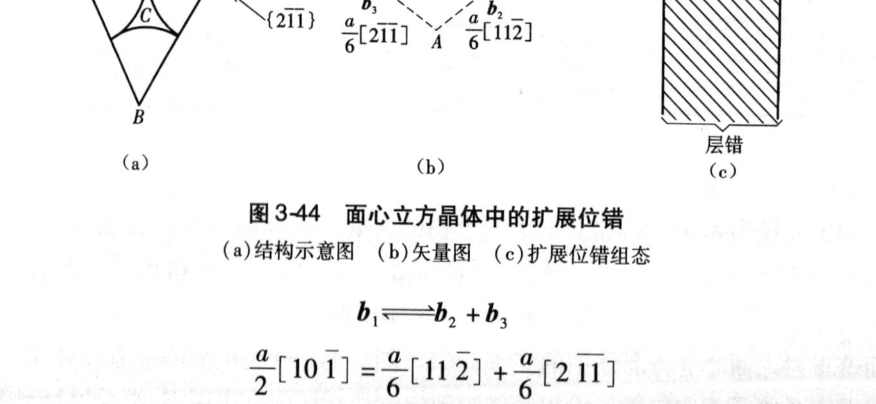

图 3-44 面心立方晶体中的扩展位错

(a)结构示意图 (b)矢量图 (c)扩展位错组态

$$\boldsymbol{b}_1 \rightleftharpoons \boldsymbol{b}_2 + \boldsymbol{b}_3$$

$$\frac{a}{2}[10\bar{1}] = \frac{a}{6}[11\bar{2}] + \frac{a}{6}[2\bar{1}\bar{1}] \tag{3-27}$$

但应当注意，当 $\boldsymbol{b}_2$ 不全位错移动时，原子是由 C 移至 A，将在(111)面上产生堆垛层错，然而 $\boldsymbol{b}_3$ 不全位错移动时，原子是由 A 移至 C'，这又恢复了正常堆垛顺序。因此，在两个肖克莱不全位错之间必然存在一层错区，这种由两个不全位错中间夹着层错所组成的位错组态就是扩展位错(图3-44(c))。

在面心立方晶体中，这种分解过程是能实现的，原因如下。

①位错分解后能量降低。前已指出，弯曲位错的能量约等于 $Gb^2/2$，所以分解前后位错能之差 $\Delta E=\frac{G}{2}(b_2^2+b_3^2-b_1^2)=\frac{G}{2}\left(\frac{a^2}{6}+\frac{a^2}{6}-\frac{a^2}{6}\right)=-\frac{Ga^2}{12}$。由于 ΔE 为负值，说明此分解可以进行。

②式(3-27)中右边两个不全位错的柏氏矢量在 x、y、z 轴上的分量的代数和恰好等于左边一个全位错的柏氏矢量，这符合柏氏矢量守恒的要求，在几何上是正确的。

必须指出，式(3-27)中忽略了层错能的影响，如果层错能过高，则难以发生这种分解。

在扩展位错中两个不全位错的柏氏矢量的夹角小于 $\pi/2$，它们彼此相斥，力图使层错区变宽。但是层错区具有表面能(它就等于层错能)，增加单位面积的层错所增加的表面能，可看做是层错的表面张力，要使层错区变窄。当层错的表面张力 ν 与两个肖克莱不全位错之间的斥力 F 达到平衡时，两个不全位错之间就形成一平衡宽度的层错区，这就是扩展位错的宽度 d。

因为

$$F\approx\frac{G(b_2\times b_3)}{2\pi d}$$

$$F=\gamma=\frac{G(b_2\times b_3)}{2\pi d}$$

所以

$$d=\frac{G(b_2\times b_3)}{2\pi\gamma} \tag{3-28}$$

可见 d 与 γ 成反比，即层错能高的金属，其扩展位错必窄。反之，层错能低的金属，其扩展位错必宽。如铝和铜的层错能分别为 $200\times10^{-7}\ \mathrm{J/cm^2}$ 和 $70\times10^{-7}\ \mathrm{J/cm^2}$，它们的扩展位错宽度则分别为0.15 nm 和 −0.68 nm。

与面心立方金属类似，密排六方金属在层错面{0001}面上也会形成扩展位错。但对于大多数体心立方金属，由于层错面{112}的层错能很高，所以没有扩展位错，只有全位错。

扩展位错可用透射电子显微镜直接观察。图3-45(a)表示面心立方金属薄箔的(111)面上有一扩展位错，图3-45(b)则示意地代表在透射电镜下于相应部位出现的干涉条纹。图3-46为18Cr-8Ni不锈钢中扩展位错的电镜照片。

由于肖克莱不全位错只能在层错面上滑移，不能脱离层错面而攀移，所以扩展位错也只能沿层错面滑移，不能攀移。当初应力是沿全位错的柏氏矢量方向(或邻近方向)作用在层错面上时，扩展位错可作为一整体向前滑移，它所扫过的区域也引起了 $\frac{a}{2}[110]$ 的滑移量，与一个全位错扫过所产生的效果相同。不同的是，扩展位错的滑移分两步来完成。

面心立方金属中，扩展位错对力学行为会产生重大的影响，前已谈及，刃型位错不能交滑

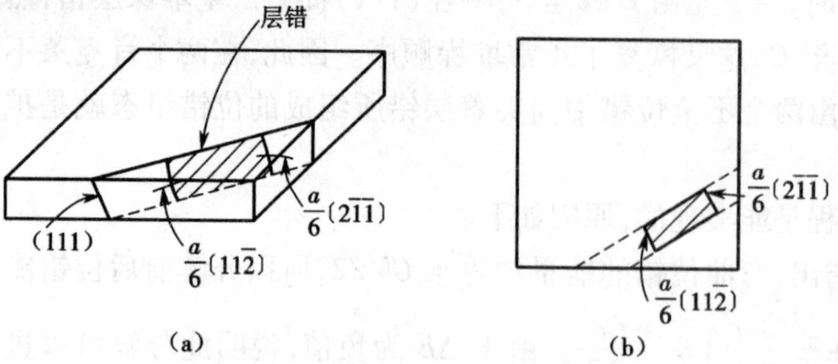

图 3-45 在透射电镜下扩展位错的形貌(示意图)

(a)扩展位错的位置 (b)透射电镜下相应的干涉条纹

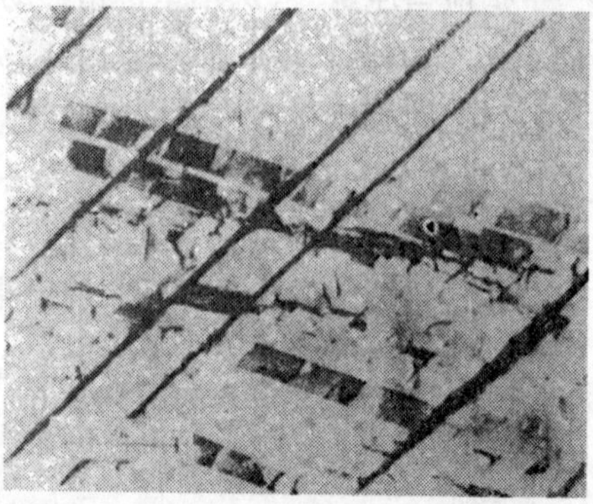

图 3-46 18Cr-8Ni 不锈钢中扩展位错的电镜照片

图 3-47 扩展位错经束集后才能交滑移

移。由于两个{111}滑移面的交线为<110>,所以只有 $b=\frac{a}{2}<110>$ 的螺型位错才能交滑移。当螺型位错分解为扩展位错时,其中两个肖克莱不全位错都不是纯螺型的,都不能交滑移。如果要交滑移,则首先必须将扩展位错收缩为螺型全位错(此现象称为"束集"),然后才能转移到另一滑移面上去(图 3-47)。但是这种束集必须对抗两个不全位错之间的斥力而做功,两个不全位错之间的层错区越宽,则越不容易束集,越难于产生交滑移。这就可以解释为什么在层错能低的金属(如铜和不锈钢)中很难看到交滑移;而在层错能高的金属(如铝)中则容易看到交滑移的现象。热激活有助于束集的实现,故升高温度可促进扩展位错的交滑移。除交滑移外,扩展位错在交截时一般也需要先形成束集,这同样会给交截过程增加困难。

溶质原子与扩展位错之间会发生化学交互作用。铃木秀次指出,由于扩展位错的层错区具有与周围基体不同的晶体结构(例如面心立方金属中的层错区属于密排六方结构),为保持热力学平衡,溶质原子在层错区的浓度就与在基体中的浓度不同。类型适当的溶质原子会偏聚到层错中去,以减小堆垛层错与基体点阵间的表面能,扩大层错的宽度,使层错边界的两个不全位错分离得更远些。这样两个不全位错便不容易束集,因此也很难产生交滑移而绕过障碍,从而使合金强度提高。这样的化学交互作用称为"铃木交互作用",这种由化学交互作用而产生溶质原子在层错区附近的偏聚,就构成了所谓"铃木气团"。

应当指出,在室温时化学交互作用对于强化的作用要比弹性交互作用小一个数量级。但由于扩展位错有一个宽达 10 nm 的层错区,很难靠热激活而摆脱溶质原子的束缚,温度对于扩展位错的影响较小,所以扩展位错及其由于化学交互作用而产生的铃木气团对于高温强度有较大的贡献,它不像科垂耳气团那样随着温度的上升而明显地减弱。

铃木气团的浓度超过一定极限后会有沉淀相析出,因此层错面也是沉淀相优先形核和长大的地区。实验已证实,含 Nb 的不锈钢中 NbC 在层错处优先析出。

6. 位错反应

当位错线相遇时，除了发生前面已讨论过的交截、塞积等交互作用之外，还可能发生一条位错线分解为多条具有不同柏氏矢量的位错线，或多条具有不同柏氏矢量的位错线合成一条位错线的过程。这种在一定条件下位错的分解或合并，统称为“位错反应”。

只有同时满足以下两个条件，位错反应才能实现：

①几何条件，即反应前诸位错柏氏矢量 $\boldsymbol{b}$ 的和应等于反应后诸柏氏矢量 $\boldsymbol{b}$ 的和，即 $\sum \boldsymbol{b}_i = \sum \boldsymbol{b}_k$；

②热力学条件，只有伴随着能量降低的位错反应才能自发地进行。

前面已结合扩展位错讨论了这两个条件的运用，此处就不再详述。

面心立方金属中的位错反应可以应用汤普森(N. Thompson)所引入的参考四面体和一套标记来清晰地描述它们的几何关系(图 3-48)。把面心立方晶胞的(001)、(010)、(100)等三个面的中心点和原点依次标以 A、B、C、D，那么 A、B、C、D 的坐标就分别为(1/2,1/2,0)、(1/2,0,1/2)、(0,1/2,1/2)和(0,0,0)。

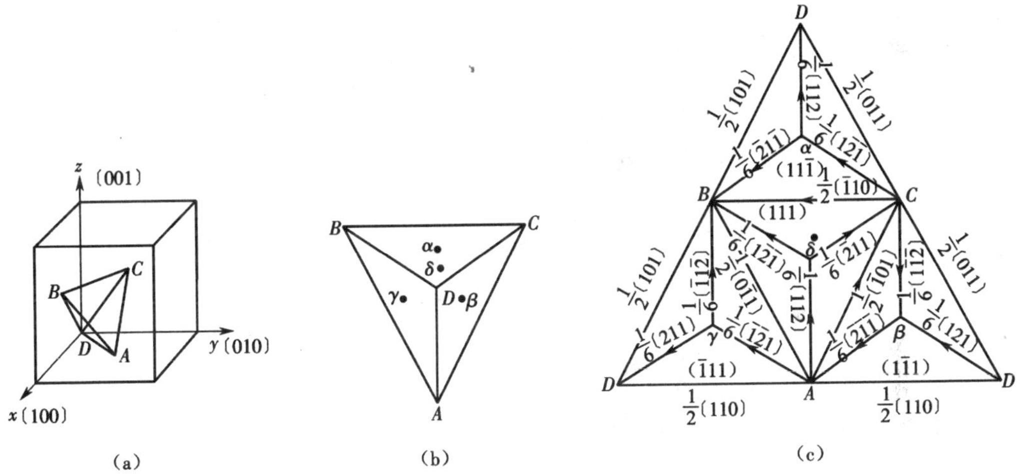

图 3-48 汤普森四面体及汤普森记号

(a)面心立方晶体中滑移系统所在的四面体 (b)汤普森四面体 (c)汤普森记号

以 A、B、C、D 为顶点连成一四面体，与各顶点相对的面分别用(a)、(b)、(c)、(d)来标志，显然，

$$(a)=(11\bar{1}),(b)=(1\bar{1}1),(c)=(\bar{1}11),(d)=(111)$$

它们就是面心立方晶体中四个可能的滑移面(图 3-48(a))。四面体每个面的中心点分别以 α、β、γ、δ 表示(图 3-48(b))。将四面体以 ΔABC 为底展开，并标明各个线段的点阵矢量即为汤姆森记号(图 3-48(c))。图中四面体的六个棱 AB、DC……为全位错的柏氏矢量 $\frac{a}{2}<110>$；$A\alpha$、$B\beta$……为弗兰克不全位错的柏氏矢量 $\frac{a}{3}<111>$；$A\delta$、$D\gamma$……为肖克莱不全位错的柏氏矢量 $\frac{a}{6}<112>$。这样就把所有重要的滑移面和位错的柏氏矢量简明地标志在图 3-48(c)中，而且根据此图可以容易地写出有关的位错反应式，现举数例于下：

①一个柏氏矢量为 DA 的全位错分解成两个柏氏矢量，分别为 $D\gamma$ 和 γA 的肖克莱不全位错，其反应式为

$$\overrightarrow{DA}\rightarrow\overrightarrow{D\gamma}+\overrightarrow{\gamma A}$$

即

$$\frac{a}{2}[110]\rightarrow\frac{a}{6}[211]+\frac{a}{6}[12\bar{1}]$$

②Lomer-Cottrell 位错形成过程中所发生的位错反应，是面心立方晶体中一种很重要的位错反应。

Lomer 首先讨论了这种反应。如图 3-49 所示，设 C_1 和 C_2 分别代表处于滑移面(111)（即 ΔABC）和$(11\bar{1})$（即 ΔBCD）上的两根平行于 BC 的位错线，它们的柏氏矢量分别为 $\boldsymbol{b}_1=CA$，$\boldsymbol{b}_2=DC$。按照图 3-49 汤普森记号来判断，$\boldsymbol{b}_1$ 应为 $\frac{a}{2}[10\bar{1}]$，$\boldsymbol{b}_2$ 应为 $\frac{a}{2}[011]$，该两位错线滑移到两个面的交截线 BC 相遇之后，会合并成为一个 $\boldsymbol{b}_3$ 为 $\frac{a}{2}[110]$ 的新位错线 C_3，其反应式为

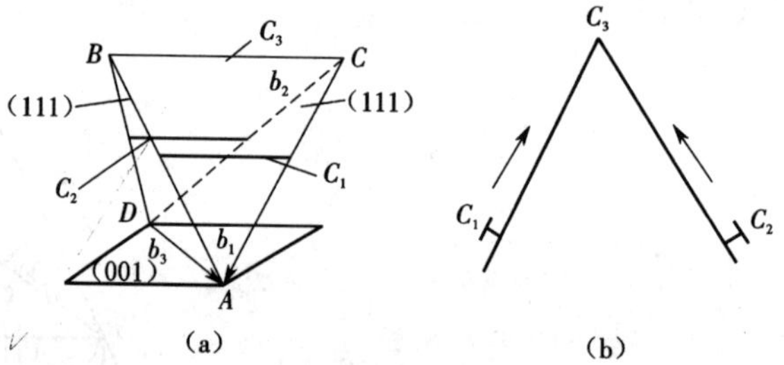

图 3-49　Lomer 反应

$$\overrightarrow{DC}+\overrightarrow{CA}\rightarrow\overrightarrow{DA}$$

即

$$\frac{a}{2}[001]+\frac{a}{2}[10\bar{1}]\rightarrow\frac{a}{2}[110]$$

这种反应称为 Lomer 反应。由于 $\boldsymbol{b}_3$ 与位错线 C_3 垂直，故 C_3 是一刃型位错。刃型位错只能在同时包含柏氏矢量和位错线的平面上滑移，但此时 $\boldsymbol{b}_3$ 和位错线 C_3 所构成的平面是(001)，而不是滑移面{111}，故合成后的新位错线 C_3 系一固定位错，它不能滑移，还能阻碍其他位错的滑移，对晶体的加工硬化及断裂将产生重大的影响。

随后，Cottrell 又指出，如果图 3-50(a)中(111)面上的 C_1 位错（其柏氏矢量为 $\frac{a}{2}[10\bar{1}]$）和$(11\bar{1})$面上的 C_2 位错（其柏氏矢量为 $\frac{a}{2}[011]$）又各自分解为如图 3-50(b)所示的扩展位错，其反应式分别为

$$\overrightarrow{CA}\rightarrow\overrightarrow{C\delta}+\overrightarrow{\delta A}$$

即

$$\frac{a}{2}[10\bar{1}]\rightarrow\frac{a}{6}[2\bar{1}\bar{1}]+\frac{a}{6}[11\bar{2}]$$

$$\overrightarrow{DC}\rightarrow\overrightarrow{D\alpha}+\overrightarrow{\alpha C}$$

即

$$\frac{a}{2}[011]\rightarrow\frac{a}{6}[112]+\frac{a}{6}[\bar{1}21]$$

该两扩展位错各在自己的滑移面上相向移动，当每个扩展位错中的一个不全位错达到滑移面

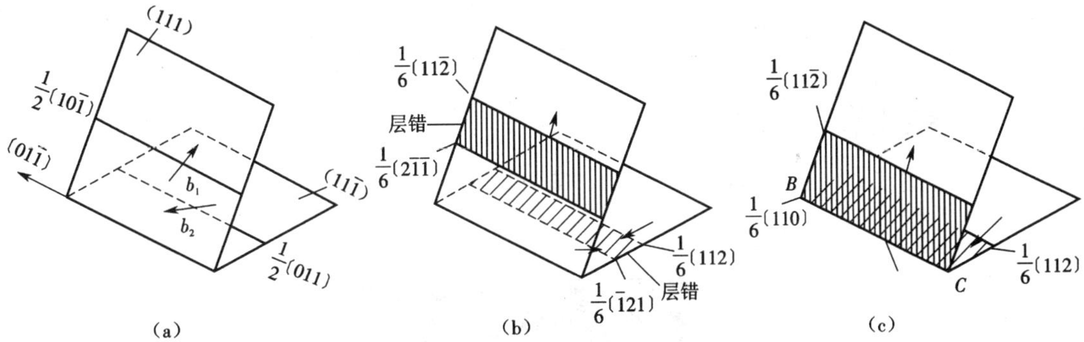

图 3-50 Lomer-Cottrell 位错的形成过程

的交截线 BC 时，就会合并成为一个柏氏矢量为$\frac{a}{6}[110]$并位于 BC 上的位错线(图 3-50(c))，其反应式为

$$\overrightarrow{\alpha C}+\overrightarrow{C\delta}\rightarrow\overrightarrow{\alpha\delta}$$

即

$$\frac{a}{6}[\bar{1}21]\rightarrow\frac{a}{6}[2\,\bar{1}\bar{1}]+\frac{a}{6}[110]$$

该位错线是不可滑动的(原因同前)，这样就牵制着三个不全位错以及位错之间所包含的堆垛层错均不能自由运动，而且它的可动性比前面所讲的由 Lomer 反应所产生的位错更为降低。这种形成于两个{111}面之间的面角上，由三个不全位错和两片层错所构成的组态称为“Lomer-Cottrell 位错”(简称为“面角位错”)。它对面心立方金属的加工硬化起看重大作用。

3.2.7 位错的观测

1. 侵蚀法和缀饰法

(1)侵蚀法

在直接观测位错的实验方法中，浸蚀法最为简单，应用也很广泛。

如图 3-51(a)所示，在位错线的露头附近出现一弹性应变区(图中影线部位)。该区域的能量高于完善晶体地区，因此，受适当的侵蚀剂侵蚀之后，晶体表面的位错露头处最易被侵蚀而形成蚀坑(图 3-51(c))。蚀坑的形状及形成条件与晶体被侵蚀表面的结晶学特性有关，通常在立方晶系的晶体中，{111}面上的蚀坑呈三角形；{100}面上的则呈四方形(见图 3-51(e))。位错的运动也可用蚀坑法经多次侵蚀而显示出来。位错移动后经再次侵蚀，则在位错新达到的位置又出现小的尖底蚀坑，而原来的蚀坑则变为平底(图 3-52)。

在外加应力使位错移动之后，记下加力时间，再量出位错的运动距离，就可算出位错在该力作用下的平均运动速度。

(2)缀蚀法

观察位错的另一方法是缀饰法，它是让杂质原子沿位错线聚集，使位错线受到缀饰，因而在显微镜下成为可见的。

2. 透射电镜(TEM)直接观察

晶体中位错的宽度只有几个原子间距，要直接观察位错的微观结构，必须采用透射式电子

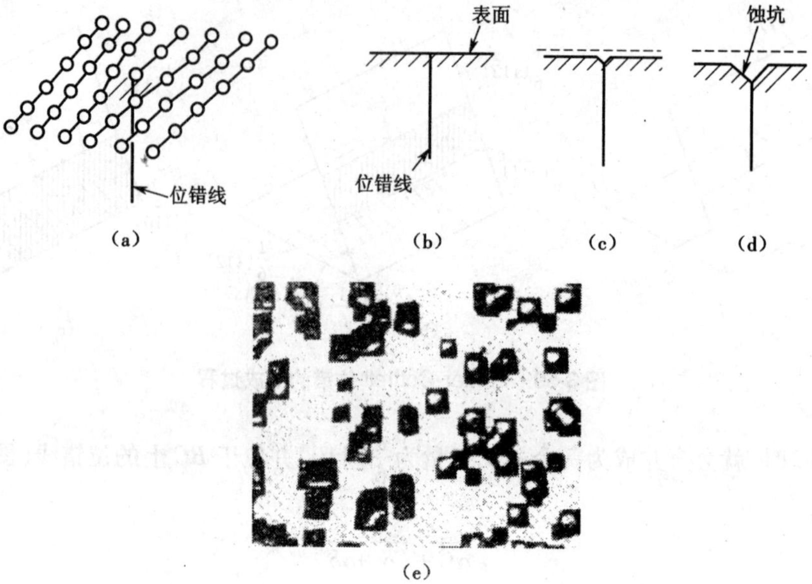

图 3-51　在位错线的表面露头处有限腐蚀形成蚀坑

(a)位错线露头处出现弹性应变区　(b)位错线露头　(c)露头处出现蚀坑

(d)蚀坑在扩大　(e)纯铝箔的位错蚀坑

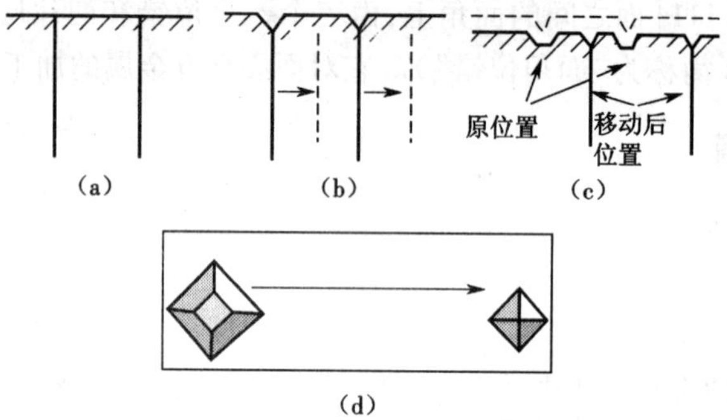

图 3-52　用蚀坑法观察位错的移动

(a)位错线露头　(b)露头处出现蚀坑　(c)位错线移动后出现新的蚀坑

(d)位错线移动导致新的尖底蚀坑的前移

显微镜。透射法之所以能显示晶体中的缺陷是由于电子光束在晶体缺陷处与其他区域所产生布拉格衍射的强度有所不同。

如图 3-53 所示，由于在位错附近的点阵平面发生了局部弯曲，那么射入位错附近的电子光束就会发生一定角度的衍射，相应地使透射的电子光束减弱，从而使位错线变为黑色线条。

图 3-54 为电子显微镜透射像显示出 18Cr－8Ni 不锈钢中多组平行的位错。这些位错从薄膜试样的顶部一直延伸到底部，在照片中每一根黑线对应于一条位错线。当晶体中的位错是以三维网状存在时，则在透射电镜下可观察到位错网络的存在(图 3-55)。

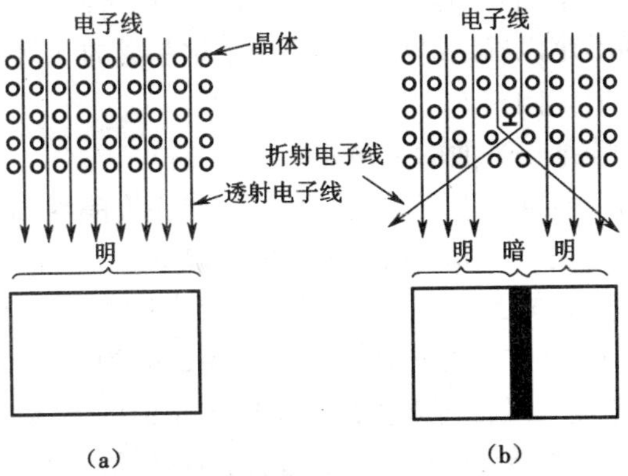

图3-53 透射电镜直接观察位错的原理示意图
(a)无位错试样 (b)有位错试样

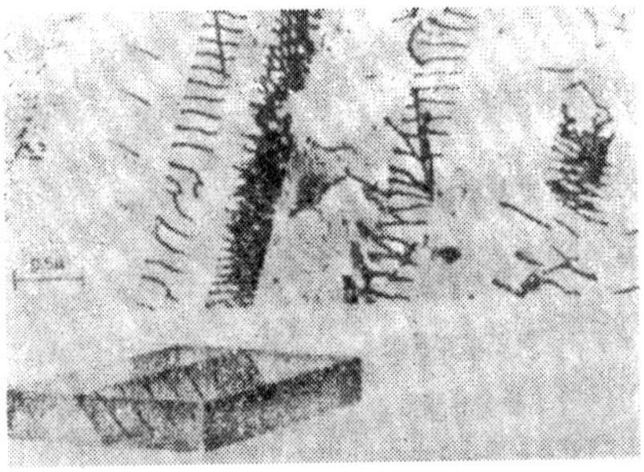

图3-54 18Cr-8 Ni不锈钢中多组平行位错的电镜照片

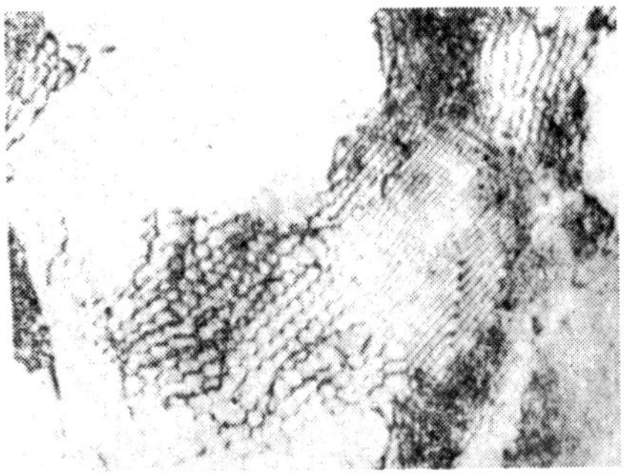

图3-55 透射电镜观察到的位错网络

3.3 面缺陷

晶体的面缺陷系指在空间点阵两个方向的尺寸很大,而第三方向尺寸很小的缺陷。它主要包括堆垛层错(已于前述)、晶界、亚晶界、孪晶界、相界等。

3.3.1 晶界

日常使用的金属材料一般都是多晶体,其晶粒平均尺寸大多在0.015~0.24 mm范围内。多晶体中不同位向的相邻晶体的交界面称为“晶界”。

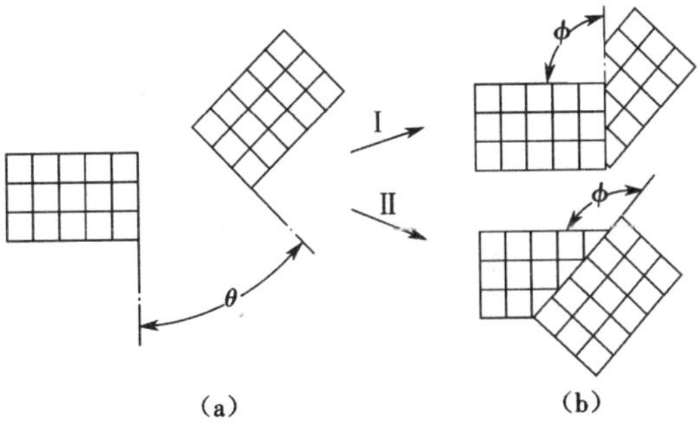

图3-56 二维平面点阵中的晶界

二维点阵中晶界的几何关系可用图3-56来描述,图(a)表示有两个位向相互成一定角度(θ)的晶粒,当它们聚合在一起时,两者之间就形成了晶界。图(b)表明,按照界面与任一晶粒的某一平面之间的夹角不同，晶界可以不同方式形成。很明显，单用二维晶体点阵之间的夹角 θ 尚不足以确定晶界。要完全确定晶界的几何关系，必须指明：

①两个晶粒点阵之间的位向角 θ；

②晶界相对于一个点阵某一平面的夹角 ϕ。

由于这种晶界要用两个角度来确定，所以叫做“二自由度晶界”。

三维点阵中晶界的几何关系一般要用五个角度来确定。

设想将图 3-57(a)所示晶体沿 x—z 平面切开，然后让右侧晶体绕 x 轴旋转，这样就会使两个晶体之间产生位向差。同样，右侧晶体还可以绕 y 或 z 轴旋转。因此，为了确定两个晶体之间的位向，必须给定三个角度。现在再来讨论具有固定位向的晶体间的晶界几何关系。如图 3-57(b)所示，位于 $x-z$ 面上的晶界面还可绕 x 轴或 z 轴转动以改变位向（绕 y 轴转动不改变方向）。因此，要确定两晶体之间晶界的位向还必须确定另两个角度。由此可以推断，一般空间点阵中的晶界具有五个自由度，其中三个自由度确定一晶粒相对于另一晶粒的位向，而另两个自由度则确定晶界相对于其中某一晶粒的位向。

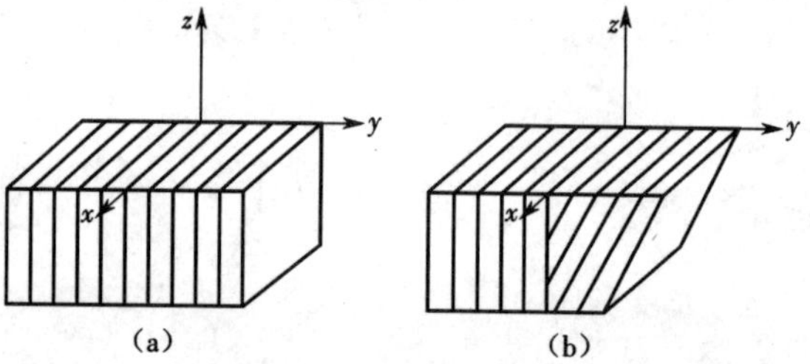

图 3-57　三维点阵中的晶界

按照相邻晶粒之间位向差(θ)的大小，可将晶界分为：

①小角度晶界——相邻晶粒的位向差小于 10°的晶界；

②大角度晶界——相邻晶粒的位向差大于 10°的晶界，多晶体中 90% 以上的晶界属于此类。

按照相邻晶粒之间位向差的不同形式，可将晶界分为以下三种：

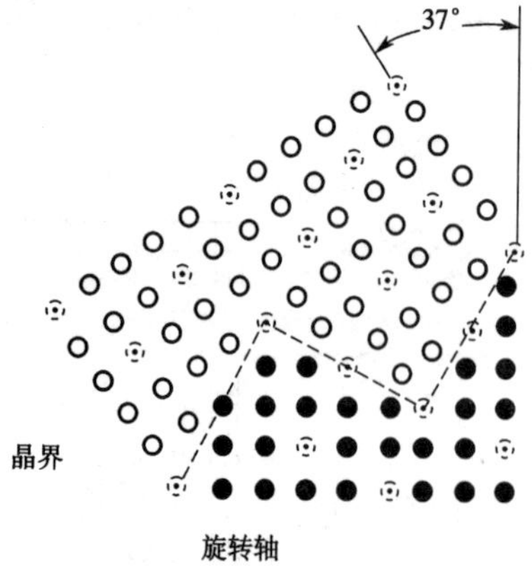

图 3-58　二维正方点阵中的重合位置点阵示意图

①倾斜晶界——把晶界两侧的不同取向看做是两部分点阵互相倾斜的结果；

②扭转晶界——把晶界两侧的不同取向看做是两部分点阵互相转动的结果；

③重合晶界——相邻两晶粒总界面中的一部分原子互相重合，界面上包含的重合位置越多，则两晶粒在界面上耦合得越好，晶界能越低。

图 3-58 举例说明一维正方点阵中，当两个相邻晶粒的位向差为 37°（即圈点表示的晶粒 2 的取向相对于黑点表示的晶粒 1 绕某固定轴旋转了 37°），而且晶界呈曲折的之字形时，晶界上存在着数目较多的重合位置，如麻点所示。在该情况下，如果把两晶粒的点阵都延伸到晶界以外，则发现每 5 个原子就有一个是重合位置，

即重合位置密度等于1/5。通常,把由这些互相重合的位置所构成的比原来晶体点阵大的新点阵称为“重合点阵”(Coincidence Lattice),更细致地说,应称为“1/5重合点阵”。按晶体结构,转动轴和转动角的不同,可以出现不同的重合位置密度的重合点阵。如果尽量以重合点阵中的原子密排面作为晶界面,则可降低晶界能。

早在1949年就有人用重合点阵模型来描述大角度晶界的结构,到20世纪60年代,此模型就较广泛地被人所接受,但近年来新实验技术的发展,又发现此模型尚不完善。

晶界是晶体中一种重要的面缺陷,它有许多与晶粒内部不同的特点,例如晶界具有表面能,扩散快,易腐蚀和氧化,晶界附近易于聚集杂质,相变首先在晶界处发生等。显然,晶界的存在必然会影响到金属材料的使用性能和工艺性能,因此,在金属的熔铸、压力加工和热处理过程中,必须对晶粒的大小进行控制。晶界为什么具有这些特性呢?要了解它的本质,必须首先从晶界的结构谈起。

1. 小角度晶界

小角度晶界的结构目前已能较精确地用位错模型来描述。

图3-59系一简单的对称倾斜小角度晶界,由于相邻两晶粒的位向差θ角很小,其晶界可看成是由一列刃型位错所构成,位错的间距D与柏氏矢量之间的关系为

$$\frac{b}{D}=2\sin\frac{\theta}{2}$$

当θ很小时,

$$\frac{b}{D}\approx\theta \tag{3-29}$$

对锗晶体进行化学侵蚀后,沿小角度晶界会出现一列均匀的蚀坑(图3-60)。

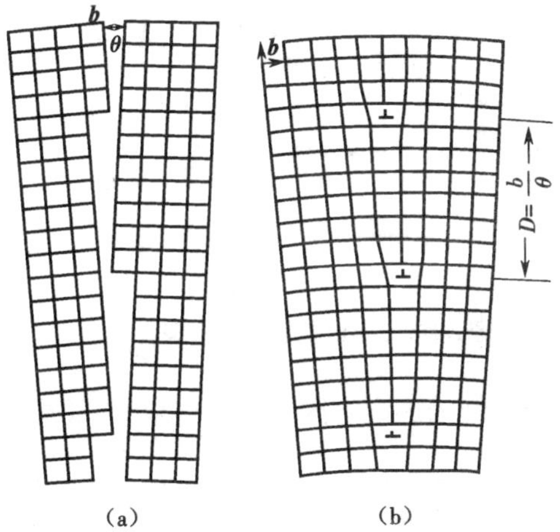

图3-59 对称倾斜的小角度晶界

(a)结构模型 (b)位错模型

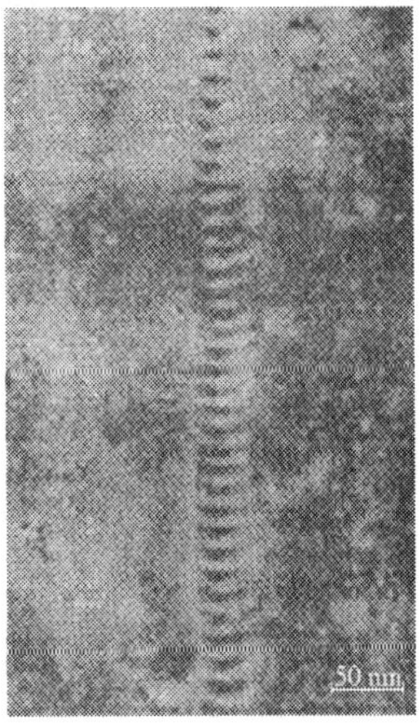

图3-60 锗的小角度晶界上的位错蚀坑

由实验测得的蚀坑间距,与用X射线法测出位向差θ角,以及与用式(3-29)计算出的位错间距非常接近。这便证明蚀坑就是位错的露头,而小角度晶界的确是由一列刃型位错所构

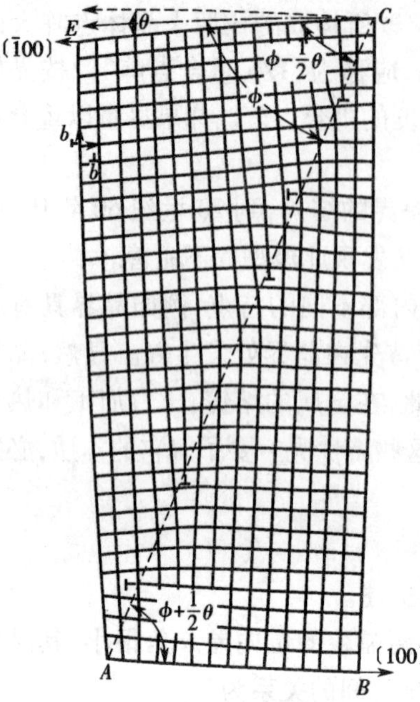

图 3-61 不对称倾斜晶界

成。但是，假若 θ 角过大，例如超过 15°，那么根据式(3-29)计算出的位错间距极小(约几个原子间距)，就很难分辨出单个的位错了。

小角度晶界也可由两组刃型位错组成，此时就成为不对称的倾斜晶界(图 3-61)。

为描述对称的倾斜晶界，只须指出其相邻晶粒的位向差 θ 角就行了，所以它属于具有一个自由度的晶界。但对于不对称的倾斜晶界，则不仅要指出 θ 角，而且还要指明晶界的倾斜角 ϕ(即晶界平面与平均的[100]方向之间的角度)，因而它是具有两个自由度的晶界。

还有一种扭转晶界，它也属于小角度晶界之一。图 3-62 表示沿着某一横断面切开的单晶棒，棒的下半部围绕垂直轴相对于上半部旋转一小角度 θ，这样，在上下两部分晶体之间就会出现扭转晶界。该晶界上的原子排列如图 3-63 所示，是由互相交叉的螺型位错网所组成，其自由度为 1(只有 θ 是可变参量)。

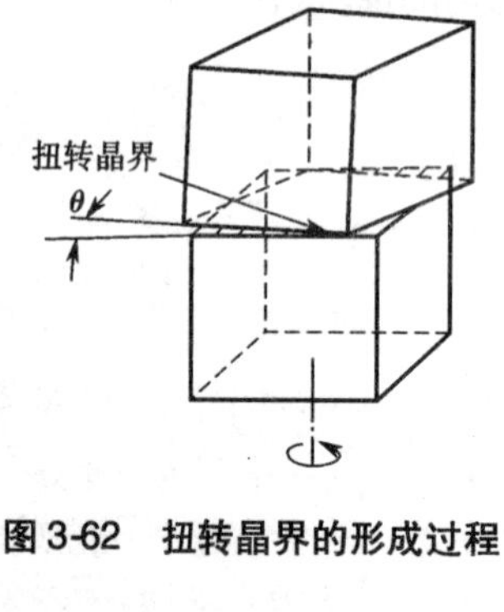

图 3-62 扭转晶界的形成过程

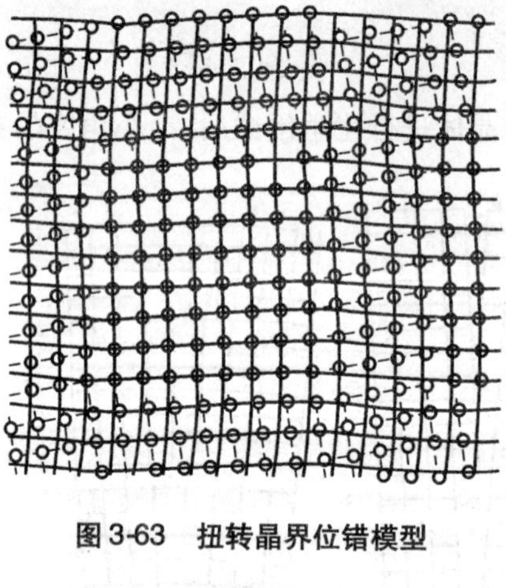

图 3-63 扭转晶界位错模型

大角度晶界的结构复杂，目前要对这种结构作精细的描述尚有困难。粗略地看，晶界的结构可能接近于图 3-64 所示模型。

图中表明取向不同的相邻两晶体在分界面上呈不规则的接触。分界面上既包含有同时属于两晶体的原子 D，也包含有不属于任一晶体的原子 A；既包含有压缩区 B，也包含有扩张区 C。总之，大角度晶界中原子排列比较紊乱。但也存在一些比较整齐的区域，因而可以把晶界看做是原子排列紊乱的区域(简称为坏区)与原子排列较整齐的区域(简称为好区)交替相间而成。随着位向差 θ 的增大，坏区面积将相应地增加。晶界很薄，约几个原子层厚。

2. 晶界的表面张力和晶界能

在 T、V 和 μ_i 不变的条件下，形成单位面积新表面所需做的功称为表面张力 γ。表面张力

$$\gamma = \left(\frac{dW}{dA}\right)_{T、V、\mu_i}$$

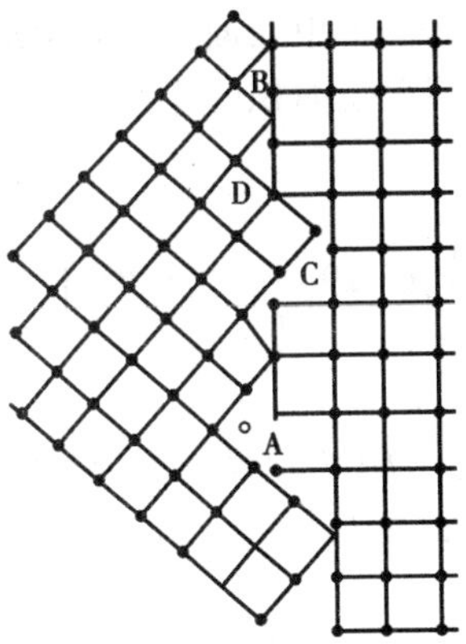

图 3-64 大角度晶界模型

为什么要做功？这是由于形成新的表面时必须割断键力。显然，表面张力与割断化学键以造成新表面所需能量有关，可近似地用下式表示：

$$\gamma = \left[\frac{\text{被割断的化学键数目}}{\text{形成单位新表面面积}}\right] \times [\text{能量/断键数目}]$$

举一简单立方点阵为例，并只考虑最近邻原子的键。图 3-65 表明该晶体中的(001)和(011)面的相对位置，可以看出，如果沿(001)面形成新的表面，则每隔一个 a 距离就须割断一垂直的键；如果沿(011)面形成新的表面，则须同时割断垂直的和水平的键，而被割断的相邻两键之间的距离为 $0.707a$。很明显，形成单位面积的新表面所需割断的键数，后者要比前者大，

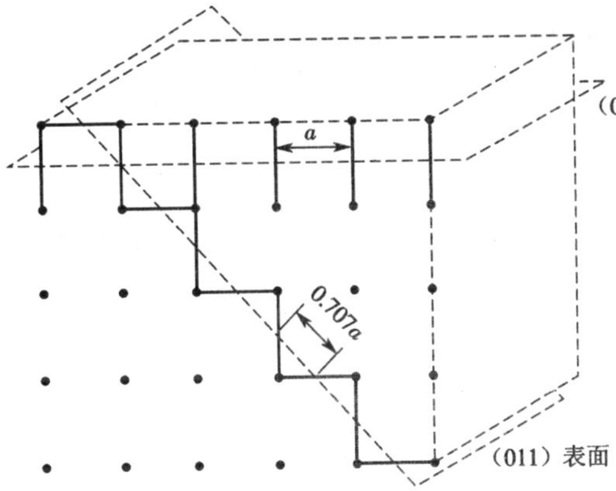

图 3-65 简单立方晶体不同(hkl)面上的键

即 $\gamma_{(011)} > \gamma_{(001)}$，由此可引出两个重要物理概念：

①晶体中的表面张力是各向异性的；

②一般说来，原子密度最大的面具有最低 γ 值，故晶体中往往是原子密度最大的面露在表面。

“晶界能”可定义为形成单位面积界面时，系统的亥姆霍兹自由能的变化，即 dF/dA。它等于界面区单位面积的能量减去无界面时该区单位面积的能量。在纯金属中，晶界的表面张力等于晶界能，而合金则不等。

小角度倾斜晶界的能量主要来自于位错，并可根据位错模型来计算。

图 3-66 代表在倾斜晶界上的三个刃型位错，其间距为 D，图中影线部分可想象为晶界的单元面积，即整个晶界是由这些单元面积堆砌而成的。根据式(3-23)，单位长度位错线的能量

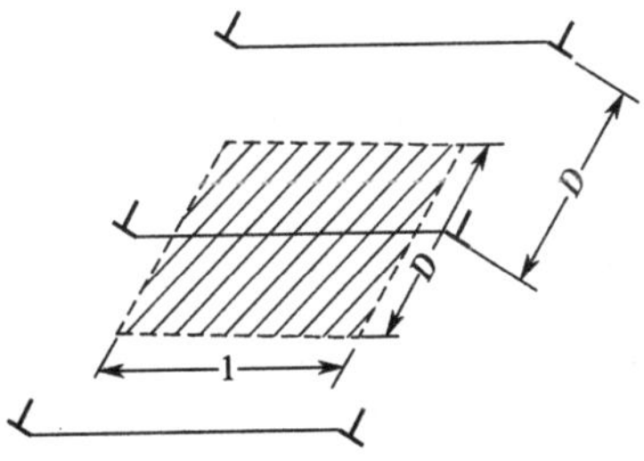

图 3-66 排列在倾斜晶界上的刃型位错

$$E = \frac{Gb_2}{4\pi(1-\nu)}\ln\frac{r}{r_0} + C \quad (C\text{ 代表位错中心区能量，可忽略不计}) \tag{3-30}$$

那么一个单元面积的能量则为 $E\times1$，其中 E 为穿过此面积的位错线的单位长度的能量，因此晶界单位面积的能量

$$E_B=\frac{E\times1}{1\times D}=\frac{E}{D} \tag{3-31}$$

将式(3-29)和式(3-30)代入式(3-31)，得

$$E_B=\frac{Gb\theta}{4\pi(1-\nu)}\ln\frac{r}{r_0}+C\frac{\theta}{b} \tag{3-32}$$

令 $r=D$（因沿倾斜晶界存在着交替的拉应力和压应力，在半径为 D 的圆周之外，这些应力将互相抵消，实际上不存在长程应力场，如图 3-67 所示），$r_0=b$，则得

$$E_B=E_0\theta[A-\ln\theta] \tag{3-33}$$

其中 $E_0=Gb/4\pi(1-\nu)$；$A=C4\pi(1-\nu)/Gb^2$。公式(3-33)只适用于小角度晶界，不适用于大角度晶界，因 θ 很大时 D 变为很小（参见式(3-29)），位错几乎重叠在一起，公式(3-32)已不能应用了。

图 3-68 为一般金属的晶界能与晶粒位向差 θ 角之间的关系曲线，实线代表实验所得的数据，虚线代表按式(3-33)计算所得数据。该图可以说明以下两点。

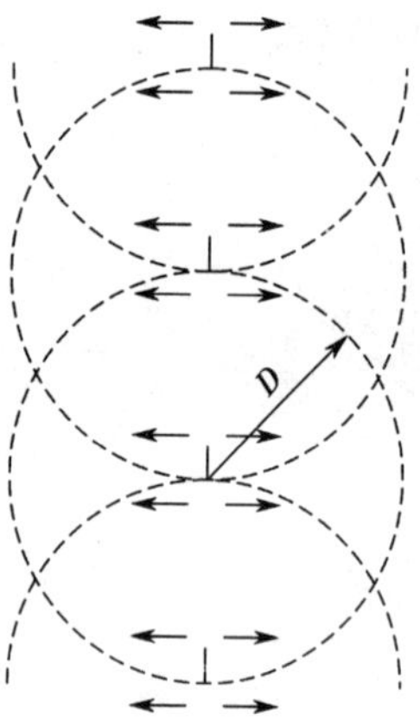

图 3-67　沿倾斜晶界的应力场

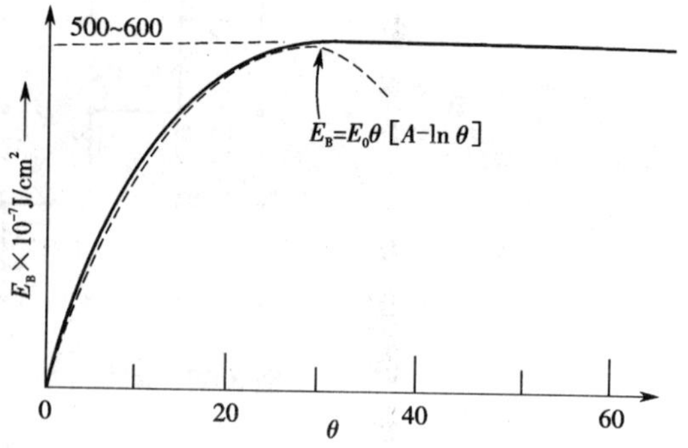

图 3-68　晶界能与位向差 θ 的关系

①当位向差 θ 角小于 20°时，晶界能的理论数据与实验数据的变化趋势是一致的，但 θ 过大则差别悬殊。

②小角度晶界的晶界能对位向差的变化很敏感，而大角度晶界的晶界能则接近于一常数，为 $500\sim600\times10^{-7}$ J/cm^2。由于多晶体金属中 90% 以上的晶界属于大角度晶界，因此多晶体金属的晶界能也可看做一常数。

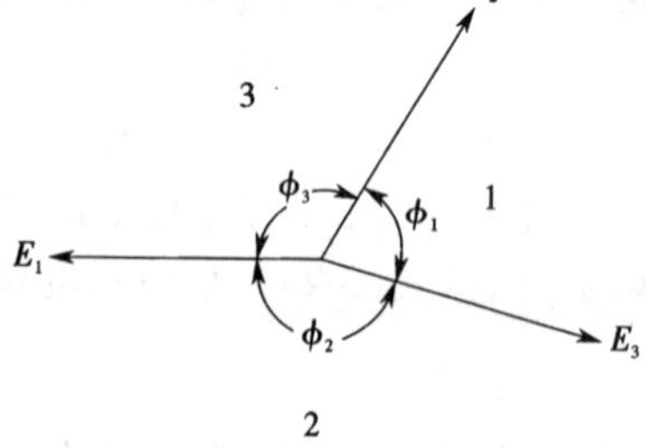

图 3-69　晶界能与界面角的关系

纯金属晶界能的相对值还可以通过测界面角的方法求出。

图 3-69 显示出三个晶粒相交的情况。设三个晶界单位面积的晶界能分别为 E_1、E_2 和 E_3，三个界面角分别为 ϕ_1、ϕ_2 和 ϕ_3。当此三个晶界达到平衡时，应遵循以下平衡方程：

$$\frac{E_1}{\sin\phi_1}=\frac{E_2}{\sin\phi_2}=\frac{E_3}{\sin\phi_3} \tag{3-34}$$

如果取一晶界的能量作为基准，则可通过测 ϕ 角来计算其他晶界的相对能量。

晶界能的大小对晶粒形状、晶粒长大以及晶界上少量第二相的形貌等均产生影响。

3. 合金中的少量第二相在晶界上析出

合金中的少量第二相倾向于在晶界上析出，因该过程可减小界面的总面积。界面能的大小（也可用相对应的表面张力来表示）对第二相的形貌产生明显的影响。图3-70表示少量β相分别存在于两个α相晶粒的晶界上和三个α相晶粒之间，图中的 θ 角称为“两面角”或“接触角”。由图可见，处于平衡时界面张力 $\gamma_{\alpha\alpha}$、$\gamma_{\alpha\beta}$ 与 θ 之间具有如下关系：

$$\gamma_{\alpha\alpha}=2\gamma_{\alpha\beta}\cos\frac{\theta}{2} \tag{3-35}$$

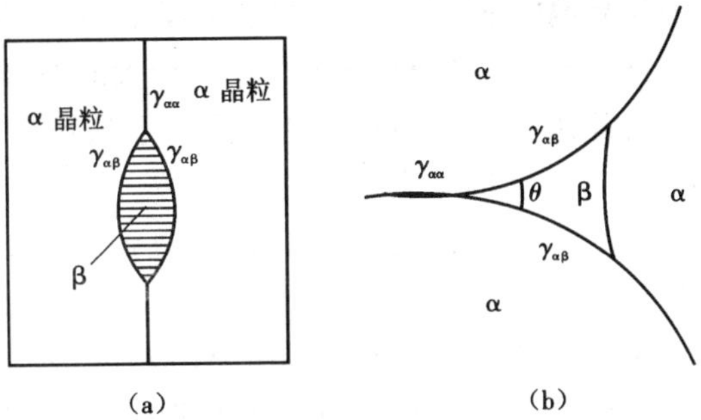

图3-70 第二相β分别处于两个(a)和三个(b)α相晶粒之间

上式表明两面角 θ 随 $\gamma_{\alpha\beta}/\gamma_{\alpha\alpha}$ 的比值而变，而两面角的大小又决定着晶界上第二相的形貌。

图3-71表明处于晶界上和三个晶粒交界处的第二相形貌与两面角的关系。当 $\theta=180°$ 时，第二相呈球状，即第二相不能在晶界表面上铺开，没有湿润性；当 $\theta=0°$ 时（此时 $\gamma_{\alpha\beta}=0.5\gamma_{\alpha\alpha}$），第二相可在晶界上完全铺开，形成连续薄膜，湿润性好；若 θ 角在0°至180°之间，则第二相在晶界上只能局部地铺开而形成不同的形状。

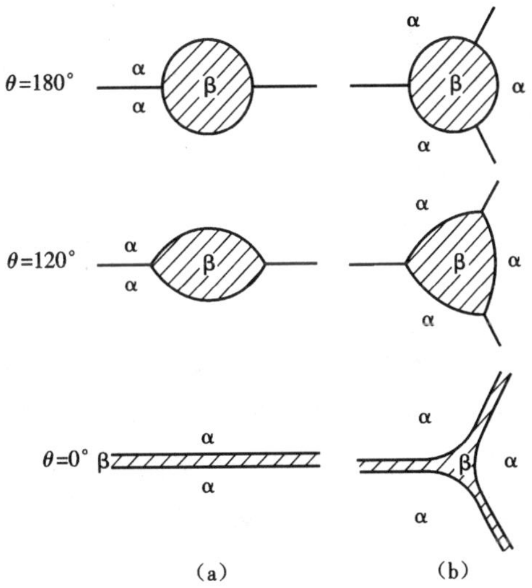

图3-71 第二相形貌与两面角的关系

(a)第二相处于两个晶粒的界面上

(b)第二相处于三个晶粒的交界处

两面角的概念常用来分析和解决生产上的问题，现举数例于下：

①可解释杂质对金属压力加工性能的影响。例如纯铜中含有0.002%以上的铋，则变得很脆，既不能热轧，也不能冷轧。这是由于铋的熔点低(271 ℃)，而且液态铋在铜晶界上的两面角接近于零，因而它在铜的一晶界上能铺开而形成连续薄膜，割断了铜的基体，使铜产生热脆性。另外，铋的本性很脆，含铋的铜也会出现冷脆性。铜中另一易熔杂质铅(326 ℃)的有害影响就不如铋的那么严重。这是由于液态铅在

晶界上的两面角较大，铅呈孤立质点存在，它对热轧的危害性相对小一些，其允许含量也可高一些。

②粉末冶金制品在烧结时必须选择两面角极小的金属作为黏结剂。如碳化钨粉末在烧结时就选用湿润性很好的钴来黏结。

③一种成功的焊料必须能很好地湿润被焊金属的表面，其两面角必须接近于零。为此，要求液态焊料与被焊金属之间的界面张力很小，焊接时使用熔剂就是为了创造这种条件。

4. 晶界平衡偏聚

晶界平衡偏聚在多元单相合金中，即使在平衡条件下，溶质元素有时也会聚集在晶界（或其他分界面）上，而使该部位的浓度远高于晶粒内部，这种现象称为“晶界平衡偏聚”（或称内吸附）。它与凝固时出现的枝晶偏析不同，后者是非平衡现象，可借均匀化退火来消除。产生平衡偏聚的原因，是由于溶质原子的尺寸与溶剂原子的有较大的差别，这种溶质原子处在晶粒内部时会产生很高的应变能。相反，如果处在晶界上，则由于晶界原子排列不规则，有的地方是拉应力区，原子周围的空隙较大，有的地方是压应力区，原子周围的空隙较小。这样，尺寸较大的置换式溶质原子和填隙式溶质原子占据前面那些地方，而尺寸较小的置换式溶质原子占据后面那些地方，均可以降低应变能。由于溶质原子聚集在晶界上会导致整个系统应变能减小，还可降低界面能，这就为晶界上的偏聚过程提供了驱动力。溶质原子与晶界的这种交互作用属于弹性交互作用，一般它属于主导地位。此外，溶质原子与晶界的静电交互作用和化学交互作用也可能有影响。

利用俄歇能谱仪可直接测量晶界上溶质原子浓度。实验指出，在平衡偏聚时，晶界溶质原子的浓度可比晶内高 10 至 20 000 倍，晶界偏聚区的宽度约 0.4 到几十纳米。

影响晶界平衡偏聚的主要因素有以下几方面。

（1）成分

不同的合金系统，其晶界偏聚的程度不同。对任一给定溶质原子而言，晶界偏聚与溶质原子浓度成正比。如果在铅中加入不同种类的溶质原子，实验发现，溶质原子在铅中的溶解度极限越小，则晶界偏聚越严重。在合金中加入第三种元素，它可能通过下列方式减弱或增强晶界偏聚的速率和程度。

①影响第二元素的扩散速率，从而改变偏聚动力学。

②如果第三种元素的原子在溶剂金属中引起点阵畸变的性质（扩张或压缩）与第二种元素所引起的相反，而且这两种元素的原子百分数含量相近，那么它们在基体点阵中所引起的畸变可能互相抵消，结果会降低晶界偏聚的倾向性。

③影响偏聚溶质原子在基体中的溶解度。

④与溶质原子形成复杂而稳定的第二相，使之不向晶界偏聚。例如，在铜中加入 Fe、B、Ni 和 Be 等，可减轻 Sn、Sb 在铜晶界上的偏聚程度。相反，加入 P 则增强 Sn 在铜晶界上的偏聚程度。可见第三元素的影响是复杂的。

（2）温度

设溶质原子在晶粒内和在晶界上的能量差为 ΔE，则晶界上的溶质原子浓度 C 和一个晶粒体积中溶质原子的浓度 C_0 应满足以下的关系：

$$C = C_0 \exp\left(\frac{\Delta E}{kT}\right) \tag{3-36}$$

可见，C 的大小与温度有关。在高温时 C 小，即溶质原子的分布比较均匀，内吸附不明显。生产上可选择适当的淬火温度来控制溶质原子在晶界上的分布，从而改善其影响。

(3)界面结构

对于一系列的铅-金双晶试样的界面偏聚现象，研究发现，共格孪晶界即使在溶质原子浓度较高时也无明显的界面偏聚现象，而非共格孪晶界和小角度倾斜晶界则有中等的界面偏聚，但远不如大角度晶界那么严重。

晶界偏聚对于晶界移动、晶界腐蚀、晶界断裂、回火脆性以及固态反应(包括固态相变和氧化)等会产生重大影响，利用此概念可以解释微量元素对金属材料某些力学性能的突出作用。

但是还应指出，有一些溶质元素是非表面活性的，即它们在晶粒内的浓度反而高于晶界的(有些文献称此现象为“负吸附”，而把前面所谈的晶界平衡偏聚称为“正吸附”)，这说明溶质原子与界面之间不仅有弹性交互作用，而且还存在着静电交互作用和化学交互作用(它与溶质原子的电子结构有关)。当两者的作用相反而后者的作用大于前者时，弹性交互作用将被抵消，溶质原子就不偏聚在界面上而是富集在晶粒内部。一般认为，降低固溶体固相点的添加元素是表面活性的，而升高固溶体固相点的添加元素则是非表面活性的，因而在形成连续固溶体的 Cu-Ni 系中，铜在镍基合金内将产生正吸附，而镍在铜基合金内则产生负吸附。

3.3.2 亚晶界

实验发现，在多晶体的每一晶粒中还存在着更细微的“亚组织”(图 3-72)。这种亚组织是由直径 10～100 μm 的若干晶块所构成，彼此之间存在着很小的位向差(通常小于 1°)。这些晶块之间的分界面称为“亚晶界”。

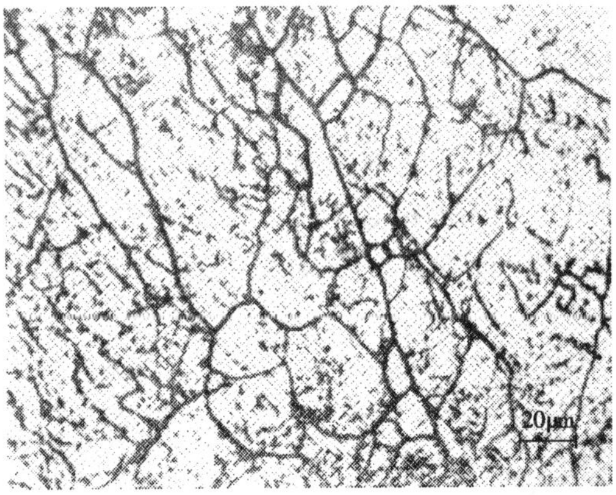

图 3-72　Fe-4Si 合金中的亚晶界

亚组织和亚晶界的含义是广泛的，它们分别泛指尺寸比晶粒更小的所有细微组织和这些细微组织的分界面。因此，从熔体生长的、于晶粒内部出现的嵌镶块组织(如胞状组织、线形组织)和它们的界面，以及经变形和退火后于晶粒内部出现的亚晶粒和它们的界面等均属于此范畴。

亚晶界的能量比晶内的高，它也是溶质原子优先聚集和第二相优先析出的地方。亚晶界可阻碍位错的运动，亚晶粒的细化将使金属的强度提高(图 3-73)。

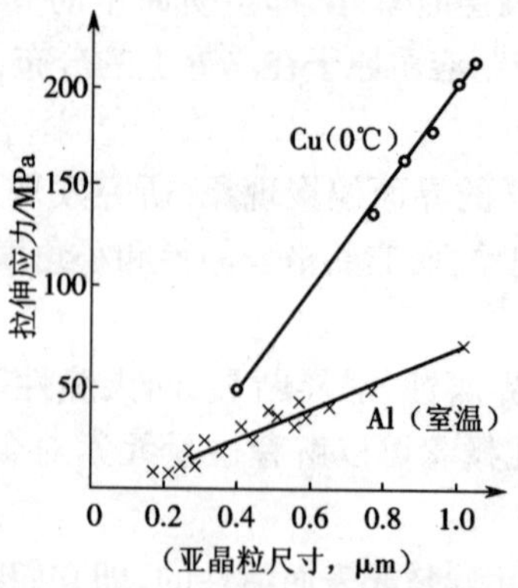

图 3-73 亚晶直径对金属屈服强度的影响

3.3.3 孪晶界

晶体的一部分以某一个面为对称面而与相邻的另一部分处于对称位置，此时相互对称的一对晶体合称为“孪晶”。它们的对称面就称为“孪晶面”。孪晶可分为共格孪晶和非共格孪晶两种，前者较为常见。

图 3-74 是共格孪晶示意图，它的特点是孪晶界等同于孪晶面，而且孪晶面上的所有原子均为相邻两晶块的晶格所共有。由于共格孪晶面上没有点阵畸变，也没有显著的原子错排，它们最邻近原子的数目和距离都没有改变，仅次邻近原子有所变化，因此它的界面能比普通晶界的低得多，前者约为后者的 1/10。共格孪晶面在显微镜下呈直线。

图 3-75 代表非共格孪晶的结构特点。此时的孪晶界就不再是对称面，也就不再是孪晶面，而是相对于孪晶面转动了一个 ϕ 角。这样，孪晶界上的原子只是一小部分为相邻两孪晶所共有，原子错排较严重，因此它的界面能相对提高，约为普通晶界的 1/2。在密排晶体中，如果密排面的堆垛顺序发生错乱就会产生孪晶。例如，面心立方晶体是以{111}面按 ABCABC……的顺序堆垛而成。如果从某一层起，堆垛顺序错排（图 3-76），则晶体的Ⅱ部分就会与Ⅰ部分（或Ⅲ部分）形成如图 3-77 所示的镜面对称的孪晶关系。显然，共格孪晶与堆垛层错之间有密切的关系，当层错的宽度扩展到能在光学显微镜下可见时，即称为共格孪晶。

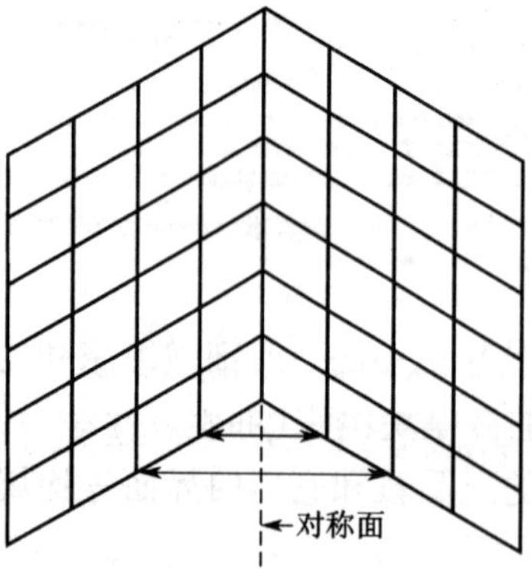

图 3-74 共格孪晶

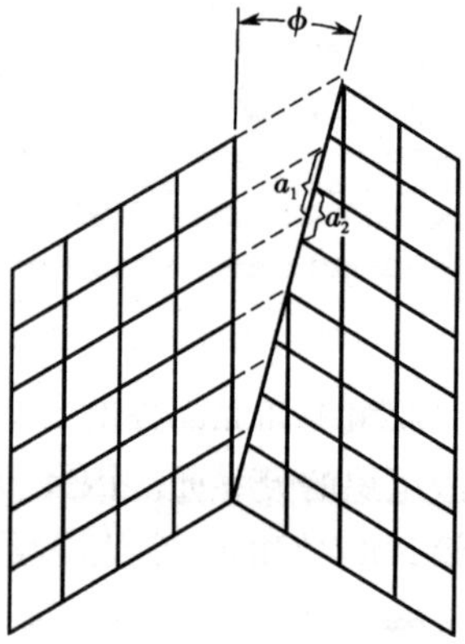

图 3-75 非共格孪晶

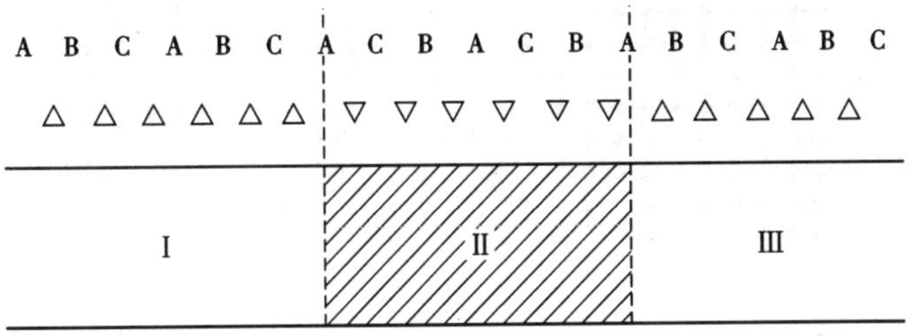

图 3-76 堆垛层错引起的孪晶

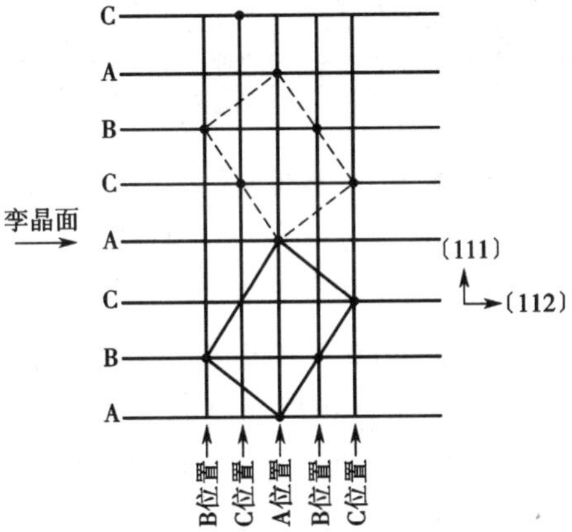

图 3-77 面心立方晶体中由于堆垛顺序错乱而产生孪晶面

孪晶可以在形变的晶体中产生,称为"机械孪晶"或"形变孪晶";也可能从气相、液相或固相中成长着的晶体中产生,称为"成长孪晶";对于变形后的面心立方金属来说,还经常在退火时产生,称为"退火孪晶"。可以预料,层错能高的金属中不易产生孪晶。

3.3.4 相界

具有不同结构的两相之间的分界面称为"相界"。相界的结构和相界能量对于相变及多相合金的性能有重大影响。

相界可以是共格、半共格和非共格的。共格相界的特征是界面两侧的"相"保持一定的位向关系,而且沿着界面,两相具有相同或近似的原子排列(包括原子面间距和排列的几何形态等),这样,两相在交界面上,原子就匹配得很好或较好。

图 3-78(a)是一种具有完善共格关系的相界,在相界上的原子对准(即匹配)得很好,几乎没有畸变,显然,这种相界的能量特别低,但是,这种相界比较少见(纯钴中的马氏体相界属于此类型)。更常见的是共格面两侧晶体的原子面间距略有差别,这样就会在相界附近引起一定的弹性畸变,即相界一侧的晶体(原子面间距大的)受到压应力,而另一侧原子面间距小的晶体则受到张应力(图 3-78(b)),这时相界的能量就比前一种高(一般不超过 2×10^{-5} J/cm^2)。在某些情况下,当相界的畸变能高至不能维持共格关系时,则共格关系被破坏而变为一种非共格相界(图 3-78(d))。非共格相界的畸变能虽已减小,但又出现了表面能,因此非共格相界有缩小表面积的趋势,其界面能为$(5\sim10)\times10^{-5}$ J/cm^2。

另一种能量较低的相界是如图 3-78(c)所示的半共格(或准共格)相界(其相界能为(2 ~

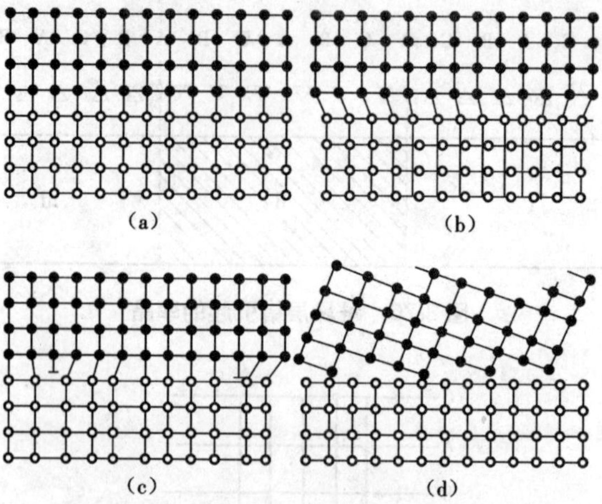

图 3-78　各种形式的相界

(a)完全共格界面　(b)具有一定弹性畸变的共格界面

(c)半共格相界　(d)非共格界面

5)×10^{-5} J/cm^2)。其特征是沿相界面每隔一定距离产生一个刃型位错,除刃型位错线上的原子外,相界上其余的原子都是共格的,而且相界两侧晶面上的原子错配得像游标尺的刻度一样,每隔一定距离(例如几个点阵常数的距离)这些晶面又重新对准一次。

图 3-79 表示两个简单立方的 α 相(点阵常数为 a_α)和 β 相(点阵常数为 a_β)沿{100}面的半共格相界。β 相每隔 6 个面间距离就有一个晶面与 α 相的晶面对准,在正中的 $D/2$ 处有一刃型位错,此时相界两侧原子的错配度 δ 可用下式计算:

$$\delta = \frac{a_\alpha - a_\beta}{a_\alpha} \tag{3-37}$$

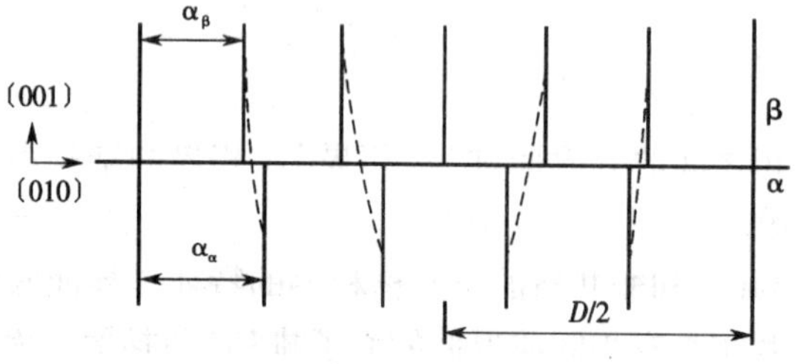

图 3-79　半共格界面

设两刃型位错的间距为 D,由于 $D = 6a_\beta = 5a_\alpha$,经过简单计算就可得出 $D = a_{\alpha/\delta}$,当 D 变为足够小时位错很靠近,相界两侧的原子全部错排,此时的相界就变为非共格相界了。

相界能也可采用类似于测晶界能的方法(如测两角等)来测量。一些实验表明,相界能低于相应的单相金属中的晶界能(见表 3-3)。从理论上讲,相界能应当包括两都分:一部分为化学交互作用能,另一部分则是弹性畸变能,而后者可能更为重要。

表 3-3 相界能与晶界能的比较

合金系统	相邻的两相		供比较的晶界	相界能与晶界能的比值
	A 相	B 相		
Cu-Zn	α(面心立方)	β(体心立方)	α/α	0.78
Cu-Zn	α(面心立方)	β(体心立方)	β/β	1.00
Cu-Al	α(面心立方)	β(体心立方)	α/α	0.71
Cu-Al	β(体心立方)	γ(复杂立方)	γ/γ	0.78
Cu-Sn	α(面心立方)	β(体心立方)	α/α	0.76
Cu-Sn	α(面心立方)	β(体心立方)	β/β	0.73
Fe-C	α(体心立方)	γ(面心立方)	α/α	0.71
Fe-C	α(体心立方)	γ(面心立方)	γ/γ	0.74
Fe-C	α(体心立方)	Fe_3C(正交)	α/α	0.79

3.4 晶体缺陷之间的交互作用

3.4.1 位错与位错之间的交互作用

前已谈及,在实际晶体中常存在着各种缺陷(如位错、空位、填隙原子、溶质原子等),这些缺陷的周围又存在有应力场,它们彼此之间还会发生交互作用。这种交互作用对于金属的塑性变形和力学性能等均有重大影响。本节首先讨论作用于位错的力和位错的线张力,然后再分别叙述位错与其他缺陷的交互作用。

1. 作用于位错的力

处于滑移面上的位错在切应力作用下有可能发生滑移。由于位错的移动方向总是与位错线垂直,因此,可设想有一个垂直于位错线的作用力推动位错前进,并可把这个作用在位错线上的力(F)定义为使位错线移动单位距离所做的功。如图 3-80 所示,设一外加切应力 τ 使一位错线段 ds 在滑移面上滑动 dl 距离,此线段的运动促使 dA 面上的晶块相对于下面的晶块错开了一柏氏矢量 $\boldsymbol{b}$。此时移动此线段所做的功

$$dW = (\tau dA) \times b = \tau \times dl \times ds \times b$$

另一方面,此功也相当于作用在位错上的力(F)使位错线移动单位距离所做的功,即

$$dW = F \times dl$$

由于

$$\tau \times dl \times ds \times b = F \times dl$$

所以

$$F = \tau b \times ds$$

$$F_d = \frac{F}{ds} = \tau b \tag{3-38}$$

式中:F_d为作用于位错线单位长度上的力,此力永远与位错线垂直。在纯刃型位错的情况下,F_d和切应力 τ 同向;但对于纯螺型位错,F_d就和切应力方向相互垂直(图 3-81)。

2. 位错的线张力

位错的能量与其长度成正比,为了降低能量,位错线有尽可能缩短的倾向,这种缩短的倾向表现为位错的线张力。位错的“线张力”就是增加单位长度位错线所需做的功或贮存的能

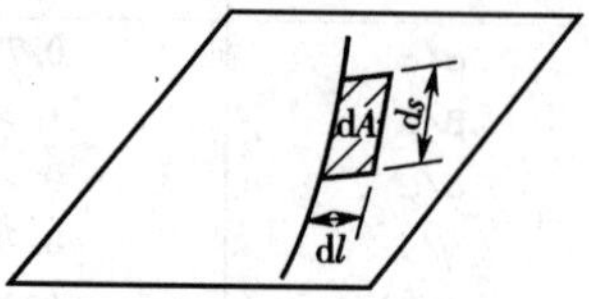

图 3-80 作用于位错线上的力

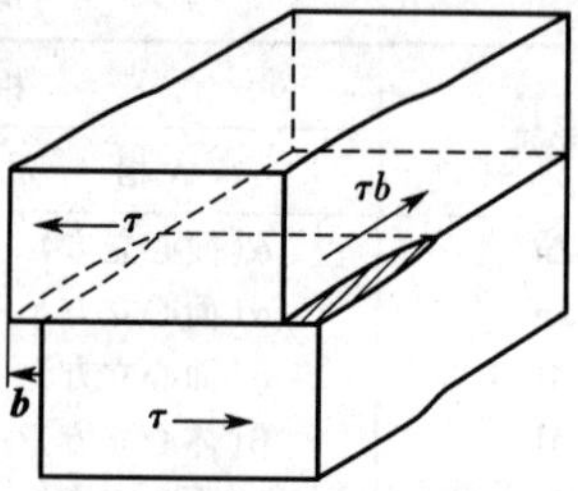

图 3-81 作用于纯螺型位错的力与切应力的几何关系

量。关于位错的线张力基本上可用式(3-25)、式(3-26)来确定，直线位错约为 Gb^2，而弯曲位错的线张力则由于远程的应力场可以相互抵消，使其线张力小于直线位错的，据 J. Friddel 粗略估计，约为$\frac{Gb^2}{2}$。下式可近似地表达位错的线张力：

$$T \approx kGb^2 \tag{3-39}$$

式中：对于直线位错，k 约为 1；对于弯曲位错，k 约为 0.5。

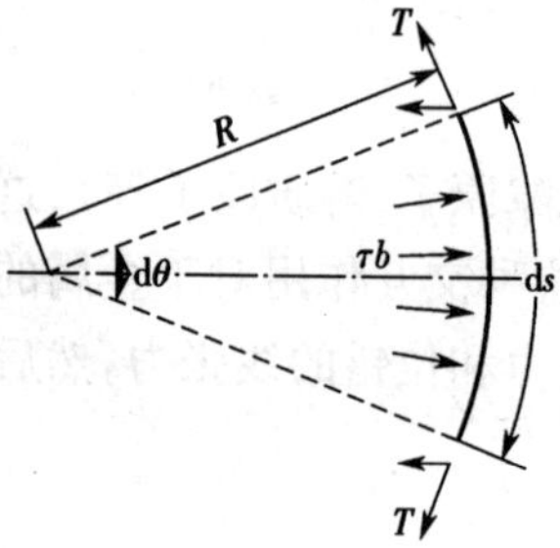

图 3-82 作用在一段弯曲线位错上的力

设一长度为 ds 的位错线段在运动过程中，由于两端被障碍物钉住而弯曲成如图 3-82 所示形状，其曲率半径为 R。在此情况下，有两种力作用在位错线上：一种力是作用在位错线法线方向的力，它推着位错线向右移动，使位错线弯曲，由于作用在每一单位长度上的力是 τb，因此作用在整个位错线段 ds 上的力为 $\tau b \times \mathrm{d}s$；另一种是作用在位错线两端的线张力 T，它们企图使位错线变直，每一 T 在水平方向各有一向心回复力，使位错线向左移，其大小为 $T\sin\frac{\mathrm{d}\theta}{2}$。为维持平衡，此两种力必须相等，即

$$\tau b \times \mathrm{d}s = 2T\sin\frac{\mathrm{d}\theta}{2}$$

由于

$$\mathrm{d}s = R\mathrm{d}\theta$$

当 θ 很小时

$$\sin\frac{\mathrm{d}\theta}{2} \approx \frac{\mathrm{d}\theta}{2}$$

所以

$$\tau b \times \mathrm{d}s = T \times \mathrm{d}\theta = \frac{T}{R}\mathrm{d}s$$

即

$$\tau b = \frac{T}{R}$$

前已谈及弯曲位错的 $T \approx \frac{Gb^2}{2}$，带入上式得

$$\tau b \approx \frac{Gb^2}{2R}，或\ \tau \approx \frac{Gb}{2R} \tag{3-40}$$

由此可见，被弯曲的位错线其曲率半径 R 决定于平衡条件下的位错线张力和作用于位错线上的力的相对大小。曲率半径越小，位错线弯曲越厉害，则所需与之相平衡的切应力越大。这些概念对于理解前面所讲的位错增殖及沉淀硬化现象是有用的。

3. 位错与位错之间的交互作用

(1) 两平行的刃型位错之间的交互作用

设有一沿 Oz 轴的刃型位错Ⅰ和另一处于(x,y)位置并与之相平行的同号刃型位错Ⅱ，它们的柏氏矢量分别为 $\boldsymbol{b}$ 和 $\boldsymbol{b}'$，其距离为 r（图3-83）。由式(3-38)可见，位错Ⅰ会产生一切应力分量 τ_{xy} 使位错Ⅱ受到一滑移力 F_x，还会产生一正应力分量 σ_{xx}，使位错Ⅰ受到一攀移力 F_y。它们的表达式分别为

$$F_x=\tau_{yx}b'=\frac{Gbb'}{2\pi(1-\nu)}\times\frac{x(x^2-y^2)}{(x^2+y^2)^2}=\frac{Gbb'}{2\pi(1-\nu)}\times\frac{x}{r^2}\left(1-2\frac{y^2}{r^2}\right) \tag{3-41}$$

$$F_y=-\sigma_{xx}b'=\frac{Gbb'}{2\pi(1-\nu)}\times\frac{y(3x^2+y^2)}{(x^2+y^2)^2}=\frac{Gbb'}{2\pi(1-\nu)}\times\frac{y}{r^2}\left(1+2\frac{x^2}{r^2}\right)$$

$$=\frac{Gbb'}{2\pi(1-\nu)r}\sin\theta(1+2\cos^2\theta) \tag{3-42}$$

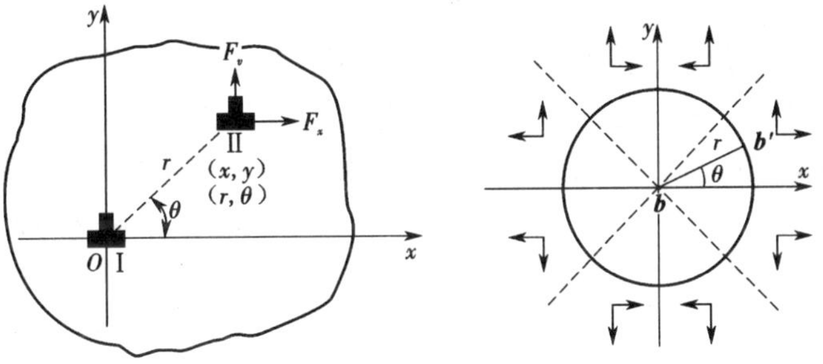

图3-83 平行的刃型位错之间的交互作用

根据上两式可以推断出位错Ⅱ在不同象限内所受到的攀移力和滑移力（图3-84）。由式(3-42)可知，F_y和 y 同号，当位错Ⅱ在位错Ⅰ的滑移面上边时，受到的攀移力是正值，即指向上；当位错Ⅰ在该滑移面下边时，受到的攀移力是负值，即指向下。因此，两位错沿 y 轴方向是互相排斥的。滑移力 F_x 的变化有如下规律：当 $x^2>y^2$ 时，F_x 指向外，即两位错线沿 x 轴方向互相排斥；当 $x^2<y^2$ 时，F_x 指向内，即两位错线沿 x 轴方向互相吸引。在 $x=0$ 及 $x=\pm y$ 处，F_x 虽然都等于零，但是，位错Ⅱ处于这两个位置的稳定性质却不同，处于 $x=0$ 位置时为稳定平衡位置，因为位错Ⅰ若稍许向 $+x$ 和 $-x$ 方向偏离，都会受到一力使之返回原位置；处于 $x=\pm y$ 时则为介稳平衡位置，因为位错Ⅰ若稍许偏离此位置，则它所受的力是使它继续远离。假设两个刃型位错的符号相反（亦即柏氏矢量相反），它们之间的交互作用力的方向也会改变，而稳定平衡位置和介稳平衡位置也会互相对换，即当 $x=0$ 时，位错Ⅰ位于介稳平衡位置；当 $x=\pm y$ 时，则位于稳定平衡位置。由此可以推断，晶体内不在同一滑移面上的平行刃型位错经交互作用之后，同

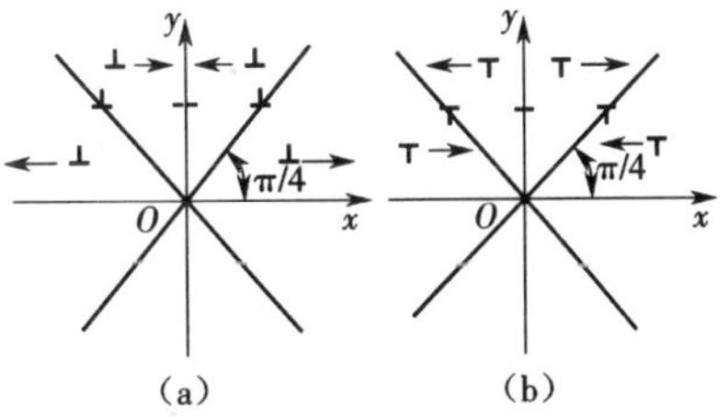

图3-84 平行刃型位错之间的交互作用

(a)同号位错 (b)异号位错

号位错将沿垂直于滑移面的方向排列起来(图3-84(a)),而异号位错则分布在 $x=\pm y$ 线上(图3-84(b)),前面所谈到的小角度晶界就与这两种刃型位错的排列方式有关。

(2)两个平行螺型位错之间的交互作用

按照式(3-22)和式(3-38),一个螺型位错加在另一个与之相平行的螺型位错上的力的大小为 $G\dfrac{bb'}{2\pi r}$,式中 b、b' 分别为两螺型位错的柏氏矢量的大小,r 为两者之间的距离。同号螺型位错之间的作用力是斥力,异号是引力。

螺型位错与平行的刃型位错之间不发生交互作用,因两者柏氏矢量互相垂直,各自的应力场都没有可使对方受力的应力分量。

(3)具有任意柏氏矢量的平行位错之间的交互作用

它们之间的交互作用可用能量观点来分析。设想将两根位错线合并成为一根,合成后的柏氏矢量为 $\boldsymbol{b}=\boldsymbol{b}_1+\boldsymbol{b}_2$。由于位错线的能量是与柏氏矢量的平方成正比,因此,如果 $\boldsymbol{b}_1$ 与 $\boldsymbol{b}_2$ 之间的夹角小于90°,则 $\boldsymbol{b}^2>\boldsymbol{b}_1^2+\boldsymbol{b}_2^2$。这样合并后能量反而升高,显然,这时的交互作用是排斥而不是合并。如果 $\boldsymbol{b}_1$ 与 $\boldsymbol{b}_2$ 之间的夹角大于90°,则 $\boldsymbol{b}^2<\boldsymbol{b}_1^2+\boldsymbol{b}_2^2$,此时两位错线合并之后能量降低,因而它们会互相吸引。

4. 位错的交截

设某滑移面上有一位错在运动,它必与穿过此滑移面上的其他位错(称为"林位错")相交截,并受到阻碍。但是,滑动位错在足够大的切应力推动下,也可切过林位错而继续前进。通常把位错互相切割的过程称为"位错交截"。现对直线位错的不同交截情况分别讨论。

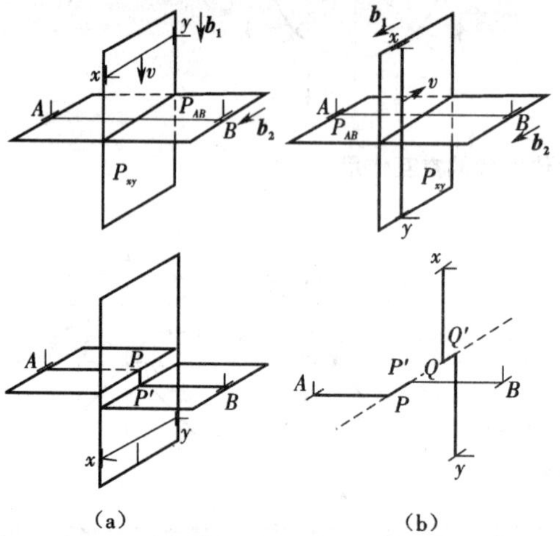

图3-85 两根互相垂直的刃型位错的交截

(a)柏氏矢量互相垂直 (b)柏氏矢量互相平行

(1)两根互相垂直的刃型位错的交截

如图3-85(a)所示,假设两根刃型位错的柏氏矢量 $\boldsymbol{b}_1$ 和 $\boldsymbol{b}_2$ 互相垂直,当位错线 xy 向下移动与不动位错线 AB 交截之后,便使 P_{AB} 面左右两侧晶体相对位移 $\boldsymbol{b}_1$,这样就使位错线 AB 产生一个长度与 $\boldsymbol{b}_1$ 相等的刃型割阶 PP'(但交截对位错线 xy 不产生割阶,因柏氏矢量 $\boldsymbol{b}_2$ 与位错线 xy 平行)。由于这种割阶仍位于滑移面上,所以它也是可滑动的,对位错运动不起阻碍作用。但它只能随着位错线 AB 沿着 $\boldsymbol{b}_2$ 所指方向移动。相反,假设两根刃型位错线的柏氏矢量 $\boldsymbol{b}_1$ 和 $\boldsymbol{b}_2$ 互相平行(如图3-85(b)),则在交截之后会出现不同的结果,即每根位错线均产生一小段属于螺型位错性质的扭折,它们均可随主刃型位错线滑移。但在运动过程中,这种扭折在线张力的作用下可能被拉直而消失。

(2)刃型位错与螺型位错的交截

图3-86表示运动的刃型位错 L_1 与不动的螺型位错 L_2 相交截。晶体中由于螺型位错 L_2 的存在,使垂直于 L_2 的诸晶面形成一个连续的、螺距为 b_2 的螺旋面。运动着的 L_1 及其柏氏矢量都垂直于 L_2,因而 L_1 的滑移面就是这个螺旋面。在 L_1 和 L_2 交截之前,L_1 还是在一个近乎平面

的滑移面上运动。交截之后 L_1 被分割成为位于相邻两平行平面内的两段位错，中间由刃型割阶 A_1A_1' 相连接，其长度与 $\boldsymbol{b}_2$ 的模相等。但本身的柏氏矢量仍和 L_1 一致，均为 $\boldsymbol{b}_1$。A_1A_1' 割阶可随主刃型位错线一道滑移。

螺型位错 L_2 在交截之后，则产生一个长度与 $\boldsymbol{b}_1$ 的模相等的扭折 A_2A_2'（本身的柏氏矢量仍为 $\boldsymbol{b}_2$），它是刃型性质。由于是在同一滑移面内，此扭折可随主螺型位错线一道滑移，而且在线张力作用下可以被拉直，如图中虚线所示。

（3）两根螺型位错线的交截

这是位错交截中最值得注意的一种。如图3-87（a）所示，螺型位错 L_1 由左向右移动，遇到与之相垂直的 L_2 螺型位错发生交截之后，两根螺型位错各自产生了一小段的刃型割阶。为简化计，图3-87（b）中只画出 L_1。位错上割阶 PP' 的长度为 b_2。由于此割阶只能在 PP' 与 $\boldsymbol{b}_1$ 所组成的平面内沿 $\boldsymbol{b}_1$ 所指方向滑移，与 L_1 螺型位错的滑移不一致，所以不能跟随螺型位错 L_1 一道滑移。它只有通过攀移才能跟随整个螺型位错线一道运动。可是，在室温时攀移很困难，因此这一小段割阶就成为整个 L_1 位错线继续运动的障碍，增加了对位错运动的阻力。有人认为这是金属加工硬化的原因之一。

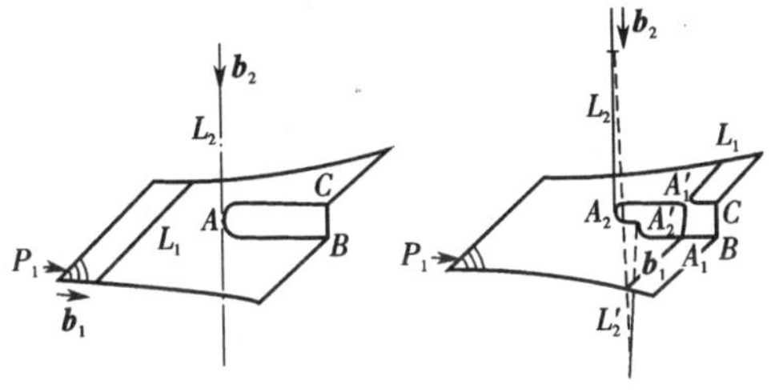

图3-86 刃型位错与螺型位错交截

（a）交截前 （b）交截后

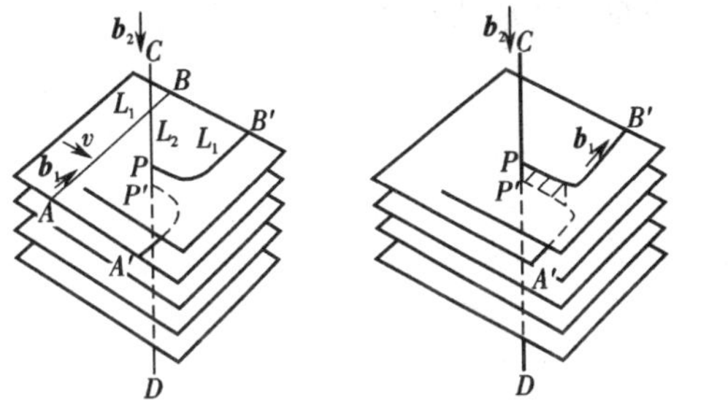

图3-87 两螺型位错的交截

（a）交截前 （b）交截后

综上所述，可见晶体在外力作用下，其内部运动着的位错线会发生交截现象。在交截之后，每根位错线上都可能产生一“扭折”或“割阶”，其长度与另一位错的柏氏矢量的模相同。扭折与位错线是在同一滑移面上，可随主位错线一道运动，几乎不产生阻力，而且扭折在线张力作用下易于消失。但割阶则与位错线不在同一原子平面上，如果割阶的滑移与位错线的滑移不一致，则除非割阶产生攀移，否则割阶就不能跟随主位错线一道运动，成为位错运动的障碍。金属在冷加工过程中，硬度、强度提高而塑性下降，就与此现象有关，通常称此为割阶硬化。

5. 位错的塞积

位错在运动过程中除遇到其他位错而发生交截之外，还可能遇到晶界、孪晶界、相界或其他障碍物而产生“塞积”（pile-up）现象。

图3-88代表同一滑移面上由同一位错源（即产生原始位错的来源）产生的同号位被堵塞在障碍物前面，形成一种前端密、后端稀疏的位错排列组态，称为“塞积群”。塞积群中的位错在下述几种力的综合作用下达到平衡的分布状态。

①有效切应力 τ_0（即抵消点阵阻力之后的切应力）把位错推向障碍物，使它们在障碍物前

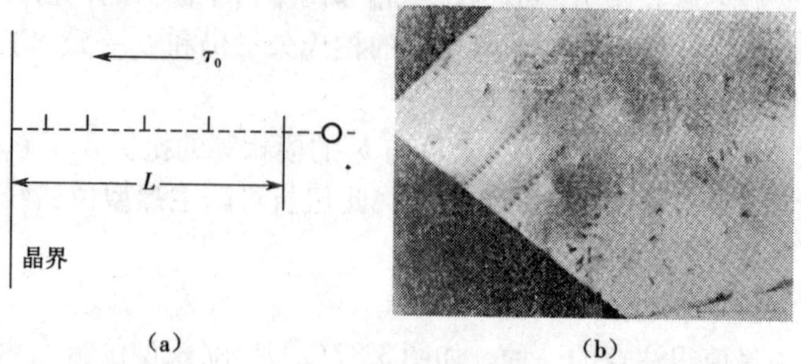

图 3-88 位错的塞积

(a)示意图 (b)实物照片

面尽量靠紧。

②同号位错之间的斥力,迫使位错群中的位错沿滑移面尽量散开。

③障碍物的阻力,也就是整个塞积群对位错源的反作用力。此力与塞积群中的位错数目成正比。当塞积群中位错数目达到一定数值 n 之后,外力就不足以开动位错源,所以塞积群中位错总数就取决于外加有效切应力 τ_0 以及第 n 个位错到障碍物的距离 L,近似地可用下式计算:

$$n \approx \frac{D\pi\tau_0}{Gb}L \tag{3-43}$$

整理得

$$L \approx \frac{nGb}{\pi\tau_0 D} \tag{3-44}$$

对于刃型位错,$D = 1 - \nu$;对于螺型位错,$D = 1$。上式中的 L 相当于塞积群的总长度,可见位错数目越多,则塞积群越长;τ_0 越大则塞积群越短。

塞积群的重要特性是产生应力集中现象。外加切应力加到每个位错使之向前移动的力是 $\tau_0 b$,那么加在塞积群中的作用力则为 $n\tau_0 b$。设整个塞积群向前移动 δx,则外力所做的功为 $n\tau_0 b\delta x$。从另一方面来看,障碍物也会给塞积群一反作用力 τ,一般假定障碍物只施加短程作用力于领先位错,则障碍物对领先位错的反作用力为 τb,那么,使塞积群移动 δx 距离所做的功为 $\tau b\delta x$。按虚功原理,外力做功应和反作用力做的功相等,从而得

$$\tau = n\tau_0 \tag{3-45}$$

上式表明,障碍物与领先位错之间的作用力 τ(即塞积群前沿的应力)比外加应力增大了一倍。这种应力集中效应达到一定程度后可使相邻晶粒屈服,也可能在障碍物前面萌生微裂纹。但障碍物如不够强硬,则位错也可切过障碍物。

3.4.2 位错与点缺陷之间的交互作用

1. 位错与溶质原子之间的交互作用

位错与溶质原子的交互作用主要有弹性的、化学的、电学的、几何的等四种交互作用,其中弹性交互作用最为重要。

(1)弹性交互作用

在固溶体型合金的晶体中,既有位错又有溶质原子,两者的周围均存在一应力场,为使系

统的应变能降低，上述两应力场会发生交互作用。设 W_1 和 W_2 分别代表位错和溶质原子单独存在时的应变能，而 W_3 则代表它们交互作用之后的应变能，那么，它们在交互作用前后应变能的差值为：$U = W_3 - (W_1 + W_2)$。此差值就是溶质原子与位错应力场之间的弹性交互作用能。$|U|$ 值越大则交互作用越强烈。基于这种交互作用，溶质原子在晶体中将重新进行分布，即刃型位错的压缩区将吸引较溶剂原子尺寸小的置换式溶质原子，而刃型位错的膨胀区则吸引较溶剂原子尺寸大的置换式溶质原子和填隙式溶质原子，这样就会使系统的应变能降低。通常，把围绕位错而形成的溶质原子聚集物称为“溶质原子气团”（或溶质原子云），也称为“科垂耳气团”（Cottrell Atmosphere）。这种气团可以阻碍位错运动（因位错移动时必须挣脱气团，或者拖着气团一道走，这两者都是困难的），产生固溶强化效应。

一般说来，填隙式溶质原子引起的应变能要比置换式溶质原子所引起的大，前者与位错的交互作用也比后者强烈。但更重要的是溶质原子所产生的应力场的形状，例如，置换式溶质原子或面心立方晶体中的填隙式溶质原子，在晶体中属于对称性点缺陷（或称立方缺陷），只与刃型位错起交互作用，不与螺型位错发生作用，因螺型位错的应力场没有正应力分量。相反，在体心立方晶体中的填隙溶质原子（如 α-Fe 中的碳、氮原子）则不然，它们在晶体中产生非对称性点缺陷（或称为正方缺陷），它们所产生的应力场是不对称的，除了有正应力外还有切应力，它们与刃型、螺型位错都起交互作用，所以固溶强化效果就比置换式溶质原子的大得多。由此可见，不应当片面地从“置换式”或“填隙式”来判断溶质原子所引起的固溶强化效果，更确切地说，应该从点缺陷所产生的应力场是否对称来考虑。非对称性的正方缺陷所产生的强化效果要比对称性的立方缺陷大 1 至 2 个数量级。

在体心立方金属中的填隙式溶质原子还可与位错产生另一种形式的交互作用，例如，溶解在 α-Fe 中的碳、氮原子，它们可以坐落在晶胞的[100]、[010]或[001]三棱边的中心（即八面体间隙位置），并引起不对弥的点阵畸变。当晶胞未发生畸变时，这三种位置一致（这样可降低能量）。这种由填隙式溶质原子环绕任一位错而呈有序排列的气团称为“斯诺克气团”（Snoek Atmosphere）。当位错运动时，斯诺克气团必然会被破坏，这就要提供能量，因此这种气团也能阻碍位错运动，使金属强化。

必须指出，在形成斯诺克气团时，填隙式溶质原子只须变化它在晶胞中的位置来使能量降低，并不需要原子作长距离的移动。相反，科垂耳气团的形成则需要溶质原子的长程扩散，因此，斯诺克气团的形成要比科垂耳气团快得多。

在位错线上吸附的溶质原子如果超过了固溶极限，就会有沉淀物析出，合金中位错线溶质原子气团对合金的力学性能产生重大影响，除产生强化效应外，还可解释某些合金中出现的应变时效和明显屈服现象。

随着温度的升高，溶质原子气团可能因扩散而消失，其固溶强化作用会减弱，特别是科垂耳气团的作用减弱得更快。

(2) 电学交互作用

原子价不同的溶质原子溶入铜中，即使它们的原子大小很相近，也会产生不同的固溶强化效果，这说明溶质原子与位错之间除弹性交互作用外，还有另一种交互作用，即电学交互作用。一般认为，由于刃型位错周围的应力状态不同，导致传导电子从刃型位错的压缩区移向膨胀区，使膨胀区的电子浓度偏高，而压缩区的电子浓度则偏低，结果使膨胀区带负电，压缩区带正电，并形成一电偶极子，它与电离程度不同及离子壳性质不同的溶质原子发生不同程度的静电交互作用,使溶质原子或者富集在膨胀区,或者富集在压缩区,并产生强化效果。据估算,在铜中这种交互作用所引起的强化效果只有弹性交互作用的 1/6~1/3,而且也与温度有关。

(3)几何交互作用

通常,固溶体中的原子分布并非完全无序,而是存在着某种程度的短程有序或原子偏聚,当位错运动时,滑移面上下两个原子面间的短程有序态或偏聚区必然被破坏,引起自由能升高,这样便使位错的移动受到阻碍。短程有序使合金强化的程度与化学交互作用很相近,温度的影响不显著,只有当温度高到足以使有序度降低,强化作用才会显著下降。短程有序强化完全是由于原子的几何排列改变所引起的,所以称为"几何交互作用"。

2. 位错与空位的交互作用

空位也引起点阵畸变,它与位错的弹性交互作用与溶质原子的相类似。空位通常被吸引到刃型位错的压缩区,或者消失在刃型位错线上,使位错线产生割阶(图 3-89)。空位与位错在一定条件下可互相转化,下面就简述它们的转化过程。

(1)空位盘转化成位错环

金属从高温急冷所固定下来的过饱和空位可以凝聚成空位盘。当盘的尺寸达到几十个原子间距时,就变为不稳定状态,会发生崩塌而在四周形成一刃型位错环(图 3-90)。该位错环的滑移面是一个环柱面,所以在位错环所处的平面上位错只能攀移,不能滑移,这种位错称为"棱柱位错"。

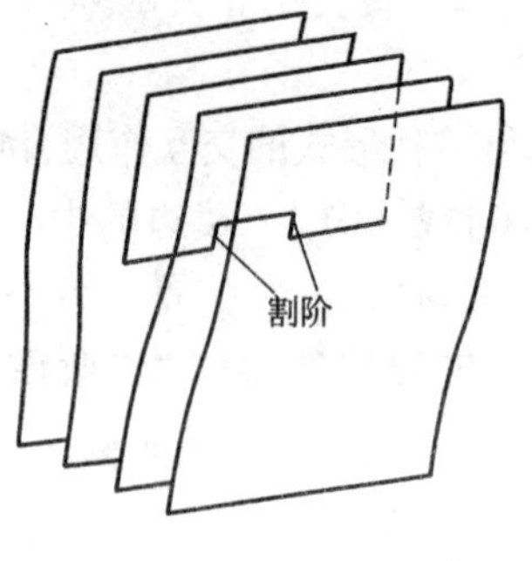

图 3-89 空位被吸引到刃型位错线上产生割阶

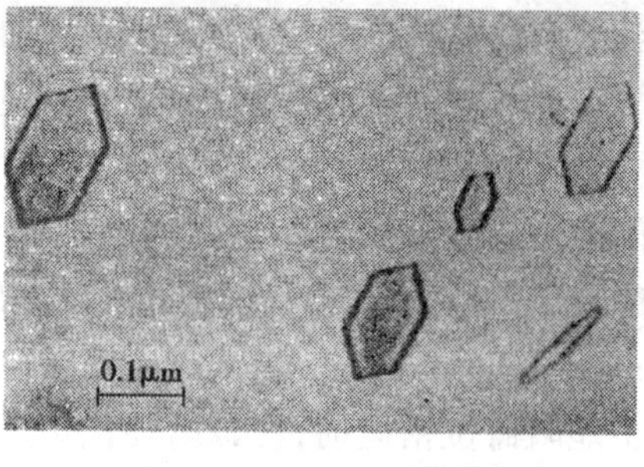

图 3-90 刃型位错环的电镜照片

此外,在辐照后的材料中,填隙原子超过平衡值后也会像空位那样凝聚成位错环(图 3-91),它们之间的主要区别是环内的应力状态不同。

(2)位错在运动过程中产生空位或填隙原子

例如,平行的相邻滑移面上所存在的异号刃型位错,当它们移到一块而互毁之后就会产生一串空位(图 3-92(a))或一串填隙原子(图 3-92(b))。但互毁时其中任一位错线必须每隔一定距离相对攀移一个原子间距,这可能是产生空位和填隙原子的最常见机理。另一产生点缺陷的机制是两根相互垂直的螺型位错经交截之后,产生了一小段刃型割阶,当割阶高度足够小(1~2 个原子间距)、外力足够大而温度较高时,此割阶可以通过攀移而跟随主位错线一道移动,结果在割阶的后面便留下一串空位或填隙原子(图 3-93)。但究竟是产生哪一种点缺陷,则主要决定于刃型割阶的符号和运动方向。当割阶高度在几个原子间距到 20 nm 之间时,位错便不能拖着割阶一道运动,在应力作用下它会产生又一对正、负刃型位错所组成的位错偶,为降低应变能该位错偶可能断开而留下一长位错环,进而分裂成小的位错环(图 3-94)。

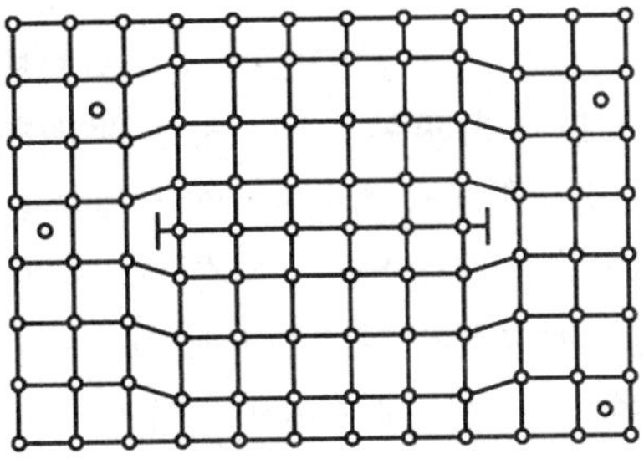

图 3-91 填隙原子凝聚成位错

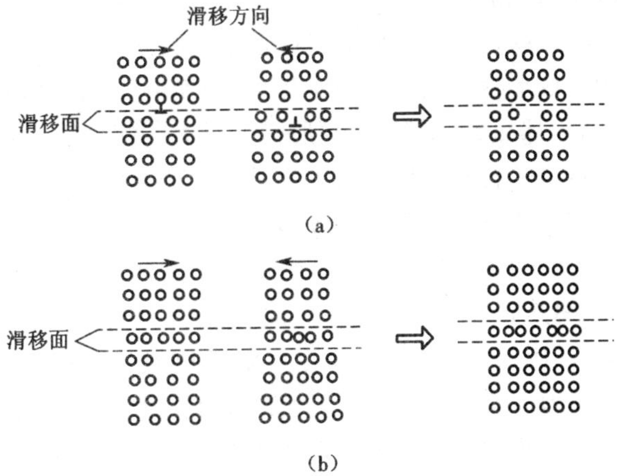

图 3-92 位错运动过程中产生的点缺陷
(a)异号刃型位错相遇后产生一串空位
(b)异号刃型位错相遇后产生一串间隙原子

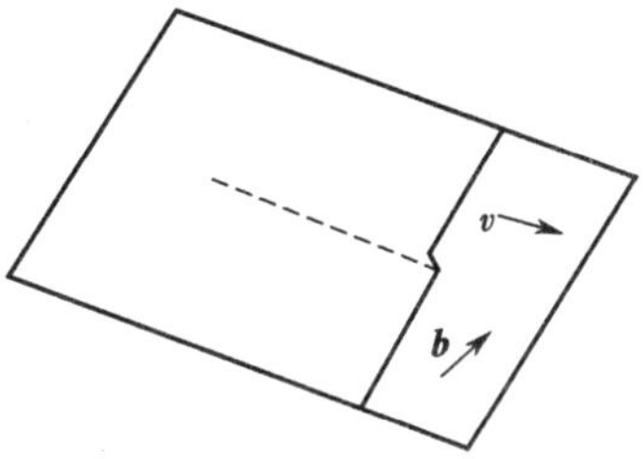

图 3-93 螺型位错拖着一小段割阶共同运动，后面留下一串点缺陷

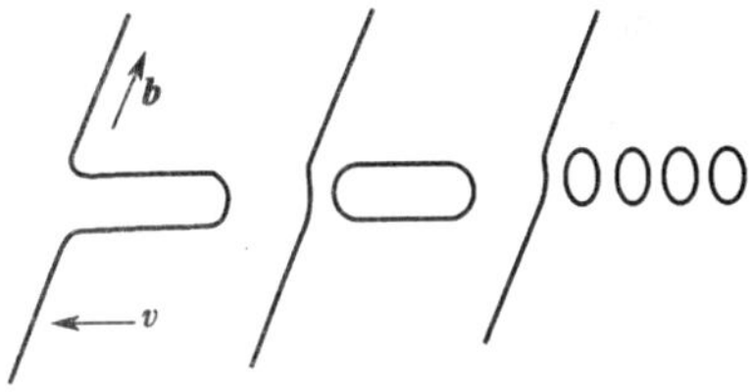

图 3-94 由位错偶断裂成位错环

3.5 晶体缺陷理论的应用

3.5.1 裂纹形核和扩展的位错理论

1. 解理裂纹的形成

(1)裂纹的形成条件

对没有缺陷的固体，产生解理的单位表面能 $2\gamma_s \approx \frac{1}{5}\mu b$，亦即解理断裂应力 $\sigma_f \approx 2\gamma_s/b = \frac{1}{5}\mu$（$\mu$ 为剪切模量），这个应力值与滑移的理论屈服强度 $\sigma_s\left(\sigma_s = \frac{1}{10}\mu\right)$ 在同一数量级甚至更高。要产生这样大的解理应力必须满足以下两个条件：

①要有很高的应力集中；

②完全的脆性材料或者材料已由韧性转变为脆性状态，应力无法通过塑性变形进行松弛。

最早设想解理裂纹的形成，是 Griffith 假定材料内部已存在一定尺寸的裂纹。当该尺寸的裂纹所造成的应力集中达到解理断裂应力时,裂纹就自行扩展。玻璃液体凝固时可以自然形成这种裂纹,但对于结晶良好的固体,特别是金属,正常情况下不存在这种裂纹。由于完整晶体中裂纹形核所需的应力非常大,而实际材料的解理断裂时所需的解理应力却可以很小($<10^{-3}\mu$),那么到底解理断裂所需的巨大的解理应力是从哪里来的?

现今的各种解理断裂理论都有一个共同出发点,就是认为材料的不均匀塑性变形及由此产生的位错塞积所带来的应力集中是发生解理断裂的先决条件。这种看法已为许多实验所证实。关于塑性变形在解理裂纹形核中的作用,其研究结果可概括为两种类型。a. 在解理断裂之前,总是先发生塑性变形。被引用最多的是 Low 的实验结果,即低碳钢在 -196 ℃发生解理断裂,其应力大小与同样温度下低碳钢发生屈服的压应力相等。随后 Smith 等在 Fe-3% Si 中更清楚地证实了塑性变形确实发生在解理断裂之前。b. 实验观察解理裂纹的形核与塑性变形有关。Hull 在 Fe-3% Si 中证实了在两个相交孪晶带中产生解理裂纹;Johonston 在 MgO 晶体中观察到在两个相交的滑移带上裂纹形核,以及滑移带被晶界阻止也产生裂纹。所有这些实验都体现了上述的解理断裂必须满足的两个条件。Fe-3% Si 及 MgO 一般为脆性材料,比较容易观察。

(2)滑移的裂纹形核机制

1)Zener 机制

Zener 认为不均匀变形时,滑移带上的位错遇到晶界或孪晶等障碍时,会产生位错和应力集中,其产生切应力和拉应力的应力集中分别为

$$\tau_L \approx (\tau - \tau_i)\left(\frac{L}{r}\right)^{1/2} F'(\phi)$$

$$\sigma \approx (\tau - \tau_i)\left(\frac{L}{r}\right)^{1/2} F(\phi)$$

式中,τ 为滑移切应力,τ_i 为位错滑移摩擦阻力,L 为滑移带长度,r 为离塞积头的距离,$F(\phi)$ 为与滑移面和障碍位置相关的函数。

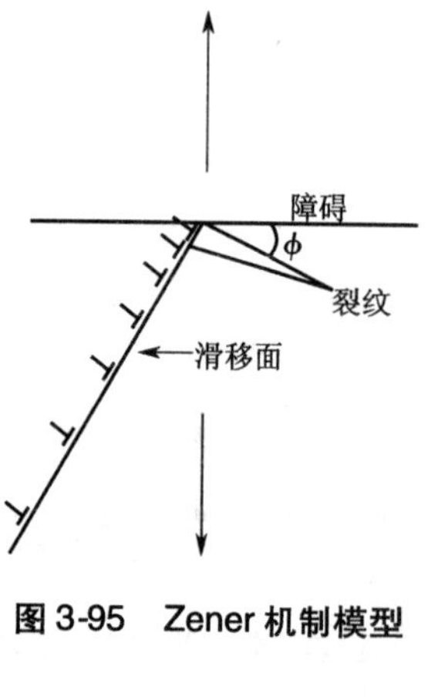

图 3-95 Zener 机制模型

当 $\phi=0°$,$F'(\phi)$ 最大;当 $\phi=70°$时,$F(\phi)$ 最大。即最大切应力在滑移带的端部,最大拉应力在图 3-95 中 $\phi=70°$距离塞积头 r 处。因此,当最大拉应力达到理论解理断裂应力时,就形成解理裂纹,即

$$(\tau - \tau_i)\left(\frac{L}{r}\right)^{1/2} \geqslant \sqrt{\frac{E\gamma_s}{a_0}} \tag{3-46}$$

换句话说,Zener 认为是当切应力达到 τ_N 时裂纹形核发生,即

$$\tau_N = \tau_i + \frac{Er\gamma_s}{La_0} \tag{3-47}$$

如设 $r=a_0$,$E\approx 2\mu$,则形核条件变为

$$\tau_N = \tau_i + \frac{2\mu\gamma_s}{L} \tag{3-48}$$

因为滑移带的长度 L 及有效切应力($\tau-\tau_i$)决定了滑移带中的位错数,即

$$nb \approx L\frac{\tau - \tau_i}{\mu} \tag{3-49}$$

故式(3-48)可写为

$$(\tau_N - \tau_i)nb \approx 2\gamma_s \tag{3-50}$$

这就是 Zener 的解理裂纹形核表达式。该式的物理意义为，当施加切应力使位错产生位移 nb 所做的功 $\tau_N nb$，等于位错反抗摩擦阻力的功 $\tau_i nb$ 以及构成裂纹的表面能 $2\gamma_s$ 时，解理裂纹就形成了。

Zener 理论强调了两点：a. 裂纹的形核是切应力而不是拉应力的作用；b. 式中没有包含裂纹长度，只要塑性变形能不断进行，位错源能不断发出位错，裂纹就能连续生长。因此，他认为断裂的控制过程是裂纹形核而不是裂纹扩展。Zener 的理论模型在 MgO 类离子晶体中得到证实。另外，对 MgO 等离子晶体，可以认为只要裂纹形核能够产生，裂纹就能自动扩展，形核阶段是解理断裂的控制过程，但这种见解不能扩展到金属。

2) Cottrell 理论

Cottrell 首先试图解释 α-Fe 的解理面为(001)。他认为，两个滑动位错$\frac{1}{2}[111]$，分别在两个相交的滑移面$[0\bar{1}1]$和(011)滑移时会发生以下反应：

$$\frac{1}{2}a[1\bar{1}\bar{1}] + \frac{1}{2}a[\bar{1}1\bar{1}] \longrightarrow a[001]$$

$a[001]$是一不动的刃型位错，柏氏矢量垂直于解理面，当许多不动位错塞积在两个相交的滑移带头部时，便可形成一楔形裂纹，如图 3-96 所示。Cottrell 的理论模型已在 Fe-3% Si 和 MgO 晶体中得到证实。

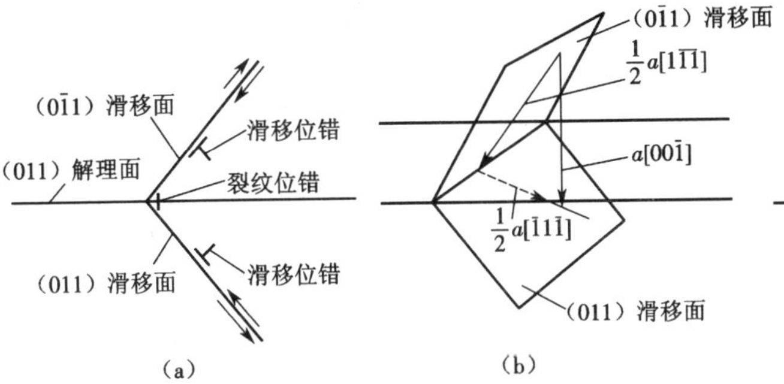

图 3-96　Cottrell 机制模型

(3)孪晶产生的解理裂纹

bcc 金属在低温下很易发生孪晶变形，因为形成孪晶的应力几乎不随温度而变，而滑移应力随温度降低急剧升高，以致在某一温度下将首先开始孪晶变形。实验观察到 α-Fe 及 Fe-3% Si 中，在两个相交的孪晶带处可产生解理裂纹，如图 3-97 所示。

人们推测这可能是在两个相交的(112)面上，两个$\frac{1}{6}[111]$不全位错产生以下反应：

$$\frac{1}{6}a[11\bar{1}]_{(11\bar{1})} + \frac{1}{6}a[1\bar{1}1]_{(21\bar{1})} \longrightarrow \frac{1}{3}a[100]_{(100)}$$

低温下孪晶变形比滑移更易导致裂纹的萌生。这是因为孪晶能产生更多的位错塞积、更大的

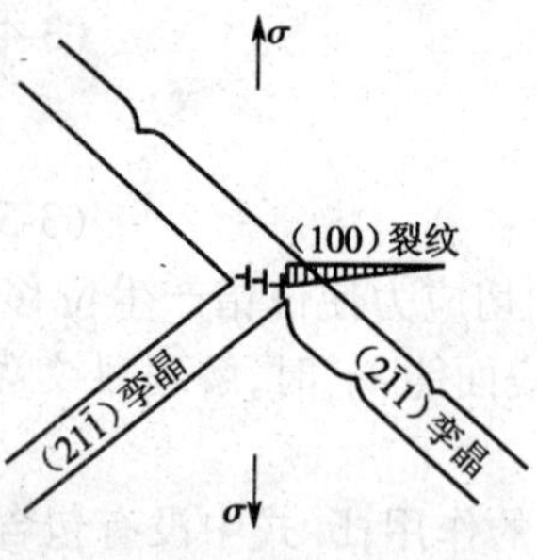

图 3-97 低温下孪晶变形导致解理断裂

应力集中。已知孪晶切变量为 $1/\sqrt{2}$，当产生孪晶的厚度为 t 时，在相交孪晶的端部产生的位移量为 $nb=t(1/\sqrt{2})$，孪晶带的厚度一般较大，约 10^{-4} cm，即 nb 为 10^4 数量级，这远大于一般的滑移带位错塞积。另外，孪晶的生长速度很快，接近声速，应力集中不易松弛。

在 fcc 金属中也看到有两个孪晶带的相交，但很少导致脆性断裂；在 bcc 的 Mo-Re 合金中低温时虽有大量孪晶，但塑性仍很好。仔细观察，这些孪晶极薄，颇像重叠的层错。因此，孪晶引起脆断和孪晶的形态有很大关系。厚的孪晶在低温或高应变速率下，应力集中不易松弛。

现在防止孪晶在低温下产生脆断，一个有效的办法是在高温下预应变处理。孪晶应力因预应变的温度增高而增大，同时因预应变量增大和温度的提高，孪晶变得很薄。Fe-3.5% Si 晶体在[100]方向于 1 140 K 受到 40% 的预应变，随后在 77 K 变形时甚至出现缩颈，伸长率约为 12%。

2. 解理裂纹的扩展

(1)裂纹的扩展

对Ⅰ型张开型的裂纹，当裂纹尖端位错塞积的数量 n 达到满足条件 $\sigma nb'=\sigma D$（图 3-98）时，裂纹就开始扩展。扩展条件可写为

$$\sigma nb'=\sigma D\geqslant 2\gamma_s \tag{3-51}$$

式中：b'为无限小的连续位错，D 为裂纹张开位移，γ_s为材料的比表面能。而

$$D=nb'=\sigma\frac{(1-\nu^2)\cdot 4c}{E}$$

式中：ν 为柏松比，裂纹长度为 $2c$。

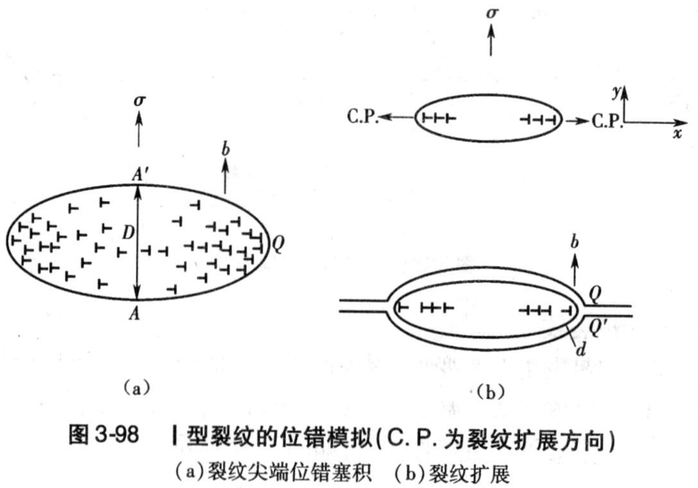

图 3-98 Ⅰ型裂纹的位错模拟(C.P. 为裂纹扩展方向)

(a)裂纹尖端位错塞积 (b)裂纹扩展

当 $\sigma=\sigma_f$时裂纹扩展，故

$$\sigma_f^2=\frac{E\gamma_s}{2c(1-\nu^2)} \tag{3-52}$$

这和 Griffith 方程 $\sigma_f^2=\dfrac{2E\gamma_s}{\pi c(1-\nu^2)}$十分接近。

解理裂纹的扩展可以看成为一刃型位错向 x 方向攀移运动(图3-99(a)),当它与一柏氏矢量垂直于解理面的螺型位错交截时,便在刃型位错 AB 上产生一高度为 b 的割阶,解理面上便留下台阶 S(图3-99(b)),台阶趋于垂直裂纹前沿。为使增加的表面能最小,台阶均大致平行于裂纹扩展方向。显然,裂纹扩展时如遇有很多这样的位错,便会形成越来越多的台阶。同号台阶会使台阶增大,异号台阶会销毁(如图3-100(a))。解理裂纹在穿过小角度扭转晶界时,因遇有大量同号螺型位错,故解理台阶骤增。

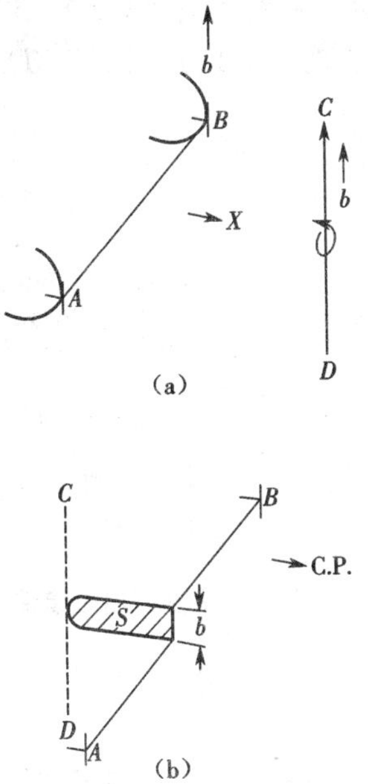

图3-99 解理台阶的形成(C.P.为裂纹扩展方向)

(a)刃型位错向 x 方向攀移

(b)与垂直于解理面的螺型位错交截

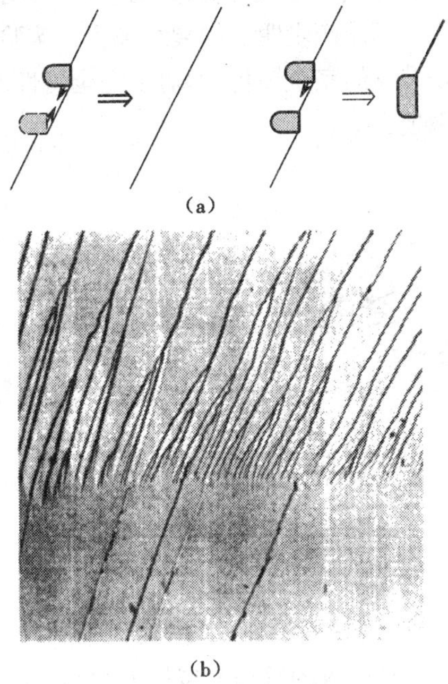

图3-100 解理裂纹扩展

(a)解理台阶的销毁与聚合 (b)解理面河流花样

裂纹扩展时,初始主裂纹的前方会有新裂纹形成,它的产生可能是由主裂纹发射的应力波造成的。新裂纹可能平行于主裂纹,然后通过次生解理平面连接,有时会把裂纹的材料撕裂成舌状(图3-101)。当有许多次生裂纹存在,会形成撕裂岭,这种形貌便称为准解理(图3-101)。

(2)裂纹的钝化

材料的脆性程度决定于裂纹尖端的应力松弛。加入裂纹尖端的应力集中能激活邻近区域的位错源动作,如图3-102中 C 处有许多异号位错被吸引到裂尖,则可使裂纹尖端钝化,这时裂纹由椭圆形

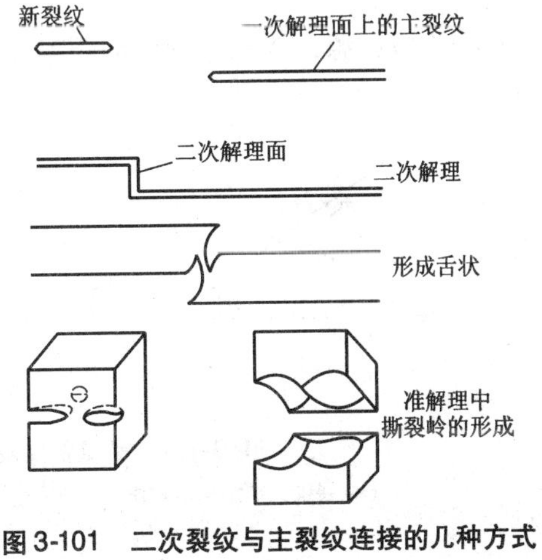

图3-101 二次裂纹与主裂纹连接的几种方式

变成两侧平行间距为 D 的形状，裂尖的曲率半径 $\rho = D/2$。裂纹的应力集中因子由 $2(c/D)^{1/2}$ 降低到 $2(2c/b)^{1/2}$，裂纹扩展所需的应力增加了 $\left(\frac{D}{2b}\right)^{1/2}$ 倍。如果应力去除，裂纹将不会愈合。与此同时，另一些同号位错被裂纹位错推斥到 R 处（图 3-102(a)），其相互作用应力大约等于屈服强度 σ_y。也就是说，屈服可延伸到 R 大小的范围，在这一范围内应变是均匀的，应力是可以塑性松弛的($R>D$)。

上面讨论的是一种有效的应力松弛方式，前提是裂尖前方有许多可动位错。如果可动位错密度很低，则只能发生少量应力松弛。其途径是通过裂尖自身"冲印"出少量可滑动位错，在裂尖形成一些小台阶，如图 3-103 所示。但这种"冲印"位错要求很高的应力，约为 $\mu/30$，这种方式不能产生明显的裂纹钝化。实验观察表明，对于不完全脆性的材料（如 Fe-3% Si），可以实现裂纹的完全钝化；而对于完全脆性的材料（如 LiF），裂尖的应力松弛只能是以后一方式很有限地去除。

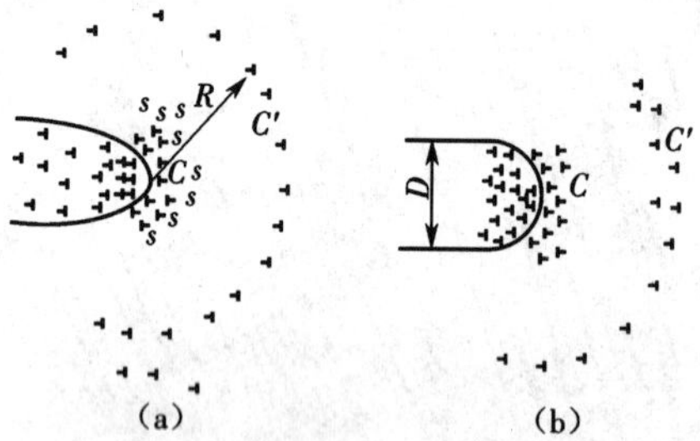

图 3-102 裂纹钝化的位错表示

(a)裂纹尖端吸引异号位错 (b)裂尖钝化

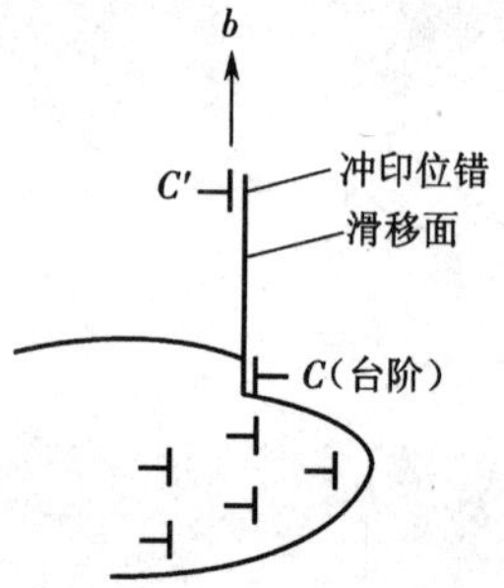

图 3-103 自裂尖冲印出位错使其塑性变形

(3)解理断裂抗力的本征参数 γ_m

各种材料的解理断裂抗力均与其固有性能 γ_m 有关。γ_m 是解理裂纹连续扩展单位面积所做之功。

设一运动裂纹在时间 t' 内进展距离

$$s = \int_0^{t'=r'/v_c} v\mathrm{d}t \tag{3-53}$$

式中：r' 为裂纹源，s 为离解理面的距离，v_c 为裂纹运动速度，v 为滑移面上位错运动速度，如图 3-104。

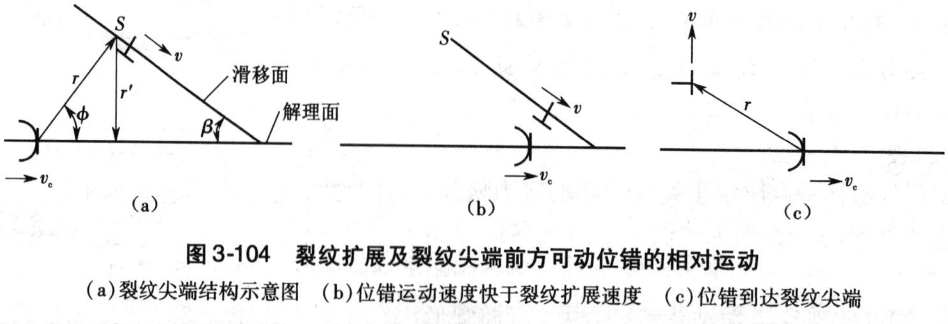

图 3-104 裂纹扩展及裂纹尖端前方可动位错的相对运动

(a)裂纹尖端结构示意图 (b)位错运动速度快于裂纹扩展速度 (c)位错到达裂纹尖端

$$v=\left(\frac{\tau_L}{\tau_0}\right)^n \tag{3-54}$$

式中：τ_L 为距裂尖 r 处的切应力，$\tau_L \approx \frac{\mu}{3}\sqrt{\frac{b}{r}}$。显然，如果位错运动速度相对于裂纹运动速度较快，则在时间 t' 内，位错能及时到达裂纹前沿，$v=v_c/\cos\beta$，可使裂尖的应力松弛，使运动裂纹减缓甚至停止扩展。

γ_m 便是运动裂纹的阻力，即

$$\gamma_m=r'\int_0^{t'=r'/v_c}\tau_L\left(\frac{d\varepsilon}{dt}\right)dt \tag{3-55}$$

因为 $d\varepsilon/dt=Nvb$，所以，γ_m 决定于：a. 位错运动速度的温度关系；b. 起始的可动位错密度 N_0；c. 位错增殖情况，包括 F-R 源增殖及多重交滑移增殖。本征解理断裂抗力高的材料，一定具有高的 N_0，易于交滑移。面心立方金属之所以不会产生解理断裂，主要是因为：a. 位错钉扎弱，以致可动位错数总是高的，变形也不会是不均匀的；b. 和其他类型晶体不同，其位错运动速度总是很大，几乎不受温度影响。因而，其 γ_m 在所有温度下都很大。

3. 钢中控制解理断裂的组织参数

(1) 低碳钢

低碳钢铁素体晶界上常存在有网膜状的渗碳体，解理断裂时首先是晶界上的渗碳体开裂，然后裂纹向铁素体晶粒内扩展。Smith 提出的解理断裂模型如图 3-105。铁素体晶内的滑移造成位错塞积，高的应力集中使渗碳体膜裂开，这是解理裂纹的形核阶段，形核条件为

$$\tau_\nu-\tau_i=\tau_{eff}\geqslant\left[\frac{4E\gamma_c}{\pi d(1-v^2)}\right]^{\frac{1}{2}}$$

式中：γ_c 为渗碳体的表面能，d 为晶粒直径。

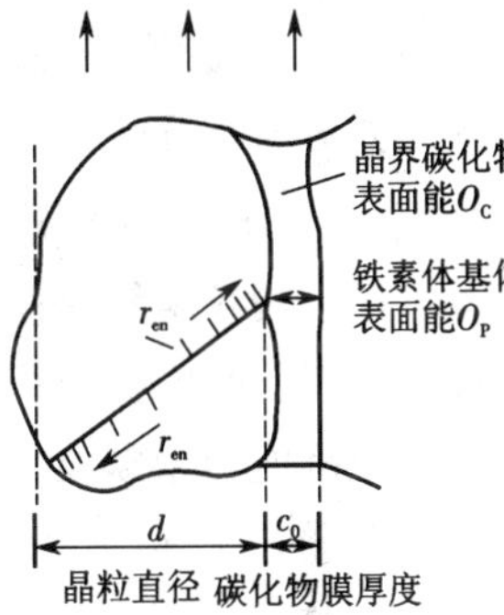

图 3-105 晶界上网膜状碳化物的影响(Smith 模型)

解理断裂最终由裂纹扩展的拉应力达到一临界值 σ_f 而定

$$\sigma_f\geqslant\left[\frac{4E\gamma_p}{\pi d(1-v^2)}\right]^{\frac{1}{2}} \tag{3-56}$$

式中：γ_p 为铁素体解理断裂的表面能或塑性功，$\gamma_p \gg \gamma_c$。但是，Knott 注意到 σ_f 也可写为

$$\sigma_f\geqslant\left[\frac{4E\gamma_p}{\pi c_0(1-v^2)}\right]^{\frac{1}{2}} \tag{3-57}$$

式中：c_0 为碳化物膜厚度。在强调第二相的影响时，晶粒大小的影响被掩盖了，c_0 完全取代了 d。之所以出现这种情况，是因为钢经奥氏体化冷却后，c_0/d 基本为一定值，实验上也得出 c_0 随 d 而增加，但不是线性关系。

(2) 调质钢

当渗碳体呈球状均匀分布在铁素体基体中时，Smith 模型不能直接应用。虽然实验观察到解理断裂时有渗碳体开裂，但这种开裂不是由于位错的塞积产生应力集中引起的。塞积位错数正比于滑移距离，调质钢中位错滑移距离与渗碳体的平均间距相当。此外，裂纹核形状不

同，裂尖的应力强度因子也不同。Knott 得出，若球状渗碳体半径为 r，则有

$$\sigma_f = \left[\frac{\pi E\gamma_p}{2(1-v^2)r}\right]^{\frac{1}{2}} \tag{3-58}$$

与式(3-57)比较(Knott 假设 $c_0 = 2r$)可知，调质钢的解理断裂应力提高了。还可看出，若均匀分布于基体中的第二相为球状不变形质点，其尺寸越小，则解理断裂应力越高。弥散合金中的第二相尺寸一般为几十纳米，所以既提高了屈服强度又提高了断裂强度。

(3)贝氏体、马氏体钢的解理断裂

对于上贝氏体和板条马氏体，发现解理裂纹扩展的平均距离相当于贝氏体或马氏体的晶区尺寸(Packet)。在一个晶区内上贝氏体或板条马氏体中的各单元是相互平行的，彼此之间是小角度晶界，裂纹在晶区内扩展的阻力不大，而一个晶区和另一个晶区之间是大角度位相差，裂纹扩展出现大的转折，需要消耗较大的能量。因此，晶区尺寸一般认为是控制上贝氏体和板条马氏体的组织参数。平均而言，一个奥氏体晶粒包含 2 ~3 个晶区，若令晶区尺寸为 d_p，则有

$$\sigma_f = \left[\frac{4E\gamma_p}{(1-v^2)d_p}\right]^{\frac{1}{2}} \tag{3-59}$$

4. 体心立方金属的冷脆转化

体心立方金属几个力学性能指标随温度变化，如图 3-106。在 T_1 温度以下，断裂强度小于屈服强度，$\sigma_y > \sigma_f$，发生解理断裂，只要屈服应力能使裂纹形核，就能达到裂纹扩展的条件。温度在 T_1 以上，裂纹虽然形核，但必须扩展到相当尺寸，在扩展过程中还伴随着随行变形产生的加工硬化，直到流变应力达到断裂应力。在 $T_1 \sim T_2$ 温度范围内，断裂过程受裂纹扩展控制。这段温度范围的显微裂纹密度和塑性的变化如图 3-107 所示。当温度达到 T_2 时，抗拉强度等于断裂强度。在 T_2 以上就开始为韧性断裂。

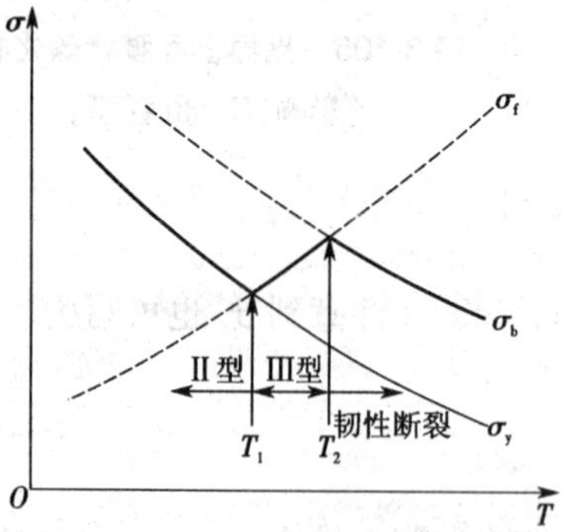

图 3-106 材料屈服强度 σ_y、抗拉强度 σ_b 和 σ_f 随温度变化示意图

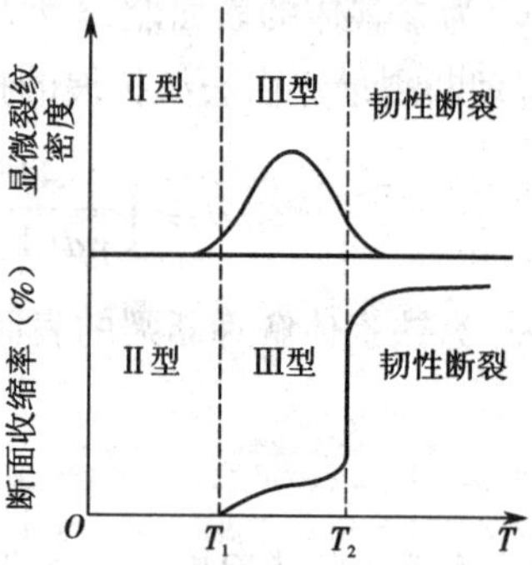

图 3-107 显微裂纹密度和断面收缩率温度变化的示意曲线

根据 Cottrell 模型可以计算裂纹扩展应力达到解理断裂的条件。由图 3-96 可写出裂纹扩展的条件为

$$\sigma nb \geqslant 2\gamma_m$$

式中：σ 为拉应力，$\sigma = 2\tau$，而不是像 Zener 式中的有效切应力 $\tau - \tau_i$。令 L 等于晶粒尺寸 d，则

有

$$nb \approx (\tau - \tau_i)\frac{d}{\mu}$$

于是起始裂纹扩展发生在

$$\sigma(\tau - \tau_i)d = 2\mu\gamma_m$$

当在一两个晶粒内开始屈服时，$\tau \approx \tau_y$，因此，$\tau - \tau_i \approx (\tau_y - \tau_i) = k_y' d^{-1/2}$

故起始裂纹扩展应力

$$\sigma = \sigma_f = \frac{2\mu\gamma_m}{k_y'}d^{-1/2} = \frac{4\mu\gamma_m}{k_y}d^{-1/2}$$

注意切应力表达式中用 k_y'，拉伸试验常用测量值 k_y，由于屈服应力 $\sigma_y = \sigma_i + k_y d^{-1/2}$，而解理断裂出现在 $\sigma_y > \sigma_f$，故有

$$(\sigma_i + k_y d^{-1/2})k_y \geqslant 2\mu\gamma_m \tag{3-60}$$

即只要式(3-60)的左端大于右端就会出现解理断裂。式中凡增加 σ_i、k_y、d 或减小 γ_m，都会导致解理，这些参数都和材料组织结构有关。

式(3-60)中 σ_i 通常称为点阵摩擦阻力，它包括派-纳力、杂质与第二相对位错运动阻力。bcc 金属派-纳力对温度十分敏感，低温时随温度降低急剧升高。k_y 是一类似材料层错能的参数，任何阻碍交滑移的因素都会使 k_y 升高；k_y 也是温度的函数，因为 k_y 正比于滑移面上的 nb，温度升高易于交滑移面上 nb 减少，因此 k_y 也减小。当变形变得均匀时 k_y 也减小。

利用式(3-60)可以了解许多冶金现象，举例如下。

①α-Fe 在区域提纯去除杂质后，可在 4 K 下仍有 90% 的断面收缩率，原因在于减小了 k_y 和 σ_i。而一些过渡金属如 Nb、V、Ta，即使未经区域提纯，直到 20 K 仍能保持相当的塑性，这是因为其 k_y 值很小。但 Cr、Mo 对少量 N 很敏感，在室温下就可能变脆。

②在低碳钢中，细化晶粒是提高韧性的重要手段。二战时期，对于商船的脆断问题，就是通过加入 Al 和 Mn 细化晶粒解决的。在一定温度下屈服和断裂应力随晶粒尺寸变化，如图 3-108。粗大晶粒断裂由裂纹形核控制，细小晶粒由裂纹扩展控制。断裂应力和屈服应力虽然都因晶粒细化而提高，而提高程度不同，这由图 3-108 中 σ_f 的斜率就可直接看出。

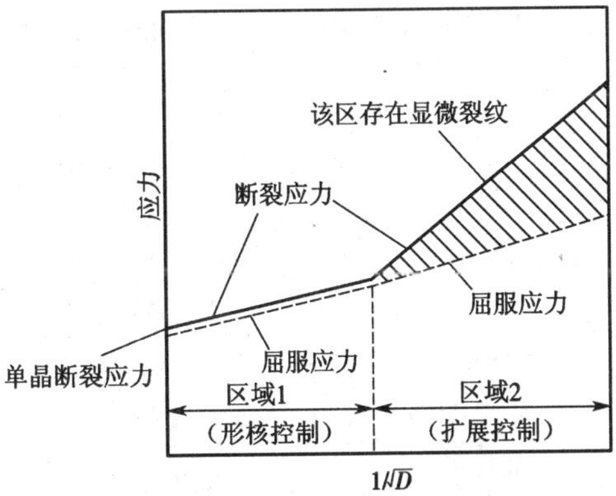

图 3-108　屈服应力和断裂应力与晶粒尺寸的关系

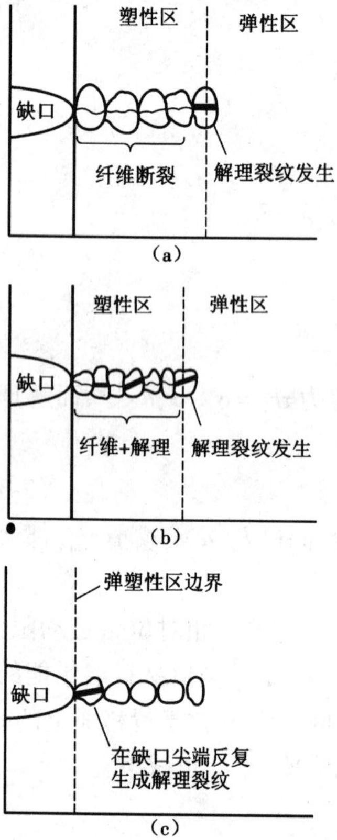

图 3-109 材料由韧性转变为脆性状态时解理裂纹萌生的演变过程

(a)高温、塑性区内晶粒以纤维状断裂连接 (b)温度降低，塑性区内晶粒渐以解理裂纹为主 (c)低温完全脆化，裂纹尖端前方各晶粒均相继萌生解理裂纹

图 3-109 说明当温度降低时发生脆性断裂的情况。解理裂纹在(或者接近于)弹塑性区边界上形核，它与主裂纹的连接取决于温度和塑性区尺寸。在高温时，塑性区尺寸大，区内主要是通过晶粒的纤维状(韧性)断裂相连(图 3-109(a))；随着温度的降低，塑性区减小，区内晶粒的断裂渐渐以解理为主(图 3-109(b))；在脆性转化温度以下，塑性区尺寸与晶粒尺寸相当，在裂纹尖端就开始断裂，可看成是解理裂纹随后不断重复形核的过程(图 3-109(c))。

5. 韧性断裂

韧性断裂包括微孔的萌生以及微孔的生长与聚合两个阶段。已知在温度 T_2 时(图 3-106)，材料的抗拉强度与断裂强度曲线相交，材料开始韧性断裂。试样出现颈缩，颈缩部位特别是试样中心萌生了一些小的微孔。实际上，如更细致地观察，可以发现在颈缩前微孔便已萌生了。颈缩前的显微裂纹存在取决于许多因素，包括第二相的体积分数及尺寸、基体的屈服强度和加工硬化能力。如第二相体积及基体的加工硬化较低，显微裂纹更可能局限于颈缩区；反之，裂纹存在的范围就大一些。

(1)微孔的萌生

Brown 和 Embury 对含有第二相材料的微孔萌生总结出以下基本规律。

①在一定的临界应变量下发生微孔。第二相和基体的结合越强，萌生微孔的应变量越大。例如弥散强化合金 Cu-SiO_2，萌生微孔的 ε_n 为 0.1～0.2(相当于工程切应变 20%～40%)，而含球状 Fe_3C 的钢铁，$\varepsilon_n \approx 0.4$。Ashby 列出了各种材料微孔形核的应变值，见表 3-4。

表 3-4 各种材料在室温下拉伸，于第二相周围形成空穴时，空穴萌生的应变值 ε_n 近似值

材料	夹杂物	基体	ε_n
内氧化铜合金	SiO_2	Cu	0.1～0.2
	Al_2O_3	Cu	0.1～0.2
	BeO	Cu	0.2～0.4
	SiO_2	黄铜	≈0
球化碳钢	Fe_3C	铁素体	0.3～1.0
	Fe_3C(12.5%)	铁素体	0.6～0.7
纯铁	氧化物	铁素体	<0.2
低合金高强钢(HY-130)	碳化物	铁素体	≈0.01
马氏体时效钢	TiC(1.1%)	铁素体	≈0.8
Cu-0.6%Cr	Cu-Cr	Cu	≈1.0

②对一定尺寸的第二相，微孔形核的应变量基本上与第二相体积分数无关。这是区别于微孔长大阶段的一个重要特征。

③降低温度趋于减小微孔形核的应变量。

④在含 SiO_2 的铜基合金中加入 Zn，Zn 量增加将使 ε_n 急剧下降。其原因可能来自两个方面：一是使 SiO_2 和基体的结合力下降，另一种可能是 Zn 降低了基体的层错能。

⑤第二相尺寸越大，微孔形核应变量越小。

⑥ε_n 的大小还强烈地取决于第二相的形状和位向。

可用临界应力判据讨论微孔形核的生长。按照 Ashby 的不变形质点对基体变形的影响，在切应力作用下，在不变形第二相的压应力区将产生棱柱形间隙环，而在拉应力区将产生棱柱形空位环，这是为满足与基体变形协调的需要，见图 3-110。当拉伸区空位型位错环产生的局部应力高达某一数值时，可使第二相破裂或与基体脱开，于是微孔便产生在第二相与基体的界面上。假如有 n 个位错环堆积在长度 R 的距离上，环的平均间距为 R/n，而这也是最里面的环离开第二相的距离。作用于第二相上的拉应力随 n/R 而增加，变形量为 γ 时，产生棱柱位错环数 $n=4r\gamma/b$。因此，可以直接看出，界面上的拉应力随应变量和第二相尺寸的增大而线性增加，尺寸大的第二相微孔形核的应变量必然减小，而临界应变值 ε_n 是微孔萌生所需的临界应力反映。

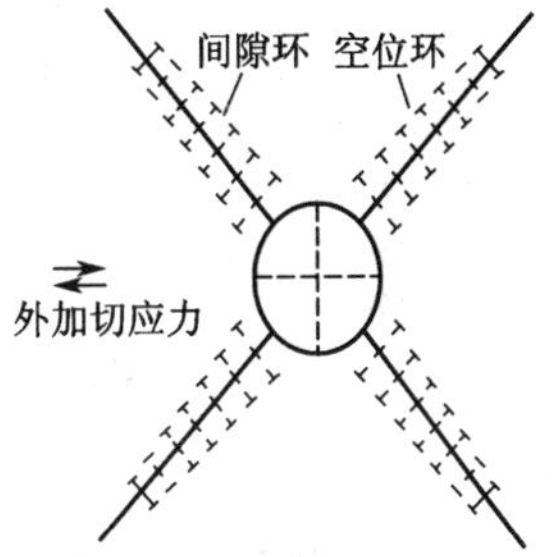

图 3-110 不变形质点周围位错环的分布

(2)微孔的生长与聚合

当第二相破裂或与基体脱开形成微孔之后，在拉应力的作用下微孔便沿着轴向生长，微孔与基体的应变速率不同，如微孔与基体的应变速率分别为 $\dot{\varepsilon}_v$ 和 $\dot{\varepsilon}_m$，则有 $\dot{\varepsilon}_v=c\dot{\varepsilon}_m$，常数 c 在 1～2 之间。如图 3-111(c)，当微孔形成椭圆球，其长度 $2h$ 和第二相间距 $2l$ 相当时，第二相的基体便产生局部颈缩，此时产生的有效真应变

$$\varepsilon_m=\ln\left(\frac{2h}{2r_v}\right) \tag{3-61}$$

当 ε_m 达到一临界应变值 ε_g 时，便开始微孔的连接，这就是韧性裂纹传播过程。断裂时试样的真应变 ε_f 和 ε_g 有一定比例关系，即

$$\varepsilon_f=\frac{\varepsilon_g}{c} \tag{3-62}$$

因为，$\varepsilon_g=\varepsilon_m$，则

$$\varepsilon_g=\ln\left(\frac{2h}{2r_v}\right)=\ln\left[\alpha\frac{(2l-2r_v)}{2r_v}\right]=\ln[\alpha(f^{-1/2}-1)] \tag{3-62}$$

所以，试样断裂时真应变

$$\varepsilon_f=c^{-1}\ln[\alpha(f^{-1/2}-1)] \tag{3-63}$$

式(3-62)中：$2h=\alpha(2l-2r_v)$，第二相体积 $f=\left(\frac{r_v}{l}\right)^2$。式(3-62)、式(3-63)说明第二相体积分数对微孔的生长聚合和试样断裂真应变的重要性。图 3-112 表示弥散强化铜基合金第二相体积分数对拉伸断裂塑性的影响。

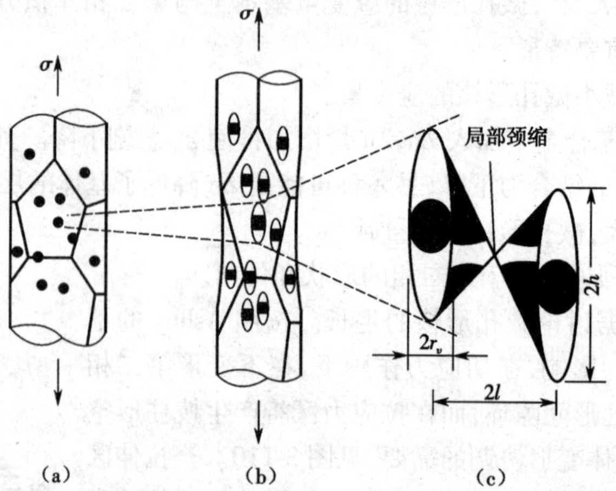

图 3-111　微孔生长时第二相间的局部颈缩导致韧性裂纹扩展

(a)拉伸前　(b)拉伸后　(c)第二相间的局部颈缩示意图

上述的微孔生长连接只是韧性断裂的一种方式,这种微孔连接方式使材料有最大的韧性。还有一种微孔相连的方式是通过局部剪切带实现的,如图 3-113 所示。例如,欠时效的 Al-Cu 合金当第二相以 GP 区或 θ″相析出时,位错可切过第二相,形成一个阻力较小的通道,当后续位错不断切过时,在第二相间形成一个局部的较粗的剪切带,强烈变形的剪切带最后形成裂纹。如果以这种方式韧性断裂,则断裂时的总应变量较小,韧性也较低。

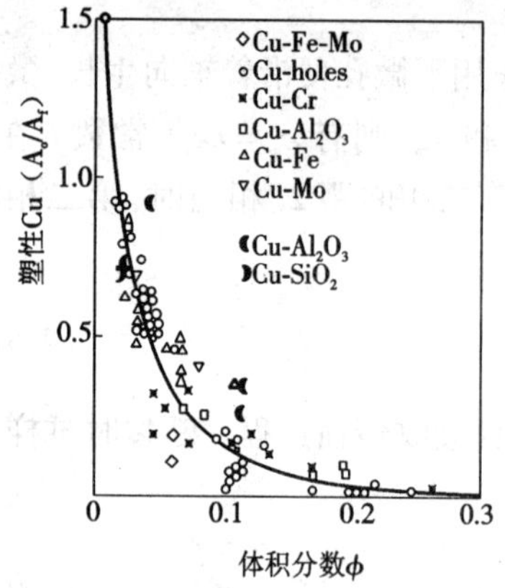

图 3-112　第二相数量对弥散强化铜基合金塑性的影响

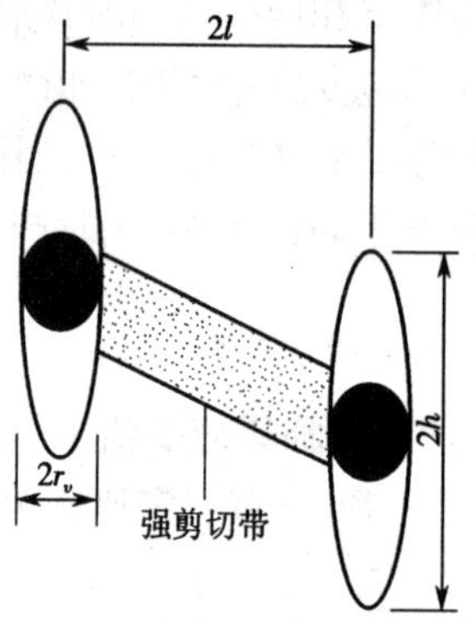

图 3-113　微孔生长时第二相间产生强的剪切带导致韧断

(3)剪切型韧断

这可以说是韧性断裂的一种特殊情况。由图 3-114 可见,变形可持续到横断面几乎缩小到零。很明显,这种韧断过程是在微孔的萌生与生长都受到阻止时才会发生。

以下几种情况可能会看到这种韧断。

①第二相通过区域提纯去除或者在高温下被溶解。

②第二相与基体的结合力很强,微孔萌生的应变值 ε_n 大。

③材料为单晶或用薄板试样,变形时塑性约束很小,呈平面应力状态。

④材料的加工硬化速率和应变速率敏感度很高,例如超塑性材料。某些超塑性材料不萌生微孔,而某些超塑性材料虽能萌生微孔,但微孔的生长与聚合受到抑制。

⑤第二相周围的内应力可借回复和动态再结晶去除。这种韧断通常在面心立方金属中才能观察到。

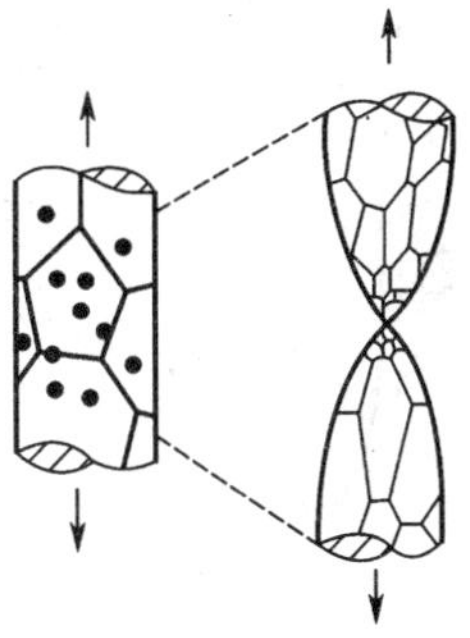

图 3-114 韧断的特殊形式——剪切型韧断
(a)拉伸前 (b)拉伸后

3.5.2 对晶体缺陷的几点新认识

1. 晶体材料的许多宏观性能的本质都是由其晶体缺陷的状态和动态行为决定的

大家知道,晶体材料的强度包括屈服强度和断裂强度。从材料物理角度看,晶体的塑性变形就是在一定外加切应力作用下晶体内位错大量滑移的现象,而晶体的屈服就是在一定外加切应力作用下晶体内产生大量塑性变形的过程。由此可以看出,晶体的屈服强度取决于晶体内位错的滑移难易程度。

晶体的断裂强度是晶体被破断前所承受的最大载荷与承载面积的比值。而晶体的断裂都不是同时在整个体积内所有地方突然发生的,而往往是首先从某些个别地方开始,然后逐渐蔓延到整个截面或整个体积,即断裂过程都起源于裂纹源。而根据前面的分析可知,晶体中的裂纹源往往都是由晶体缺陷聚集而成的。

由此可见,无论是晶体材料的屈服强度还是断裂强度在其物理本质上都取决于其内部晶体缺陷的状态、数量和动态行为。

同样,晶体材料的其他力学性能如韧性、硬度等在其物理本质上也都与晶体缺陷密切相关。不仅如此,晶体缺陷还显著影响晶体材料的固态相变过程以及电阻等物理性能。所以通过研究控制晶体缺陷的状态和动态过程,也就有望对晶体材料的组织转变过程以及力学性能等实施控制,以达到改善材料性能的目的。

金属材料的强度对结构很敏感,实际晶体的强度仅为理想晶体百分之几到十分之几(见表3-5),这种差异主要是由于晶体中的缺陷(主要是位错)引起的。

表 3-5 几种金属材料的实际强度与理论强度的比较

金属材料	理论屈服强度/MPa	观察到的最高屈服强度/MPa	实际强度/理论强度
铝及其合金	4 136	689	0.17
铜及其合金	5 170	1 475	0.35
铍及其合金	16 542	552	0.03
钼及其合金	16 542	552	0.03
钨及其合金	27 567	2 068	0.075
铁及其合金	12 406	3 446①	0.3
		4 825②	0.4
		6 891③	0.56

① 形变热处理;② 冷拉钢丝;③ 晶须。

但是,不能把缺陷的影响看做是绝对的、静止不变的。缺陷有削弱强度的一面,当晶体中缺陷的数量较少时,往往容易通过位错的运动而变形,变形阻力很小,强度很低。但是,当大量缺陷

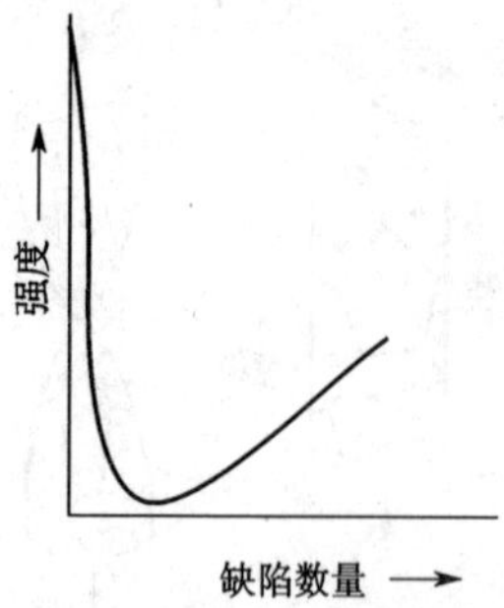

图 3-115 晶体中缺陷数量与晶体强度的关系

存在时，由于缺陷本身彼此之间发生交互作用而互相干扰，阻碍着彼此的运动，因而金属的强度反而比低缺陷状态时有所提高（见图 3-115）。

目前工业上提高金属材料强度的基本途径有二：一是尽量减少金属中的缺陷，如制造无位错的金属晶须和单晶等，但晶须的尺寸很小，产量有限，目前在工业上的应用受到限制；另一途径则是通过引入异类原子、冷加工、热处理、中子辐照以及细化晶粒等来大量增加晶体中的缺陷（如点缺陷、位借以及各种分界面等），强化晶体缺陷间的相互作用，通过提高位错移动的阻力来提高材料的强度，此途径在工业上已得到广泛应用。但是应当指出，目前还不能定量地通过控制晶体中缺陷的数量和分布来控制材料的性能，金属材料的潜力还远未发挥出来（见表 3-4），今后还需深入研究。

2. 通过控制晶体的外部条件可以控制晶体缺陷

晶体缺陷是晶体外部因素变化引起的，因此通过改变晶体的外部条件可以改变晶体内部的晶体缺陷状态、数量和分布。晶体缺陷，实质上就是晶体中原子的规则排列遭到破坏。这种原子排列规则性的被破坏是由外界因素的变化造成的。外界条件千变万化，因而所引起的各种缺陷的表现形式和程度也各不相同。正因为如此，人们才可能通过改变晶体材料的外界条件来控制其一定的结构和组织，以获得所需要的性能。

晶体结晶过程中，由于冷却过程能量平衡的破坏或溶质原子的干扰，会引起原子排列规则性的破坏从而产生空位、间隙原子等点缺陷和刃型位错、螺型位错等线缺陷。冷速越快、过冷度越大，结晶过程晶体内的缺陷浓度就会越大。另外，在晶体固态冷却过程或者承载过程中，由于温度变化、晶体结构的变化或者外加和内生应力的作用，一方面会促使晶体内原有的晶体缺陷产生运动和交互作用，另一方面也会产生大量的新的晶体缺陷。在这一阶段，原有晶体缺陷的动态过程和新的晶体缺陷的产生过程除与晶体材料的本身成分与结构有关外，外界温度、冷却速度以及外部力学因素的影响则更为重要。因此，通过改变晶体结晶过程或者固态承载过程的外部条件可以改变晶体内部的晶体缺陷状态、数量和分布，从而改善晶体所需性能。

3. 晶体材料的成分对晶体缺陷的形成和动态行为具有重要影响

晶体材料可以是纯金属，也可以是固溶体，而工程中应用更多的是多元合金的固溶体。对于多元合金的固溶晶体材料，由于组成合金的各原子直径差异及电负性差异，在结晶过程中（即原子堆砌过程中）会产生更多的空位、间隙原子及位错等晶体缺陷。同时由于溶质原子在溶剂晶体晶格中分布的不均匀性，还会对上述晶体缺陷在固溶体内的运动产生显著的影响，从而影响固溶体的各种性能。

第4章 金属中的扩散及相变理论

扩散是物质迁移的一种基本形式。扩散过程即某类原子或分子由于热运动不断地从一个位置迁移到另一个位置的过程。物质的迁移可通过对流和扩散两种形式进行。在气体和液体中物质的迁移一般是通过对流和扩散来实现的,但在固体中由于难以发生物质对流,扩散是唯一的物质迁移方式。扩散与材料组织结构变化过程或性能变化过程密切相关,如相变、固溶体分解、沉淀析出、晶粒长大、固态烧结、均匀化、蠕变、时效、氢脆等等都与相关组分原子的扩散行为密不可分。因此,扩散是影响材料的微观组织和性能的重要过程因素。通过对扩散理论学习,可以让步入材料相关专业领域的研究生从物理本质上去理解材料微观组织的形成过程和形成机制。而对于材料加工学科的研究生来说,重点是在理解扩散物理本质的基础上,学会如何应用扩散理论去分析材料加工过程的组织变化规律。因此,本章在简要介绍扩散规律和扩散微观结构理论基础上,把重点放在了扩散理论的应用方面,包括扩散在沉淀过程研究中的应用和在固态相变分析中的应用。

4.1 Fick 扩散第一定律及应用

4.1.1 Fick 扩散第一定律

将一非均匀单相合金试样加热到足够高的温度保温,便会发生溶质原子由高浓度区向低浓度区的扩散。1855 年,Adolf Fick 在试验的基础上总结出了各向同性介质中扩散过程所遵循的规律:在单位时间内通过垂直于扩散方向单位截面积的物质流量(称扩散通量)与该截面处的浓度梯度成正比。这一规律被称为 Fick 扩散第一定律。设扩散沿 x 方向进行,Fick 扩散第一定律的数学表达式为

$$J = -D\frac{\partial C}{\partial x} \tag{4-1}$$

式中:J 为扩散通量,单位为 $kg/(m^2 \cdot s)$,或原子数/$(m^2 \cdot s)$;D 为比例常数,称为扩散系数,单位为 m^2/s;C 为扩散组元的浓度,可用单位体积内的质量(kg/m^3)或单位体积内的原子数(m^{-3})来表示;$\frac{\partial C}{\partial x}$为扩散组元浓度沿 x 方向的变化率,一般称为浓度梯度。式中的负号表示扩散方向与浓度梯度方向相反,即扩散由高浓度区向低浓度区进行。值得指出的是,在某些情况下溶质原子还可以向浓度高的地方发生上坡扩散,这一点将在以后讨论。

式(4-1)表示的 Fick 扩散第一定律推广到三维空间时为

$$\boldsymbol{J} = -D\left(\frac{\partial C}{\partial x}\boldsymbol{i} + \frac{\partial C}{\partial y}\boldsymbol{j} + \frac{\partial C}{\partial z}\boldsymbol{k}\right) = D\,\nabla C \tag{4-2}$$

式中:$\boldsymbol{i}$、$\boldsymbol{j}$、$\boldsymbol{k}$ 分别为三个方向的单位矢量。

倘若扩散体系是各向异性的,Fick 扩散第一定律可以写为

$$J = -\left(D_x\frac{\partial C}{\partial x}\boldsymbol{i} + D_y\frac{\partial C}{\partial y}\boldsymbol{j} + D_z\frac{\partial C}{\partial z}\boldsymbol{k}\right) \tag{4-3}$$

式中:D_x、D_y、D_z分别为 x、y、z 方向的扩散系数。

4.1.2 扩散的本质及扩散系数的物理含义

从物理本质上看,宏观的扩散现象是大量原子的无数次随机行走造成的,是大量原子热运动的统计结果。为将宏观上发生的扩散与原子在晶体中的热运动联系起来,考虑图 4-1 所示的扩散点阵中两相邻原子面(1 与 2)间扩散组元 A 的迁移。

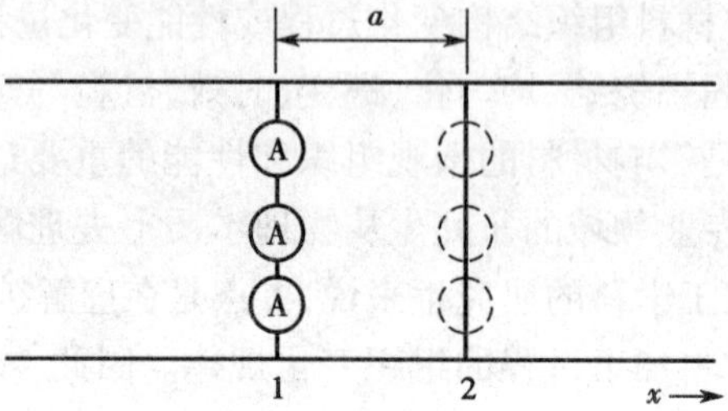

图 4-1 两个相邻晶面及其间距

设 a 为组元 A 原子一次迁移的距离,n_1和 n_2分别为平面 1、2 面上的原子密度,Γ 为每个原子在单位时间内迁移次数(组元 A 原子迁移频率),则在 dt 时间内,从单位面积的 1 面跳开的 A 原子数为 $n_1\Gamma \mathrm{d}t$。

对于一个三维空间问题,如果结构是各向同性的,则原子的迁移方向是随机的,故由面 1 跳到面 2 的概率只有 1/6,所以由面 1 跳到面 2 的 A 原子数为$\frac{1}{6}n_1\Gamma \mathrm{d}t$。同理,从面 2 跳到面 1 的 A 原子数为$\frac{1}{6}n_2\Gamma \mathrm{d}t$,那么单位时间内由面 1 跳到面 2 的 A 原子净通量(即单位时间、单位面积内组元 A 的净流量)为

$$J = \frac{1}{6}(n_1 - n_2)\Gamma \tag{4-4}$$

将原子面密度换成体积浓度,即

$$C_1 = \frac{n_1}{1 \cdot a}, C_2 = \frac{n_2}{1 \cdot a}$$

则式(4-1)可写成

$$J = \frac{1}{6}(n_1 - n_2)\Gamma = \frac{1}{6}(C_1 - C_2)a\Gamma \tag{4-5}$$

式中:C_1、C_2分别为晶面 1、2 处的体积浓度。由于

$$\frac{\partial C}{\partial x} = \frac{C_1 - C_2}{a} \tag{4-6}$$

式中:$\frac{\partial C}{\partial x}$为垂直于晶面方向($x$ 方向)的浓度变化率。将式(4-5)和式(4-6)合并得

$$J = -\frac{1}{6}a^2\Gamma\frac{\partial C}{\partial x} \tag{4-7}$$

将式(4-7)与 Fick 扩散第一定律方程式(4-1)相比较,得

$$D=\frac{1}{6}a^2\Gamma \tag{4-8}$$

即扩散系数取决于原子迁移频率与迁移距离的乘积。由于 Γ 对温度极为敏感,a 则与晶体结构密切相关,同时,如果空间结构不是各向同性,原子向某一个方向的迁移概率就不一定是 1/6,因此,式(4-8)中的系数就可能改变。所以,晶体中原子的扩散明显受温度及晶体结构的影响。式(4-8)仅适用于立方晶格,而非立方晶格晶体中组元的扩散系数 D 具有各向异性,处理较为复杂。

4.1.3 Fick 扩散第一定律的应用

从浓度变化角度可将材料中的扩散分为稳态扩散与非稳态扩散,稳态扩散是指扩散过程中各点浓度不随时间改变,即 $\frac{\partial C}{\partial t}=0$。非稳态扩散是指扩散过程中各点浓度随时间而变化,即 $\frac{\partial C}{\partial t}\neq 0$。Fick 扩散第一定律主要用于处理各类稳态扩散问题。

对于各点浓度不随时间改变的一维稳态扩散,由于体积浓度与摩尔分数之间具有 $C=\frac{X}{V_m}$ 的关系,故 Fick 扩散第一定律方程式(4-1)可以写为

$$J=-\frac{D}{V_m}\frac{dX}{dx} \tag{4-9}$$

式中:V_m 为摩尔体积,X 为摩尔分数。

下面将结合材料工程领域常见的一些扩散实例,利用式(4-1)或式(4-9)来处理其中的稳态扩散问题。

1. 单相系统中的稳态扩散

(1)一维稳态扩散

①考虑通过一固定截面积 A 并沿物体长度方向所发生的扩散。扩散过程中通过与周围环境进行有效的物质交换,使物体长度两端 x_1 与 x_2 处的浓度 C_1 和 C_2 保持不变。这样就建立起一种沿物体长度上每一点浓度都保持不变的稳态扩散。由于在此种扩散条件下扩散通量为常数,因此可以通过对 Fick 扩散第一定律积分求得扩散物质的流量。

根据扩散通量的定义及扩散第一定律,可得

$$J=\frac{1}{A}\frac{dm}{dt}=-D\frac{dC}{dx} \tag{4-10}$$

变换形式得

$$\frac{dm}{dt}dx=-DA\,dC$$

两边积分得

$$\int_{x_1}^{x_2}\frac{dm}{dt}dx=-\int_{C_1}^{C_2}DA\,dC$$

$$\frac{dm}{dt}(x_2-x_1)=-DA(C_2-C_1)$$

$$\frac{dm}{dt}=-DA\frac{C_2-C_1}{x_2-x_1}=-DA\frac{C_2-C_1}{l} \tag{4-11}$$

式中：l 为 x_1 与 x_2 两点间距离。

②采用上述方法将 Fick 扩散第一定律用于通过截面积不变导线上的电子稳流状态，则可以推导出欧姆定律。

令 ΔU 为电子浓度差（ΔC）引起的电位差，K 为导线材料单位体积的电容，则

$$\Delta U = \frac{\Delta C}{K}$$

根据 Fick 扩散第一定律，有

$$\frac{\mathrm{d}Q}{\mathrm{d}t} = -DA\frac{\mathrm{d}C}{\mathrm{d}x} = -DA\frac{\Delta C}{\Delta x} = -\frac{DAK}{l}\Delta U \tag{4-12}$$

式中：A 为截面积，$l = \Delta x$。

电流强度 $I = -\frac{\mathrm{d}Q}{\mathrm{d}t}$，则式(4-12)可以写为

$$I = \frac{DAK}{l}V \tag{4-13}$$

式中：V 为电压（$V = \Delta U$）。式(4-13)即为欧姆定律的表达式，其中 $\frac{l}{DAK}$ 即相当于电阻 R，$1/(DK)$ 即相当于电阻率（比电阻）。

(2)多维系统中的扩散

对于多维系统中的稳态扩散，常常需要复杂的计算，下面仅讨论两种简单的情况。

1)空心圆柱体的情况

将一个由纯铁制成的空心圆柱体置于炉子的恒温区进行加热保温，并在圆柱体内通入渗碳气体，圆柱体外通入脱碳气氛，如图 4-2(a)所示。这样碳原子就会从圆柱体内壁渗入，而从圆柱体外表面逸出。经过一定时间以后，这种碳原子的扩散将达到稳定状态，即沿圆柱体横截面从内到外各点的浓度值不再随时间变化，$\frac{\partial C}{\partial t} = 0$。此时，单位时间内扩散通过圆柱体壁的碳量 $\frac{\mathrm{d}m}{\mathrm{d}t} = 0$ 为一恒定值。若圆柱体长度为 l，则碳原子经过圆柱体半径为 r 处由内向外的扩散通量为

$$J = \frac{\mathrm{d}m}{\mathrm{d}t}\frac{1}{2\pi rl} \tag{4-14}$$

由式(4-14)与式(4-10)得

$$\frac{\mathrm{d}m}{\mathrm{d}t} = -D2\pi rl\frac{\mathrm{d}C}{\mathrm{d}r}$$

或

$$\frac{\mathrm{d}m}{\mathrm{d}t}\frac{\mathrm{d}r}{r} = -2\pi lD\mathrm{d}C \tag{4-15}$$

考虑到 $r = r_1$ 时，$C = C_1$；$r = r_2$ 时，$C = C_2$，将式(4-15)积分得

$$\frac{\mathrm{d}m}{\mathrm{d}t}\ln\frac{r_2}{r_1} = -2\pi lD(C_2 - C_1)$$

或

$$\frac{\mathrm{d}m}{\mathrm{d}t} = -2\pi lD\frac{(C_2 - C_1)}{\ln r_2/r_1} \tag{4-16}$$

2)空心球体的情况

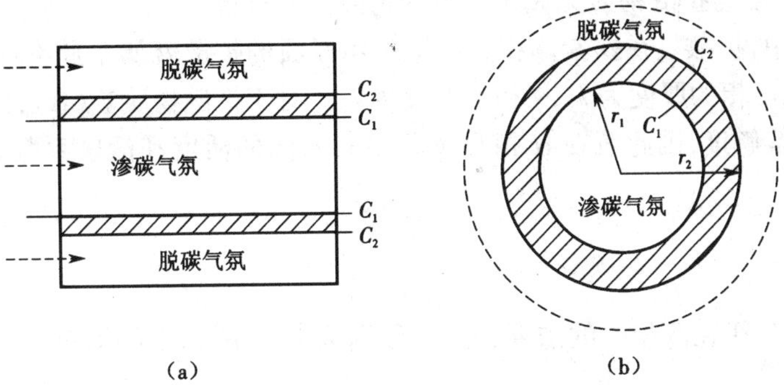

图4-2 多维系统扩散

(a)空心圆柱体扩散 (b)空心球体扩散

若扩散系统为一空心球体,如图4-2(b)所示,内部充渗碳气氛,外部为脱碳气氛,达到扩散平衡时,内表面 r_1 处碳浓度始终保持为 C_1,外表面 r_2 处浓度始终保持为 C_2,则稳态扩散时通过半径 r 的球面的扩散通量

$$J=\frac{\mathrm{d}m}{\mathrm{d}t}\frac{1}{4\pi r^2} \tag{4-17}$$

式中:$\frac{\mathrm{d}m}{\mathrm{d}t}$为恒定值。

由式(4-17)与式(4-10)得

$$\frac{\mathrm{d}m}{\mathrm{d}t}=-D4\pi r^2\frac{\mathrm{d}C}{\mathrm{d}r}$$

根据已知的边界条件有

$$\int_{r_1}^{r_2}\frac{\mathrm{d}m}{\mathrm{d}t}\frac{\mathrm{d}r}{r^2}=-\int_{C_1}^{C_2}4\pi D\mathrm{d}C$$

若 D 为常数,则有

$$\frac{\mathrm{d}m}{\mathrm{d}t}=-4\pi r_1r_2D\frac{C_2-C_1}{l} \tag{4-18}$$

将球壳厚度 $l=r_2-r_1$ 代入上式,得

$$\frac{\mathrm{d}m}{\mathrm{d}t}=-4\pi r_1r_2D\frac{C_2-C_1}{r_2-r_1} \tag{4-19}$$

2. 两相系统中的稳态扩散

要计算多相系统的扩散是很困难的。因为多相系统中任何两个相互接触的两相之间都会产生一维、二维甚至三维的扩散过程,而且这种扩散过程不仅仅局限于某一个组元,对于在相邻两相中具有不同化学位的任何组元都将发生扩散现象;更复杂的是,相关的扩散组元之间甚至同一组元不同方向的扩散过程都会产生复杂的相互影响,从而使多相系统的扩散问题成为一个复杂的非线性扩散问题,在目前要准确计算多相系统的扩散还是很困难的。

下面的讨论仅限于两相系统中的一维扩散。该扩散系统是由两相组成的扩散墙,一层是 α 相,扩散组元在该相中扩散系数为 D_α,另一层为 γ 相,扩散组元扩散系数为 D_γ,扩散时两个相层的相对厚度可能与扩散物质的出现无关,也可能由于扩散物质的出现而发生变化。为此,下面分两种情况讨论。

(1)两相层厚度与扩散物质无关条件下的扩散问题求解

在材料研究中,扩散氢在铁素体和奥氏体两相界面的扩散就属于此类问题。如果两相层的厚度事先给定,α 相的厚度为 l_α,γ 相的厚度为 l_γ。对于扩散物质氢(H),由于它在 α 相与 γ 相中具有不同的溶解度,因此氢在 α 相与 γ 相中有不同的活度和活度系数,根据活度与浓度之间的关系,则有

$$a_\alpha = f_\alpha C_\alpha$$
$$a_\gamma = f_\gamma C_\gamma \qquad (4\text{-}20)$$

式中:C_α、C_γ分别为 H 在两相中的浓度,a_α、a_γ分别为 H 在两相中的活度,f_α、f_γ分别为 H 在两相中的活度系数。

设 a_1是 α 相层外面维持的活度,a_2 是 γ 相层外面维持的活度,a_i 是 α/γ 相界面上的活度,在稳态扩散建立起来之后,活度分布如图 4-3(a)所示。

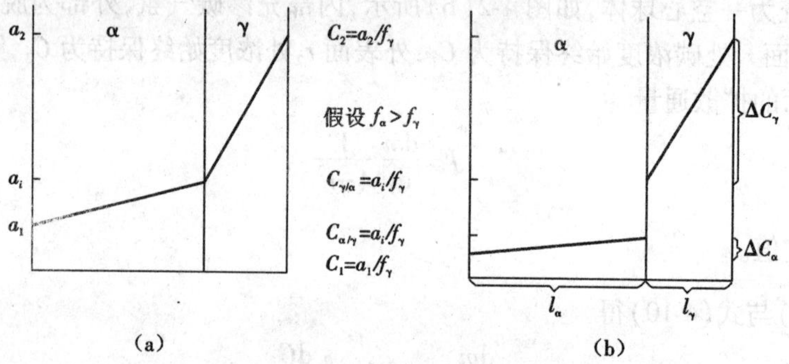

图 4-3 两相扩散层中的活度和浓度分布图

(a)活度分布 (b)浓度分布

利用式(4-20),可以给出相应的浓度分布,如图 4-3(b)所示。在稳态扩散条件下,根据 Fick 扩散第一定律可以建立如下关系式:

$$\frac{1}{A}\frac{\mathrm{d}m}{\mathrm{d}t} = -\frac{D_\alpha}{l_\alpha}\frac{a_i - a_1}{f_\alpha} = -\frac{D_\gamma}{l_\gamma}\frac{a_2 - a_i}{f_\gamma} \qquad (4\text{-}21)$$

式中:D_α、D_γ分别为 H 在 α 相与 γ 相中的扩散系数,由式(4-21)可以解出

$$a_i = \left(\frac{a_1 l_\gamma f_\gamma}{D_\gamma} + \frac{a_2 l_\alpha f_\alpha}{D_\alpha}\right) \Big/ \left(\frac{l_\gamma f_\gamma}{D_\gamma} + \frac{l_\alpha f_\alpha}{D_\alpha}\right)$$

将上式代入式(4-21)后化简,得

$$\frac{1}{A}\frac{\mathrm{d}m}{\mathrm{d}t} = (a_1 - a_2) \Big/ \left(\frac{l_\alpha f_\alpha}{D_\alpha} + \frac{l_\gamma f_\gamma}{D_\gamma}\right) \qquad (4\text{-}22)$$

由式(4-22)可以看出,某扩散组元(H)的扩散流量除了受该组元在两相中的活度差影响之外,还取决于两个相的$\frac{l\cdot f}{D}$值。$\frac{l\cdot f}{D}$值越大,该组元在两相间的扩散流量越小。由此可见,具有最大 $l\cdot f/D$ 值的那个相,对组元的扩散具有最大的阻力。这种情况与一栋房子墙壁进行的热传导极为相似。房子通过墙所损失的热量就主要取决于所用的具有最好隔热性能的隔热层的$\frac{l\cdot f}{D}$值,隔热层材料的性能和厚度对墙壁的保温性能起到决定性的作用。

(2)两相层厚度与扩散物质相关条件下的扩散问题求解

钢铁材料中的扩散性相变过程就属于此类扩散问题。如图4-4所示，B组元通过A-B合金墙进行扩散，在墙的一侧，B的活度保持极低的数值，在墙的另一侧与纯B的气相保持平衡。现假定这个墙的厚度为l，则$l=l_\alpha+l_\beta$，l_α与l_β分别为α相与β相的厚度。在实际问题中，通常给出墙中A的总量，其A-B合金墙的厚度便决定于B组元溶解的多少。

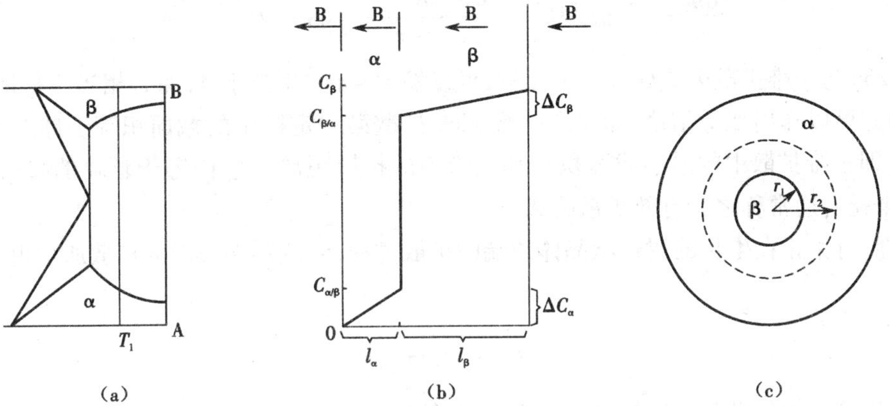

图4-4 B组元在A-B合金墙中扩散时的浓度分布

(a)A-B相图 (b)扩散平衡 (c)α相析出β相

当扩散达到稳态时，根据扩散第一定律可以建立如下关系：

$$\frac{1}{A}\frac{\mathrm{d}m}{\mathrm{d}t}=-D_\alpha\frac{\Delta C_\alpha}{l_\alpha}=-D_\beta\frac{\Delta C_\beta}{l_\beta}=-D_\beta\frac{\Delta C_\beta}{l-l_\alpha} \tag{4-23}$$

由式(4-23)的后两个等式可以解得

$$l_\alpha=l\frac{D_\alpha\Delta C_\alpha}{D_\alpha\Delta C_\alpha+D_\beta\Delta C_\beta}$$

将上式代入式(4-23)前一等式，得

$$\frac{1}{A}\frac{\mathrm{d}m}{\mathrm{d}t}=-\frac{D_\alpha\Delta C_\alpha+D_\beta\Delta C_\beta}{l} \tag{4-24}$$

式中：ΔC_α与ΔC_β可由相图给出。由式(4-24)可见，扩散组元的流量主要取决于具有最大$D\Delta C$的相，即取决于对扩散有最小阻力的相。

3. Fick扩散第一定律在扩散性相变中的应用

(1)低过饱和度固溶体中球形析出相的长大

参照图4-4(c)，考虑T_1温度下由过饱和α母相中析出B组元含量较高的球形β相颗粒。此时，将在β相颗粒周围的α中出现一个溶质原子B贫化区。β相长大时，溶质原子B在α母相中进行长程扩散，扩散的结果将导致溶质原子B的贫化区不断增大。

显然，这种情况下所涉及的溶质扩散并不是稳态扩散。但是，可以采用处理稳态扩散问题的方法对此给以近似处理。

令r_1表示β相颗粒的半径，r_2为溶质原子B贫化区的范围，r_1处α相中B的浓度为C_1，r_2处α相中B的浓度为C_2。参照式(4-18)，可以得到某一时刻(假设t时刻)物质流量

$$\frac{\mathrm{d}m}{\mathrm{d}t}=-4\pi r_1r_2D\frac{C_2-C_1}{r_2-r_1} \tag{4-25}$$

式中：D 为 B 组元在 α 中的扩散系数。

值得指出的是，式(4-18)中 r_1、r_2 均为恒定值，而式(4-25)中 r_1、r_2 随着 β 相的长大在不断变化。

考虑到固溶体开始就是低过饱和的，因此有 $r_2 \gg r_1$，$r_2 \approx r_2 - r_1$，式(4-25)可以改写为

$$\frac{\mathrm{d}m}{\mathrm{d}t} = -4\pi r_1{}^2 D \frac{C_2 - C_1}{r_1} \frac{r_2}{r_2 - r_1} \approx -4\pi r_1{}^2 D \frac{C_2 - C_1}{r_1} \tag{4-26}$$

将式(4-26)与一维扩散公式(4-11)相比较，可以发现 $4\pi r_1{}^2$ 相当于 A，而 r_1 相当于扩散距离 Δx 或 l。由此可以作出如下结论：如果令一维 Fick 扩散第一定律中的截面积等于球形析出相的表面积（即三维扩散中的最小截面积），那么恰当的扩散距离就应该等于颗粒的瞬时半径 r_1，该瞬时半径 r_1 通常称之为有效扩散距离。

同理，对于正在生长的树枝状晶体顶端的扩散过程，到达顶端表面的扩散通量也可以表示为

$$J = -D \frac{C_2 - C_1}{r} \tag{4-27}$$

式中：C_1 为溶液与枝晶顶端接触处的浓度；C_2 为溶液的起始浓度；r 为枝晶顶端曲率半径，亦为有效扩散距离。

利用该式计算出的树枝状晶体顶端的生长速度与试验结果吻合较好。

对片状晶体的边缘长大可以做类似的估算。但考虑到枝晶顶端生长时，物质可以从四个方向扩散到枝晶端部，而片状晶体边缘长大时，物质只能从两个方向流入。因此，这种情况下扩散通量应为枝晶情况时的一半，即

$$J = -D \frac{C_2 - C_1}{2r} \tag{4-28}$$

式(4-28)也适于共析组织中片层边缘的长大。例如对于珠光体中渗碳体片层边缘的长大，扩散通量可以改写为

$$J = \frac{1}{A} \frac{\mathrm{d}m}{\mathrm{d}t} \approx D \frac{C_2 - C_1}{S_{\mathrm{cem}}}$$

式中：S_{cem} 为渗碳体片的厚度，$S_{\mathrm{cem}} \approx 2r$。

(2)晶界薄膜析出相的长大过程的扩散问题

在 A-B 二元系中考虑成分为 X 的合金，首先加热至 T_1 温度，使之处于均匀的 α 相，然后急冷至 T_2 温度。在该温度下，将由过饱和的 α 相中析出 β 相。假定 β 相在 α 的晶界析出，并且很快沿晶界形成一很薄的膜，现在来研究这一薄膜厚度的增长情况。

借助于相图，可以画出浓度分布图，如图 4-5。

由图可以看到 β 相周围的 α 相中存在着一溶质原子贫化区。在贫化区内，越靠近 β 相处 α 相中溶质原子(B 组元)的浓度越低。α 相中溶质原子的这种分布，将导致 B 原子在 α 相中朝 β 薄膜方向扩散，进而使 β 相薄膜增厚。现假定在 β 相薄膜的一侧，dt 时间内增厚了 $\mathrm{d}l_\beta$，那么 dt 时间内 β 相中增加的 B 原子数量

$$\mathrm{d}m_{\mathrm{B}} = A\mathrm{d}l_\beta (C_\beta - C_{\alpha/\beta}) = \frac{A\mathrm{d}l_\beta}{V_\beta}(X_\beta - X_{\alpha/\beta}) \tag{4-29}$$

式中：A 为所取的 β-α 界面面积，V_β 为 β 相的摩尔体积，X_β 为 β 相的摩尔浓度，$X_{\alpha/\beta}$ 为界面处 α

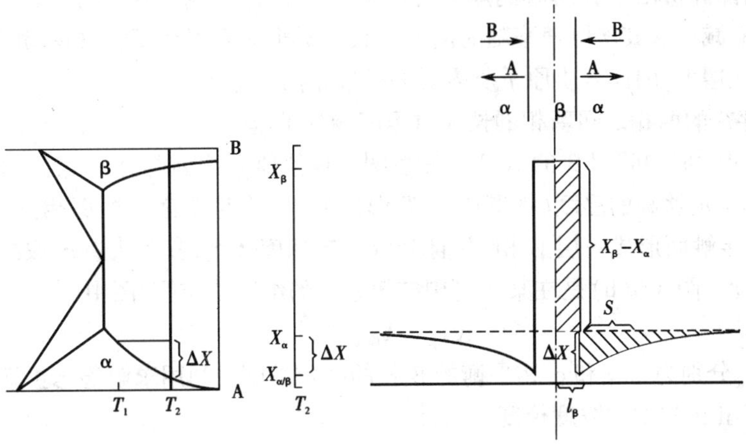

图4-5 α相晶界析出β相薄膜时的浓度分布示意图

相的摩尔浓度。

上述β相中B原子数的增加，来自于α基体中B原子的扩散。根据Fick扩散第一定律，dt时间内朝向薄膜的扩散流量

$$\mathrm{d}m_{\mathrm{B}}=\frac{D_\alpha A}{V_\alpha}\frac{\mathrm{d}X}{\mathrm{d}x}\mathrm{d}t \tag{4-30}$$

式(4-29)与式(4-30)中dm_{B}具有相同的意义，因而有

$$\frac{D_\alpha A}{V_\alpha}\frac{\mathrm{d}X}{\mathrm{d}x}\mathrm{d}t=\frac{A\mathrm{d}l_\beta}{V_\beta}(X_\beta-X_{\alpha/\beta}) \tag{4-31}$$

为了求得β相增厚速率，下面首先估算β相与α相界面处的$\frac{\mathrm{d}X}{\mathrm{d}x}$。由图4-5可见，$\frac{\mathrm{d}X}{\mathrm{d}x}$为图中虚线的斜率，近似有

$$\frac{\mathrm{d}X}{\mathrm{d}x}=\frac{\Delta X}{S}$$

式中：$\Delta X=X_0-X_{\alpha/\beta}$为过饱和度，距离$S$可由图4-5中两块阴影面积来进行估算。由于β相长大过程中没有B原子离开这个系统，两块阴影面积应该表示相同的B原子数。取图中三角形面积近似代替α相中影线面积，则有

$$\frac{1}{2}\frac{SA}{V_\alpha}\Delta X=\frac{l_\beta A}{V_\beta}(X_\beta-X_0) \tag{4-32}$$

由式(4-32)可解得所求浓度梯度

$$\frac{\mathrm{d}X}{\mathrm{d}x}=\frac{\Delta X}{S}=\frac{1}{2l_\beta}\frac{(\Delta X)^2 V_\beta}{X_\beta-X_0 V_\alpha} \tag{4-33}$$

将式(4-33)代入式(4-31)中，整理后得

$$\frac{\mathrm{d}l_\beta}{\mathrm{d}x}=\frac{D_\alpha(\Delta X)^2}{2l_\beta(X_\beta-X_0)(X_\beta-X_{\alpha/\beta})}\left(\frac{V_\beta}{V_\alpha}\right)^2 \tag{4-34}$$

注意到$t=0$时，$l_\beta=0$，$t=t$时，$l_\beta=l_\beta$，将式(4-29)积分后得

$$(l_\beta)^2=\frac{D_\alpha(\Delta X)^2}{(X_\beta-X_0)(X_\beta-X_{\alpha/\beta})}\left(\frac{V_\beta}{V_\alpha}\right)^2 t \tag{4-35}$$

式(4-35)表明,晶界析出相 β 薄膜的厚度随时间增长按抛物线规律增加,而其增厚的速度将随时间的增长而减小。其增厚速率随时间的增长而减小的原因是,随着析出相的长大,薄膜周围的溶质贫化区增大,因而溶质原子所需要的扩散距离增加了。

(3)在已存在的两相之间新相的长大过程问题的求解

图 4-6(a)是形成中间相 β 的 A-B 二元系图。现使纯 A 组元与纯 B 组元以一平整的表面相接触,并加热至足够高的温度(如图中的 T_1 温度)使之发生扩散。根据相图可知,扩散发生后将在 A 与 B 接触面形成一层 β 相,并且会以一定速度长大,其长大速度取决于组元通过 β 相层的扩散速度。图 4-6(b)是在某一时刻扩散系统的浓度分布图,图中

$$\Delta X_\beta = X_{\beta/\gamma} - X_{\beta/\alpha}$$

其中 $X_{\beta/\gamma}$ 与 $X_{\beta/\alpha}$ 分别为与 γ 和 α 相平衡的 β 相的摩尔浓度。利用求解稳态扩散问题的近似方法,很容易估算出 β 相中的浓度梯度。

$$\frac{\mathrm{d}X}{\mathrm{d}x} = \frac{\Delta X_\beta}{l_\beta}$$

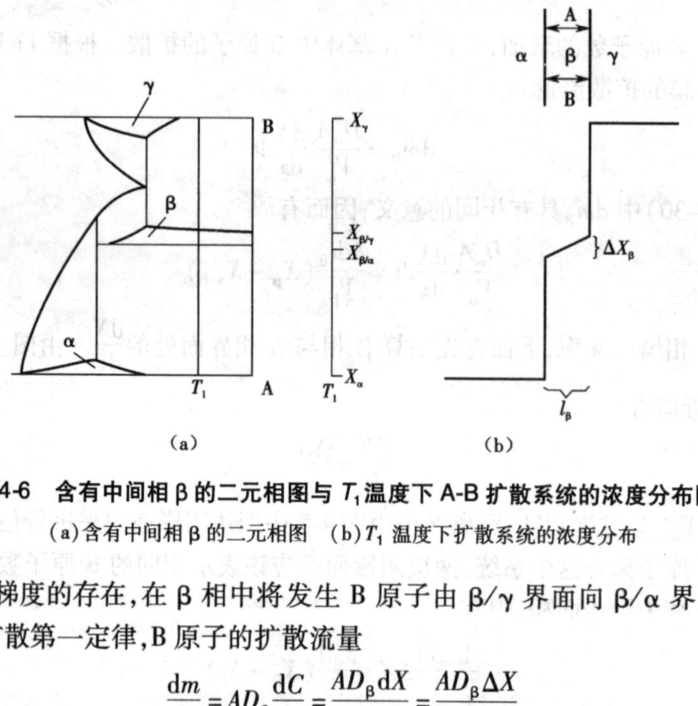

图 4-6 含有中间相 β 的二元相图与 T_1 温度下 A-B 扩散系统的浓度分布图

(a)含有中间相 β 的二元相图 (b) T_1 温度下扩散系统的浓度分布

由于此浓度梯度的存在,在 β 相中将发生 B 原子由 β/γ 界面向 β/α 界面迁移(界面积 A)。根据 Fick 扩散第一定律,B 原子的扩散流量

$$\frac{\mathrm{d}m}{\mathrm{d}t} = AD_\beta \frac{\mathrm{d}C}{\mathrm{d}x} = \frac{AD_\beta \mathrm{d}X}{V_\beta \mathrm{d}x} = \frac{AD_\beta \Delta X}{V_\beta l_\beta} \tag{4-36}$$

B 原子在 β 相中的迁移将导致 β/γ、β/α 界面处浓度平衡的破坏。为了维持两界面处的浓度平衡,将在两个相界面发生相变,从而导致 β 相层不断增厚。假设在 dt 时间内,在 β/α 相界面上 β 相的厚度增加 $\mathrm{d}l_\beta^{\mathrm{I}}$,在 β/γ 相界面上 β 相的厚度增加 $\mathrm{d}l_\beta^{\mathrm{II}}$,根据质量平衡有

$$\left.\begin{aligned} \frac{A\mathrm{d}l_\beta^{\mathrm{I}}}{V_\beta \mathrm{d}t}(X_{\beta/\alpha} - X_\alpha) &= \frac{AD_\beta \Delta X_\beta}{V_\beta l_\beta} \\ \frac{A\mathrm{d}l_\beta^{\mathrm{II}}}{V_\beta \mathrm{d}t}(X_{\beta/\gamma} - X_\gamma) &= -\frac{AD_\beta \Delta X_\beta}{V_\beta l_\beta} \end{aligned}\right\} \tag{4-37}$$

由式(4-37)得到 β 相总的长大速度

$$\frac{dl_\beta}{dt}=\frac{dl_\beta^{\mathrm{I}}+dl_\beta^{\mathrm{II}}}{dt}=\frac{D_\beta\Delta X_\beta}{l_\beta}\left(\frac{1}{X_{\beta/\alpha}-X_\alpha}+\frac{1}{X_\gamma-X_{\beta/\gamma}}\right)$$

$$=\frac{D_\beta\ \Delta X_\beta(X_\gamma-X_\alpha-\Delta X_\beta)}{l_\beta(X_\gamma-X_{\beta/\gamma})(X_{\beta/\alpha}-X_\alpha)} \tag{4-38}$$

考虑到 $\Delta X_\beta \ll X_\gamma - X_\alpha$，$t=0$ 时 $l_\beta=0$，$t=t$ 时，$l_\beta=l_\beta$，将式(4-38)积分后得

$$l_\beta^{\mathrm{II}}=\frac{2D_\beta\Delta X_\beta(X_\gamma-X_\alpha)}{(X_\gamma-X_{\beta/\gamma})(X_{\beta/\alpha}-X_\alpha)}t \tag{4-39}$$

上述方程是在A、B两组元彼此间溶解度很小的条件下推导出来的，倘若两个组元间彼此溶解度较大，还应当考虑其在α相中与γ相中的扩散。

4. 一相转变成片层排列的两个新相情况下的扩散问题的求解

共析钢的奥氏体(γ)向珠光体(P)转变是一个固相转变成片层排列两个新相的典型例子。图4-7为片层状组织示意图，其中一种片层为渗碳体(cem)，另一种片层为铁素体(α)，两相以相协方式长大。

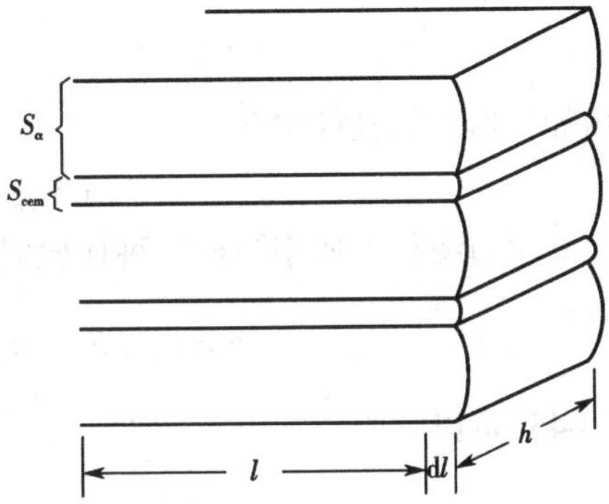

图4-7 片层珠光体的示意图

对于珠光体中渗碳体的长大来说，通过考虑在γ相中的扩散，参照式(4-37)可以得到

$$\frac{dl_{cem}h_{cem}}{dtV_{cem}}(X_{cem}-X_\gamma)=\frac{dm}{dt}=\frac{D_\gamma h\Delta X_\gamma}{V_\gamma l_{有效}} \tag{4-40}$$

式中：X_{cem}、X_γ为碳在渗碳体中与奥氏体中的摩尔系数，ΔX_γ为奥氏体中碳的摩尔分数差，V_{cem}为渗碳体的摩尔体积，D_γ为碳在奥氏体中的扩散系数。式(4-40)中右边的h随着离边缘的距离而变化，当$l_{有效}$取为S_{cem}时，h便可以取为h_{cem}，因此可以得到

$$\frac{dl_{cem}}{dt}=\frac{D_\gamma\Delta X_\gamma}{V_\gamma\dfrac{S_{cem}}{V_{cem}}(X_{cem}-X_\gamma)} \tag{4-41}$$

对于珠光体中铁素体片层边缘的长大，也可以进行类似的处理，此时只要将h取为h_α，$l_{有效}=S_\alpha$，便可以得到

$$\frac{dl_\alpha}{dt}=\frac{D_\gamma\Delta X_\gamma}{V_\gamma\dfrac{S_\alpha}{V_\alpha}(X_\gamma-X_\alpha)} \tag{4-42}$$

因为珠光体中渗碳体片层与铁素体片层是相协生长的，因此只有上述两个方程得到相同结果，即$\frac{dl_{cem}}{dt}=\frac{dl_\alpha}{dt}$时，这种推导才会是令人满意的。利用图4-8给出的部分Fe—Fe_3C相图，很容易用杠杆定律证明两者确实相等。

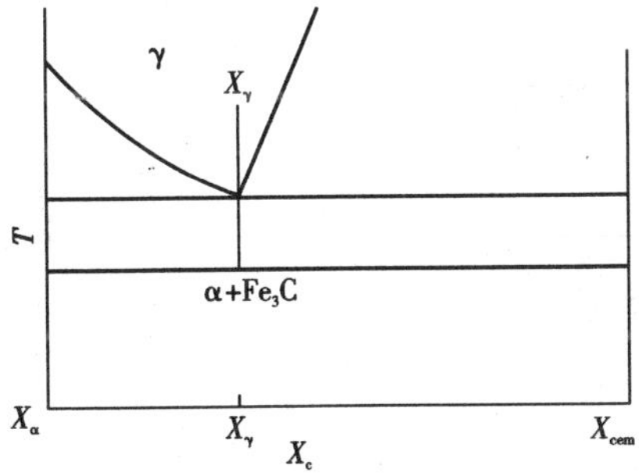

图4-8 Fe－Fe_3C部分相图

令n_α为珠光体中铁素体的摩尔数，n_{cem}为珠光体中渗碳体的摩尔数，由杠杆定律得

$$n_\alpha(X_\gamma-X_\alpha)=n_{cem}(X_{cem}-X_\gamma) \tag{4-43}$$

由图 4-7 可知

$$n_\alpha = \frac{S_\alpha \cdot l \cdot h}{V_\alpha}, n_{cem} = \frac{S_{cem} \cdot l \cdot h}{V_{cem}}$$

将其代人式(4-43),得

$$\frac{S_\alpha \cdot l \cdot h}{V_\alpha}(X_\gamma - X_\alpha) = \frac{S_{cem} \cdot l \cdot h}{V_{cem}}(X_{cem} - X_\gamma)$$

因此

$$\frac{S_\alpha}{V_\alpha}(X_\gamma - X_\alpha) = \frac{S_{cem}}{V_{cem}}(X_{cem} - X_\gamma) \tag{4-44}$$

对比式(4-41)、式(4-42)及式(4-44),便可得到

$$\frac{dl_{cem}}{dt} = \frac{dl_\alpha}{dt}$$

利用如下形式的杠杆定律

$$n(X_{cem} - X_\gamma) = n_\alpha(X_{cem} - X_\alpha) \tag{4-45}$$

可将片层边缘长大速率写成一种比较对称的形式。考虑到

$$n = n_\alpha + n_{cem}, n_\alpha = \frac{S_\alpha \cdot l \cdot h}{V_\alpha}, n_{cem} = \frac{S_{cem} \cdot l \cdot h}{V_{cem}}$$

式(4-45)可以写为

$$\left(\frac{S_\alpha}{V_\alpha} + \frac{S_{cem}}{V_{cem}}\right)(X_{cem} - X_\gamma) = \frac{S_\alpha}{V_\alpha}(X_{cem} - X_\alpha) \tag{4-46}$$

引入珠光体的平均摩尔体积 V_P 与片间距离 $S = S_\alpha + S_{cem}$,则有

$$\frac{S_\alpha}{V_\alpha} + \frac{S_{cem}}{V_{cem}} = \frac{S}{V_P} \tag{4-47}$$

将式(4-47)代人式(4-46),得

$$\frac{S}{V_P}(X_{cem} - X_\gamma) = \frac{S_\alpha}{V_\alpha}(X_{cem} - X_\alpha)$$

或

$$X_{cem} - X_\gamma = (X_{cem} - X_\alpha)\frac{S_\alpha V_P}{V_\alpha S} \tag{4-48}$$

将式(4-48)代人式(4-41),并令 $v = \frac{dl_{cem}}{dt} = \frac{dl_\alpha}{dt}$

$$\begin{aligned} v &= \frac{dl_{cem}}{dt} = \frac{D_\gamma \Delta X_\gamma}{V_\gamma \frac{S_{cem}}{V_{cem}}(X_{cem} - X_\alpha)\frac{S_\alpha V_P}{V_\alpha S}} \\ &= \frac{D_\gamma \Delta X_\gamma}{V_\gamma n_{cem}(X_{cem} - X_\alpha) n_\alpha \frac{1}{n^2} \frac{S}{V_P}} \\ &= \frac{D_\gamma \Delta X_\gamma}{V_\gamma \frac{n_{cem}}{n} \frac{n_\alpha}{n}(X_{cem} - X_\alpha)\frac{S}{V_P}} \end{aligned} \tag{4-49}$$

$$=\frac{D_\gamma \Delta X_\gamma}{f_\alpha f_{cem}(X_{cem}-X_\alpha)V_\gamma S}$$

式中:f_α与f_{cem}分别为珠光体中铁素体和渗碳体的摩尔分数;ΔX_γ是γ相中碳含量之差,$\Delta X_\gamma = X_{\gamma/\alpha} - X_{\gamma/cem}$,其中$X_{\gamma/\alpha}$与$X_{\gamma/cem}$分别为γ/α界面与γ/cem界面处γ中的碳浓度。正是在ΔX_γ的驱动下,碳原子不断由铁素体边沿扩散到渗碳体边沿,使铁素体和渗碳体相协长大。

ΔX_γ的大小可以由Fe—Fe_3C图中求得。通过A_3线与A_{cm}线分别延长至A_1以下的反应温度,即可求得ΔX_γ,见图4-9。值得指出的是,图中奥氏体的碳浓度差是以$(\Delta X_\gamma)_0$来标记的。下角标0的含义为该值是由Fe—Fe_3C相图中两条正常平衡线求得,并且各相之间的界面必须是平直的。

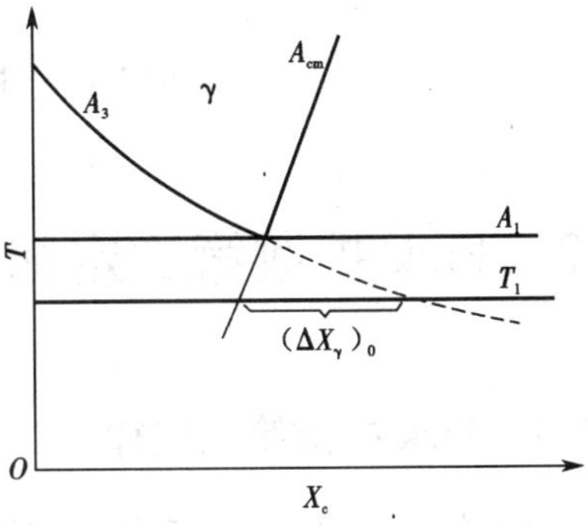

图4-9 由Fe—Fe_3C求$(\Delta X_\gamma)_0$示意图

在实际长大的珠光体前沿,无论是γ/α还是γ/cem的界面均是曲面,这样就使正在长大的铁素体与渗碳体均承受一定压力。这种压力效应将奥氏体单相区扩大,即A_3线向左下方移动,A_{cm}向右下方移动,结果导致ΔX_γ值减少,如图4-10所示。

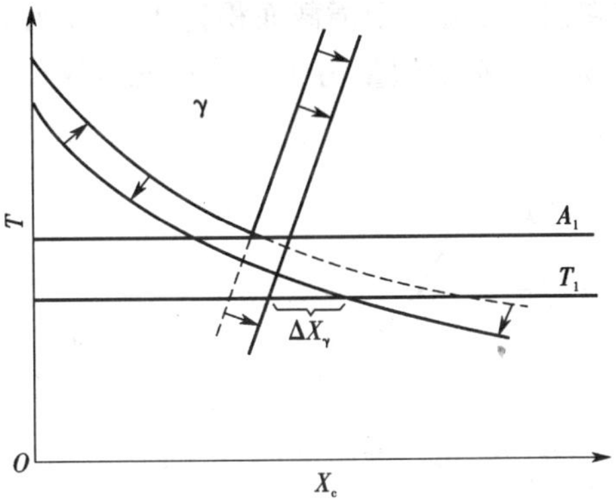

图4-10 由于γ/α和γ/cem界面弯曲而导致ΔX_γ减少示意图

显然,珠光体组织越细,这种效应就越明显。当珠光体片间距(S)为某一临界值S_{cr}时,ΔX_γ值将为0。甄诺曾就ΔX_γ随S的变化给出了下边的关系:

$$\Delta X_\gamma = (\Delta X_\gamma)_0\left(1-\frac{S_{cr}}{S}\right) \tag{4-50}$$

将式(4-50)代入式(4-49)中,可以得到

$$v=\frac{D_\gamma(\Delta X_\gamma)_0}{f_\alpha f_{cem}(X_{cem}-X_\alpha)}\frac{V_P}{V_\gamma}\frac{1}{S}\left(1-\frac{S_{cr}}{S}\right) \tag{4-51}$$

式(4-51)通常称为长大速率公式。

如果用式(4-51)给出的v与S关系作图,可以得到图4-11所示的关系曲线。由图可见,当$S=S_{cr}$时长大速度为0,当$S=2S_{cr}$时,长大速度最大。

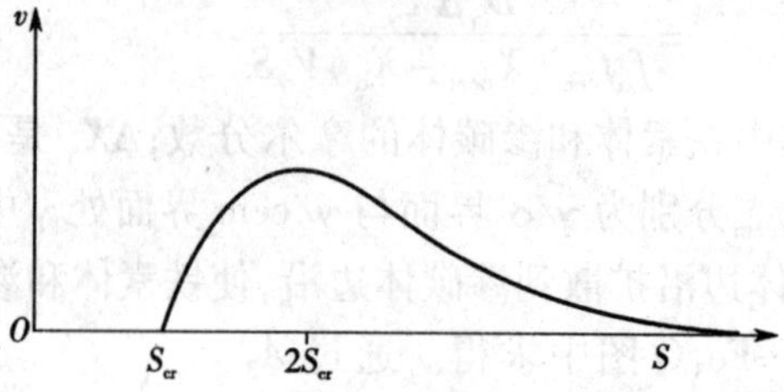

图 4-11 珠光体长大速度 v 与片间距 S 的关系

4.2 Fick 扩散第二定律及其在材料研究中的应用

4.2.1 Fick 扩散第二定律

对于各点浓度随时间变化的非稳态扩散，尽管方程(4-1)仍然有效，但却不能直接用该方程求解这类问题。为此，在 Fick 扩散第一定律的基础上，利用扩散物质质量平衡的原理总结出了适于对此类扩散问题求解的 Fick 扩散第二定律。

在一沿 x 方向扩散的系统中，考虑一个横截面积为 A，厚度为 dx 的微小体积元；体积元左端(x_1)的浓度为 C_1，流入体积元的扩散通量为 J_1。体积元右端(x_2)的浓度为 C_2，流出体积元的扩散通量为 J_2，见图 4-12。

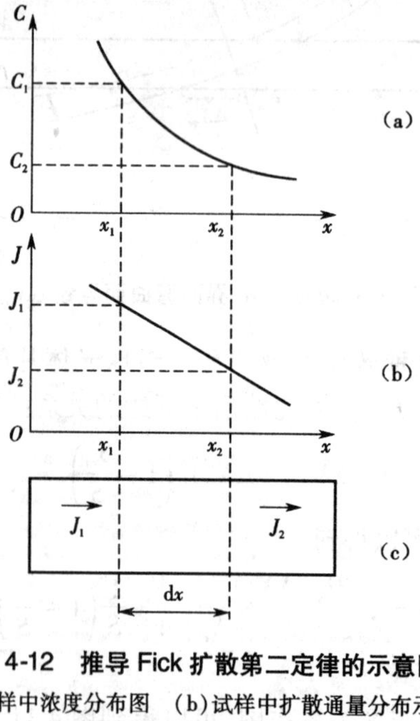

图 4-12 推导 Fick 扩散第二定律的示意图

(a)试样中浓度分布图 (b)试样中扩散通量分布示意图

(c)截面积为 A，长度为 dx 的试样体积元

单位时间内扩散组元流入体积元的质量(或原子数) = J_1A，单位时间内扩散组元流出体积元的质量(或原子数) = J_2A，单位时间内扩散组元在体积元内积存的质量(或原子数) = J_1A

$-J_2A$，由于体积元很小，所以

$$J_2A = J_1A + \frac{\partial(JA)}{\partial x}\mathrm{d}x = J_1A + \frac{\partial J}{\partial x}A\mathrm{d}x$$

$$J_1A - J_2A = -\frac{\partial J}{\partial x}A\mathrm{d}x \tag{4-52}$$

从另一角度看，单位时间内体积元中扩散组元的积存量又可用浓度随时间的变化来描述，即

$$\frac{\partial(CA\mathrm{d}x)}{\partial t} = \frac{\partial C}{\partial t}A\mathrm{d}x \tag{4-53}$$

式(4-52)与式(4-53)代表的意义相同，因此有

$$\frac{\partial C}{\partial t} = -\frac{\partial J}{\partial x} \tag{4-54}$$

将扩散第一定律的方程(4-1)代入式(4-54)，得

$$\frac{\partial C}{\partial t} = \frac{\partial}{\partial x}\left(D\frac{\partial C}{\partial x}\right) \tag{4-55}$$

该式即为 Fick 扩散第二定律的数学表达式。这是一个描述一维扩散的二阶偏微分方程。若扩散系数 D 可视为常数，该式可简化为

$$\frac{\partial C}{\partial t} = D\frac{\partial^2 C}{\partial x^2} \tag{4-56}$$

在三维情况下，Fick 扩散第二定律的表达式为

$$\frac{\partial C}{\partial t} = \frac{\partial}{\partial x}\left(D_x\frac{\partial C}{\partial x}\right) + \frac{\partial}{\partial y}\left(D_y\frac{\partial C}{\partial y}\right) + \frac{\partial}{\partial y}\left(D_z\frac{\partial C}{\partial z}\right) \tag{4-57}$$

Fick 扩散第二定律以微分形式给出了浓度与位置、时间的关系。针对不同的扩散问题，通过对上述微分方程求解，便可得到浓度与位置、时间之间的具体函数关系。

4.2.2 扩散第二定律方程的解

1. 扩散系数恒定时一维扩散方程的解

当扩散系数 D 为常数，且一维扩散时，对方程(4-56)求解，可以得到许多不同的数学表达式（即方程的通解）。这些不同类型的数学表达式适于描述不同类型的问题，其几种主要类型介绍如下。

(1) 高斯解

高斯解的表达式为

$$C = \frac{S}{\sqrt{4\pi Dt}}\exp\left(-\frac{x^2}{B^2}\right) \tag{4-58}$$

或

$$C = A\exp(-x^2/B^2)\text{（高斯方程的形式）}$$

式中：S 代表在单位截面积内长度从 $-\infty$ 至 $+\infty$ 的体积内所包含的扩散组元总量；A 为浓度分布的振幅，随时间的增长振幅减小，$A = \frac{S}{\sqrt{4\pi Dt}}$；$B$ 是浓度分布的宽度，随时间增长而增加，$B = \sqrt{4Dt}$。据此可见一维扩散特征是：刚开始时所有扩散组元的原子都浓集在某个部位，随扩散

时间增长,各地浓度逐渐均匀化,而扩散范围增大,见图 4-13。

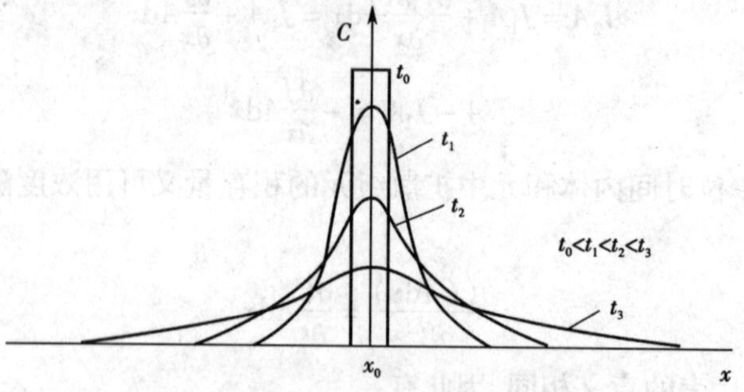

图 4-13 不同时间的浓度分布曲线

(2)误差函数解

采用分离变数法可以求得 Fick 第二律误差函数解为

$$C = A + B\mathrm{erf}(\beta) = A + B\mathrm{erf}\left(\frac{x}{2\sqrt{Dt}}\right) \tag{4-59}$$

式中:A、B 为积分常数,可由具体问题的初始条件或边界条件确定。$\mathrm{erf}(\beta)$ 为误差函数,其定义为

$$\mathrm{erf}(\beta) = \frac{2}{\sqrt{\pi}}\int_0^{\beta} \mathrm{e}^{-\beta^2}\mathrm{d}\beta \tag{4-60}$$

式(4-60)已经列有误差函数表,见表 4-1。

表 4-1 误差函数表

β	0	1	2	3	4	5	6	7	8	9
0.0	0.000 0	0.011 3	0.022 6	0.033 8	0.045 1	0.056 4	0.067 6	0.078 9	0.090 1	0.101 3
0.1	0.112 5	0.123 6	0.134 8	0.145 9	0.156 9	0.168 0	0.179 0	0.190 0	0.200 9	0.211 8
0.2	0.222 7	0.233 5	0.244 3	0.255 0	0.265 7	0.276 3	0.286 9	0.297 4	0.307 9	0.318 3
0.3	0.328 6	0.338 9	0.349 1	0.359 3	0.369 4	0.379 4	0.389 3	0.399 2	0.409 0	0.418 7
0.4	0.428 4	0.438 0	0.447 5	0.456 9	0.466 2	0.475 5	0.484 7	0.493 7	0.502 7	0.511 7
0.5	0.520 5	0.529 2	0.537 9	0.546 5	0.554 9	0.563 3	0.571 6	0.579 8	0.587 9	0.595 9
0.6	0.603 9	0.611 7	0.619 4	0.627 0	0.634 6	0.642 0	0.649 4	0.656 6	0.663 8	0.670 8
0.7	0.677 8	0.684 7	0.691 4	0.698 1	0.704 7	0.711 2	0.717 5	0.723 8	0.730 0	0.736 1
0.8	0.742 1	0.748 0	0.753 8	0.759 5	0.765 1	0.770 7	0.776 1	0.781 4	0.786 7	0.791 8
0.9	0.796 9	0.801 9	0.806 8	0.811 6	0.816 3	0.820 9	0.825 4	0.829 9	0.834 2	0.838 5
1.0	0.842 7	0.846 8	0.850 8	0.854 8	0.858 6	0.862 4	0.866 1	0.869 8	0.873 3	0.876 8
1.1	0.880 2	0.883 5	0.886 8	0.890 0	0.893 1	0.896 1	0.899 1	0.902 0	0.904 8	0.907 6
1.2	0.910 3	0.913 0	0.915 5	0.918 1	0.920 5	0.922 9	0.925 2	0.927 5	0.929 7	0.931 9
1.3	0.934 0	0.936 1	0.938 1	0.940 0	0.941 9	0.943 8	0.945 6	0.947 3	0.949 0	0.950 7
1.4	0.952 3	0.953 9	0.955 4	0.956 9	0.958 3	0.959 7	0.961 1	0.962 4	0.963 7	0.964 9
1.5	0.966 1	0.967 3	0.968 7	0.969 5	0.970 6	0.971 6	0.972 6	0.973 6	0.974 5	0.975 3
β	1.55	1.6	1.65	1.7	1.75	1.8	1.9	2.0	2.2	2.7
$\mathrm{erf}(\beta)$	0.971 6	0.976 3	0.984 0	0.983 8	0.986 7	0.989 1	0.992 8	0.995 3	0.998 1	0.999

根据该表可求得各 β 值对应的 $\mathrm{erf}(\beta)$,反之亦然。根据该函数的定义,可以推断出其具

有如下性质：①erf (0) =0；②erf (∞) =1；③erf (−β) = −erf (β)。

误差函数解通常适用于开始时扩散组元在一个很宽区域内均匀分布(浓度为 C_0)的情况。对于这样的情况，当然也可利用高斯解处理。此时，只需把原来扩散组元的浓度分布图分割成无限多薄的截面，然后在每个截面上用高斯解求解。根据叠加原理，整个问题的解即为各个解之和。

(3) 正弦解

对于开始时($t=0$)浓度分布具有正弦图形的扩散问题，可以采用扩散方程的正弦解求解扩散问题。扩散方程正弦解的表达式为

$$C = A\exp(-k^2 Dt)\sin(kx) \tag{4-61}$$

式中：k 为常数，相当于波动的频率。正弦解表达式描述了在每一瞬时浓度分布都是周期性的情况，其振幅为 $A\exp(-k^2 Dt)$，波长 $\lambda = \dfrac{2\pi}{k}$。将式(4-61)用波长表示时，则有

$$C = A\exp(-4k^2 Dt/\lambda^2)\sin(2\pi x/\lambda) \tag{4-62}$$

由式(4-61)与式(4-62)均可看到，振幅随时间增长而减小。由于扩散使浓度分布更加均匀，这是很自然的。由式(4-62)还可注意到，波长 λ 越小，振幅的衰减越快。

正弦解表明，当原始浓度分布具有正弦图形的扩散过程时，随着扩散时间的增长，其浓度分布的正弦形状将保持不变，其唯一的变化是振幅逐渐减小。

(4) 指数解

对于相变过程中的恒速长大等过程的扩散问题求解，常可以采用扩散第二定律方程的指数解，指数解表达式为

$$C = A + B\exp(kx + k^2 Dt) \tag{4-63}$$

式中：A、B、k 为常数，可根据具体问题的边界条件或初始条件确定。

扩散第二定律方程的求解除上述所介绍的四种解之外，还有一些其他数学表达式，有兴趣的读者可以参考有关扩散方面更为专业的书籍。

2. 扩散系数随浓度变化时扩散方程的解

上述方程解中，均把扩散系数看做常数，且在扩散体系中仅考虑了一种组元的扩散(例如间隙固溶体中间隙原子的扩散)。但是在实际材料中，溶剂原子与溶质原子同时存在扩散，而且两者的扩散系数会因相互影响而发生改变。

(1) 柯肯达尔(Kirkendall)效应

1947 年柯肯达尔等人用实验证明，在二元置换式固溶体 Cu-Zn 合金系中，Zn 的扩散比 Cu 快，即 $D_{Zn} > D_{Cu}$。如图 4-13 所示，在一长方形黄铜棒(w(Zn) =30%)上敷上很细的钼丝，然后再镀上一定厚度的纯铜，将钼丝包在铜和黄铜之间，这样钼丝就成为铜和黄铜原始界面的标记。将此扩散偶加热至足够高的温度(785 ℃)进行扩散处理，使铜原子向黄铜一侧扩散，锌原子向纯铜一侧扩散。实验发现，随着扩散时间的增长，黄铜两侧钼丝标记的界面间距 d

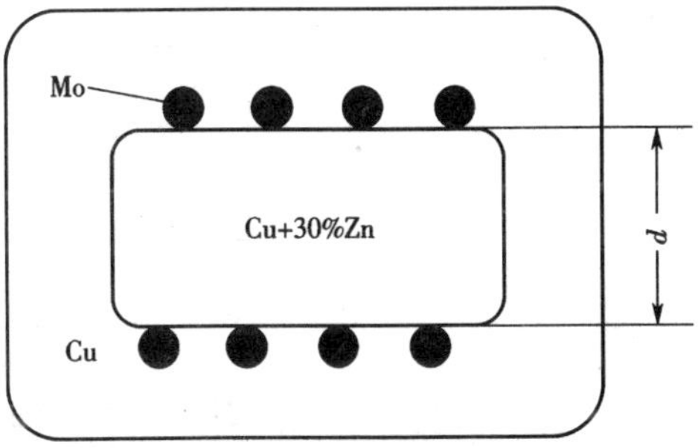

图 4-14 Kirkendall 实验示意图

变小。这说明铜—黄铜界面随铜原子和锌原子的扩散发生了向黄铜一侧移动,这种现象后被称为 Kirkendall 效应。

表 4-2 给出了上述实验测得的保温时间与钼丝移动距离的关系。由表 4-2 可以看出,钼丝向内移动的距离和退火时间的平方根成比例。退火保温时间为 1 天时,移动距离为 0.001 5 cm,保温 56 天时,就已达到 0.012 4 cm。从理论上来说,锌原子半径大于铜,假定扩散过程中发生了锌原子与铜原子的等量置换,两种原子大小的差异也将导致钼丝所在原始界面的迁移,但由此引起的迁移仅为实际观测到的十分之一,显然这不是导致钼丝向内移动的主要原因。实验结果只能说明产生 Kirkendall 效应的主要原因在于,锌的扩散系数比铜大($D_{Zn} > D_{Cu}$),使得扩散过程中产生了不等量的原子交换(即 $J_{Zn} > J_{Cu}$)所致。继铜—黄铜之后,后来又相继在 Cu-Ni、Cu-Au、Ag-Zn、Ni-Co、Ni-Au 等许多扩散对中发现了这种现象,这表明 Kirkendall 效应是一个普遍规律。

表 4-2 保温时间和钼丝移动距离

保温时间/d	钼丝移动距离/μm
0	0
1	15
3	25
6	36
13	56
28	92
56	124

Kirkendall 效应是固态扩散理论研究中的一个重大发现,它实质上证明了空位扩散机制的存在。因为在置换固溶体中,如果仅靠交换机制进行扩散,两组元的扩散系数应是相等的。

(2)达肯方程

1948 年,达肯首先对 Kirkendall 效应进行了数学处理,1949 年哈特勒和克兰克也独立地得出了与达肯方程本质相同的公式。如图 4-15,在发生 Kirkendall 效应过程中,晶体中的原子相对于原始界面进行扩散,而原始界面又相对于静止观察者发生了漂移,因此观察者实际上观察到的原子扩散速度应是原始界面漂移速度与原子相对于原始界面扩散速度的叠加。

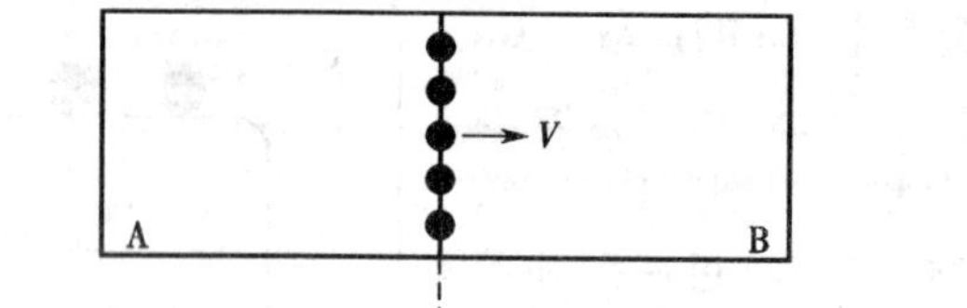

图 4-15 一维扩散试样中标记面的漂移

令 v_m 为界面相对于观察者的漂移速度,v_D 为原子相对于界面的扩散速度,$v_{总}$ 为原子相对于观察者的扩散速度。三者之间关系为

$$v_{总} = v_m + v_D \tag{4-64}$$

若扩散组元的浓度为 C_i,原子的扩散速度为 v_i,则扩散通量 J_i 可以写为

$$J_i = C_i v_i \tag{4-65}$$

根据式(4-64)及式(4-65),二元系中 A、B 两组元各自相对于观察者的扩散通量分别为

$$\left.\begin{aligned}(J_A)_{总} = C_A[v_m + (v_D)_A] = C_A v_m + C_A(v_D)_A = C_A v_m + J_A\\(J_B)_{总} = C_B[v_m + (v_D)_B] = C_B v_m + C_B(v_D)_B = C_B v_m + J_B\end{aligned}\right\} \tag{4-66}$$

根据 Fick 扩散第一定律,组元 A 和 B 各自相对于界面的扩散通量又可表示为

$$\left.\begin{aligned}J_A = -D_A\frac{\partial C_A}{\partial x}\\J_B = -D_B\frac{\partial C_B}{\partial x}\end{aligned}\right\} \tag{4-67}$$

将式(4-67)代入式(4-66),得

$$\left.\begin{aligned}(J_A)_{总} = C_A v_m - D_A\frac{\partial C_A}{\partial x}\\(J_B)_{总} = C_B v_m - D_B\frac{\partial C_B}{\partial x}\end{aligned}\right\} \tag{4-68}$$

假定在扩散过程中各处单位体积的摩尔数保持不变,则应有 $(J_A)_{总} = -(J_B)_{总}$,由此得

$$v_m(C_A + C_B) = D_A\frac{\partial C_A}{\partial x} + D_B\frac{\partial C_B}{\partial x} \tag{4-69}$$

设 C 为单位体积的摩尔数,X_A 和 X_B 分别为 A、B 两组元的摩尔分数,则有 $X_A + X_B = 1$,$C_A = CX_A$,$C_B = CX_B$,将其代入式(4-69),整理后得

$$\left.\begin{aligned}v_m = D_A\frac{\partial X_A}{\partial x} - D_B\frac{\partial X_A}{\partial x} = (D_A - D_B)\frac{\partial X_A}{\partial x}\\ \text{或}\qquad\qquad\\ v_m = -D_A\frac{\partial X_B}{\partial x} + D_B\frac{\partial X_B}{\partial x} = (D_B - D_A)\frac{\partial X_B}{\partial x}\end{aligned}\right\} \tag{4-70}$$

再将(4-70)代入式(4-69),得

$$\left.\begin{aligned}(J_A)_{总} = -(X_B D_A + X_A D_B)\frac{\partial C_A}{\partial x}\\(J_B)_{总} = (X_B D_A + X_A D_B)\frac{\partial C_B}{\partial x}\end{aligned}\right\} \tag{4-71}$$

令

$$\widetilde{D} = X_B D_A + X_A D_B \tag{4-72}$$

式(4-71)可写为

$$\left.\begin{aligned}(J_A)_{总} = -\widetilde{D}\frac{\partial C_A}{\partial x}\\(J_B)_{总} = \widetilde{D}\frac{\partial C_B}{\partial x}\end{aligned}\right\} \tag{4-73}$$

式中:$\widetilde{D}$ 称为互扩散系数,D_A、D_B 称为组元的本征扩散系数。式(4-71)与式(4-73)称为达肯公

式。可见在二元置换固溶体中，Fick 扩散定律中所用的扩散系数应为互扩散系数。

由式(4-72)可知，一般情况下互扩散系数与组元的本征扩散系数并不相同，但在如下情况下，两者相同：当 $D_A = D_B$ 时，$\widetilde{D} = D_A = D_B$；或者，当溶体为稀溶体时，例如，$X_A \to 1$，$X_B \to 0$，则 $\widetilde{D} = D_B$。

由达肯方程的推导可以看出，本征扩散系数是相对于点阵坐标系的扩散系数，它仅包括由于化学位梯度所引起的扩散流。而互扩散系数可看做是相对于静止坐标系的扩散系数，它包括因化学位梯度而产生的扩散流和因 $D_A \neq D_B$ 所引起的点阵运动而产生的物质流。

(3) 扩散系数 D 随浓度变化时扩散方程的求解

无论是置换型固溶体还是间隙型固溶体，通常扩散系数都会随浓度而改变。对于间隙扩散，假定扩散系数不随浓度改变，通常不会引起很大误差。对于置换固溶体中的扩散，最有意义的是互扩散系数，但该扩散系数随合金浓度的变化而产生明显的变化，因而在这种情况下不能把扩散系数视为常数。图 4-16 与图 4-17 分别给出了间隙固溶体中和置换固溶体中扩散系数随浓度变化的几个例子。

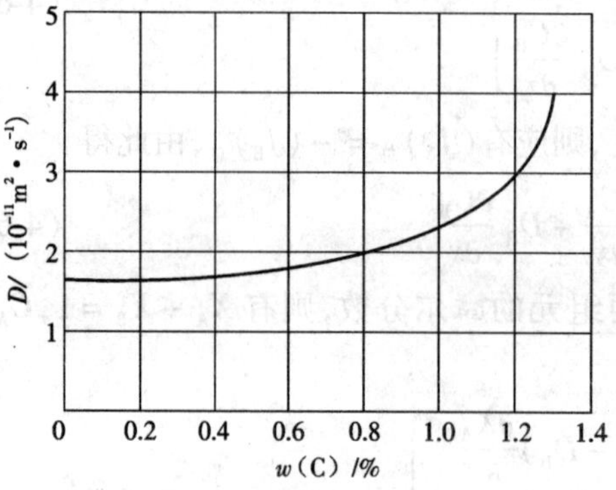

图 4-16 碳在 γ-Fe 中扩散系数随浓度的变化

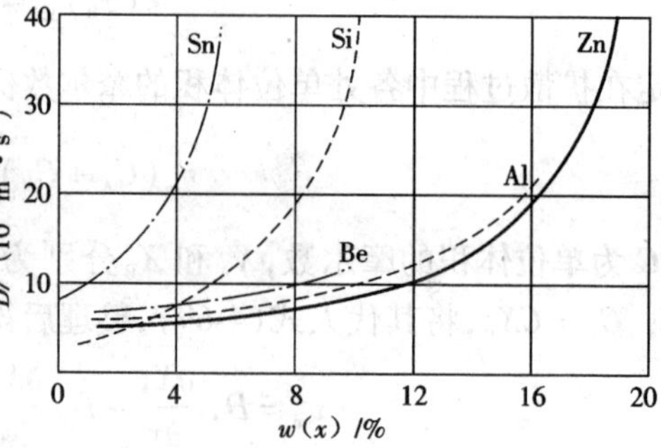

图 4-17 几种元素在铜中扩散系数与浓度的关系

由于扩散系统中存在浓度梯度，扩散系数随浓度变化时必然也随位置而改变。在这种情况下 Fick 扩散第二定律为

$$\frac{\partial C}{\partial t} = \frac{\partial}{\partial x}\left(D\frac{\partial C}{\partial x}\right) = D\frac{\partial^2 C}{\partial x} + \frac{\partial D}{\partial x}\frac{\partial C}{\partial x} \tag{4-74}$$

式中，由于 $\frac{\partial D}{\partial x}$ 的出现使其求解变得更为复杂，甚至在有些情况下不能求解。因此，在这种情况下感兴趣的不是 C 与 x、t 的具体函数关系，而是利用实测的 C 与 x、t 关系及扩散第二定律，求得在给定时间不同浓度的扩散系数。下面采用变量代换方法，先将式(4-74)转化为单变量方程，然后求解。

设 $C = C(\beta)$，$D = D(\beta)$，$\beta = \frac{x}{\sqrt{t}}$，于是有

$$\frac{\partial C}{\partial t} = \frac{\mathrm{d}C}{\mathrm{d}\beta}\frac{\partial \beta}{\partial t} = -\frac{\beta}{2t}\frac{\mathrm{d}C}{\mathrm{d}\beta}$$

$$\frac{\partial C}{\partial x} = \frac{\mathrm{d}C}{\mathrm{d}\beta}\frac{\partial \beta}{\partial x} = -\frac{1}{\sqrt{t}}\frac{\mathrm{d}C}{\mathrm{d}\beta}$$

$$\frac{\partial D}{\partial x}=\frac{\mathrm{d}D}{\mathrm{d}\beta}\frac{\partial \beta}{\partial x}=-\frac{1}{\sqrt{t}}\frac{\mathrm{d}D}{\mathrm{d}\beta}$$

$$\frac{\partial^2 C}{\partial x^2}=\frac{\partial}{\partial x}\left(\frac{\partial C}{\partial x}\right)=\frac{1}{t}\frac{\mathrm{d}^2 C}{\mathrm{d}\beta^2} \tag{4-75}$$

将式(4-75)中各项代入式(4-74)并整理得

$$\mathrm{d}\left(D\frac{\partial C}{\partial \beta}\right)=-\frac{1}{2}\beta \mathrm{d}C \tag{4-76}$$

若扩散组元在某一时刻浓度分布如图4-18所示,在 $C=0$(即图4-18中 $C/C_0=0$ 处)和 $C=C_0$(图4-18中 $C/C_0=1$ 处)处均有$\frac{\mathrm{d}C}{\mathrm{d}x}$,进而有$\frac{\mathrm{d}C}{\mathrm{d}\beta}$。对式(4-76)由 $C=0$ 至 C 积分得

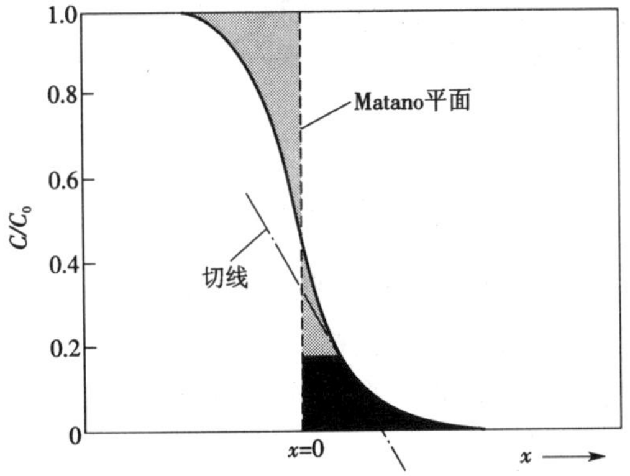

图4-18 Matono平面示意图

$$D=\frac{\mathrm{d}C}{\mathrm{d}\beta}=-\frac{1}{2}\int_0^C \beta \mathrm{d}C$$

由此,扩散系数可以表示为

$$D=\frac{-\frac{1}{2}\int_0^C \beta \mathrm{d}C}{\mathrm{d}C/\mathrm{d}\beta}=-\frac{1}{2t}\frac{\int_0^C x\mathrm{d}C}{\mathrm{d}C/\mathrm{d}x} \tag{4-77}$$

图4-18中的浓度分布曲线具有 $\int_0^C x\mathrm{d}C=0$ 的性质,并且由此可以确定 $x=0$ 的基准线。该基准线所处的界面为Matono平面,其意义为,该面左侧向右侧扩散的原子数与右侧通过该面接收到的原子数相等。在图4-18中,则表现为 $x=0$ 两侧阴影面积相等。

有了Matono平面,便可利用作图法并结合式(4-77)求得任意浓度时的扩散系数。例如,若确定 $C=0.2C_0$时的扩散系数,可利用作图法求得 $C/C_0=0.2$ 时曲线的斜率$\frac{\mathrm{d}C}{\mathrm{d}x}$,然后求得图中深阴影区面积($\int_0^{0.2C_0} x\mathrm{d}C$),再根据式(4-77)可求得此时的扩散系数。

4.2.3 Fick 扩散第二定律的应用

1. 无限长与半无限长物体中的扩散

(1) 无限长物体中的扩散

设A、B分别表示两根很长,且截面积相同的均匀固溶体合金棒。A的浓度为 C_1,B的浓

度为 C_2，且 $C_2 > C_1$。将 A、B 合金棒对焊在一起制成扩散偶，并且使焊合面垂直于 x 轴（棒的轴线），其所在位置取为坐标原点（$x=0$）。将此扩散偶加热到足够高的温度保温，溶质原子在浓度梯度的作用下将进行扩散。图 4-19 给出了 A-B 扩散偶及经不同时间扩散后浓度分布的示意图。

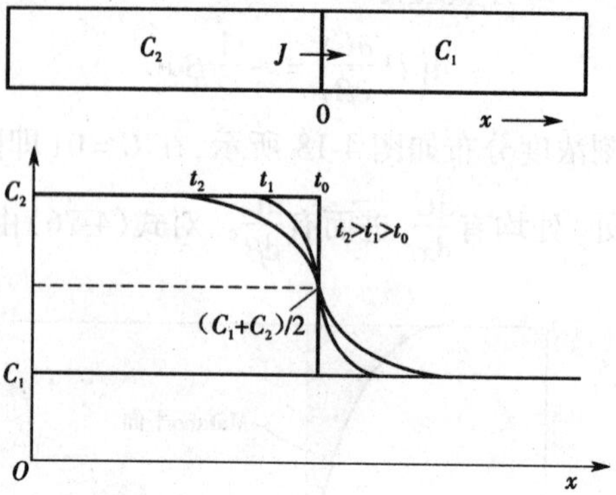

图 4-19　无限长扩散偶浓度示意图

现在的问题是要通过解扩散方程，求出扩散时间为 t 时沿棒的长度方向（x 方向）溶质浓度分布的解析式 $C=C(x,t)$。由于合金棒很长，且固态下原子扩散很慢，因而可以认为扩散过程中棒两端的浓度不受影响而保持恒定。据此，可以确定其初始条件和边界条件。

初始条件

$$t=0, x<0, C=C_2$$
$$x>0, C=C_1$$

边界条件

$$x \geqslant 0,$$
$$x=-\infty, C=C_2$$
$$x=+\infty, C=C_1$$

下面采用式(4-59)给出的误差函数解及边界条件或初始条件确定 $C(x,t)$ 的具体表达式。将边界条件代入式(4-59)中，得

$$C_2 = A + B\mathrm{erf}\left(-\frac{\infty}{2\sqrt{Dt}}\right)$$

$$C_1 = A + B\mathrm{erf}\left(\frac{\infty}{2\sqrt{Dt}}\right)$$

注意到 $\mathrm{erf}(-\infty)=-1$，$\mathrm{erf}(\infty)=1$，得

$$C_2 = A - B$$
$$C_1 = A + B$$

由此得

$$A = \frac{C_1 + C_2}{2}$$

$$B = \frac{C_1 - C_2}{2}$$

将求得的 A、B 代入式(4-59)，得

$$C(x,t)=\frac{C_1+C_2}{2}+\frac{C_1-C_2}{2}\mathrm{erf}\left(\frac{x}{2\sqrt{Dt}}\right) \tag{4-78}$$

式(4-78)反映了不同时刻 t 时，扩散偶中溶质浓度沿 x 方向的变化规律，即根据该式可求得任意位置 x 在 t 时刻的浓度。下面针对式(4-78)讨论几种特殊情况。

①对于焊接面，$x=0$，$\mathrm{erf}\left(\frac{x}{2\sqrt{Dt}}\right)=0$，$C=\frac{C_1+C_2}{2}$。这表明，在扩散偶界面处的浓度值是一个与时间无关的常数，其值等于扩散偶的平均浓度。

②若令式(4-78)左端 $C(x,t)$ 为常数，则 $\frac{x}{2\sqrt{Dt}}$ 为常数。这表明在扩散偶的不同位置可通过不同的扩散时间获得同样的浓度值，并且达到相同浓度值所需的扩散时间与至界面距离 x 间呈抛物线关系，即 $x\propto\sqrt{Dt}$。

③当扩散偶仅一侧存在原始浓度时，例如 $C_1=0$，式(4-78)可以简化为

$$C(x,t)=\frac{C_2}{2}\left[1-\mathrm{erf}\left(\frac{x}{2\sqrt{Dt}}\right)\right] \tag{4-79}$$

(2)半无限长物体中的扩散

低碳钢工件渗碳处理是半无限长物体中扩散的一个典型例子。设低碳钢工件原始含碳量为 C_1，在渗碳气氛中将其加热至奥氏体相区某一温度(如930 ℃)进行渗碳处理。可以认为，渗碳开始后工件表面碳浓度很快达到一恒定值。渗碳过程中，由于碳原子的扩散仅发生在至工件表面一定深度之内，心部碳浓度始终保持不变，因此这种扩散可视为半无限长物体中的扩散。

取垂直于工件表面指向心部方向为 x 轴正方向，表面取为坐标原点($x=0$)。渗碳过程中碳原子将沿 x 方向由表面向中心扩散，经不同时间渗碳后碳浓度的分布如图4-20所示。

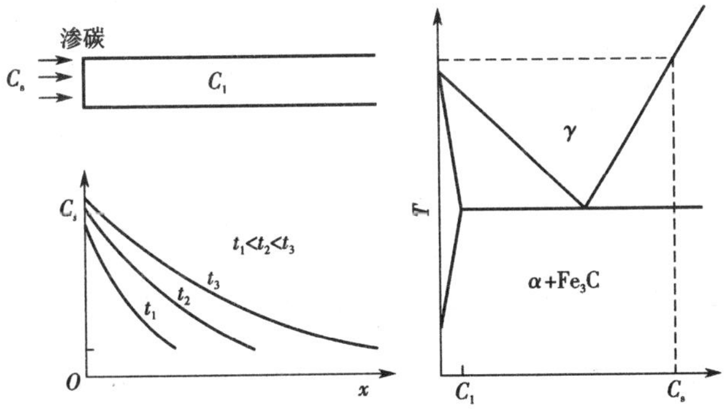

图4-20 渗碳不同时间工件中碳浓度的分布

此问题的边界条件为

$$t>0,$$
$$x=0, C=C_s$$
$$x=\infty, C=C_1$$

将此边界条件代入式(4-59)，得

$$C_s = A + B\mathrm{erf}(0)$$

$$C_1 = A + B\mathrm{erf}(\infty)$$

由此得

$$A = C_s$$

$$B = C_1 - C_s$$

将 A、B 代入式(4-59),得

$$C(x,t) = C_s + (C_1 - C_s)\mathrm{erf}\left(\frac{x}{2\sqrt{Dt}}\right) \tag{4-80}$$

式(4-80)对生产中许多实际问题具有指导意义。例如,渗碳过程中若规定了渗碳层厚度 x 及该处的浓度 C,则可根据该式估算出渗碳所需的时间。

式(4-80)是在初始浓度为 C_1 的条件下进行半无限长扩散所得结果。假若初始浓度为 0,例如对纯铁渗碳,方程可以简化为

$$C(x,t) = C_s\left[1 - \mathrm{erf}\left(\frac{x}{2\sqrt{Dt}}\right)\right] \tag{4-81}$$

2. 铸锭(或铸件)的成分均匀化

固溶体合金在非平衡结晶时,往往会出现不同程度的枝晶偏析,采用高温长时间均匀化退火处理,使合金中溶质原子发生扩散可以有效地减轻偏析程度。下面采用正弦解处理这种问题。假设在具有平均成分 $\overline{C}$ 的 A-B 合金中,由于偏析造成的浓度变化按正弦曲线波动,则浓度随位置的变化可以写为

$$C(x,t=0) = \overline{C} + \frac{1}{2}\Delta C_0 \sin\frac{2\pi x}{\lambda} \tag{4-82}$$

式中:$\frac{1}{2}\Delta C_0$ 为偏析的振幅,λ 为波长。用式(4-82)中的 C 与 x 关系作图,则得到如图 4-21 所示的正弦曲线。

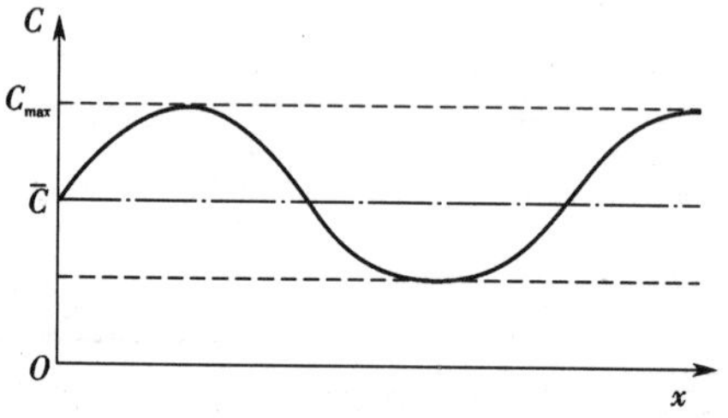

图 4-21　浓度按正弦曲线分布示意图

由于在均匀化退火时,只发生正弦波振幅的不断减小而波长不变,因此可以得到以下两个边界条件

$$C(x=0,t) = \overline{C}$$

$$\frac{\mathrm{d}C}{\mathrm{d}x}\left(x=\frac{\lambda}{4},t\right) = 0 \tag{4-83}$$

结合式(4-83)给出的边界条件与式(4-82)给出的初始条件,利用 Fick 扩散第二定律的正弦解式(4-82),可以得到扩散方程的特解为

$$C(x,t) = \overline{C} + \frac{1}{2}\Delta C_0 \exp\left(\frac{-4\pi^2 Dt}{\lambda^2}\right)\sin\frac{2\pi x}{\lambda} \tag{4-84}$$

或

$$C(x,t)-\overline{C}=\frac{1}{2}\Delta C_0\exp\left(\frac{-4\pi^2 Dt}{\lambda^2}\right)\sin\frac{2\pi x}{\lambda} \tag{4-85}$$

由于退火过程中所关心的是经过 t 时间之后，振幅降低了多少，因而，此时只考虑函数最大值($x=\frac{\lambda}{4}$的值)，即 $\sin\frac{2\pi x}{\lambda}=1$。因此有

$$C\left(\frac{\lambda}{4},t\right)-\overline{C}=\frac{1}{2}\Delta C_0\exp\left(\frac{-4\pi^2 Dt}{\lambda^2}\right)$$

或

$$\exp\left(\frac{-4\pi^2 Dt}{\lambda^2}\right)=\frac{\left[C\left(\frac{\lambda}{4},t\right)-\overline{C}\right]}{\frac{1}{2}\Delta C_0}$$

设铸锭(铸件)经均匀化退火后，成分偏析的振幅降低到原来的1%，则有

$$\exp\left(\frac{-4\pi^2 Dt}{\lambda^2}\right)=\frac{1}{100} \tag{4-86}$$

对式(4-86)两边取对数，整理得

$$t=\frac{4.6\lambda^2}{4\pi^2 D} \tag{4-87}$$

这一结果表明，铸锭(铸件)均匀化退火的时间与浓度偏析波长的平方成正比，与扩散系数成反比。实际生产中，可以通过快速凝固或塑性变形的方法，减小偏析波长，从而可以明显减少退火时间。例如，当 λ 值减小到1/4时，均匀化退火时间就可以缩短到1/16。此外，提高退火温度会明显增大扩散系数，因此退火时间也可明显减少。

3. Fick 扩散第二定律在相变中的应用

在4.1节中，应用稳态近似方法处理了一些由扩散控制的相变。利用局部平衡的假设确定边界条件，对 Fick 扩散第二定律求解，可以进行更为精确的计算。倘若相界面不能建立起局部平衡，则过程将不完全是扩散型的。对于这种复杂情况，这里不进行讨论。下面将要讨论的仅限于具有平直界面的扩散型相变。

(1)沉淀相析出过程中的抛物线长大规律

1)由母相中溶质扩散所控制的抛物线长大规律

Fick 利用扩散第一定律近似处理了晶界薄膜析出相的长大问题，并得到了析出相厚度与长大时间满足抛物线关系。下面从 Fick 扩散第二定律角度对此问题给以更为精确的处理。

设 α 相晶界析出的 β 相薄膜半厚度 l 与长大时间 t 呈抛物线关系，则有

$$l^2=KDt \tag{4-88}$$

式中：K 为比例系数。显然，只要求得 K，便可得出 β 相半厚度与长大时间的具体函数关系。鉴于 $K=\frac{l^2}{Dt}$，且与时间无关，因此在该问题中用函数$\frac{x^2}{Dt}$来描述浓度分布是可行的。在满足 Fick 扩散第二定律的解中，只有误差函数解含有上述各参数的组合因子，因此对于 α 相中的浓度分布可用下式表示：

$$X=A+B\mathrm{erf}\left(\frac{x}{2\sqrt{Dt}}\right) \tag{4-89}$$

根据已知条件,该问题边界条件可以写为

$$x=l=\sqrt{KDt}\text{时},X=X_{\alpha/\beta}$$
$$x=\infty\text{时},X=X_0$$

将上述边界条件代入式(4-88),得

$$X_{\alpha/\beta}=A+B\mathrm{erf}\left(\sqrt{\frac{K}{4}}\right) \tag{4-90}$$

$$X_0=A+B \tag{4-91}$$

在式(4-89)、式(4-90)、式(4-91)中,需确定 A、B、K 三个参数。首先由式(4-90)和式(4-91)两式消除 A,得

$$B\left[1-\mathrm{erf}\left(\sqrt{\frac{K}{4}}\right)\right]=X_0-X_{\alpha/\beta} \tag{4-92}$$

为求得这些参数,显然还要建立 B 与 K 之间另外的关系式。对于由扩散控制的 β 相长大过程,可以根据质量平衡建立 B 与 K 之间的关系。

设在 dt 时间内 β 相增厚 dm,单位时间内 β 相所获得的 B 原子

$$\frac{\mathrm{d}m}{\mathrm{d}t}=\frac{A\mathrm{d}l}{V_\beta \mathrm{d}t}(X_\beta-X_{\alpha/\beta}) \tag{4-93}$$

由于$\frac{\mathrm{d}l}{\mathrm{d}t}=\frac{1}{2}\sqrt{\frac{KD}{t}}$,所以式(4-93)写为

$$\frac{\mathrm{d}m}{\mathrm{d}t}=\frac{A}{V_\beta}\sqrt{\frac{KD}{4t}}(X_\beta-X_{\alpha/\beta}) \tag{4-94}$$

β 相中所获得的 B 原子均是由 α 相中通过与 β 相长大相反方向的扩散提供的,单位时间内扩散的 B 原子为

$$\frac{\mathrm{d}m}{\mathrm{d}t}=\frac{A}{V_\beta}\left(\frac{\partial X}{\partial x}\right)_l \tag{4-95}$$

根据式(4-89)得

$$\left(\frac{\partial X}{\partial x}\right)_l=B\frac{2}{\sqrt{\pi}}\left[\exp\left(-\frac{x^2}{4Dt}\right)\frac{1}{\sqrt{4Dt}}\right] \tag{4-96}$$

将式(4-96)代入式(4-95),得

$$\frac{\mathrm{d}m}{\mathrm{d}t}=\frac{AB}{V_\alpha}\sqrt{\frac{D}{\pi t}}\exp\left(-\frac{K}{4}\right) \tag{4-97}$$

令式(4-94)与式(4-97)相等,消除 t 得

$$B\exp\left(-\frac{K}{4}\right)=\sqrt{\frac{\pi K}{4}}(X_\beta-X_{\alpha/\beta})\frac{V_\alpha}{V_\beta} \tag{4-98}$$

现在已经有了两个含有 B 和 K 的方程式。联立式(4-92)与式(4-98),消除 B,再令 $\lambda=\sqrt{\frac{K}{4}}$,得

$$\frac{V_\beta}{V_\alpha}\frac{X_0-X_{\alpha/\beta}}{X_\beta-X_{\alpha/\beta}}=\sqrt{\pi}\lambda\exp(\lambda^2)[1-\mathrm{erf}(\lambda)] \tag{4-99}$$

式(4-99)是仅含一个未知量 λ 的方程。在通常情况下,不可能由公式清楚地算出 λ 值,但方

程左边数值给定以后,便可求得其数值解。对于低饱和度的固溶体,λ 值很小,此时 $\exp(\lambda^2)\approx 1$,$\mathrm{erf}(\lambda)\approx 0$。于是有

$$\lambda=\frac{1}{\sqrt{\pi}}\frac{V_\beta X_0-X_{\alpha/\beta}}{V_\alpha X_\beta-X_{\alpha/\beta}}$$

$$l^2=KDt=4\lambda^2 Dt=\frac{4}{\pi}\left(\frac{X_0-X_{\alpha/\beta}}{X_\beta-X_{\alpha/\beta}}\right)^2\left(\frac{V_\beta}{V_\alpha}\right)^2 Dt \qquad (4\text{-}100)$$

上述结果表明,抛物线规律确实可以较好地适用于所研究的情况。

2)由析出相中溶质扩散所控制的抛物线长大规律

当扩散在析出相中发生时,也会促使析出相长大。图4-22是在长大的新相中发生扩散时的浓度分布示意图。

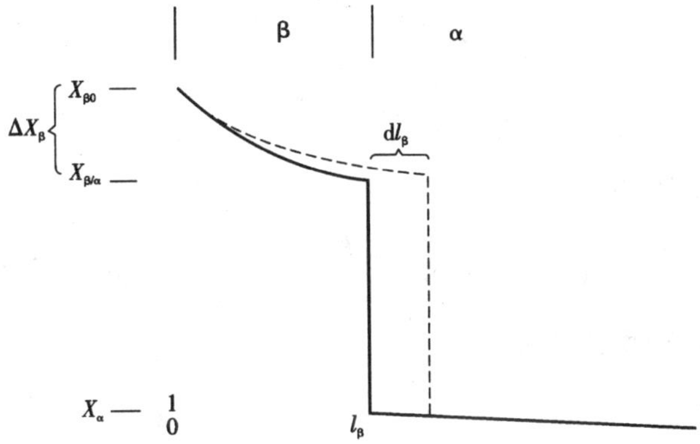

图4-22 在长大的新相中发生扩散时的浓度分布图

假定在 β/α 界面上的 β 相以抛物线的规律长大,则有

$$(l_\beta)^2=KDt \qquad (4\text{-}101)$$

值得指出的是,式(4-101)中的 D 应为溶质在 β 相中的扩散系数。β 相中的浓度分布可表示为

$$X_\beta=A+B\mathrm{erf}\left(\frac{x}{2\sqrt{Dt}}\right) \qquad (4\text{-}102)$$

此问题的边界条件为

$$x=0, X_\beta=X_{\beta_0}$$

$$x=l_\beta, X_\beta=X_{\beta/\alpha}$$

将上述边界条件代入式(4-102)中,得

$$X_{\beta_0}=A \qquad (4\text{-}103)$$

$$X_{\beta/\alpha}=A+B\mathrm{erf}\left(\frac{l_\beta}{2\sqrt{Dt}}\right)=A+B\mathrm{erf}\left(\sqrt{\frac{K}{4}}\right) \qquad (4\text{-}104)$$

由式(4-103)与式(4-104),得

$$B\mathrm{erf}\left(\sqrt{\frac{K}{4}}\right)=-(X_0-X_{\beta/\alpha}) \qquad (4\text{-}105)$$

为了求解,下面仍从质量平衡角度建立B原子数与 K 的另一个关系式。新相的长大过程需要供应B原子,单位时间内所需要的B原子为

$$\frac{dm}{dt}=\frac{A}{V_\beta}\frac{dl_\beta}{dt}(X_{\beta/\alpha}-X_\alpha)$$

由于

$$\frac{dl_\beta}{dt}=\sqrt{\frac{KD}{4t}}$$

所以

$$\frac{dm}{dt}=\frac{A}{V_\beta}\sqrt{\frac{KD}{4t}}(X_{\beta/\alpha}-X_\alpha) \tag{4-106}$$

这些所需要的 B 原子可借助于 β 相中的扩散来提供。根据 Fick 扩散第一定律，在 $x=l_\beta$ 处单位时间的扩散量为

$$\frac{dm}{dt}=-\frac{AD}{V_\beta}\left(\frac{\partial X_\beta}{\partial x}\right)_{l_\beta} \tag{4-107}$$

由式(4-102)得

$$\left(\frac{\partial X_\beta}{\partial x}\right)_{l_\beta}=B\frac{2}{\sqrt{\pi}}\exp\left(\frac{-l_\beta^{\ 2}}{4Dt}\right)\frac{1}{\sqrt{4Dt}}=\frac{B}{\sqrt{\pi Dt}}\exp\left(-\frac{K}{4}\right)$$

将此式代入式(4-107)中，得

$$\frac{dm}{dt}=-\frac{AD}{V_\beta}\frac{B}{\sqrt{\pi Dt}}\exp\left(-\frac{K}{4}\right)=-\frac{AB}{V_\beta}\sqrt{\frac{D}{\pi t}}\exp\left(-\frac{K}{4}\right) \tag{4-108}$$

将式(4-106)与式(4-108)两式消去 t，得

$$B\exp\left(-\frac{K}{4}\right)=-\sqrt{\frac{\pi K}{4}}(X_{\beta/\alpha}-X_\alpha) \tag{4-109}$$

将式(4-105)与式(4-109)两式消去 B，并令 $\lambda=\sqrt{\frac{K}{4}}$，得

$$\frac{1}{\sqrt{\pi}}\frac{X_{\beta_0}-X_{\beta/\alpha}}{X_{\beta/\alpha}-X_\alpha}=\lambda\exp(\lambda^2)\mathrm{erf}(\lambda) \tag{4-110}$$

对于每一个小的 λ 值，有 $\exp(\lambda^2)\approx 1$，$\mathrm{erf}(\lambda)\approx\frac{2}{\sqrt{\pi}}\lambda$，因此有

$$\frac{1}{\sqrt{\pi}}\frac{X_{\beta_0}-X_{\beta/\alpha}}{X_{\beta/\alpha}-X_\alpha}=\frac{2}{\sqrt{\pi}}\lambda$$

所以

$$\frac{l_\beta^{\ \mathrm{II}}}{Dt}=K=4\lambda^2=2\frac{X_{\beta_0}-X_{\beta/\alpha}}{X_{\beta/\alpha}-X_\alpha}$$

$$l_\beta^{\ \mathrm{II}}=2\frac{X_{\beta_0}-X_{\beta/\alpha}}{X_{\beta/\alpha}-X_\alpha}Dt \tag{4-111}$$

以上是抛物线长大规律的两个例子。除此之外，还有许多其他抛物线长大的情况。

(2)新相的恒速长大过程的扩散问题求解

倘若新相以恒速长大，则有

$$l=l_0+vt \tag{4-112}$$

式中：v 为新相长大速率，l_0是时间 $t=0$ 时的界面位置。由式(4-112)看出，l_0+vt 是一个与时间无关的常数。对于这种情况，可用函数$(x-vt)$来描述其浓度分布。在满足 Fick 扩散第二定律的解函数中，指数函数具有这种变量组合。因此，可利用扩散方程的指数解，结合具体问

题的边界条件处理这类恒速长大问题。

下面仍考虑二元系合金中由过饱和 α 中析出 β 相的情况。如图 4-23 所示,合金成分为 X_0,在 T_1 温度下 α 相具有这样的过饱和度,即此时析出的 β 相成分与合金成分相同。

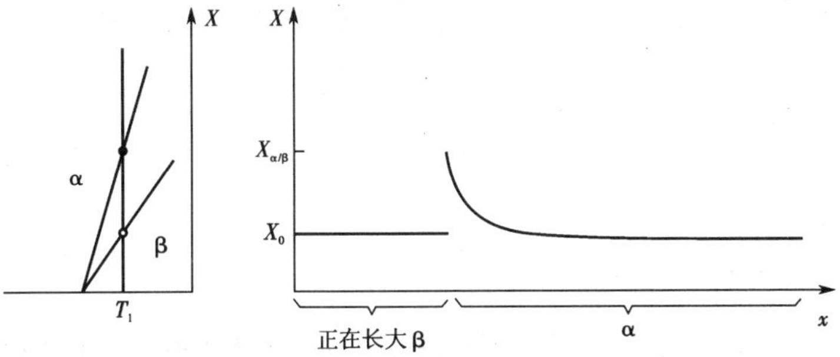

图 4-23 由 α 相中析出与其相同成分 β 相时的浓度分布图

根据相界面上局部平衡的假设可知,α 相与 β 相相平衡浓度为 $X_{\alpha/\beta}$,对于 α 相中的浓度分布,可试用下述 Fick 扩散第二定律的指数解:

$$X = A + B\exp(Kx + K^2Dt) \tag{4-113}$$

在移动界面上,由于任何时刻都保持局部平衡,所以当 $x = l$ 时 $X = X_{\alpha/\beta}$,因此有

$$X_{\alpha/\beta} = A + B\exp(Kl_0 + Kvt + K^2Dt) \tag{4-114}$$

由式(4-114)可见,若维持 $X_{\alpha/\beta}$不变,则必然有

$$Kvt + K^2Dt = 0$$

由此得

$$K = -\frac{v}{D}$$

将 K 值代入式(4-114),得

$$X_{\alpha/\beta} = A + B\exp\left(-\frac{vl_0}{D}\right) \tag{4-115}$$

在距界面很远处,其浓度为合金浓度,此时有

$$X_0 = A + B\exp(-\infty) = A$$

将 A 值代入式(4-115)并整理,得

$$B = (X_{\alpha/\beta} - X_0)\exp\left(\frac{vl_0}{D}\right)$$

将 A、B、K 值代入式(4-113),得

$$X = X_0 + (X_{\alpha/\beta} - X_0)\exp\left[-\frac{v}{D}(x - l_0 - vt)\right] \tag{4-116}$$

式(4-116)给出的浓度分布如图 4-23 所示。在界面前母相中有一定厚度的溶质堆积层,该堆积层以一个固定的形状随界面以恒定速度向前移动。堆积层的厚度 b 一般定义为界面至浓度为最高值一半处的距离。于是有

$$x = l + b = l_0 + vt + b$$

及

$$(X_{\alpha/\beta} - X_0)\exp\left[-\frac{v}{D}(l_0 + vt + b - l_0 - vt)\right] = \frac{1}{2}(X_{\alpha/\beta} - X_0)$$

整理得

$$\exp\left(-\frac{vb}{D}\right)=\frac{1}{2}$$

$$b=0.69\frac{D}{v} \tag{4-117}$$

由式(4-117)可见，扩散系数 D 越大，堆积层厚度越大，而长大速率 v 越大，堆积层厚度越薄。

4.3 扩散的微观机制

4.3.1 间隙扩散机制

前面已经提到，宏观扩散流是大量原子迁移造成的，晶体中所发生的这种原子扩散迁移属于无规则行走问题。那么从物理角度，原子又是通过什么机制进行扩散迁移的呢？

间隙扩散机制适用于扩散原子在晶格间隙位置的跃迁而实现的扩散。在间隙固溶体中，溶质原子的扩散是通过不断地由一个点阵间隙位置跃迁到另一个相邻的点阵间隙位置而完成的，碳原子在铁中的扩散就属于此类，如图 4-24 所示。

考虑面心立方晶体{100}晶面上间隙原子的跃迁，1 位置是跃迁之前原子所在的八面体间隙位置，3 位置为跃迁后的八面体间隙位置。在间隙原子 B(图中黑色实心圆表示)完成由 1→3 的跃迁过程中，必须从两个 A 原子之间(2 位置)挤过去，因此在两个相邻的八面体间隙位置之间存在一能垒。设在 1 位置与 3 位置间隙原子的自由能为 G_1，在 2 位置的自由能为 G_2，则间隙原子由 1 位置跃迁到 3 位置所要克服的能垒 $\Delta G=G_2-G_1$。显然，只有那些自由能高于或等于 G_2 的间隙原子才能克服这一能垒而实现跃迁。

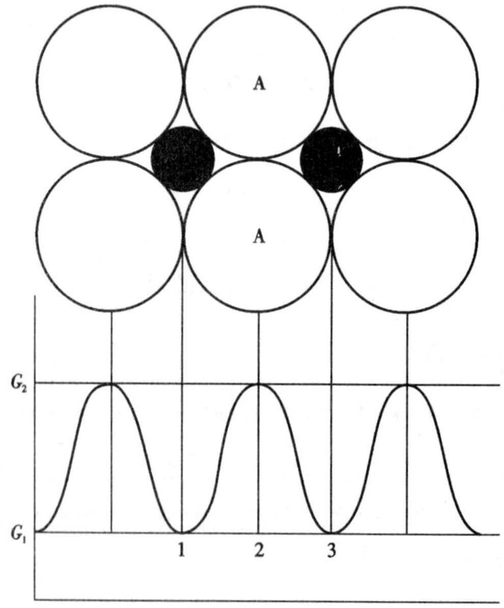

图 4-24　在面心立方晶体的{100}晶面上，间隙原子的自由能与位置的关系

间隙原子发生跃迁时除了要满足上述能量条件外，还要满足必要的结构条件。该条件是

指间隙原子跃迁之前在它的周围必须存在可供其跃迁且未被其他原子占据的间隙位置。由于晶体结构类型的不同,其间隙位置的种类、数量、分布也不同,从而使原子跃迁概率不同。下面根据间隙原子跃迁的能量条件和结构条件,确定扩散系数的表达式。

根据麦克斯韦-玻尔兹曼(Maxwell-Boltzmann)分布规律,在 T 温度时,N 个间隙原子中自由能大于或等于 G_2 的原子数

$$n(G \geqslant G_2) = N\mathrm{e}^{-G_2/kT}$$

自由能大于或等于 G_1 的原子数

$$n(G \geqslant G_1) = N\mathrm{e}^{-G_1/kT}$$

两式中的 k 均为玻尔兹曼常数。由于 G_1 近似为间隙原子的最低自由能,所以可以认为 $n(G \geqslant G_1) \approx N$。这样在 T 温度下,N 个间隙原子中能够跨越能垒进行跃迁的原子分子数

$$\frac{n(G \geqslant G_2)}{N} = \frac{n(G \geqslant G_2)}{n(G \geqslant G_1)} = \mathrm{e}^{-(G_2 - G_1)/kT} = \mathrm{e}^{-\Delta G/kT} \qquad (4\text{-}118)$$

若 Z 代表一个间隙原子最近邻的间隙位置数(间隙配位数),且假定这些位置都未被占据;ν 代表间隙原子朝向其中一个位置振动的频率,则间隙原子的跃迁频率

$$\Gamma = Z\nu\mathrm{e}^{-\Delta G/kT} \qquad (4\text{-}119)$$

将式(4-119)代入式(4-8)得

$$D = \alpha^2 PZ\nu\mathrm{e}^{-\Delta G/kT} \qquad (4\text{-}120)$$

式中:P 为原子向某一个方向跃迁的概率。

在等压等容条件下,$\Delta G = \Delta H - T\Delta S \approx \Delta E - T\Delta S$,因此式(4-120)可以写为

$$D = \alpha^2 PZ\nu\mathrm{e}^{\Delta S/k}\mathrm{e}^{-\Delta E/kT} = D_0\mathrm{e}^{-\Delta E/kT} \qquad (4\text{-}121)$$

式中:$D_0 = \alpha^2 PZ\nu\mathrm{e}^{\Delta S/k}$ 可视为与温度无关的间隙扩散常数;ΔE 为间隙原子完成跃迁时所需要增加的内能,称为原子跃迁激活能。

在置换固溶体中,由于间隙原子的形成能较高,平衡态下间隙原子浓度较低,因而间隙扩散机制的作用较小。但在非平衡状态下,例如晶体经受辐照或塑性变形后,某些原子有可能脱离正常位置而进入间隙位置,此时间隙扩散对整个扩散的贡献将增大。然而,由于这种间隙原子的半径与处于平衡位置原子的半径相当,因而它们很难与前述间隙固溶体中的间隙原子一样,从一个间隙位置直接跃迁至另一个间隙位置,通常是将相邻的点阵上的原子挤入另一间隙位置,而后自己进入相应的点阵位置。

实验观察和理论计算表明,在置换固溶体中间隙原子除占据间隙中心的位置外,还可能有其他两种组态。一种组态是所谓的"哑铃状对分间隙组态",即一个间隙原子迫使另一个处于平衡位置的原子偏离平衡位置,并以原来的平衡位置为中心成对排列,形成一个哑铃状的原子对。这种哑铃状的原子对有两种可能的跃迁方式;一种是绕结点转动;另一种是其中之一跃迁到一个邻近位置,与其他原子构成新的哑铃原子对,而另一个原子回到平衡位置。另外一种组态是"挤列组态",即沿密排方向 $n+1$ 个原子挤占几个位置。这种挤列组态沿挤列方向上的运动就导致扩散。值得指出的是,在高温下挤列组态将向哑铃对分间隙组态转化。

4.3.2 空位扩散机制

在置换固溶体或纯金属中,由于扩散原子的半径比间隙半径大得多,因而很难进行间隙扩散。起初,人们曾设想这类扩散以直接交换机制进行,即原子的扩散被认为是通过两个原子交

换位置而进行的。按照这种机制,两个原子在交换位置时必须要求相邻原子让出足够的空间,在此过程中将产生严重的晶格畸变而消耗很多能量。因此这种直接交换机制在实际中较难实现,后来甄纳为了解释铜自扩散的实验结果,于20世纪50年代提出了环行旋转换位机制,即同一晶面上距离相等的 n 个原子同时轮换位置而实现扩散。图4-25是面心立方晶格(111)面上3原子换位与(100)面上4原子环行换位的示意图。由图可见,这样的换位所需的激活能应比直接换位机制小得多。然而,扩散按这种机制进行时,需要晶体中若干个原子同时作规则的运动,在固态金属与合金中这种行为发生的概率很小,这将使该种形式的扩散较难实现。此外,扩散按这种机制发生时,溶质和溶剂两种不同原子的扩散通量应相等,该结果与前述的Kirkendall效应是矛盾的。

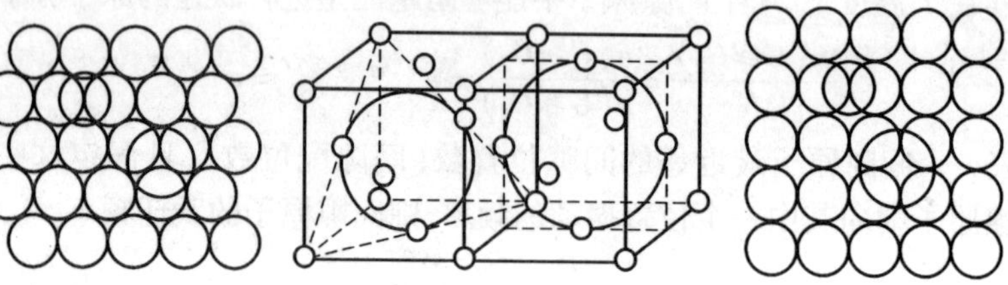

图4-25 原子环形换位示意图

基于Kirkendall效应所反映的置换型原子不等量扩散及实际晶体结构中存在空位的事实,后来有人提出了空位扩散机制。由于该机制能较好地解释置换型固溶体中的扩散现象,因此目前已为人们所接受。

从热力学角度考虑,在绝对零度以上晶体中总是存在一定浓度的空位,其平衡浓度为 $C_v = e^{\Delta S_v/k} e^{-\Delta E_v/kT}$,式中 ΔE_v 为空位形成能,ΔS_v 为空位形成熵,k 为玻尔兹曼常数,T 为绝对温度。设 Z 为所考虑晶体的配位数,则任一原子近邻的空位数为 $Ze^{\Delta S_v/k} e^{-\Delta E_v/kT}$。再以 ν 表示原子朝 Z 个近邻位置中任一个的振动频率,则原子的跃迁频率可以写为

$$\begin{aligned}\Gamma &= Z\nu e^{\Delta S_v/k} e^{\Delta S/k} e^{-\Delta E/kT} \\ &= Z\nu e^{(\Delta S + \Delta S_v)/k} e^{-(\Delta E + \Delta E_v)/kT}\end{aligned}$$

根据式(4-8),扩散系数

$$\begin{aligned}D &= \alpha^2 PZ\nu e^{(\Delta S + \Delta S_v)/k} e^{-(\Delta E + \Delta E_v)/kT} \\ &= D_0 e^{-(\Delta E + \Delta E_v)/kT}\end{aligned} \tag{4-122}$$

式中:$D_0 = \alpha^2 PZ\nu e^{(\Delta S + \Delta S_v)/k}$ 称为空位扩散常数。与间隙扩散相比,空位扩散时所需的能量除原子跃迁激活能 ΔE 外,还包括空位形成能 ΔE_v。

4.3.3 离子晶体与共价晶体中的扩散

1. 离子晶体中的扩散

多数离子晶体中的扩散是按空位机制进行的。一般情况下,尺寸较大的阴离子需要有阴离子空位存在时才能移动,尺寸较小的阳离子也需要有阳离子空位存在时才能扩散。但也有例外的情况,即某些致密度较小的离子晶体中阴离子的扩散也可按间隙机制进行。例如,在 CaF_2 和 UO_2 中,阴离子的扩散就是按间隙机制进行的。

在离子型晶体材料中,影响扩散的晶体缺陷主要来自两个方面,即本征点缺陷和掺杂点缺

陷。

本征点缺陷包含肖脱基缺陷和弗仑克耳缺陷。在离子晶体中形成点缺陷要比在金属晶体中复杂些，因为任何局部区域都必须达到电荷平衡。这种形成点缺陷时要保持的电荷平衡可以通过两种途径来实现。一种是当形成一个阳离子空位时，其邻近可以形成一个阴离子空位，这一对阳、阴离子空位的复合体便是肖脱基缺陷。另外一种保持电中性的途径是当产生一个阳离子空位时，可在附近形成一个间隙阳离子，这一对离子空位和间隙离子的复合体便是弗仑克耳缺陷。

离子晶体中通常允许掺入一些置换型杂质，但其条件是要保持电中性。这种掺杂可用相似的阴离子代替基体中的阴离子来实现，也可通过相似的阳离子代替基体中的阳离子来实现。但就目前所知，后者较为普遍。当阳离子杂质所具有的电荷与基体阳离子不同时，这种置换就制造出另外的缺陷。例如，当一个 Ca^{2+} 置换 NaCl 基体中的一个 Na^+ 时，如果相邻的一个 Na^+ 阳离子位置是空位，就能保持电中性。换句话说，这种情况相当于一个 Ca^{2+} 置换了两个 Na^+ 而只占据了 1 个节点位置。于是，这种杂质的掺入就导致了阳离子空位的形成。

通常情况下，由本征点缺陷引起的扩散与温度的关系类似于金属中的自扩散，由掺杂点的缺陷引起的扩散与温度的关系类似于金属中间隙溶质的扩散。例如，纯 NaCl 中阳离子 Na^+ 的扩散率与金属中的自扩散率相差不大，因为在 NaCl 中肖脱基缺陷比较容易形成。而在非纯且具有固定化学比的金属氧化物中，因本征点缺陷的形成能很高，致使只有在很高温度时才有足够的浓度引起明显的扩散。在中等温度时，少量杂质便可大大加速扩散。

值得注意的是，离子晶体中的电导率直接与离子的扩散系数有关，在外加电场作用下引起的离子定向扩散便产生电流。对于这类材料电导率和扩散系数间有如下关系：

$$\frac{\sigma}{D}=\frac{Cq^2}{kT} \tag{4-123}$$

式中：σ 为电导率，D 为扩散系数，C 为扩散载流子的浓度，q 为载流子所带电荷，k 为玻尔兹曼常数，T 为热力学温度。

在一定条件下，若测得电导率便可求得扩散系数。

2. 共价晶体中的扩散

虽然大多数共价晶体具有比较开放的晶体结构，比金属晶体和离子晶体有较大的间隙位置，但这类材料中的扩散仍以空位机制为主。例如，在金刚石立方结构中，原子所占体积比间隙位置体积要小（致密度为 0.34）。但从能量角度看间隙位置却是不利的，因为具有方向性的共价键的几何关系在这些位置得不到满足。正是方向性的键合使共价晶体的自扩散激活能通常高于熔点相近金属的激活能。例如，虽然 Ag 和 Ge 的熔点仅仅相差几摄氏度，但是 Ge 的自扩散激活能为 290 kJ/mol，而银自扩散激活能却为 186 kJ/mol。

共价晶体中掺有置换型杂质时，通常引起共存的电子缺陷，从而会明显地改变材料的导电性。例如，Ge 中含有 5 价 As 时，因为 Ge 的金刚石结构的键合中只需要 4 个电子，所以每个 As 原子剩下 1 个多余的电子。如果 Ge 中含有 3 价的 Ga，则会缺少 1 个键合电子，因而在键合轨迹中造成 1 个空穴。当 As 作为杂质时，各个多余的电子并没有被局限于分立的成键轨道中，在外电场作用下，几乎能够不受约束运动。当 Ga 作为杂质时，所产生的空穴可以从有关分立的成键轨道跃迁到另一个轨道。若加上外电场，这种空穴的扩散运动必然会在与电场相反方向产生电子的净流动。可见，在这两种掺杂情况下，Ge 晶体的电导率均会因杂质的存在而增大。

4.3.4 非晶体中的扩散

1. 长链聚合物中的扩散

长链聚合物的分子尺寸较大,分子内部以很强的共价键结合,而分子之间的结合较弱。对于这类材料,由于分子的尺寸太大而使扩散显得很迟缓,特别是随着聚合度的提高,扩散速率降低。在研究聚合物溶于溶剂的互扩散实验中,已经清楚地看到了这一点。

外来分子在聚合物中的扩散从工艺角度来看是比较重要的,因为这涉及聚合物所呈现的渗透和吸收等特性。在渗透时,较小的外来分子扩散通过聚合物。通常小分子的扩散要比大分子的扩散快得多,并且只有那些可溶,但又基本上不与聚合物起化学反应的原子和分子容易扩散。扩散的通道几乎总是聚合物内的非晶区。扩散速率不仅取决于扩散物质,而且还与聚合物的形态有关。当外来分子被聚合物吸收时,较小的外来分子进入聚合物引起肿胀甚至引起化学反应,这两种情况均会使聚合物的力学性能和化学性能发生改变。

2. 无机玻璃中的扩散

在硅酸盐无机玻璃中,硅原子和邻近的氧原子之间的结合非常牢固,因而即使在高温下,它们也只有较小的扩散系数,实际上在这种情况下能够进行扩散移动的是SiO_2单元。硅酸盐的一个重要特点是网络中有一些相当大的孔洞,因而像氢和氦那样的小原子可以很容易地在其内进行扩散。此外,由于这类原子相对于玻璃的化学组成来说是惰性的,这进一步地增加了它们的扩散速率。上述观点不仅可以较好地解释氢和氦对玻璃有明显的穿透性,同时也指出了玻璃在某些高真空应用中的局限性。钠离子和钾离子由于尺寸较小,也比较容易扩散穿过玻璃。但它们的扩散速率要明显地低于氢和氦,其主要原因是这些阳离子要受到 Si-O 网络中氧原子周围的静电吸引。然而,与硅原子所处的状态相比,这种相互作用还是比较弱的。

4.4 扩散热力学

4.4.1 扩散激活能及其影响因素

1. 扩散激活能

前面的分析已经表明,晶体中的原子进行扩散时不论是按间隙机制、交换机制还是空位机制进行,均需得到为克服能垒所必需的额外能量,才能实现原子从一个平衡位置到另一个平衡位置的基本跃迁,这部分能量称为扩散激活能,一般以 Q 表示。

引入扩散激活能后,式(4-121)与式(4-122)便可用一个统一的形式给出,即

$$D = D_0 e^{-Q/RT} \tag{4-124}$$

式中:D_0为扩散常数,R 为气体常数。

对于间隙式扩散,$Q = N_A \Delta E$;对于空位扩散,$Q = N_A(\Delta E + \Delta E_V)$,其中 N_A为阿伏加德罗常数。表 4-3 给出了某些扩散体系中的扩散常数 D_0与扩散激活能常数 Q 的近似值。从表中可以看到,C、N 原子在 α-Fe 与 γ-Fe 中扩散时,其扩散激活能明显低于其他金属原子。这表明间隙固溶体中间隙原子的扩散较容易发生。

式(4-124)具有一定的普遍性,在材料中发生的许多重要过程的速度与时间之间的关系与此相似,这类方程统称为阿赫纽斯方程。

将式(4-124)两边取自然对数得

$$\ln D = \ln D_0 - \frac{Q}{R}\frac{1}{T} \tag{4-125}$$

通过实验测得 ln D 随 $1/T$ 变化的对应值,可获得如图 4-26 所示的线性关系,由图中的截距可求得 D_0,由斜率可求得 Q。

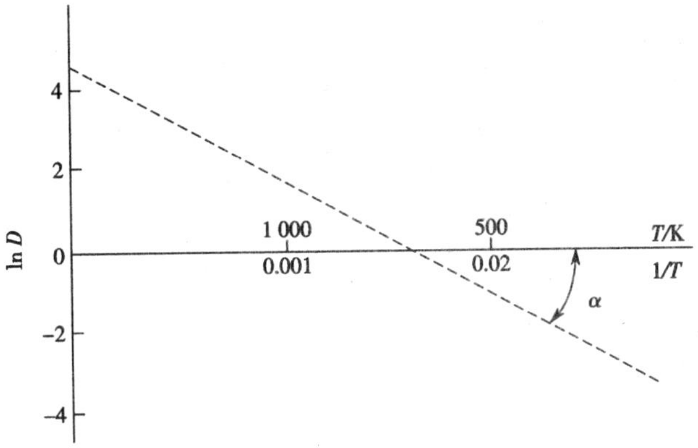

图 4-26 金在铅中的扩散系数与温度的关系

2. 影响扩散激活能的因素

扩散激活能受很多因素的影响,如固溶体的类型、晶体结构类型、化学成分、晶体缺陷等。固溶体类型和晶体缺陷对其影响前面已经进行了讨论,这里仅讨论晶体结构和化学成分的影响。

对具有同素异构的金属,晶体结构发生变化时,扩散原子的激活能将发生变化。通常密排晶体结构中扩散原子的激活能要比非密排结构的大。从表 4-3 中给出的数据看出,同种扩散原子在 γ-Fe 中的扩散激活能比在 α-Fe 中高得多。正是这种晶体结构对扩散激活能的不同影响,导致同种原子在不同晶体结构中扩散系数有很大差异。例如在 527 ℃时,氮在 α-Fe 中的扩散系数比在 γ-Fe 中约大 1 400 倍。

表 4-3 一些扩散系统中的扩散系数 D_0 与扩散激活能 Q 的近似值

扩散元素	基体金属	$D_0/(m^2 \cdot s^{-1})$	$Q/(J \cdot mol^{-1})$
C	γ-Fe	2.0×10^{-5}	14 000
N	γ-Fe	0.33×10^{-5}	14 400
C	α-Fe	0.20×10^{-5}	8 400
N	α-Fe	0.46×10^{-5}	7 500
Fe	α-Fe	19×10^{-5}	23 900
Fe	γ-Fe	1.8×10^{-5}	27 000
Ni	γ-Fe	4.4×10^{-5}	28 300
Mn	γ-Fe	5.7×10^{-5}	27 700
Cu	Al	0.84×10^{-5}	13 600
Zn	Cu	2.1×10^{-5}	17 100

续表

扩散元素	基体金属	$D_0/(m^2\cdot s^{-1})$	$Q/(J\cdot mol^{-1})$
Ag	Ag(晶内扩散)	7.2×10^{-5}	19 000
Ag	Ag(晶界扩散)	1.4×10^{-5}	9 000

晶体的各向异性在扩散激活能方面也表现出来。在不同晶向上,由于原子排列情况及其间距不同,扩散激活能也有一定差别。例如在六角晶系的锌中,垂直于(0001)面方向与平行于(0001)面方向相比,前者的扩散激活能明显高于后者,这种差异随着温度的升高而减小。

在前面对扩散方程求解时,已经涉及扩散系数随浓度改变的情况。实际上,浓度对扩散系数的影响也可归因于浓度改变时扩散激活能发生了改变。

若扩散组元浓度的增加使固溶体熔化温度升高,则增大其扩散激活能,从而使扩散组元的扩散系数随着浓度的增加而减小。若扩散组元浓度的增加降低固溶体的熔化温度,则减小其扩散激活能,从而使扩散组元的扩散系数随浓度的增加而增大。

扩散组元本身性质及晶体中其他组元的性质对原子的扩散激活能均有影响。产生这种影响的原因在于扩散组元之间及其他组元原子之间结合力的不同。很显然,原子间的结合力越强,扩散激活能会越高。对于某些金属中的自扩散,激活能和表征原子间结合力大小的熔化潜热间有如下关系:$Q\approx16.5L_m$(kJ/mol)。与纯金属中的自扩散相似,在某些固溶体中也存在着溶质元素熔点越高,扩散激活能越大的规律。

二元合金中加入某些第三组元时也会对扩散组元的扩散激活能产生影响。以钢中所加合金元素为例,对碳在γ-Fe中扩散激活能影响有下列三种情况。

①若所加合金元素为强碳化合物形成元素,如W、V、Nb、Ti、Mo、Cr等,因其与碳有很强的亲和力,因而能显著地增大碳在γ-Fe中的扩散激活能。

②Co等非碳化物形成元素溶入基体点阵中,能使点阵产生畸变,减小碳原子的扩散激活能,从而使碳的扩散系数增大。例如钢中加入4%的Co,可使碳在奥氏体中的扩散系数增加一倍。

③形成碳化物能量较弱的元素,如Mn等,对碳在钢中扩散激活能改变不大,因而对碳的扩散几乎没有影响。

三种情况下第三组元对碳在γ-Fe中扩散系数的影响如图4-27所示。

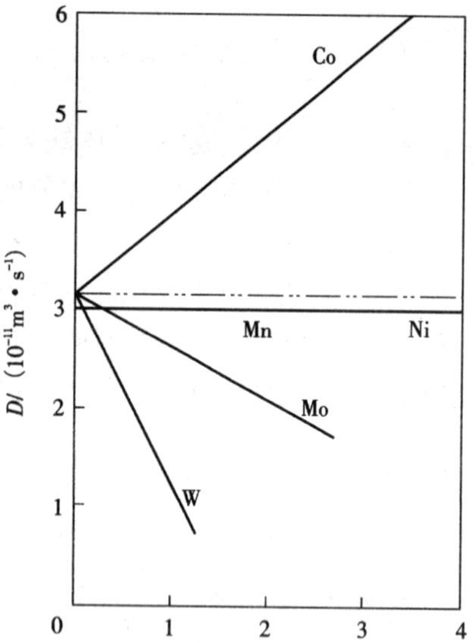

图4-27 某些元素对碳在γ-Fe中扩散系数的影响

4.4.2 扩散系数的热力学解释

1. 扩散驱动力

在各类扩散现象中,比较多的是由高浓度区向低浓度区的扩散,这种扩散称为下坡扩散,前几节讨论中所涉及的都是这类扩散。但在许多实际问题中会发现溶质原子由低浓度区向高浓度区的所谓上坡扩散。合金中某些溶质原子会向晶界处偏聚,这实际上就是由于发生了溶质原子由低浓度区向高浓度区的上坡扩散而形成的。

上坡扩散现象表明，浓度梯度并不是造成扩散的根本原因。从热力学角度分析，化学位梯度才是扩散的真正驱动力。

在i、j二元固溶体中，若1 mol的i组元由化学位较高的A点移到化学位较低的B点，假定由A至B的方向为x轴正方向，则体系的自由能降低为

$$\Delta G=\mu_{iA}-\mu_{iB}=-\frac{\partial\mu_i}{\partial x}\mathrm{d}x \tag{4-126}$$

式中：$\frac{\partial\mu_i}{\partial x}$为化学位梯度；$-\frac{\partial\mu_i}{\partial x}$为由于化学位变化而作用于1 mol的i原子上的化学力，该力即为i原子扩散的驱动力。令N_A为阿伏加德罗常数，则作用于1个i原子上的扩散驱动力

$$f_i=-\frac{1}{N_A}\frac{\partial\mu_i}{\partial x} \tag{4-127}$$

式(4-127)可用于任意多组元体系。若某一组元存在化学位梯度，则该组元的原子就要受到扩散驱动力的作用，该力的大小与化学位梯度成正比，方向与化学位梯度方向相反。

2. **扩散系数的热力学表达式**

扩散原子在基体中沿一定方向扩散时，除受驱动力作用外，还要受到基体中原子对它的阻力，并且这种扩散阻力随着扩散速率的增加而增大，最终两力将达到平衡而使扩散原子以一恒定速率扩散。显然，扩散原子受到驱动力越大，则所达到的恒定扩散速率也越大，将两者之间的关系写成一个等式，则有

$$v_i=B_if_i=-B\frac{1}{N}\frac{\partial\mu_i}{\partial x} \tag{4-128}$$

式中：B_i为比例系数，称为原子的迁移率。其意义是在单位驱动力下原子所达到的恒定扩散速率。由于$J_i=C_iv_i=-D_i\frac{\partial C_i}{\partial x}$及式(4-128)，得

$$D_i=\frac{B_i}{N_A}\frac{\partial\mu_i}{\partial\ln C_i} \tag{4-129}$$

由于$\mu_i=G_i+RT\ln a_i$，$\partial\mu_i=RT\ln a_i$，式(4-129)可以写为

$$D_i=\frac{B_i}{N_A}RT\frac{\partial\ln a_i}{\partial\ln C_i} \tag{4-130}$$

式中：a_i为i组元的活度，$a_i=\gamma_iX_i$，γ_i为i组元的活度系数，X_i为i组元的摩尔分数；$C_i=\rho X$，ρ为体系的密度。若体系的密度不因i种原子的扩散而发生改变，则有

$$D_i=B_ikT\left(1+\frac{\partial\ln\gamma_i}{\partial\ln X_i}\right) \tag{4-131}$$

式中：$\left(1+\frac{\partial\ln\gamma_i}{\partial\ln X_i}\right)$称为热力学因子。当$1+\frac{\partial\ln\gamma_i}{\partial\ln X_i}>0$时，$D_i>0$，此时将发生下坡扩散。当$1+\frac{\partial\ln\gamma_i}{\partial\ln X_i}<0$时，$D_i<0$，此时将发生原子从低浓度区向高浓度区的上坡扩散。

对于理想固溶体和稀溶体，$\frac{\partial\ln\gamma_i}{\partial\ln X_i}=0$，所以

$$D_i=B_ikT \tag{4-132}$$

此式进一步表明，在相同的温度下，原子的迁移率越高，扩散系数越大。

4.4.3 反应扩散

所谓反应扩散，是指在固态扩散过程中伴有相变发生的扩散。扩散相变时生成的新相多为中间相，也可能是固溶体。在钢的化学热处理、热浸镀铝、镀锌等方面会发生反应扩散。下面仅以纯铁渗氮为例加以简要说明。

根据图 4-28 所示的铁氮相图，将纯铁在 520 ℃进行充分长时间的氮化后，由表及里出现的相层及成分分布如图 4-29 所示。最外层为 ε 相，结构为密排六方，分子式为 Fe_2N，氮质量分数 w(N)在 7.8% ~11.0%之间。次表层为面心立方结构的 γ′相，分子式为 Fe_4N，氮质量分数 w(N)在 5.7% ~6.1%之间变化。最内层为氮质量分数很低的 α 固溶体，其氮含量 w(N)低于 0.1%。

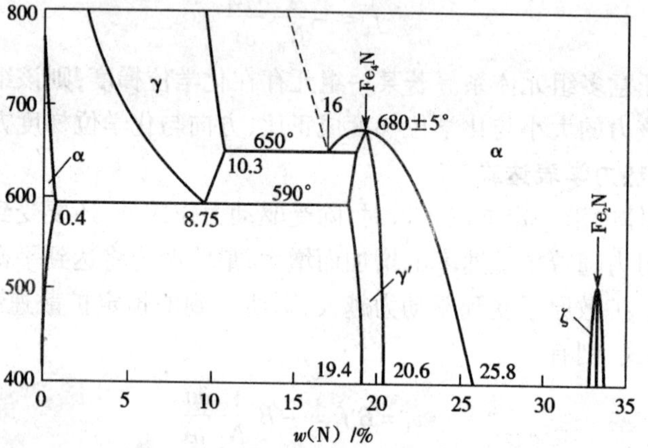

图 4-28　Fe—N 相图的一部分

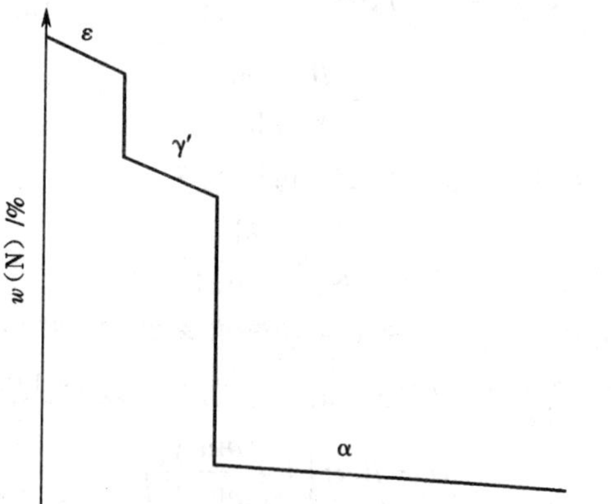

图 4-29　纯铁氮化后表层组织与氮浓度的关系

反应扩散过程中一个使人感兴趣的问题是，在各相层之间不存在两相区，并且相界面的成分是突变的，例如图 4-29 中的 ε 相与 γ′相之间、γ′相与 α 相之间均是如此。产生这种现象的原因可以从热力学角度得到很好的解释。现假设在渗层的 ε 相与 γ′相之间出现了 ε + γ′两相区，则其化学位的分布将如图 4-30 所示。由于氮原子的 ε 相区的化学位高于 ε + γ′两相区，因而不断有氮原子由 ε 相区扩散到 ε + γ′两相区。与此相反，由于氮在 γ′相区的化学位低于 ε +

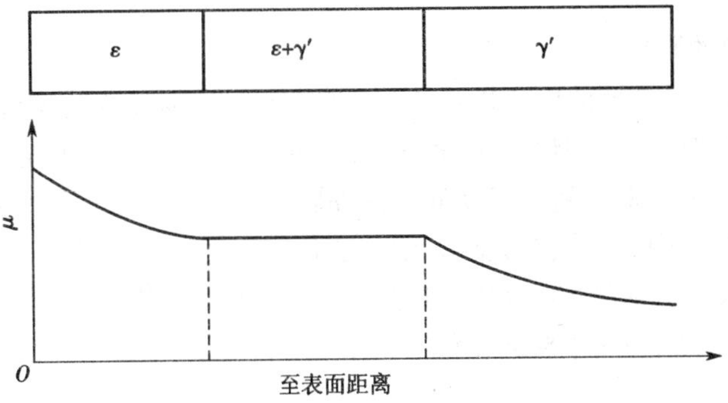

图 4-30 假定出现 α + γ′两相区时化学位随位置的变化

γ′两相区，氮原子将不断地由 ε + γ′两相区向 γ′单相区扩散。因为在 ε + γ′两相区内化学位相等，即$\frac{\partial \mu}{\partial x}=0$，上述进入或离开两相区的氮原子将不能通过两相区的扩散得到疏散和补充，从而导致 ε 和 ε + γ′界面右移，ε + γ′和 γ′界面左移，最终使得 ε + γ′两相区消失。

在一定温度下反应扩散的速率取决于形成新相的化学反应速率和扩散速率这两个因素。当反应扩散速率受化学反应速率控制时，新相层厚度与时间呈线性关系，反应扩散速率基本恒定。当反应扩散速率受原子扩散速率控制时，新相层的厚度与时间呈抛物线关系，反应扩散速率随时间呈曲线变化。通常在反应扩散开始阶段，由于新相层很薄，开始组元的浓度梯度很大，原子扩散可充分保证化学反应的进行，此时反应扩散速率主要受控于化学反应速率。随着新相层厚度的增加，扩散组元的浓度梯度减小，原子扩散将逐渐成为反应扩散的控制因素。

4.4.4 高速扩散通道

1. 位错扩散

通常，晶体中含有大量的位错，即使在充分退火的金属中，位错密度仍可达到 10^{10} ~ $10^{11}/m^2$。这些位错的存在对晶体中扩散有明显的促进作用，并且随着位错密度的增加，晶体中的扩散速率加快。晶体中位错对扩散的这种影响与在塑料中镶嵌铝丝后对其热传导的影响非常相似。位错加速扩散的作用也在于对扩散激活能的影响。表 4-4 是几种金属沿位错自扩散的激活能。从中可以看到，沿位错扩散的激活能比晶格内小得多。在有些情况下，其值甚至不到晶格扩散时的一半。因此，当原子沿位错扩散时有时称为“短路扩散”。然而，另一方面也有理由相信，当间隙原子被吸附而形成柯氏气团之后，再令其跃迁以脱离这些缺陷，原子的扩散激活能会很大，因而其扩散将受到阻滞。

表 4-4 沿位错自扩散的激活能

金属	位错与点阵扩散激活能比值/eV	柏氏矢量
Ag	0.74/0.93	$a[100]$
Ni(edge)	1.76/2.95	$a/2[100]$
Ni(screw)	1.95/2.95	$a/2[110]$
Ni	1.08/2.95	$a/[100]$
Ni	1.6/2.95	$a/2[110]$

2. **晶界扩散**

(1)晶界对扩散的影响

对于多晶体而言,晶界处的原子排列较为松散,处于较高的能量状态,因而具有较低的扩散激活能和较高的扩散速率。但有实验表明,晶界对扩散的这种作用仅在温度较低及晶粒较细的情况下才充分显示出来。随着温度的升高,晶界对扩散的促进作用减弱。图 4-31 是实验测得的单晶银和多晶银的自扩散系数随温度的变化。当温度高于 700 ℃时,多晶银和单晶银的自扩散系数几乎没有什么差别;而当温度低于 700 ℃时,前者扩散系数明显地高于后者,并且随着温度的降低,两者之间的差距增大。

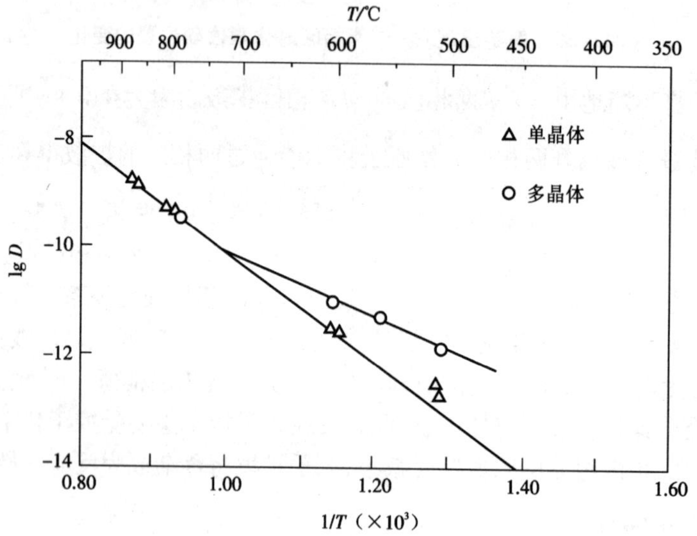

图 4-31　单晶银与多晶银的自扩散系数随温度的变化

(2)晶界扩散的浓度分布

为简单起见,设想一个由 2 个晶粒组成的双晶材料,其晶界与平的自由表面垂直,并设晶界厚度为 δ。为考察晶界扩散,首先在双晶试样与晶界垂直的表面覆盖一层放射性同位素,其浓度为 C_0。然后在一定温度下保温,使其由表面向试样内部扩散。经过一定时间之后,其浓度分布如图 4-32 所示。由图中给出的等浓度线可以看出,沿着晶界(y 方向)的扩散较快。下面试建立晶界扩散方程并求解,得出浓度随位置和时间变化的函数关系。

在晶界处取一个体积元,x 方向为晶界厚度 δ,y 方向为 dy,z 方向为 1,如图 4-33 所示。假定在 z 方向不发生扩散,即 $J_z=0$。根据质量守恒有

$$\frac{\partial C}{\partial t}=\frac{1}{1\mathrm{d}y\delta}\left[\delta\mathrm{d}y\left(J_y-J_y-\frac{\partial J_y}{\partial y}\right)-2\mathrm{d}yJ_x\right]=-\frac{\partial J_y}{\partial y}-\frac{2}{\delta}J_x \tag{4-133}$$

式中:J_x 为由晶界流入晶粒点阵中的扩散通量,可以写成 $-D_1\dfrac{\partial C}{\partial x}$;$D_1$ 为晶格扩散系数;$\dfrac{\partial C}{\partial x}$ 为靠近晶界处晶内的浓度梯度。

若以 D_b 表示晶界扩散系数,则有

$$J_y=-D_b\frac{\partial C}{\partial y} \tag{4-134}$$

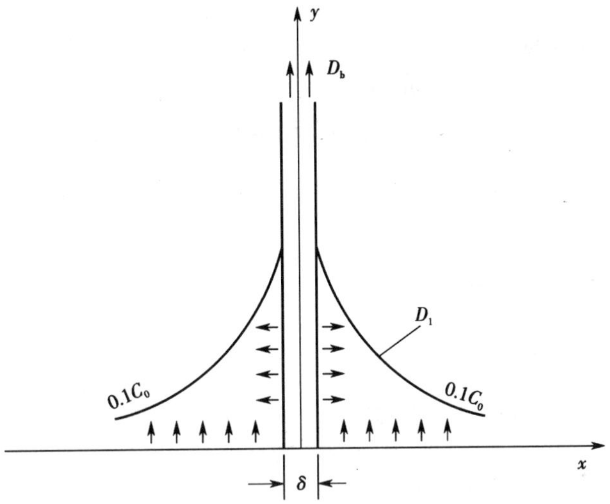

图 4-32 晶界扩散示意图

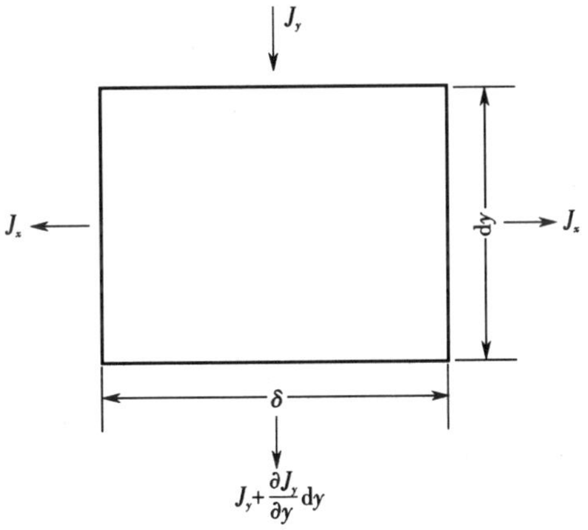

图 4-33 流入与流出晶界扩散元的体积通量

将式(4-134)代入式(4-133),得

$$\frac{\partial C}{\partial t}=D_b\frac{\partial^2 C}{\partial y^2}+\frac{2D_1}{\delta}\left(\frac{\partial C}{\partial x}\right)_{x=\delta/2} \tag{4-135}$$

对于晶界外(晶粒内)的扩散,扩散方程为

$$\frac{\partial C}{\partial t}=D_1\left(\frac{\partial^2 C}{\partial x^2}+\frac{\partial^2 C}{\partial y^2}\right) \tag{4-136}$$

由于在晶界处浓度的分布是连续的,因而应同时满足方程(4-135)与方程(4-136)。据此可解出上述晶界扩散的浓度分布为

$$C(x,y,t)=C_0\exp\left[\frac{-\sqrt{2}y}{(\pi D_1 t)^{1/4}(\delta D_b/D_1)^{1/2}}\right]\left[1-\mathrm{erf}\left(\frac{x}{2\sqrt{D_1 t}}\right)\right] \tag{4-137}$$

3. 由表面张力驱动的扩散

实际生产中由表面张力驱动的扩散有很多,如金属粉末的烧结、珠光体的球化、脱溶相的

聚集长大都是以表面张力为驱动力进行扩散的例子。

再以晶界与表面垂直的双晶粒试样为例。由于晶界能的作用,表面将出现沟槽,如图4-34(a)所示。在晶界与表面相交处根据界面张力平衡条件,有

$$\sigma_b = 2\sigma_s \sin\theta \tag{4-138}$$

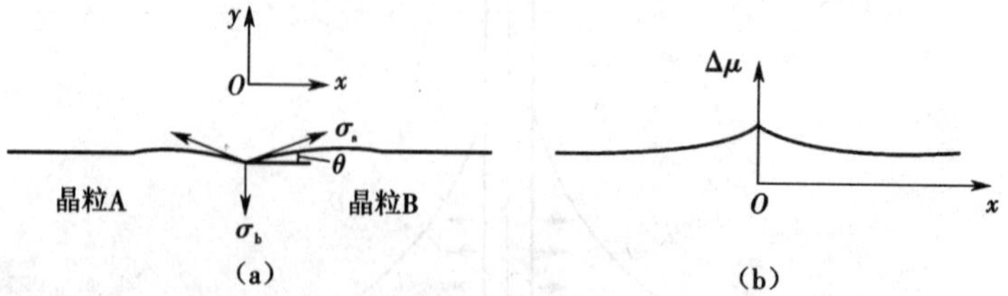

图 4-34　双晶界面在表面张力作用下的扩散

(a)在界面能作用下晶界出现沟槽　(b)化学位随位置的变化

由于沟槽形成后其两旁的表面将呈曲面,在温度、压强相同的条件下,此处原子比平面处原子有更高的化学位。设曲面的曲率半径为 r,根据 Gibbs-Thomson 关系有

$$\Delta\mu = \frac{\sigma V_a}{r} = \sigma V_a K \tag{4-139}$$

式中:V_a为原子体积,K 为表面的曲率,

$$K = \frac{d^2y/dx^2}{[1-(dy/dx)^2]^{3/2}}$$

σ_b/σ_s 约为 1/3,θ 角较小,$(dy/dx)^2 \ll 1$,在此条件下

$$\Delta\mu = \sigma V_a \frac{d^2y}{dx^2} \tag{4-140}$$

图 4-34(b)是化学位随距晶界距离的变化,在 $x=0$ 处化学位最高,然后向两边逐渐降低,在远离晶界时达到一恒定值。根据化学位的分布可以看出,在化学位梯度的作用下,原子将由晶界向其两侧移动,这种扩散将使沟槽变宽、变深。

4.5　沉淀相粒子的长大和粗化过程所涉及的扩散问题

沉淀是固溶体分解的一种常见形式,固溶体在一定条件下通过沉淀相的析出产生沉淀强化作用。而沉淀强化的效果与沉淀相与基体界面的结构及沉淀相的尺寸密切相关。关于沉淀相形核过程及其与基体界面的结构关系将在第 5 章中详细介绍。由于沉淀相的长大与粗化过程主要通过扩散机制完成,本节主要结合扩散理论阐述沉淀相粒子的长大和粗化过程。

4.5.1　沉淀相粒子的长大

当沉淀相粒子与母相的界面为非共格界面时,考虑三种生长方式:片状沉淀相的侧向长大(一维)、柱状沉淀相的增粗(二维)和球状新相的长大(三维)。下面分别进行讨论。

1. 片状沉淀相的侧向长大

如图 4-35 所示,C_0为母相 α 固溶体的浓度,在某一温度下,过饱和 α 相析出片状 β 相,平

衡时两个相的成分为 C_α 和 C_β，这时远处母相成分仍为 C_0，界面处 α 相的浓度为 C_α。显然，此时母相中的过饱和度 $\Delta C_0 = C_0 - C_\alpha$，在界面附近的母相中会产生一个浓度梯度 $\frac{dC}{dx}$，界面的推移速度将受控于这个浓度梯度（浓度 C 为摩尔体积浓度）。

设界面面积为单位面积 1，dt 时间内向前推进 dx 距离，这样就有体积 $1dx$ 的 α 相转变为 β 相，在 dt 时间需要 $(C_\beta - C_\alpha)\cdot dx$ 摩尔的组元通过扩散由 α 相转移到 β 相。根据扩散的 Fick 第一定律，通过单位面积的 B 组元量为 $D\left(\frac{dC}{dx}\right)dt$。上述两个扩散流量相等，可以得到

$$(C_\beta - C_\alpha)\cdot dx = D\left(\frac{dC}{dx}\right)dt \qquad (4\text{-}141)$$

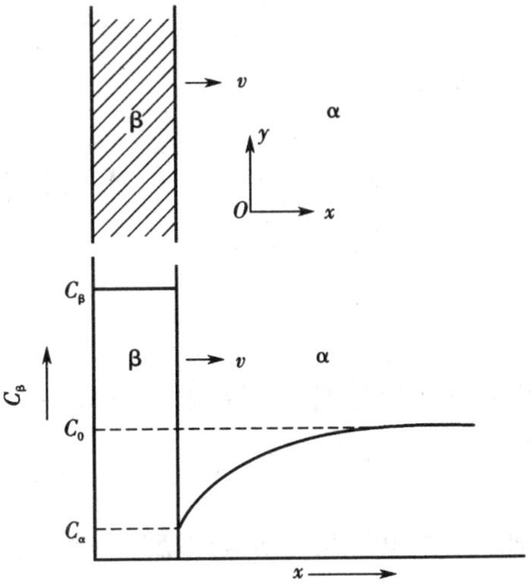

图 4-35 沉淀片的扩散控制增厚

式中：D 为 B 组元在 α 相中的扩散系数。

移相后，界面迁移速度

$$v = \frac{dx}{dt} = \frac{D\left(\frac{dC}{dx}\right)}{C_\beta - C_\alpha} \qquad (4\text{-}142)$$

为了进行定量计算，可把界面浓度变化简化成线性变化，如图 4-36 所示。由图可见：

$$\frac{dC}{dx} = \frac{\Delta C_0}{L} \qquad (4\text{-}143)$$

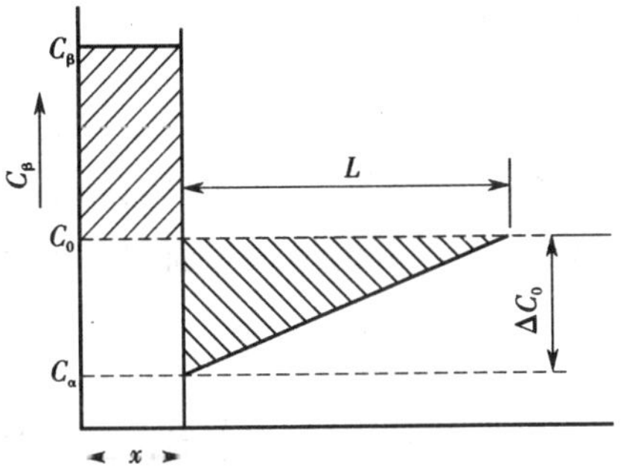

图 4-36 浓度分布的简化图

式中：L 为扩散区的长度。显然，溶质原子守恒要求图中两块打斜线的区域面积相等，故有

$$(C_\beta - C_0)x = \Delta C_0 \cdot \frac{L}{2}$$

或

$$L = \frac{2(C_\beta - C_0)x}{\Delta C_0} \qquad (4\text{-}144)$$

因此有

$$\frac{dC}{dx} = \frac{\Delta C_0^2}{2(C_\beta - C_0)x} \qquad (4\text{-}145)$$

将式(4-145)代入式(4-142)，得

$$v = \frac{dx}{dt} = \frac{D\cdot\Delta C_0^2}{2(C_\beta - C_\alpha)(C_\beta - C_0)x} \qquad (4\text{-}146)$$

或

$$x\mathrm{d}x=\frac{D\cdot\Delta C_0^2}{2(C_\beta-C_\alpha)(C_\beta-C_0)}\mathrm{d}t \tag{4-147}$$

两边积分,有

$$x=\frac{\Delta C_0\cdot\sqrt{Dt}}{(C_\beta-C_\alpha)^{1/2}(C_\beta-C_0)^{1/2}} \tag{4-148}$$

将式(4-148)代入式(4-146),有

$$v=\frac{\Delta C_0}{2(C_\beta-C_\alpha)^{1/2}(C_\beta-C_0)^{1/2}}\sqrt{\frac{D}{t}} \tag{4-149}$$

如果 α 相溶质过饱和程度较低,则 $C_\beta-C_\alpha\approx C_\beta-C_0$ 得

$$v=\frac{\Delta C_0}{2(C_\beta-C_\alpha)}\sqrt{\frac{D}{t}} \tag{4-150}$$

若把摩尔体积浓度 C 换成用摩尔分数浓度 $X(X=CV_\mathrm{m})$ 来表示,式(4-150)可以表示为

$$v=\frac{\Delta X_0}{2(X_\beta-X_\alpha)}\sqrt{\frac{D}{t}} \tag{4-151}$$

式(4-149)、式(4-150)和式(4-151)为沉淀相长大方程的简化式(Zenner 简化方程)。

根据上述结果,可以得到以下几个推论:

①$X\propto\sqrt{Dt}$,即沉淀相的增厚服从抛物线规律;

②$v\propto\Delta X_0$,即长大速度正比于过饱和度;

③$v\propto\sqrt{\frac{D}{t}}$,即随着时间的增长,增厚速度越来越慢。

事实上,由对量纲的考虑,可以预期对于一、二、三维生长均应有

$$v=\alpha_\lambda\left(\frac{D}{t}\right)^{1/2} \tag{4-152}$$

α_λ是一个与生长维数、几何形状、母相过饱和度有关的常数(λ 为维数)。以此为线索,Zener 求出了一、二、三维生长的严格解。求解的数学过程颇为繁复,不过解的形式与前面讲的近似解相似。

2. 片状新相端面的长大

过饱和固溶体 α 脱溶时,在 α/α 界面上可形成片状相的晶核并沿着垂直于界面的方向长大,并长入与其无位向关系的 α 相晶粒,这种以片状新相端面向母相长大的情况与上述片状侧向长大不同。如图 4-37 所示,设片状新相的厚度为 $2r$ 且在端面长大过程中保持不变。端面呈圆弧状,半径为 r,α 固溶体的原始浓度为 C_0,β 相的浓度为 C_β,α/β 界面处 α 的浓度为 C_e,由于沉淀相曲率半径的作用(即吉布斯-汤姆逊效应),端面附近母相的浓度会升高到 C_r,这样母相中的扩散梯度也减少为 $\Delta C/L$,$\Delta C=C_0-C_\mathrm{r}$,假设 $L=Kr$,K 为常数,可取为 2,类似于式(4-142)可以得到端面长大速度

$$v=\frac{D}{C_\beta-C_\mathrm{r}}\cdot\frac{\Delta C}{Kr} \tag{4-153}$$

通过适当的简化假设,可以得到

$$\Delta C=C_0-C_r=(C_0-C_\mathrm{e})\left(1-\frac{r_\mathrm{c}}{r}\right) \tag{4-154}$$

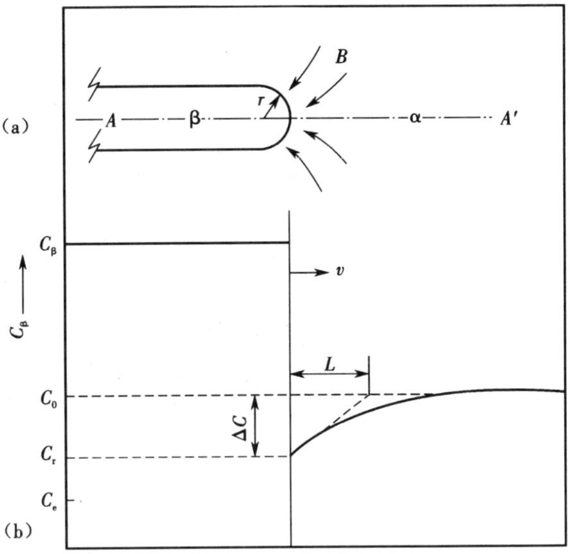

图4-37 片状沉淀相的边缘和沿 *AA′* 线的浓度分布

(a)片状沉淀相边缘示意 (b)片状沉淀相界面处浓度分布

r_c称为临界半径。当 $r = r_c$时，$\Delta C = 0$，长大停止；当 $r > r_c$时才能长大，将式(4-154)代入式(4-153)中，可以得到端面长大速度

$$v = \frac{D(C_0 - C_e)}{Kr(C_\beta - C_r)}\left(1 - \frac{r_c}{r}\right) \tag{4-155}$$

由式(4-155)可见，当温度一定时，式(4-155)的右边为一恒定值，故与式(4-149)不同，v 与时间 t 无关，为一常数，即片状新相端面长大的速度不随时间改变。这表明，片状新相端面长大时前沿环境不随时间改变，这与实验观测结果一致。

3. 球状新相的长大

均匀形核连续脱溶时，新相为球状，设球形新相 β 的半径为 r_1，成分为 C_β。母相 α 原始成分为 C_0，α/β 界面处相成分为 C_α。如图 4-38 所示，$C_0 > C_\alpha$，出现浓度梯度，使溶质原子由四周向球状新相扩散，使新相不断长大。如以新相中心为圆心，母相贫化区半径为 r_2。如母相 α 相的过饱和度($C_0 - C_\alpha$)不大，可以将向圆心的径向扩散看成稳态扩散，则通过不同半径的扩散量为一常数，即

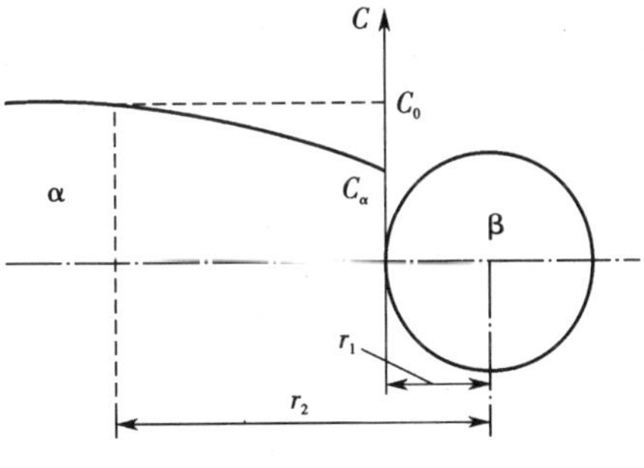

图 4-38 球形新相的长大

$$\frac{\mathrm{d}m}{\mathrm{d}t} = -D4\pi r^2 \frac{\mathrm{d}C}{\mathrm{d}r} \tag{4-156}$$

或

$$\frac{\mathrm{d}m}{\mathrm{d}t} \cdot \frac{\mathrm{d}r}{r^2} = -D4\pi \cdot \mathrm{d}C \tag{4-157}$$

设 D 为常数，积分可得

$$\frac{\mathrm{d}m}{\mathrm{d}t} = -4\pi r_1 r_2 D \frac{C_0 - C_\alpha}{r_2 - r_1} \tag{4-158}$$

可以将式(4-158)转化为

$$\frac{\mathrm{d}m}{\mathrm{d}t} = -4\pi {r_1}^2 D \frac{C_0 - C_\alpha}{r_1} \cdot \frac{r_2}{r_2 - r_1} \tag{4-159}$$

相对于 r_2,r_1很小,则 $r_2 - r_1 \approx r_2$,故式(4-159)可简化为

$$\frac{\mathrm{d}m}{\mathrm{d}t} = -4\pi {r_1}^2 D \frac{C_0 - C_\alpha}{r_1} \tag{4-160}$$

设在 dt 时间内,β 相半径增加 dr,则所需溶质原子的量

$$\mathrm{d}m = 4\pi {r_1}^2 (C_\beta - C_\alpha)\mathrm{d}r \tag{4-161}$$

式(4-159)和式(4-161)中的 dm 相等,略去式中的负号,则得

$$4\pi {r_1}^2 D \frac{C_0 - C_\alpha}{r_1} \mathrm{d}t = 4\pi {r_1}^2 (C_\beta - C_\alpha)\mathrm{d}r \tag{4-162}$$

α/β 界面移动速度

$$v = \frac{\mathrm{d}r}{\mathrm{d}t} = \frac{D(C_0 - C_\alpha)}{r_1(C_\beta - C_\alpha)} \tag{4-163}$$

由式(4-163)可见,如扩散系数 D 为常数,则界面迁移速度 v 与 β 相半径 r_1成反比,即随半径的增大而减小。

由式(4-163)积分可得

$${r_1}^2 = \frac{2D(C_0 - C_\alpha)}{C_\beta - C_\alpha} t \tag{4-164}$$

由式(4-164)可见,β 相半径 r_1与时间 t 呈抛物线关系。将式(4-164)代入式(4-163),得

$$v = \frac{(C_0 - C_\alpha)^{1/2}}{\sqrt{2}(C_\beta - C_\alpha)^{1/2}} \sqrt{\frac{D}{t}} \tag{4-165}$$

由式(4-165)可见,球状沉淀相的长大速度也正比于$\sqrt{\frac{D}{t}}$。

4. 台阶机制的长大

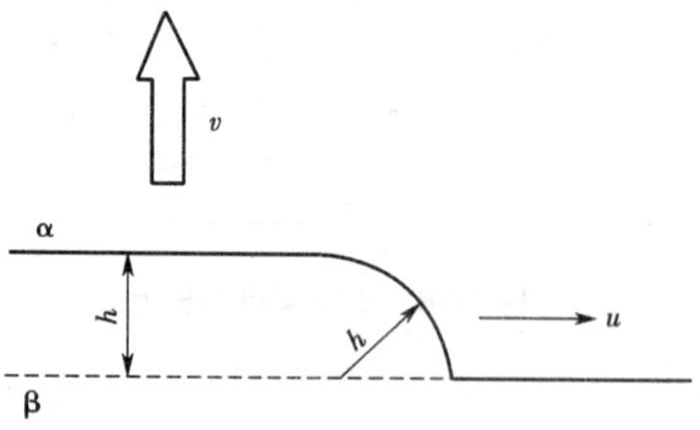

图 4-39 与扩散有关的台阶的长大

在固态相变中,即使新相与母相的结构不同,由于某些匹配良好的界面能低,也常会出现共格或半共格界面,这时长大也需依靠台阶机制长大。如果成分不同,那么台阶侧向移动也要受原子长程扩散的控制,拜罗(C. G. Baro)和格赖特(H. Gleiter)在 α/β 黄铜(fcc/bcc)中就曾观察到迁移性台阶。台阶的长大类似于片状新相的端面长大,不同的是扩散原子流仅来自一侧,所以只相当于图 4-37 中薄片的一半,如图 4-39 所示,设台阶高度为 h,侧面曲面的半径为 h,母相的原始浓度为 C_0,新相 β 的浓度为 C_β,台阶侧面 α 相的浓度为 C_h,并设侧面移动速度为 u,则由式(4-163)可得

$$u=\frac{D}{C_\beta-C_h}\frac{C_0-C_h}{Kh} \tag{4-166}$$

设台阶的平均距离为 λ,界面向上移动速度

$$v=\frac{hu}{\lambda}=\frac{D(C_0-C_h)}{K\lambda(C_\beta-C_h)} \tag{4-167}$$

Jones 与 Trivedi 导出了更严格的解,结果为

$$v=\frac{2DP}{\lambda} \tag{4-168}$$

P 为无量纲参数,是一个与过饱和度 $\Omega_0\left(\Omega_0=\frac{C_0-C_h}{C_\beta-C_h}\right)$ 有关的数,其典型值 $\Omega_0=0.01, P=0.03$;$\Omega_0=0.2, P=0.08$;$\Omega_0=0.4, P=0.24$。由式(4-168)计算的结果与按式(4-167)的计算结果差别不大。

台阶机制长大的问题仍然是台阶的来源。一般认为,这里的台阶同样来源于二维晶核及螺位错的露头。

4.5.2 沉淀相粒子的粗化

在沉淀相变的后期,沉淀相的总量将逐步趋近于平衡相图上所给定的数量。大量核心的形成和长大使相变产物中存在着大量的界面,即系统中储存着很高的界面能。粗略估计,如果某合金中析出物的体积比为5%,沉淀粒子的平均间距为30 nm,那么每立方厘米合金中总的界面面积和总的界面能分别为 10^7 m^2 和 2×10^6J。如果沉淀相粒子粗化,间距达到300 nm,则系统中总的界面能可以下降到1/100。由此可见,沉淀相粗化的驱动力来自总界面能的下降,而且驱动力的数值也是相当可观的。

沉淀相粒子的粗化是通过小粒子的溶解和大粒子的长大来实现的。在含有成分不同的两相系统中,粒子的粗化速率在绝大部数情况下是受原子长程扩散所控制的。

近年来的研究表明,粗化不仅发生在转变后期,在新相生长甚至在成核阶段,粗化的倾向也是存在的。

在格林伍德(G. W. Greenwood)有关沉淀相粒子粗化的模型中,考虑一个沉淀系统,其中母相 α 为组元B在组元A中的稀薄固溶体,沉淀相为富B的 β 相,设沉淀相为球形,它们在系统中所占的体积分数远小于1,这意味着粒子之间平均距离远大于沉淀相粒子半径。沉淀相由于析出先后、生长条件等因素的影响,其半径大小不一。设粒子平均半径为 $\bar{r}$,界面的曲率半径和界面外侧基体的成分之间的关系可用吉布斯-汤姆逊定理来表示,即

$$C_\alpha{}^\beta(r)=C_\alpha{}^\beta(\infty)\left(1+\frac{W}{r}\right) \tag{4-169}$$

式中:对于球形粒子,$W=\frac{2\gamma V_B}{kT}$,γ 是界面能,V_B 是B原子的体积,k 是玻尔兹曼常数,T 是温度(K);$C_\alpha{}^\beta(r)$ 是半径为 r 粒子外侧基体的溶质原子分数浓度;$C_\alpha{}^\beta(\infty)$ 是 β 相为平面状($r\to\infty$)时其外侧基体的溶质原子分数浓度,也就是相图上与析出相 β 平衡的 α 相的成分。根据式(4-169),当 $r_\infty>r_2>r_1$ 时,就会有 $C_\alpha{}^\beta(\infty)<C_\alpha{}^\beta(r_2)<C_\alpha{}^\beta(r_1)$。

由此可见,在大粒子 r_2 和小粒子 r_1 之间的基体中存在着浓度梯度,因此必然会形成一个扩散流,如图4-40所示。大粒子通过吸收基体中的溶质而长大,小粒子则要不断地溶解、收缩,

放出溶质原子来维持这个扩散流。格林伍德通过对扩散流的近似处理,并利用吉布斯-汤姆逊定理的关系式(4-169),得到半径为 r 的粒子的长大速度

$$\frac{\mathrm{d}r}{\mathrm{d}t}=\frac{2D\gamma V_{\mathrm{B}}C_{\alpha}{}^{\beta}(\infty)}{kTr}\left(\frac{1}{\bar{r}}-\frac{1}{r}\right) \tag{4-170}$$

由式(4-170)可绘出$\frac{\mathrm{d}r}{\mathrm{d}t}$与 r 的关系曲线,如图 4-41 所示。

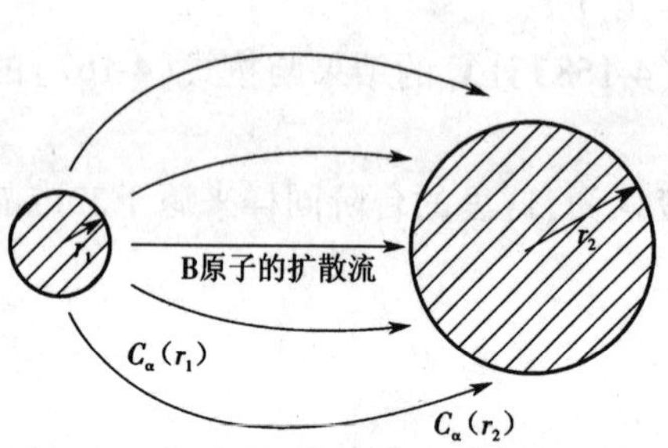

图 4-40　α 基体中两个半径不同的 β 相沉淀颗粒附近 B 原子扩散场的示意图

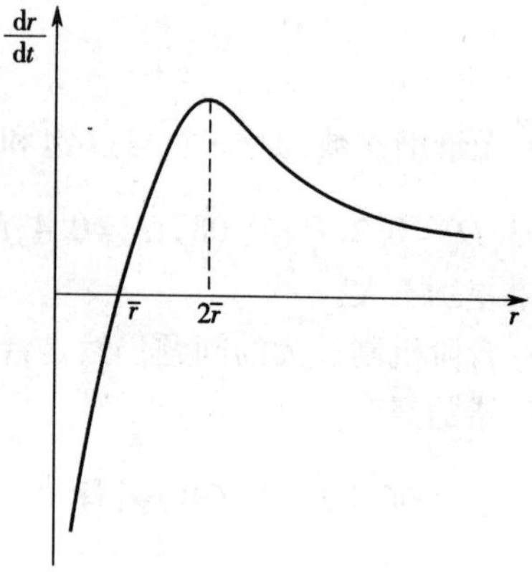

图 4-41　β 相颗粒粗化是$\frac{\mathrm{d}r}{\mathrm{d}t}$与 r 的关系

由式(4-170)和图 4-41 可以看出以下规律。

①半径小于$\bar{r}$的沉淀相粒子,或小于平均曲率半径的曲面,都将收缩或溶解。收缩的速度随 r 变小而加大,最终必然消失。

②半径大于$\bar{r}$的沉淀相粒子,或大于平均曲率半径的曲面都可长大,$r=2\bar{r}$的粒子长大速度最大。

③随着粗化的进程,$\bar{r}$将变大,那些曾经长大过但又被$\bar{r}$粒子赶上超过的粒子也将变为被淘汰的对象,最终也会被消失。所以粗化是一个比较和淘汰的过程,只有那些最大的粒子才会在竞争中吞食小粒子而长大并生存到最后。因此,粗化具有均一化和等轴化的倾向。

④随着$\bar{r}$的增大,沉淀相粒子的长大平均速度逐步下降。

⑤粗化速度与界面能有关,由此可知,共格界面的粗化速度低于非共格界面。

⑥长程扩散是粗化的控制因素,溶质在基体中的扩散能力强,则粗化速度快。

为了求出$\bar{r}$随时间变化的情况,格林伍德假定$\frac{\mathrm{d}\bar{r}}{\mathrm{d}t}$应取长大速度最快粒子的速度,即

$$\frac{\mathrm{d}\bar{r}}{\mathrm{d}t}=\left(\frac{\mathrm{d}r}{\mathrm{d}t}\right)_{\max}=\frac{D\gamma V_{\mathrm{B}}C_{\alpha}{}^{\beta}(\infty)}{2kT\bar{r}^{2}} \tag{4-171}$$

积分得

$$\bar{r}^{3}-\bar{r}_{0}^{3}=\frac{3}{2}\,\frac{D\gamma V_{\mathrm{B}}C_{\alpha}{}^{\beta}(\infty)}{kT}t \tag{4-172}$$

式中:$\bar{r}_0$为初始的粒子平均半径。他在计算中作了不少近似处理,也无法给出粗化过程中系统内沉淀粒子的尺寸分布,但他的模型描绘出了粗化过程的清晰物理图像,而且式(4-172)与早期 Wagner 及 Lifshitz-Shyozov 在考虑粒子尺寸统计分布基础上得到的严密解的形式只在系数

上有差异,严密解的表达式为

$$\bar{r}^3-\bar{r}_0^3=\frac{8}{9}\frac{D\gamma V_B C_\alpha{}^\beta(\infty)}{kT}t \tag{4-173}$$

所以这个模型是一个成功的模型。由式(4-172)和式(4-173)可以看出,要想得到高的时效效果,一般不希望粒子长得很大,所以应严格控制时效温度和时间。

4.6 固态相变的理论基础

固态相变是材料科学中的一个重要课题。许多材料在不同外界条件下具有不同的结构,当外界条件变化时,这些材料便发生结构和性能的变化。在生产中对金属材料实施的热处理,主要就是利用材料能够发生固态相变的性质,通过加热、冷却的工艺措施来改变其组织,进而获得所需的性能。因此,了解和掌握固态材料相变的特点与规律,对于开发和研制新材料、充分发挥现有材料的潜力无疑都非常重要。

材料会产生固态相变的根本原因是材料中的某组元存在同素异构现象或者某些合金元素在另一些溶剂元素中溶解度随温度等外界因素的变化产生较大变化,从而导致温度、力学等环境因素变化时材料内部组织结构稳定性产生变化(因结构能量变化)。根据热力学最低能量趋向原理,材料的内部结构必然随温度及外部条件的变化而发生变化。

固态相变过程表面上是材料组织结构的变化过程,实质上是材料组元的运动重组过程。其中组元的扩散重组是最为重要的相变机制。

4.6.1 固态相变的分类与特征

1. 固态相变的分类

固态相变种类繁多,特征各异,因此只能从不同角度对其进行归类,这里仅介绍几种常见的分类。

(1)按热力学分类

从热力学角度对固态相变进行分类的依据是相变前后化学位的变化。相变过程中新旧两相的化学位相等,但化学位的一次偏微商不等,这种相变称为一级相变,其数学表达式为

$$\mu^\alpha=\mu^\beta;\left(\frac{\partial\mu^\alpha}{\partial T}\right)_p\neq\left(\frac{\partial\mu^\beta}{\partial T}\right)_p;\left(\frac{\partial\mu^\alpha}{\partial p}\right)_T\neq\left(\frac{\partial\mu^\beta}{\partial p}\right)_T \tag{4-174}$$

由于$\left(\frac{\partial\mu}{\partial p}\right)_T=V;\left(\frac{\partial\mu}{\partial T}\right)_p=-S$,因此有

$$S^\alpha\neq S^\beta;V^\alpha\neq V^\beta \tag{4-175}$$

这表明一级相变变化发生体积(V)和熵(S)的突变,其熵的突变又意味着相变时有潜热发生。

若相变时两相的化学位相等,一次偏微商也相等,但二次偏微商不等,这样的相变称为二级相变,数学表达式为

$$\mu^\alpha=\mu^\beta;\left(\frac{\partial\mu^\alpha}{\partial T}\right)_p=\left(\frac{\partial\mu^\beta}{\partial T}\right)_p;\left(\frac{\partial\mu^\alpha}{\partial p}\right)_T=\left(\frac{\partial\mu^\beta}{\partial p}\right)_T$$

$$\left(\frac{\partial^2\mu^\alpha}{\partial T^2}\right)_p\neq\left(\frac{\partial^2\mu^\beta}{\partial T^2}\right)_p;\left(\frac{\partial^2\mu^\alpha}{\partial p^2}\right)_T\neq\left(\frac{\partial^2\mu^\beta}{\partial p^2}\right)_T;\frac{\partial^2\mu^\alpha}{\partial p\partial T}\neq\frac{\partial^2\mu^\beta}{\partial p\partial T} \tag{4-176}$$

从热力学可知

$$\left(\frac{\partial^2 \mu}{\partial T^2}\right)_p = -\left(\frac{\partial S}{\partial T}\right)_p = -\frac{C_p}{T};\left(\frac{\partial^2 \mu}{\partial p^2}\right)_T = \left(\frac{\partial V}{\partial p}\right)_T = VK$$

$$\frac{\partial^2 \mu}{\partial p \partial T} = \left(\frac{\partial V}{\partial T}\right)_p = V_\alpha$$

故对于二级相变有

$$S^\alpha = S^\beta, V^\alpha = V^\beta, C_p^\alpha \neq C_p^\beta, K^\alpha \neq K^\beta, \alpha^\alpha \neq \alpha^\beta$$

式中：C 为热容，$C = T\left(\frac{\partial S}{\partial T}\right)_p$；$K$ 为压缩系数，$K = \frac{1}{V}\left(\frac{\partial V}{\partial p}\right)_T$；$\alpha$ 为膨胀系数，$\alpha = \frac{1}{V}\left(\frac{\partial V}{\partial T}\right)_p$。

这表明，二级相变时熵和体积不发生改变，相变过程中不伴有潜热发生，但热容、压缩系数和膨胀系数均发生不连续变化。一级相变和二级相变时两相自由能(G)、熵(S)及体积(V)的变化如图 4-42 所示。

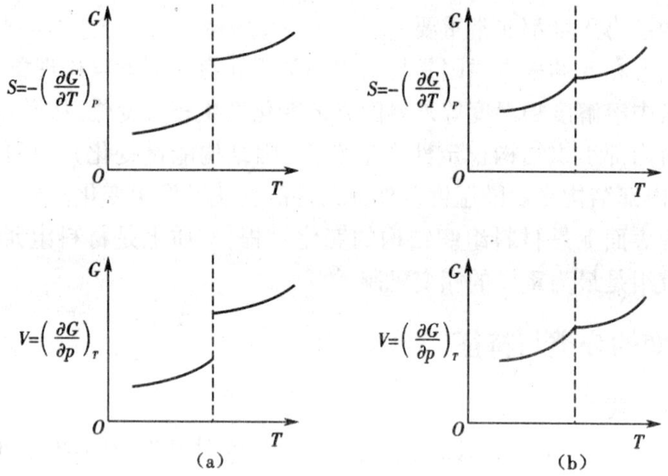

图 4-42　一级相变和二级相变时 G、S、V 的变化

(a)一级相变　(b)二级相变

二级相变与一级相变在相图上表现出不同的规律性。在二元相图中，一级相变时通常两个单相区之间应被含有这两个相的两相区分开，只有存在极大点或极小点时，两个平衡相才有相同的成分，如图 4-43(a)所示。对于二级相变，两个单相区之间仅以一条单线所分隔。即在任一平衡温度下，处于平衡的两个相成分相同，如图 4-43(b)所示。

根据一级相变和二级相变的定义可以推出三级或者更高级相变，即当化学位的$(n-1)$阶偏微商相等，而 n 阶偏微商不等时的相变称为 n 级相变。大多数的固态相变是一级相变，磁性相变、超导态转变及一部分有序—无序转变则为二级相变，三级以上相变则很少见到。

(2)按结构变化分类

根据相变过程中的结构变化，可将固态相变分为两类，一种为重构型相变，另一种为位移型相变。所谓重构型相变，可以想象为将相变前的原有结构拆散为许许多多小单元，然后再将这些小单元重新组合起来，形成相变后的新相结构。在这种相变过程中涉及大量化学键的破坏，原子间近邻关系也产生明显变化，新相和母相之间也没有明确的晶体学位相关系。此外，

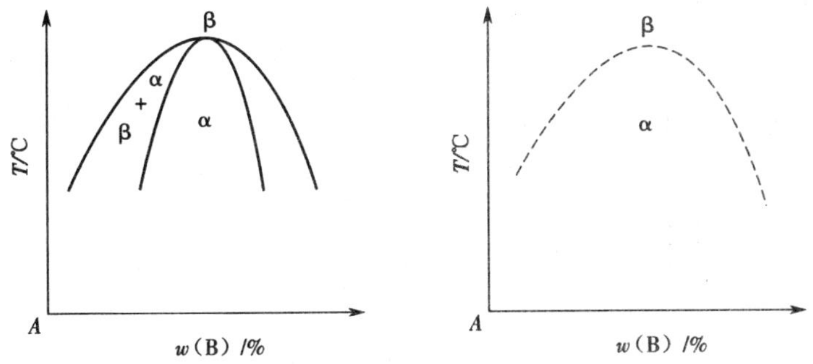

图4-43 一级相变和二级相变在相图上的特征

(a)一级相变 (b)二级相变

这类相变要克服较高的势垒,相变潜热很大,因而相变进行得很缓慢。例如,方石英—鳞石英、鳞石英—石英之间的相变,以及合金中的脱溶分解、共析转变等均为这种相变。

位移型相变的主要特征为相变前后原子近邻关系保持不变,相变过程中不涉及化学键的破坏,相变时所发生的原子位移很小,且新相与母相之间存在着明确的晶体学位向关系。此外,位移型相变要克服的势垒甚小,相变潜热也甚小或完全消失。$SrTiO_3$ 在 100 K 发生的立方－四方转变及金属与合金中的马氏体相变都属于这种转变。

(3)按相变方式分类

相变过程一般要经历涨落,根据涨落发生范围及程度的不同,吉布斯(Gibbs)将其分为两类。一类是在很小范围内发生原子相当激烈的重排,另一类则是在很大范围内原子发生轻微的重排。由前一类涨落形成新相核心,然后向周围母相中长大方式进行的相变称为形核—长大型相变。由于新相核心形成后与母相间产生了相界面,因而引入了不连续的区域。从这个意义上来说,这种相变是非均匀的、不连续的,因而有人将其称为非均匀或不连续相变。但由于非均匀和不连续两词通常还用于其他场合(如非均匀行核、不连续脱溶),因此这种名称一般不被采用,以免引起混乱。当相变的起始状态和最终状态之间存在一系列连续状态时,可以由上述的后一种涨落连续地长大成新相,这种相变称为连续型相变。本章将要讨论的失稳分解是这种相变的典型例子。

以上从不同角度对固态材料的相变进行了分类。可以看到,一种相变在各种分类中都会有它自己的位置。例如,合金中的脱溶分解过程便是一级、结构重构、形核—长大型相变。

2. 固态相变的一般特征

固态相变时,有些规律是与液态结晶相同的。例如,许多固态相变都包含新相的形核与长大过程,相变的驱动力均为新、旧两相的自由能差。然而,固态相变毕竟是一种由固相到固相的转变,因而存在着与液态结晶明显不同之处。主要差别如下。

(1)相界面

对于固态相变,新相与母相间的界面结构比液—固界面复杂,因而对固态相变过程有重要影响。根据相界面上的原子与相邻两相点阵的匹配情况,相界可分为共格、半共格及非共格三种类型。

当两相界面上的原子排列完全吻合,或者说两相的晶格彼此衔接,界面上的原子为两相共有时,这种界面称为共格界面。理想的共格界面如图 4-44(a)所示。一般由于两相点阵总会有些差别,因此在共格界面上往往产生弹性应变,如图 4-44(b)。

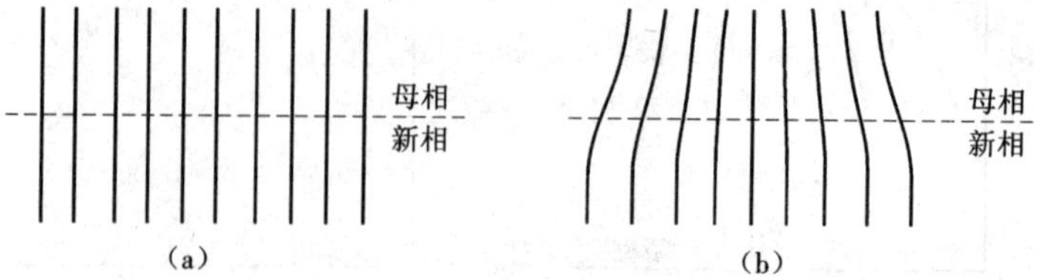

图 4-44 共格界面原子排列示意图

(a)理想共格界面 (b)伴有应变的共格界面

两相界面上除部分原子保持共格的对应关系外,还分布着若干位错,这样的界面称为半共格界面或部分共格界面。图 4-45 是半共格界面的示意图,半共格界面也存在弹性应变。

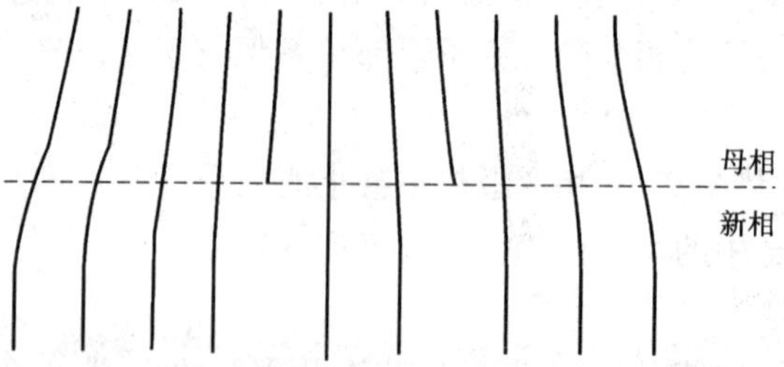

图 4-45 半共格界面示意图

两相界面上原子排列混乱,界面两侧的晶体没有结构上的联系,或者说有很多缺陷分布在界面上,这样的界面称为非共格界面。在这种界面上可以存在刃位错、螺位错,并呈复杂分布。由于这种界面上原子分布紊乱,其界面能比共格界面高,但形成这种界面时弹性应变能较低。非共格界面的示意图如图 4-46 所示。

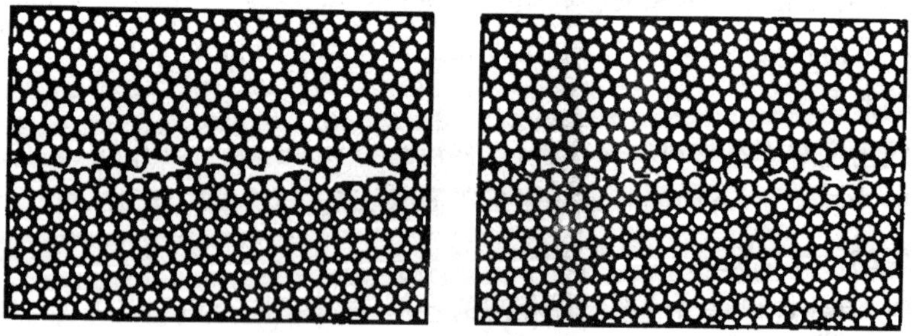

图 4-46 非共格界面示意图

两相界面的共格程度与错配度 δ 相关。所谓错配度是指相邻两相在界面处原子间距的相对差值,即 $\delta=\frac{\Delta a}{a}$。其中 a 表示其中一相垂直于界面的原子面间距,Δa 表示两相在共同方向上原子间距之差。当两相错配度较小时,一般形成共格界面。随着错配度的增大,界面逐渐过渡到半共格、非共格界面。这是由于当错配度较大时,若维持两相界面共格,便会产生很大的应变能,错配度大到一定程度时,便不能继续维持完全共格,于是在界面上将产生一些位错,以便降低弹性应变能,界面转化为半共格界面。照此,错配度很大时,半共格关系亦不能维持,只能形成非共格界面。一般认为,错配度小于0.05时两相界面可以完全共格,错配度在0.05~0.25之间时为半共格,错配度大于0.25时为非共格。固态相变时,界面处的能量将升高,这部分增高的能量称为界面能。界面能一般由两部分组成,一部分为界面处的原子不匹配引起的弹性应变能,另一部分为化学键能。对于共格界面,界面能以应变能为主,对于非共格界面,界面能主要是化学键能。界面能随界面类型变化的趋势是按共格、半共格、非共格的顺序递增。共格界面的界面能为0.1 J/m^2,半共格界面在0.5 J/m^2以下,而非共格界面一般为1.0 J/m^2。

(2)相变阻力

固态相变时,通常新—旧两相的质量体积不同,新相形成时要受到母相的约束,使其不能自由膨胀而产生应变,结果导致应变能的额外增加。因此,固态相变时相变阻力除界面能一项外,又增加了一项应变能,而液态结晶时其相变阻力仅含界面能一项。应当指出的是,应变能的大小除与新、旧两相质量体积差有关之外,还与新相的几何形状有关,以后将对此详细讨论。

(3)惯析面和位向关系

固态相变时新相往往沿母相的一定晶面优先形成,该晶面被称为惯析面。在铁基合金和一些有色合金中,都可看到沿惯析面析出的新相。例如在亚共析钢中,先共析铁素体往往优先在粗大奥氏体的{111}晶面呈针片状析出,该晶面就是先共析铁素体的惯析面。

固态相变过程中,为了减小界面能,相邻接的新、旧两晶体之间的晶面和相对晶向往往形成一定的晶体学关系。例如,面心立方奥氏体向体心立方铁素体转变时,两者之间便存在着$\{111\}_\gamma /\!/ \{110\}_\alpha$,$\langle\bar{1}01\rangle_\gamma /\!/ \langle 11\bar{1}\rangle_\alpha$的晶体学关系。新、旧两相的界面结构与其晶体学关系相关连。当界面为共格或半共格时,新、旧两相间必有一定的晶体学位向关系。如果两相之间没有确定的晶体学位向关系,则其界面一定是非共格界面。

(4)母相中晶体缺陷的作用

固态相变时母相中的晶体缺陷对相变起着促进作用。晶界、位错、层错、空位等缺陷往往是新相形成的有利位置。这是由于在缺陷处存在晶格畸变,自由能较高,因而晶核容易在这些地方形成。实验表明,母相的晶粒越细,晶内缺陷越多,则相变速度越快。

(5)过渡相

过渡相是指成分和结构,或两者都处于新—旧相之间的亚稳相。固态相变的一个很重要的特点就是容易先析出亚稳相,然后再向平衡相过渡。但有些固态相变可能由于动力学条件的限制,始终都是亚稳相的形成过程,而不产生平衡相。

(6)相变时的热滞与压滞

一级相变需一定的驱动力,因而相变时显示出一定的热滞。在两相自由能相等时T_0温度相变并不发生,加热时发生相变的温度要高于T_0,而冷却时发生相变的温度要低于T_0。例如,将再结晶后的多晶钴冷却至390 ℃开始由β相转变为α相,而重新加热时需加热到430 ℃才由α相逆转变为β相。在加热、冷却相变过程中形成热滞回线,如图4-47所示。

与温度改变时出现热滞的情况类似,当压强改变发生可逆相变时会产生压滞。图4-48为

30 ℃条件下，Ag_2O 在增压和减压时产生的压滞回线。

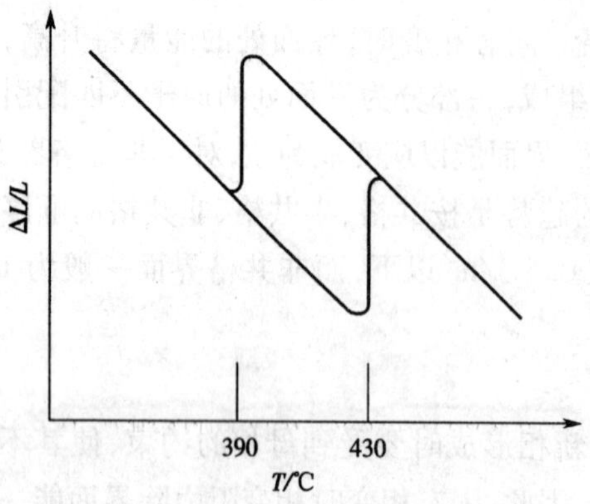

图 4-47 钴在加热和冷却时的热滞回线

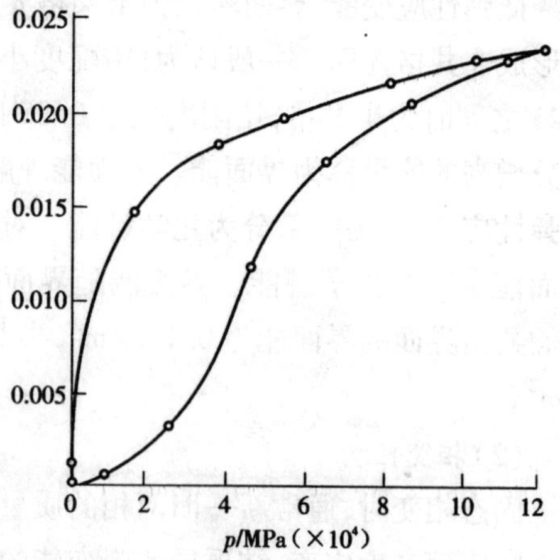

图 4-48 Ag_2O 在 30 ℃时的压滞回线

4.6.2 相变驱动力与形核驱动力

1. 相变驱动力

与液态金属结晶相似，固态相变也需要驱动力。在恒温恒压下，相变驱动力通常指新相形成过程中体系吉布斯自由能的净降低量。

对于具有 α⇔β 同素异构转变的纯组元，在恒压下两相自由能随温度的变化如图 4-49 所示。

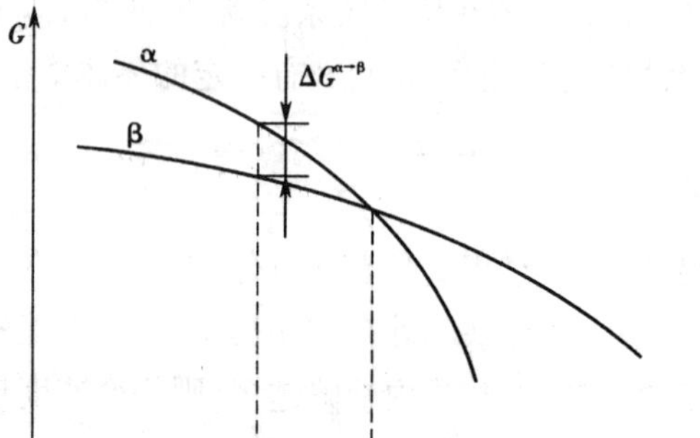

图 4-49 纯组元相变示意图

在 T_0温度，两项自由能相等，相变驱动力为 0。要使母相 α 向 β 相转变，必须将其过冷到 T_0温度以下。

$$\Delta G^{\alpha\to\beta} = G^{\beta} - G^{\alpha} \tag{4-177}$$

式中：G^{β}与 G^{α}分别为相变温度下相 β 及 α 相的摩尔自由能。由于 $G^{\alpha} = H^{\alpha} - TS^{\alpha}$，$G^{\beta} = H^{\beta} - TS^{\beta}$，式(4-177)又可以写为

$$\Delta G^{\alpha\to\beta} = \Delta H^{\alpha\to\beta} - T\Delta S^{\alpha\to\beta} \tag{4-178}$$

式中：$\Delta H^{\alpha\to\beta}$与 $\Delta S^{\alpha\to\beta}$分别表示每摩尔 α 相转变为 β 相焓和熵的变化。

当 $T=T_0$，$\Delta G=0$，由式(4-178)得 $\Delta S^{\alpha\to\beta}=\Delta H^{\alpha\to\beta}/\mathrm{T}_0$。由于过冷度不大时 $\Delta H^{\alpha\to\beta}$ 和 $\Delta S^{\alpha\to\beta}$ 均可视为常数，因此可以把 $T=T_0$ 时 $\Delta H^{\alpha\to\beta}$ 和 $\Delta S^{\alpha\to\beta}$ 之间的关系式代入式(4-178)，从而得到在 ΔT 过冷度下 α→β 相变的驱动力

$$\Delta G^{\alpha\to\beta}=\Delta H^{\alpha\to\beta}\frac{\Delta T}{T_0} \tag{4-179}$$

由式(4-179)可见，相变驱动力随过冷度的增大呈线性增加。

若过冷度较大，$\Delta H^{\alpha\to\beta}$ 与 $\Delta S^{\alpha\to\beta}$ 不能看做常数，此时应按照标准的热力学方法求出相变驱动力 $\Delta G^{\alpha\to\beta}$。

由亚稳过饱和 α′母相中析出第二相 β，而自身转变为更稳定的 α，这种反应称为脱溶转变，反应式为 α′→α + β。其中 α′相与 α 相具有相同的结构，但具有不同的成分。α 相的成分是接近平衡态或就是平衡态的成分，析出的 β 相可以是稳定相也可以是亚稳相。这种脱溶反应的相变驱动力，可由图 4-50 所示的二元系说明。将成分为 C_0 的合金加热至 α 单相区后，再快冷至 T_1 温度，在该温度下将发生 α′→α + β 的脱溶反应。当相变终了达稳定平衡态后，α 相和 β 相的成分均为该温度下的平衡成分，即如图 4-50(a)中的 C_α 与 C_β。在自由能—成分曲线上，C_α 与 C_β 分别是 G^α 及 G^β 两条曲线公切点的成分，如图 4-50(b)所示。此时相变驱动力

$$\Delta G^{\alpha'\to\alpha+\beta}=G^{\alpha+\beta}-G^{\alpha'} \tag{4-180}$$

式中：$G^{\alpha+\beta}$ 为转变后混合组(α + β)的自由能，$G^{\alpha'}$ 为转变前母相 α′的自由能。

从热力学角度很容易证明，$\Delta G^{\alpha'\to\alpha+\beta}$ 的大小相当于图 4-50(b)中 DC 线段的长度。

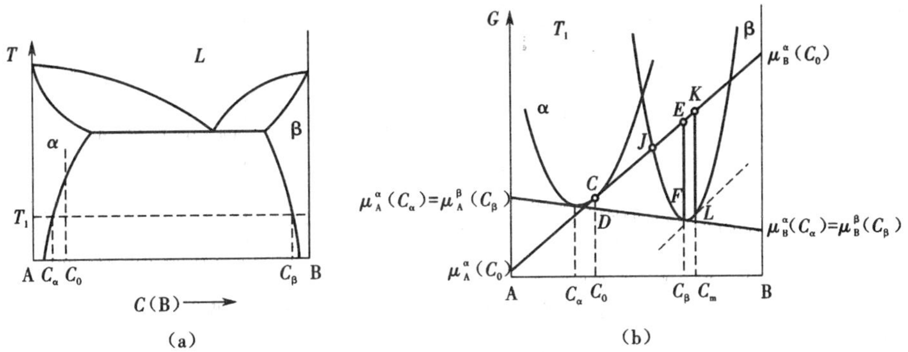

(a)　　　　(b)

图 4-50　二元系脱溶反应驱动力的示意图说明

(a) A—B 二元相图　(b) T_1 温度时的自由能成分图

2. 形核驱动力

大多数固态相变都经历形核和生长过程，形核时由于新相的量很少，此时的自由能变化不能用图 4-50(b)中的 DC 长度来量度。对于这种从大量母相中析出少量新相的情况，自由能的变化(即形核驱动力)可通过母相自由能—成分曲线上该母相成分点的切线与析出相自由能—成分曲线之间的垂直距离来量度。按照这种求法，不同成分的核心形核驱动力将不同。由图 4-50(b)，C_0 成分的 α 相析出的 β 相核心成分只有大于 J 点成分时才可能有形核驱动力，并且随着析出相成分的不同，形核驱动力也不同。为确定具有最大形核驱动力核心的成分，可在 β 相自由能—成分曲线上作一条如图 4-50(b)所示的切线，使之与 α 相自由能曲线上过 C 点的切线相平行。显然，图中 LK 即为最大形核驱动力，所对应的析出相核心成分为 C_m。

前面已经提到,固态相变特征之一是有亚稳过渡相的析出,现在从相变驱动力和形核驱动力角度对比加以说明。

图4-51是A-B二元系在某一温度下的自由能—成分曲线,图中β与β′分别是与α相平衡的稳定相与亚稳定相。成分为C_0的α相,在T温度析出β相并达到平衡时,自由能的降低为CD。若析出相为亚稳定的β′相,则两者达到平衡时系统自由能的降低为CE。可见,由α相中析出稳定相β相变驱动力远比析出亚稳相β′相大。从相变总体来看,相变应以转变为最稳定的α+β结束。然而,从形核驱动力来看,两者却截然不同。按照前面所述的确定形核驱动力的方法可以求得,在T温度下由成分为C_0的α相中析出β相时最大形核驱动力为IJ,而析出亚稳β′相的形核驱动力为KL。显然,形成亚稳β′相核心的驱动力比形成稳定β相核心的驱动力大。因而在析出稳定平衡相之前,可优先析出β′亚稳相。但β′亚稳相只是在转变为平衡相之前的一种过渡性产物,从总的平衡趋势看,这种亚稳过渡相将为平衡相所取代。

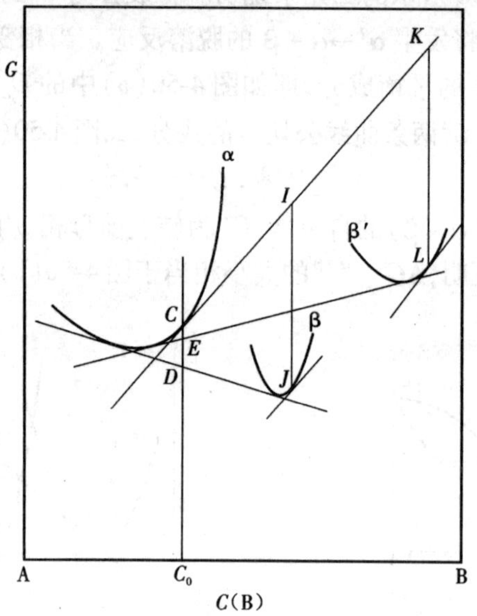

图4-51 由α相中析出β相或β′相的热力学依据

当亚稳相的相变驱动力和形核驱动力均低于平衡相时,在相变过程中亚稳相也可能优先析出。这种情况的发生,主要是由于亚稳过渡相的相变阻力明显低于平衡相所致。

4.6.3 固态相变的形核

多数固态相变属于形核—长大型相变,其形核过程可以是扩散形核也可能是非扩散形核。本节仅讨论扩散形核。

与液态金属结晶的形核方式类似,固态相变的扩散形核也有均质形核和非均质形核两种方式。但固态相变的特点决定了多数为非均质形核,均质形核较少见到。然而,基于均质形核过程简单、便于分析,故首先还是讨论均质形核。

1. 均质形核

固态相变的均质形核可参考凝固时的均质形核做类似的处理,但要考虑固态相变时所增加的应变能。为此,形成一个新相晶核时系统的自由能变化可以写为

$$\Delta G = n\Delta G_v + \eta n^{2/3}\sigma + n\varepsilon_v \tag{4-181}$$

式中：n 为晶胚中的原子数，ΔG_v为新旧两相每一原子的自由能差，η 为形状因子，$\eta n^{2/3}$等于晶核的表面积，σ 为平均界面能，ε_v为晶核中每个原子引起的应变能。

式(4-181)中的 ΔG_v 为负值，ε_v为正值。显然，只有$|\Delta G_v| > \varepsilon_v$时才有可能形核，应变能的出现实质上减少了形核时的驱动力。

将式(4-181)对 n 求导，并令其为零，可求得临界晶核中的原子数 n^*，再将 n^* 代入式(4-181)后可得临界晶核形核功

$$\Delta G^* = \frac{4}{27}\frac{\eta^3\sigma^3}{(\Delta G_v + \varepsilon_v)^2} \tag{4-182}$$

式(4-182)表明，增大界面能及增大应变能都将使形核功增大，形核困难。

固态相变时，新相核心与母相之间不同取向的匹配导致界面能和应变能不同，因此晶核将倾向于形成某种形状，以力求降低界面能和应变能。究竟析出相取什么形状，要视新相形成时ε_V与 σ 的相对大小来确定。当新相与母相共格时，相变阻力主要是应变能，界面能可以忽略。对于非共格析出相，应变能可以忽略不计，相变阻力主要是界面能。若新相呈圆盘状，其半径为 r，厚度为 t，在与母相共格条件下应变能为$\left(\frac{3}{2}E\delta^2\right)\pi(At)^2 t$，其中 $A = r/t$，称为半径与厚度比。在非共格条件下，这种形状析出相的界面能为$\sigma[2\pi(At)^2 + 2\pi(At)t]$。由上可以看出，共格晶核的形核阻力与 t^3成正比，而非共格晶核的形核阻力与 t^2成正比。

图4-52定性地给出了上述两种情况下相变阻力与片厚之间的关系。当 t 值小时，由于 $t^3 < t^2$，新相以共格方式形成时相变阻力较小。当 t 值较大时，$t^3 > t^2$，新相呈非共格存在时相变阻力较小。图中两条曲线相交时的 t 值称为临界厚度，以 t_c表示，其大小为

$$t_c = \frac{4}{3}\frac{\sigma}{E\delta^2}\left[1 + \frac{1}{A}\right] \tag{4-183}$$

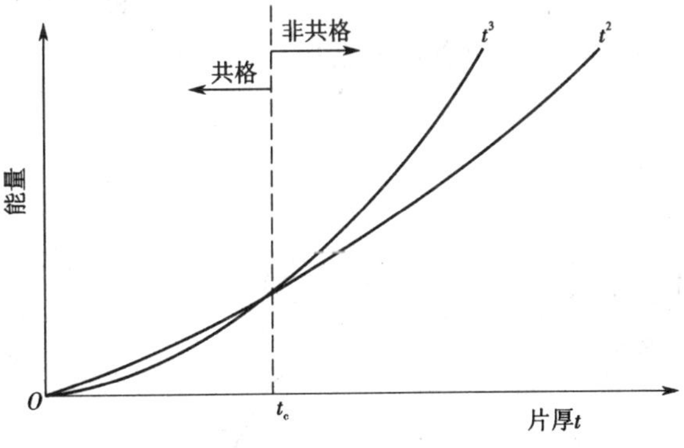

图4-52 共格与非共格析出相的能量与片厚之间的关系

由上面讨论可见，具有低界面能、高应变能的共格界面晶核，其形状倾向于盘状或者片状；而具有高界面能、低应变能的非共格晶核，往往呈球状，但当体积胀缩引起的应变能较大或界面能各向异性显著时，也可能呈针状或片状。

下面讨论均质形核时的形核率。式 N_V表示单位体积母相中能够形成新相核心的原子位置数，N^*便是均质形核时单位体积中具有临界尺寸晶核的个数，根据统计力学，两者之间应有

如下关系：

$$N^* = N_V \exp\left(-\frac{\Delta G^*}{kT}\right) \tag{4-184}$$

式中：ΔG^* 为临界晶核形核功，k 为波尔兹曼常数。

对于临界晶核，只要再加上一个原子，它就可以稳定长大。令 A^* 表示临界晶核表面能够接受原子的位置数，靠近晶核表面的原子能够跳到晶核上的频率为 $\nu\exp(-\Delta G_m/(kT))$，则单位时间在单位体积中形成的晶核个数，即形核率可以写为

$$I = N_V A^* \nu \exp\left(-\frac{\Delta G_m}{kT}\right)\exp\left(-\frac{\Delta G^*}{kT}\right) \tag{4-185}$$

式中：ν 原子的振动频率，ΔG_m 为原子迁移激活能。

当临界晶核长大后，其数量就要减少。通常，新的临界晶核数目总是不足以补偿由于长大而减少的数目，所以实际存在的临界晶核数目总是少于平衡数目。因此实际形核率的大小应是将上式再乘上一个约 0.05 的修正因子。

由于 ΔG^* 随过冷度的增大急剧减小，而 ΔG_m 几乎不随温度变化，所以固态相变的均质形核率也表现出随过冷度增加，开始时急剧增大，而当过冷度大到一定程度之后又重新降低的规律。

2. 非均质形核

实际晶体材料中含有大量缺陷，如晶界面、晶粒棱边、角隅、位错、堆垛层错等。在这些位置形核将抵消部分缺陷，从而使形核功降低。因此，在这些缺陷处形核要比均质形核容易得多。由于这类形核位置不是完全随机分布，因而将这种形核方式称为非均质形核。

(1)在晶界上形核

多晶体材料中，2 个相邻晶粒的边界是一个界面，3 个晶粒的共同交界构成一条界线（晶棱），4 个晶粒可以交于一点构成角隅（界隅）。为满足晶核表面积与体积之比（S/V）最小，并符合界面张力力学平衡的要求，在这三种不同位置形核时，晶核应取不同的形状。图 4-53 所示的是在非共格条件下，在三种不同位置形成新相晶核的可能形状。图 4-54 则表示晶核与一侧晶粒共格时的可能形状。

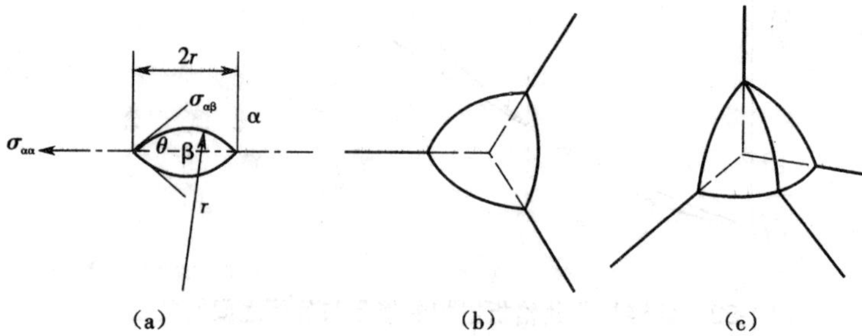

图 4-53 在非共格情况下晶界形核时晶核的形状

(a)界面处 (b)界线处 (c)界隅处

若 β 相以与母相 α 非共格方式在晶界形成，其晶核呈图 4-53(a)所示的双凸透镜状。图中 $\sigma_{\alpha\alpha}$ 表示母相的晶界能，$\sigma_{\alpha\beta}$ 表示母相与新相间的界面能，r 表示曲面的半径。

在核心与母相交界处的界面张力平衡条件为

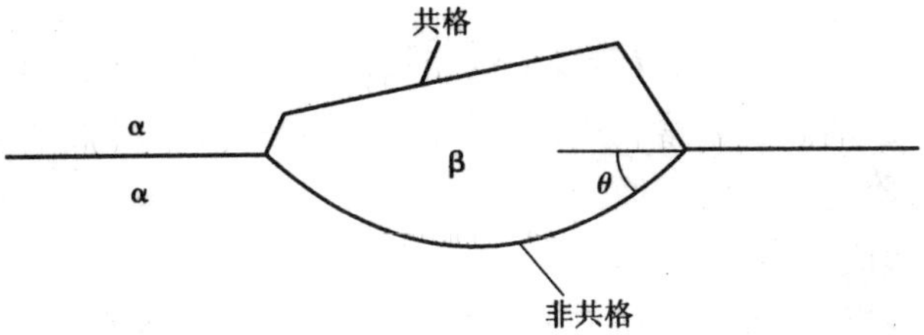

图4-54 与一个晶粒共格、与另一个晶粒非共格的晶核形状

$$\sigma_{\alpha\alpha}=2\sigma_{\alpha\beta}\cos\theta \tag{4-186}$$

析出相β的表面积和体积分别为 $S_\beta=4\pi r^2(1-\cos\theta)$ 和 $V_\beta=2\pi r^3\left(\frac{2-3\cos\theta+\cos^3\theta}{3}\right)$。非共格形核时忽略应变能后，形成一个这样晶核的自由能变化

$$\Delta G=n\Delta G_v+\eta n^{2/3}\sigma=\frac{\Delta G_v}{V_p}V_\beta+(\sigma_{\alpha\beta}S_\beta-\sigma_{\alpha\alpha}S_\alpha) \tag{4-187}$$

式中：$S_\alpha=\pi r^2(1-\cos^2\theta)$ 为晶核形成时被消除的α相界面积，V_p 为原子体积。将 V_β、S_β 代入式(4-187)，再利用式(4-186)经过运算整理，得

$$\Delta G=\left[2\pi r^2\sigma_{\alpha\beta}+\frac{2}{3}\pi r^3\frac{\Delta G_v}{V_p}\right](2-3\cos\theta+\cos^3\theta) \tag{4-188}$$

令 $\frac{\partial\Delta G}{\partial r}=0$，求得 r^* 后，将其代入式(4-188)求得形核功

$$[\Delta G^*]=\frac{8}{3}\pi\frac{\sigma_{\alpha\beta}^3V_p^2}{\Delta G_v^2}(2-3\cos\theta+\cos^3\theta) \tag{4-189}$$

若 $\sigma_{\alpha\alpha}=\sigma_{\alpha\beta}$，$\frac{\sigma_{\alpha\alpha}}{2\sigma_{\alpha\beta}}=\frac{1}{2}$，$\theta=60°$，则形核功

$$[\Delta G^*]=\frac{5}{3}\pi\frac{\sigma_{\alpha\beta}^3V_p^2}{\Delta G_v^2} \tag{4-190}$$

如果在晶内形成一个形状完全一样的非共格晶核，只要使式(4-187)中的 $\sigma_{\alpha\alpha}S_\alpha=0$，即可求出此种条件下的均质形核功 ΔG^*。两者相比，ΔG^* 要比 $[\Delta G^*]$ 高出三倍多，所以非共格晶核往往优先在晶界上形成。

对于新相与母相共格的情况，可以求得晶界形核的形核功 $[\Delta G^*]$ 与晶内共格形核时的形核功 ΔG^* 相当。这表明共格形核时，晶界对形核并无多大的促进作用。

晶界形核时，形核功按界面、晶棱、角隅递减，因而在角隅处形核应最容易。但由于在这样的位置上所能提供的原子数目不多，对总的形核率贡献并不大。若以 D 代表母相晶粒的平均直径，δ 为母相晶界厚度，则晶界面、晶棱、角隅能够提供形核的原子分数依次为 (δ/D)、$(\delta/D)^2$、$(\delta/D)^3$。据此，固态相变晶界形核时的形核率

$$I=N_V\nu A^*(\delta/D)^{3-i}e^{-\Delta G_m/(kT)-B_i\Delta G^*/(kT)} \tag{4-191}$$

式中：$i=0,1,2,3$ 分别表示在角隅、晶棱、晶界面和晶内形核；$(\delta/D)^{3-i}$ 为晶界形核特征因子，由于 $(\delta/D)\ll 1$，所以随着 i 值的增大，$(\delta/D)^{3-i}$ 增大；B_i 称为形核功系数，其含义为晶界形核时的形核功与均匀形核时形核功的比值。对于以上几种形核位置，显然有 $B_0<B_1<B_2<B_3=1$，其中 $B_3=1$ 时即为均匀形核，形核功为 ΔG^*，$B_2\Delta G^*$ 即为晶界面形核的形核功 $[\Delta G^*]$。

(2)在位错上形核

固态相变时新相晶核也往往在位错线上优先形成,位错这种促进形核的作用可以从如下几个方面来理解。首先,新相在位错上形核可松弛一部分位错的弹性应变能,从而使新相的形核功降低。其次,位错附近存在溶质原子气团,并且位错又是溶质原子的高速扩散通道,这就为富溶质原子核心的形成提供了有利条件。

从形核热力学上分析,当形核驱动力很大时,在 $\Delta G = f(r)$ 的曲线上不出现形核势垒,此时任何尺寸的原子集团都可以在位错线上成为晶核。尽管过冷度不大时在位错上形核需要一定的形核功,但其大小不仅远低于均匀形核,也低于晶界形核,因此固态相变时位错形核比晶界形核更为容易。据此通过塑性变形增加晶体中的位错密度,便可以促进析出相在晶内的位错线处形核,避免在晶界集中析出,以改变析出相的分布形态。

在 α 晶体内的位错线上形成一个 β 相晶核(非共格,不计应变能)所引起的自由能变化为

$$\Delta G = \frac{\Delta G_v}{V_p}\pi r^2 + \sigma_{\alpha\beta}2\pi r - A\ln r \tag{4-192}$$

对于刃位错,$A = \mu b^2/4\pi(1-\nu)$;对于螺位错,$A = \mu b^2/(4\pi)$。μ 为切变模量,ν 为泊松比,b 为位错柏氏矢量的大小,其他参数含义同上。

应当指出,尽管过冷度不大时在位错上形核需要一定的形核功,但其大小不仅远低于均质形核,而且也低于晶界形核,因此固态相变时位错形核比晶界形核更为容易。据此,通过塑性变形增加晶体中的位错密度,便可促进析出相在晶内位错线处形核,避免在晶界集中析出,从而可以改变析出相的分布状态。

(3)在层错上形核

固态相变时层错往往也是新相形核的有利场所。例如在 fcc 晶体中,若层错能较低,全位错会分解为扩展位错。扩展位错中的层错区实际上便是 hcp 晶体的密排面,这就为在 fcc 母相中析出 hcp 新相准备了结构条件。倘若在层错区有铃木气团,则又为新相的析出准备了成分条件,所以层错是新相形核的潜在位置。对层错形核,新相和母相之间应有如下的位向关系:

$$\{111\}_{fcc}//\{0001\}_{hcp}$$

$$\{1\bar{1}0\}_{fcc}//\{11\bar{2}0\}_{hcp}$$

这种位向关系导致新相与母相间形成低能的共格或非共格界面,使形核容易发生。

4.6.4 新相长大

新相晶核形成后,将向母相中长大。新相长大的驱动力也是两者之间的自由能差。当新相和母相成分相同时,新相的长大只涉及界面最近邻原子的迁移过程,这种方式的新相长大一般称为界面过程控制长大。当新相和母相成分不同时,新相的长大除需要上述的界面临近原子的迁移外,还涉及原子的长距离扩散,所以新相的长大可能受扩散过程控制或受界面过程控制。在某些情况下,新相长大甚至受界面过程和扩散过程同时控制。下面讨论界面过程控制和扩散过程控制两种情况。

1. 界面过程控制的新相长大

根据界面两侧原子在界面推移过程中的迁移方式不同,将界面过程分为非热激活与热激活两种。

(1)非热激活界面过程控制的新相长大

新相长大时,原子从母相迁移到新相不需要跳离原来位置,也不改变相邻的排列次序,而是靠切变方式使母相转变为新相。该过程不需要热激活,因此是一种非热激活长大。

对于某些半共格界面,可以通过界面位错的滑动引起界面向母相中迁移,这种界面一般称为滑动界面。由滑动界面的迁移所导致的新相长大也是一种非热激活长大。

如图 4-55 所示,在 fcc 结构和 hcp 结构间有一由肖克莱位错构成的可滑动半共格界面。这种界面从宏观上看可以是任意面,但从微观结构看,界面由一组台阶构成。台阶高度是两个密排面的厚度,台阶的宽面保持半共格。由这种界面的特征可见,界面位错的滑移面在 fcc 结构和 hcp 结构中是连续的,位错的柏氏矢量与宏观界面成一定角度。当这组位错向 fcc 一侧推进时,将引起 fcc→hcp 转变,反之导致 hcp→fcc 转变。

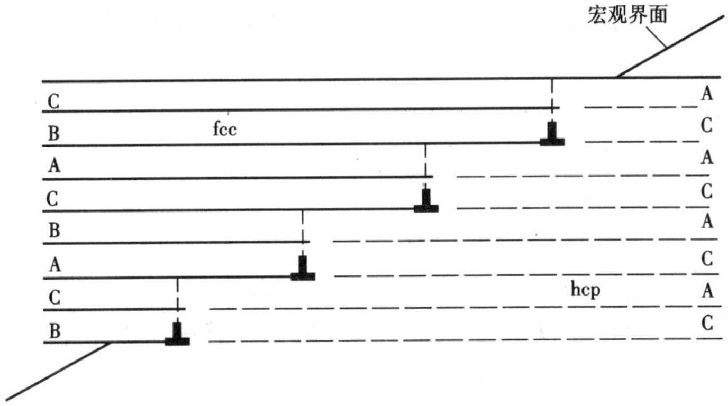

图 4-55 由一组肖克莱位错构成的 fcc 与 hcp 间可滑动界面

对于上述滑动界面,倘若界面位错为同一种位错,界面移动(即新相长大)时晶体会发生很大的宏观变形,从而引起很大的应变能。为了减小应变能,在界面上一般包含 fcc 结构中滑移面上的三种肖克莱位错。例如对于 fcc 中的(111)面,三种位错的柏氏矢量分别为 $\frac{a}{6}[11\bar{2}]$、$\frac{a}{6}[1\bar{2}1]$、$\frac{a}{6}[\bar{2}11]$,具有这种结构的界面滑动后不会发生大的宏观变形。

(2)热激活界面过程控制的新相长大

这种新相的长大是靠单个原子随机地独立跳跃界面而进行的。所谓热激活是指原子在跳跃界面时要克服一定的势垒,需要热激活的帮助。对于一些无成分变化的转变,如块状转变,有序—无序转变等,新相长大便受这种热激活界面过程控制。

若以 α 代表母相,β 代表新相,两者在某一温度下的自由能如图 4-56 示。图中 ΔG 为原子由母相 α 跳到新相 β 所需要的激活能,$\Delta G_{\alpha\beta}$ 为两相的自由能差,即新相长大的驱动力。新相 β 长大过程中,母相 α 中的原子不断地跨越界面到达 β,新相中的原子也不断反向跳到 α 上,但两者的迁移频率是不同的,其差值便促使新相 β 长大。

设 ν 为原子的振动频率,则从 α 相越过相界面到达 β 相的频率

$$\nu_{\alpha\beta}=\nu\exp[-\Delta G/(kT)] \tag{4-193}$$

其反向过程——原子从 β 相跨越相界面跳向 α 的频率

$$\nu_{\beta\alpha}=\nu\exp[-(\Delta G+\Delta G_{\alpha\beta})/(kT)] \tag{4-194}$$

由式(4-193)和式(4-194)得到原子从 α 相转入 β 相的净迁移频率

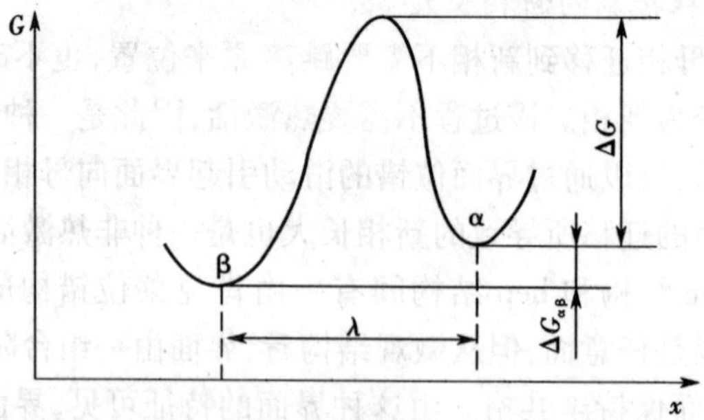

图 4-56 原子在相同成分 α、β 相中的自由能

$$\nu_{\alpha\beta}-\nu_{\beta\alpha}=\nu\exp(-\Delta G/(kT))[1-\exp(-\Delta G_{\alpha\beta}/(kT))] \tag{4-195}$$

当 β 相界面上铺满一层原子后,整个界面便向母相 α 中推进 b 的距离(b 为界面法线方向新相的面间距),因此 β 相的长大速率

$$u=b(\nu_{\alpha\beta}-\nu_{\beta\alpha})=b\nu\exp(-\Delta G/(kT))[1-\exp(-\Delta G_{\alpha\beta}/(kT))] \tag{4-196}$$

当相变温度很高时(ΔT 很小),由于

$$\Delta G_{\alpha\beta}\ll kT, \exp(-\Delta G_{\alpha\beta}/(kT))\approx 1-\Delta G_{\alpha\beta}/(kT)$$

于是可得

$$u=b\nu\Delta G_{\alpha\beta}/(kT)\exp(-\Delta G/(kT)) \tag{4-197}$$

如果原子跨越相界的扩散系数 $D\approx b^2\nu\exp(-\Delta G/(kT))$,则 β 相长大速率

$$u=\frac{D}{b}\frac{\Delta G_{\alpha\beta}}{kT} \tag{4-198}$$

由式(4-198)可见,ΔT 很小时,新相长大速率正比于两相的自由能差,并且随着温度的降低而增大。

当转变温度很低,ΔT 很大时,由于 $\Delta G_{\alpha\beta}\gg kT$, $\exp(-\Delta G_{\alpha\beta}/(kT))\approx 0$,所以有

$$u=b\nu\exp(-\Delta G/(kT))\approx\frac{D}{b} \tag{4-199}$$

显然,随着转变温度的下降,长大速率明显降低。由式(4-198)和式(4-199)还可看出新相长大具有如下特点:

①在相变的温度范围内,总会存在某个温度,在该温度下新相长大速率达最大值;

②当转变在恒温下进行时,由于 ΔG 和 D 均为常数,新相将以恒速长大;

③由于长大速率与时间无关,新相的线性尺寸与长大时间成正比。

当新相与母相完全共格时,单个原子随机地从母相跳到新相去会增加长大的能量,只有多个原子同时转移到新相才有可能被新相接受。但是,按这种机制长大时其长大速率将是很低的。为此,具有共格界面新相的长大通常是按台阶机制。

当一个台阶扫过之后,便使界面沿法线方向移动一个台阶厚的距离。新相按这种机制长大时,一个很重要的问题就是长大过程中应不断地产生新的台阶,台阶形成与侧向伸展相比,形成新台阶是困难的,因而台阶机制长大往往由共格宽面上产生新台阶的过程所控制。

应当指出,当界面按台阶机制迁移时,式(4-198)所示的长大速度与驱动力的关系不再成立,对于一些简单情况,长大速度与驱动力的平方成正比。对于复杂情况,两者间关系更为复杂。

2. 长程扩散控制的新相长大

当新相与母相成分不同，且新相长大受控于原子长程扩散或受界面过程同时控制时，新相长大速度一般通过母相与新相界面上的扩散通量来计算。

(1)对于具有非共格平直界面的新相长大

如图4-57所示，母相α的初始浓度为 C_0，析出相β的浓度为 C_β，当β相由α相中析出时，界面处α相中的浓度为 C_α。由于 $C_\alpha < C_0$，所以在母相中将产生浓度梯度 $\partial C/\partial x$。根据菲克扩散第一定律，可求得在 dt 时间内，由母相通过单位面积界面进入β相中的溶质原子数为 $D_\alpha(\partial C/\partial x)\mathrm{d}t$。与此同时，β相向α相内推进了 d$x$ 距离，净输运给β相的溶质原子数为 $(C_\beta - C_\alpha)\mathrm{d}x$。上面从两个不同角度获得的溶质原子净迁移量具有相同的意义，所以有

$$D_\alpha(\partial C/\partial x)\mathrm{d}t = (C_\beta - C_\alpha)\mathrm{d}x \tag{4-200}$$

由此得到新相的长大速率

$$u = \frac{\mathrm{d}x}{\mathrm{d}t} = \frac{D_\alpha}{C_\beta - C_\alpha}\frac{\partial C}{\partial x} \tag{4-201}$$

由式(4-201)可见，新相β的长大速率与溶质原子在母相α中的扩散系数及界面处α相中的浓度梯度 $\partial C/\partial x$ 成正比，与两相的成分差成反比。对于图4-57中所示的溶质浓度分布情况，其浓度梯度 $\frac{\partial C}{\partial x} \approx \Delta C/x^D$，其中 $\Delta C = C_0 - C_\alpha$，$x^D$ 为有效扩散距离，将此关系代入式(4-201)得

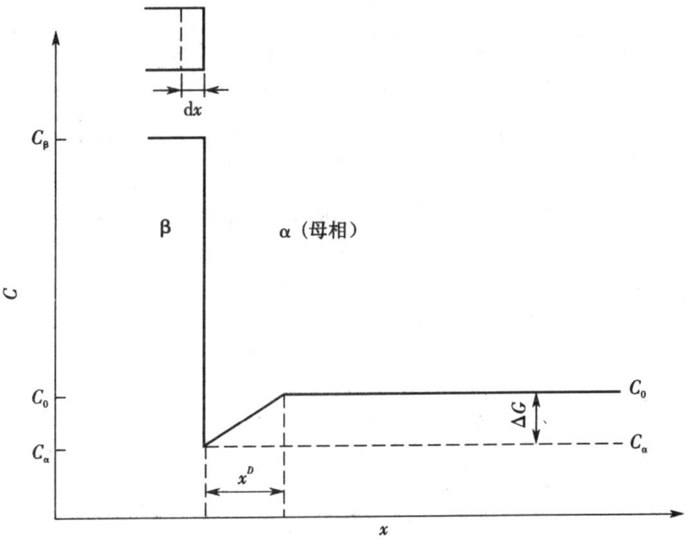

图4-57 具有平直界面析出相长大时溶质浓度分布

$$u = \frac{\mathrm{d}x}{\mathrm{d}t} = \frac{C_0 - C_\alpha}{C_\beta - C_\alpha}\frac{D_\alpha}{x^D} \tag{4-202}$$

上式中的 x^D 不是一个固定的数，而是随着新相的长大和所需溶质原子数的增加而随时间增大的，为简化计算，可以按 $x^D = \sqrt{D_\alpha t}$ 近似取值，将此式代入式(4-202)后得到

$$u = \frac{\mathrm{d}x}{\mathrm{d}t} = \frac{C_0 - C_\alpha}{C_\beta - C_\alpha}\sqrt{\frac{D_\alpha}{t}} \tag{4-203}$$

对上式两边积分后就可以得到新相β的线性尺寸 x 与时间 t 之间的关系，即

$$x=\frac{2(C_0-C_\alpha)}{C_\beta-C_\alpha}\sqrt{\frac{D_\alpha}{t}} \tag{4-204}$$

从式(4-203)和式(4-204)可以看出,对于非共格平直面长大的新相,当扩散系数为常数时,新相的长大速率与时间的平方根成反比,而新相的尺寸则与长大时间的平方根成正比。这个结果对分析共析转变过程中某些新相的生长过程很有参考意义。

(2)具有台阶界面的新相长大

前面已经讨论过的台阶长大是针对长大前后无成分变化的情况。若界面共格,且相变过程中伴有成分改变时,新相也可按台阶机制长大,但此时非共格的台阶面侧向移动时要伴有溶质原子长程扩散。在这种情况下,精确地解扩散方程求台阶附近的浓度场是比较复杂的。令有效扩散距离 $x^D=kh$,其中 k 是常数,h 是台阶高度,台阶侧向移动速度可表示为

$$v=\frac{C_0-C_\alpha}{C_\beta-C_\alpha}\cdot\frac{D_\alpha}{kh} \tag{4-205}$$

如果台阶宽面的宽度为 λ,则新相界面的推移速度

$$u=\frac{C_0-C_\alpha}{C_\beta-C_\alpha}\cdot\frac{D_\alpha}{k\lambda} \tag{4-206}$$

该式表明,只要各个析出物的扩散场不重叠,界面推移速度便反比于台阶宽面的宽度即台阶间距。

3. 相变动力学

下面讨论固态相变时转变量与转变温度及转变时间的关系。对于 $\alpha\rightarrow\beta$ 型转变,转变量 f 是指在某一时间 β 相所占的体积分数。对于 $\alpha'\rightarrow\alpha+\beta$ 型的脱溶转变,f 则定义为 t 时刻 β 相所占体积和转变完成后 β 相所占体积之比。在这两种情况下 f 都是从转变开始时的 0 变为转变终了时的 1。

当母相为高温相,新相为低温相时,随温度的降低转变速率先是增加,而后又降低。转变动力学曲线具有如图 4-58(a)所示的 C 形曲线特征。当低温相向高温相转变时,通常随反应温度的升高,相变速率增加,其动力学曲线如图 4-58(b)所示。

固态相变时,转变量与温度、时间的关系亦遵守 Avrami 方程,即

$$f=1-\exp(-Kt^n) \tag{4-207}$$

对于不同类型的形核与长大过程,n 值不同,其值在 1 ~ 4 之间变化。对于界面过程控制长大的情况,形核率为恒值时,$n=4$。若形核率随时间增加,$n>4$;形核率随时间减少,$n<4$。在晶界形核并且形核饱和后,$n=1$,在晶棱形核并饱和后,$n=2$。对于扩散控制长大的情况,其 n 值可看表 4-5。应当指出,只要形核机制不发生变化,n 值便与温度无关。由于 K 值与形核和长大速度均有关,因而该值明显受温度的影响。

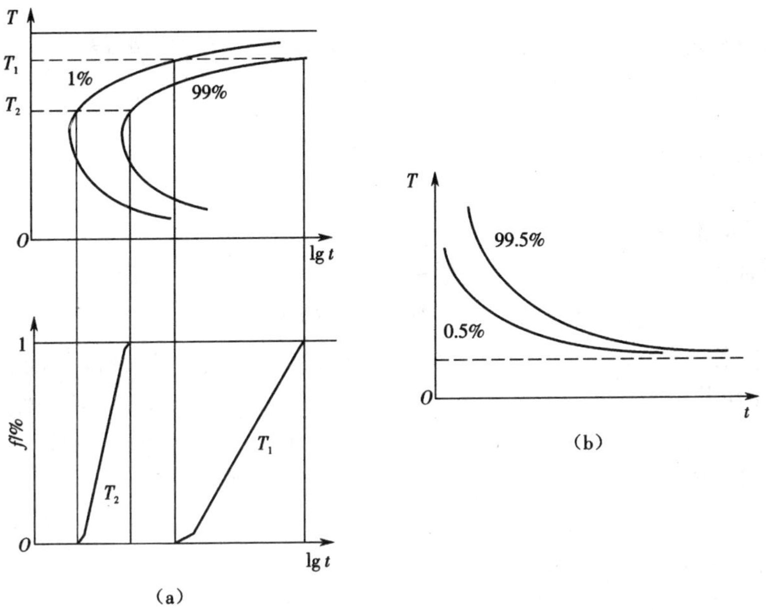

图 4-58 固态相变的综合动力学曲线(TTT 曲线)

(a)降温反应 (b)升温反应

表 4-5 不同条件下 Avrami 方程中的 n 值

条 件	n 值
(a)多形性相变,非连续脱溶,共析分解,界面控制长大等	
形核率增加	>4
形核率为恒定值	4
形核率减小	3~4
零形核率	3
界面形核(饱和后)	1
晶粒棱边形核(饱和后)	2
(b)扩散控制长大	
新相由小尺寸长大,形核率增加	>2.5
新相由小尺寸长大,形核率为负值	2.5
新相由小尺寸长大,形核率减小	1.5~2.5
新相由小尺寸长大,零形核率	1.5
新相具有相当尺寸长大	1~1.5
针状、片状新相具有有限长度,两相远离	1
长柱体(针)的加厚(端际完全相遇)	1
很大片状新相加厚(边际完全相遇)	0.5
薄膜	1
丝	2
丝位错上沉淀(很早期)	约0.5

4.7 钢中发生的共析转变、贝氏体转变和珠光体转变

4.7.1 共析转变

1. 共析转变的形核

共析转变时新相常在母相的晶界处形核，并且主要以两相交替形成的方式进行。根据 γ 相晶界结构、成分以及转变温度的不同，领先形核的相可能是 α，也可能是 β。领先相形成时通常与相邻晶粒之一有一定的位向关系，而与另一晶粒无特定位向关系。现假定 β 相为领先相，当其与 γ_1 晶粒共格领先形成之后(图 4-59(a))，就会依靠附近的 γ 相不断提供 B 原子而长大，形成一小片 β 相。这样就造成了周围 γ 相中 B 组元的显著降低，形成了贫 B 区。显然周围 B 原子含量的降低为 α 相的形成创造了有利条件。当贫 B 区的 B 组元浓度降低到相当于 α 相的平衡浓度时，就在 β 相侧面形成了小片 α 相，如图 4-59(b)所示。β 相两侧的 α 形成之后，将随 β 相一起向前长大，同时也横向长大。α 相的长大又使其外侧形成富 B 区，这将促使新的 β 相晶核形成。α 相与 β 相按此种方式不断进行交替形核，并同时平行地向 γ 相纵深方向长大(图 4-59(c))，最后形成一组 β 相与 α 相片层相间、且基本平行的共析体团域，如图 4-59(d)所示。在一个共析体团域形成的过程中，在 γ 相晶界的其他处，或在已形成的共析体团域的边缘上还会形成新的、其他取向的 β 相晶核，并由此形成另一些不同取向的共析体团域。当各个共析体团域相遇时，表明原母相 γ 分解完了，共析转变结束，最终得到片层状的共析组织。

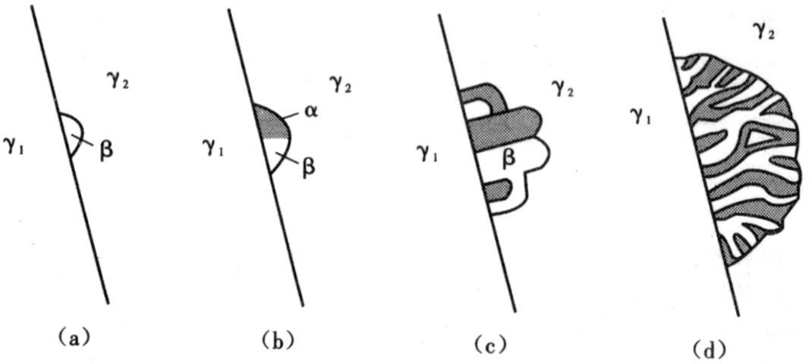

图 4-59 共析转变的交替形核和生长示意图

(a) β 相形核 (b) β 相长大 (c) β 相向纵深生长 (d) 长成 α-β 共析团域

上述的两相交替形成机制并不是唯一的普遍规律，对一些共析组织的仔细研究发现，在共析转变时共析体也可能以产生枝杈的方式形成，于是提出了共析体的分枝形成机制。这种机制认为，共析体形成时基本上没有侧向长大，β 片只是以分枝方式纵向生长，使其相邻的 γ 相中贫 B，从而促使 α 相在 β 相枝间形成。按这种形成机制，在一个共析体团域中，每一个相都是连在一起的单晶体。即一个共析团域是由一个 α 相晶粒与一个 β 相晶粒相互穿插起来，通过搭接方式组合在一起。图 4-60 为 Fe-C 合金中珠光体(共析体)通过分枝方式形成的示意图，珠光体中的渗碳体分枝主要发生在根部，但在片中间也可能发生分枝。

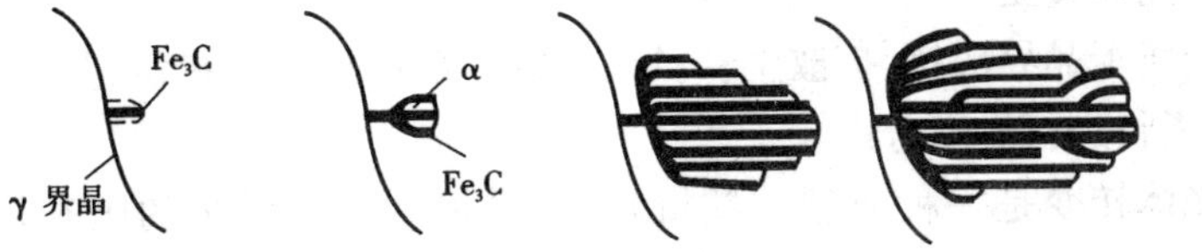

图 4-60 珠光体中渗碳体片的分枝长大

2. 共析体的生长

相邻接的 α 与 β 晶核出现后便开始生长。在共析体晶核长大过程中,交替相邻的 α 相和 β 相的前沿分别排除 A 组元与 B 组元的原子,两种原子的交互扩散将导致两相同时长大(图 4-61)。溶质原子可能在 γ、α、β 中进行体扩散,也可能沿 α、β 与 γ 相的界面进行界面扩散。

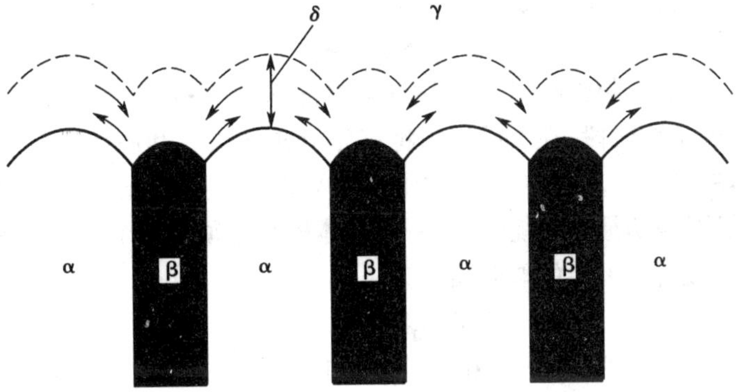

图 4-61 共析体生长时溶质原子的扩散模型

然而对合金中共析反应速率的测定结果表明,若扩散按体扩散的方式进行时,共析转变的速率不可能达到实测值那么高。由此断定共析转变时原子的扩散可能是沿新相和母相间的界面进行的,至少相界扩散应当起到不可忽视的作用。

共析体中片间距 S 是一个很重要的参数,它的大小主要取决于共析转变温度。转变温度越低,片间距越小。在恒温转变时片间距基本保持恒定,这种片间距与转变温度的关系可以通过考察共析转变时系统自由能的变化求得。共析转变时,形成单位体积共析体团域系统的自由能变化为

$$\Delta G = -\Delta G_v + A\sigma \tag{4-208}$$

式中:ΔG_v为体积自由能,A 为单位体积共析体中 α/β 间总界面面积,σ 为 α/β 间的界面能。

由于单位体积共析体领域中的层片数为 $1/S$,每一层片有两个界面,因此有 $A = 2/S$。当 $\Delta G = 0$ 时,共析体领域将停止生长,设此时的片间距为 S_m,则

$$S_m = 2\sigma/\Delta G_v$$

由于过冷度 ΔT 增大时,ΔG_v 增大,所以 S_m随转变温度的降低而减小,即共析组织随过冷度的增大而变得细密。共析转变的速率也明显受转变温度的影响。转变温度高时,尽管原子有很强的扩散能力,但由于转变驱动力小,因而转变速率较低。当转变温度低时,虽然转变驱动力很大,但原子的扩散能力明显降低,因而转变速率也较低。显然只有在中等温度范围之内,其转变速率才可能达到最大,故这种反应的等温转变曲线具有“C”形特征。

3. 钢中的珠光体转变

珠光体转变属于晶界形核、扩散生长，Fe、C 原子都进行迁移扩散，只是速度有差异，相变过程中，合金元素将进行重新分配。

钢中的珠光体转变是一种典型的共析转变，是钢中研究最早的固态相变类型之一。自1864 年索拜首先在碳素钢中观察到片状渗碳体与铁素体混合物组织以来，已对珠光体转变进行了许多研究。近年来，随着重轨钢、高强度冷拔钢丝及钢绳等品种的发展及质量的改善，使珠光体组织的应用进入了一个新的阶段。据此对于钢中的珠光体转变的研究，又重新引起了国内外冶金学者的关注。

(1) 珠光体转变的晶体学

当含有 $w(C)\approx0.77\%$ 的奥氏体过冷到 A_1 温度以下时，就同时相对于铁素体与渗碳体过饱和，因而发生共析转变，其反应式为

$$\gamma \Leftrightarrow \alpha + Fe_3C$$

转变产物为铁素体 α 与渗碳体 Fe_3C 的机械混合物，这种组织称之为珠光体。

在珠光体转变的孕育阶段，在奥氏体内将首先形成贫碳区和高碳区。之后在这些区域形成铁素体或渗碳体的核心。二者中哪一个领先，主要取决于晶界结构和其化学成分。若领先相为渗碳体，为满足形核功最小的能量条件，渗碳体核心必须与两个奥氏体晶粒中的一个维持一定的晶体学取向关系，其可能的取向关系为

$$\{100\}_{Fe_3C}//\{111\}_{\gamma1}$$
$$\{010\}_{Fe_3C}//\{110\}_{\gamma1}$$
$$\{001\}_{Fe_3C}//\{\bar{1}12\}_{\gamma1}$$

由于 Fe_3C 与 γ_1 晶粒的界面为共格界面，界面的可动性较低，因而 Fe_3C 不易向 γ_1 晶内生长。Fe_3C 与 γ_2 的界面为非共格界面，界面的可动性较高，因而 Fe_3C 易向 γ_2 晶粒内生长。在 Fe_3C 两侧奥氏体中，由于 Fe_3C 的析出碳浓度大大降低，因而导致铁素体晶核形成。通常析出的铁素体与 γ_1 奥氏体晶粒也有一定的晶体学关系，最常见的关系为 K-S 关系：

$$\{110\}_{\alpha}//\{111\}_{\gamma}$$
$$[1\bar{1}1]_{\alpha}//[0\bar{1}1]_{\gamma}$$

研究表明，珠光体中的渗碳体与铁素体之间通常也存在着晶体学取向关系，一种是 Bagayatski(B) 关系：

$$\{001\}_{Fe_3C}//\{211\}_{\alpha}$$
$$[100]_{Fe_3C}//[0\bar{1}1]_{\alpha}$$
$$[010]_{Fe_3C}//[1\bar{1}\bar{1}]_{\alpha}$$

另一种取向关系为 pitsch-petch(P-P) 关系：

$$\{001\}_{Fe_3C}//\{5\bar{2}\bar{1}\}_{\alpha}$$
$$[100]_{Fe_3C}(2^\circ \sim 3^\circ)[13\bar{1}]_{\alpha}$$
$$[010]_{Fe_3C}(2^\circ \sim 3^\circ)[113]_{\alpha}$$

奥氏体与珠光体中两相的晶体学取向关系可表示为

$$\{111\}_{\gamma}//\{110\}_{\alpha}//\{001\}_{Fe_3C}$$
$$\{110\}_{\gamma}//\{111\}_{\alpha}//\{010\}_{Fe_3C}$$

(2) 过冷度对珠光体转变的影响

过冷度对珠光体的片间距有明显的影响。研究表明，共析钢珠光体片间距 S 与过冷度之间的关系满足下面的经验公式：

$$S = 8.02/\Delta T \times 10^3 (\mathrm{nm}) \tag{4-209}$$

由上式可见，随着过冷度 ΔT 的增大，片间距 S 变小，即珠光体变细。根据珠光体片间距的大小，将珠光体分为三种类型。在光学显微镜下能明显分辨出铁素体与渗碳体片层的组织形态即是一般所说的珠光体。这种珠光体形成温度在 A_1 ~ 650 ℃范围内，其片间距为 450 ~ 150 nm。在 650 ~ 600 ℃温度范围内形成的珠光体其片间距较小，为 150 ~ 80 nm。对于这种组织，在光学显微镜下只有放大倍数高于 800 倍时才能分辨出铁素体与渗碳体片层形态，这种较细片层的珠光体称为索氏体。当形成温度降至 600 ~ 550 ℃温度范围时，所形成的珠光体极细，其片间距为 80 ~ 30 nm。在光学显微镜下已不能分辨出其片状特征，只有在电子显微镜下才能分辨出铁素体与渗碳体片层形貌，这种极细片层的珠光体称为屈氏体。值得指出的是，上述的珠光体、索氏体、屈氏体三者的本质是相同的，都是铁素体与渗碳体的机械混合物。它们之间的差距仅在于片间距大小的不同。此外三者之间的界限也是相对的。上述三者的典型形貌如图 4-62 示。

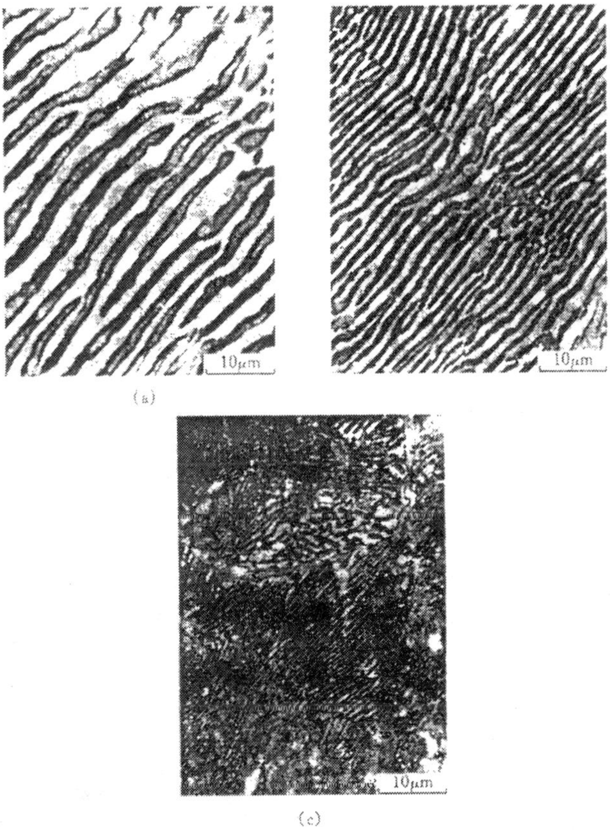

图 4-62　钢中珠光体、索氏体、屈氏体的组织形态

(a)珠光体　(b)索氏体　(c)屈氏体

上述片层状珠光体的力学性能主要取决于片间距的珠光体团域的直径。珠光体团域和片间距越小，钢的强度和硬度越高。当片间距小于150 nm时，随片间距的减小，钢的塑性显著增强。由于过冷度ΔT增大，珠光体的片间距及珠光体团域的直径明显减小，因而在较大过冷度下形成的细珠光体不仅具有较高的强度，而且具有较好的塑性。

4. 有色合金中的共析转变

在许多有色合金中都存在共析转变。这里仅介绍钛合金与铜合金中的一些共析转变。

(1)钛合金中的共析转变

纯金属钛具有同素异构转变的特征。在882 ℃以上时，钛的晶体结构为体心立方，称为β钛。在此温度以下时呈密排六方结构，c/a值约为1.587，称为α钛。钛和铁、锰、镍、硅，铬、铜、钴等元素构成的二元系都具有共析反应。其主要共析转变参数如表4-6所示。

表4-6　几种二元钛合金共析转变参数

合金系	共析反应温度/ ℃	共析成分(w)/%	反应式
Ti-Mn	500	20	$\beta \Leftrightarrow \alpha + \theta$
Ti-Fe	600	15	$\beta \Leftrightarrow \alpha + \zeta$
Ti-Cr	675	14	$\beta \Leftrightarrow \alpha + TiCr_2$(Ⅰ)
Ti-Co	585	9	$\beta \Leftrightarrow \alpha + \eta$
Ti-Ni	640	56	$\gamma \Leftrightarrow \beta + \delta$
Ti-Cu	790	7	$\beta \Leftrightarrow \alpha + \eta$
Ti-Si	860	0.9	$\beta \Leftrightarrow \alpha + \zeta$

下面仅介绍Ti-Cr二元系中的共析转变。由图4-63所示的Ti-Cr二元相图可见，在667 ℃存在着如下的共析转变：

$$\beta \Leftrightarrow \alpha + TiCr_2(\text{Ⅰ})$$

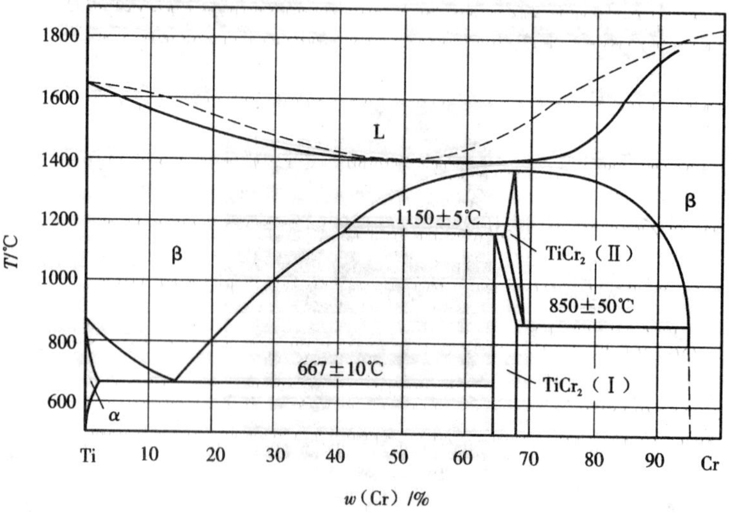

图4-63　Ti-Cr二元相图

其中β相是β-Ti与Cr形成的固溶体，共析反应时β相的$w(Cr)=14\%$。α相是以α-Ti为溶剂，溶入少量Cr的固溶体。共析反应时α相的$w(Cr)=0.5\%$。$TiCr_2$(Ⅰ)为金属间化合物，晶体结构为面心立方，点阵常数为 0.694 3 nm。由于 Cr 是稳定 β 相的元素，当 $w(Cr)=8\%$ 以上时，M_s 点可降到室温以下，因而在淬火条件下可获得单相 β。

由于 Ti-Cr 合金中发生共析转变需要进行代位原子的扩散，因而可以预期这种共析转变要比 Fe-C 合金中的共析转变慢得多。图 4-64(a)、(b) 分别示出了 $w(Cr)=7.5\%$ 和 $w(Cr)=17\%$ 的 Ti-Cr 过共析合金的等温转变曲线(TTT)曲线。由图 4-64(a) 中则可看到，先共析相最短的孕育期约为 6 s，共析转变的最短孕育期约为 1 h，共析转变完了则需要相当长时间。在图 4-64(b) 中则可看到，$w(Cr)=17\%$ 的 Ti-Cr 合金 TTT 曲线的"鼻子"温度约为 600 ℃，孕育期约 2 h，转变完成约需 20 h。

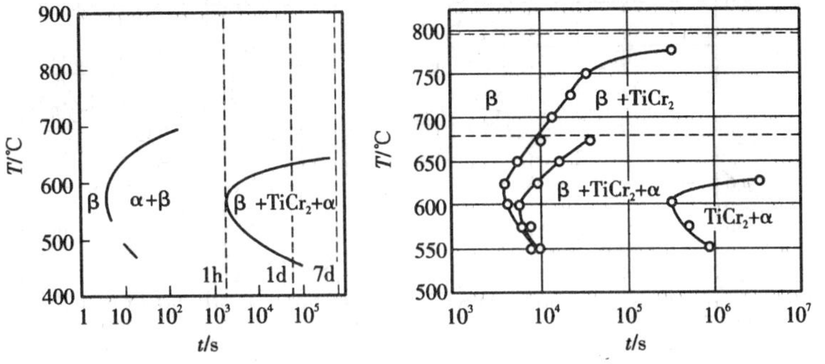

图 4-64 两种 Ti-Cr 合金 TTT 曲线

(a) $w(Cr)=7.5\%$ 的 Ti-Cr 合金 (b) $w(Cr)=17\%$ 的 Ti-Cr 合金

除 667 ℃的共析转变之外，Ti-Cr 二元合金系在 850 ℃还存在另一共析反应，反应式为

$$TiCr_2(\text{II})\Leftrightarrow TiCr_2(\text{I})+\beta$$

这种反应实际中很少应用，这里不再做更多介绍。

(2) 铜合金中的共析转变

Cu-Al，Cu-Sn，Cu-Zn，Cu-Be 等多种铜合金中存在着共析转变。图 4-65 为 Cu-Al 二元系富铜端相图。从图中可以看到，在 565 ℃存在着 β 分解为 α 与 γ_2 的共析转变，反应式可以写为

$$\beta_{(11.8)}\Leftrightarrow \alpha_{(9.4)}+\gamma_{2(15.6)}$$

β 相的晶体结构为体心立方，γ_2 相的晶体结构为面心立方，二者都是以化合物为基的固溶体。该共析反应的金相形态与钢中珠光体相似，见图 4-66。在淬火条件下上述共析转变被抑制，发生 $\beta\rightarrow\beta'$ 的马氏体型转变，其 M_s 点约为 380 ℃。

Cu-Sn 二元相图较为复杂，存在四个共析转变，其反应式分别为

$$\beta\Leftrightarrow\alpha+\gamma$$

$$\zeta\Leftrightarrow\delta+\varepsilon$$

$$\gamma\Leftrightarrow\alpha+\delta$$

$$\delta\Leftrightarrow\alpha+\varepsilon$$

式中：α 相是以 Cu 为基的固溶体；其余各相均为能融入一定组元的金属间化合物，γ 为 Cu_3Sn，δ 为 $Cu_{31}Sn_8$，ε 为 Cu_3Sn，ζ 为 $Cu_{20}Sn_6$。

在 Cu-Be 合金与 Cu-Zn 合金中各有一个共析转变。Cu-Be 合金共析转变温度为 605 ℃，反应式为

$$\beta\Leftrightarrow\alpha+\gamma$$

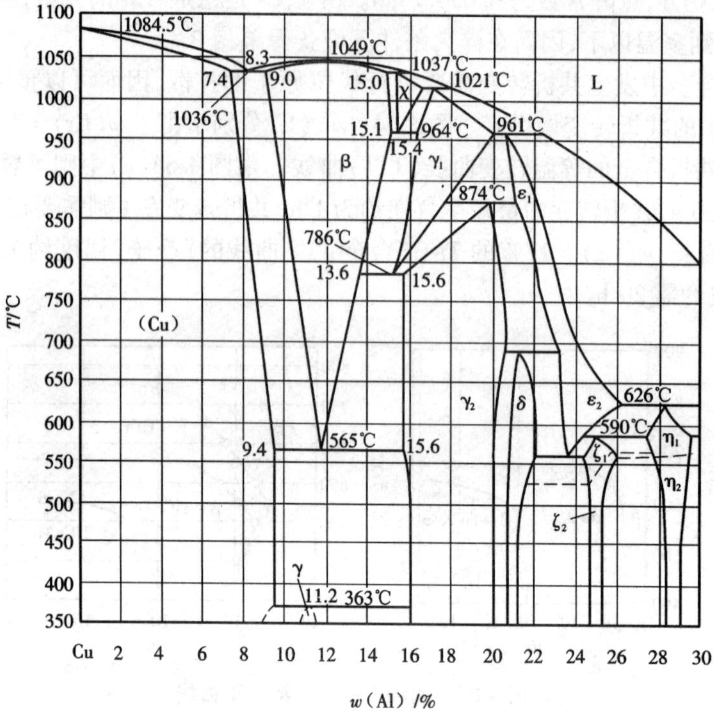

图 4-65　Cu-Al 二元相图富铜端

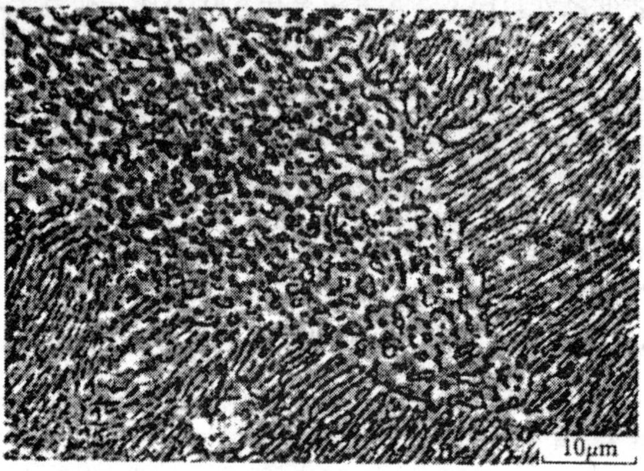

图 4-66　Cu－11.8%Al 合金缓冷后的共析组织

式中：α 相是以 Cu 为基的固溶体，β 与 γ 均为金属间化合物。Cu-Zn 合金共析转变温度为 560 ℃，反应式为

$$\delta \Leftrightarrow \gamma + \varepsilon$$

式中：δ、γ、ε 均为能融入一定组元的金属间化合物。

4.7.2　贝氏体转变

贝氏体的形核及长大虽然是扩散控制生长，但是在贝氏体转变中，只有 C 原子的扩散，而没有 Fe 原子的扩散，合金元素也不进行重新分布。

1. 贝氏体转变的定义与特征

(1) 关于贝氏体转变的定义

贝氏体转变是1929—1930年间由贝茵等人在研究奥氏体分解反应时所确定的不同于奥氏体向珠光体转变的一种分解反应。之后陆续有人对这种分解产物——贝氏体从显微结构、反应机理及反应动力学三方面下过定义。

1) 显微结构定义

Aaronson在1969年根据贝氏体显微结构的特点将其定义为：贝氏体是共析式分解的非片层状两相产物，其中两低温相通过原子的扩散而相继形成。此处将高温相定为γ，两低温相分别定为α和β。转变时设α相首先出现并成为贝氏体结构的核，之后β相可以通过两种不同但不易分辨的方式形成，即或者全部在α相内析出，或者在α/γ界面处由两相都析出。

2) 表面浮凸定义

柯俊等人在1952年通过高温金相研究首先确认了贝氏体转变中铁素体形成的切变机制。该工作表明，贝氏体转变发生时在试样抛光表面上显示出与马氏体相变相似的浮凸效应。根据这一特点，将贝氏体定义为通过扩散控制的切变机制产生的析出片体。随着α相的形成，β相是否以非层片状析出并非关键。这是目前在国际上最为广泛接受的定义。之后Clark和Wayman使这一定义更加严格化了。即表面浮凸贝氏体片必须满足：a. 片状形貌；b. 无理惯析面；c. 无理点阵取向关系；d. 与基体间的点阵适应性；e. 不变平面应变表面浮凸；f. 没有相对于基体的成分变化；g. 有一种内在的不均匀性。此外，Christain还附加另一判据：一个可动位错相界或完全共格的相界。应当指出的是，上述的a.、b.两条对hcp和fcc间的转变不适用。

3) 动力学定义

动力学定义是从相变动力学角度描述贝氏体的。由图4-67(a)看出，贝氏体转变有自己的C曲线。曲线上发生贝氏体转变的最高温度称为B_s，该温度通常比共析温度低100 ℃以上。在B_s温度以上保温，奥氏体不能转变为贝氏体。在稍低于B_s温度保温时，通常奥氏体远未耗尽，向贝氏体的等温转变就会停止，如图4-67(b)，这表明在这样的温度下，奥氏体向贝氏体的转变很难进行到底。由图4-67(c)可以看到，随着等温温度的降低，奥氏体向贝氏体的最大转变量增加。在B_s温度，其最大转变量为0。当温度达B_f时，最大转变量可达100%。然而应当指出的是当珠光体的C曲线与贝氏体的C曲线相互搭接时，上述特征将被掩盖。因此，按动力学定义的贝氏体转变不能视为固态相变的一个重要类型，只能认为是从珠光体转变到马氏体转变的过渡现象。

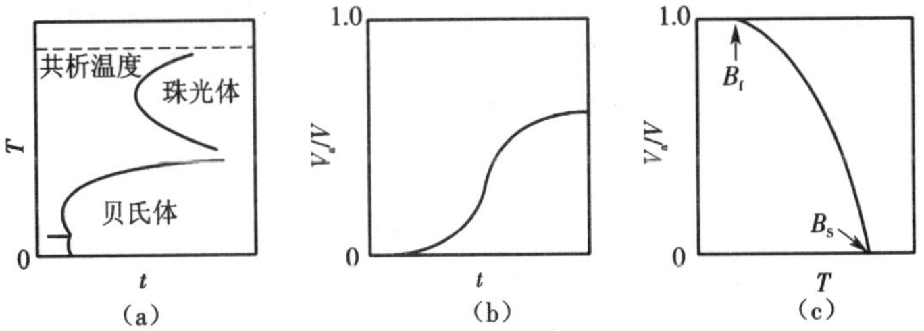

图4-67 说明贝氏体动力学定义基本特征的示意图

(a)转变开始的TTT图 (b)贝氏体的不完全等温转变 (c)贝氏体最大分数与转变温度的关系

(2)贝氏体转变的主要特征

历史上曾有许多学者对贝氏体转变特征作了较为详尽的描述，目前能够获得普遍承认的主要有以下几点。

1)表面浮凸效应

钢及有色合金中形成贝氏体时均产生表面浮凸，这一特征与马氏体相似，因此被用作支持贝氏体切变的重要证据；但有研究表明，贝氏体转变产生的表面浮凸不平直或起皱，因而使其不具备平面应变特征，这是与马氏体转变的重要区别。

2)关于 B_s 与 B_f 温度

在贝氏体转变温度区间等温，或以一定冷速连续冷却均会发生贝氏体转变，其转变开始与转变基本完成的温度可分别以 B_s 与 B_f 表示。与马氏体相变相比，B_s 的意义远没有 M_s 明确。有些文献是以动力学角度定义 B_s，即在贝氏体转变的 TTT 曲线上，贝氏体形成最高温度随时间变化呈水平线，此水平线温度定义为 B_s 温度。有些文献则从组织上定义，即把贝氏体开始出现的温度定义为 B_s。与 B_s 温度相比，B_f 温度更没有物理意义，只是在工艺上有用处。Lymon 及 Troiano 用渗碳钢及 3% Cr 钢所做实验表明，B_f 几乎与碳含量无关。还有研究表明，在一些合金钢中 B_f 温度几乎与钢中的 Cr、Ni、Mo 等合金元素含量无关，均处于 315 ~ 370 ℃范围内。由此可知，在高碳高合金钢中，贝氏体转变温度较窄。

3)转变的不完全性

在贝氏体转变温区等温，或以一定的冷速连续冷却均可发生贝氏体转变，但其转变往往表现出不完全性。图 4-67(b)是在等温条件下贝氏体转变的动力学曲线，由图可以看到，此种转变也存在着孕育期。转变初期，高温母相以极快速度向贝氏体转变，以后转变速度变慢，直至转变停滞。这种转变动力学特征与形核长大型的共析转变既相似又有区别，其显著差别是，贝氏体转变具有不完全性，即贝氏体转变未全部完成时转变就停滞了。

4)应力与应变的影响

对高温母相施加应力或使其发生形变，均会促进贝氏体转变。表现在 B_s 温度的升高、相变孕育期缩短和总转变量增加。在形变条件下进行贝氏体相变时可以改善贝氏体组织，因而有利于提高钢的性能。例如，低碳钢先经形变，然后再经贝氏体转变，由于所形成的上贝氏体显著细小而使其韧性大为改善，以至可以优于回火马氏体。

2. 钢中贝氏体的形态与性能

(1)钢中贝氏体的类型

自 Bain 首先确认钢中贝氏体为一种独具形态的组织以来，现已发现有多种组织形态不同的贝氏体，其中主要有：上贝氏体、下贝氏体、粒状贝氏体、无碳贝氏体、柱状贝氏体及反常贝氏体等。下面对上述贝氏体中几种主要类型加以简单介绍。

1)上贝氏体与下贝氏体

上贝氏体与下贝氏体是钢中两种最为典型的形态。从其组成上讲，两者都是由铁素体和渗碳体的混合物构成，但两者在形态及渗碳体析出位置上均有明显的差异。

在贝氏体转变温度区域内，上贝氏体在较高温度形成，其中的铁素体呈相互平行的板条状，板条间分布着断续的短棒状渗碳体。相变发生时，铁素体往往作为领先相优先在原奥氏体晶界形核，然后在一侧奥氏体中长大。由于这种贝氏体中铁素体呈长条状，前端尺寸较小，根部(即靠近奥氏体晶界处)尺寸较大，致使其形态具有羽毛状特征，因此有些文献称之为羽毛状贝氏体。上贝氏体中的铁素体通常含有过饱和的碳,并有较高的位错密度。随着形成温度的降低,上贝氏体中铁素体板条数量增多,其间的渗碳体尺寸减小。上贝氏体的典型形貌如图4-68所示。

图4-68 钢中的典型上贝氏体

下贝氏体在贝氏体转变温度区间的较低温度形成,其形态与上贝氏体有着明显差别。下贝氏体中的铁素体一般呈针片状,并且常常单个存在。下贝氏体中的碳化物多为ε碳化物,在铁素体内沿一定惯析面析出,其排列方向一般与铁素体长轴方向成55°~65°夹角。这种形态特征说明下贝氏体转变过程中,先由过冷奥氏体中形成过饱和的铁素体针片,而后在铁素体内析出碳化物。

图4-69所示为Fe-0.9C-1.3Si-1.1Cr钢中的典型下贝氏组织,在电子显微镜下可看到针片状铁素体中排列的碳化物。

图4-69 Fe-0.9C-1.3Si-1.1Cr钢中的下贝氏体

关于上、下贝氏体形成的分界温度一直是人们关心的问题。一些研究认为,大多数碳钢及合金钢中上、下贝氏体的分界温度约为 350 ℃,该温度几乎不随钢的成分变化。但也有研究表明,上、下贝氏体的分界温度受碳含量的影响。在一定碳含量范围内,随碳含量的增加,该分界温度降低。

2)粒状贝氏体

20 世纪 50 年代后期,Habraken 等在低碳及中碳合金钢中首先观察到了粒状贝氏体组织。随后,Buchi 等在 Cr-Mo-V 钢中也观察到了这种组织。这种组织的特征是在贝氏体铁素体基体上分布着 M-A 小岛,由于小岛呈颗粒状,因此该组织被称为粒状贝氏体。

粒状贝氏体通常在连续冷却条件下形成,转变温度高于上贝氏体的形成温度,其组织形态明显受钢的化学成分及冷却条件的影响。与上、下贝氏体不同,粒状贝氏体铁素体中没有碳化物存在,只有细密的岛状 M-A 颗粒沿原奥氏体晶界及贝氏体铁素体板条晶界分布。在铁素体形态上,粒状贝氏体与上贝氏体十分相似,都呈板条状,只是粒状贝氏体中铁素体的板条长度方向较短,横向较宽。典型的粒状贝氏体形貌如图 4-70 所示。

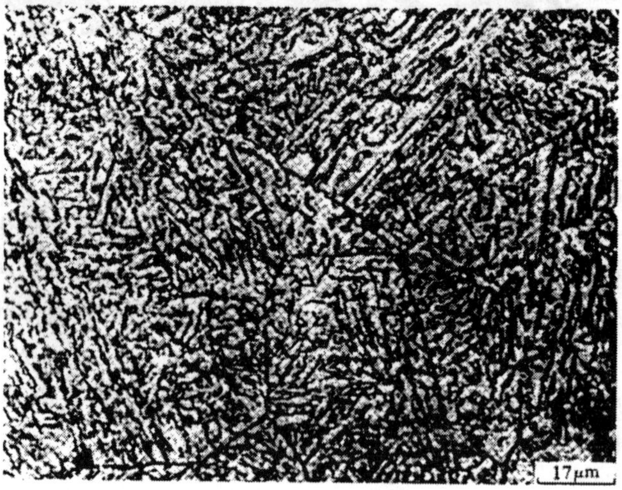

图 4-70　钢中粒状贝氏体形貌

与上贝氏体转变相似,奥氏体向粒状贝氏体转变时也是先由铁素体在奥氏体晶界形核、长大。由于粒状贝氏体形成温度较高,驱动力小,因而其形核率低,相邻距离较大。随着铁素体的不断长大,奥氏体内碳浓度不断提高,区域不断减小,直至成为铁素体中的奥氏体岛。这些奥氏体岛内具有较高的碳浓度,但其分布不均匀,在奥氏体-铁素体界面处,碳浓度相对较高,而岛内浓度相对较低,因而导致冷却后岛内大部分奥氏体转变为孪晶马氏体,而岛的外缘为残余奥氏体——由此形成了前述的 M-A 组元。

3)反常贝氏体

在亚共析钢中,上贝氏体和下贝氏体的形成都是铁素体的形核长大占主导地位,即贝氏体的形成过程中铁素体优先在奥氏体内形核长大,之后发生碳化物在铁素体周围或内部析出。在多数过共析钢中,贝氏体的形成也是先发生铁素体的优先形核长大。但也有研究表明,在一些过共析钢的贝氏体转变中,碳化物也可以作为领先相优先在奥氏体内形核长成薄片状,随后铁素体在其周围形核长大,并将渗碳体包围,最终形成含有渗碳体中脊的片状贝氏体,按这种方式形成的贝氏体通常称为反常贝氏体。反常贝氏体形成之后,正常贝氏体开始形核与长大,因此实际组织中反常贝氏体与正常贝氏体往往同时存在。

4）块状贝氏体与柱状贝氏体

前面已经提到，贝氏体转变通常具有不完全性。如果贝氏体转变因某种因素被停滞，其未转变的过冷奥氏体仍然有继续转变的倾向。此时，若在 M_s 以上继续等温，尚未转变的奥氏体将会转变成一种以块状铁素体为基体的贝氏体，基于贝氏体中铁素体的形貌特征，将其称为块状贝氏体。由于块状贝氏体是其他类型贝氏体转变不完全的产物，因此常同上、下贝氏体以及粒状贝氏体同时存在。

柱状贝氏体是由渗碳体和铁素体组成的非层片状的混合物，通常高碳钢只能够在下贝氏体形成温度区间等温时出现。这种贝氏体中的铁素体在原奥氏体晶界形成柱状形态或在晶内形成放射状，大量针状碳化物颗粒分布于铁素体内部沿柱状铁素体的主轴方向排列。柱状贝氏体中碳化物的这种分布形态显然与下贝氏体相似。

除高碳钢在常压下可以形成柱状贝氏体外，低碳钢在高压下也会产生柱状贝氏体，这可能是由于相变过程中所加高压导致了共析点转移所致。典型的柱状贝氏体形貌如图 4-71 所示。

图 4-71　钢中柱状贝氏体形貌

(2) 钢中贝氏体的性能

钢中贝氏体的性能主要取决于其组织形态，不同的贝氏体性能不同。通常贝氏体的性能取决于以下几点：

①贝氏体内细的铁素体晶粒或小尺寸的板条；

②贝氏体中高的位错密度；

③碳化物的弥散强化；

④溶于贝氏体铁素体中的碳与位错的交互作用。

通常上贝氏体形成温度较高，铁素体晶粒与碳化物颗粒较粗大，且碳化物呈短杆状平行地分布于铁素体板条之间。这种组织形态使铁素体条间易产生脆断，因此上贝氏体强度较低、韧性较差。

下贝氏体中铁素体针片细小且分布较均匀，铁素体内位错密度较高而且弥散分布着细小的 ε 碳化物。这种组织状态使得下贝氏体不仅强度高，而且韧性好，具有良好的综合性能。图 4-72 给出了共析钢的力学性能与等温分解温度的关系。可以看出，越靠近贝氏体区（中温区）

上限温度形成的上贝氏体,韧性越差,强度越低。而在中温区下部形成的下贝氏体强度、硬度、塑性都很高。生产上广泛采用的等温淬火工艺,其目的就是获得下贝氏体,以提高钢的强韧性。

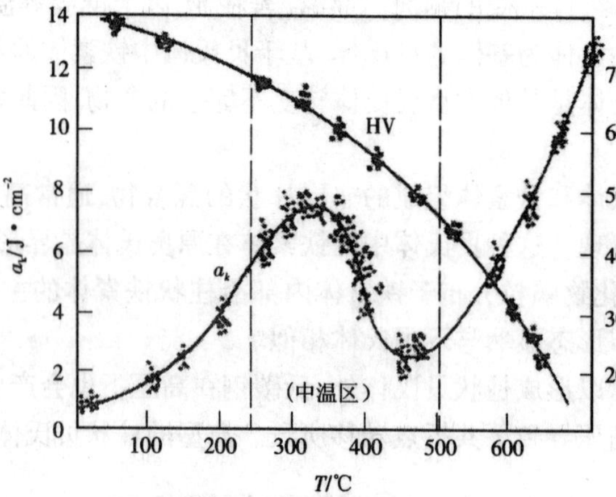

图 4-72 共析钢的力学性能与等温分解温度的关系

在粒状贝氏体中,分布于铁素体基体(粒状或针状)的 M-A 小岛可以起到复相强化作用,所以粒状贝氏体具有较好的强韧性,在实际生产中已得到广泛应用。

3. 有色合金中的贝氏体

有色合金中的贝氏体相变的研究起始于 20 世纪 50 年代。自 1954 年 Garwood 在 Cu-Zn 合金中发现贝氏体相变以来,已有许多学者对有色合金中的贝氏体相变进行了广泛的研究,主要研究的合金系有 Cu-Zn、Cu-Sn、Cu-Al 等铜基合金,Ag-Cd、Ag-Zn 等银基合金,Ti-Bi、Ti-Co、Ti-Cu 等钛基合金及 U-Cr 合金等。有色合金中贝氏体相变之所以受到重视,主要原因在于:a. 钢中贝氏体是铁素体与碳化物的两相混合物,而有色合金中在贝氏体相变时只由母相中析出单一新相,因此有利于研究相变本质;b. 钢中贝氏体相变时碳原子发生扩散已得到公认,但铁原子是否发生扩散尚未定论。在有色合金中,由于组元均是置换式的,因此只要测出相变过程中成分发生了变化,就可断定组元发生了扩散。此外,探讨有色合金贝氏体相变在实际中的应用也是研究者们的出发点之一。

研究结果表明,凡具有马氏体相变的有色合金都有可能形成贝氏体。鉴于 Cu-Zn 合金与 Ag-Cd 合金中贝氏体相变具有一定的代表性,本节仅讨论这两种合金中的贝氏体转变。

(1) Cu-Zn 合金中的贝氏体转变

图 4-73 是 Cu-Zn 二元相图,将 w(Zn) = 41.3% 的 Cu-Zn 合金经 800 ℃固溶处理后,在 350 ℃以下等温形成片状产物 α_1,在 350 ℃以上等温形成棒状或针状产物 α。由于片状产物 α_1 形成时伴有表面浮凸,因此将其称为贝氏体。

此后,Flewitt 和 Towner 将 w(Zn) = 40.5% ~ 44.1% 的 Cu-Zn 合金淬火成 β′后于 M_S 温度以上不同温度回火,发现有两个 C 曲线,其高温转变产物呈棒状 α,低温转变产物呈片状 α_1。当片状 α_1 形成时也伴随有表面浮凸,很像 Fe-C 合金中的等温转变,他们的实验进一步认定了 Cu-Zn 合金中的 α_1 贝氏体。

图 4-74(a)、(b) 分别是 w(Zn) = 40.5% 的 Cu-Zn 合金与 w(Zn) = 41.06% 的 Cu-Zn 合金

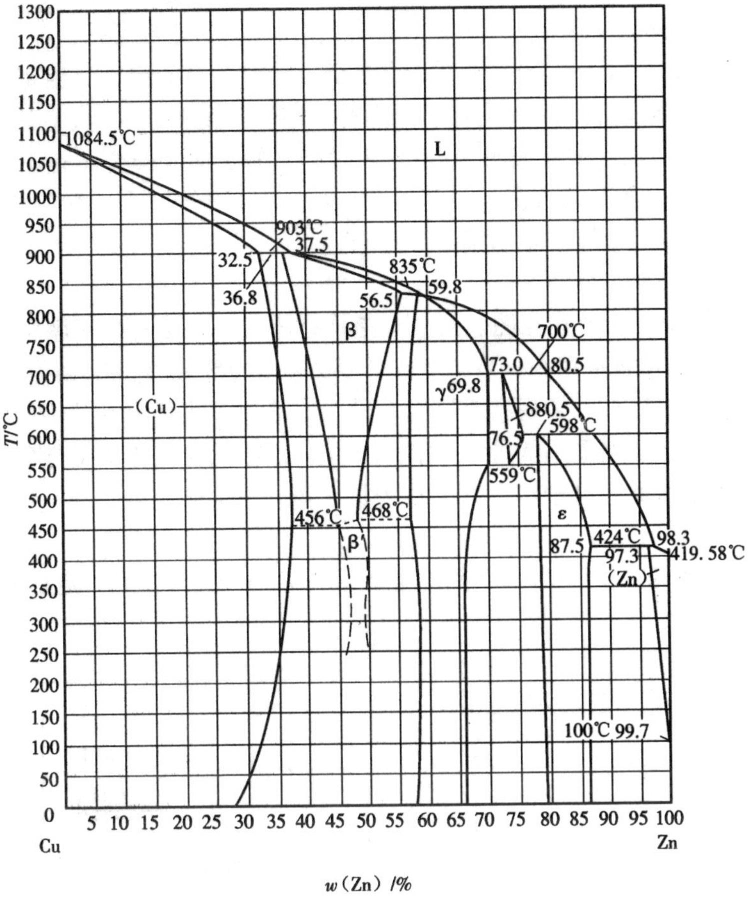

图 4-73 Cu-Zn 二元相图

的等温转变曲线(TTT 图)。图中 R 表示棒状 α,P 表示针片状 α_1,M 表示棒状 α 与针片状 α_1 的混合物,在 M 形成温度区间内,先发生 $\beta'\to\alpha_1$ 的转变,后发生 $\beta'\to\alpha$ 的转变。

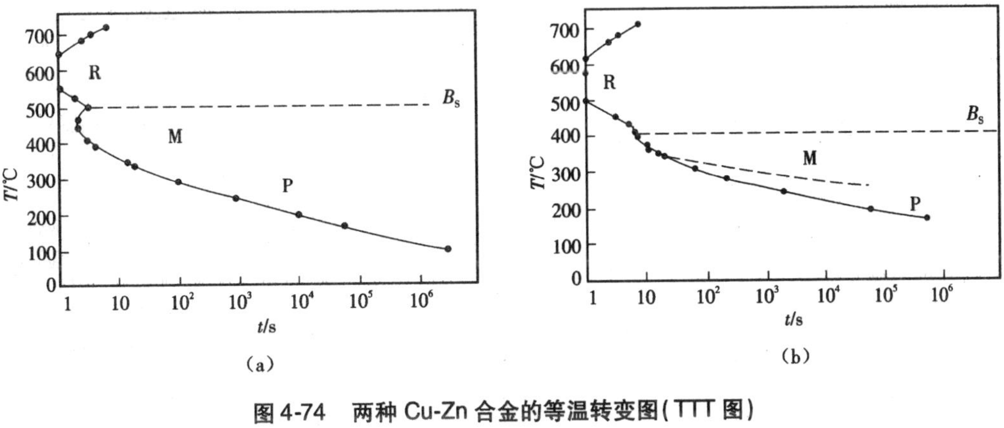

图 4-74 两种 Cu-Zn 合金的等温转变图(TTT 图)

(a) $w(Zn)$ = 40.5% 的 Cu-Zn 合金 (b) $w(Zn)$ = 41.06% 的 Cu-Zn 合金

图中 B_s 表示贝氏体形成的最高温度,它是锌含量的函数。与 M_s 相似,随合金中锌含量的增加，B_s降低。图 4-75 是 Cu-Zn 二元合金 B_s与 M_s随锌含量的变化，从中可以看到，B_s与 M_s随锌含量的变化近于平行。

关于 Cu-Zn 合金中 $\beta' \to \alpha_1$转变机制是众多研究者们关心的问题。相变过程中产生表面浮凸，新相析出有一定惯析面，新相与母相之间有一定位向关系，这些试验证据都支持相变按切变机制进行。然而，也有试验表明，α_1相形成时产生的表面浮凸并不是不变平面应变的产物，并且形变过程中 α_1及基体成分均发生变化，这些实验事实又支持相变按扩散机制进行。为此，有关 Cu-Zn 合金中相变机制目前尚无定论。

(2) Ag-Cd 合金中的贝氏体

图 4-76 为 Ag-Cd 合金平衡相图。图中 β 是具有体心立方结构的无序相，在 400 ℃以上、固相线以下温度区间可稳定存在。当温度低于 240 ℃ 时，呈 β′ 存在。在研究 Ag-Cd 合金中的马氏体相变与块状转变时，发现高温母相 β 经一定冷速淬火后有片状 α 相析出，其析出的相邻 α 片以钝角相交，并导致有 V 形表面浮凸产生。由于此种相变特征与 Cu-Zn 合金中的 β' $\to \alpha_1$转变极为相似，因此将这种转变产物称为贝氏体。Kositic 发现，Ag-Cd 合金中的贝氏体一般是当淬火速度较低时首先在母相晶内析出，随后在晶界析出块状 α。当冷速较大时往往保留 β′相，而当冷速进一步降低时，在晶内也会形成 α，当冷速降低到一定程度后，有可能得到全部 α 。

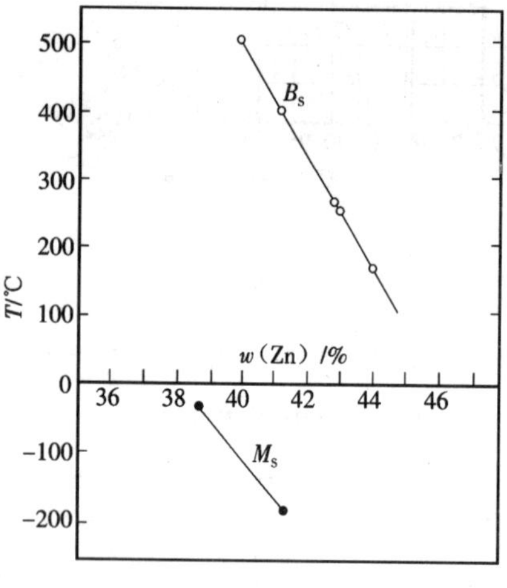

图 4-75 Cu-Zn 合金（w(Zn) = 40%）的 B_s与 M_s

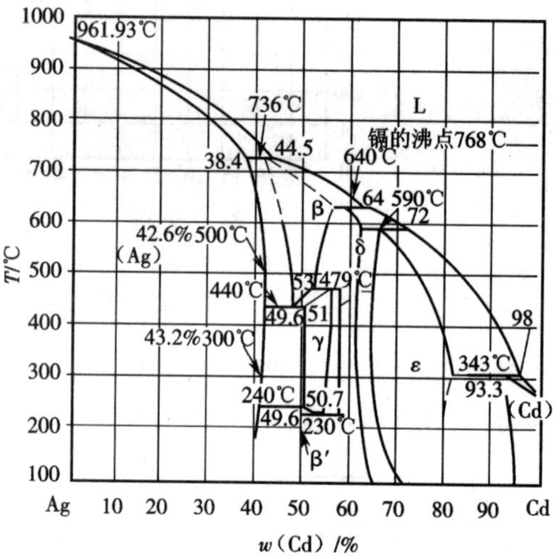

图 4-76 Ag-Cd 二元合金平衡相图

金相观察发现，块状 α 一般顺着贝氏体形成，由此可以看出贝氏体限于块状相形成。图 4-77 是 w(Cd) = 42.3% 的 Ag-Cd 合金经 650 ℃淬火及 175 ℃ 等温 7 h 后出现的贝氏体。这种贝氏体除具有上述的片间呈钝角相交特征外，很多贝氏体片还相互织成网状。

对 Ag-Cd 合金中贝氏体的晶体学研究表明，在基体与贝氏体之间存在如下的位向关系：

$$[111]_b \text{离} [011]_f 0.7°$$

$$[110]_b \text{离} [100]_f 1.1°$$

$$[011]_b \text{离层错面极轴} [111]_f 4.3°$$

其惯析面接近 $(3\ 11\ 12)_b$，它与基体的位向关系接近 Bain 关系。

图 4-77 $w(Cd)=42.3\%$的 Ag-Cd 合金经 650 ℃淬火及在 175 ℃等温 7 h 后出现的贝氏体

图 4-78 是 $w(Cd)=45\%$ 的 Ag-Cd 合金形成贝氏体时出现的表面浮凸。由图可见,浮凸呈单倾型,这表明发生贝氏体相变时伴有不变平面应变。

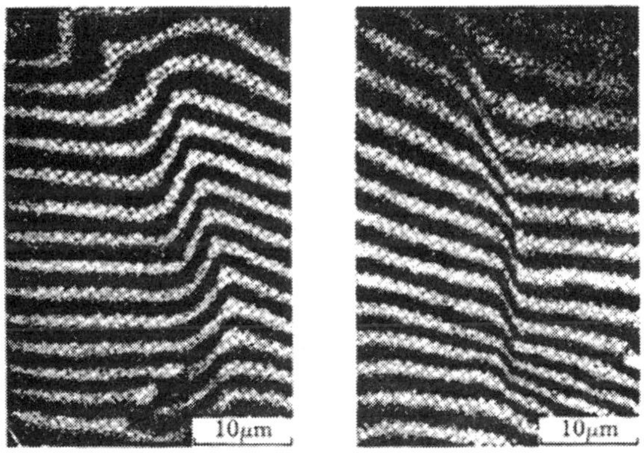

图 4-78 $w(Cd)=45\%$的 Ag-Cd 合金形成贝氏体时出现的表面浮凸

Ag-Cd 合金在 160 ~ 300 ℃温度范围内形成的贝氏体初期结构为 3R,其层错面与贝氏体 $\{111\}_f$ 面平行,每隔三个密排面出现一排层错。随着在贝氏体区等温时间的增长,贝氏体增厚,层错密度减少,面心立方相应增多,直至层错完全消失,贝氏体全部转变为平衡相。

对 Ag-Cd 合金贝氏体长大动力学研究表明,贝氏体在初期形成时伸长较快,而后以较慢的速率增厚。图 4-79 所示的是 $w(Cd)=45\%$ 的 Ag-Cd 合金在 240 ℃贝氏体片的半厚度与等温时间平方根之间的关系。可以看到,在较长的等温时间内,二者呈线性关系。这表明,贝氏体的增厚服从扩散控制的抛物线速率方程。当经较长时间等温后,两者间原有的线性关系发生改变,随等温时间增长,片的半厚度(d)已变化不明显,这一现象的产生可能是因扩散场重叠所致。

图 4-80 是 $w(Cd)=45\%$ 的 Ag-Cd 合金贝氏体在 160 ℃时贝氏体片长度(l)随等温时间的变化(伸长动力学曲线)。根据伸长动力学求得的 160 ℃扩散系数为 $1.1\times10^{-16}\ m^2/s$,该值比同温度下增厚时求得的扩散系数($6.1\times10^{-19}\ m^2/s$)大两个数量级以上,因此认为贝氏体在长

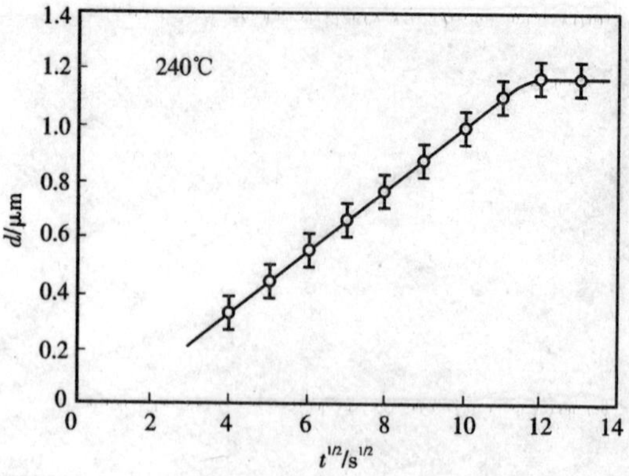

图 4-79　w(Cd) =45%的 Ag-Cd 合金贝氏体在 240 ℃时的增厚动力学曲线

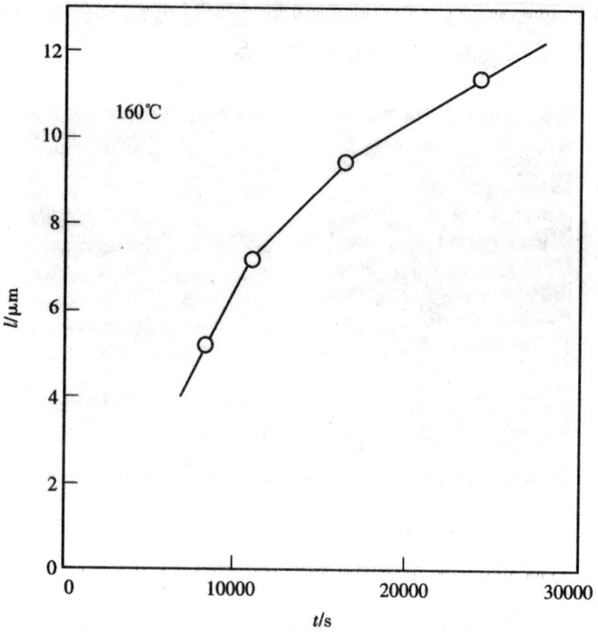

图 4-80　w(Cd) =45%的 Ag-Cd 合金贝氏体在 160 ℃时的伸长动力学曲线

大初期伸长由切变控制,而随后的增厚过程由体扩散控制。

4. 贝氏体相变机制

关于贝氏体相变机制目前仍存在较多争议,其焦点是围绕贝氏体相变属于切变机制还是属于扩散机制。

一些学者认为,贝氏体相变以切变方式进行。在贝氏体转变温度区间,贝氏体在过冷母相中以共格切变方式形核,并且以切变方式长大。在铁碳合金中,由于贝氏体转变伴有碳原子的扩散,因而转变速率比马氏体相变慢得多。持有这种观点的主要理由是,无论是在铁碳合金还是在有色合金中,贝氏体相变都有以下特征:

①贝氏体相变时产生表面浮凸；

②贝氏体与母相间有一定的位向关系；

③贝氏体相变产物一般呈板条或针片状形貌。

由于上述特征与马氏体转变相似,因而由此推断贝氏体相变按切变机制进行。目前在多数教科书中,关于钢中的贝氏体转变经典说法是“半扩散型相变”,其含义是指贝氏体相变是通过铁原子的切变和碳原子的扩散来实现。显然,这种说法属于切变机制的观点。

与上述观点相反,以 Aaronson 等人为代表的一些学者认为,贝氏体相变并非按切变机制,而是按扩散机制进行的。他们认为,贝氏体相变时产生表面浮凸是切变机制的重要实验证据之一。但是现在也已证明,相变时出现表面浮凸并不说明相变一定是按切变机制进行,许多扩散型相变由于体积发生变化也会出现表面浮凸。在金相形态与位向关系方面,尽管贝氏体相变与马氏体相变有一定的相似之处,但两者也有很大差别,以此推断贝氏体与马氏体相变机制相同缺少足够的试验证据。持有扩散机制观点的学者们在否定切变机制的同时,提出了贝氏体相变的扩散机制。他们认为,贝氏体是一种非片层状的共析分解产物。相变时新相按扩散机制形核,而后通过台阶运动方式长大。例如,铁碳合金中板条状贝氏体铁素体的宽面为半共格界面,端面为无序的非共格界面。当台阶的端面侧向运动时,便造成板条增厚,其台阶侧向运动的速率受控于母相奥氏体内碳原子的扩散速率。现已有很多实验证据表明,贝氏体相变时不仅有台阶存在,而且还观察到了台阶的运动。

对于铁碳合金中的贝氏体相变,除涉及贝氏体铁素体的形核长大外,还涉及碳化物的析出问题。持有切变机制观点的学者们认为,对于下贝氏体而言,碳化物是由过饱和铁素体中析出的,碳化物的析出是贝氏体相变的第二阶段。而对于上贝氏体,由于相变温度较高,碳化物形核困难,因此通常在铁素体条间高碳的奥氏体中析出,该种析出也是发生在铁原子切变后的独立过程中。

持有扩散机制观点的学者则有不同的看法,他们认为,贝氏体中的碳化物不需要由过饱和铁素体中析出,而是在贝氏体进行台阶式长大过程中以 α/γ 相间沉淀的方式形成。已经测得的贝氏体碳化物与贝氏体铁素体之间的位向关系,并不能说明碳化物是由铁素体中析出的,这是因为在母相 γ 与铁素体 α 之间具有 K-S 关系。此种关系的存在可导致相间沉淀的碳化物或在奥氏体一侧析出的碳化物和铁素体间均可形成所测得的位向关系。

以上介绍了对贝氏体相变形核长大与碳化物析出问题的两种不同观点。除此之外,有关贝氏体相变机制的争论还涉及其他许多方面,这些理论上的探索一方面反映了贝氏体相变的复杂性,另一方面也反映出对贝氏体相变的研究具有无穷的魅力。

5. 块型转变

块型转变最初是在 Cu-Zn 合金中发现的。考虑图 4-82 所示的相图,当 $w(\mathrm{Zn})=38\%$ 的 Cu-Zn 合金由 β 相区快速冷过$(\alpha+\beta)$相区时,β 相可以转变成其成分与之完全相同的块型 α 相。这种块型 α 相在 β 相晶界处形核,并很快长入周围 β 相中。通常这种相呈现不规则的外形,因而称这种转变为“块型”转变。块型转变以很快的速度发生,其新相长大速度往往达到数厘米每秒,因此原子来不及长程扩散,致使转变后的新相与母相具有相同的成分。从这一角度来说,也可以把块型转变看成是一种无扩散相变。然而,这种相变与马氏体相变却有着本质区别。马氏体相变是一种无扩散的“军队”式转变,即母相 β 是以原子协同运动的方式切变成 α 相,新相和母相间有一定的晶体学取向关系,相变时发生明显的浮凸效应。与之相反,块型

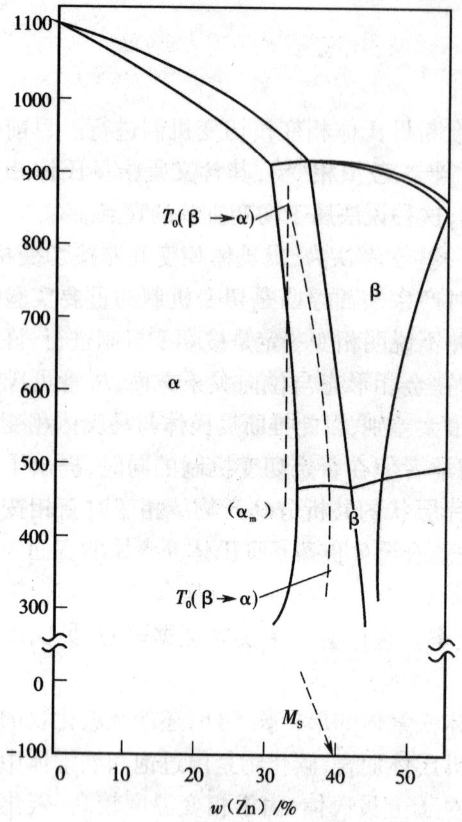

图 4-81 Cu-Zn 相图的一部分

转变时 α 相的长大是以非共格滑动界面的热激活迁移来完成的，即母相中的原子向新相中的迁移采用了"平民式"的不整齐步伐。在这一点上块型转变与单相合金的再结晶以及纯金属的重结晶非常相似。按照这一长大方式，块型转变的产物相对于母相来说取向是随机的，即新相与母相间无确定的晶体学对应关系，相应地也就没有马氏体相变产生浮凸的特点。

发生块型转变所必需的条件是，既要将高温母相快速过冷到 T_0 温度以下，又要保证转变在足够高的温度下发生。这里的 T_0 温度是高温母相和同一成分的低温生成相自由能相等的温度。只有在 T_0 温度以下，低温新相自由能才低于高温母相自由能，这种转变在热力学上才是可行的。不同成分 Cu-Zn 合金的 T_0 温度如图 4-81 所示。从道理上来说，在相图的两相区内，只要低于 T_0 温度，块型转变就可能发生，但实际上块型转变只在相图的单相区内出现。另一方面，由于块型转变是通过母相原子跨越界面进入新相的方式进行，因而只有在足够高的温度下才能保证原子具有这种短程扩散的能力，从而使这种转变得以进行。图 4-82 是存有块型转变系统中一种可能的连续冷却转变曲线。由图可以看到，慢速冷却①时产生等轴的 α 相，稍快速冷却②时产生魏氏组织形态的 α 相，中等速度冷却③ 时产生了块型转变，而最高速度冷却④时导致了马氏体转变。

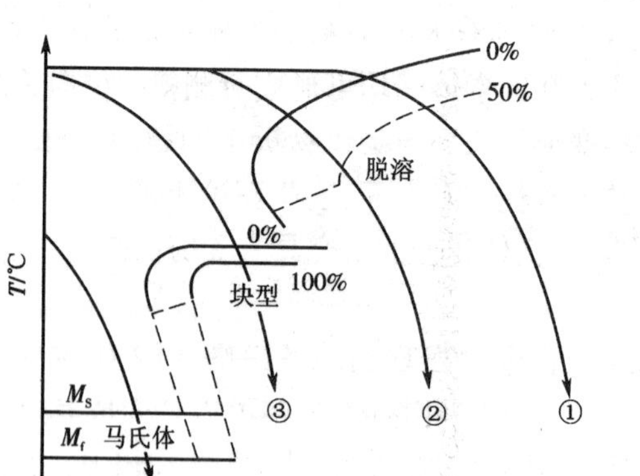

图 4-82 存在块型转变系统中的一种可能的 CCT 图

除 Cu-Zn 合金外，在许多其他合金系中也发现有块型转变。对于铁碳合金，只要将 γ 相以足够快的速度冷却,使之既能防止近似平衡态的转变,又不要快到形成马氏体,也会发生块型转变。对于有些合金,块型转变也可能作为共析反应的第一步出现。在这些合金中,通常在共析反应之前首先发生块型转变,即首先在母相晶界形成与母相成分相同的一个低温相核心,并快速向母相中长大。之后将由这一过饱和块型低温相中析出另一低温相,进而完成共析转变。Cu-Ga 合金中的共析转变就是按这种方式进行的。

4.7.3 马氏体相变

马氏体最初只是指钢从奥氏体相区淬火后得到的组织,有奥氏体向马氏体的相变过程称为马氏体相变。由于这种相变发生在过冷程度很大的状态下,相变过程中不发生碳原子的扩散,铁原子之间的相邻关系也保持不变,故称切变型无扩散相变。后来又陆续发现,在一些有色金属及许多合金中,甚至在一些非金属化合物中都存在具有上述特征的相变,因而现在已把具有这种转变特征的相变统称为马氏体相变,其转变产物统称为马氏体。

马氏体转变属于变温形核、界面控制生长,相变过程中不涉及 Fe、C 原子的扩散迁移,合金元素也不进行重新分布。

1. 马氏体相变的特点

较之扩散形核-长大相变来说,马氏体相变具有一系列特点,主要有以下几方面。

(1)马氏体相变的无扩散性

马氏体相变的无扩散性早在20世纪40年代就从实验中得到证实。一个极有力的证据是马氏体相变可以在相当低的温度范围内进行,并且反应速度极快。例如,Li-Mg 合金可在 −200 ℃的低温发生马氏体相变。Fe-C 和 Fe-Ni 合金中,在 −20 ~ −190 ℃ 之间每个马氏体片在 $5\times10^{-7}\sim5\times10^{-5}$ s 的时间内即可形成;即使在 −269 ℃的温度下,其形成速度也很高。显然,在这样低的温度下原子已几乎不能扩散。有关马氏体相变无扩散的另一证据来自于对碳钢相变时浓度的研究。实验证明,碳钢马氏体相变时碳浓度不发生变化,仅发生母相奥氏体面心立方晶格向马氏体体心立方晶格的改组。基于上述实验事实,再结合下面要谈到的晶体学特征,可以认定马氏体相变的无扩散性。

(2)表面浮凸与切变共格

早在20世纪初就已发现,当预先抛光的试样发生马氏体相变后,会在抛光表面出现浮凸,即马氏体形成时和它相交的试样表面发生倾动,一边凹陷,一边凸起。在显微镜光线照射下,浮凸两边呈现明显的山阴与山阳。

倘若在原抛光面上刻一直线划痕,浮凸产生后直线划痕被折成几段折线,并且这些折线在母相与马氏体的界面处保持连续。这一实验结果表明,马氏体相变是以切变形式进行的,并且相变过程中母相和马氏体界面保持着切变共格关系。

(3)惯析面及位向关系

马氏体相变时,马氏体总是在母相的一定晶面开始形成,这一定晶面即为惯析面。马氏体长大时,惯析面就成为两相的交界面。因为马氏体转变是以共格切变方式进行的,所以惯析面为近似的不畸变平面,即惯析面在相变过程中既不发生应变,也不发生转动。

不同材料马氏体相变时具有不同的惯析面。钢中已测出的惯析面有 $\{111\}_\gamma$,$\{225\}_\gamma$,$\{259\}_\gamma$。钢中 w(C)低于 0.6% 时,惯析面为 $\{111\}_\gamma$;w(C)在 0.6% ~1.4% 时为 $\{225\}_\gamma$,w(C)高于 1.4% 为 $\{259\}_\gamma$。在有色合金中,惯析面通常为高指数面。例如,Cu-Zn 合金中马氏

体的惯析面为$\{2\ 11\ 12\}_{\beta}$，钛合金的马氏体的惯析面为$\{344\}_{\beta}$，Cu-Zn 合金中的β′马氏体的惯析面为$\{133\}_{\beta}$。

马氏体相变时，新相和母相之间通常存在着一定的晶体学位向关系。对于铁基合金的$\gamma\rightarrow\alpha'$马氏体相变，已观察到的位向关系有三种，即

K-S 关系：$\{111\}_{\gamma}//\{011\}_{\alpha'}$，$\langle 101\rangle_{\gamma}//\langle 101\rangle_{\alpha'}$

西山关系：$\{111\}_{\gamma}//\{110\}_{\alpha'}$，$\langle 211\rangle_{\gamma}//\langle 110\rangle_{\alpha'}$

G-T 关系：$\{111\}_{\gamma}//\{225\}_{\alpha'}$差1°，$\langle 110\rangle_{\gamma}//\langle 111\rangle_{\alpha'}$差2°

对于面心立方向六方马氏体转变，已观察到的位向关系为$\{111\}_{\gamma}//\{0001\}_{\varepsilon}$，$\langle 110\rangle_{\gamma}//\langle 11\bar{2}0\rangle_{\varepsilon}$。

(4) 马氏体相变的可逆性

马氏体相变具有可逆性，对于某些合金，冷却时高温母相转变为马氏体，重新加热时已形成的马氏体又可以逆转变为高温母相。冷却时的马氏体转变及重新加热时马氏体的逆转变通常都是在一个温度范围内完成的。冷却时马氏体开始形成温度记为M_s，转变终了温度记为M_f，逆转变时开始温度记为A_s，终了温度记为A_f。通常，A_s温度要比M_s温度高。

(5) 马氏体的显微形貌与亚结构

在铁基合金中，通常可以观察到两种不同的马氏体形貌，一种称作板条马氏体，另一种称作片状马氏体。对于 Fe-C 合金，w(C)低于0.6%时主要是板条马氏体，而w(C)高于0.6%时主要是片状马氏体。在光学显微镜下以高倍(500～1000×)观察板条马氏体时，可以看到它具有很细和绒毛状的外貌，如图4-83(a)所示。图中能够清楚区别的最小机构单元称为束，这些束块通常表现为平行的条状。在透射电镜下可以看到每个束块是由近于平行的板条状亚晶粒组成，而每个板条内通常又有非常高的位错密度，其数量级约为$5.0\times10^{15}/m^2$。

(a)

(b)

图 4-83　马氏体的显微形貌

(a)板条状马氏体　(b)片状(针状)马氏体

图4-83(b)是典型的片状马氏体形貌。可以看出，片状马氏体在大小上存在着明显差异，较大的片不仅长度长，宽度也宽。此外还可看到，马氏体片之间具有明显的角度，这是和板条

马氏体截然不同的。片状马氏体的亚结构为成叠的孪晶。在铁基合金中这些孪晶很细,需在电镜下才能观察到,但在 Au-Cd 及 In-Tl 等合金中,马氏体中孪晶较宽,在光学显微镜下就可看到。除上述两种常见马氏体之外,还观察到了一些其他形貌的马氏体。例如,在少数合金钢中观察到的薄板状马氏体就是其中一种。这种马氏体片极薄,以至其亚结构在电子显微镜下也未能显示或只能显示很少一部分。

2. 马氏体相变的热力学

和其他相变一样,马氏体相变的驱动力也是新相与母相的自由能之差。同一成分合金的马氏体与母相的自由能随温度的变化如图 4-84 所示。图中 T_0是两相热力学平衡温度,在该温度下马氏体自由能 G^M 与母相自由能 G^A 相等,而在其他温度下两者均不相等。若以 $\Delta G^{A\to M}$ 表示马氏体与母相的自由能差,则有

$$\Delta G^{A\to M} = G^M - G^A$$

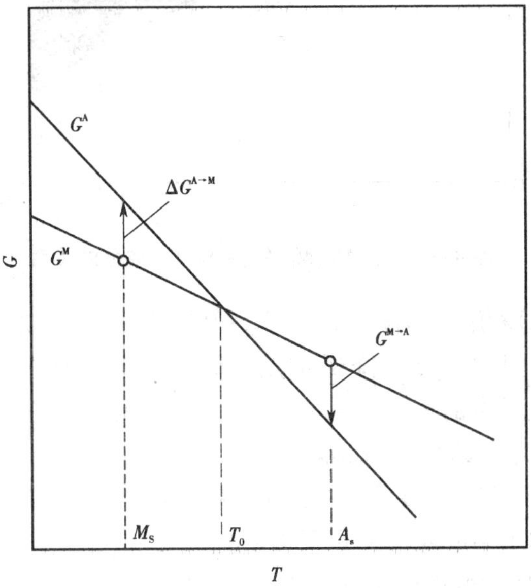

图 4-84 母相和马氏体的自由能与温度的关系示意图

当 $\Delta G^{A\to M} > 0$ 时,马氏体的自由能高于母相自由能,不发生母相向马氏体的转变。$\Delta G^{A\to M} < 0$ 时,马氏体比母相稳定,母相有向马氏体转变的趋势,故 $\Delta G^{A\to M}$ 为母相向马氏体转变的驱动力。由图 4-84 还可以看出,马氏体相变的开始温度 M_s是处于 T_0以下的某一温度。这表明,只有当温度达 M_s以下时,才有足够的驱动力促使马氏体相变发生。在 $M_s \sim T_0$之间的温度,尽管有一定的驱动力,但还不足以使相变发生。马氏体重新加热时的逆转变可采用类似的方法处理。以 $\Delta G^{A\to M}$表示母相与马氏体的自由能之差,当 $T > T_0$时 $\Delta G^{A\to M} < 0$,即有逆转变的驱动力,当温度达 A_s 以上时,其驱动力便可大到促使马氏体逆转变发生。

对于同一合金系,T_0、M_s、M_f、A_s、A_f均为浓度的函数,随着合金浓度的增大,这些参数均向低温一侧移动,如图 4-85 所示。应当指出的是,虽然马氏体的逆转变开始温度(A_s)都高于马氏体开始转变温度(M_s),但对于不同类型的合金,A_s与 M_s之间的温差却有较大的差异。例如,对于 In-Tl 合金,两者仅差 2 ℃左右;而在 Fe-Ni 合金中,A_s约比 M_s高出 420 ℃。

实验发现,合金经塑性变形后会使马氏体相变开始点与逆转变开始点之间的温差减小。

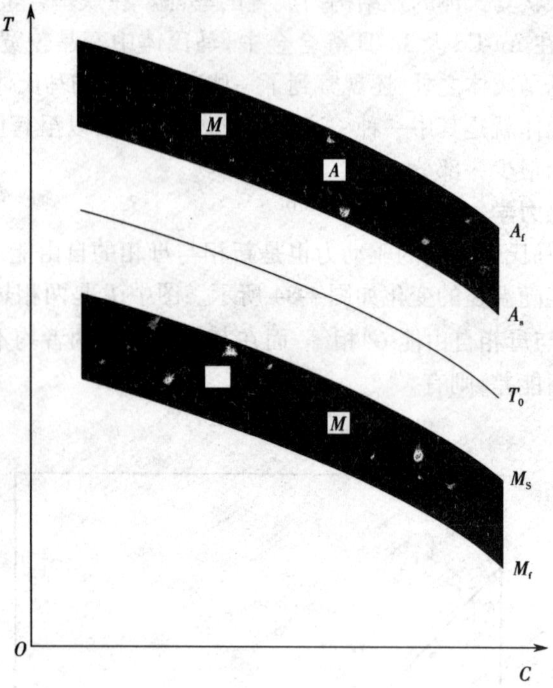

图 4-85　T_0、M_s、M_f、A_s、A_f与合金成分的关系

即，若在M_s以上温度对母相施加塑性变形，会诱发马氏体转变而引起M_s点上升达到M_d点。同样，在A_s以下塑性变形也可使A_s点下降到A_d点。M_d和A_d分别被称为形变马氏体点和形变奥氏体点。相应地，经形变诱发的相变产生的马氏体称为形变诱发马氏体，经形变诱发的马氏体逆转变产生的奥氏体称为形变诱发奥氏体。

M_d点的物理意义是可获得形变诱发马氏体的最高温度，而A_d点则代表获得形变诱发奥氏体的最低温度。在M_d以上温度或在A_d以下温度塑性变形，会失去诱发马氏体转变或马氏体逆转变的作用。按马氏体相变的热力学条件，M_d点的上限温度为T_0，而A_d的下限温度亦为T_0。

3. 马氏体相变的动力学

马氏体相变按其动力学特征不同可以分为四种：a. 碳钢和低合金钢中的降温转变；b. 某些Fe-Ni-Mn、Fe-Ni-Cr合金低于室温的等温转变；c. Fe-Ni、Fe-Ni-C合金在室温以下的爆发式转变；d. 表面转变。下面分别给以简要讨论。

(1) 马氏体的降温形成

马氏体的降温形成是碳钢及低合金钢中常见的马氏体转变，其主要特征是转变量取决于冷却时达到的温度。随温度降低，转变量增大，当温度保持不变时，转变不再进行。通常降温转变时马氏体的形成速度极快，以至无法测定其孕育期。这是由于转变通常是在很大的过冷度下发生，相变驱动力很大。同时，马氏体在长大过程中其共格界面存在弹性应力使势垒降低，而且原子迁动距离不超过1个原子间距，这就使得马氏体长大激活能很小。大的相变驱动力与小的长大激活能，导致马氏体长大速度极快。马氏体降温形成时，通常在形核后10^{-7}～10^{-4} s时间内便长到极限尺寸。

应当指出，冷却速度对 M_s 点以下的转变过程有明显的影响。在马氏体相变完成之前，若冷却中断或冷却缓慢，都将导致马氏体转变温度降低和马氏体转变量减少。

(2) 马氏体的等温转变

科学家最初是在 Mn-Cu 钢中发现了马氏体的等温转变。后来又发现一些 M_s 点在 0 ℃ 以下的 Fe-Ni-Mn，Fe-Ni-Cr 合金及高碳高锰钢中也存在马氏体等温转变。

图 4-86 是 Mn-Cu 钢的等温转变动力学曲线。该曲线测定的条件是，首先把 $w(C)=0.7\%$，$w(Mn)=6.5\%$，$w(Cu)=2\%$ 的 Mn-Cu 钢自奥氏体状迅速淬火于液氮（−196 ℃）中，以获得 100% 的过冷奥氏体。然后再将试样温度回升到 −159 ℃ 等温停留，结果发现马氏体转变量随时间增长而增多，如图中曲线 α' 所示。图中同时画出了一条标有 $T=-159$ ℃的曲线，该曲线表示的是试样温度与时间的关系。图 4-87 是 $w(Ni)=23.2\%$，$w(Mn)=3.62\%$ 的 Fe-Ni-Mn 合金马氏体转变的时间—温度—转变量的关系曲线（TTT 曲线），曲线呈明显的 C 形。由图可见，马氏体的等温转变有明显的孕育期，这表明转变需要通过热激活才能形核，所以可称为热学性转变。通常这种转变都不能进行到底，完成一定的转变量后即停止了。这是由于随等温转变的进行，马氏体的体积变化必然引起母相的变形，从而使未转变的母相向马氏体转变时的切变阻力增大。在这种情况下，只有再增大过冷度，才能使转变继续进行。

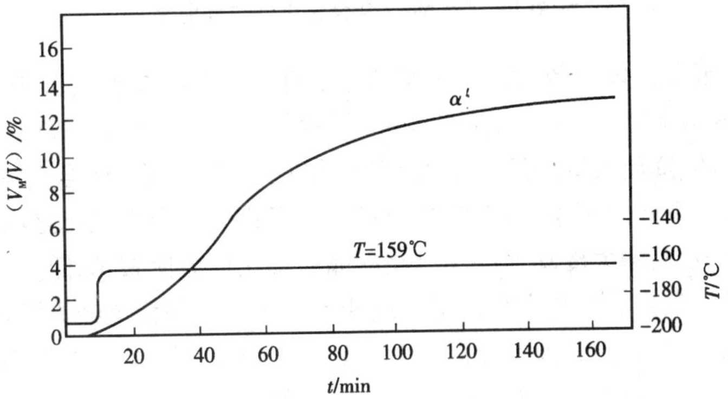

图 4-86 Mn-Cu 钢的马氏体等温转变动力学曲线

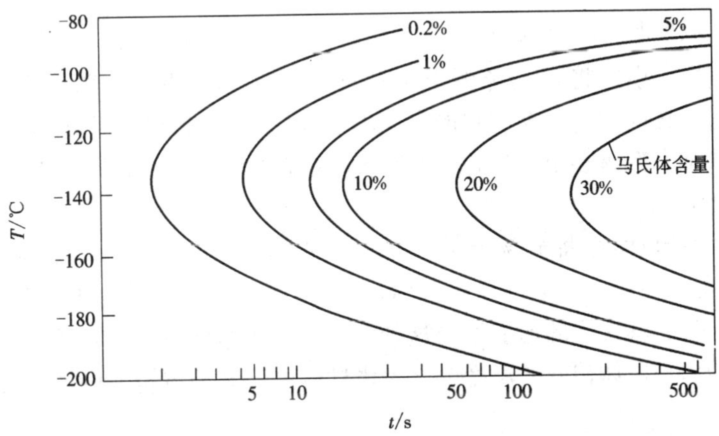

图 4-87 Fe-Ni-Mn 合金的马氏体等温转变“C”曲线

(3)马氏体的爆发转变

一些 M_s 温度低于 0 ℃的合金冷至 M_s 以下某一温度 M_b 时，会在瞬间急剧地形成大量马氏体，这种马氏体的形成方式称为爆发型转变。图 4-88 示出了四种不同成分的 Fe-Ni-C 合金马氏体转变量与温度的关系。图中各曲线的竖直部分即为爆发型转变，斜线部分是后续的正常降温转变。

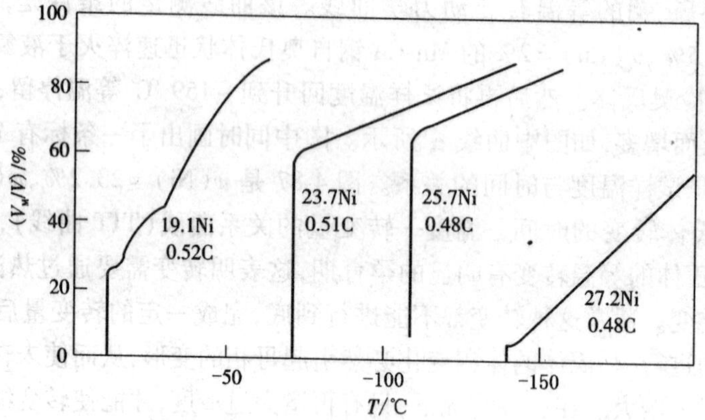

图 4-88 Fe-Ni-C 合金马氏体转变曲线

爆发型转变形成马氏体的数量和爆发转变温度有关，而爆发转变温度 M_b 取决于合金成分、冷却速度及母相晶粒的大小。对于图 4-88 所示的 Fe-Ni-C 合金，随镍含量的升高，M_b 降低，爆发量增大，当 M_b 降至很低温度时爆发量反而减小。但在 Fe-Ni 合金中却未发现爆发转变量在低温下又重新下降的现象，直至镍含量高到使奥氏体完全稳定化之前，爆发转变量始终保持极大值。实验表明，增大冷却速度及母相的晶粒细化均会使 M_b 降低。

马氏体爆发型转变和等温转变常常交叉或相伴出现。一些合金经等温转变后又呈爆发型转变。应当指出的是，合金成分及冷却温度对其转变类型有重要影响。例如，在 $w(\text{Ni}) > 7\%$ 的 Fe-Ni 合金中加入 Mn 或 Cr，会使合金由爆发型转变变为等温型转变，而完全等温型转变的 Fe-Ni-Mn[$w(\text{Ni}) = 25.6\%$，$w(\text{Mn}) = 1.9\%$]合金在低温时则会呈爆发型转变。

(4)表面转变

在稍高于 M_s 温度时，往往在试样表面上会自发地形成马氏体，这种只产生于表层的马氏体称为表面马氏体。例如，将 M_s 点略低于 0 ℃的 Fe-Ni-C 合金置于 0 ℃保温并随时观察其组织就会发现，经过一段时间后便会在它的表面出现马氏体，将其磨掉后试样内部仍为奥氏体。研究表明，这种表面马氏体在组织形态、形成速率及晶体学特征方面均与 M_s 温度以下试样内部形成的马氏体不同。

表面马氏体之所以能在高于 M_s 点以上的温度形成，是由于表面与内部应力状态不同所致。在试样内部的三向压应力限制马氏体的形成，因而只有在较低的 M_s 温度以下才能发生转变。但在自由表面，马氏体的形成不受这种三向压应力限制，故可在 M_s 以上发生马氏体转变。实验表明，表面马氏体转变的温度可比大块材料内部马氏体转变的温度高几摄氏度到几十摄氏度。

表面转变实际上也是等温转变。它的存在对研究马氏体等温转变是一个很大的干扰。一方面表面转变和内部转变之间存在着不同一性，另一方面表面转变还会促发试样内部转变，从而改变了整个等温转变过程。由此可见,在研究马氏体等温转变动力学定量理论时,排除这种表面转变是非常必要的。

4. 马氏体相变的晶体学

鉴于面心立方母相向体心立方马氏体相变很重要,下面以此为例讨论马氏体相变的晶体学。由晶体学可知,一个面心立方晶格也可以视为一个体心正方晶格。图4-89(a)是以公有{010}面相接的两个面心立方晶胞,在该图中同时画出了一个以{010}面中心原子为体心原子的体心正方晶胞。为清楚起见,将此体心正方晶胞单独示于图4-89(b)。显然,该晶胞的正方度 $c/a=\sqrt{2}$。1924年贝茵(Bain)提出,如果这个晶胞沿 $(x_3)_M$ 方向收缩18%,而沿 $(x_2)_M$ 和 $(x_1)_M$ 方向膨胀12%,便可得到Fe-C合金中体心正方的马氏体晶胞,如图4-89(c)。这种通过沿晶轴膨胀、收缩的方法把一种晶格转变为另一种晶格的简单均匀畸变称为贝茵畸变。

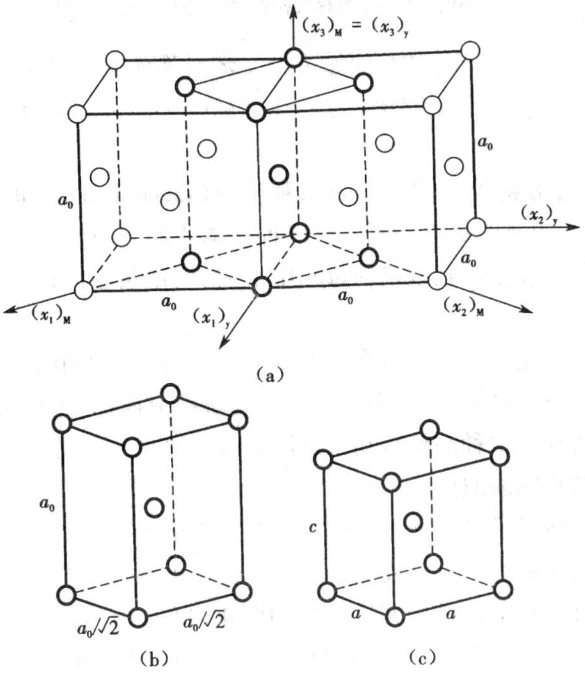

图4-89 贝茵畸变示意图

(a)两个相接的面心立方晶胞 (b)内含的原始体心正方晶胞
(c)畸变后的体心正方晶胞

贝茵畸变虽然能在保持原子移动最小的条件下把一个面心立方晶格转变成一个体心正方晶格,但能否将其直接用于马氏体相变,还要考察这种畸变是否具有非畸变平面,以满足马氏体相变时具有非畸变惯析面的要求。为了确定贝茵畸变时是否存在这样的面,在母相中取一以 $(x_1)_M$, $(x_2)_M$ 和 $(x_3)_M$ 为主轴的球体,如图4-90(a)所示。当该球体沿 $(x_3)_M$ 收缩18%、沿 $(x_1)_M$ 和 $(x_2)_M$ 膨胀12%,即发生贝茵畸变后,球体变为旋转椭球体。由图可以看到,经贝茵畸变后,原始球体上圆弧 AB 上的点移到了圆弧 $A'B'$。由于 $A'B'$ 为切变前后两球体的交线,所以位于圆 A'—B' 上所有点至原点的距离与切变之前相同。显然,与贝茵畸变有关并且切变前后长度保持不变的仅是围成 $OA'B'$ 圆锥面的不扩展直线。但应注意的是,这些不扩展直线虽然在贝茵畸变后长度不变,但是方向已由 OAB 转到了 $OA'B'$。由此可见,在贝茵畸变中不存在非畸变平面，仅用贝茵畸变并不能很好地说明马氏体相变。

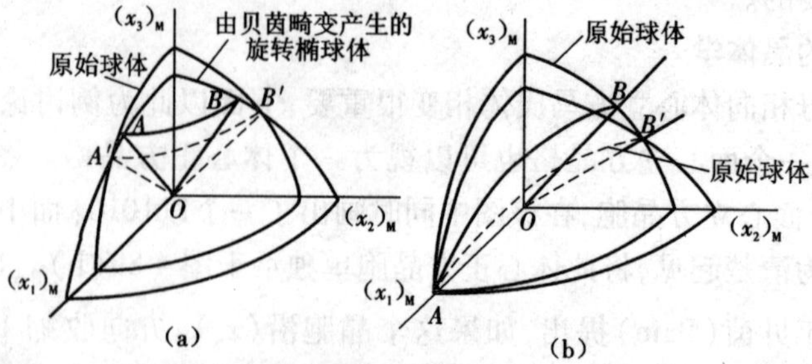

图 4-90　贝茵畸变

(a)贝茵畸变对基体中所作球体的影响

(b)贝茵畸变后再沿坐标轴松弛，便可获得非畸变平面

倘若在贝茵畸变后，沿某一坐标轴，例如 $(x_1)_M$ 将点阵松弛使其回到原始位置，便可获得一个非畸变平面。图 4-90(b)中的 *OAB′*就是一个非畸变平面，该面仅相对于原始位置 *OAB* 发生了转动。

在贝茵畸变基础上，韦克斯勒(Wechsler)、利伯曼(Lieberman)与里德(Reed)等人提出了马氏体转变的唯象理论，该理论处理包括下述三种基本变形。

①贝茵转变。这种畸变使产物晶格在母相中形成，但通常不能产生一个与惯析面有关的非畸变平面。

②切变。这里的切变是一个点阵不变的切变，它与贝茵畸变相结合可以产生一个非畸变平面。在多数情况下，所产生的非畸变平面在母相与新相中具有不同的取向。

③转变后的晶格转动。这种晶格转动可以使非畸变平面回到原始位置，从而使非畸变平面在母相和新相中具有相同的取向。

上述理论的第一步造成了马氏体相变所需要的点阵结构。第二步的切变只是为了获得非畸变平面，为此，这种附加的切变不得改变第一步所造成的新点阵机构，必须是一个点阵不变的切变。有两种方法可以实施这种切变。考虑如图 4-91(a)所示的偏菱形晶体，若在点阵不变的条件下通过切变使其变直为一个总体的长方形，一种方法是按图 4-91(b)所示的沿平行面上的滑移来完成，另一种方法是按图 4-91(c)所示的通过形成成叠的孪晶来达到。这种形

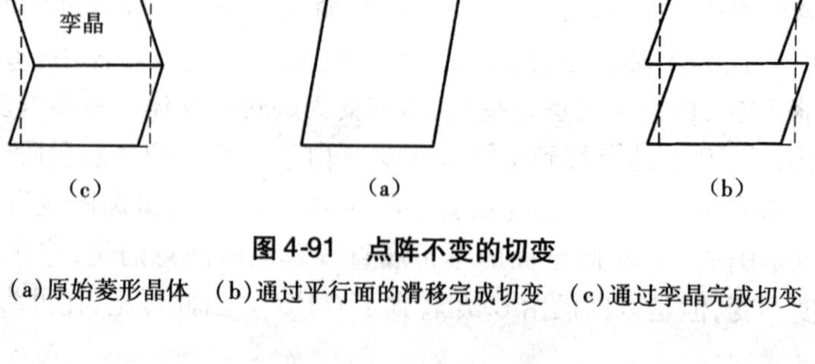

图 4-91　点阵不变的切变

(a)原始菱形晶体　(b)通过平行面的滑移完成切变　(c)通过孪晶完成切变

成理论要求马氏体相内部应具有滑移产生的位错或成叠孪晶所组成的亚结构。显然，这种理论与实际观察到的马氏体转变特征有较好的符合。

5. 热弹性马氏体与应力诱发马氏体

马氏体片的形成通常伴随形状的改变，由于马氏体片与母相共格，马氏体片和基体之间处于一种应变状态。母相晶格中的应变被称为适应应变，这种应变可能是弹性的，也可能是塑性的，还可能是两者结合的。若基体中的这种应变是弹性的，马氏体和母相之间的界面容易运动。因此，试样降温时通过界面的运动形成马氏体。将试样重新加热时，马氏体片通过这种界面的逆向运动而收缩，直至消失。若将此试样再次冷却，将会出现与第一次淬火时完全相同的马氏体片。再一次加热时，马氏体片仍通过界面的逆向运动转变为母相。显然，这种循环可一次次地进行下去。通常将具有这种特性的马氏体称为热弹性马氏体。具有热弹性马氏体转变的合金在逆转变时，母相不需形核，仅靠马氏体界面的运动完成转变。因此，这类合金 M_s 和 A_s 之间的温差很小。例如，对于具有这种转变的典型合金 $w(\text{Cd})=5\%$ 的 Au-Cd 合金，M_s 和 A_s 之差仅 16 K 左右。

当对一热弹性合金在 M_s 以上温度施加应力时，通常会发生马氏体转变，所得马氏体称为应力诱发马氏体，这种马氏体在移去外力后会逆转变为母相奥氏体。图 4-92 是对 $w(\text{Zn})=39.8\%$ 的 Cu-Zn 合金测定的应力—应变曲线。测定条件是在 196 K 加载，然后卸载。

该合金的 M_s 温度约为 149 K，实验温度是在 M_s 以上，应注意的是，当图中应变完全恢复，即变形循环是弹性时，应力与应变之间不是线性关系，这种弹性行为称为伪弹性。由图看出，该合金的这种弹性应变幅度较大，约为 9%。

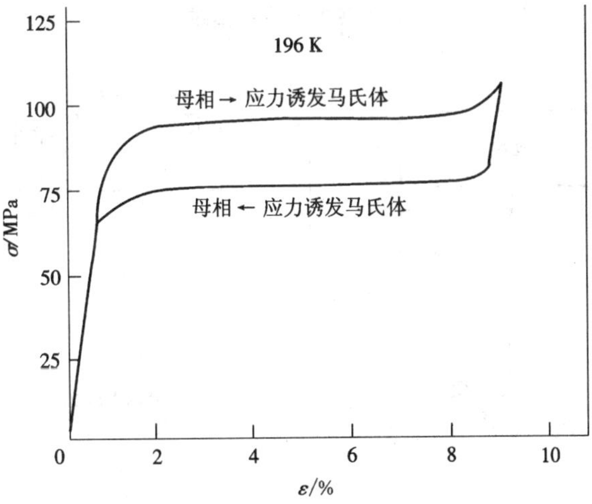

图 4-92 对一超弹性合金在 M_s 以上加载和卸载时的应力—应变曲线

6. 形状记忆效应

将一种具有热弹性转变的合金在 M_s 点以下拉伸变形，其应力—应变曲线通常如图 4-93 所示。由图可见，卸载后应变并没有完全恢复，这一点与 M_s 以上测得的应力—应变曲线（见图 4-92）明显不同。但是，如果将试样加热到奥氏体相区后，应变便得到恢复。试样又回到原来的形状。合金的这种特性被称为形状记忆效应。产生形状记忆效应的原因在于马氏体本身能经受 6% ~8% 的应变。这是由于在 M_s 和 M_f 之间冷却时，产生的马氏体可能有 24 种不同的取向。因此在原来一个奥氏体晶粒范围内，可形成 24 个取向不同的马氏体区。试样变形时，通常24个马氏体变体中仅有1个处于变形有利位置,从而发生形状改变。试样变形时,所剩的23种马氏体变体将被转到这种择优取向。这种转变可以通过马氏体变体之间的界面移动发生,也可以通过孪生的方式发生。其结果是,变形把不同取向的马氏体结构转到了单晶体等效的位置。加热时,这种单晶体型的变形马氏体结构转变成为单晶体母相,从而使试样恢复到原来的形状。由 Waymay 描述的形状记忆过程如图4-94所示。

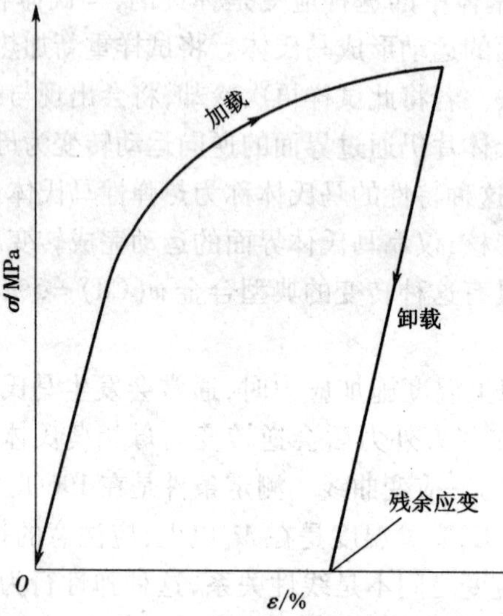

图4-93　在马氏体状态下对一种超弹性合金加载与卸载时的应力—应变曲线

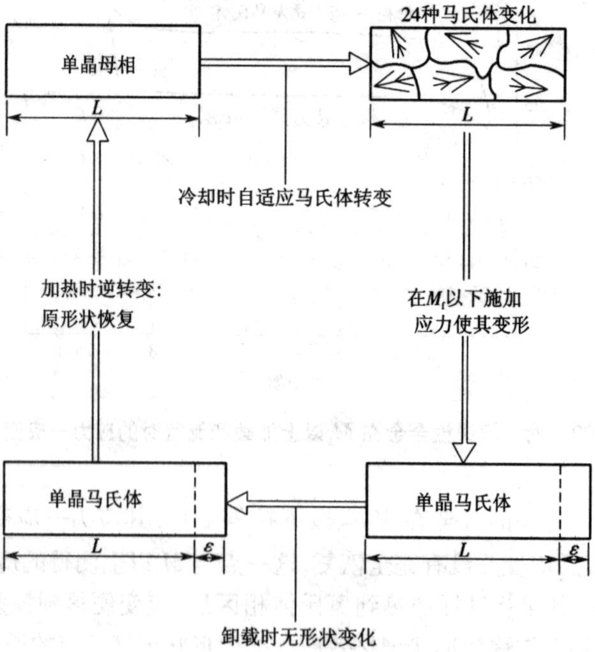

图4-94　说明形状记忆过程的示意图

7. 无机非金属材料中的马氏体相变

在无机非金属材料研究中，最早使用“马氏体相变”一词的是在陶瓷领域。1963 年 Wolten 根据 ZrO_2 中正方相 t→单斜相 m 的转变具有变温、无扩散及热滞的特征，建议将这种转变称为马氏体相变。在此之前，在陶瓷学领域中人们将陶瓷中的无扩散切变型相变称为位移型相变。之后又发现，ZrO_2 中的 t →m 相变还表现出表面浮凸及相变可逆的特点，这就对 Wolten 的创议给予了进一步的支持。近年来陶瓷界对于“马氏体相变”一词已经普遍接受，并对含 ZrO_2 陶瓷中的马氏体相变进行了大量的研究。

众所周知，纯 ZrO_2 陶瓷的力学性能及抗热震能力很差，通常不能作为结构材料使用。在 ZrO_2 中加入某些稳定正方相 t 的氧化物，如 CaO，Y_2O_3，CeO_2 等，使其高温 t 相能在室温下保持。当这类陶瓷受力断裂时，裂纹尖端处在拉应力作用下会发生 t →m 马氏体相变。由于这种相变会吸收部分断裂能量，因而使陶瓷呈现出较高的强度和韧性。根据这一原理，现已开发出三种增韧 ZrO_2：含有立方相的部分稳定氧化锆（PSZ）、仅含正方相的多晶体氧化锆（TZP）、在其他陶瓷基体上弥散分布增韧氧化锆的复合型陶瓷。

与合金中的形状记忆效应相似，在一些陶瓷中（如 MgO-PSZ、CeO_2-TZP 及 CeO_2-Y_2O_3-TZP 等）也表现出形状记忆效应。这种效应的发现，不仅促使对陶瓷中马氏体相变研究更有吸引力，而且也为陶瓷材料利用马氏体相变获得工业上的应用找到了一条新的途径。

除含 ZrO_2 陶瓷中的马氏体相变外，现已确认在一些其他非金属材料中也存在马氏体相变。例如，压电材料 $PbTiO_3$、$BaTiO_3$ 及 K(Ta，Nb)O_3 等钙钛矿型氧化物高温顺电性立方相 → 低温铁电性正方相的转变，高温超导体 $YBaCu_2O_{7-x}$ 高温顺电相→超导立方相的转变均为马氏体转变。Ca_2SiO_4 及 Sr_2SiO_4 经研磨所诱发的 α'→β 转变，NiS 中高温 α→ 低温 β 相变都具有马氏体转变的某些特征，很可能属于马氏体相变。

4.8 相场模型原理及其在晶粒长大计算中的应用

晶粒长大是纯金属、合金、陶瓷等多晶材料在受热条件下最普遍的现象。对材料的性能有着很重要的影响。晶粒度是金属材料重要的性能指标，晶粒的大小直接影响材料的塑性、韧性、强度、延伸性、耐腐蚀性等。晶粒的长大粗化是材料热加工过程中常见的现象，例如，金属在焊接过程中，焊接热影响区晶粒会严重粗化，从而使金属的塑性、韧性急剧下降，性能显著恶化。材料在热轧过程及热处理过程中都会出现显著的晶粒粗化现象。特别是随着新一代基于超细晶粒、超纯净特征的超高强度钢铁材料的出现，晶粒长大对热与成分更为敏感，晶粒的尺寸对钢铁材料的性能影响也更加显著，所以，对晶粒生长的研究也更为重要。

以前关于晶粒生长的研究主要集中在理论和试验两个方面，随着计算机技术的飞速发展，许多研究者开始借助于计算机模拟的方法来研究晶粒生长过程。利用计算机模拟技术再现微观组织的演化过程，不仅可以加深对组织变化机制的理解，促进现有理论的发展和新理论的提出，还可以显著改善材料组织和优化材料制备工艺，并降低研发成本。

近年来，计算机模拟晶粒长大的方法和思路越来越多，固态相变中微观组织演化模拟主要有蒙特卡罗法、元胞自动机法和相场方法。蒙特卡罗法和元胞自动机法不仅可以模拟单一相等温过程中晶粒的生长，而且还可以模拟钢铁材料中的奥氏体、铁素体的相变以及耦合应力应变场动态再结晶和形变诱导铁素体的转变过程。这两种方法的缺点是体系并不根据自身能量特点、依据扩散方程自发地进行相转变和晶粒间拓扑关系的调整，而是所有相变过程及晶粒界面迁移受控于同样的理论解析公式，因此模拟结果与选择的界面迁移理论的准确性有很大关系。另外，这两种模型不能确保体系处于一个能量最小值的稳态，定量地描述实际的相变过程比较困难。近年来，用基于统计物理学基础的相场模型描述晶粒长大过程，最为引人关注。该模型的特点是将晶界作弥散化（在含晶界的区域晶体几何结构和物理性质上连续过渡）处理，不必直接跟踪复杂的动态界面演化过程，可以有效避免 Potts 模型中出现的模拟晶粒生长各向异性的情况，且易于将物理场与晶界几何形态等复杂因素对晶粒长大过程的影响考虑进来，物理意义更加明确；在热力学上能够确保体系在演化过程中能量逐渐降低，保证新生相是能量最低相，在模拟微观组织转变方面得到了很好的发展；利用相场模型的这些特点，已经可以较准确地定量模拟凝固过程中微观组织的演化，并得出与经典理论模型相一致的结果，更适合从热力学角度唯象描述晶粒长大过程方面的模拟计算工作。此外，利用该模型研究固态相变过程中微观组织的演化也取得了很好的结果，比如调幅分解，晶体各向异性的界面迁移率计算，第二相粒子析出，奥氏体、铁素体的转变，晶界迁移和晶粒转动等晶粒的生长粗化过程等。

目前采用相场模型模拟晶粒生长过程主要有两种方法。一种是由 Chen 等提出的多相场变量（$\eta_1,\eta_2,\eta_3,\cdots,\eta_i$）模型，每个相场变量 η_i 表示一个取向。这种方法的缺点是当模拟多晶体生长时需要求解多个相场方程，对计算机的性能要求较高，而且晶粒的取向依赖于所选取的坐标系。另一种是 Lusk 等人提出的采用表示晶体化程度的单一相场变量 ψ 和表示晶体学取向 θ 的 KWC 模型以及改进的 KWCL 模型——多晶相场模型，其中 $\psi=1$ 表示有序的晶体，$0<\psi<1$ 表示处于混乱区域的晶界，$\psi=0$ 没有意义，θ 表示每个晶粒的取向，且 θ 不受坐标系的限制，在晶粒内部 θ 为常量，在晶界处 θ 发生突变，如图 4-95 所示。

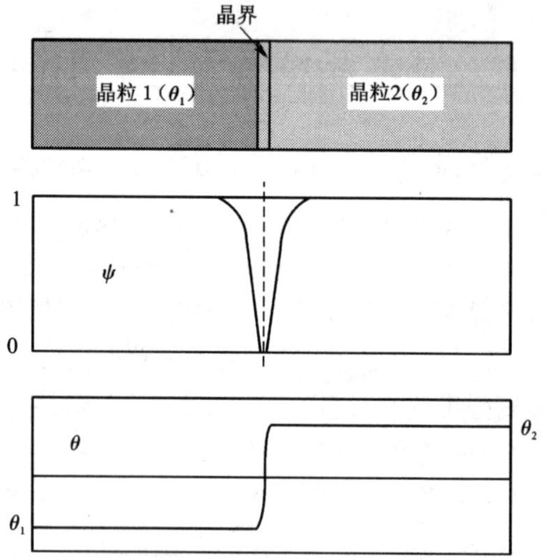

图 4-95　双晶粒扩散界面模型

第二种相场模型取向只在晶粒内部有意义，一个晶粒就是一块取向单一的区域。晶粒内部的自由能密度函数与取向无关，单位面积晶界能与取向差有关，并且可以通过选择合适的模型参数使其与 Read-Shockley 小角度晶界能一致。在界面能的驱动下，可以通过晶界迁移或者晶粒转动来减小系统内部由于晶界的存在而升高的能量,这样就可以很好地模拟已经在实验中观察到的一些晶粒粗化现象,如晶粒转动等。由于 θ 在整个计算域内呈现跳跃式非连续分布,存在着奇点,因而给求解带来了很大麻烦,使方程难以收敛。Kobayashi 和 Giga 研究了取向方程的特点并得到了处理这种奇点的方法。另外,采用自适应有限元方法,可以在界面处进行很好的加密,使 θ 值存在一个合理的过渡区间,克服了奇点的影响。

现以第二种模型为例,给出了多晶相场模型一些参数的推导,模拟了在同一模型参数控制下多个晶粒的碰撞和粗化过程,跟踪并分析了一些晶粒的面积和取向随时间的变化关系,研究了晶粒粗化过程中晶粒转动和晶界迁移现象以及晶粒转动和晶界迁移同时进行的情况。

4.8.1 相场模型的建立

相场方法是建立在统计物理学基础上的,以 Ginzburg-Landau 相变理论为基础,通过微分方程体现扩散、有序化势和热力学驱动力的综合作用。

1. 相场模型的基本原理

在相场模型中,单相多晶粒材料的晶粒结构由一系列连续的场变量 $\eta_1(r,t),\eta_2(r,t),\cdots,\eta_p(r,t)$ 表示,其中 $\eta_i(r,t)$ 称为取向场变量(或者序参量,order parameters),代表不同的晶粒取向;p 为可能存在的取向数。$\eta_i(r,t)$ 是时间 t 和空间 r 的连续函数,可以描述不同取向的晶粒和晶界随时间的变化。在所有晶粒的内部,仅有一个序参量取 1,而其余的序参量均为 0,可以理解为:此部分完全属于值为 1 的序参量所代表的取向晶粒的内部,位于两晶粒界面上的部分属于两侧晶粒共有,从而形成了 J. W. Chen 和 J. E. Hilliard 所说的弥散界面。相场模型中晶粒结构的示意如图 4-96 所示,其中的小格子相当于离散的点阵,不同的颜色则对应着不同 $\eta_i(r,t)$ 的取值。

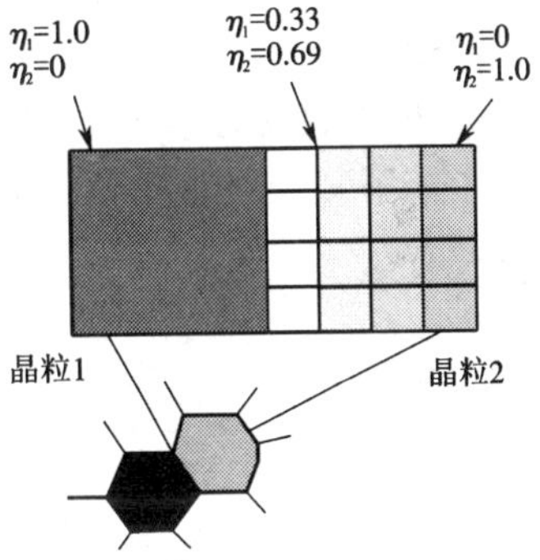

图 4-96 相场模型中微观组织结构示意

根据扩散界面理论和连续场理论,可将系统总能量 F 写成所有取向场变量及它们梯度的函数:

$$F = \int[f_0(\eta_1(r),\eta_2(r),\cdots,\eta_p(r) + \sum_{i=1}^{p}\frac{k_i}{2}(\nabla\eta_i(r))^2]\mathrm{d}r \qquad (4\text{-}210)$$

式中:f_0 为局域自由能密度,是所有取向场变量的函数;$\eta_i(r,t)$ 为取向场变量;k_i 为梯度能量系数,与界面能有关。

因为取向场变量是非守恒变量,它们的变化率与总自由能对取向场变量变化成正比,可用 Ginzburg-Landau 方程描述其演化规律:

$$\frac{\partial\eta_i(r,t)}{\partial t} = -L_i\frac{\delta F}{\delta\eta_i(r,t)} \qquad (4\text{-}211)$$

式中:L_i 为驰豫系数,与晶界迁移率有关;t 为时间($t=1,2,\cdots,p$);F 为系统总能量。

2. 构造局域自由能密度

在模拟单相系统中的晶粒长大过程时,局域自由能密度 f_0 的确切形式对反相畴界和晶界的迁移来说并不重要。对 f_0 的唯一要求是晶粒场变量分别在 $(\eta_1,\eta_2,\cdots,\eta_p)=(1,0,0,\cdots,0)$,$(0,1,0,\cdots,0)$,$\cdots$,$(0,0,\cdots,1)$ 等处存在一系列等深度的势阱,满足这个要求的一种简单函

数形式为

$$f_0(\eta_1,\eta_2,\cdots,\eta_p)=\sum_{i=1}^{p}\left(-\frac{\alpha}{2}\eta_i^2+\frac{\beta}{4}\eta_i^4\right)+\gamma\sum_{i=1}^{p}\sum_{j=1}^{p}\eta_i^2\eta_j^2 \tag{4-212}$$

式中：α、β 和 γ 分别是正的常数，可以根据晶粒生长的边界条件确定。

综合式(4-210)~式(4-212)，可以得到如下晶粒长大的动力学方程：

$$\frac{\partial\eta_i(r,t)}{\partial t}=-L_i\left(-\alpha\eta_i+\beta\eta_i^3+2\gamma\eta_i\sum_{j\neq i}^{p}\eta_j^2-k_i\nabla\eta_i\right) \tag{4-213}$$

其中，$i=1,2,\cdots,p$。

动力学方程组由 p 个方程组成，每个方程描述一个取向变量在空间随时间的变化过程，求出所有取向变量在空间中的分布即可得到多晶微观组织。

4.8.2 相场模型的求解和应用

晶粒长大的相场模型的求解就是求解上述的晶粒长大的动力学方程，目前采用的主要方法还是数值求解法。

1. 数值求解动力学方程的方法

为了求解复杂的动力学方程，必须将动力学方程组(4-213)进行时间和空间上的离散化处理，即

$$\eta_i(t+\Delta t)=\eta_i(t)+\frac{d\eta_i}{dt}\cdot\Delta t \tag{4-214}$$

$$\nabla^2\eta_i=\frac{1}{(\Delta x)^2}\left[\frac{1}{2}\sum_j(\eta_j-\eta_i)+\frac{1}{4}\sum_k(\eta_k-\eta_i)\right] \tag{4-215}$$

式中：Δt 为离散时间步长，Δx 为离散空间步长，η_j 和 η_k 分别代表 η_i 的最近邻格点与次近邻格点上取向变量的值。

相场模型源于描述相变过程中非保守场变量，如晶体取向、长程有序、晶体结构等演变的 Allen-Cahn 模型。由于各种守恒和非守恒场变量的空间梯度描述了各相之间的扩散界面，因此有时也把这种场合建立的模型称为扩散相场动力学模型。

相场模型模拟结果对输入参数十分敏感，而通常这些参数是经验参数或者很难测量。如何准确确定这些相场参数是建立精确物理模型，获得可靠模拟结果的关键。

2. 相场模型在晶粒长大计算中的应用

近几年来，相场方法模拟逐步面向实际工艺过程，取得了很大的突破。1999 年，M. E. Gurtin 等人推导了用于再结晶过程的相场模型。同年，A. Kazaryan 等人提出了处理烧结过程的一般性相场方法，模型中引入了表面和晶粒边界扩散以及体扩散。2000 年，U. Grafe 等人把多相场模型应用于镍基合金的固态相变并耦合了实际的多成分热物理性参数，模拟十分成功。A. Sémoloz 等人则用相场方法对热浸镀锌铸件进行了结构预测，预测结果与实际结果较吻合，表明相场方法非常实用。陈云等人基于采用晶体有序化程度参量 ψ 和晶体学取向 θ 来表示多晶粒结构的相场模型，利用自适应有限元方法模拟了多晶材料等温过程中的晶粒粗化现象。模拟结果显示，在曲率作用下，通过晶界迁移弯曲晶界逐渐平直化，小晶粒逐渐被大晶粒吞并，当晶界之间的取向差较小时，满足一定能量和几何条件的两晶粒在界面能作用下会发生转动，合并为单个晶粒。模拟结果与实验结果符合较好，也表明该相场模型可以很好地用来模拟固态相变中多晶材料的生长粗化等现象。

第5章 固溶体及其沉淀与分解

目前使用的金属材料绝大多数是合金材料,固溶体就是合金材料中占主体成分的溶剂组分(可以是纯金属也可以是化合物)在保持自身晶体结构基本不变的情况下,完全将其他合金组分溶入自身晶格中而形成的成分、结构均一的固态溶体。因此,简单地说固溶体就是成分、结构均一的固态合金。固溶体的性能受其合金成分、金相组织和晶体结构的影响显著。近百年来,人们已经研究了众多的合金体系,并积累了大量有关这些合金系的相图、晶体结构、热力学参数以及合金性能方面的资料。固溶体理论的任务就是根据这些资料,探寻合金形成的规律,然后运用这些规律进一步改善固溶体合金的性能或者借此发展新型合金材料。

5.1 固溶体

5.1.1 固溶度和固溶体的类型

1. 固溶度

几乎所有金属和金属化合物都能在固态或多或少溶解其他元素而不改变它的晶体结构,从而形成固溶体。固态溶解体可以在一定的成分范围内存在,性能随成分变化而连续变化。固溶度的极限称为最大固溶度,为了叙述简便,有时也简称"固溶度"。不同元素在同一金属或化合物的固溶度差别很大,同种元素在不同的金属或化合物中的固溶度差别也很大。某些元素间(如Cu-Au之间)可在质量分数为0~100%范围内互溶而一直保持fcc结构,这种情况称为完全固溶。元素结构相同时才能完全固溶,但结构相同只是完全固溶的必要条件,不是充分条件。如Cu-Ag系,虽然组元结构相同但却不能完全固溶。

2. 固溶体的类型

(1)一次固溶体

以纯金属为基的固溶体,称为一次固溶体,它保持溶剂纯金属的结构,其他合金组元全部溶入溶剂金属晶体结构的点阵之中。当然溶剂原子与溶质原子之间可以呈无序分布,也可以呈有序分布,即异类原子互相吸引,形成有规则的排列。如Cu-Au系,在高温完全固溶,而在低温时则出现有序化(图5-1);Cu-Zn系中间相β黄铜也是高温无序(β相),低温有序(β′相)(见图5-2)。有序可以是短程的也可以是长程的。长程有序可以是部分的,也可以是完全的。完全有序有时称之为"短结构"。完全无序的情况是很少见的。一般情况下,达到热力学平衡状态的固溶体在宏观尺度上是均匀的,然而在微观尺度上则不一定是均匀的。在实际工程材料中,固溶体合金在成分上要达到微观上的完全均匀几乎是不可能的。

根据溶质原子在晶体点阵中的位置,还可以将固溶体分为三类:一类是置换固溶体,即溶质原子替代了溶剂的位置,如图5-3(a)、(b);另一类是间隙固溶体,当溶质和溶剂原子的尺寸相差较大时,溶质原子填充了点阵的间隙位置,如非金属原子B、O、N、C在金属点阵中的固

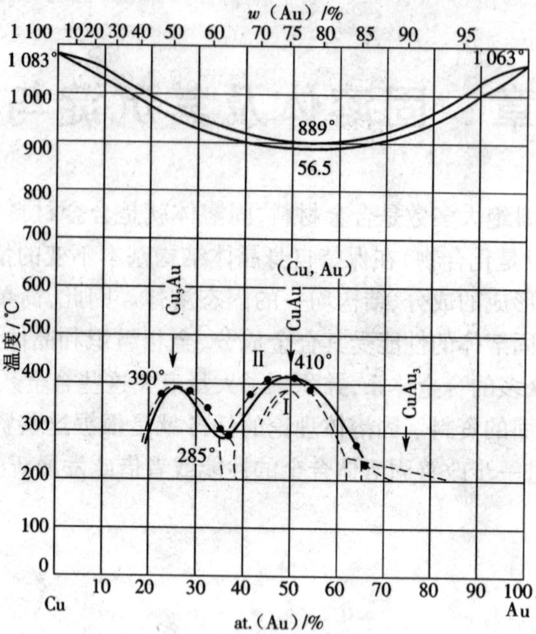

图 5-1　Cu-Au 相图

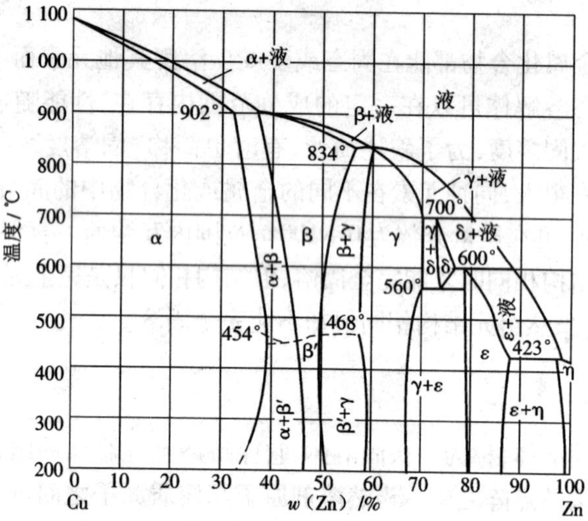

图 5-2　Cu-Zn 系相图

溶，如图 5-3（c）；还有一类是缺位固溶体，将在下面内容中论述。

（2）中间相

由于异类组元之间的电负性差异以及晶体结构的因素，固溶体内异类原子间要实现完全无序分布是很困难的。固溶体内溶质原子与溶剂原子之间，特别是电负性差异较大的异类原子之间经常会出现一些呈短程有序或长程有序分布的原子团。这些原子团内异类原子之间会形成不同于金属键的共价键或离子键结合方式，从而使这些原子团呈现出近似化合物的特性。有些组元合金化以后能形成一系列的短程有序或长程有序的固溶体相（如图 5-2 中的 α、β、γ、 ε 等)。以化合物为基的固溶体称为中间相,如图 5-2 中的 β、γ、ε 均属于此。中间相的结构不同于纯组元的结构,中间相可以在一定的浓度范围内存在。在中间相稳定的整个温度区间内保持长程有序的中间相,称为金属间化合物。金属间化合物比较遵守一定的化合比,它存在的浓度区间很窄,偏离严格化合比的原因是形成空位或形成了长程有序程度稍有下降的固溶体。这两种结构也可以出现在"不饱和化合物中",即化合物的稳定浓度区间不包括完全有序的成分,如 Cu-Al 系的中间相 θ 相($CuAl_2$),它是部分无序的 Al 在 $CuAl_2$ 中的固溶体。如果化合物是离子化合物,它应当遵守严格的化合比,在二元相图上表现为一条垂直线;但在典型金属的合金系中,中间相固溶的浓度较宽,这反映了金属键的特征,它可以偏离饱和性;而金属间化合物存在的浓度范围变窄,说明其金属键的特征减少,共价键或离子键特征增加。

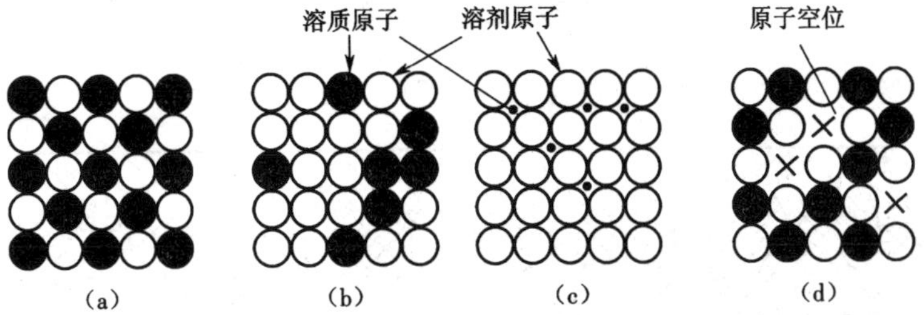

图 5-3 固溶体类型

(a)置换有序固溶体 (b)置换无序固溶体 (c)间隙无序固溶体 (d)缺位固溶体

有一类固溶体,不同于上述提到的置换固溶体和间隙固溶体,通常以化合物为基,在格点上某一类原子出现空缺,称为缺位固溶体,如图 5-3(d)。如在维氏体(它是氧在 FeO)中的固溶体晶体中,所有氧离子应当占据的格点是满的,而一部分铁离子应当占据的格点是空的,这就属于缺位固溶体。精密测定固溶体的点阵参数和密度,就能区分上述三类固溶体。晶胞中的平均原子数 n 可以表示为

$$n = \frac{\rho}{A \times 1.65 \times 10^{-24}} V \tag{5-1}$$

式中:V 为晶胞体积,ρ 为合金的密度,常数 1.65×10^{-24} 是 ^{12}C 质量的 1/12,A 为固溶体的平均相对原子质量。若合金成分以原子百分数 C_1、C_2……表示,则

$$A = \frac{C_1A_1 + C_2A_2 + \cdots}{100} \tag{5-2}$$

式中:A_1、A_2、……为组元 1、2、……的原子量。有了 ρ 及 V 的数值,即可按式(5-1)确定 n,它和按晶体结构确定的晶胞中的原子数 n_0 比较:如果 $n = n_0$(在实验误差范围内),是置换固溶体;$n > n_0$,势必有一部分原子在间隙位置,因而是间隙固溶体;当 $n < n_0$,则点阵中出现空位,是缺位固溶体。

5.1.2 一次固溶体

1. 影响固溶体固溶度的因素

(1)原子尺寸因素

休姆-罗瑟里(Hume-Rothery)与他的同事研究发现,若形成合金的组元的原子尺寸差超过 14% ~15% 时,尺寸因素对固溶度影响很大,此时固溶度很小;若尺寸差小于 15%,尺寸因素

成为次要的因素，固溶度由其他影响因素确定，这就是知名的15%规律。图5-4中纵坐标是用原子在纯元素晶体中的最近间距来近似的原子直径。影线区域指出了对铜、铁、银尺寸因素有利于固溶的原子尺寸范围，即Cu、Ag、γ-Fe的原子直径±15%的范围，图中元素的晶体结构以不同的符号表示。

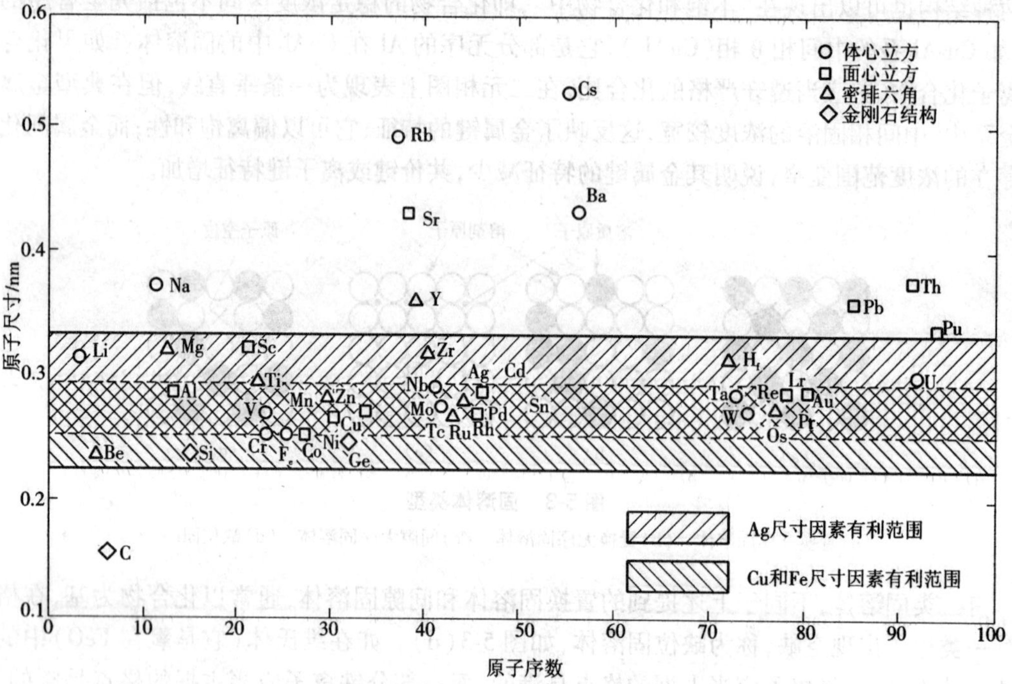

图5-4　按15%规律确定的Cu、Ag、γ-Fe金属的固溶尺寸有利范围

纯金属的原子间距，通常以最小趋近距离为原子直径，它是原子趋近时吸力和斥力的平衡距离。以锌为例，不同文献中出现多种原子直径，这是因为纯锌具有密排六角结构，c/a 比较大，基面上的原子间距 $d_1=0.266\ 49$ nm，相邻基面中的近邻间距 $d_2=0.291\ 29$ nm，由原子体积计算的原子直径 $d_3=0.307\ 62$ nm，由配位数为12的假想结构计算的 $d_4=0.275\ 35$ nm。在应用15%规律时，只能选 d_1 作为锌的原子尺寸。

异类原子形成固溶体，情况就更复杂了。韦加(Vegard)从离子晶体得出点阵常数 a 与固溶体成分 x 有线性关系，即

$$a=a_1+(a_2-a_1)x \tag{5-3}$$

式中：a_1、a_2 分别表示溶剂和溶质的点阵常数，这个关系称为韦加定律。金属固溶体或多或少地偏离韦加定律。图5-5是Cu-Zn系点阵常数和原子体积随成分变化而变化的规律。在铜基一次固溶体中，锌的实际尺寸较大，因为合金对韦加定律有正偏差；另一方面，在锌基固溶体中，尽管纯铜的原子尺寸小于纯锌，溶入铜原子也使锌的点阵常数 a 增大。可见合金中的原子尺寸和纯金属不同，而且随成分而变。为了估算合金中的平均原子尺寸，运用了求偏摩尔量同样的方法，从α相的点阵常数变化的趋势，直线外推到纯锌(图5-5)，这个值称为表观原子直径。它是在假想情况下(即fcc结构在整个Cu-Zn系中不变，而且点阵常数随成分呈线性变化)Zn的原子直径。表观原子直径和前面指出的 d_4 接近。另一种表示固溶体中有效原子尺寸

的方法是用原子体积来衡量，将一次固溶体或中间相的原子平均体积外推到溶质轴，可以得到有效原子体积，图 5-5 中 Ω_α、Ω_γ、Ω_ε 分别为 α、γ、ε 相中 Zn 的有效原子体积，Ω_{Zn} 是纯 Zn 的原子体积。一定成分的有效原子体积乘以阿伏加德罗常数，就是该成分下的偏摩尔体积。这样确定的有效原子体积和配位数以及晶体结构的各向异性无关，不管结构多么复杂，也可以测量。由图 5-5 可以看出：在 Cu-Zn 固溶体中，不同的相中的有效原子体积不同，它是成分的函数；另外，在此固溶体中所有溶质的原子体积在固溶时下降，溶质原子价越高，下降越多，但此项不是普遍规律，如果溶质是过渡族元素，或溶剂是其他元素时都不适用。

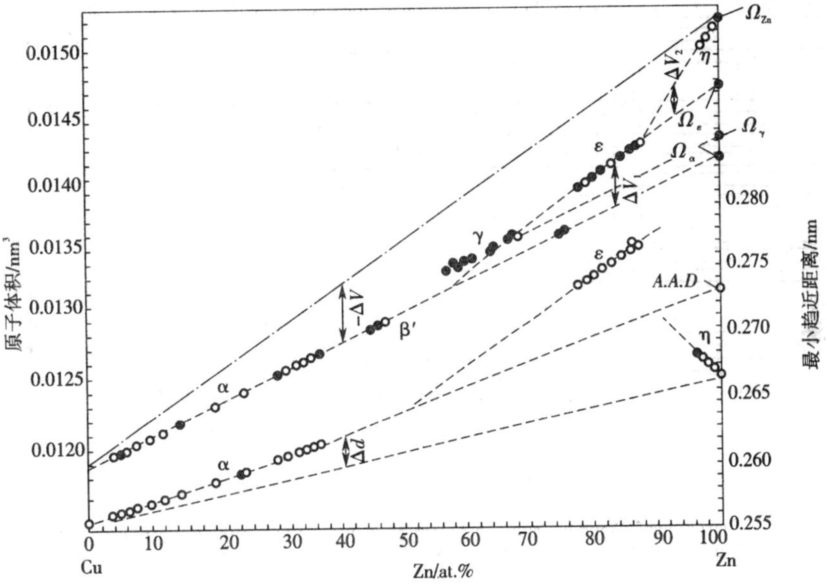

图 5-5 Cu-Zn 系点阵常数和原子体积的关系

尺寸因素对固溶度的影响，可以用连续介质弹性力学进行估算。在晶体中去掉一个半径为 r_1 的溶剂原子，以半径为 r_2 的溶质原子填入这个孔洞，将引起弹性畸变。考虑到溶质和溶剂的弹性畸变能和溶质原子之间的弹性交互作用能，而且以弹性能近似固溶体的形成能，可以得到形成固溶体的尺寸条件为 $\frac{|r_2 - r_1|}{r_2} < 0.15$，这和 15% 规律相符。

(2) 电子浓度因素

有些合金系中，固溶度和中间相稳定性的主要影响因素是电子浓度。电子浓度定义为价电子数和原子数的比值，记作 e/a。如果合金中含有原子百分数为 x、原子价为 v 的溶质原子，而溶剂的原子价为 V，则合金的电子浓度为

$$\frac{e}{a} = \frac{V(100 - x) + vx}{100} \tag{5-4}$$

图 5-6 是以贵金属 Cu、Ag、Au 为基的一次固溶体的最大固溶度和电子浓度的关系。图 5-6(a) 中电子浓度高的中间相 ξ 相是密排六角结构，图 5-6(b) 中后继的中间相 β 相是体心立方结构。由图 5-6 可以看出，和银基合金一次固溶体的最大固溶度对应的 e/a 约为 1.4；铜基合金对应的 e/a 值较为分散，其最大值稍低于 1.4；金基合金在 1.2～1.3 之间。

合金化以后，合金相的稳定性以及这些相的性能和“自由”电子浓度有密切的关系，所以

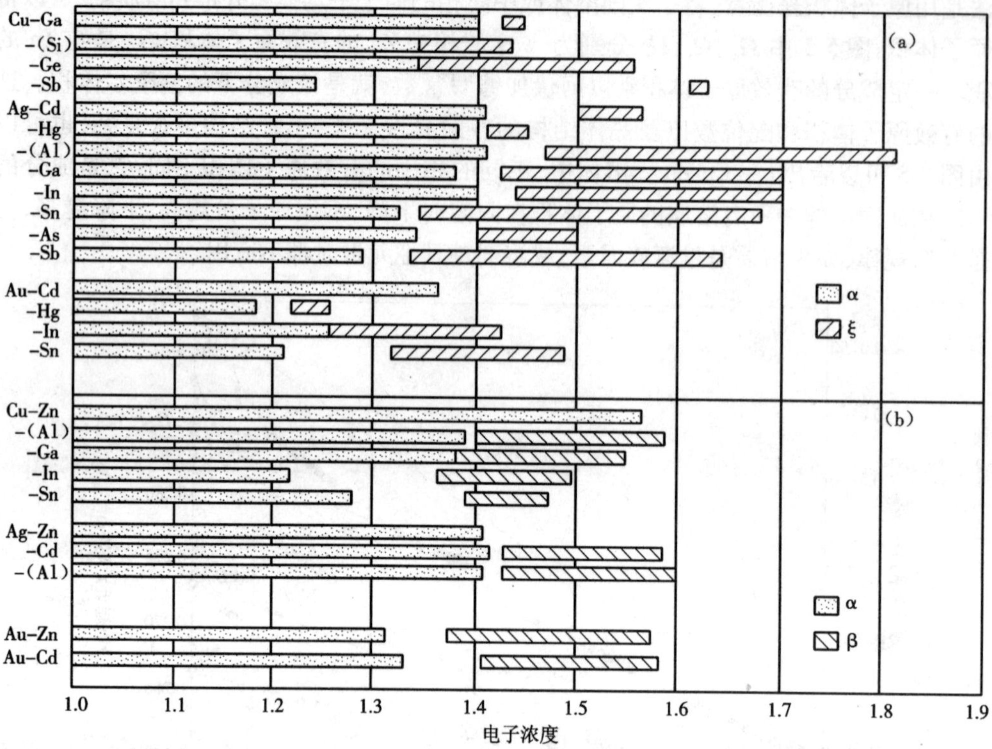

图 5-6　以贵金属为基的合金一次固溶体的最大固溶度和电子浓度的关系

在研究合金相时,常用电子浓度代替化学成分,用这种方式分析以贵金属为基的合金的晶格参数特别成功。电子浓度的定义由式(5-4)给出,但电子浓度没有化学成分那样简单,式(5-4)中溶质和溶剂的原子价有时不易确定,也就是说溶质和溶剂的价电子如何进入导带还没有完全澄清。

对于固溶体,企图把实验结果和能带结构联系起来的理论处理方法有两种近似处理的思路。a. 假定合金元素不改变溶剂点阵的势场,即状态密度和能隙不因溶质而改变,这种近似方法称为刚能带模型。按这个模型,加入合金元素只改变点阵浓度。b. 合金元素能改变溶剂点阵势场,因而改变了能态密度曲线。为了检验理论,雪菲尔特等人测量了合金化以后费米面的变化,认为含溶质原子 <1(原子)% 的铝合金,刚能带模型和实验相符。

1)刚能带模型

琼斯计算了 Cu-Zn 系的 α、β 相界(图 5-2)。一次固溶体 α 相是 fcc 结构,后继的中间相 β 是 bcc 结构。按准自由电子近似计算 α、β 相的能态密度曲线(图 5-7(a)),α 相能态密度曲线的峰值是费米面接触 α 相布里渊区的{111}面引起的,β 相的峰值是费米面接触 β 相布里渊区的{110}面引起的,虚线是自由电子近似的能态曲线。0 K 时的费米能

$$E_0 = \int_0^{E_F^\circ} EN(E)\,\mathrm{d}E$$

而"自由"电子数

$$N = \int_0^{E_F^\circ} N(E)\,\mathrm{d}E$$

N 可以换算成价电子浓度 e/a，为书写方便记作 n，图 5-7(b) 是 E_0 对 n 作图。如果其他能量相不变，费米能最低的结构就是合金的平衡相。在 0 K，$F = E_0$，α、β 两相平衡的条件是作自由能曲线的公切线，即

$$\left(\frac{\partial F_{\alpha}}{\partial n}\right)_{n=n_{\alpha}} = \left(\frac{\partial F_{\beta}}{\partial n}\right)_{n=n_{\beta}}$$

琼斯计算的结果为 $n_{\alpha} = 1.409$，$n_{\beta} = 1.447$，两者之间有两相区，与铜合金的实验数据符合得较好。

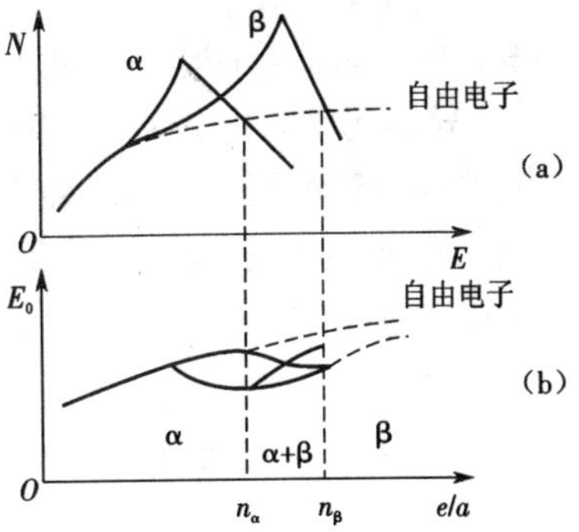

图 5-7 铜基合金两相平衡示意图

2) 电子屏蔽模型

设想溶质原子和溶剂原子的原子价不同，其差值 $Z' = Z_B - Z_A$，Z_B、Z_A 分别为溶质、溶剂的原子价。溶质原子置换了溶剂原子，相当于引入一个干扰电荷 $Z'e$。当 $Z' > 0$，干扰电荷具有正值，它可以吸引导带中的电子到它周围来；当 $Z' < 0$，干扰电荷具有负值，它将排斥导带中的电子。因而每一溶质原子周围都被异号的电荷所包围，对干扰电场起屏蔽作用。电子在干扰电场中的势能

$$V_p = \frac{-Z'e^2}{r}\exp(-qr) \tag{5-5}$$

式中：r 是离干扰电荷的距离。式(5-5)满足下列条件

$$r \to 0, V_p = \frac{-Z'e^2}{r}$$

$$r \to \infty, V_p = 0$$

$q^2 = 4\pi e^2 N(E_F^{\circ})$，$q$ 称为屏蔽系数，它和费米面上的状态密度有关，q 越大，干扰电场衰减越快。$1/q$ 称为屏蔽半径，在 $r = \frac{1}{q}$ 处，干扰电场下降为 $\frac{-Z'e^2}{r}$ 的 1/2.72；当 r 比屏蔽半径大几倍时，干扰电场就可以忽略不计。对于一般金属，屏蔽半径小于 0.1 nm，即附加电荷的影响只及于最近邻原子的周围。

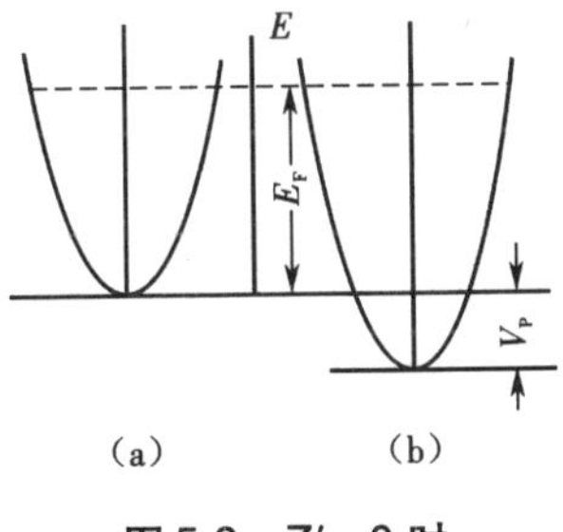

图 5-8 Z′ >0 时

(a) 溶剂处的 N—E 曲线

(b) 溶质处的 N—E 曲线

干扰电势的影响相当于在晶体的某状态密度曲线沿能量坐标平移 V_p（图 5-8）。当干扰电势不大时，仍假定状态密度曲线的形状不变。在平衡状态，晶体中各点的 E_F° 应该相等，否则将引起电子的流动。能量低于 E_F° 的电荷密度

$$\rho = -e\int_0^{E_F^{\circ}} N(E)\,\mathrm{d}E \tag{5-6}$$

当 $Z' > 0$，“自由”电子将相对集中于溶质，当 $Z' < 0$，相对集中于溶剂。电子屏蔽模型和刚能带模型是一致的，如果溶质的某些价电子处于束缚能级，由于束缚级是从导带底部抽掉的，刚能带模型对相形成规律的解释仍然有效。

过渡元素的 $N(E_F^{\circ})$ 大，因而 q 大，屏蔽半径小，干扰电势衰减快，在溶质原子球范围内屏蔽完全，与相邻溶剂原子的交互作用弱，倾向于形成接近于理想的固溶体。当尺寸效应不大时，这类合金是具有这种特征的，例如 Ni-Co 合金，熔解热很小，原子排列也接近于完全无序。对于其他合金，如 Cu-Zn 系，$N(E_F^{\circ})$ 小，在溶质原子球范围内屏蔽不完全，与邻近的溶剂原子的

交互作用较显著。在β黄铜中,由于屏蔽不完全,锌原子带有正电荷,铜原子带有负电荷,这种静电互作用可能是低温有序化的原因。

(3)异类元素间化学亲和力因素

固溶体内异类原子间形成稳定的中间相会使一次固溶体的固溶度下降。这种中间相(或金属间化合物)的形成与组元的化学亲和力有关。图5-9是形成中间相时自由能曲线的示意图。中间相越稳定,即β相的自由能曲线越低,则一次固溶体的固溶度越小。

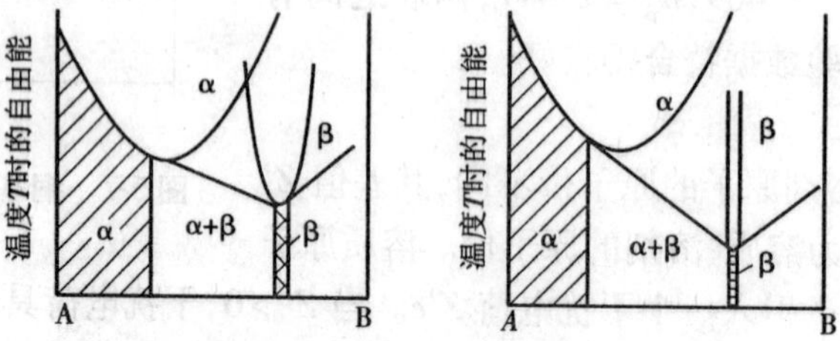

图5-9 中间相稳定性对一次固溶度的影响

原子的第一电离能 E_I 是气态原子失去一个电子成为气态的一价正离子所需的能量,即

$$M \to M^+ + e^-$$

$$E_I = E(M^+) - E(M) \tag{5-7}$$

原子的电子亲和能 Y 是原子获得一个电子成为一价负离子时所放出的能量,即

$$M + e^- \to M^-$$

$$-Y = E(M^-) - E(M) \tag{5-8}$$

E_I 和 Y 都可以实验确定。假设有A、B两原子,从A取出一个电子,使之与和B结合,即

$$A + B = A^+ + B^-$$

完成这个过程所需的能量

$$\Delta E_1 = E_{IA} - Y_B \tag{5-9}$$

式中:E_{IA}、Y_B 分别表示A的第一电离能和B的电子亲和能。如果从B取出一个电子,使之与A结合,即

$$A + B = A^- + B^+$$

完成这个过程所需的能量

$$\Delta E_2 = E_{IB} - Y_A \tag{5-10}$$

如果 $\Delta E_1 > \Delta E_2$,则

$$E_{IA} + Y_A > E_{IB} + Y_B \tag{5-11}$$

就是说,形成 A^+B^- 所需的能量大于形成 A^-B^+ 所需的能量。所以形成 A^-B^+ 必须满足式(5-11)。以 $E+Y$ 表示化学亲和力,通常称之为“电负性”,它表示组元吸引电子的能力。电负性越大的组元,吸引电子的能力也越强。当两组元形成离子化合物时,电负性大的元素成为负离子,电负性小的成为正离子。电负性的数据见图5-10。在实际应用时,只需要知道组元电负性的相对大小,而不需要绝对数值,所以人为地规定氟的电负性为4.0,以此作为元素的电负性的标准。由图5-10可以看出,电负性有周期性,但贵金属Cu、Ag、Au是例外。可见电负性概念应用于纯粹金属键是不适当的,它比较适用于金属间化合物。

休姆-罗瑟里早期的工作还表明,两元素相互的固溶度与它们的原子价有关,高价元素在低价元素中的固溶度大于低价元素在高价元素中的固溶度。这一规律通常称为“相对价效应”。后来的工作表明，相对价效应不是普通规律，只适用于某些合金系，如以单价金属 Cu、Ag、Au 为基的固溶体中固溶 B 副族元素，铜中能溶解 4% 的硅，但硅只能溶解微量的铜。当两组元都是高价元素时，就不能用相对价效应估计最大固溶度的相对大小。

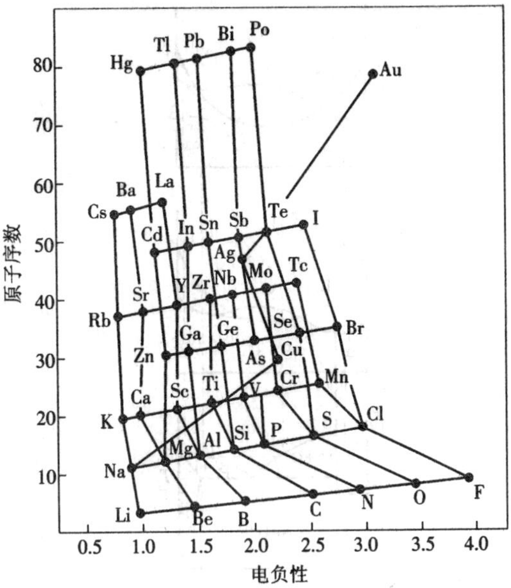

图 5-10 常见元素的电负性数据

尺寸因素、化学亲和力因素和电子浓度因素是确定同一固溶体固溶度的三个不同侧面，通过这三个侧面，可以逐步认识固溶体。在不同的固溶体中，各个因素所起的作用又各不相同。如对离子键特征较多的中间相或金属间化合物，化学亲和力因素起较大的作用；对金属键特征较强的一次固溶体和中间相，电子浓度因素往往起较大的作用。目前的固体理论尚不能把这三个影响固溶体的结构和性能的重要因素统一起来。

2. 自由能曲线和相图

相图全面反映了在压力恒定的条件下合金相随成分、温度而变化的规律。在实验上可以用热、电、磁、X 射线、金相等方法测定。在理论上可以通过计算热力学特性函数内能和熵，从而计算在不同温度下的自由能，在由两相的自由能曲线确定一定温度下两平衡相的成分。图 5-11 是共晶型相图和自由能曲线，α、β 表示固相，L 表示液相。当 $T = T_1$ 时（图 5-11(a)），自由能曲线图中有两根公切线，因而有两个复相区 α + L 和 β + L。继续冷却时，这两根公切线逐渐接近，因而在它们之间的液相成分范围变窄。当 $T = T_2$ 时，两曲线合而为一，与两自由能曲线在三点相切（图 5-11(b)）。T_2 叫做共晶温度，它是系统中液相（完全的或部分的）能够存在的最低温度。在这个温度，仍然处于完全液相的合金成分叫做共晶成分。低于共晶温度，固溶度极限随温度的下降而降低（图 5-11(d)）。图 5-12 是包晶型相图和自由能曲线。由于组元 A、B 纯态的熔点相差很大，当温度下降到能使 β 相形成时，它首先出现在高温时为 α + L 的成分范围内。这与图 5-11 所示的情况正好相反。在图 5-12 中，β 相的自由能曲线在温度下降时“突破”α、L 相自由能曲线的公切线；而在图 5-11 中，却是液相的自由能曲线在温度上升时“突破”α、β 两个固相自由能曲线的公切线。因此包晶系统中各相区的排列正好与共晶系统相反。

3. 固溶体自由能的统计理论

在热力学基础一章中计算了合金化以后的熵增量 ΔS_m，虽然原则上可以计算形成固溶体以后内能的改变量 ΔE，但由于合金化引起布里渊区、状态密度、电子浓度的改变，除了在一些简化假定下对一些简单情况能得到满意的结果以外，ΔE 的计算毕竟是困难的。此处介绍用另一种准化学近似法对 ΔE 进行计算，这种近似方法，是假定固态的原子之间存在化学键，因而晶体的内能可以按拆散或形成的键数用统计方法加以计算。

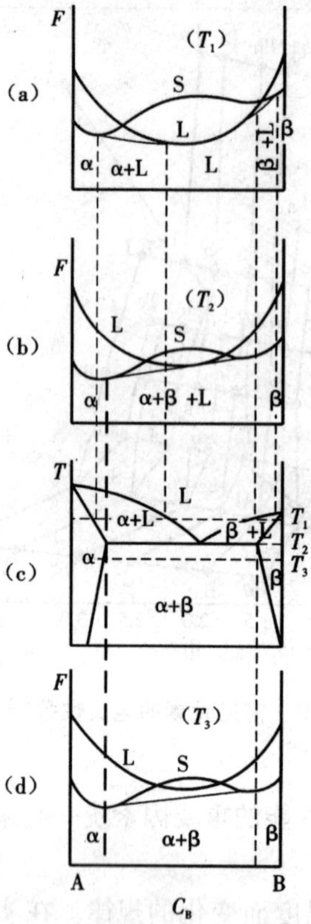

图 5-11 共晶型系统中固相、液相自由能曲线和相图的关系

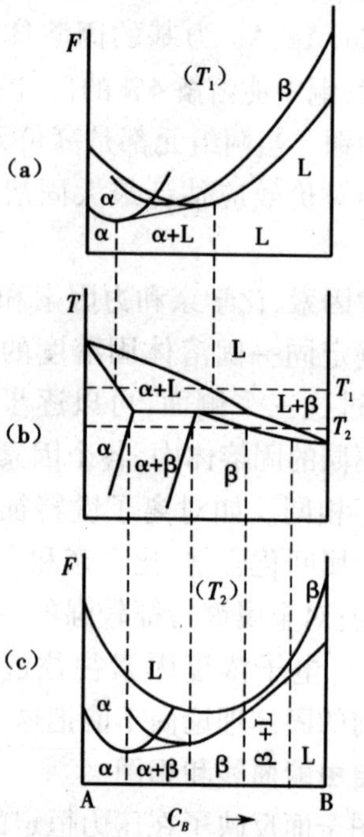

图 5-12 包晶型系统中固相、液相自由能曲线和相图的关系

组元 A、B 形成置换固溶体，其原子浓度分别为$(1-C)$、C，假定原子在晶格中的分布是完全紊乱的。固溶体在 0 K 时的内能为 E_0，等压比热容为 C_p，则在温度为 T 时的内能为 $E_0+\int_0^T C_p \mathrm{d}T$（这里忽略 C_p 和 C_V 的差别）；熵为 $\Delta S_m+\int_0^T \frac{C_p}{T}\mathrm{d}T$。$\Delta S_m$ 可由式(1-48)表之。所以温度 T 时自由能

$$F=E_0+K(C,T)+NkT[C\ln C+(1-C)\ln(1-C)] \tag{5-12}$$

其中

$$K(C,T)=\int_0^T C_p \mathrm{d}T-T\int_0^T \frac{C_p}{T}\mathrm{d}T$$

计算 E_0 时，可用准化学方法。内能 E_0 等于合金中所有最邻近原子间作用能之和；每一对原子对内能的贡献只取决于两个原子的种类，与其他原子的种类和分布无关。若配位数为 Z，由于原子紊乱分布，任何原子周围平均有 ZC 个 B 原子及 $Z(1-C)$ 个 A 原子。晶体的 N 个原子中，A、B 原子数分别为 $N(1-C)$、NC，则 AA 键的数目 N_{AA} 可以这样统计：每个 A 原子的邻近有 $Z(1-C)$ 个 A 原子，因而有 $Z(1-C)$ 个 AA 键；$N(1-C)$ 个原子有 $N(1-C)\cdot Z(1-C)$ 个 AA 键，但这样计算每个 AA 键数了两次，所以晶体中的 AA 键数

$$N_{AA}=\frac{1}{2}N(1-C)\cdot Z(1-C)=\frac{N}{2}Z(1-C)^2 \tag{5-13}$$

同理
$$N_{BB}=\frac{1}{2}NC\cdot ZC=\frac{N}{2}ZC^2 \tag{5-14}$$

$$N_{AB}=\frac{1}{2}NC\cdot Z(1-C)=NZC(1-C)^2 \tag{5-15}$$

以 V_{AA}、V_{BB}、V_{AB}表示 AA、BB、AB 键的内能，则

$$\begin{aligned}E_0&=N_{AA}V_{AA}+N_{BB}V_{BB}+N_{AB}V_{AB}\\&=\frac{1}{2}NZ[(1-C)^2V_{AA}+C^2V_{BB}+2C(1-C)V_{AB}]\\&=\frac{1}{2}NZ[CV_{BB}+(1-C)V_{AA}+C(1-C)(2V_{AB}-V_{AA}-V_{BB})]\end{aligned} \tag{5-16}$$

式中：前两项为形成固溶体以前纯 A、纯 B 的内能；第三项为固溶后内能的改变量 ΔE，称为固溶体的形成能。令

$$2V=2V_{AB}-V_{AA}-V_{BB} \tag{5-17}$$

V 是形成一个 AB 键时内能的改变量，所以

$$\Delta E=NZC(1-C)V=N_{AB}V \tag{5-18}$$

系统的自由能

$$F=K(C,T)+\frac{1}{2}NZ[CV_{BB}+(1-C)V_{AA}]+NZC(1-C)V+NkT[C\ln C+(1-C)\ln(1-C)] \tag{5-19}$$

将式(5-19)按 $V=0$、$V<0$、$V>0$ 三种情况作图(图 5-13)。在高于德拜温度，按诺曼-考普定则，固溶体的热容 C_p^{AB}是纯组元热容 C_p^A、C_p^B的线性叠加，即

$$C_p^{AB}=CC_p^B+(1-C)C_p^A \tag{5-20}$$

所以式(5-19)前两项都与成分有线性关系，在图 5-13 中只改变连接 A、B 的直线的斜率；而后两项决定了 E_0、$-TS$ 和 F 曲线的形状。另外在研究特性函数随浓度变化而变化的规律时，只需要知道这些特性函数的绝对值。所以在作图时，内能以纯 A 为基准，熵以纯 A、纯 B 为基准，且使基准和坐标原点重合。在图 5-13(a)中，$V=0$，$\Delta E=0$，也就是说，固溶时拆掉纯态的一些 AA、BB 键，形成 AB 键能量不变，固溶体是理想固溶体，$E_0=\frac{1}{2}NZ[CV_{BB}-(1-C)V_{AA}]$，所以它是连接 A、B 的一条直线；在浓度 C 从 0→1 的整个区间内，$d^2F/dC^2>0$，所以不论合金的成分如何，都形成单相固溶体。在图 5-13(b)中，$V<0$，$\Delta E<0$，所以 E_0曲线偏离直线；自由能曲线的形状与(a)类似，也形成单相固溶体。在图 5-13(c)中，$V>0$，$\Delta E>0$，所以 E_0曲线有正偏差，自由能曲线两端 $d^2F/dC^2>0$；中间 $d^2F/dC^2<0$。$\overline{PS}$是自由能曲线的公切线，当合金成分大于 P 点对应的浓度而小于 S 点对应的浓度时，分解为两相混合物。

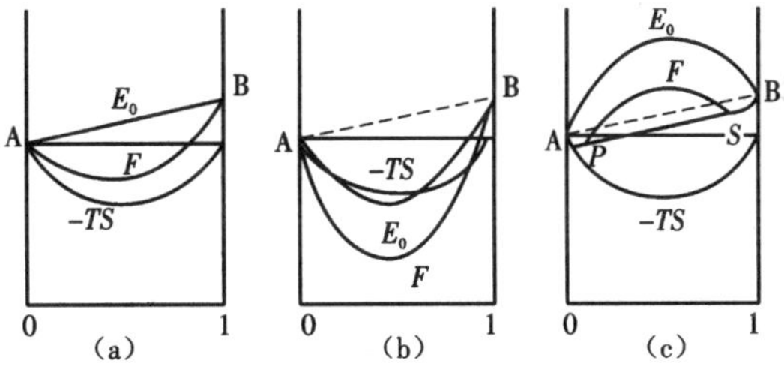

图 5-13　固溶体的自由能与成分的关系

(a) $V=0,\Delta E=0$　(b) $V<0,\Delta E<0$　(c) $V>0,\Delta E>0$

在计算 E_0时，曾作出两个简化假定，现在进一步讨论这些假定，从而明确理论的适用范围和局限性。首先讨论原子随机分布的假定。为了讨论方便，把这个假定下求得的 ΔE、ΔS 和

N_{AB}打上星号,以ΔE^*、ΔS^*、N_{AB}^*表示。当$V=0$,内能与原子分布无关,只有在这种理想的情况下,原子才能随机分布。当$V<0$,形成AB键使内能下降,合金倾向于形成更多的AB键,即异类原子吸引,所以$N_{AB}>N_{AB}^*$。这产生两方面的后果:一方面使$|\Delta E|>|\Delta E^*|$,即E_0曲线下移;另一方面,因为原子在晶格中的排列方式减少,$\Delta S<\Delta S^*$,即$-TS$曲线上移。这两个方面对自由能的影响是互相补偿的。在一定温度下,达到平衡的N_{AB}反映了ΔE与$-T\Delta S$之间的平衡。按$\Delta F=\Delta E-T\Delta S$,达到自由能最小的稳定状态。低温时,$F\sim E_0$内能起主要作用,增大$N_{AB}$有利于降低自由能,所以温度低于某一临界值时,高温的短程序会发展为长程序。高温时,熵项起主要作用,合金宁可降低N_{AB},从而增大ΔS,使自由能下降。所以温度升高,无序度增加。当$V>0$时,同类原子吸引,合金倾向于形成更多的AA、BB键,所以$N_{AB}<N_{AB}^*$,使图5-13(c)的E_0曲线下移;$-TS$曲线上移,在一定温度下,达到平衡的N_{AB},使系统自由能最小。图5-1 Cu-Au系和图5-14 Ag-Cu系是$V<0$和$V>0$时有代表性的相图,它们分别与图5-13(b)和图5-13(c)对应。由上面的讨论可以看出,内能项和熵项的误差对自由能的影响互相补偿,适用随机分布的假定引起的误差不会太大。

其次讨论最邻近原子间键能的假定。这里忽略了键所处的环境,显然,它侧重考虑化学亲和力因素。当电子浓度因素起主要作用时,价电子属于整个晶体,并不构成定向键。当尺寸因素发生主要作用时,畸变能牵涉到若干原子间距。正因为如此,准化学处理的结果,对尺寸差很小的Al-Zn系的理论数据和实验符合得很好;对尺寸差大的Au-Ni系,却有很大的偏差。按Au-Ni相图(图5-15),低温分解为两相,应当期望高温的α固溶体$N_{AB}<N_{AB}^*$,但实验指出N_{AB}稍大于N_{AB}^*,这说明Au-Ni系$V<0$,由于畸变能大,低温分解为两相混合物可以弛豫应力,所以对这些系统必须考虑到畸变能。

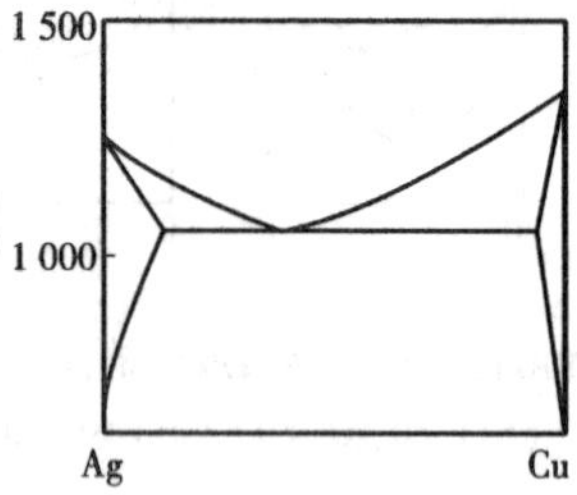

图5-14　Ag-Cu合金的相图

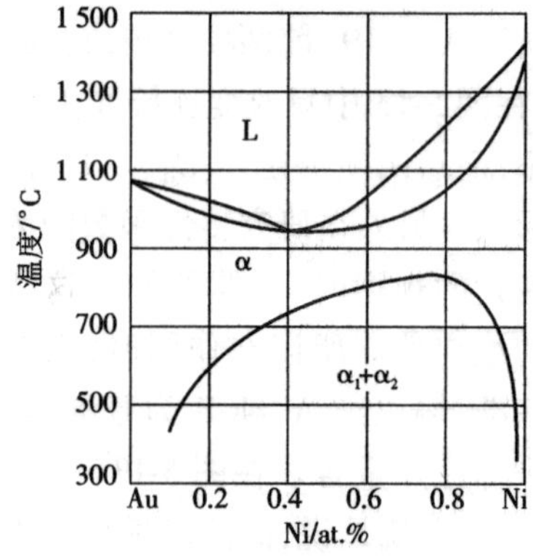

图5-15　Au-Ni相图

4. 固溶度方程

本小节将从固溶体自由能的表达式出发,导出一次固溶体的固溶度方程。为了数学处理简便起见,这里只考虑对称的情况,即假定$V_{AA}=V_{BB}=V_0$,$C_p^A=C_p^B$。对一摩尔合金,$N=N_0$(阿伏加德罗常数),所以式(5-20)变为

$$F=K(T)+\frac{1}{2}N_0ZV_0+N_0ZVC(1-C)+RT[C\ln C+(1-C)\ln(1-C)] \tag{5-21}$$

在对称的情况下,平衡条件为$\mathrm{d}F/\mathrm{d}C=0$,而且式(5-21)的前两项与浓度无关,所以有

$$\frac{dF}{dC}=N_0ZV(1-2C)+RT[\ln C+\ln(1-C)]=0 \tag{5-22}$$

$$\frac{C}{1-C}=\exp\left[-\frac{N_0ZV(1-2C)}{RT}\right] \tag{5-23}$$

这就是固溶度方程。由于在推导的过程中作了一些简化假定，只有少数合金系的固溶度曲线与上式大致相符，如 Au-Pt 系，它仍是固溶度理论的基础。当固溶度很小时，$(1-C)$ 和 $(1-2C)$ 都接近于 1，因此

$$C=\exp\left(-\frac{N_0ZV}{RT}\right) \tag{5-24}$$

可见在固溶度不大的系统中，固溶度与温度有指数关系（如图 5-16 所示），由式(5-18)可得

$$\Delta\bar{E}_B=\frac{d\Delta E}{dC}=N_0ZV(1-2C)\approx N_0ZV$$

如果是恒温恒压过程，则 $N_0ZV\approx\Delta\bar{H}_B$，$\Delta\bar{H}_B$ 是在无限大固溶体中加入一摩尔纯组元 B 的焓变，叫做溶解热，它是可以测量的。所以式(5-24)可以改写为

$$C=\exp\left(-\frac{\Delta H}{RT}\right) \tag{5-25}$$

在许多稀固溶体中，固溶度确实与溶解热有式(5-25)的关系。图 5-17 是根据一些铝合金的数据绘制的。对式(5-25)取对数，则有

$$\ln C=-\frac{\Delta\bar{H}_B}{RT} \tag{5-26}$$

将 $\ln C$ 对 $1\,000/T$ 作图，直线的斜率

$$\tan\alpha=\frac{\ln C}{1\,000/T}=-\frac{\Delta\bar{H}_B}{1\,000R} \tag{5-27}$$

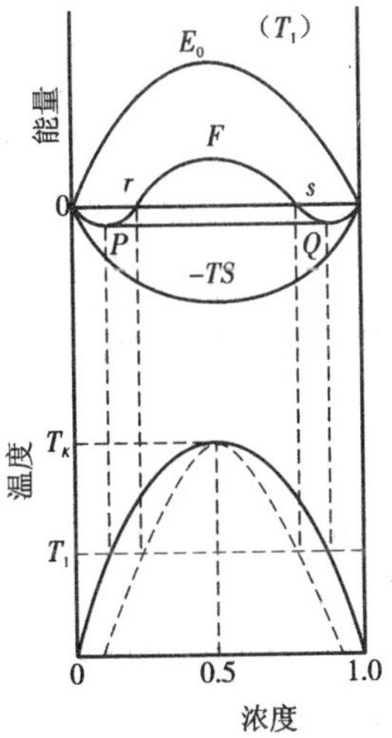

图 5-16 自由能曲线和固溶度曲线

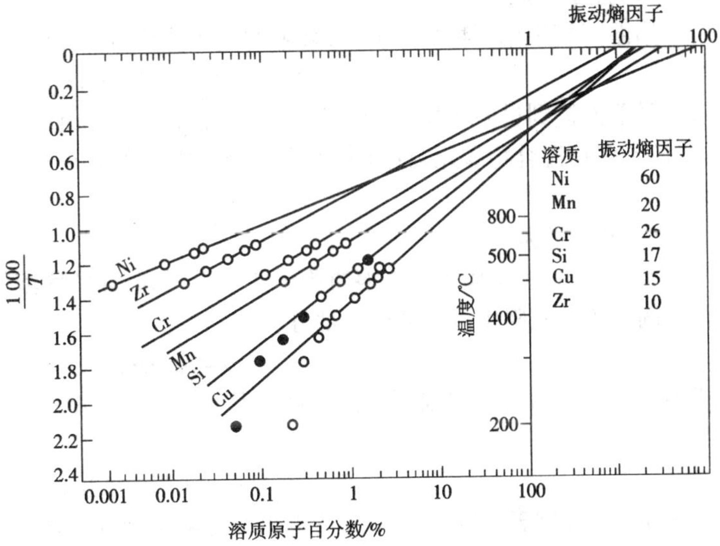

图 5-17 铝合金在不同温度下的最大固溶度

由图 5-17 可见，在 400 ~ 600 ℃范围，实验数据表明式(5-27)确实成立。但在低温时，固溶度的实验值高于高温数据外推的数值，这就是因为低温扩散速度太低，难于达到平衡之故。高温时，当 $1/T=0$，有式(5-26)，$C=1$；但直线并不交于 $C=1$，而使交于 $1/T=0$ 的轴于 10 ~ 60 之间。甄纳指出，这些差异是固溶后振动熵增大引起的，他建议将固溶度方程改写为

$$C=\exp\left(\frac{\Delta\bar{S}_\nu}{R}\right)\exp\left(-\frac{\Delta\bar{H}_B}{RT}\right) \tag{5-28}$$

一般地说，$\Delta\bar{E}_B$ 大 $\Delta\bar{S}_\nu$ 也大，这是可以理解的，因为影响溶解热 $\Delta\bar{E}_B$ 的主要因素是围绕溶质原子的畸变，这种畸变降低了邻近原子的振动频率，从而使振动熵增高，使 $\Delta\bar{S}_\nu>0$。

图 5-16 的 r、s 点是自由能曲线的拐点，这时 $d^2F/dC^2=0$，由式(5-22)可得

$$\frac{d^2F}{dC^2}=-2N_0ZV+RT\left(\frac{1}{C}+\frac{1}{1-C}\right)=0 \tag{5-29}$$

因而

$$C(1-C)=\frac{RT}{2N_0ZV}=\frac{kT}{2ZV} \tag{5-30}$$

这个函数用虚线表示在图 5-16 中，它的物理意义将在后续内容中阐明。

5. 固溶体的物理性能

这里不可能全面讨论固溶体的物理性能问题，只能概括地介绍比较重要的一些经验规律。

(1)点阵常数

固溶体的点阵常数明显地受尺寸因素的影响，式(5-3)反映了这种关系。金属固溶体一般偏离韦加定律，这些偏差也反映了其他因素的影响，如铜基、银基合金的点阵常数和价电子有关。雷诺指出，对于同一周期的固溶体，点阵常数和韦加定律的偏差 Δa 可以表示为

$$\Delta a=k(Z_B-Z_A)^2 \tag{5-31}$$

式中：k 为一常数，Z_B、Z_A 分别为溶质、溶剂的原子价。

(2)热学性质

当温度高于德拜特征温度时，合金的等压比热容等于纯组元等压比热容的线性叠加，即

$$C_p^{AB}=CC_p^B+(1-C)C_p^A \tag{5-32}$$

这就是前面提到过的诺曼-考普定则。这种定则对各种组织的合金的适用性(无论是单相固溶体，还是多相混合物和化合物)说明改变合金组织的热处理实际上不影响高温下的等压比热容。

(3)电学性质

实验指出，纯金属中加入溶质原子使电阻增高，连续固溶体的电阻率随成分变化而连续变化。固溶体的电阻率可以分成两部分，即

$$\rho=\rho_0+\rho_m \tag{5-33}$$

式中：ρ_0 是合金的剩余电阻率，它与温度无关。ρ_m 与温度有关，而且与纯组元的电阻率有线性关系，即

$$\rho_m=C\rho_B+(1-C)\rho_A \tag{5-34}$$

式中：ρ_A、ρ_B 分别表示纯组元 A、B 的电阻率。对稀薄固溶体

$$\rho=\rho_0+\rho_A \tag{5-35}$$

固溶体的电阻温度系数

$$\frac{\partial\rho}{\partial T}=C\left(\frac{\partial\rho_B}{\partial T}\right)+(1-C)\left(\frac{\partial\rho_A}{\partial T}\right) \tag{5-36}$$

这个关系称为麦锡森定则。对于周期表上同组元素完全固溶的合金系，如 Au-Ag、Pt-Pd 系，ρ_0 近似地表示为对称的抛物线(图 5-18)。

$$\rho_0 = kC(1 - C) \tag{5-37}$$

式中：k 为一常数。对于贵金属为基的稀固溶体，每 1% 溶质原子所引起的剩余电阻率增量 $\delta\rho_0$ 表示在图 5-19 中。当 B 副族元素溶于贵金属中，$\delta\rho_0$ 与溶质、溶剂的原子价 Z_B、Z_A 有下列关系：

$$\rho_0 = k_1 + k_2(Z_B - Z_A)^2 \tag{5-38}$$

这里又一次看到了价电子因素的影响，应用电子屏蔽模型已经能够很好地解释剩余电阻的意义。

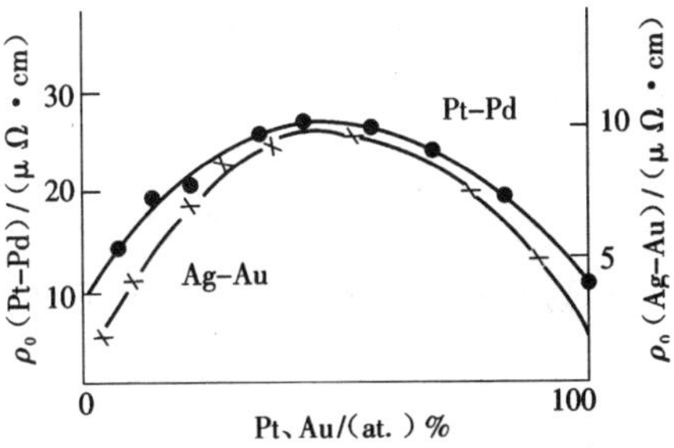

图 5-18 Ag-Au、Pt-Pd 系的 ρ_0

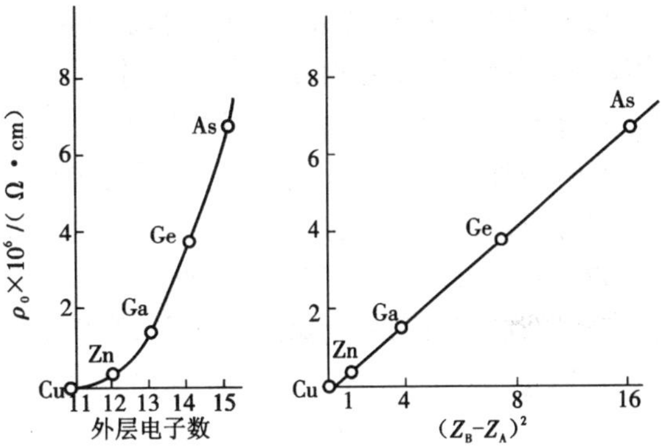

图 5-19 铜合金中 ρ_0 和溶质原子价的关系

另外，由于合金元素的溶入，因电子能带间的相互作用还会引起合金饱和磁矩增高或者降低。图 5-20 是镍基合金中的溶质原子种类和浓度对其饱和磁矩的影响情况。

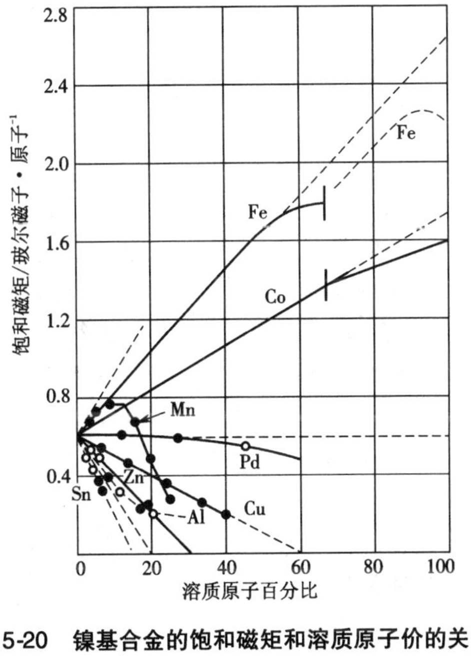

图 5-20 镍基合金的饱和磁矩和溶质原子价的关系

5.1.3 有序固溶体

上一节曾经指出，当 $V<0$ 时，异类原子吸引，合金倾向于形成更多的 AB 键。在高温下，许多有序的小原子群不断地在晶格中形成和消失。当合金冷却时，这种短程有序得到更大的发展。达到临界温度 T_c 时，这些小原子群互相吞并并吸收邻近无序的原子，形成有序畴，如图 5-21 所示。畴内的有序是完全的，畴间原子错排，相邻的有序畴是反相的，称为反相畴。这样的排列，AB 键比例很高，只有畴界面上才有 AA、BB 键。这些跨过畴壁的 AA、BB 键使内能升高。温度低于 T_c 时畴壁不再稳定，反相畴吞并长大，畴壁面积减小，由短程有序变为长程有序，直到晶体中相当大的范围内具有长程序，称为超结构。实际上，当畴的直径达到 10^4 个原子时，就可以使 X 射线德拜相出现明显的超结构线条。图 5-22(a) 中 Cu_3Au 是 fcc 结构，在无序时，原子散射因子是组元的平均散射因子，程差是半波长的整数倍时，衍射波互相抵消，只有 (hkl) 皆奇皆偶的线出现（图 5-22(b)）。有序化以后，Au 占据立方角顶，Cu 占据面心位置，由于原子散射因子不同，程差为半波长的整数倍的衍射波不能完全抵消，所以出现超结构线。下面着重讨论长程序，简称有序。

有序—无序转变是相变的一种。许多相变，例如纯金属的熔化和多形性转变，明显地发生在一定的临界温度，称为第一类相变；而有序—无序转变则不同，它是在一定的温度范围内发生的（图 5-23），称为第二类相变，它与铁磁物质在加热时的退磁类似。

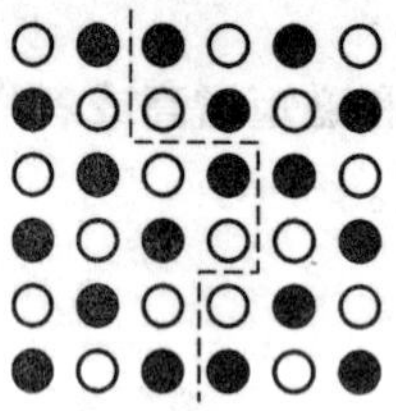

图 5-21　反相畴示意图

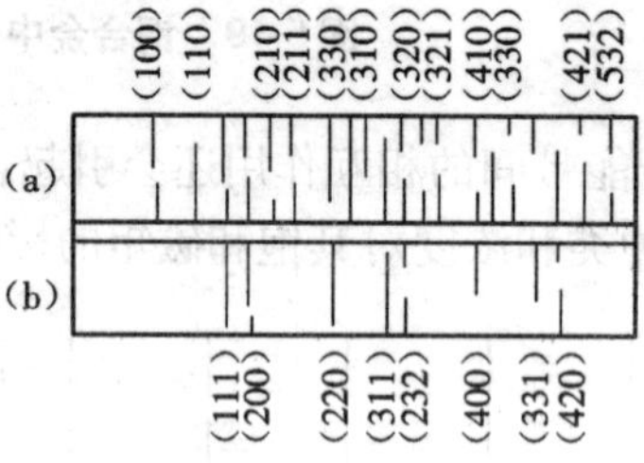

图 5-22　Cu_3Au 德拜相示意图
(a)有序　(b)无序

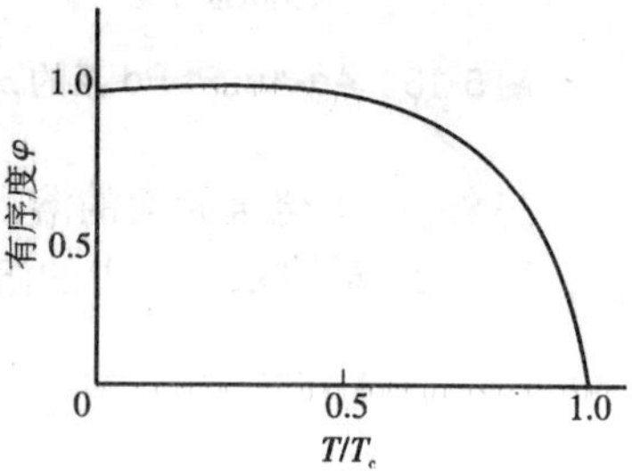

图 5-23　CuZn 的长程有序度与温度的关系

1. 有序结构

在临界温度以下，有序结构可以存在于一定成分范围内，但只有在特定成分才能达到完全有序，如 A_3B、AB、AB_3。以 Cu-Au 系为例，介绍几种典型的有序结构。Cu-Au 相图见图 5-1，图 5-24(a) 为 Cu_3Au 的有序结构。有序的 CuAu Ⅰ 是面心四方结构（图 5-24(b)），它的 c 轴稍缩短，$c/a=0.935$。这是因为金原子坐落在晶胞水平面时，尺寸较金小 12% 的铜原子位于垂直面的中心，所以使 c 缩短。在 380～410 ℃之间，CuAu 出现反相畴有规律的排列，畴壁的间隔为 5 个晶胞，它的基本单元由 10 个小晶胞组成，称为 CuAu Ⅱ（图 5-24(c)）。

2. 有序度参数

研究表明，即使在熔点附近，固溶体也或多或少地偏离完全无序状态。为了定量描述原子分布的状况，引入了短程序参数和长程序参数。

对于短程序，只考虑最近邻。短程序参数 α_1 定义为

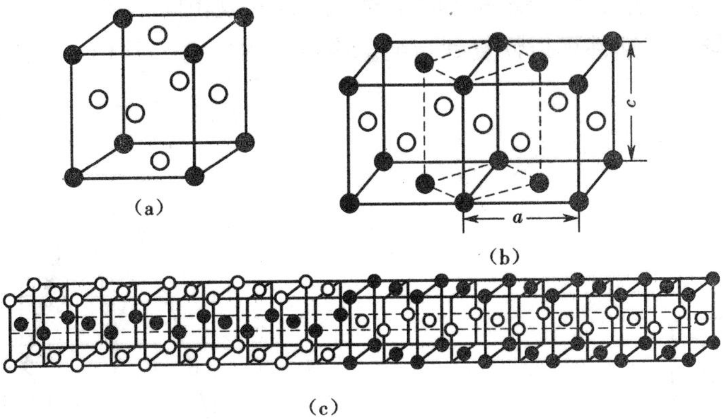

图 5-24 Cu-Au 系有序固溶体的晶体结构

(a) Cu_3Au (b) CuAu Ⅰ (c) CuAu Ⅱ ● Au; ○ Cu

$$\alpha_1 = 1 - \frac{N_{AB}}{N_{AB}^*} \tag{5-39}$$

当 $V<0$ 时，$N_{AB}>N_{AB}^*$，$\alpha_1<0$ 是有短程序的状态；当 $V=0$ 时，$N_{AB}=N_{AB}^*$，$\alpha_1=0$ 是完全无序状态；当 $V>0$ 时，$N_{AB}<N_{AB}^*$，$\alpha_1>0$，是同类原子偏聚状态。令 P'_A 是和 B 原子最邻近的一个格点位置上出现 A 原子的概率，则 $N_{AB}=N_C \cdot ZP'_A$。当 $V<0$ 时，$P'_A>1-C$；当 $V=0$ 时，$P'_A=1-C$，$N_{AB}=NZC(1-C)=N_{AB}^*$；当 $V>0$ 时，$P'_A<1-C$。式(5-39)可以改写为

$$\alpha_1 = 1 - \frac{NZCP'_A}{NZC(1-C)} = 1 - \frac{P'_A}{C_A} \tag{5-40}$$

α_1 可以用单色 X 射线漫散射强度实验测定。式(5-40)定义的短程参数的缺点是合金存在短程序时，α_1 为负值。贝特引入另一短程序参数 σ，即

$$\sigma = \frac{N_{AB} - N_{AB}^*}{(N_{AB})_{max} - N_{AB}^*} \tag{5-41}$$

式中：$(N_{AB})_{max}$ 是完全有序时最大 AB 键数。在完全有序时，$N_{AB}=(N_{AB})_{max}$，$\sigma=1$；完全无序时 $N_{AB}=N_{AB}^*$，$\sigma=0$。

对于长程序，只考虑长程排列的规则性，把格点分成 α、β 两类。完全有序时，A 原子占据 α 格点位置，B 原子占据 β 位置（如图 5-25 所示）。令 A 原子占有某一 α 位置的概率为 P_A^α，长程序参数 φ 的定义是

$$\varphi = \frac{P_A^\alpha - C_A}{1 - C_A} \tag{5-42}$$

当完全有序时，$P_A^\alpha=1$，$\varphi=1$；完全无序时，$P_A^\alpha=C_A$，$\varphi=0$。部分有序时，P_A^α 在 $C_A \to 1$ 之间，φ 在 $0 \to 1$ 之间。

长程序和短程序考虑问题的角度不同，在图 5-21 中，AB 键比例很高，$P'_A \approx 1$，如果 $C=C_A=1/2$，则 $\alpha_1=1-2P'_A \approx -1$，$\sigma=2P'_A-1\approx 1$，短程有序度接近完全有序，只有畴壁处有少量 AA、BB 键。从长程序的角度，有一半 A 原子处于正确的 α 位置，一半处于错误的 β 位置，所以 $P_A^\alpha=1/2$，$\varphi=0$。当然在完全有序时，它们是一致的，即 $\sigma-\alpha=1$，$\varphi=1$。

3. 有序化对合金性能的影响

合金有序化后，许多性能有显著变化。有序使晶格周期场的破坏减少，通常使电阻率 ρ 降

低(图 5-26)。当合金成分与 Cu_3Au 和 CuAu 的一致百分数相同,电阻率和纯组元接近。可见在临界成分,晶格场的周期性可以恢复到与纯金属接近的程度。但 $CuAu_3$ 是例外的。

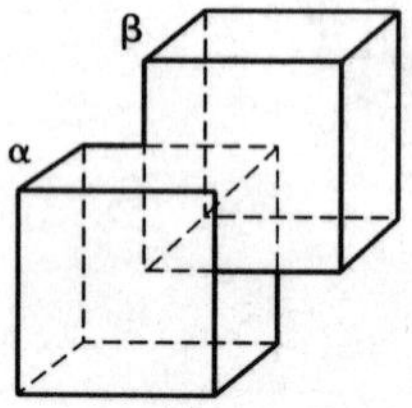

图 5-25　体心立方结构中的α、β 亚点阵

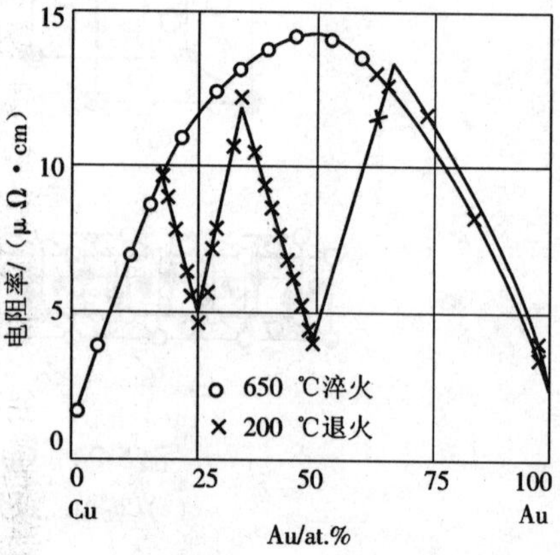

图 5-26　铜金合金电阻率与成分的关系

在有序无序转变中,合金的比热容也发生变化。β 黄铜在长程序转变温度(T_c),比热容有突变,但保持有限值,这表示无转变潜热(图 5-27),是纯粹的第二类相。而 Cu_3Au 的比热容在 T_c 趋于无穷,表示有转变潜热,Cu_3Au 的有限无序转变兼有第一类相变的一些特征。因此,CuZn 和 Cu_3Au 的 φ—T/T_c 曲线也有一些不同:CuZn 的曲线如图 5-23,加热时 φ 下降,加热到 T_c,$\varphi=0$;Cu_3Au 加热到 T_c 时,合金仍具有相当大的长程有序度,一旦超过 T_c,φ 急剧地降为零,如图 5-28 所示。

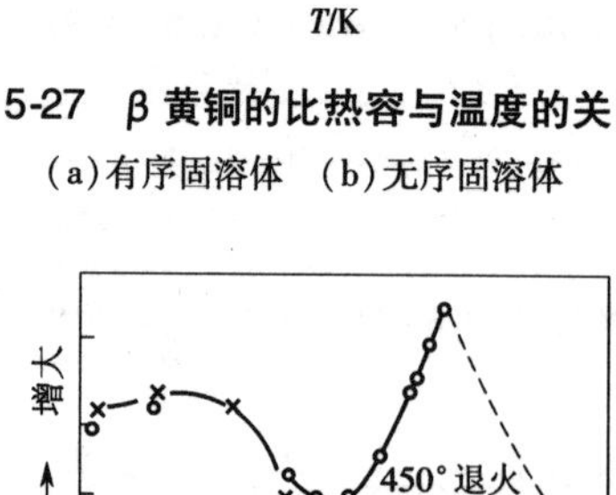

图 5-27　β 黄铜的比热容与温度的关系

(a)有序固溶体　(b)无序固溶体

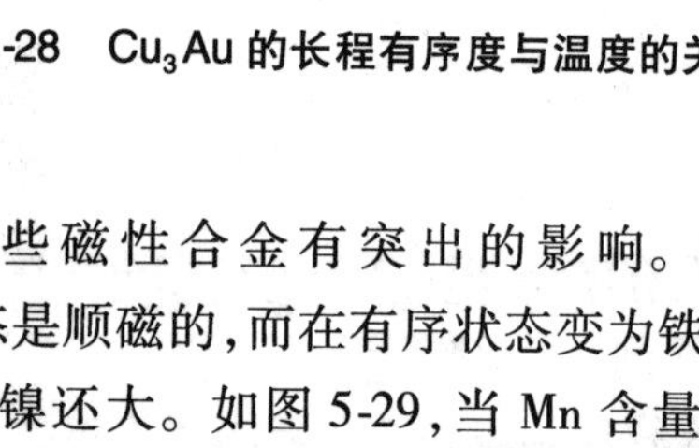

图 5-28　Cu_3Au 的长程有序度与温度的关系

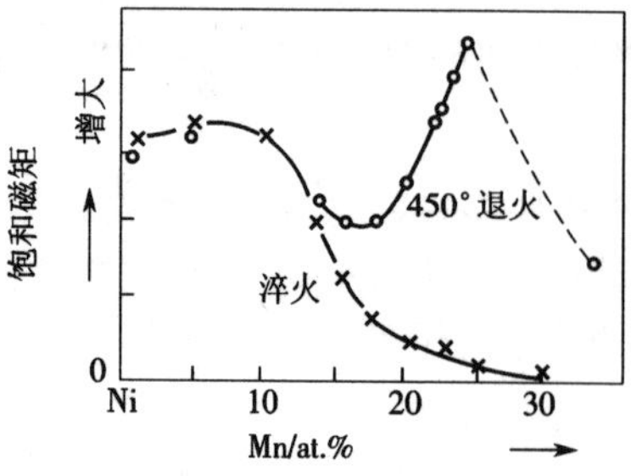

图 5-29　Ni-Mn 合金的饱和磁矩

有序化对有些磁性合金有突出的影响。例如 Ni_3Mn 在无序状态是顺磁的,而在有序状态变为铁磁质的,饱和磁矩比纯镍还大。如图 5-29,当 Mn 含量大于 17(原子)% 时,退火使饱和磁矩增加,合金成分相当于 Ni_3Mn 的合金比时,饱和磁矩有极大值,合金变为强铁磁性。

有序化通常导致塑性下降,硬度增加。如 Cu_3Au 淬火单晶加热到 300 至 385 ℃之间,临界切应力上升;超过临界温度(385 ℃),长程序消失,临界切应力突然下降;加热到600～700 ℃再次下降,相当于短程序消失。

5.2 中间相

已经发现的中间相数以千计,种类繁多。键合的性质也各不相同。电负性差值大的元素形成的化合物具有离子键的特征,这些相具有比较确定的成分,化学价与组元在周期表中的位置相符,称为"正常价化合物"。一些ⅢA～ⅤA族化合物是半导体,它们也具有某些离子键的特征。但多数中间相却显示金属键的特征性,其成分可以在一定范围内变化,因而不能用单一的化学式来表示。控制这些中间相的因素是电子因素和尺寸因素。本节的任务是阐明中间相的成分、结构和性能规律,但是,由于电子理论尚不完善,所以目前还没有建立起完整的中间相理论。下面仍按电子因素、尺寸因素和电子亲和力因素,选择一些重要的中间相,分别加以讨论。

5.2.1 电子相

早在用X射线来研究中间相结构以前,休姆-罗瑟里已经指出Cu-Al、Cu-Sn系的β相和Cu-Zn系的β相可能有相同的结构,后来证实了这一点。这些中间相的化学式CuZn、Cu_3Al、Cu_5Sn,它们的稳定性与电子浓度3/2有关。这些由电子浓度控制的中间相,文献中常称之为电子化合物。由于这些中间相可以在较宽的浓度区间存在,不同于化学意义上的化合物,所以叫做"电子相"比较恰当。后来,对以贵金属为基的合金系进行了系统的研究,这些相的化学式、电子浓度和晶体结构见表5-1。

表5-1 电子相的电子浓度与晶体结构

电子浓度3/2			电子浓度21/13	电子浓度7/4
体心立方结构	β锰结构	密排六角结构	γ黄铜结构	密排六角结构
CuBe	Cu_5Si	Cu_3Ga	Cu_5Zn_8	$CuZn_3$
CuZn	Ag_3Al	Cu_5Ge	Cu_5Cd_8	$CuCd_3$
Cu_3Al	Ag_3Al	AgZn	Cu_5Hg_8	Cu_3Sn
Cu_3Ga	$CoZn_3$	AgCd	Cu_9Al_4	Cu_3Ge
Cu_3In		Ag_3Al	Cu_9Ga_4	Cu_3Si
Cu_5Si		Ag_3Ga	Cu_9In_4	$AgZn_3$
Cu_5Sn		Ag_3In	$Cu_{31}Si_8$	$AgCd_3$
AgMg		Ag_5Sn	Ag_5Zn_8	Ag_3Sn
AgZn		Ag_7Sb	Ag_5Cd_8	Ag_5Al_3
AgCd		Au_3In	Ag_5Hg_8	$AuZn_3$
Ag_3Al		Au_5Sn	Ag_9In_4	$AuCd_3$
Ag_3In			Au_5Zn_8	Au_3Sn
AuMg			Au_5Cd_8	Au_5Al_3
AuZn			Au_9In_4	
AuCd			Mn_5Zn_{21}	
FeAl			Fe_5Zn_{21}	
NiAl			Co_5Zn_{21}	

续表

电子浓度 3/2			电子浓度 21/13	电子浓度 7/4
NiIn			Ni_5Be_{21}	
PdIn			Ni_5Zn_{21}	
			Ni_5Cd_{21}	
			Rh_5Zn_{21}	
			Pd_5Zn_{21}	
			Pt_5Be_{21}	
			Pt_5Zn_{21}	
			$Na_{31}Pb_8$	

Cu-Zn 系在这些合金系中有代表性，从图 5-2 可见，它具有三种电子相，即 β 相、γ 相和 ε 相，它们的化学式分别为 CuZn、Cu_5Zn_8、$CuZn_3$，对于电子浓度为 3/2、21/13 和 7/4（1.50、1.62 和 1.75）。β 相是体心立方结构。γ 相具有复杂立方结构，每个晶胞有 52 个原子。γ 相是脆的，它没有实用价值，对它的研究只是为了探讨合金理论。ε 相具有 hcp 结构。3/2 电子相在其他合金系中可以是 bcc、hcp 和复杂的 β 锰结构，其形成受尺寸因素的影响。当组元尺寸差很小时，倾向于形成 hcp 结构；当尺寸差较大时，倾向于形成 bcc 结构。

5.2.2 拉弗斯相和密堆原理

拉弗斯（Laves）相具有三种结构类型，即 $MgCu_2$ 型、$MgZn_2$ 型、$MgNi_2$ 型。在已查明结构的 125 种 AB_2 型中间相中，有 82 种属于拉弗斯相。$MgCu_2$ 是复杂立方结构（图 5-30），每个晶胞中有 24 个原子，分别处在六个面心立方点阵上，其原点的坐标 A 原子为 000，$\frac{1}{4}\frac{1}{4}\frac{1}{4}$；B 原子为 $\frac{3}{8}\frac{3}{5}\frac{5}{8}$，$\frac{3}{8}\frac{5}{8}\frac{3}{8}$，$\frac{5}{8}\frac{3}{8}\frac{3}{8}$，$\frac{5}{8}\frac{5}{8}\frac{5}{8}$。A 原子的位置和金刚石结构相同，B 原子处在四面体的顶点上。最近邻的原子间距有三种：

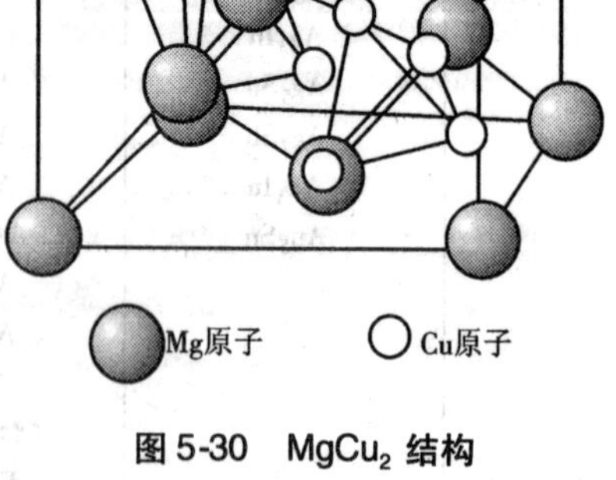

图 5-30 $MgCu_2$ 结构

$$d_{AA}=a\sqrt{\left(\frac{1}{4}-0\right)^2+\left(\frac{1}{4}-0\right)^2+\left(\frac{1}{4}-0\right)^2}=\frac{\sqrt{3}\,a}{4}$$

$$d_{BB}=a\sqrt{\left(\frac{3}{8}-\frac{3}{8}\right)^2+\left(\frac{5}{8}-\frac{3}{8}\right)^2+\left(\frac{3}{8}-\frac{5}{8}\right)^2}=\frac{\sqrt{2}\,a}{4}$$

$$d_{AB}=a\sqrt{\left(\frac{3}{8}-\frac{1}{4}\right)^2+\left(\frac{3}{8}-\frac{1}{4}\right)^2+\left(\frac{5}{8}-\frac{1}{4}\right)^2}=\frac{\sqrt{11}\,a}{8}$$

从上式可以看出,这种结构实现最密堆的条件是 A、B 原子半径比为$\sqrt{3}/\sqrt{2}=1.225$,实际存在的拉弗斯相的原子半径比在 1.1~1.6 之间。

在第 2 章中已经指出,由于金属键没有明显的饱和性和方向性,所以倾向于密堆。等径刚球在平面上最密的排列方式是等边六角形,这些密排面按 ABC ABC……堆垛成 fcc 结构,按 AB AB……堆垛成 hcp 结构。这两种堆垛方式原子处于四面体或八面体的角顶,空间利用率为 74.1%。从立体几何关系可以算出,四面体的空间利用率为 78.0%,八面体为 72.1%。如果完全采用四面体堆积方式,可以获得更高的空间利用率。图 5-31 是拉弗斯相的(111)面基本组成单元,基本单元由四层原子组成。第一层(111)密排面上的 A 原子占据 *a* 位置;第二层是 B 原子,它在第一层上的投影构成六角网络,第一层的 A 原子在六角网络的中心;第三层 A 原子在第一层上的投影与第一层 A 原子相重;第四层 B 原子如果落在 *c* 位置,则四层原子构成△基本单元,如果落在 *b* 位置,则构成▽基本单元。拉弗斯相的三种结构类型是由这些基本单元按不同的层序堆垛出来的。以基本单元第一层的 A 原子为准,△基本单元落在 *a* 位置,称为 α;▽基本单元落在 *a* 位置,称为 α′;△基本单元落在 *b* 位置,称为 β;▽基本单元落在 *b* 位置,称为 β′;△基本单元落在 *c* 位置,称为 γ;▽基本单元落在 *c* 位置,称为 γ′。按 αβγαβγ……堆垛,就会产生立方的 $MgCu_2$结构,六方网络平行于{111};按 αβ′αβ′……堆垛,产生六角的 $MgZn_2$结构,六方网络平行于{0001};按 αβ′α′γαβ′α′γ……堆垛,产生六角的 $MgNi_2$结构,六方网络平行于{0001}。图 5-32 是拉弗斯相中 A 原子的配位壳层,邻近原子处在 28 面体的顶点,28 面体的面都是三角形,这是纯四面体堆积的必然结果,因而称之为"三角配位多面体"。由图可以看出,A 原子的近邻中,有十个 A 和十二个 B,配位数为 16。弗兰克和卡斯帕用拓扑学及晶体几何学证明,只有四种具有三角配位壳的多面体,其配位数是 12、14、15、16。它们应用了三角配位多面体密堆原理,分析了许多过渡族合金极其复杂的晶体结构,很能说明问题。他们还预测了一些结构,有的已经被实验证实。

图 5-31 拉弗斯相的△基本单元

○第一层 A 原子;●第二层 B 原子;×第三层 A 原子;○第四层 B 原子

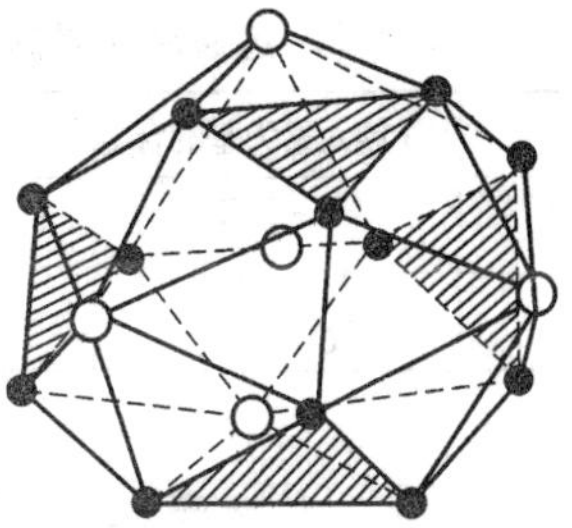

图 5-32 拉弗斯相中 A 原子的配位壳层

拉弗斯相的形成主要取决于几何因素，但电子浓度因素也起一定的作用。例如对三元镁合金，电子因素会影响其结构类型。在电子浓度较低时，出现 $MgCu_2$ 结构；电子浓度较高时，出现 $MgZn_2$ 结构；而 $MgNi_2$ 结构处于两者之间（图 5-33）。

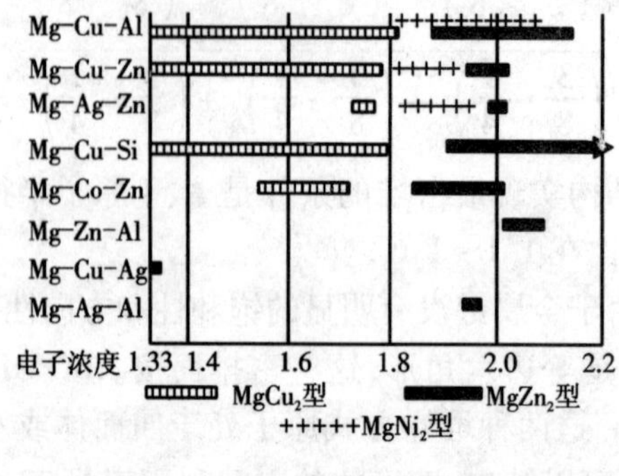

图 5-33 三元镁合金中拉弗斯相和电子浓度的关系

5.2.3 过渡族元素构成的中间相

由于对过渡族元素的电子结构尚未完全搞清楚，所以在一些包含有过渡族元素的中间相中，如何确定它们的原子价一直是在探讨之中的问题。如 NiAl、FeAl 具有 bcc 结构，如果过渡族元素为零价，则可归为 3/2 电子相。但是过渡族和铝的另外一些中间相，如 $NiAl_3$，实验指出 Al 的价电子可能进入 Ni 的 d 带，因而镍应当有负的原子价。至于全部由过渡族元素构成的中间相，情况就更为复杂，研究也不够充分。最近由于发展高温合金及钛、锆等合金的需要，此类中间相的研究已经受到重视。哈瓦斯和休姆－罗瑟里根据ⅤB 至ⅧB 族过渡元素的合金相图，总结出一些初步规律，假如将族数低的元素画在相图的左侧，则这些系统中，中间相出现的顺序为

体心立方→β 钨相→σ 相→α 锰→密排六角→面心立方

各种相出现的合金成分与外层 $ns+(n-1)d$ 电子数有关（表 5-2）。从几何观点来看，过渡族金属中的原子半径相差不大，一般的在 1.3∶1 的范围内，非常适合于形成堆积密、配位数高的三角配位多面体，这可能使中间相的能量低于纯组元，成为稳定的合金相。表 5-3 列举一些完全由三角配位多面体组成的中间相的晶型和原子配位情况。

表 5-2 过渡族元素的合金系的中间相与外层 $ns+(n-1)d$ 电子数的关系

相结构	ⅤB 族元素为基的合金	ⅥB 族元素为基的合金	相结构	ⅤB 族元素为基的合金	ⅥB 族元素为基的合金
体心立方	5～5.2	6～6.2	α 锰	6.5～7.2	6.7～7
β 钨	5.8～6.3	6.4～7	密排六方	6.2～8	7～8
σ 相	6～7.4	6.5～7.6	面心立方	7.5～10	7.5～10

表 5-3 一些过渡族金属中间相的晶型和原子配位

晶型（例）	原子配位			
	12	14	15	16
β-W(V_3Co)	Co	3V	—	—

续表

晶型(例)	原子配位			
	12	14	15	16
Laves 相 MgCu 型($ZrRu_2$) MgZn 型($TiMn_2$) $MgNi_2$ 型(UPt_2)	 2Ru 2Mn 2Pt	 — — —	 — — —	 Zr Ti U
σ 相($V_{20}Ni_{10}$)	10Ni	16V	4V	
μ 相(Fe_7W_6)	7Fe	2W	2W	2W
P 相$(Mo\text{-}Cr\text{-}Ni)_{56}$	24Ni	20(Mo,Cr)	8Mo	4Mo
R 相$(Mo\text{-}Cr\text{-}Co)_{53}$	27(Co,Cr)	12(Mo 为主)	6(Mo 为主)	8Mo

5.2.4 σ 相

σ 相最初在 Fe-Cr 系中被发现,它能使材料变脆,在一些高温合金中如出现 σ 相也会产生脆性,因而它受到了重视。σ 相具有复杂四方结构(图 5-34),每个晶胞有 30 个原子,相稳定的成分区间很宽(图 5-35)。它的形成除受电子浓度的影响(表 5-2)外,也受尺寸因素的影响。组元半径比增加,σ 相稳定的温度区间缩小。它属于三角配位多面体密堆类型,原子半径比在 1.01 与 1.61 之间。

P 相(正交,每个晶胞有 56 个原子)、R 相(三角,每个晶胞有 53 个原子)和 μ 相(三角,每个晶胞有 13 个原子)的结构与 σ 相密切相关,也属于三角配位多面体密堆类型。

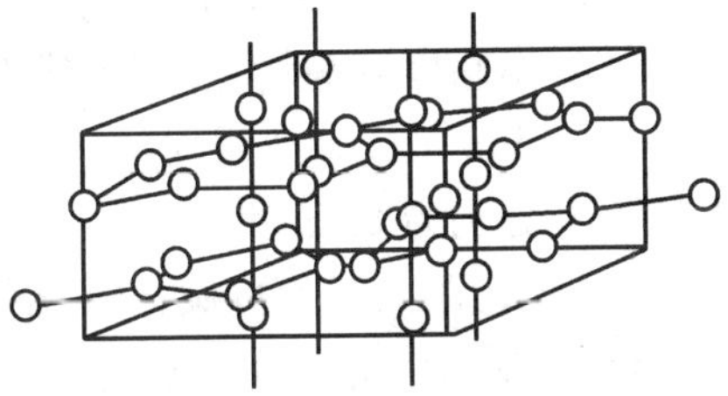

图 5-34 σ 相的晶体结构

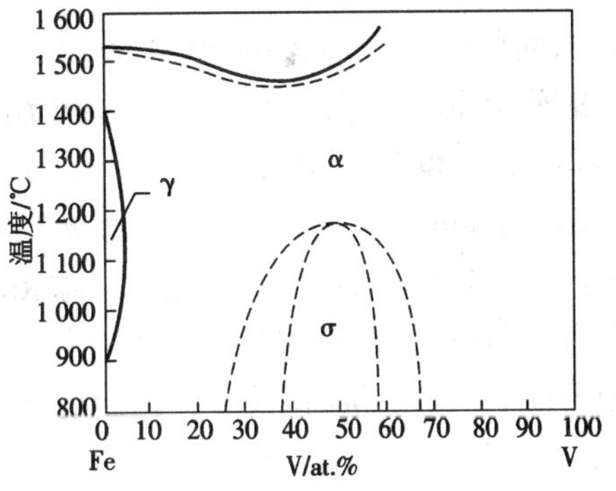

图 5-35 Fe-V 系的 σ 相区

5.2.5 β-W 结构

β-W 代表大量立方中间相 A_3B,其中 A 是ⅣB、ⅤB、ⅥB 过渡族元素,B 是ⅧB 族过渡元素或 Ga、Si、Ge、Sn、As、Sb、Au、Cu、Hg。B 原子占有 bcc 位置(图 5-36),有 12 个 A 原子作为近邻。β-W 结构之所以受到重视,是因为有些超导材料具有这种结构,如 Nb_3Sn,它的超导临界温度 T_c是 18.05 ±0.1 K,是迄今查明的超导体中临界温度较高的一种。从图 5-37 可以看出,如果 B 副族元素的价电子为 $ns+(n-1)$d 电子,ⅢA→ⅥA 族元素的价电子为 $ns+np$ 电子,则电子浓度接近 5 或 7 时,T_c有峰值,这和费米面达到状态密度曲线的峰值有关。在第 1 章中已经指出，$C_V = bT^3 + \gamma T$，对多数元素，$\gamma < 96 \times 10^{-4}$ J/(mol · K)。而 V_3Ga 的 $\gamma > 720 \times 10^{-4}$ J/(mol · K^2)，是已知的最高值，这意味着费米面附近的状态密度是高的。

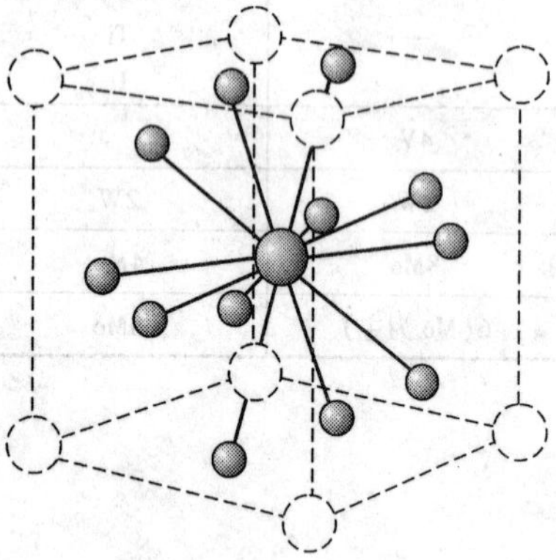

图 5-36　β-W 结构

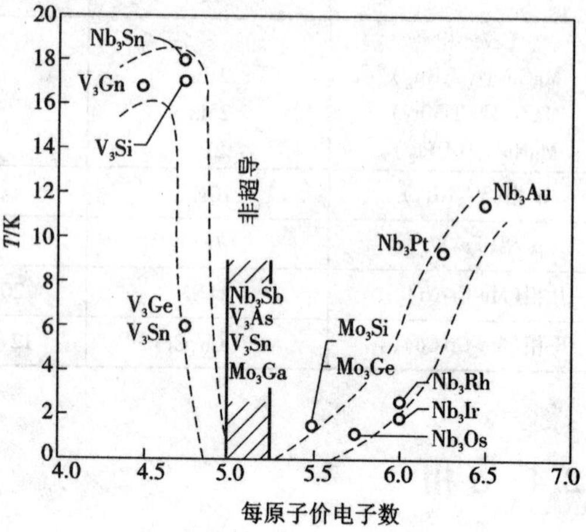

图 5-37　β-钨中间相的超导临界温度和电子浓度的关系

5.2.6　间隙相

共价原子半径小的非金属元素，如 H(0.053 nm)、N(0.074 nm)、C(0.077 nm)等，能够和金属、特别是过渡族金属形成间隙型一次固溶体和中间相。海格指出：当非金属对金属原子的半径比小于或等于 0.59 时，这些相具有简单结构，金属原子(M)构成 fcc、bcc、hcp 式简单六方结构，而非金属原子(X)处于间隙位置，近似的化学式为 M_4X、M_2X、MX、MX_2；当半径比大于 0.59 时，则形成复杂结构，由于间隙空洞小而溶质原子大，故结构产生畸变。例如 Ti、Zr、Hf、V、Nb、Ta 能和 C、N 形成稳定的碳化物和氮化物，化学式为 MX，金属原子构成 fcc 结构，C、N 占有八面体间隙位置，形成 NaCl 型结构。由于这些中间相具有高硬度和高熔点，有人认为其键合具有部分的共价性质；但是，间隙相却不同于纯粹的共价晶体，它具有金属性(有金属光泽、能够导电)。间隙相的超导临界温度较高，NbN 和 MoN 的 T_c 分别为 15 K 和 12 K。因为间隙原子有它自己的空间位置，可以预期间隙相可以存在于较宽的浓度区间，有些碳化物确实如此，如 TiC 可以在 $TiC_{0.6}$ 至 TiC 范围内存在；VC 在 $VC_{0.75}$ 至 VC 范围内均能保持 NaCl 结构。已经观察到有序的间隙相，如 γ-Fe 固溶 10(at.)% N，氮原子随机分布于八面体间隙位置，这种固溶体在 590 ℃共析分解为 α、γ′两相，γ′相是有序的 γ 相，氮原子处于单胞中心的八面体间隙位置，因而这种氮化物的化学式是 Fe_4N，它存在的浓度区间很窄。

有些半导体中间相，其结构类型也属于间隙型。众所周知，ⅣA 族本征半导体硅的 $e/a = 4$，布里渊区是满的，它具有金刚石立方结构，键合是纯共价键，电子能态是(sp)交叠态。如果以ⅢA、ⅤA 族元素构成金刚石立方结构，晶体也具有本征半导体的特性，如 CaP、CaAs、CaSb 等，这些半导体的结构如图 5-38 所示，属于闪锌矿(ZnS)结构，与硅一样，$e/a = 4$，(sp)交叠态的形成是键合具有离子键或极化特征，而离子键特征可以用元素的电负性来衡量。如果 V_{AA}、V_{BB} 为纯共价键，由 $V = V_{AB} - \frac{1}{2}(V_{AA} + V_{BB})$，组元的电负性差近似地正比于 $\sqrt{|V|}$，$|V|$越大，离

子键的特征越强,电负性差等于1时形成约20%的离子键。

过渡族元素和ⅢA、ⅣA、ⅤA、ⅥA族元素形成的NiAs结构也属于间隙型。类金属元素形成hcp结构,过渡族元素或金属元素处于八面体的间隙位置(图5-39)。由于ⅣA、ⅤA、ⅥA元素是电负性的,因而键合的特征介于金属和非金属(离子键或共价键)之间。由于这些NiAs结构的AB中间相具有半金属的特性,故常常通过它们研究键合的性质。

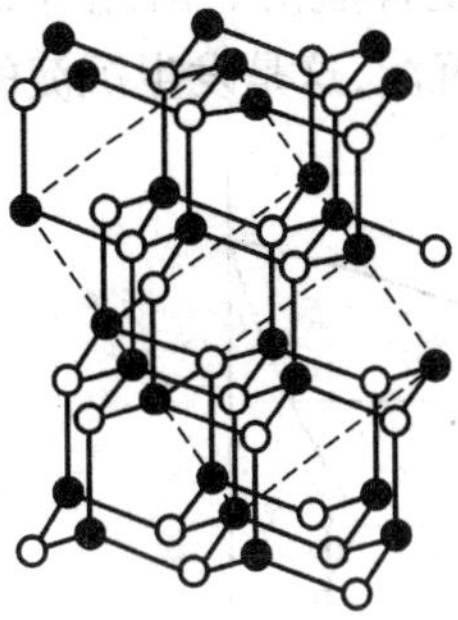

图5-38 金刚石立方闪锌矿结构

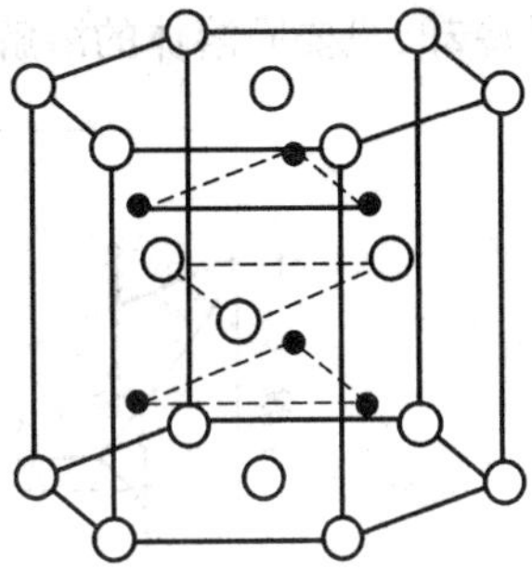

图5-39 NiAs结构

还有一种间隙型中间相具有CaF_2结构,钙构成fcc结构,氟在四面体间隙位置。虽然CaF_2是离子化合物,但具有这种结构的中间相却具有典型的金属性。有些具有CaF_2结构的中间相,金属原子(正电性的)占有氟(电负性的)位置,如Mg_2Si、Mg_2Ge、Mg_2Sn即属于此,因而被认为是CaF_2的反同型晶体。这些晶体中,包含绝缘体(如Na_2O),本征半导体(如Mg_2Si、Mg_2Ge、Mg_2Sn)和金属导体如Mg_2Pb。由于熔融的Mg_2Sn的导电性和熔融的Sn相近,因而认为Mg_2Sn内以共价键为主。莫特和琼斯认为,这些反同型晶体是8/3电子相,在PtSn中,Pt为零价;在$PtGa_2$中,Pt为二价。

5.2.7 中间相的结构缺陷

到现在为止,一直假定每个中间相晶胞是完整的。但是晶体的结构理论已经告诉人们实际工程材料中没有缺陷的结构是很难得到的。如果在溶质百分数改变的同时在点阵中引入一定数量的空位,以保持电子浓度恒定,在影响内能E的其他因素不变而保持E恒定的情况下,晶体的熵会因引入空位而增加,由$F=E-TS$可知,晶体结构的自由能将降低,因此,从热力学考虑,带缺陷的晶体将更为稳定。如NiAl的β相($e/a=3/2$),当Al浓度增加时,Ni的位置出现空缺,使每个晶胞的"自由"电子数保持在β相稳定的电子浓度范围,结果形成较为稳定的缺位固溶体。

5.3 固溶体的沉淀

5.3.1 沉淀的条件和分类

沉淀(precipitation)是从过饱和固溶体中析出第二相的过程,又称为脱溶转变。

在许多工业加工和处理过程中，合金的性能，如强度和韧性、抗蠕变和抗磨损的性能、超导性能和相变超弹性等本质上都为第二相颗粒所控制。因此掌握合金的沉淀机制及沉淀显微组织对合金性能的影响，对于控制沉淀过程、提高材料的性能具有重要意义。

1. 沉淀的条件

A-B 二元相图如图 5-40 所示。在图 5-40(a)、(b)中，箭头所示的冷却过程都可以发生沉淀或脱溶。在图 5-40(c)的部分相图中也有加热过程中发生的上淬脱溶。由此可见，不管是加热还是冷却，只要固溶体的溶解度随温度发生变化，都会出现沉淀，这是发生沉淀的条件。

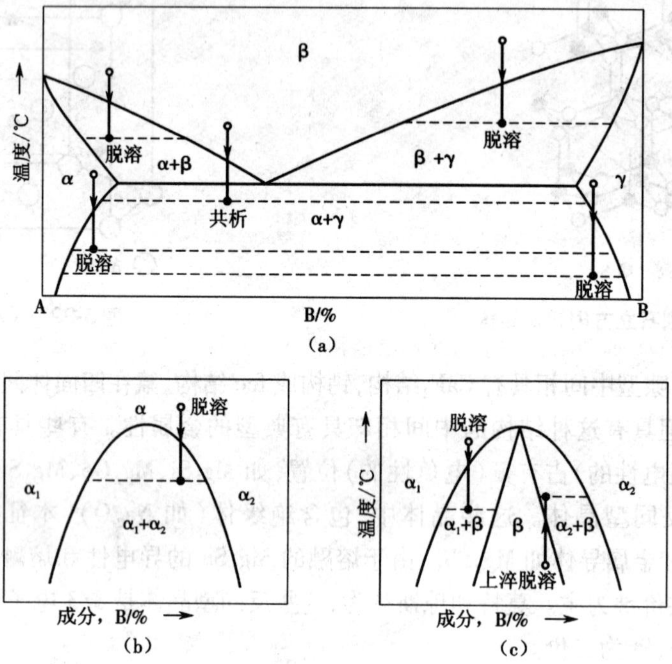

图 5-40 具有脱溶转变的二元相图

(a)具有共析转变的二元相图 (b)具有多相结构的二元相图 (c)具有上淬脱溶的二元相图

在图 5-40(a)中，高温下的单相 α 固溶体在箭头所示的冷却过程中，将分解为 α 和 γ，处于两相平衡状态。为了促使沉淀反应进行，合金首先在 α 单相区均匀化，然后缓慢冷却至 α + γ 两相区，或者先淬火进行固溶处理，之后在两相区中某一温度进行等温时效。

固溶处理(solution treatment)的目的是使第二相充分溶入固溶体中，然后将固溶体保持到室温。其工艺是将合金加热到固溶体区较高温度，保温一小时到一天的时间，然后淬入水中得到过饱和固溶体。时效处理(age treatment)是将过饱和固溶体在一定温度下保温一定时间，使之发生沉淀，进而使第二相弥散析出。若在室温下放置一段时间，称为自然时效，若在低温保持较短一段时间，称为人工时效。不管是人工时效还是自然时效，合金的硬度和强度都有明显的提高。

2. 沉淀的分类

(1)连续沉淀和不连续沉淀

根据显微组织、沉淀的位置和形状，沉淀可分为连续沉淀(continuous precipitation)和不连续沉淀(discontinuous precipitation)。

连续沉淀是沉淀相以孤立的小颗粒或薄片状形态由母相中均匀或非均匀形成，与界面毗邻的母相中，成分呈连续变化。当过冷度较小时，将发生非均匀沉淀，即优先在晶界、位错等处形核长大，这又称为局部沉淀。当过冷度较大时，将发生均匀沉淀，即在母相中均匀地、无择优地形核长大。

不连续沉淀是沉淀相在晶界上形核并逐步向晶内发展、长大，而且与略呈过饱和的基体相之间构成领域或胞，类似于珠光体形态，又称为胞状沉淀（cellular precipitation），母相与领域中的基体相在领域界面处成分呈不连续变化。

连续沉淀和不连续沉淀的示意图如图 5-41 所示。图中 C_0 是母相成分，连续沉淀中的 C^{α} 是沉淀相析出后界面处母相的成分，$C^{\alpha}\sim C_0$ 呈连续分布。不连续沉淀中 C_0 仍为母相成分。C^{α} 为领域中基体相的成分，$C^{\alpha}\sim C_0$ 呈不连续分布。连续沉淀、不连续沉淀的组织如图 5-42、图 5-43 所示。

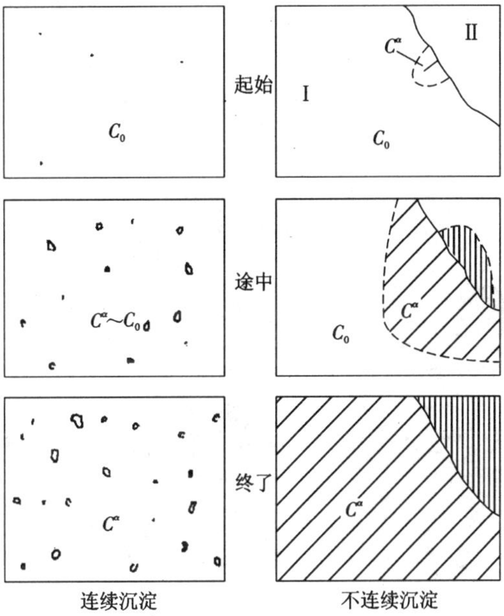

图 5-41　连续沉淀和不连续沉淀

(2) 平衡沉淀与亚稳沉淀

按照系统自由能最低的原则，沉淀相或脱溶相应为平衡相，而在实际发生的过程中，相当多的情况都是亚稳平衡的，但它不是过程的终态。在一定条件下，过程会继续发展，由亚稳相转变为平衡相，出现所谓的脱溶贯序现象。在实际生产中，工艺目标或实际可能获得的状态，几乎都是脱溶贯序中的亚稳状态，而非平衡状态，这将在后面的沉淀应用实例中作具体讨论。

(3) 共格沉淀和非共格沉淀

沉淀产物与母相的晶体学关系，取决于过冷度、温度和沉淀产物的晶体结构。析出相与母相的晶体结构相近者，或反应在低温下进行时，易形成共格沉淀。相反则倾向于形成非共格沉淀。介于两者之间的有局部共格形核等情况。

一般情况下，亚稳相多为共格沉淀，平衡相多为非共格沉淀。

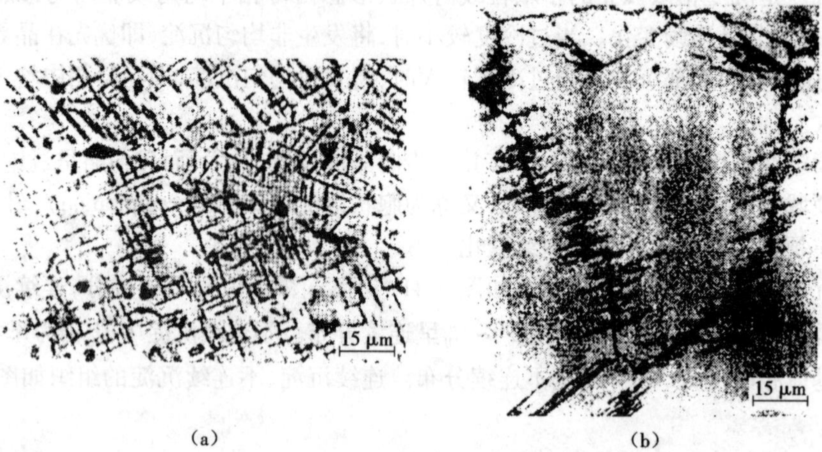

图 5-42　连续沉淀组织

(a)连续脱溶形成的魏氏组织(Si-Mn-Al 从 800 ℃缓冷)

(b)在晶界上的局部脱溶(Ni-Cr(20%)-Al(1%))

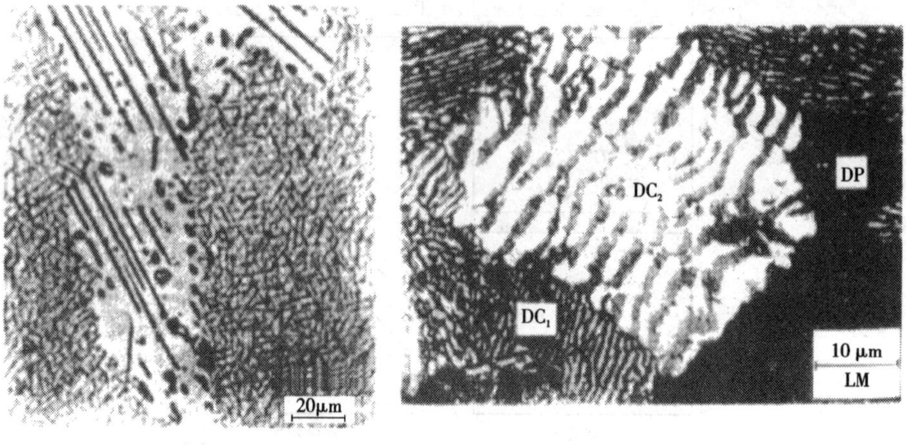

图 5-43　不连续沉淀组织

(a)不连续脱溶的岛状组织(Al(8%)-Ag 合金在 300 ℃时效 4 h)

(b) Ni-10at%In 于 924 K 时效 4 h 后的金相照片,图中黑色区域 DP 为最初的胞区沉淀产生的细片状组织,因片很细,在照片上已无法分辨,DC_1、DC_2 分别为向 DP 推进的粗化组织

(4)正沉淀与负沉淀

沉淀相中溶质含量高于母相者称为正沉淀,相反称为负沉淀,图 5-40(a)中,由 α 相沉淀出 γ 相为正沉淀,由 β 相沉淀出 α 相为负沉淀。本章下面讨论的,如果不做特殊说明,皆指连续沉淀和正沉淀。

5.3.2　沉淀相粒子的形核

沉淀是典型的扩散型相变,新旧相有成分变化,也有结构变化。它的形核与长大完全遵循扩散形核和长大的规律。在上一章关于扩散理论的应用部分,已经结合扩散理论介绍了沉淀相粒子的长大和粗化过程的求解，这里主要讨论固溶体沉淀时沉淀相粒子的形核过程的能量关系和界面结构。

1. 体积自由能

沉淀相形核的驱动力为新旧两相的体积自由能之差。单位体积自由能之差ΔG_V可以表示为

$$\Delta G_V = \frac{\Delta G_n}{V_\beta} \tag{5-43}$$

式中：ΔG_n和V_β分别为摩尔自由能和摩尔体积。对于沉淀相来说，ΔG_V正比于固溶体的过饱和度。对于由过饱和α相析出β相的形核过程，体系自由能的变化

$$\Delta G = -V_\beta \Delta G_V + A_{\alpha\beta}\gamma_{\alpha\beta} + V_\beta G_\varepsilon \tag{5-44}$$

或

$$\Delta G = V_\beta(-\Delta G_V + G_\varepsilon) + A_{\alpha\beta}\gamma_{\alpha\beta} \tag{5-45}$$

式中：V_β为新相β晶核的摩尔体积；$A_{\alpha\beta}$为α相和β相的相界面积，$\gamma_{\alpha\beta}$为α相和β相的比界面能，G_ε为新相形核所产生的应变能。

由式(5-45)可见，形核的阻力来自界面能和体应变能，同样也存在一个临界晶核半径和形核功。随着过冷度的增加，驱动力增加，临界晶核半径减小，形核功下降。

过渡相和平衡相析出物的非均匀形核位置有空位片(或群)、位错、晶界和相界等。

2. 界面能

界面能γ定义为增加单位面积所增加的能量，即

$$\gamma = \frac{dF}{dA} \tag{5-46}$$

式中：F为自由能，A为界面面积。

界面能通常分为化学能部分γ_c和畸变能(或结构能)部分γ_s，即

$$\gamma = \gamma_c + \gamma_s \tag{5-47}$$

(1)化学能

化学能γ_c是在没有发生畸变时，相界面处原子间化学键所引起的能量，其大小取决于键的类型、数目和强度。根据准化学模型，α相和β相均为二元固溶体，其溶质B的浓度分别为x_α和x_β，设晶体结构和点阵常数相同，界面处只有化学键的改变而无畸变，则得

$$\gamma_c = \Delta N_{AB}\varepsilon_{AB} + \Delta N_{AA}\varepsilon_{AA} + \Delta N_{BB}\varepsilon_{BB} \tag{5-48}$$

式中：ΔN_{AB}、ΔN_{AA}、ΔN_{BB}分别为界面处多出的AB、AA、BB原子对，ε_{AB}、ε_{BB}、ε_{AA}分别为AA、AB、BB原子对的结合能。

式(5-48)中ΔN_{AB}、ΔN_{AA}、ΔN_{BB}有下面关系：

$$\Delta N_{AA} = \Delta N_{BB} = -\frac{1}{2}N_{AB} \tag{5-49}$$

将式(5-49)代入式(5-48)中，有

$$\gamma_c = \Delta N_{AB}\left(\varepsilon_{AB} - \frac{1}{2}\varepsilon_{AA} - \frac{1}{2}\varepsilon_{BB}\right) \tag{5-50}$$

引入混合能参数和溶解热ΔH，有

$$\varepsilon^m = \varepsilon_{AB} - \frac{1}{2}\varepsilon_{AA} - \frac{1}{2}\varepsilon_{BB} \tag{5-51}$$

ε^m表示形成一个 AB 键的内能变化。从统计学可以写出

$$\Delta H = N_0 Z \varepsilon^m \tag{5-52}$$

式中：N_0为阿伏加德罗常数，Z为固溶体的配位数。

$$\Delta N_{AB} = N_S Z_S (x_\alpha - x_\beta)^2 \tag{5-53}$$

将式(5-51)、式(5-52)、式(5-53)代入式(5-50)，有

$$\gamma_c = \frac{N_s Z_s \Delta H}{N_0 Z}(x_\alpha - x_\beta)^2 \tag{5-54}$$

式(5-54)就是利用统计方法得到的γ_c的表达式。对于稀薄固溶体，$(x_\alpha - x_\beta) \to 1$，上式可简化为

$$\gamma_c = \frac{N_s Z_s \Delta H}{N_0 Z} \tag{5-55}$$

(2)畸变能

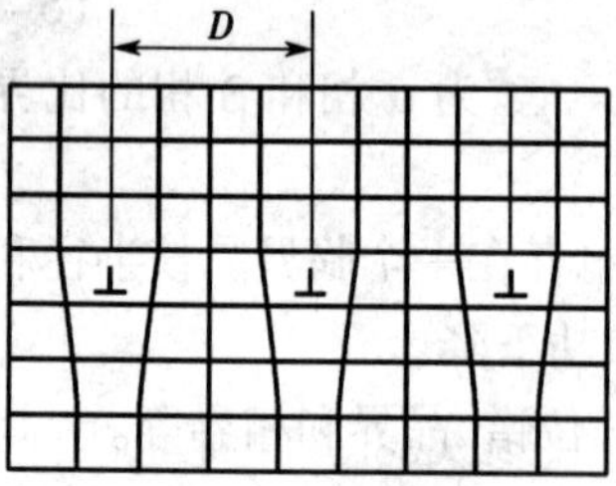

图 5-44 一列刃型位错所构成的相界

畸变能是原子由于某种力而移离平衡位置所增加的能量，它是由界面处两相原子不匹配所造成的。显然，点阵错匹配度越大，畸变也会越大。引入错配位错(misfit dislocation)来补偿形成半共格界面，根据位错模型，可以计算出畸变能部分，如图 5-44 所示。设单位长度界面内，有 $1/D$ 根位错(D为位错间距)，每根位错应力场所涉及的区域设想为αD(α为接近于 1 的常数)，因此，单位面积的界面能可以表示为各位错能量的叠加：

$$E_L = \frac{1}{D}\frac{\mu b^2}{4\pi K}\ln\frac{\alpha D}{r_0} \tag{5-56}$$

式中：μ为切变模量；b为位错的柏氏矢量的大小；r_0为常数，接近于原子间距；对于刃型位错$K=1-\nu$，对于螺型位错$K=1$。

V. D. Melwe 对一维方向不匹配的界面，用平行于界面的一系列刃型位错来补偿的模型进行了计算，得到

$$\gamma_s = \frac{\mu a}{2\pi^2}[1 + \phi - (1+\phi^2)^{1/2}] \tag{5-57}$$

式中：a为点阵常数；$\phi = \frac{2\pi}{1-\nu}|\varepsilon_{11}^{T}|$，$\varepsilon_{11}^{T}$为在不匹配方向上的无应力平移应变或线性应变；$\nu$为泊松比；$\mu$为切变模量。

当界面的错配由螺型位错补偿时，界面能项只有刃型位错时的一半。

当两个相的点阵常数差别较小时，ε_{11}^{T}较小，ϕ也较小，上式可简化为

$$\gamma_s \approx \frac{\mu a}{2\pi^2}\phi = \frac{\mu a|\varepsilon_{11}^{T}|}{\pi(1-\nu)} \tag{5-58}$$

即$\gamma_s \propto |\varepsilon_{11}^{T}|$，而$|\varepsilon_{11}^{T}|$取决于错配度$\delta$。

当析出相和基体之间界面上的原子只沿某一原子方向错开一个很小的量时，这时$|\varepsilon_{11}^{T}| \approx \delta$，那么$\gamma_s$可表示为

$$\gamma_s = \frac{\mu a \delta}{\pi(1-\nu)} \tag{5-59}$$

对于共格界面来说,界面处要保证原子一对一地相匹配,在结构不同或结构相同而点阵常数不同的情况下,畸变能大,化学能小且可忽略。对于非共格界面来说,界面处原子完全不相匹配,化学键破坏多,化学能大,畸变能小。三种界面的界面能大小顺序为

	共格	半共格	非共格
畸变能	大	←	小
化学能	小	→	大
总界面能	小	→	大
	0.05 ~ 0.2 J/m²	0.2 ~ 0.5 J/m²	0.5 ~ 1.0 J/m²

对于非共格界面能,通常用实验方法测量,可采用类似于晶界能的测量方法。这方面系统的实验结果不多,但一些初步的实验结果显示,相界能低于相应单相金属的晶界能,如表5-4所示。

表5-4 相界能与晶界能的比较

合金素	A 相	B 相	参考晶界	相界能与晶界能的比值
CuZn	α(面心立方)	β(体心立方)	α/α	0.78
CuZn	α(面心立方)	β(体心立方)	β/α	1.00
CuAl	α(面心立方)	β(体心立方)	α/α	0.71
CuAl	β(面心立方)	γ(复杂立方)	γ/γ	0.78
CuSn	β(面心立方)	β(体心立方)	α/α	0.76
CuSn	α(面心立方)	β(体心立方)	γ/γ	0.93
FeC	α(体心立方)	Fe_3(正交)	α/α	0.93
FeC	α(体心立方)	γ(面心立方)	α/α	0.71
FeC	α(体心立方)	γ(面心立方)	γ/γ	0.74

一般情况下:

$$0.7 \leqslant \frac{\gamma_{\alpha\beta}}{\gamma_{\alpha\alpha}} \leqslant 0.93 \tag{5-60}$$

在非共格相界与晶界平衡时,考虑α相一个晶界和两个α、β相界之间的平衡,如图5-45(a)所示,这样可以得到

$$\gamma_{\alpha\alpha} = 2\gamma_{\alpha\beta}\cos\frac{\varphi}{2} \tag{5-61}$$

式中:$\gamma_{\alpha\alpha}$为α相的晶界能,$\gamma_{\alpha\beta}$为α、β的相界能,φ为二面角。

$\frac{\gamma_{\alpha\alpha}}{2\gamma_{\alpha\beta}}$的比值确定了二面角的大小。通过测定$\varphi$角和已知的α相晶界能,便可求得。同时也可以通过改变晶界能和相界能的比值来影响φ角,从而影响第二相的形态,如图5-45(b)所示。

3. 体积应变能

在不存在约束的条件下,体积应变能来源于沉淀相和母相比容不同或形状差异引起的错配。当相界面为非共格时,体积应变能的来源如图5-46所示。当为共格相界面时,体积应变能的来源与图5-46类似,如图5-47所示。下面以Cahn共格膨胀畸变理论来说明体积应变能产生的过程。

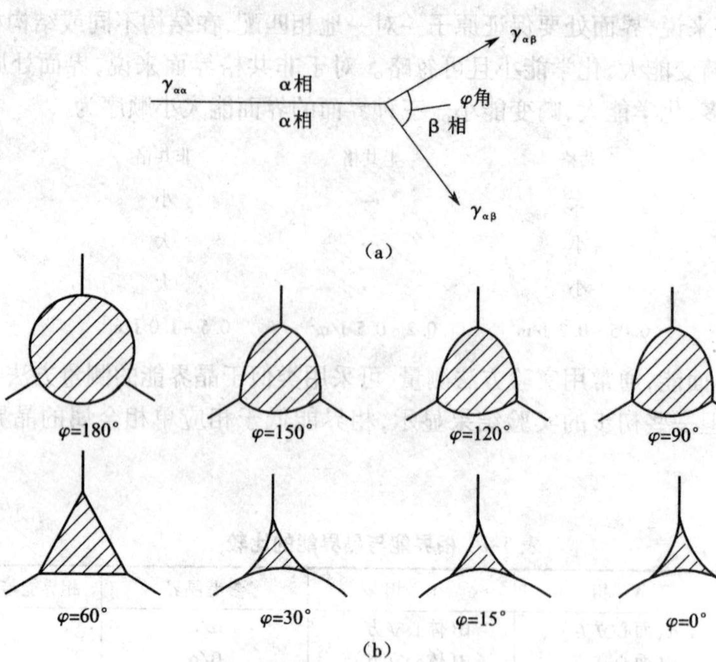

图 5-45　非共格相界与晶界平衡时，二面角对第二相形态的影响

(a) 非共格相界与晶界平衡　(b)二面角对第二相形态的影响

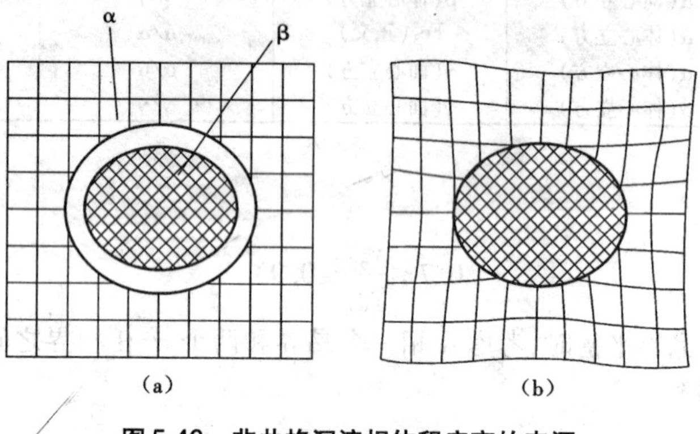

图 5-46　非共格沉淀相体积应变的来源

(a) 将椭球体 β 放入 α 相基体的洞中　(b)为了保持连续性，β 相和 α 相均发生畸变

(1)共格膨胀理论

①在母相 K 中挖出要转变为 β 相的那块材料并置于空间，让其自由转变为 β 相，母相中就留一个空洞，如图 5-48 中的(1)和(2)所示。β 相的晶体结构、点阵常数、比容都为已知，若 $V_\beta < V_\alpha$，转变后球体将收缩；若 $V_\beta > V_\alpha$，转变后球体将膨胀，同时还可能有形状的变化(注意，此时母相中的空洞和转变的 β 均不受力)。图 5-48 的(3)示出(2)不受约束条件下发生相变的形状和大小的变化。

②对孤立的 β 施表面力，使其回复到原来 α 中那块材料的形状和尺寸，并放置于 α 相的空洞中，使其与 α 相完全吻合，这时 β 相应处于应力状态，如图 5-48 的(4)所示。

③把完全吻合的 α 相和 β 相焊起来，构成共格界面，界面两侧不能移动。

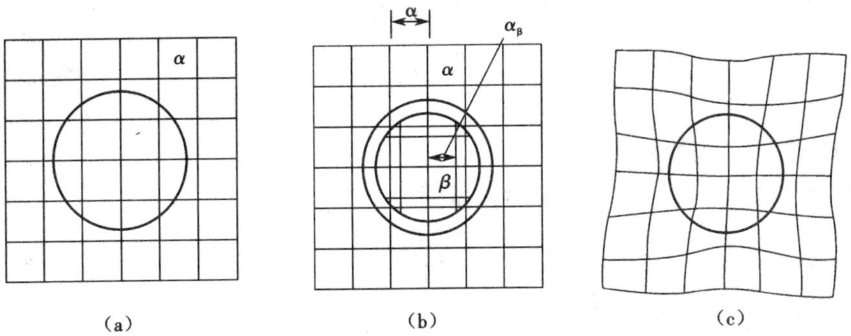

图5-47 共格沉淀相体积应变的来源

(a)单一固溶体 (b)把β沉淀相放入α相基体中 (c)为保持界面共格,α相和β相均发生畸变

④对β相施加一个反作用力,松弛对β相的约束力,β相就会回复至(3)的形状和大小,并与α相自动协调形成应变场,如图5-48的(5)所示。不管应变场的形状和尺寸,也不管终态(5)中的体积和形状,孔洞(1)的新相在转变过程中引起系统应变能的增量总值等于(4)所做的功。

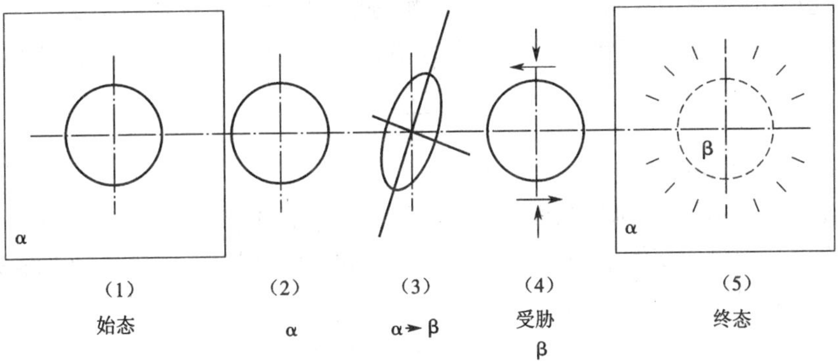

图5-48 相变畸变能的形成

体应变能通常包括由比容差引起的膨胀应变能和由形状差异引起的剪切应变能。由于临界核心尺寸很小,不大可能有位错源而发生塑性变形,因此体应变能可视作纯弹性应变能。下面就共格界面的膨胀应变能进行讨论。

由弹性力学,单位体积弹性应变能 G_ε 可表示为

$$G_\varepsilon = \frac{1}{2}\sigma_i\varepsilon_i \tag{5-62}$$

若在 x,y 两个方向上应变,G_ε 可表示为

$$G_\varepsilon = \frac{1}{2}(\sigma_x\varepsilon_x + \sigma_y\varepsilon_y) \tag{5-63}$$

式中:σ_x、σ_y 分别为 x、y 方向上的应力,ε_x、ε_y 分别为 x、y 方向上相应的应变。

设两个方向上应力应变相同,G_ε 可表示为

$$G_\varepsilon = \sigma\varepsilon \tag{5-64}$$

由弹性力学,ε 和 σ 可分别表示为

$$\varepsilon = \frac{\sigma(1-\nu)}{E} \tag{5-65}$$

$$\sigma = \frac{E\varepsilon}{1-\nu} \tag{5-66}$$

式中:E 为弹性模量,ν 为泊松比。

将式(5-66)和式(5-65)代入式(5-64),得到

$$G_{\varepsilon} = \frac{E\varepsilon^2}{1-\nu} \tag{5-67}$$

引入线性错配度 δ,且取 $\varepsilon=\delta$,则有

$$G_{\varepsilon} = \frac{E\delta^2}{1-\nu} \tag{5-68}$$

式(5-68)可用于两个相的 E、ν 相等的情况。若基体是弹性各向同性,在这种情况下,体应变能与新相的形状无关。

在极端的情况下,当基体不能被压缩时,弹性应变应由沉淀相承担,此时体应变能

$$G_{\varepsilon} = \frac{3E\varepsilon_{11}^2}{2(1-2\nu)} \tag{5-69}$$

式中:ε_{11} 为无应力线性的相变应变,E、ν 为沉淀相的相应的弹性模量和泊松比。

当沉淀相不能被压缩时,弹性应变应由基体承担。在这种情况下,Nabarro 提出

$$G_{\varepsilon} = \frac{3E\varepsilon_{11}^2}{1+\nu} \tag{5-70}$$

式中:E、ν 分别为基体的相应值。

若两相弹性模量不相等,则形状因素的影响增大。这时式(5-68)只能是近似的。

剪切应变能与膨胀应变能不同,即使基体与沉淀相的弹性相同,它还是随新相不同的形状而改变。对于扁椭球体新相,其剪切应变能

$$G_{\varepsilon}' = \left[\frac{E(\varepsilon_{13})^2}{1+\nu}\right]\left[\frac{\pi(2-\nu)C}{4(1-\nu)a}\right] \tag{5-71}$$

式中:C、a 分别为扁椭球体的厚度和直径,ε_{13} 为无应力的剪切应变。

式(5-71)可用于解释马氏体的形成。

当共格界面同时具有膨胀应变能和剪切应变能时,总的应变能等于两者之和。

(2)非共格界面的体应变能

Nabarro 提出,对于非共格界面,体应变能与母相中孔洞的形状有关。球形洞扩大体积所需要的能量大,而片状孔受内压力会很快扩张。以一个椭球体(a 轴和 c 轴)为例,当 $\frac{c}{a}=1$,呈球形,不易扩大体积以松弛应变;当 $\frac{c}{a}\to\infty$,呈针状,扩大体积的能量仅为球的 $\frac{3}{4}$;当 $\frac{c}{a}\to 0$,呈片状,最易松弛应变。假设硬的沉淀相从软基体中析出,若两相不共格,基体承受全部应变,此时体应变能应为

$$G_{\varepsilon}^{非} = K(\Delta V)^{2/3}E\left(\frac{c}{a}\right) \tag{5-72}$$

式中:K 为基体相的压缩系数,ΔV 为两相的体积差(当原子数相等时),$E\left(\frac{c}{a}\right)$ 为以形状为函数

的弹性应变能。

$E\left(\frac{c}{a}\right)$与$\frac{c}{a}$的关系如图 5-49 所示。由图可见,球状新相的应变能最大,片状新相的应变能最小,针状新相的应变能介于二者之间。

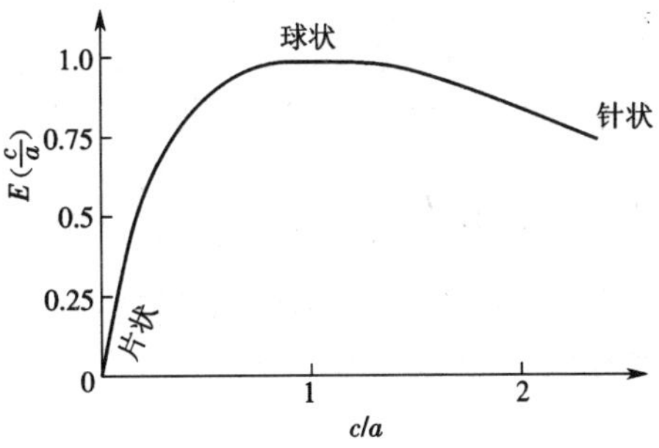

图 5-49 弹性能 $E\left(\frac{c}{a}\right)$与沉淀相$\frac{c}{a}$之间的关系

对 $G_{\varepsilon}^{非}$ 的实际计算与界面能的比较,即使在$\frac{c}{a}=1$ 的条件下,体应变能的数值相比界面能的数值仍然显得很小。因此,在讨论固态相变形核时,非共格相的体应变能都可忽略不计。但是,Nabarro 提出的$\frac{c}{a}$对应变能的影响却作为一个重要的基本概念保留下来,用于析出相形状分析。

(3)半共格界面的体应变能

在沉淀相的周围存在位错时,体应变能由两部分组成。一部分为位错本身引入的应变能 W_s,另一部分为沉淀相的应力场与位错应力场的交互作用能 W_{in}。设沉淀相周围为位错圈,Brown 等取

$$W_s=\left[\frac{\mu b^2 r_1}{2(1-\nu)}\right]\left[\ln\left(\frac{8r_1}{r_c}\right)-1+\frac{3-2\nu}{4(1-\nu)}\right] \tag{5-73}$$

式中:μ 为剪变模量,b 为位错圈的柏氏矢量的大小,r_1为位错圈的半径,r_c为位错中心的半径,ν 为泊松比。

以 r_0作为沉淀相的半径,当 $r_1=r_0$时,W_{in}最低,即

$$W_{in}=-4\pi\mu b\varepsilon' r_0^{\,2} \tag{5-74}$$

式中:ε'为 Brown 的应变参量,$\varepsilon'=\frac{2}{3}\varepsilon_{11}$。

使沉淀相与基体之间存在稳定位错圈时的半共格界面的总应变能

$$G_{\varepsilon}^{半共}=W_s+W_{in} \tag{5-75}$$

关于沉淀相粒子的长大和粗化过程分析,详见第 4 章扩散理论。

5.3.3 沉淀过程举例

过饱和固溶体的沉淀过程取决于沉淀的条件。在较高温度下,可发生平衡脱溶,即直接析出平衡的沉淀相。如果在较低的温度下,则可能先形成亚稳相,再形成稳定相,尽管稳定相的相变驱动力大于亚稳相。因此在沉淀过程中,沉淀产物会呈现出一定的贯序。

1. Al-Cu **合金的沉淀**

(1)Al-Cu 合金的沉淀贯序

Al-Cu 合金相图的一角如图 5-50 所示。由图可见,含 4.5at% Al-Cu 的合金加热到 550 ℃,然后缓慢冷却时,发生 α→θ 平衡沉淀。若在 550 ℃加热后淬火,得到过饱和固溶体,随后在 300 ℃时效,随着时间的增加,沉淀贯序为

$$\text{GP 区}\rightarrow\theta''\rightarrow\theta'\rightarrow\theta$$

GP 区是 1938 年由归涅耳(Guinier)和普莱斯顿(Presten)用 X 射线分析的结果,所以取名

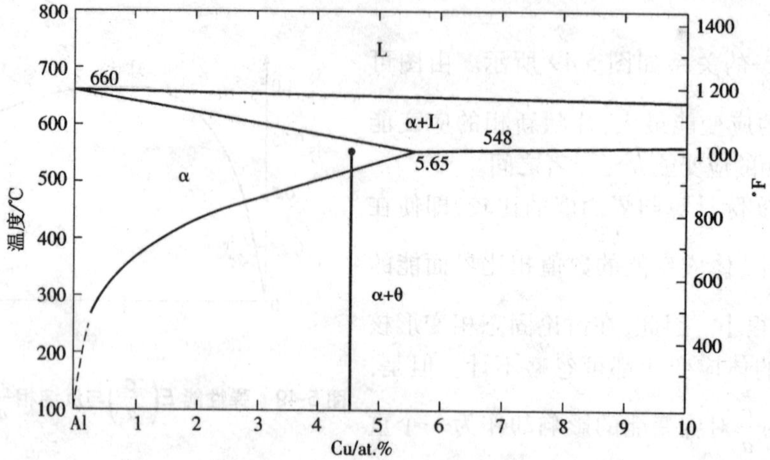

图 5-50 Al-Cu 相图的一角

为 GP 区。GP 区的形成已为几十年后出现的电子显微分析所证实，Al-2at% Cu，Al-1at% Ag 合金的 GP 区如图 5-51 所示。沉淀贯序通常与合金的成分及时效的温度和时间有关。下面简要分析四个相的沉淀贯序及结构特点。

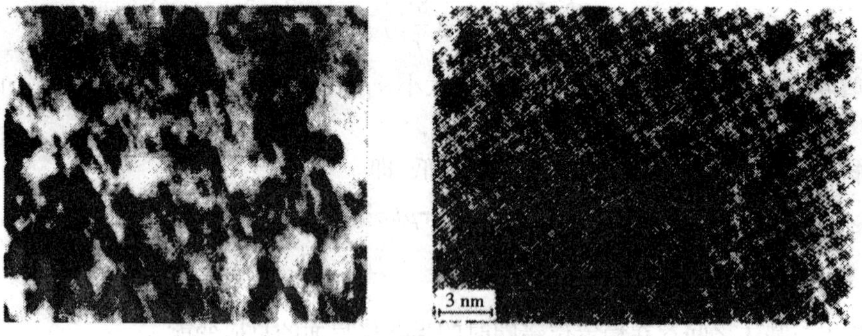

(a) (b)

图 5-51 GP 区电子显微像

(a) Al－2at. % Cu 合金的 GP 区透射电镜电子衍衬像(圆盘状)

(b) Al－1at% Ag 合金的 GP 区的高分辨照片(球状)(最小 GP 区的直径仅为 1 nm)

图 5-52 给出了 Al-Cu 合金中 θ″θ′θ 相的晶体结构与形貌，作为对比，同时给出了 fcc 基体的晶体结构。由图可见，Al-4. 5at. % Cu 的 Al-Cu 合金的母相 α 固溶体为 fcc 结构，点阵常数为 $a=b=c=0.404$ nm。

应用电子显微镜研究得出，GP 区是铜原子沿基体{100}晶面偏聚而形成的，偏聚区的平均成分为 90at. % Cu。GP 区呈圆盘状，直径约为 8 nm，厚度约 0. 4 nm，密度为 $10^{18}/cm^2$。它们均匀地分布在 α 相基体上，与母相的晶体结构相同，且与母相保持完全共格。由于铜原子浓度较高，会引起一定的点阵畸变。GP 区直径主要与温度有关，随着温度的提高而明显增大。由室温到 150 ℃，直径由 5 nm 左右增到 50 nm 左右，但厚度变化不大。随着时效时间的增加，铜原子进一步偏聚，GP 区进一步扩大并有序化，形成 θ″相。θ″也呈圆盘状，直径约为 100 nm，厚度约 2 nm，为四方结构，$a=b=0.404$ nm，$c=0.79$ nm。θ″相成分接近于 $CuAl_2(Cu_3Al_5)$，它

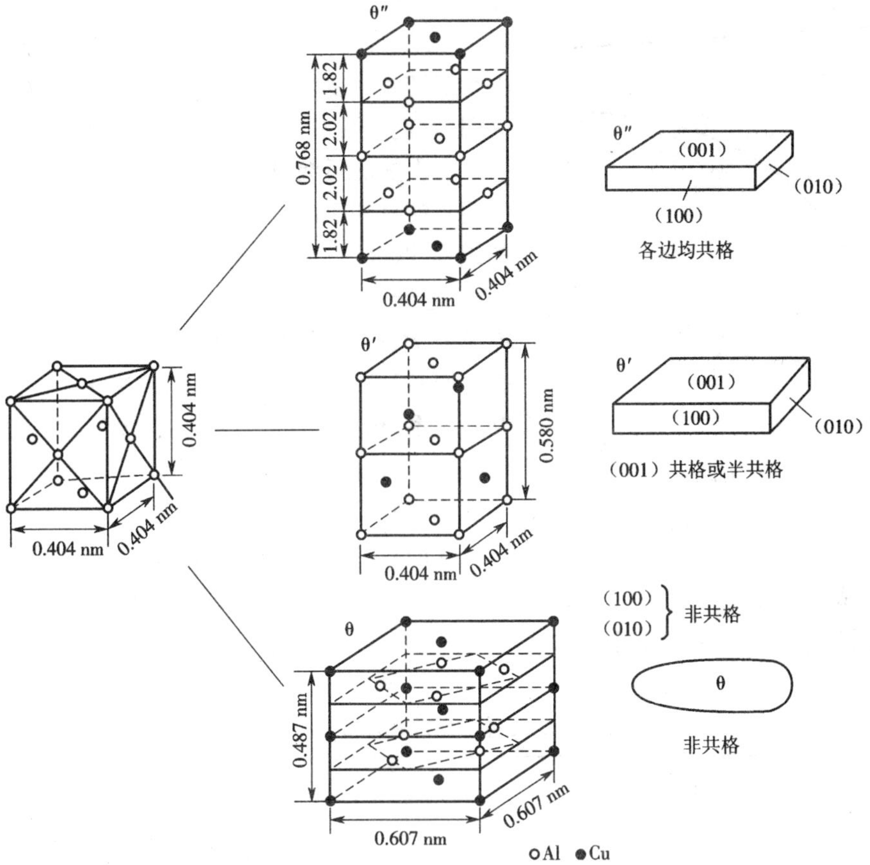

图 5-52 Al-Cu 合金中 θ″、θ′、θ 的晶体结构与形貌

均匀成核并与母相保持完全共格，但使周围的基体发生了弹性应变。随着时效时间的进一步增加，会析出 θ′相。θ′相在晶内位错形核，θ′相呈圆片状，直径为 100 ~ 500 nm，在光学显微镜下可以观察到。θ′相也为四方结构，$a = b = 0.404$ nm，$c = 0.58$ nm，成分近似 $CuAl_2$（$Cu_2Al_{3.6}$），与母相保持半共格界面，此时基体中的弹性应变减小。最后形成 θ 相 $CuAl_2$，仍为四方结构，$a = b = 0.606$ nm，c = 0.487 nm。θ 相在母相晶界处形核并迅速长大成块状，尺寸达到微米级。θ 相与母相为非共格界面。GP 区、θ″、θ′周边母相的晶格畸变如图 5-53 所示，四个相在 α 固溶

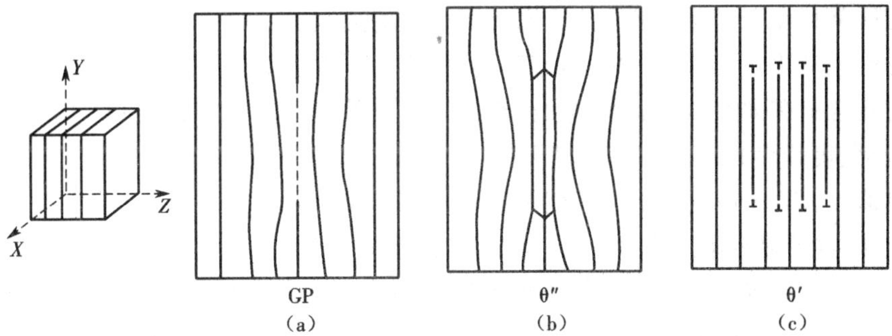

图 5-53 GP 区、θ″和 θ′相周边母相的晶格畸变

(a) GP 区 (b) θ″区 (c) θ′区

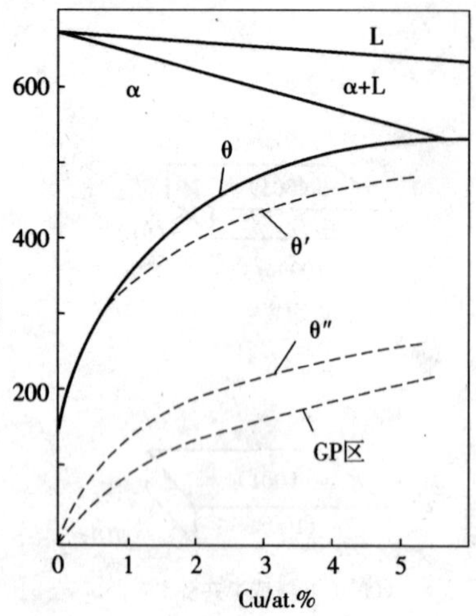

图 5-54　Al-Cu 合金中四个沉淀相在 α 固溶体中的溶解度曲线

体中的溶解度曲线如图 5-54 所示。关于沉淀贯序中 θ″、θ′、θ 三种沉淀相是由 α 相直接形核析出还是由前一个沉淀相转变而来的,目前尚不十分清楚。但实验表明,它们从 α 相中直接形核、沉淀的可能性较大。

在上述的沉淀过程中,平衡相 θ 的沉淀驱动力最大而不能首先析出。这是因为,沉淀是一个形核长大的过程,既涉及包含应变能、相界面能、ΔG_V 的形核功 ΔG^*,还涉及原子的扩散。由于平衡相与母相的结构差异较大,使相界面能也较大,必然造成 ΔG^* 的增大。而 GP 区和过渡相与基体结构相近,与基体保持共格关系,相界面能低,从而使 ΔG^* 都低于 θ 相。在低温时效时,由于 ΔG^* 低,铜原子又能借助于固溶处理后的过剩空位加速扩散,故极易形成 GP 区。

人们对于 Al-Cu 合金系的沉淀过程的研究最早,也比较深入,它已成为其他合金系中过饱和固溶体沉淀研究的最好借鉴。几种合金系中的沉淀贯序见表 5-5。

表 5-5　几种合金系中的沉淀贯序

基	合金系	脱溶贯序
Al	Al-Ag	Z_{Ag}(球状)→γ′→γ(Ag_2Al)
	Al-Cu	Z_{Cu}(盘状)→θ″→θ′→θ($CuAl_2$)
	Al-Mg-Si	Z_{Mg}(棒状)→β′→β(Mg_2Si)
Cu	Cu-Be	Z_{Be}(盘状)→γ′→γ(CuBe)
Fe	Fe-C(马氏体)	Z_C(盘状)→η(或 ε)→θ(Fe_3C)
	Fe-N	Z_N(盘状)→α″→γ′(Fe_4N)
	Fe-(W,Mo)-C(马氏体)	Z_C→η(或 ε)→θ→$Z_{(M-C)}$→M_2C→M_5C
Ni	Ni-Cr-Ti-Al	Z_{Al}→γ′[$Ni_3(Al,Ti)$]→γ

(2)无沉淀区的形成

无沉淀区常存在于晶界周围。过去对无沉淀区的成因有过较多的争论,现在已了解到时效过程中的空位贫化对无沉淀区的形成起主要作用。当发生局部沉淀时,溶质贫化也成为重要因素。时效合金在固溶加热后的淬火冷却或先期时效处理过程中,过饱和空位很容易跳到晶界(不含小角度晶界)处,这样在晶界到晶内一定宽度内会形成一个空位贫化带。当空位浓度低于临界值时,GP 区或亚稳过渡相就不能形核。如果淬火速度较慢(如油冷),则晶界上直接析出沉淀相,这使晶界附近出现一个一定宽度的溶质贫化带,带内不发生沉淀,此时就构成了所谓的溶质贫化无沉淀区。如果快速淬火(如水冷),溶质贫化带就会消失。一般情况下,淬火冷却越快或时效温度低,无沉淀区越窄;反之,降低淬火速度,因空位浓度下降使无沉淀区加宽。Al-5.9Zn-2.9Mg 合金不同冷却速度下的无沉淀区如图 5-55 所示。由图可见,在相同时效温度下,水淬样品的无沉淀区明显小于油淬样品。

关于无沉淀区对合金性能的影响目前还没有统一的看法，它主要涉及晶界腐蚀、应力腐蚀及塑性问题。

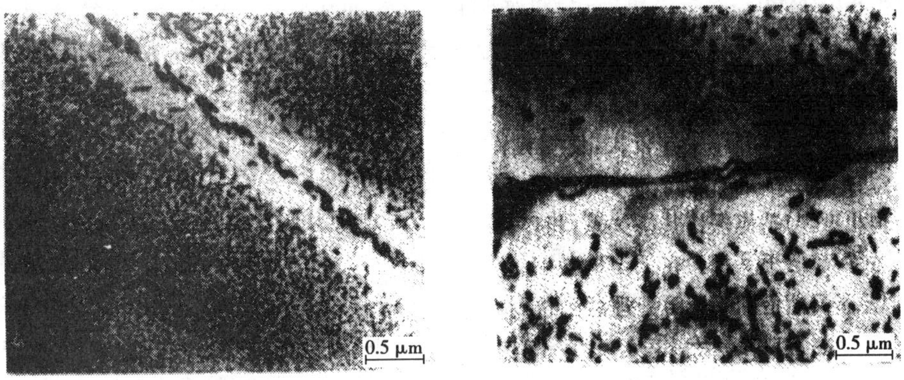

(a) (b)

图 5-55 Al-5.9Zn-2.9Mg 合金不同冷却速度下的无沉淀区的电镜照片

(a)450 ℃水淬，180 ℃时效 12 h (b)465 ℃油淬，180 ℃时效 3 h

(3)合金的时效强化

Al-(2～4.5)at.%Cu 合金经固溶处理后在 130 ℃和 190 ℃时效。在 130 ℃时效时，其硬度与时效时间的关系如图 5-56(a)所示。由图可见，随着时效时间的增加，硬度逐步升高，当达到一定时间后，硬度达到最高值。随后，硬度随时间的延长而下降，称为过时效。时效过程的规律如下。

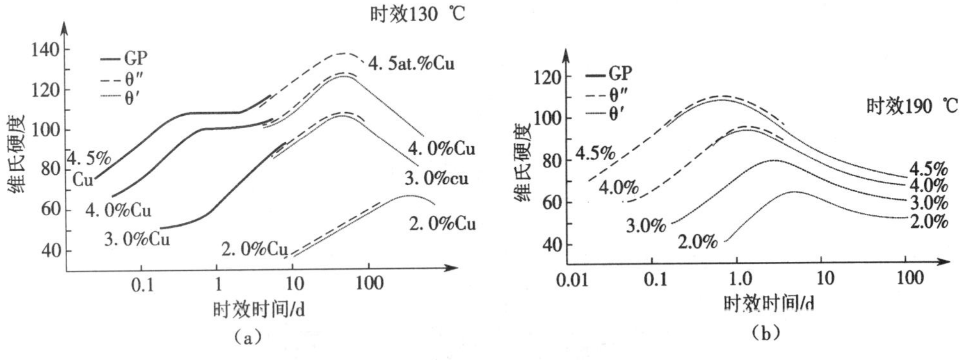

(a) (b)

图 5-56 Al-(2～4.5)at.%Cu 合金的硬度与时效时间的关系

(a) 130 ℃时效 (b) 190 ℃时效

①硬度随铜含量的增加而上升，这说明沉淀数量对时效强化有明显作用。各条曲线(除 Al-2at.%Cu 外)的硬度峰值与合金含铜量成正比。

②2%Cu-Al 合金时效时未测出 GP 区，至少说明 GP 区的量很少。

③ 除 2%Cu-Al 合金外，硬度最高值对应着 θ″的大量析出、θ′刚开始析出时的阶段。当 θ″消失时，硬度开始下降。

④凡有 GP 预沉淀过程，硬化皆出现二步性，即 GP 区硬化可达到饱和状态，硬化曲线上出现平台，且随铜含量增加，平台变宽。

在 190 ℃时效时，如图 5-56(b)所示。与 130 ℃时效比较，GP 区消失，硬度明显下降，过时效的时间明显缩短。

由图 5-56 及以上分析不难看出，沉淀强化（时效强化）的效果与 Al-Cu 合金的成分、时效的温度和时间有密切的关系。在 Al-Cu 合金中，铜含量高（一般等于或接近固溶体的溶解度极限）、时效的温度低、时间适中（避免过失效），可取得高的强化效果。

2. 低碳钢的时效

所谓低碳钢的时效，是间隙原子碳、氮在 α-Fe 中的脱溶或准脱溶行为及其所引起的性能变化。

含碳、氮的过饱和铁素体的时效包括两类过程。第一类是与前面所阐述的合金时效相似，具有沉淀贯序，是由化学力驱动的相变过程。第二类是由溶质原子（C、N）与铁素体中的晶体缺陷相互作用，由畸变能驱动，形成碳、氮原子特有的位错气团，如柯氏气团，它不属于相变。将位错气团纳入时效范畴的原因，首先是它对性能的影响及动力学特征与前面所讲的低温时效很相似。其次，这一过程可以与过饱和固溶体的沉淀贯序相连接，如碳原子的位错气团可促进平衡相的形成。若以 O 表示气团，则 O→Fe_3C 可以看成一个准贯序，那么位错气团的形成可称为“准脱溶”。

在 Fe-N 系中也存在着过饱和 α 固溶体的沉淀和沉淀贯序。贾克（K. H. Jack）1962 年首先提出 Fe-N 系的沉淀有过渡相 $\alpha'' - Fe_{16}N_2$，以后又发展了较完整的沉淀贯序。贾克确定的 Fe-N 系沉淀贯序为

氮原子偏聚区→过渡相 α''-$Fe_{16}N_2$→平衡相 γ'-Fe_4N

氮原子偏聚区是无序分布的氮原子迁至 α 相晶格的一套八面体间隙中，并在一个平面上偏聚，形成氮原子偏聚区，如图 5-57 所示。

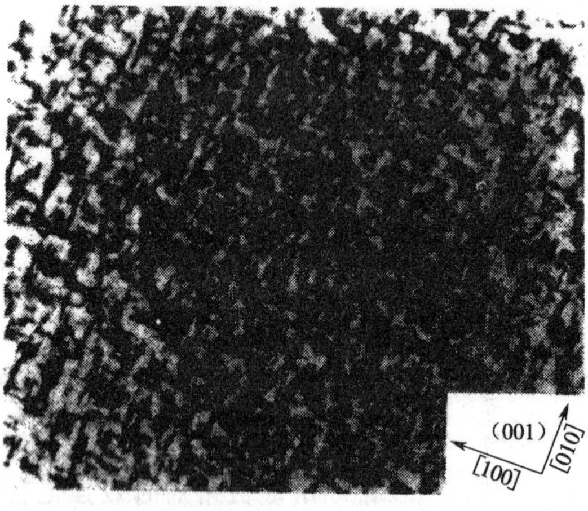

图 5-57　Fe-N 过饱和固溶体脱溶时 N 原子偏聚区的透射电镜衍衬像（w(N) = 0.1%，21 ℃，16 h）

淬火钢在回火过程中的沉淀硬化是由新鲜马氏体（未自回火）的回火实验得到证实的。

经快速深冷淬火所得新鲜马氏体，在 −195 ℃测定硬度时发现，新鲜马氏体的硬度比常规淬火马氏体的硬度低，这表明普通条件下淬火得到马氏体已发生了自回火，即已经历了碳原子从马氏体中沉淀的硬化过程。Cohen 等人将 Fe-Ni-C 合金（$M_s \approx -35$ ℃）的新鲜马氏体在

-100~100 ℃回火3 h,并在-195 ℃测定硬度,结果如图5-58所示。由图可见,含碳量为0.23%以上的马氏体,其曲线形状与Al-Cu合金的时效硬化曲线极为相似,这表明在室温甚至更低的温度下存在着沉淀过程。

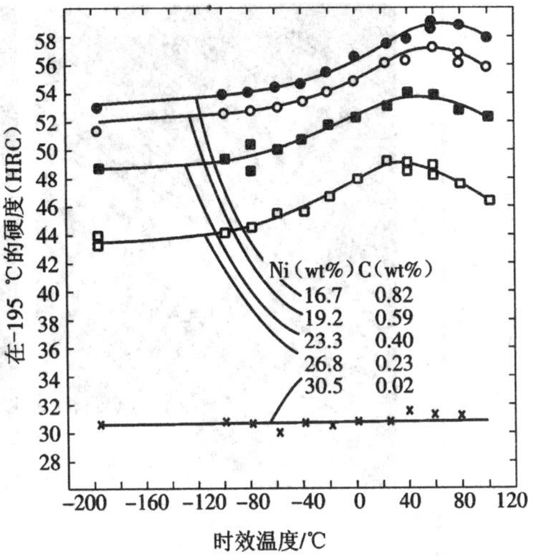

图5-58 Fe-Ni-C($M_s \approx -35$ ℃)合金低温回火时马氏体的沉淀硬化

在碳钢马氏体的回火过程中,碳化物的析出也有一个沉淀贯序,它与钢的含碳量和回火温度有关。其沉淀贯序如表5-6所示。表中弘津气团是指碳原子在α-Fe中偏聚于同一个方向上的八面体间隙,这个方向在空间坐标系的轴方向。处于同一方向八面体间隙中的碳原子发生进一步聚集,形成小片碳原子团,称为弘津气团。弘津气团趋向于在同一晶面上出现,并形成若干小片组成的碳原子畴,畴的尺寸均为几纳米。表中η相为Fe_2C,正交结构;ε相为$Fe_{2.4}C$,六方结构;χ相为Fe_5C_2,单斜结构;θ相为Fe_3C,正交结构。

表5-6 Fe-C马氏体的沉淀贯序(D_C为碳原子位错气团,H_C为碳原子弘津气团)

碳量范围	回火温度(℃) 100 200 300 400 500
低碳(<0.20%)	D_C θ
中碳(0.20%~0.60%)	H_CD_C η(或ε)
高碳(>0.60%)	D_C η(或ε) χ θ

3. 陶瓷系的时效

在ZrO_2-Y_2O_3、ZrO_2-MgO、ZrO_2-CeO等陶瓷系中,都存在着沉淀或脱溶转变。ZrO_2-Y_2O_3相图如图5-59所示。由图可见,当陶瓷由C相进入C+T两相区时,有T相析出。如5% molY_2O_3-ZrO_2固溶处理后在C+T两相区时效,在C相的基体上析出了T相粒子。在时效初期,析出的粒子有明显的方向性,类似于编织物。进入时效后期,析出相长大成透镜状,并且与母相的共格关系破坏。时效初期和后期的组织如图 5-60 所示。

陶瓷系中,沉淀相粒子聚集长大的规律和合金系相同。上述陶瓷系的时效是陶瓷相变韧化过程中的一个主要处理工艺,后面还会介绍有关这方面的内容。

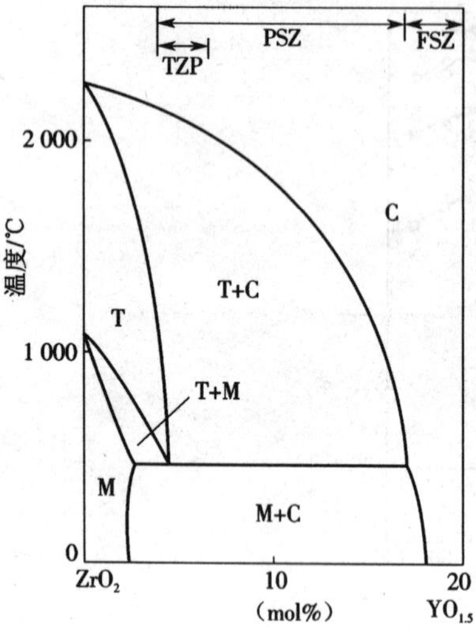

图 5-59 ZrO_2-Y_2O_3相图

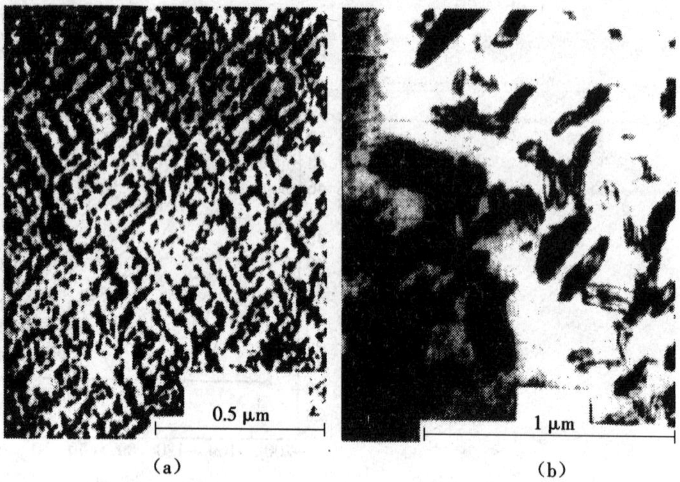

图 5-60 5%mol Y_2O_3-ZrO_2陶瓷时效组织

(a)时效初期的组织 (b)时效后期的组织

5.4 固溶体的调幅分解

固溶体分解(“分离”或“相分离”)为结构相同、成分不同(在一定范围内连续变化)的两个相,即一部分为溶质的富集区,另一部分为溶质原子的贫化区,这两种相分离的转变过程称为调幅分解(spinodal decomposition)(在有些文献中又把它称为失稳分解)。其反应式为:$\alpha \Leftrightarrow \alpha_1 + \alpha_2$,调幅分解属于连续型相变。

从热力学角度考虑,调幅分解是一种无热力学能垒、无形核的固态相变。从动力学角度考虑,调幅分解实际上是成分连续涨落的偏聚过程,它是通过溶质和溶剂的互扩散且为上坡扩散连续地形成溶质富集区和溶质贫化区。因此调幅分解是按扩散-聚集机制进行的一种无需形核,而由成分起伏直接长大形成新相的固态相变。

调幅结构(modulation structure)中的两个相始终保持共格关系,这是因为两个相的晶体结构相同,仅有化学成分不同,所以分解时产生的应力和应变相对较小,共格关系不易破坏。但为了降低共格应变能,调幅分解常常是沿共格应变能最低的晶向生长,致使其组织呈现一定的周期性图案,通常又把这种组织称为调制结构,如图 5-61 所示。

固溶体的调幅分解与沉淀主要有如下区别。

①调幅分解是连续型相变,无热力学能垒、无形核过程。沉淀是形核-长大型相变,有热力学能垒、有形核过程。

②调幅分解初期,母相内的成分起伏是逐步建立起来的,两相的成分随时间增加而连续变化并呈正弦波分布规律,最后达到平衡相成分。沉淀的晶核一旦在母相中形成,其成分就是平衡相的成分,以后变化不大。

③调幅分解在母体中均匀地发生。沉淀相晶核一般优先在晶体缺陷处形成。

④调幅分解中的增幅过程是通过上坡扩散实现的。沉淀相晶核的形成与长大是通过下坡扩散实现的。

⑤调幅分解中两个偏聚区呈不明晰共格界面。沉淀相与母相呈明晰界面，如为细小亚稳相时呈共格界面，长大为平衡相可呈非共格界面。

⑥在调幅分解的组织结构中，两相大小及分布较为规则，通常呈准周期性和互连性的成分调制结构或海绵状组织，组织均匀细密，只有在电镜下才能分辨。沉淀后的组织两个平衡相大小不一，分布散乱，新相的形态多为球形，组织的均匀性较差。

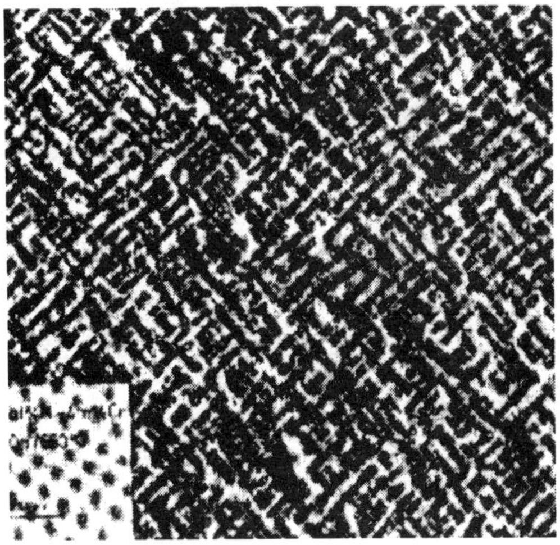

图5-61 Cu-36at.%Ni-4at.%Cr合金在650 ℃时效240 h后沿基体<100>方向第二相颗粒排列的TEM明场像

尽管调幅分解和沉淀反应有以上不同之处，但它们可发生在同一个合金系的固溶体间隙中。从微观机制上来看，它们都是通过溶质的扩散而进行，目前有许多工作正试图发展包含两种相变类型的“统一理论”。

第6章 金属及合金的强韧化理论

金属材料主要是依据其使用和加工条件下所需的强度、韧性等使用性能指标确定材料应该具有的组织结构，然后根据金属材料的固态相变理论和强韧化理论确定材料的成分和加工工艺。所以，深刻认识金属材料的强韧化理论是从事金属材料的设计与加工的高级技术人员所必需的理论基础。

6.1 纯铁的塑性变形行为

根据晶体结构，纯铁可分为体心立方结构(bcc)的α-Fe(或δ-Fe)纯铁和面心立方结构(fcc)的γ-Fe纯铁，但一般情况下，室温下人们只能见到α-Fe纯铁。

6.1.1 纯铁(α-Fe)的塑性变形

根据纯铁(α-Fe)的应力—应变曲线，可将其塑性变形过程分成预屈服(微观屈服)、屈服降落和屈服蔓延三个阶段。

预屈服的物理本质是位错源仅在少数晶粒内启动，即开始塑性变形，这主要与刃型位错的运动有关。由于刃型位错的晶格畸变能高于螺型位错，而螺型位错的派纳力总大于刃型位错，因此刃型位错的可动性高于螺型位错。当外加作用力低于屈服极限时，刃型位错便可产生运动，其运动有长短程之分。刃型位错作短程可逆运动的应力便是材料的弹性极限 σ_e，刃型位错开始长程不可逆运动的应力相应的便为滞弹性极限 σ_a。因此去除造成 σ_e 的外加作用力后，形变可以立即完全恢复，而去除造成 σ_a 的外加应力后，部分应变会马上恢复，而剩下的应变则需要逐渐恢复，出现滞弹性应变，实际上也是塑性变形的开始。在室温下，当位错未受到杂质或气团钉扎时，α-Fe的 σ_e 约为2 MPa，而 σ_a 则小于35 MPa。

当提高外加载荷时，纯铁的应力—应变曲线出现屈服降落。屈服降落的特点是应变增加，却伴随着应力的均匀下降。

在应力低于宏观屈服应力时，由于螺型位错的可动性较低，它的运动很弱，此时塑性形变主要为刃型位错滑移的结果。可动的刃型位错大都参与到了塑性变形的滑移阵列中。当继续增加外力时，宏观塑性变形就只好依靠螺型位错来完成，并通过交滑移的位错增殖机制，伴随塑性变形使位错密度增加。

宏观屈服应力可以认为是相应于开始出现很多交滑移所需的应力，因此，α-Fe的屈服强度 σ_s 是由螺型位错产生滑移所需的外加应力来决定的。均匀屈服降落也就与螺型位错运动的动力学特点有关。位错运动的动力学特点可描述为

$$\dot{\varepsilon} = \rho \bar{v} b$$

$$\bar{v} = \left(\frac{\tau}{\tau_0}\right) \tag{6-1}$$

式中：$\dot{\varepsilon}$ 为应变速率，ρ 为可动位错密度，b 为位错强度，$\bar{v}$ 为位错平均移动速率，τ 为滑移方向上的切应力分量，τ_0和 n 为常数。对于 α-Fe，$\tau_0 \approx 157$ MPa，$n = 35$。由上式可见，在拉伸过程中，当拉伸速率 $\dot{\varepsilon}$ 一定时，随应变 ε 的增加，位错密度 ρ 增加，$\bar{v}$ 则会减小，而 $\bar{v}$ 减小则会导致 τ 值的降低。可见，拉伸过程中产生屈服应力下降的条件是开始变形前可动位错密度较低，而位错运动后位错密度迅速增高。

螺型位错是以多重交滑移的位错增殖机制使位错增殖的，其位错增殖速率高于刃型位错以 F-R 源或 B-H 源机制的位错增殖速率，在应力集中作用下，螺型位错密度迅速增加，这就引起应力—应变曲线出现屈服应力均匀的降落。

屈服蔓延的实质是 Luders 带的传递，当 Luders 带的前沿波及试样整个标距范围，就出现屈服结束，试样的变形进入宏观的均匀塑性变形阶段，即形变硬化阶段。

当 α-Fe 的间隙固溶有 C、N 原子时，也可出现屈服平台，但此时发生的是非均匀屈服，这种非均匀屈服可能与位错受到溶质原子的偏聚钉扎和位错的脱钉有关。有关内容将在固溶强化一节详述。

根据上述分析可以看出 α-Fe 强度的物理意义：弹性极限 σ_e和滞弹性极限 σ_a是与刃型位错运动相关的强度指标，是起始塑性变形的抗力。宏观的屈服强度 σ_s是使相当数量的螺型位错运动所需的应力，而大塑性变形抗力 σ_b是反映塑性变形过程中位错间弹性交互作用对强度的贡献；宏观塑性变形主要依靠螺型位错的运动来实现。

α-Fe 在室温的实际强度（$\sigma_s \approx 100 - 170$ MPa，$\sigma_b \approx 180 - 230$ MPa），远比 α-Fe 晶须的强度低，这主要与实际纯铁中存在大量位错有关。由于纯铁强度比较低，难以满足各种工程需要，因此需要对纯铁采取各种强化措施以提高钢铁的强度。

6.1.2 纯铁（bcc）的塑性

塑性还没有确切的概括定义。一般所说的塑性系指在一定实验条件下的塑性指标，即真实均匀应变（ε_u）、真实断裂应变（ε_t）和相应的均匀应变（δ_u）、断裂应变（δ_t）。

$$\varepsilon_t = \varepsilon_u + \varepsilon_b$$

或

$$\delta_t = \delta_u + \delta_b \tag{6-2}$$

式中：ε_b为真实局集应变，或称缩颈后的应变；ε_t、δ_t表示金属材料极限的塑性形变能力。在塑性形变过程中，位错相交截滑移系统的相互干扰造成形变后流变应力的提高，产生形变硬化现象。图 6-1 所示为纯铁在室温下真实应变与真实应力和形变硬化率$\frac{d\sigma}{d\varepsilon} = \dot{\varepsilon}$ 的关系，真实应力（σ）与真实应变（ε）间的变化关系符合幂乘硬化规律，即

$$\sigma = k\varepsilon^n \tag{6-3}$$

式中：k 为形变硬化系数，n 为形变硬化指数。n 和 k 均可作为表征形变硬化的参数，塑性开始失稳的条件是

$$\frac{d\sigma}{d\varepsilon} = \sigma \tag{6-4}$$

从而可得到

$$n = \varepsilon_u \tag{6-5}$$

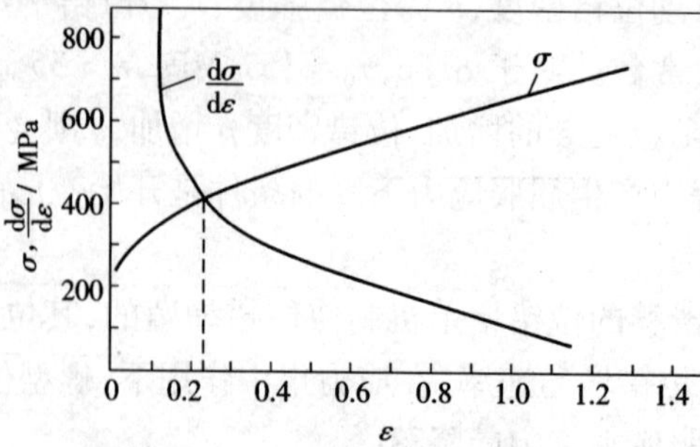

图 6-1　工业纯铁的真实应力和真实应变曲线(塑性失稳条件说明图)

上式说明塑性开始失稳时，均匀应变 ε_u 在数值上等于形变硬化指数 n。图 6-1 中 $\frac{d\sigma}{d\varepsilon}$—$\varepsilon$ 和 σ—ε 两曲线交点所对应的应变便为 ε_u。ε_u 表示均匀形变的能力，也表示形变强化的可能性，即强化容量大小。

形变硬化指标的本质还不是很清楚。现在认为 n 值是与金属材料的层错能有关的，低层错能材料具有高的 n 值，纯铁(bcc)具有高的层错能，就有小的 n 值。退火的工业纯铁 n 值($n=0.237$)低于退火的纯铜 n 值($n=0.443$)。在塑性变形阶段，塑性形变主要与螺型位错运动有关。纯铁(bcc)低的形变硬化率也可用它的层错能高，易于发生交滑移，位错交截作用比较弱来得到解释。

纯铁(bcc)形变硬化曲线出现两个硬化阶段，相应于不同阶段有其 n 值，构成双 n 形变硬化。这个现象可能与胞状结构的出现有关，当胞状结构形成以后形变硬化就减小。

于均匀形变时，当应变强化率(FdS，F 为面积、S 为外力)所造成的承载能力增加不能抵偿由于试样截面减小(SdF)所引起的承载能力下降时，便产生塑性形变失稳，亦即出现缩颈，以致断裂。断裂前的塑性形变主要包括局部集中的塑性形变，其大小取决于微孔或裂纹形成的难易程度。纯铁(bcc)的 ε_t 约等于 1.3。

上述结论说明，改善钢材均匀塑性在于使形变硬化率的增大幅度高于流变应力增大幅度；提高断裂塑性在于提高均匀塑性的同时，尽可能地推迟微孔或裂纹的形成。

6.1.3　纯铁(bcc)屈服强度和流变应力的温度敏感性

纯铁(α-Fe)的屈服强度(σ_s)和流变应力(σ_f)受到温度的作用(图 6-2(a)、(b))：a. 在 −196 ~ 23 ℃范围内，流变应力与温度之间存在依赖关系，伴随温度下降流变应力逐步升高；b. 在 100 ~ 600 ℃之间，屈服强度未受到温度的作用，而流变应力随温度上升稍有降低，23 ~ 100 ℃是一过渡区，杂质越少此区越窄；c. 在 23 ~ −200 ℃的温度区内，σ_e 和 σ_a 与温度基本无关；d. 于 4.2 K 时，σ_s 接近 1 100 MPa，在 −196 ℃以下，孪生是常见的形变方式。

实用金属为多晶体，每个晶体包括金属原子有规则排列的部分和其位置错排的部分，另外不可避免地还有微量的游离或偏聚于晶界上的杂质原子。当晶体受到外加作用力时，其中错排部分(即位错)将沿着它的滑移面发生运动。位错运动的阻力主要与金属原子有规则排列部分的排列方式有关。因此，α-Fe 在力学性能上的表现只能从 α-Fe 的点阵构造及位错在其中的行为来说明。

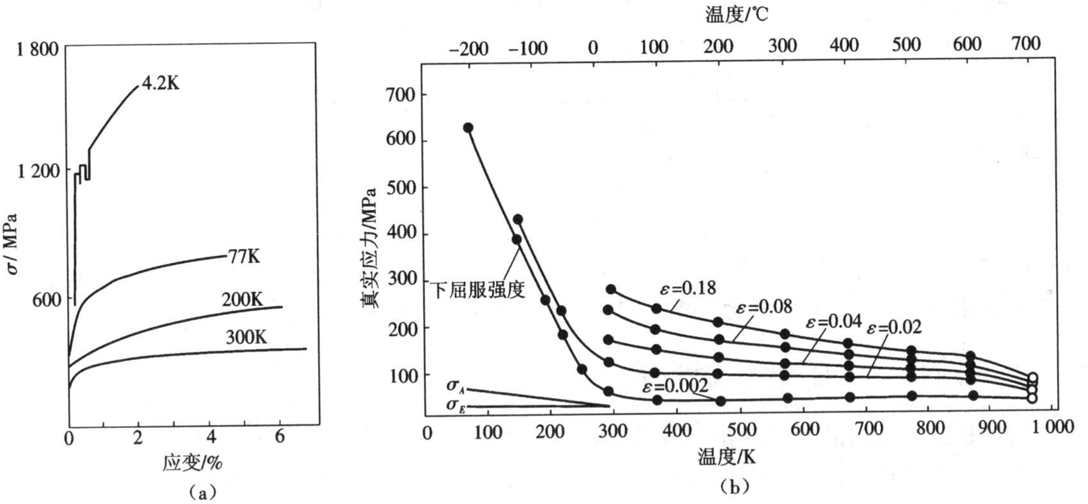

图6-2 纯铁(α-Fe)的屈服强度(σ_s)和流变应力(σ_f)受到温度的作用

(a)不同试验温度下的纯铁应力—应变曲线 (b)温度对纯铁(bcc)屈服强度和流变应力的影响

σ_e和σ_a不受温度的作用,而σ_f与温度有关,这表明刃型位错的运动不受温度的作用,改变温度并不改变刃型位错滑移能力,而螺型位错运动受到温度的影响,改变温度就要改变螺型位错的滑移能力。位错是一种原子组态,它的运动不需要物质的迁移,但要求参加滑移的每一原子作接近柏氏矢量的相对位移,依次地将位移传递到相邻原子。原子的这种位移是在有规则的原子排列阵营中进行的,亦即在原子周期势场中进行的,位错每移动一个原子间距,是由一个能谷移动到相邻的另一个能谷。为实现这个过程,需要克服势垒,克服势垒所需要的作用力便是派纳力。

α-Fe 的流变应力随着温度升高而下降,这是与由此而引起的热激活作用有关的,提高温度,增强原子热激活,便提高位错克服势垒的能力,于是在较低的外加作用力下便可使位错克服势垒而产生滑移。

一般热激活所提供的能量不大,难以使位错线整条地越过能峰,实际上常以它的一段先越过势垒,于是出现位错的扭折。位错扭折可以容易地沿着位错向两侧滑移,逐步使位错线越过能峰(图6-3)。

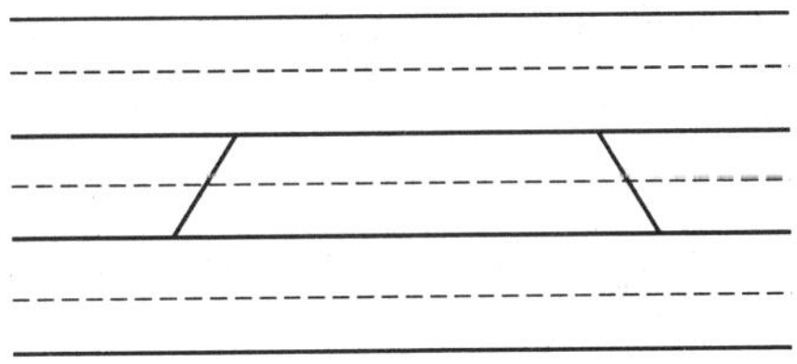

图6-3 位错扭折运动示意图

当温度较高时,如在室温以上,位错已具有较大激活能,位错线可以不困难地越过势垒,所以这时改变温度,不影响位错对势垒的翻越,这亦说明,在室温以上 α-Fe 的流变应力σ_f是与温度无关的。至于在 100 ~ 600 ℃之间σ_f的轻微下降是由于温度升高所引起的切变模量下降导致的。

α-Fe 的屈服强度或流变切应力是由 p-N 力和内应力两部分所组成的,即

$$\tau = \tau_0 + \tau' \tag{6-6}$$

τ'来自其他位错对运动位错的内应力场作用,这种内应力场的作用区间达 $10^3 \sim 10^4$ 个原子间距,属于长程作用,因此热激活对位错克服此项阻力的作用很小,τ'受温度的影响不大。体心

立方点阵 α-Fe 具有一个比较恒定的较大的 p-N 力。α-Fe 位错中心区螺型位错可非共面扩展为三叶位错：

$$\frac{1}{2}[111]\rightarrow\frac{1}{6}[111]+\frac{1}{6}[111]+\frac{1}{6}[111]$$

或二叶位错：

$$\frac{1}{2}[111]\rightarrow\frac{1}{3}[111]+\frac{1}{6}[111]$$

这种结构的螺型位错在低温下难以交滑移，导致 p-N 力随温度降低而迅速地升高，因此铁的 σ_s 或 σ_f 因温度降低而增高，并致使其变脆。α-Fe 的 σ_s 的变化特点与它的纯度无关。

6.1.4 纯铁(bcc)的韧性与冷脆性

韧性是断裂过程的能量参量，是材料强度与塑性的作用的综合表现。在静拉伸时，韧性可用应力—应变曲线所包围的面积来衡量(图 6-2(a))。当不考虑外因时，断裂过程实际上包括裂纹形核所要求的塑性形变，以及裂纹的形核和扩展。通常是以裂纹形核和扩展的能量消耗或裂纹扩展抗力来标志材料的韧性的。

裂纹形核前的塑性形变，裂纹的形核和其扩展是与金属结构密切相关的，从而反映出不同的断裂方式，以及不同的断裂机制，它牵涉到位错的活动、位错间弹性交互作用，位错与溶质原子和第二相弹性交互作用，以及组织状态，其中包括基体、第二相和晶界的作用。这些作用的结果体现组织结构对裂纹的形核和扩展的促进或缓和，显示为材料的韧化或脆化。

钢材的断裂类型主要分为韧性断裂和脆性断裂。韧性断裂系指在断裂之前发生一定的塑性形变，例如宏观塑性形变不小于 5%，脆性断裂则包括解理断裂、准解理断裂和沿晶界断裂。两者具有不相同的断裂机制。韧性断裂是微孔形成、聚集和长大的过程，在这种断裂机制中，塑性形变起着重要作用。由于钢种的特点不同，断裂前的宏观塑性形变有着很大差异。对于低中强度钢，断裂的宏观名义应力高于屈服强度，断裂前发生宏观的大范围的塑变；而高强度钢，因为它的高缺口敏感性，易于发生名义应力低于屈服强度的低应力断裂，虽然在微观机制上仍属韧性断裂，但塑性形变仅集中于裂纹附近的微小区域内，表现出很大的脆性。

根据断裂的微观机制，α-Fe 的低温脆性是与解理断裂有关的。这主要是由于在低温(77 K)时，螺型位错已丧失活动性，而刃型位错仍处于可动状态，于是在 α-Fe 中出现：a. 刃型位错在晶界前的塞积，造成沿{100}面解理；b. 滑移面(101)和$(10\bar{1})$相交于(001)面，两滑移面的 $\frac{a}{2}\langle 111\rangle$ 型位错可发生以下位错反应：

$$\frac{a}{2}[111]+\frac{a}{2}[111]\rightarrow a[001]$$

$a[001]$ 位错是一个降低了能量的刃型位错，在{100}面上不易滑移，对体心立方点阵金属的裂纹形核起重要作用，从而会引起冷脆性。

产生塑性形变要求位错越过势垒。在低温条件下，热激活作用低，位错难以克服势垒，加上 α-Fe 的派纳力又较大，即 α-Fe 中位错运动的势垒较高，这便造成在低温下位错更加难以越过势垒，而产生滑移并形成塑性形变，所以 α-Fe 存在冷脆性。螺型位错的运动与温度有关，所以高层错能的 α-Fe 的冷脆性是与螺型位错在低温下难以越过势垒有关的。低温脆性解理断裂是体心立方点阵金属所固有的性能。

改善金属材料韧性断裂抗力的途径有:a. 减少诱发微孔的组成相,如减少第二相数量;b. 提高基体塑性,从而可增大在基体上的裂纹扩展的能量消耗;c. 提高组织的塑性形变均匀性,以减少应力集中的产生概率和程度;d. 避免晶界的弱化,以防止裂纹沿晶界的形核与传播;e. 加入某些可促进在低温下产生交滑移的元素,如 Ni,有关这个问题以后还要讨论。

6.1.5 纯铁(fcc)的强韧性与塑性变形行为

γ-Fe 可以被看做为一种 Fe-C 合金的基体组织。在简单的 Fe-C 合金中,γ-Fe 仅存在于 727 ~1 495 ℃的温度范围内,不过当固溶入大量奥氏体形成元素(如 Mn、Ni 等)时,也有可能在室温下观察到 γ-Fe 组织。

γ-Fe 的力学性能特点:a. p-N 力小于 α-Fe;b. 屈服强度比较低,但基本上与温度无关;c. 当温度降低时,抗拉强度显著升高;d. 在低温时,均匀应变量增大,并且断裂总是韧性的。由于这些性能特征,可以推知,在低温时,γ-Fe 可具有较高的 σ_b/σ_s 比值,这意味着以 γ-Fe 作为基体的合金将具有较大的均匀应变量和断裂应变量。

γ-Fe 的塑性变形行为受到它的层错能影响。γ-Fe 的层错能可通过置换固溶或间隙固溶来改变,例如加 Ni、Cu 等可提高层错能,而置换固溶以 Mn、Cr 等则可使层错能降低。高层错能的奥氏体在塑性变形时易于产生交滑移,形变硬化趋势将变小,若出现胞状结构,极限塑性便降低,胞状结构越小,断裂塑性下降越多。相反地,低层错能的奥氏体,在塑性变形时则易于产生位错扩展和形成层错,形变硬化倾向变大,可以寄希望于通过冷形变方法来取得所要求的强度。

实验证明,奥氏体层错能的高低还影响到它的相变产物,如马氏体的亚结构类型。通过奥氏体的层错能越低,产生位错马氏体倾向性越大;反之,则可能形成孪晶马氏体。现在以为,位错马氏体具有更好的强韧性配合性能。

6.2 强化机制的分类

上一节已经介绍了纯铁的塑性变形的物理机制以及强度、塑性等性能的物理意义。所谓强化就是提高纯金属塑性变形的抗力,而宏观的塑性变形是微观的大量位错定向滑移的结果,因而在此意义上说,金属的强度实质上反映出该金属内部大量位错定向滑移难易的平均程度,而强化的实质就是提高位错运动的阻力。

由前面晶体缺陷间的相互作用理论可以看出,晶体内部的各种晶格缺陷包括溶质原子、空位、位错等,都会对位错的运动产生阻碍作用,从而对金属的宏观力学性能(如强度、硬度等)产生重要影响。合金的强化就是通过在金属基体中加入一定数量的合金元素原子,在溶剂晶体结构内部形成特定的晶格应力场,依靠晶格应力场与位错应力场之间的交互作用,提高位错运动的阻力,从而提高合金强度的一种强化方法。这种方式的强化效果与溶质原子在基体金属中的浓度、分布及其与溶剂原子间的键合方式密切相关。因此,在工程实践中,人们往往通过控制所加合金元素的种类、数量以及它们的分布与存在状态,以获得合金不同的强化效果。

虽然各种资料对合金强化方式的分类不尽相同,但归纳起来大致有以下几种。

①固溶强化:即在金属基体中加入合金元素,形成固溶体以强化金属,如钢中加入 Si 、Mn

等合金元素。

②第二相强化:第二相强化包括第二相粒子强化(包括弥散强化和沉淀强化)和多相合金强化两种强化形式。

a.第二相粒子强化。即通过加入硬化颗粒结合粉末冶金技术或加入合金元素结合特定热处理工艺,在金属基体内部产生弥散的第二相质点以使合金强化的方式。第二相粒子强化根据第二相特性的不同,分为弥散强化和沉淀强化(有时也称时效强化)两类。弥散强化是通过外加方式或粉末冶金方式在金属内部形成分布均匀的较稳定的第二相粒子对金属产生的强化;沉淀强化是通过对合金化材料进行固溶-时效处理,在固溶体内部产生弥散分布的第二相质点对固溶体产生的强化形式。

b.多相合金强化。即通过加入合金元素结合热处理工艺,使材料的组织形成两相或多相结构,其中的第二相不像弥散强化中第二相那样分散和细小,如钢中的渗碳体、黄铜中的 α 相和 β 相等,从而提高材料强度的方式。此类强化方式有些资料也称其为热处理强化。

③细晶强化。通过加入特定的细化晶粒组分或采用特定的热处理工艺、形变等材料加工工艺,将材料内部的晶粒度显著细化而使材料强度提高的一种方式。

④位错强化。通过特定的加工工艺使材料内部的位错密度显著增加,从而使材料强度增强的一种强化方式。在实际应用中,提高位错密度最有效、最简便的方法是将材料进行形变处理,因此,位错强化的最常见形式是形变强化或加工硬化。

下面对几种强化方式及其物理机制分别加以阐述。

6.3 固溶强化

溶质原子和位错的交互作用就其性质而言,可以分为弹性作用、化学作用、电性作用和几何作用几种类型。溶质原子可以均匀不规则地分布在基体中,也可以偏聚到位错周围形成各种气团,这两种情况都可以使基体造成强化。一般认为,溶质原子和晶内位错的弹性交互作用对材料所起的强化作用,称为固溶强化。

一般认为固溶强化具有以下机制。

①位错钉扎机制:气团对位错的钉扎作用,包括弹性应力场的交互作用、静电场作用、短程序结构作用(化学作用),在位错运动的启动阶段起主要作用。

②摩擦机制:溶质原子周围应力场与位错线运动的交互作用,影响位错线的弯曲形状和运动速度,在位错启动后的整个运动过程中都起作用。

③位错密度机制:在结晶凝固以及冷却过程中,溶质原子与溶剂原子晶格错配导致的应力超过其屈服强度就会产生位错。溶质原子浓度增加会增加合金中的位错密度。

6.3.1 均匀固溶强化理论

假如溶质原子是以单个原子或原子团的形式无规则地在基体中分布,位错在基体中运动,会与其发生交互作用,引起均匀固溶强化。关于均匀固溶强化理论,目前被人们广泛认同的主要有 Mott-Nabarro 理论和 Fleischer 理论。

1. Mott-Nabarro 理论

该理论认为,这种强化主要是由溶质与基体原子的错配度产生的内应力场造成的。先设想两种极端情况。第一种情况位错线是完全刚直的直线,当它在基体中运动时,位错线两侧溶质原子的内应力场刚好互相抵消,这时不会有固溶强化的效应。这和实验结果不符。此后,人们认识到位错线在运动时是可弯曲的,弯曲的程度反映了溶质原子作用的强弱。另一种极端情况,则是位错线为完全柔顺的,它在平均质点间距范围内,每段位错线段都可弯曲,其弯曲半径 $R \geq \mu b/2\tau_i$,这是近似位错绕过第二相的 Orowan 机制,属于强障碍,说明溶质原子间距的每一小段都对位错运动构成阻力。

一般溶质原子引起的固溶强化介于这两者之间。其相互作用示意图如图 6-4 所示。在图 6-4(a)中,溶质原子对位错作用力较强,在质点间距 l 范围都可弯曲成许多小弧段;图 6-4(b)中溶质原子作用力较弱,位错弧段长 L 远大于质点间距。

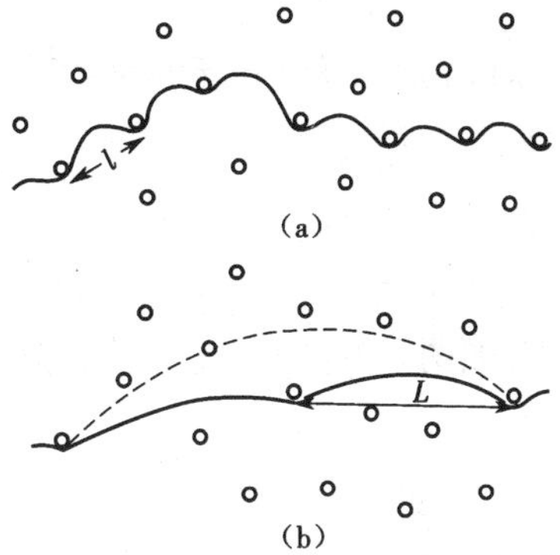

图 6-4 位错在溶质原子应力场中的运动

(a)作用力较强,位错线弯曲较剧

(b)作用力较弱,位错线可弯程度小,$L \geq l$

当位错运动遇到一定障碍,并被弯曲成弧形时,位错的线张力 T 将与溶质原子的障碍力 F 平衡,如图 6-5 所示。

$$F = 2T\sin\frac{\theta}{2} \tag{6-7}$$

式中:θ 为障碍处位错偏离直线的角度。当外力 τ 加大时,位错弯曲加剧,θ 加大,与障碍间的交互作用也增大,当外力至某一临界值 τ_c 时,对应的 θ 值达到 θ_c,这是阻止向前运动的临界值,超过此值位错即可克服溶质的障碍继续向前滑移。因此

$$F_m = \tau_c bl = 2T\sin\frac{\theta_c}{2} \tag{6-8}$$

假若位错向前运动以一个单元计算,即每次挣脱一个质点障碍,到向前运动只遇到一个质点障碍为一个微单元,形成位错运动的稳定结构,那么,将如图 6-6 所示,位错线一次扫过的面

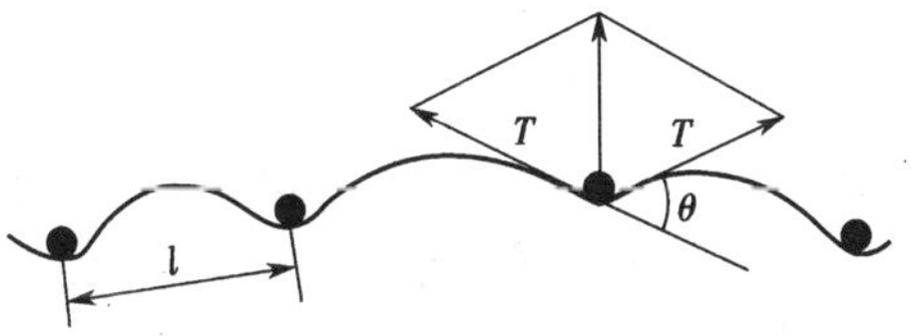

图 6-5 位错运动的障碍力

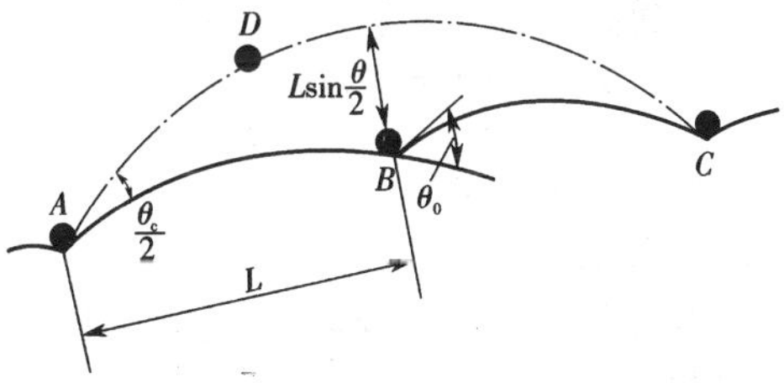

图 6-6 位错运动形成稳定结构的模型

积为 $ABCD$,约为 $L^2\sin\frac{\theta_c}{2}$,它大致等于滑移面上质点的平均距离 l^2,即

$$L = \frac{l}{\left(\sin\frac{\theta_c}{2}\right)^{1/2}} \tag{6-9}$$

该式说明,相互作用越弱,θ_c 越小,则 L 比 l 大得多。因此,在弱作用情况下,一般应该用 L 取代式(6-8)中的 l,则有

$$\tau_c = \frac{2T}{Lb}\sin\frac{\theta_c}{2} = \frac{2T}{lb}\left(\sin\frac{\theta_c}{2}\right)^{3/2} \tag{6-10}$$

滑移面上溶质原子浓度 c 和原子间距 l 之间有以下关系：

$$c = \frac{b^2}{l^2}$$

或

$$l = bc^{-\frac{1}{2}} \tag{6-11}$$

将式(6-11)及式(6-8)，并以 $T = \frac{1}{2}\mu b^2$ 代入式(6-10)，得

$$\tau_c = \frac{F_m^{\ 3/2}}{b^3}\left(\frac{c}{\mu}\right)^{1/2} \tag{6-12}$$

$\tau_c \propto c^{1/2}$，对 C 在 α-Fe 中的固溶强化，N 在 Nb 中的固溶强化，以及 Al 在 Cu 中的固溶强化都得到证实，如图 6-7 和图 6-8 所示。但在有些合金中如 Al 在 Ag 中的强化关系是 $\tau \propto c$。

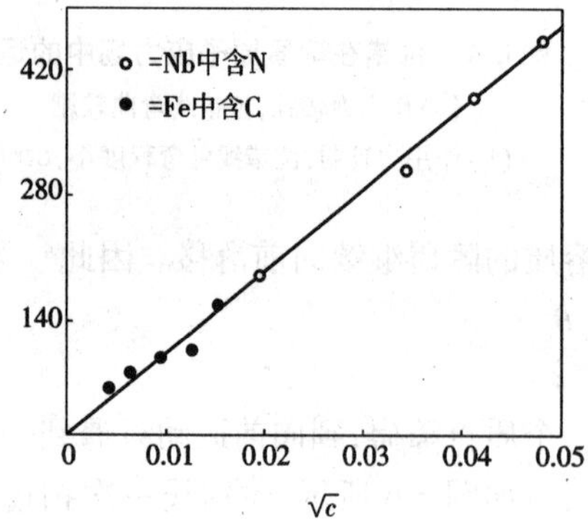

图 6-7 屈服应力和 N 在 Nb（或 C 在 Fe）中浓度的关系

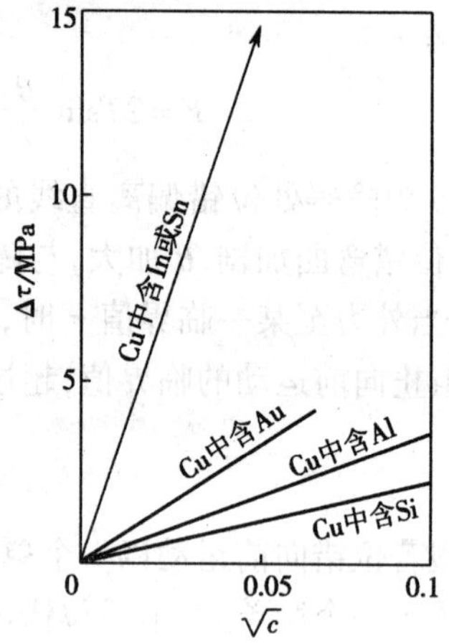

图 6-8 屈服应力和 Al 在 Cu 中浓度的关系

2. Fleischer 理论

Mott-Nabarro 在研究固溶强化时，只考虑原子尺寸因素，Fleischer 则进一步综合考虑了弹性模量与原子尺寸的共同影响，这个理论在铜基合金中得到了很好的验证。

首先讨论弹性模量的影响。假如把溶质原子看做弹性球，在与溶剂原子尺寸相同的情况下，如溶质原子弹性模量稍大于基体，则称为“硬球”，反之，如弹性模量小于基体的原子则称为“软球”，软球在极端的情况下便是空位。当“硬球”或“软球”塞入基体中时，并没有预先造成点畸变，溶质原子的影响仅仅在位错应力场中表现出来。位错接近一个弹性硬球，或者离开一个弹性软球时，都需要额外做功。

下面计算不同弹性模量的溶质原子和位错的交互作用。以螺型位错为例，假定螺型位错接近直径约一个原子间距的小区域，该区的弹性模量为 μ_p，晶体的其余部分弹性模量为 μ，当该区域承受着与基体相同的切应变 γ 时，切应变则为 $\mu_p\gamma$，做的总功等于单位体积功 $\frac{\mu_p\gamma^2}{2}V_a$。

如这一小区域切变模量与基体相同，则应为$\frac{\mu\gamma^2}{2}V_a$。因此，由弹性模量差引起的能量改变$E^s_{\Delta\mu}=\frac{1}{2}(\mu_p-\mu)\gamma^2V_a$。对螺型位错$\gamma=\frac{b}{2\pi r}$，如令$V_a=\frac{4}{3}\pi R^3$，则有

$$E^s_{\Delta\mu}=\frac{(\mu_p-\mu)b^2R^3}{6\pi r^2} \tag{6-13}$$

由上式可知：a. 当$\mu_p>\mu$，亦即为“硬球”时，交互作用能为正，对位错有斥力；反之，当$\mu_p<\mu$，即为“软球”时，交互作用能为负，对位错有吸力。b. 交互作用能$E^s_{\Delta\mu}\propto\frac{1}{r^2}$，这和原子尺寸因素不同，后者$E\propto\frac{1}{r}$。因此，由弹性模量不同造成的与位错的交互作用属于近程交互作用，而由原子尺寸不同造成的与位错的交互作用则属于长程交互作用。

现在需要知道的是如何度量“原子的切变模量”，因为μ_p不易测量，必须把它转换成一个宏观的性能。Fleischer 采用了弹性模量随浓度变化的速率 $d\mu/dc$，使这一参数与μ_p联系起来。模量为μ_p的弹性球嵌入模量为μ的基体中时，可以通过测量 $d\mu/dc$ 求取μ_p，而

$$\frac{d\mu}{dc}=\frac{2(\mu_p-\mu)\mu}{(1+\alpha)\mu+(1-\alpha)\mu_p} \tag{6-14}$$

其中$\alpha=\frac{\nu-\frac{1}{5}}{3(1-\nu)}$，对$\nu=0.2$，这个表达式为

$$\frac{d\mu}{dc}=\frac{2(\mu_p-\mu)\mu}{\mu+\mu_p} \tag{6-15}$$

对该式求解，并代入式(6-13)中，得

$$E_\mu{}^s=\frac{\mu\varepsilon'_\mu b^2R^3}{6\pi r^2} \tag{6-16}$$

式中：ε'_μ为模量差的度量，被定义为

$$\varepsilon'_\mu=\frac{\varepsilon_\mu}{1-\frac{\varepsilon_\mu}{2}},\varepsilon_\mu=\frac{1}{\mu}\frac{d\mu}{dc} \tag{6-17}$$

这里采用的ε_μ表达式与表达原子错配度是相似的。

Friedel 研究了铜基合金的强化，当同时考虑弹性模量和原子尺寸的差别影响后，以一个新的联合（这两个差别的）参数$\varepsilon_s=\varepsilon'_\mu-\alpha\varepsilon_b$，$\varepsilon_b=\frac{1}{b}\frac{db}{dc}$（$b$为柏氏矢量的大小，对螺位错$\alpha=3$，对刃位错$\alpha=6$）来度量硬化效果时，发现许多金属与铜形成固溶体时，其 $d\tau/dc$ 与ε_s成线性关系（图6-9）。这说明尺寸因素与模量因素两者对固溶强化都重要，这两个因素对强化的相对贡献是可以估计的。$\alpha\varepsilon_b/\varepsilon_s$（对螺型位错$\varepsilon_s=\varepsilon'_\mu-3\varepsilon_b$）为尺寸因素和模量因素对硬化的相对贡献大体上相等。而对其他合金元素，如Zn，Si，Sn 等，尺寸因素对硬化的贡献只有10%左右。平均地说，尺寸因素的贡献约为25%，因此，在铜基合金中

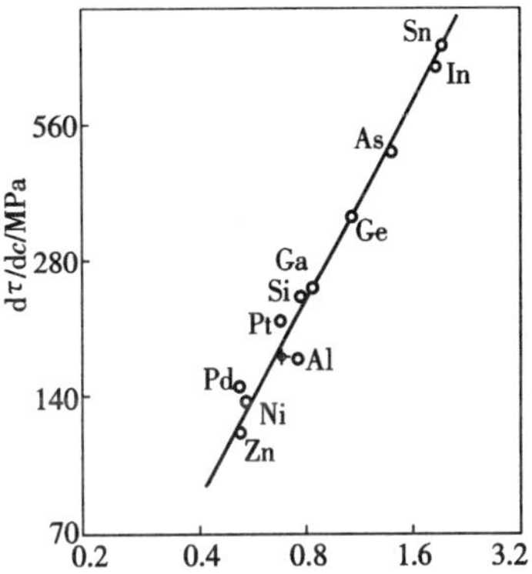

图6-9 铜合金的$\frac{d\tau}{dc}$—ε_s关系

($\varepsilon_s=\varepsilon_\mu{}'-3\varepsilon_b$)

模量差的影响似乎更大些。但是应该指出,Friedel 理论只在铜基合金中得到很好的验证,而在铁基合金中,尺寸因素在固溶强化中起主要作用。

上面分析的是溶质原子均匀分布在基体溶剂原子中间所引起的均匀固溶强化的机制分析。对于溶质原子在基体中呈不均匀分布情况,则可以用以下各种气团理论进行解释。

6.3.2 柯氏气团

1. 溶质原子和位错的弹性交互作用

已知,刃型位错的应力场有正应力分量和切应力分量,螺型位错的应力场只有切应力。若溶质原子和溶剂原子尺寸不同,其错配度 $\varepsilon=\frac{1}{a}\frac{\mathrm{d}a}{\mathrm{d}C}$($a$ 为基体的点阵常数,C 为溶质原子浓度),假如溶质原子只在基体中造成对称的畸变,那么溶质原子只与刃型位错交互作用。因为只有体积变化而无形状变化,故与螺型位错无交互作用。这样,尺寸大的溶质原子容易偏聚到刃位错的下半部张应力区,减小了位错线本身的应变能,减小的那一部分应变能即称为溶质原子和位错的弹性交互作用能(为负值)。反之,尺寸小的溶质原子容易偏聚到刃型位错的上半部压应力区,产生与大尺寸溶质原子在张应力区相同的强化效果。对于面心立方晶体,无论是置换式还是间隙式溶质原子,在溶入基体后只造成对称型的畸变,所以它们与位错交互作用的情况简单。但如果是间隙式溶质原子溶入体心立方晶体,如通常见到的 C、N 原子溶入 α-Fe 中,则会造成非对称畸变,这时溶质原子和刃型位错与螺型位错都有交互作用,所以看到的体心立方金属的屈服、应变时效等现象更加明显。

现在先考虑简单情况,溶质原子造成点阵对称畸变,计算溶质原子和位错的弹性交互作用能。

设溶质原子溶入基体中引起的体积变化为 ΔV,位错应力场中正应力为 p,则交互作用能

$$u=-p\Delta V=-\frac{1}{3}(\sigma_{xx}+\sigma_{yy}+\sigma_{zz})\cdot 4\pi r^2\cdot\varepsilon r=-\frac{4}{3}\pi r^3\varepsilon(\sigma_{xx}+\sigma_{yy}+\sigma_{zz}) \tag{6-18}$$

只需要将原子半径 r、错配度 ε 和刃型位错各正应力分量代入式中,即可计算出交互作用能。为简单起见,将直角坐标换成极坐标,以刃型位错为坐标原点,溶质原子离位错的位置为(R, θ),其应力分量之间的关系为

$$\left.\begin{aligned}\sigma_{xx}+\sigma_{yy}&=2\sigma_{rr},\\ \sigma_{zz}&=2\nu\sigma_{rr}\end{aligned}\right\} \tag{6-19}$$

刃型位错的应力场

$$\sigma_{rr}=-\frac{\mu b}{2\pi(1-\nu)}\frac{\sin\theta}{R} \tag{6-20}$$

故交互作用能

$$\begin{aligned}u&=-\frac{4}{3}\pi\varepsilon r^3(\sigma_{xx}+\sigma_{yy}+\sigma_{zz})\\&=-\frac{4}{3}\pi\varepsilon r^3(2\sigma_{rr}+2\nu\sigma_{rr})\\&=\frac{4}{3}\frac{(1+\nu)}{(1-\nu)}\mu b\varepsilon r^3\frac{\sin\theta}{R}\end{aligned} \tag{6-21}$$

若 $\varepsilon>0$,即溶质原子尺寸大于溶剂时,在刃型位错的上半部($0<\theta<\pi$),$\sin\theta>0$,u 为正值;而

在刃型位错下半部($\pi<\theta<2\pi$),$\sin\theta<0$,u 为负值,因而大原子被吸引到膨胀区。

如以 Zn 溶入 Cu 为例,原子错配度 $\varepsilon=0.06$,$\mu_{Cu}=4\times10^{10}$ Pa,$\nu=0.36$,$b=2.55\times10^{-8}$cm,最大结合能位置在 $\theta=3\pi/2$,$R\approx r_0$处,由式(6-21)可算出 $u_{max}=\frac{1}{8}$ eV。

如考虑间隙碳原子溶入 α-Fe 中,只计算与刃型位错的交互作用,因间隙式固溶引起的体积改变不能用错配度直接度量,故将式(6-21)改写为

$$u=\frac{\mu b(1+\nu)}{3(1-\nu)}\Delta V\frac{\sin\theta}{R} \tag{6-22}$$

碳原子引起的体积改变只能间接推算。如一个晶胞含有一个碳原子、两个铁原子,则按马氏体点阵常数和碳浓度的关系,将它外推到 Fe/C = 2/1 时的相应点阵常数 c 和 a,由此推算出 $\Delta V\approx0.78\times10^{-23}$ cm^3。已知 $\mu_{Fe}=8.14\times10^{10}$ Pa,$b=2.48\times10^{-8}$ cm,$\nu=0.28$,代入式(6-22),最大结合能在 $\theta=\frac{3}{2}\pi$,$R\approx b$ 处,求出的 $u_{max}\approx1.0$ eV,这个估算值偏高,现一般按内耗实验测得的数值,取 $u_{max}=\frac{1}{2}$ eV。即使不考虑与螺型位错的交互作用,间隙式的溶质原子也要比置换式溶质原子和刃型位错的弹性交互作用强烈些。

2. 稀释气团和饱和气团

间隙式或者置换式溶质原子在与刃型位错弹性交互作用时,若交互作用能为负,溶质在基体中就不会均匀分布(当然这是指在位错应力场范围内),它们要偏聚到位错周围,形成所谓“气团”,位错要运动必须从气团中挣脱出来或者拖着气团一起运动。这种气团的概念最早由 Cottrell 提出,因此常称为柯氏气团。柯氏气团有两种结构:稀释气团和饱和气团。究竟是哪种结构形式取决于温度。

稀释气团是指溶质原子的浓度服从麦克斯韦-玻尔兹曼分布,距位错中心为 R,方向为 θ 处的溶质浓度

$$C(R,\theta)=C_0\exp\left[-\frac{u(R,\theta)}{kT}\right] \tag{6-23}$$

C_0为晶体中溶质的平均浓度。显然,稀释气团只能在较高温度下存在。随着温度的降低,在位错附近的溶质浓度会越来越高,极限情况 $C=1$,这时便由稀释气团转化为饱和气团,对应于形成饱和气团的温度称为 T_c。

为什么会形成饱和气团?它的物理图像究竟是怎样的?因为溶质原子(如碳原子)被吸引到刃型位错下半部,可以抵消那里的部分静压力,当溶质原子达到饱和时,静压力恰好为它们的体积膨胀完全抵消,这时位错的应变能降低得最多,或者说溶质原子和位错的交互作用能最大。当形成饱和气团时,在位错线的下方距离位错线约一个原子间距有一根与位错线平行的溶质原子(碳原子)线存在,也就是穿越位错线的每个晶面下方,在大约是 b 的尺度都有一溶质原子存在。这就是现今所能设想的具体物理图像。

如取碳原子饱和气团和位错的交互作用能为$\frac{1}{2}$ eV,α-Fe 每一原子长度位错线的弹性能约为 5 eV,可知形成饱和气团时可降低 10% 的位错弹性能。当形成饱和气团时,由于交互作用能最大,碳原子对位错的钉扎力是很强的,位错要想挣脱出来,其脱钉应力约为$\frac{1}{10}\mu$,接近理

论弹性极限。实际情况下，只有在应力集中很大时，使得作用在位错的应力远高于平均外应力，位错才可实现脱钉。假如要依靠热激活使位错从饱和气团中挣脱出来，按照 Fisher 设想的模型计算其激活能将很高，达 $50kT$，以致这一过程不可能发生。

形成饱和柯氏气团并不需要溶质原子含量很高，只要作粗略估算就可知道，退火态金属的位错密度 $\rho \approx 10^8/\text{cm}^2$，也就是 1 cm^3 体积的金属有位错线长度为 10^8 cm，取原子间距为 2.5×10^{-8} cm，1 cm 长位错线即含 4×10^7 个原子间距，饱和气团要求每个原子间距都要含一溶质原子，即应含 4×10^7 个溶质原子，对 1 cm^3 的晶体则应含 $4 \times 10^7 \times 10^8$ 即 4×10^{15} 个溶质原子，而 1 cm^3 晶体所含溶剂原子数约 10^{23}，因此形成饱和气团的溶质原子数约为 $\dfrac{4 \times 10^{15}}{10^{23}} = 4 \times 10^{-8}$，实际上是很低，即微量溶质就可形成饱和气团。这样的估计无论是对间隙式 C、N 原子在体心立方晶体中还是置换式溶质在面心立方晶体中都是有效的。所以，不仅 C 在 α-Fe 中可形成饱和柯氏气团，在面心立方金属中同样可形成。例如 Zn 溶入 Cu 中当质量分数超过 1% 时，屈服现象就逐渐显著(见图 6-10)；Zn 的质量分数在 1% ~10% 范围时，屈服降落由柯氏气团造成，Zn 的质量分数超过 10% 时，则有短程有序附加的强化。

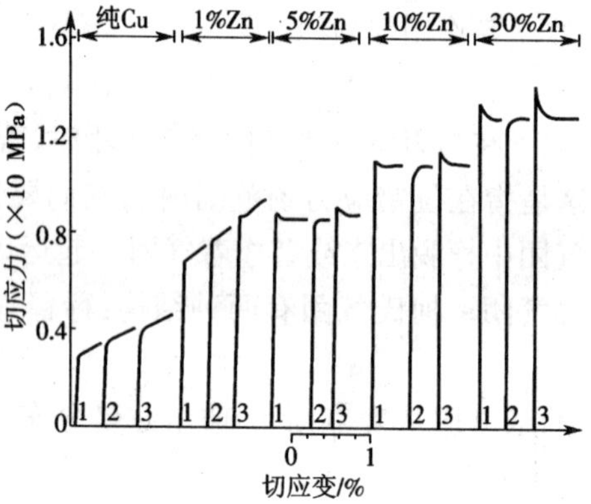

图 6-10　纯铜和黄铜室温下变形的应力—应变曲线

曲线 1—第一次加载　曲线 2—卸载后立即加载　曲线 3—200 ℃、2 h 后加载

与碳在 α-Fe 中形成气团相比，Zn 在 Cu 中要有较高的含量才能形成气团。因为 $C = C_0 \exp\left[-\dfrac{u(R,\theta)}{kT}\right]$，当 $C = 1$，$u = u_{\max}$，碳原子与位错的作用能 $u_{\max} = \dfrac{1}{2}$ eV，而 Zn 原子与位错的交互作用能 $u_{\max} = \dfrac{1}{8}$ eV，因此势必要求更高的溶质含量 C_0。

3. 气团与低碳钢的屈服

材料的屈服现象是指材料在拉伸或压缩过程中，当应力达到一定值时，应力虽不增加(或在微小范围内波动)，而变形却急速增长，材料失去了抵抗继续变形的能力。一般塑性材料存在屈服现象，较多见的是含有微量间隙原子的体心立方金属(如碳、氮、氧等溶于 Fe、Mo、Nb、Ta 等)中。

材料的屈服具有时效性，如图 6-11，屈服后变形至 d 点卸载，则试样将弹性回缩到 p 点，如果此时立即重新加载拉伸，拉伸曲线将沿 pde 进行，如果停留较长时间后再加载拉伸，则拉伸曲线将沿 $pd'e$ 进行，再次出现屈服现象。这种现象称为“应变时效”。较高温度下的拉伸变形则不易出现屈服现象。

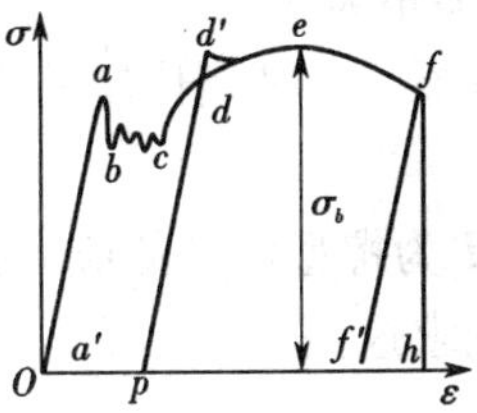

图 6-11 低碳钢的应力—应变曲线

通常认为,屈服现象和应变时效是由于溶质原子与位错的交互作用的结果。溶质原子特别是间隙原子趋向于富集在位错周围,形成"科氏气团",位错开动时必须挣脱"气团"包围,因而需要较大的应力。位错挣脱气团后,阻力下降,位错运动只需克服气团拖曳力和摩擦力,因而形成了屈服。如图 6-11,在应变从 O 达到 a 点时,也有少量位错运动,通过这部分少量位错的运动来开动大量位错的集体运动,因而需要较大的力。达到 b 点时,大量位错在其滑移系统内运动,快速形成滑移带,因而应力迅速下降。对于应变时效,由于在时间足够长或一定温度的条件下,溶质原子可以借助热激活扩散重新在位错周围,从而形成"科氏气团"。

C、N 原子在位错周围一旦形成饱和气团,对位错的钉扎是很强的,前已说明位错脱钉的应力高达理论弹性极限。按照位错增殖理论,低碳钢的屈服点应该是能产生大量位错引起一定宏观变形量的应力。按照柯氏气团理论,上屈服点应该对应位错脱钉的名义应力,在上屈服点以前试验机夹头附近已观察到微应变,微应变区的高应力集中为位错的脱钉及屈服平台的发生准备了条件。

位错增殖理论不能解释低碳钢出现屈服平台传播的现象,也不能解释低碳钢的应变时效。柯氏气团理论认为,低碳钢的下屈服点即为使屈服平台传播与扩展的应力。屈服平台的形成与向前推移,始终是在高的应力集中下引发的,通过位错从气团中挣脱或者不断产生新位错,使在外加应力不升高的情况下继续变形,直到屈服平台扩展到整个试样长度,屈服平台结束,开始加工硬化。

由于面心立方晶体派-纳力很低,使位错运动的应力几乎与位错运动速度或应变速率无关,亦即在 $v=\left(\frac{r}{r_0}\right)^m$ 中,m 值很大,在 200 ~ 300 范围。因此按照位错增殖理论,面心的 Cu、Al 中很难看到屈服降落。但是,如图 6-10,在 Cu-Zn 合金中,因 Zn 溶质原子和位错作用可形成饱和气团,同样会产生屈服降落。因此,很多情况下气团理论能够更好地解释材料的屈服现象。

6.3.3 史氏气团

因为间隙溶质原子在体心立方晶体中产生非对称畸变,所以它既与刃型位错也与螺型位错有交互作用。通常把 C、N 等原子在 α-Fe 中偏聚在螺型位错周围所形成的气团叫做史氏气团,或 Snoek 气团。有些直观的实验现象有助于理解史氏气团。在无外加切应力作用时,C(N)原子在 α-Fe 的三个晶轴方向的间隙中原是等概率分布的,但在应力作用下会优先沿某一方向定向分布以降低应变能,这个效应叫做 Snoek 效应。在应力感生下会产生一内耗峰,这个内耗峰叫做 Snoek 峰。C(N)原子在 α-Fe 中产生的 Snoek 峰,在试验频率 1/s 时,内耗峰峰温约在 38 ℃(如图 6-12),峰高与溶质的浓度成正比。

现在来看碳原子和螺型位错的交互作用。如图 6-13,沿[111]方向有一螺型位错,在距位错线 r 处有一 α-Fe 晶胞,它的[100]、[010]及[001]晶轴分别以 1、2 及 3 坐标表示,晶胞点阵常数为 a,C(N)原子的位置用黑点表示。$x'y'z'$是另一套坐标系,它与坐标系 123 的坐标共原点,其 x'轴与矢径 $\boldsymbol{r}$ 同向,z'轴平行于螺型位错线。坐标 1 在 $x'y'$平面的投影为$[2\bar{1}\bar{1}]$,x'与[2

$\overline{11}$]的夹角为 ϕ。

碳原子与螺型位错的交互作用能

$$u = -(T \cdot s)a^3 \tag{6-24}$$

式中：T 为螺型位错的应力张量，$T=\sigma_{ij}$；s 为碳原子在晶胞间隙中引起的应变张量，$s=\varepsilon_{ij}$。下面分别求这两项。

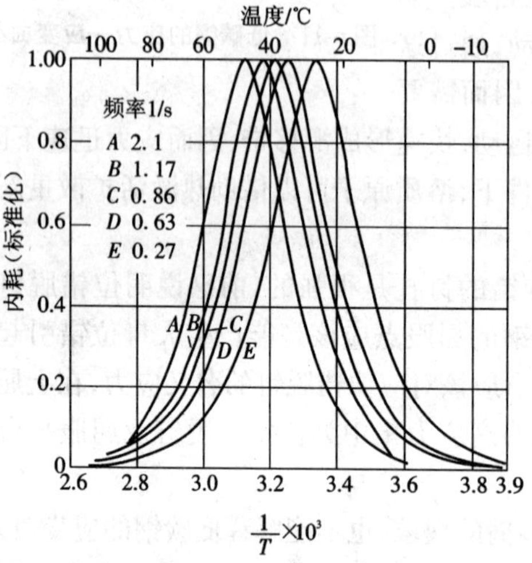

图 6-12 应力感生下的 C 在 α-Fe 中的内耗峰

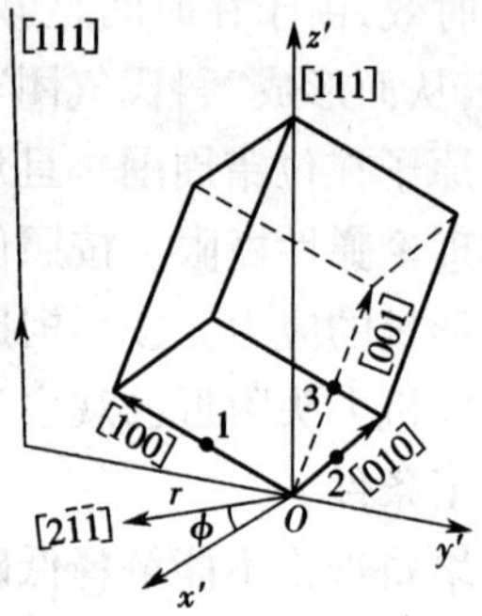

图 6-13 螺型位错和 α-Fe 中碳原子的交互作用

已知螺型位错的应力分量

$$\tau_{xz} = \tau_{zx} = -\frac{\mu b}{2\pi}\frac{y}{x^2+y^2} = -\frac{\mu b}{2\pi}\frac{\sin\theta}{r} \tag{6-25}$$

$$\tau_{yz} = \tau_{yx} = \frac{\mu b}{2\pi}\frac{x}{x^2+y^2} = \frac{\mu b}{2\pi}\frac{\cos\theta}{r} \tag{6-26}$$

在图 6-13 中，$x'y'z'$ 坐标系的 y' 轴与 r 方向相同，故在该坐标系中螺型位错的应力张量

$$\boldsymbol{T}^{x'y'z'} = \frac{\mu b}{2\pi r}\begin{pmatrix} 0 & 0 & 1 \\ 0 & 0 & 0 \\ 1 & 0 & 0 \end{pmatrix} \tag{6-27}$$

再求碳原子在晶胞内产生的应变张量 ε_{ij}。先考虑在晶胞的[100]方向，即坐标轴 1 上有一间隙碳原子，使晶胞产生正方畸变，这时应变张量

$$\boldsymbol{S}^{123} = \begin{pmatrix} \varepsilon_1 & 0 & 1 \\ 0 & \varepsilon_2 & 0 \\ 1 & 0 & \varepsilon_3 \end{pmatrix} \tag{6-28}$$

$\boldsymbol{S}$ 的右上角表示参考坐标系（应力张量表示法相同）。从马氏体晶胞的 c/a 值与碳含量的关系，外推到每个 α-Fe 晶胞含一个碳原子，得到式(6-28)中 $\varepsilon_1=0.38$，$\varepsilon_2=\varepsilon_3=0.026$，按照以下关系式，将应变张量从坐标系 123 变换成坐标系 $x'y'z'$，以和应力张量统一计算：

$$\varepsilon_{x'z'} = \varepsilon_{z'x'} = 2(L_{1x'}L_{1z'}\varepsilon_1 + L_{2x'}L_{2z'}\varepsilon_2 + L_{3x'}L_{3z'}\varepsilon_3) + (L_{1x'}L_{2z'} + L_{1z'}L_{2x'})$$
$$+ \varepsilon_{12}(L_{2x'}L_{az'} + L_{2z'}L_{ax'})\varepsilon_{23} + (L_{3x'}L_{1z'} + L_{3z'}L_{1x'})\varepsilon_{31}$$

式中：$L_{1x'}$，$L_{2z'}$，…表示方向余弦，如 $L_{1x'}$ 表示 1 轴对 x' 轴的方向余弦，经坐标变换后，有效应变

分量只有

$$\varepsilon_{x'z'}=\varepsilon_{zx'}=\frac{\sqrt{2}}{3}(\varepsilon_1-\varepsilon_2)\cos\phi \tag{6-29}$$

将式(6-29)、式(6-28)代入式(6-24),可得交互作用能

$$u=\frac{\sqrt{2}}{3\pi r}\mu ba^3(\varepsilon_1-\varepsilon_2)\cos\phi=K\frac{\cos\phi}{r} \tag{6-30}$$

将 α-Fe 的有关常数代入,并设 $r=b$,则 $u=u_{max}=0.48$ eV,与柯氏气团的交互作用能大致相等。而且两个气团的表达式也很相似,都与距离 r 成反比。只是式(6-24)中的交互作用能取决于溶质原子的错配度 ε,而史氏气团的交互作用能取决于非对称畸变 $\varepsilon_1-\varepsilon_2$,如果是球对称 $\varepsilon_1=\varepsilon_2$,则式(6-30)中 $u=0$。

式(6-29)只考虑了在坐标轴1上的间隙碳原子与螺型位错的交互作用,如同时考虑在坐标轴2和3上的碳原子,其交互作用能关系式与式(6-30)相同,只是 ϕ 角有120°的相差,故作用能一般可写为

$$u=\frac{k}{r}\cos\left[\phi-i\frac{2\pi}{3}\right],i=1,2,3 \tag{6-31}$$

图6-14表示碳原子分别在轴1、2和轴3的间隙位置时,其与螺型位错的交互作用能分别在 ϕ 角为 π,$\frac{5\pi}{3}$ 及 $\frac{\pi}{3}$ 时达极小值,在这三个平衡位置时系统的能量最低。如图6-14,当 ϕ 角为 π 时,碳原子优先分布于1轴[100]方向;当 ϕ 为 $\frac{5\pi}{3}$ 及 $\frac{\pi}{3}$ 时,间隙原子将分别优先分布在2轴[010]及3轴[001]方向。螺型位错要离开史氏气团必须额外做功。

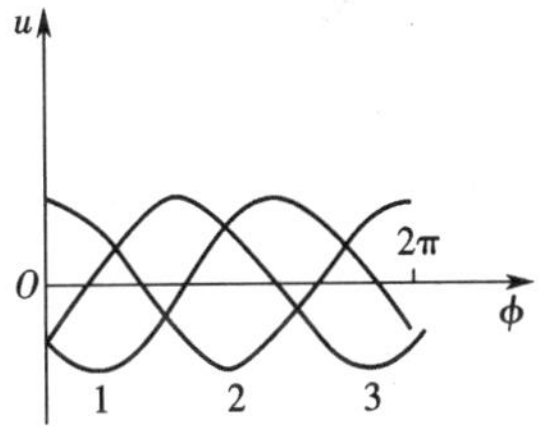

图6-14 碳原子在三个间隙位置的交互作用能分布

与柯氏气团比较,史氏气团很容易形成,它不需要溶质原子的长程扩散,也不需要溶质原子的富集,它只是通过碳原子在晶胞内的简单跳动1/2的点阵常数距离,在实现有序化排列后就可阻碍位错的运动,且其运动阻力和饱和柯氏气团差不多。实际上通常说的C(N)原子在 α-Fe 中形成气团包括这两种形式,只是从与位错的交互作用分析,人为地把它们分开了。气团理论由 Cottrell 提出,既包括柯氏气团也包括史氏气团。

6.3.4 铃木气团

有一些在固态下可无限互溶的面心立方金属,如 Ag-Au、Cu-Ni 等合金系,晶格类型相同,原子尺寸接近,电化学性质也很相似,为什么形成固溶体后其屈服强度或硬度和溶质原子的浓度成抛物线关系(如图6-15)?在这种情况下强化的原因是什么?Suzuki(铃木)对此首先提出了解释。

面心立方金属中全位错常可以分解为两个肖克莱位错,中间夹以层错区。在层错区原子的错排构成两个原子层厚的 hcp 结构。热力学可以证明,溶质原子在基体中与在层错中的分布是不同的,溶质原子在层错区的偏聚可降低层错能。如果扩展位错从富集溶质的层错中运动出来,将使系统自由能升高,外力必须克服阻力做功。溶质原子在层错中的偏聚被称为铃木气团。

因为铃木气团不像柯氏气团那样产生点阵畸变,因此气团不属于弹性交互作用,而被认为

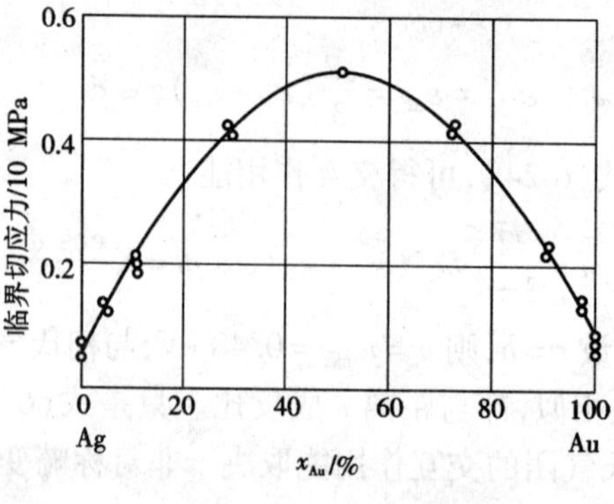

图 6-15　Ag-Au 单晶的临界切应力随成分的变化

是一种化学的交互作用。

下面讨论铃木气团的形成机制。图 6-16 示意地以 G^f 和 G^h 分别表示基体和层错自由能与浓度的关系。层错的自由能随浓度的变化较大，层错中溶质浓度的提高可以较显著地降低系统的自由能。有人也用实验证明在一系列 α 黄铜合金中，层错能随电子浓度的增加而下降（如图 6-17）是符合这一变化规律的。而基体的自由能曲线较平坦，即随浓度的变化较小。若层错与基体中的溶质浓度都为 C_0，合金的平均自由能便在 S 点位置，S 点的坐标由相律的杠杆定律决定，即 $\frac{PS}{PR}$ 为层错的体积分数。若层错中溶质的浓度由 C_0 增加到 C_1，合金的平均自由能就由 S 点降低到 M 点，这时 $\frac{LM}{LN}=\frac{PS}{PR}$。因为层错体积比很小，溶质原子重新分布时，基体浓度变化可忽略不计，仍可视为 C_0（即 $L\to P$）。系统达到自由能最低状态时，层错中的溶质浓度 C_1 应满足以下关系：

$$\left(\frac{\partial G^f}{\partial C}\right)_{C_0}=\left(\frac{\partial G^h}{\partial C}\right)_{C_1} \tag{6-32}$$

即 hcp 自由能曲线在点 C_1 处的斜率和 fcc 自由能曲线在点 C_0 处的斜率相等。

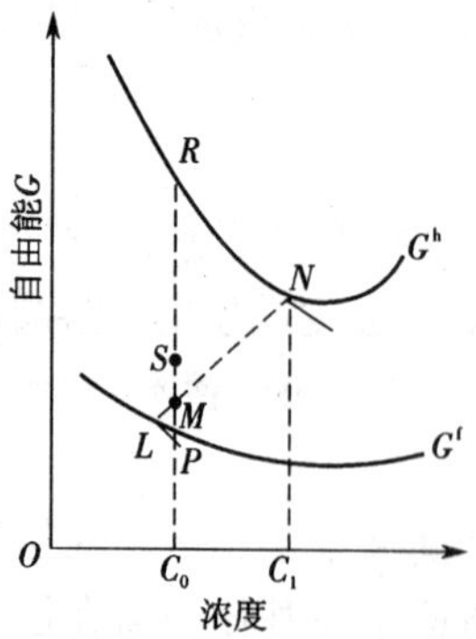

图 6-16　基体与层错自由能随浓度的变化

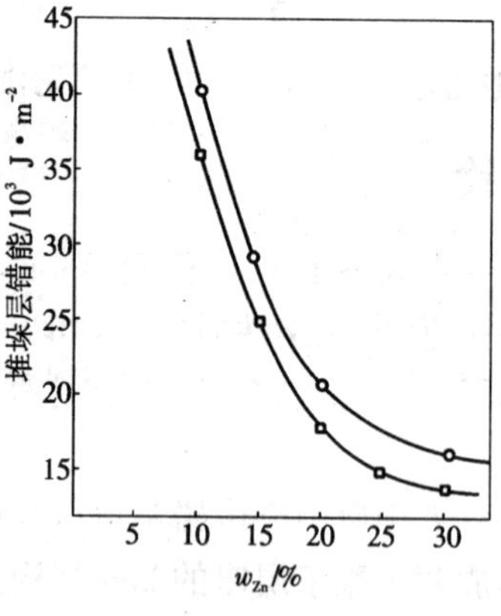

图 6-17　含 Zn 量对 α-黄铜层错能的影响

现在求层错中溶质浓度 C_1。对 A、B 组元组成的理想溶液，一摩尔自由能

$$G=CG_B+(1-C)G_A+RT[C\ln C+(1-C)\ln(1-C)] \tag{6-33}$$

式中：G_A、G_B 为纯组元 A 和 B 的摩尔自由能，C 为组元 B 的摩尔分数。若分别形成面心和密排六方，即以 G^f 和 G^h 代入上式，两者必须满足式(6-32)，代入后得

$$G_B^f - G_A^f + RT\ln\frac{C_0}{2-C_0} = C_B^h - C_A^h + RT\ln\frac{C_1}{1-C_1} \tag{6-34}$$

令 $H=(G_B^f-G_A^f)-(G_B^h-G_A^h)$，求出

$$C_1 = \frac{C_0\exp\left(\frac{H}{RT}\right)}{1-C_0+C_0\exp\left(\frac{H}{RT}\right)} \tag{6-35}$$

如让扩展位错从铃木气团中移出，设移动距离为 dx，外应力 σ 做的功

$$\sigma b\mathrm{d}x = \frac{h}{V}[(G^f-G^h)C_0-(G^f-G^h)C_1]\mathrm{d}x \tag{6-36}$$

式中：V 为层错体积，h 为层错厚度。将式(6-34)、式(6-35)及式(6-36)联立，得

$$\sigma = \frac{hH}{bV}\frac{C_0(C_0-1)\left[1-\exp\left(\frac{H}{RT}\right)\right]}{1-C_0+C_0\exp\left(\frac{H}{RT}\right)}$$

铃木指出，H 可用纯金属的层错能表示：

$$H=\frac{V}{h}\gamma_A-\gamma_B$$

当 $H \ll RT$ 时

$$\sigma \approx C_0(1-C_0)(\gamma_A-\gamma_B)^2\frac{V}{bhRT} \tag{6-37}$$

上式说明铃木气团产生的滑移阻力与两组元浓度的乘积成正比，因此可以看出 Au-Ag 系、Cu-Ni 系的屈服强度和溶质浓度呈抛物线关系。式(6-37)还说明产生的强化与两组元的层错能差有关，Cu 和 Ni 两者的层错能差较 Ag 与 Au 的差值大，$|\gamma_{Cu}-\gamma_{Ni}|=1.65\times10^{-5}\ \mathrm{J/cm^2}$，$|\gamma_{Au}-\gamma_{Ag}|=2.5\times10^{-6}\ \mathrm{J/cm^2}$，故 Cu-Ni 的固溶强化作用更大些。

铃木气团与柯氏气团的不同之处在于以下几点。

①铃木气团与温度无关。这主要是因为层错宽度一般约几个原子间距(可根据层错能计算)，热激活很难使扩展位错从气团中摆脱出来。而饱和柯氏气团当温度超过 T_c(约 300 ℃)即消失，因此，在高温时这种化学交互作用仍存在。应指出的是，式(6-37)中虽然有温度 T，但这不是变形时的温度，而是指温度足够高、溶质原子在层错中可以保持在高温下平衡浓度时的温度。

②这种化学交互作用与位错的取向无关，对螺型位错和刃型位错，这种交互作用的强弱程度是一样的。

③铃木气团对位错运动的阻力较小，只有柯氏气团的 1/10，因而在实际金属材料中难以获得这一效应的有力实验证据。

6.3.5 气团拖曳与动态应变时效

1. 气团对运动位错的拖曳

稀释的柯氏气团和史氏气团都对运动位错有一个拖曳力。拖曳力构成金属流变应力的一

部分。拖曳力的大小决定于位错运动的速度。定性地说,当位错运动速度很低或很高时,拖曳力都是很小的。当位错运动速度很高,溶质原子的扩散速率跟不上位错的运动,来不及形成柯氏气团,或者原子的跳动来不及有序分布,不能形成史氏气团,这时在基体中运动的位错就如遇到杂乱分布的溶质原子障碍一样,它受到的阻力较小。当位错运动速度很低,极端地说,接近一个静止位错,位错与溶质原子形成一稳定的低能结构,这时并不产生拖曳力。只有当位错以某一速度 v 运动,气团中心落后于位错并离它一定距离时,才产生拖曳力。位错运动速度越快,气团中心和位错分开的距离越大,拖曳力也越大。当位错运动速度达到某一临界值 v_c(图6-18(a)),这一数值相当于气团迁移速度和位错运动速度大致相等的情形,这时气团的拖曳力最大。也就是说,当低于 v_c 时,位错可以拖着气团一起运动,其阻力 $\sigma=\sigma_c v/v_c$,σ_c 为 v_c 的最大拖曳力。当超过 v_c 时,不能形成气团,位错单独运动,于是阻力又迅速减小。

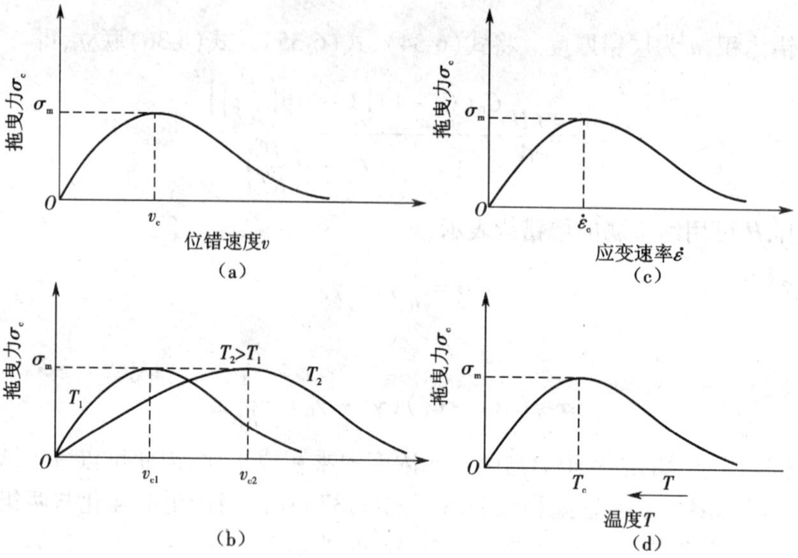

图6-18 气团对运动位错的拖曳

(a)拖曳力随位错速度的变化 (b)温度的影响

(c)应变速率的影响 (d)恒定应变速率下拖曳力和温度的关系

当温度升高,溶质原子的扩散速率增加,可以预期,对应于最大拖曳力的位错速度也增加。如图6-18(b),温度越高,临界速度 v_c 也越高,但最大拖曳力不变。按照 Orowan 方程 $\varepsilon=\rho b\bar{v}$,在位错密度 ρ 大致不变的情况下,$\varepsilon\propto\bar{v}$,因此,拖曳力和应变速率 ε 的关系应该类似于图6-18(a),即如图6-18(c)的形状。而提高应变速率和降低温度对拖曳力影响的效果是一样的,故在应变速率恒定的情况下,拖曳力和温度的关系如图6-18(d)。

2. 动态应变时效

在静态应变时效中,可以看到试样最初加载出现屈服点,如卸载后立即加载,屈服点消失,如试样放置一段时间再加载,屈服点又重新出现。当温度足够高时,溶质原子和位错的交互作用可以在变形过程中发生,变形中产生时效的现象叫做动态应变时效。

动态应变时效发生在一温度范围,这个温度范围随应变速率的增加而上移。动态应变时效具有以下特点。

①发生动态应变时效时的屈服应力与温度无关,见商业纯 Ti 的屈服应力(以0.2%残留

应变度量)随温度的变化图(图6-19)。

②与此同时,动态应变时效的屈服应力也与应变速率无关。一般情况下流变应力和应变速率的关系为

$$\sigma = A(\varepsilon)^n$$

式中:A 为常数,指数 n 叫做应变速率敏感度。以不同应变速率代入,上式可写成

$$\frac{\sigma_2}{\sigma_1} = \left(\frac{\varepsilon_2}{\varepsilon_1}\right)^n$$

$$n = \frac{\lg \frac{\sigma_2}{\sigma_1}}{\lg \frac{\varepsilon_2}{\varepsilon_1}}$$

在不发生动态应变时效时,n 随热力学温度线性地增加(如图6-20),但在发生动态应变时效温度范围内,n 值会降至极低,以致流变应力几乎与温度无关。图6-20所示是商业铝合金的情况。

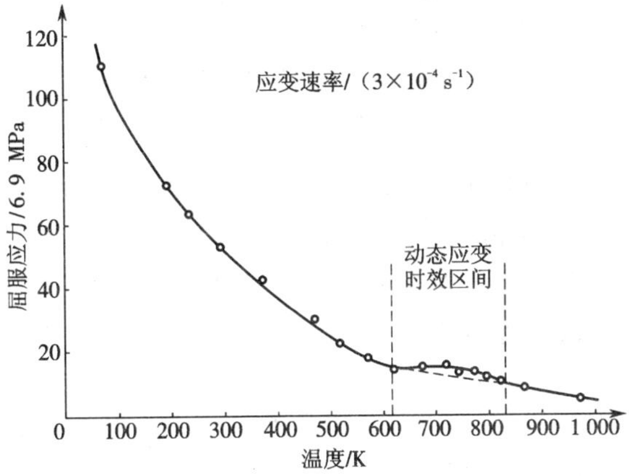

图6-19 商业纯Ti的屈服应力和温度的关系

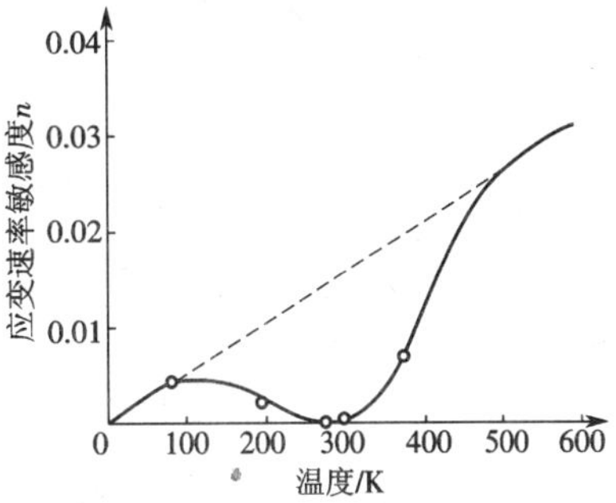

图6-20 铝合金6061S-T的应变速率敏感度

③在动态应变时效的温度范围,其塑性变形是不稳定的,在应力—应变曲线上常出现锯齿形,如图6-21。这首先在铝合金中被Portevin和Lechatelier发现,故称此现象为Portevin-Lechatelier效应。

④对含有间隙溶质原子的金属,动态应变时效现象表现为加工硬化速率高得反常,且对应变速率和温度的变化敏感。(特点①、②是置换式溶质原子表现的行为)例如商业纯Ti在相同温度下经受3种不同应变速率试验时,如图6-22,试样在中间的应变速率 $\varepsilon' = 3 \times 10^{-4}$,有极高的加工硬化速率。这表示就实验的温度(760 K)而言,存在着一个对应有极高的加工硬化速率的应变速率。温度升高,产生最大加工硬化速率的应变速率也增高。

⑤动态应变时效在钢中产生"蓝脆"一般在150 ℃左右,取决于应变速率,在此温度范围试样伸长率很低随即断裂。

3. 拖曳力在动态应变时效中的作用

在多数情况下,动态应变时效和气团对位错运动的拖曳有关。一些学者认为,拖曳力可以直接附加到与应变速率有关的流变应力上。如图6-23(a),流变应力随应变速率连续增加;拖

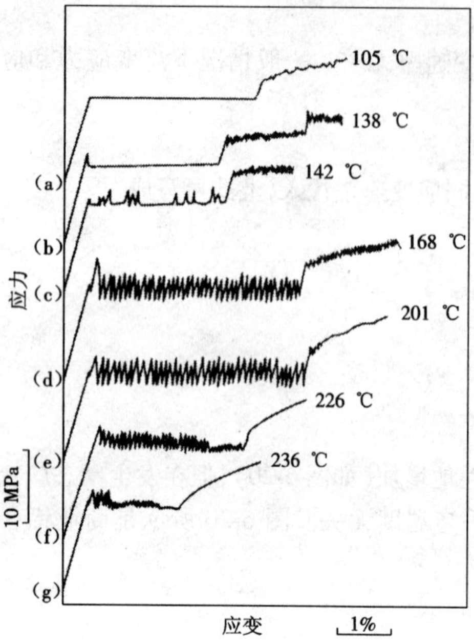

图 6-21　低碳钢动态应变时效时的应力—应变曲线

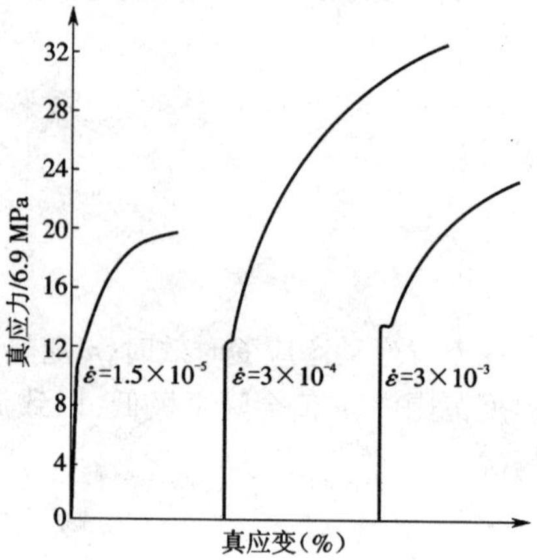

图 6-22　三个 Ti 试样在 760 K 以不同应变速率变形时的应力—应变曲线

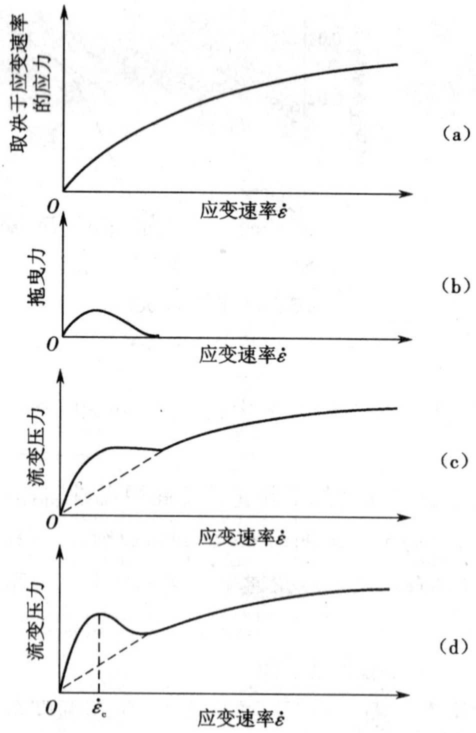

图 6-23　拖曳力对流变应力的影响

(a)流变应力和应变速率的关系

(b)拖曳力与应变速率的关系

(c)拖曳力相对较小时　(d)拖曳力相对较大时

曳力和应变速率的关系如图 6-23(b);这两条曲线的叠加,其最终形状取决于这两个分量的相对大小。如拖曳力相对地比较小,则叠加后的流变应力如图 6-23(c),合成曲线中有一段显示流变应力与应变速率无关。如拖曳力相对地比较大,则合成的曲线如图 6-23(d)形式,也就是存在一临界应变速率 ε_c,它对应着运动位错的临界速度 v_c,超过 ε_c 或 v_c,拖曳力又减小。像吕德斯带在高应力集中区域形成,产生的新位错在大应力下以高速运动(可以超过 v_c),但遇到障碍后(如晶界),运动位错速度又低于 v_c,仍受气团拖曳,流变应力增大,如运动位错的速度不断地变换在高速与低速之间,如此变换过程的不断反复,就造成应力—应变曲线上的锯齿形。所谓"蓝脆",并不是指钢在 150 ~ 300 ℃(表面上出现蓝色氧化膜的温度)会发生脆性断裂,而是指在此温度范围伸长率很低但断面收缩率并不低的现象。由于位错和杂质原子的交互作用,使在较小应变时就产生缩颈,一旦开始缩颈,变形就集中于颈部,造成提前断裂。蓝脆通常指钢中发生的此现象,在其他材料中也发现类似的蓝脆现象，如商业纯 Ti 在 700 K 左右出现(图6-24)，但如用高纯 Ti，去除杂质在相同的应变速率 3×10^{-4}/s 条件下，伸长率几乎在实验温度范围内不出现低谷。

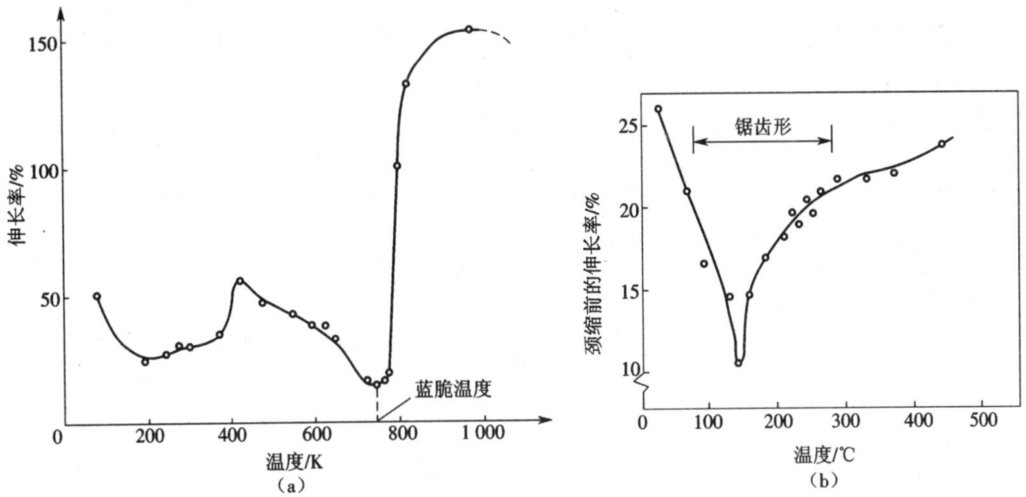

图6-24 蓝脆现象

(a)商业纯 Ti 的蓝脆 (b)低碳钢的蓝脆

6.3.6 空位与位错的交换作用

金属加热至高温并淬火下来，或者是金属承受冷变形、受到核辐照，都会在材料内部产生大量空位，空位与位错的交互作用所引起的金属强化，一般情况下要超过溶质原子引起的强化。20 世纪 60 年代 Maddin 和 Cottrell 发现铝单晶加热到接近熔点温度，接着高温淬火下来，测定其临界切应力较缓慢冷却处理的高 500%，见图6-25。以后这一现象在铜单晶中也得到证实。但是，这个硬化现象不是在新鲜淬火态下测得的，而是在室温下发生时效后得到的。已知纯铝淬火后可获得高浓度的位错环，其密度约为 $10^{15}/cm^3$，尺寸在 10～50 nm。这些位错环最初是由空位聚集成空位盘，继而空位盘崩塌成弗兰克位错圈。正如第3章已经谈到的，对于高层错能的铝来说，弗兰克位错圈可借肖克莱位错在层错面上的滑动来消除层错，最后结合成可动的全位错。电镜下可观察到弗兰克位错逐渐变成棱柱形位错圈的情形。

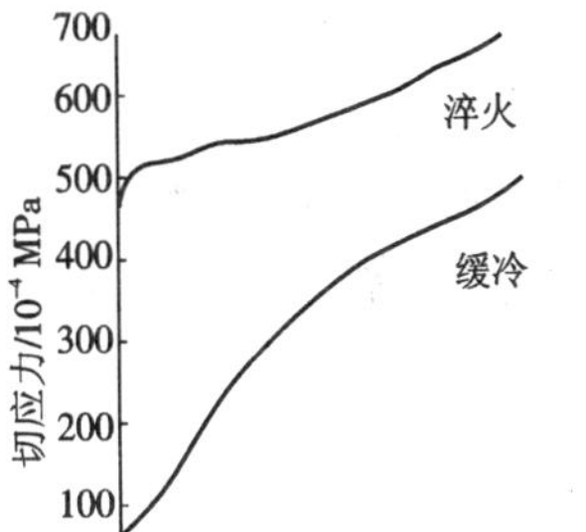

图6-25 铝单晶淬火引起的空位强化

对于淬火铝的硬化，可以解释为淬火后保留下的空位迁移到位错周围，它或者是以孤立的空位或者是以空位团的形式，以一种类似于溶质原子或沉淀相阻碍的位错和空位演变的位错圈交互作用，形成大的割阶，由于割阶运动困难而引起强化。

受中子辐照的晶体，其力学性能也有很大的改变。例如铜单晶在辐照剂量为 4.4×10^{18} 中子/cm^3时，其临界切应力由 0.5 MPa 增加到 15 MPa，而且有明显的屈服点，整个应力—应变曲线都有大幅度的升高。对于多晶铜也有类似的结果。

许多薄膜电子显微照相表明，金属经核辐射后形成大量点缺陷团，通常由于很高的过饱和度以及很短的扩散距离，这些点缺陷团的尺寸较在淬火金属中的小。这些点缺陷团有两种形式：一种是尺寸较大的位错圈，由间隙原子聚集造成；另一种尺寸较小，由空位聚集而成。间隙原子的聚集，会造成插入型（外禀型）的堆垛层错，如图6-26。这构成了单层位错圈。为了消除这种层错，可以使两个肖克莱位错在（111）面上扫过位错圈，一个在插入晶面的上方，另一个在它的下方，其反应为

$$\frac{a}{3}[\overline{111}]+\frac{a}{6}[11\bar{2}]+\frac{a}{6}[1\bar{2}1]\rightarrow\frac{a}{2}[0\overline{11}]$$

最后同样形成了棱柱形位错圈。假如间隙原子在两个邻近的（111）面上成团，也可产生抽出型（内禀型）层错，这就构成了双层位错圈。

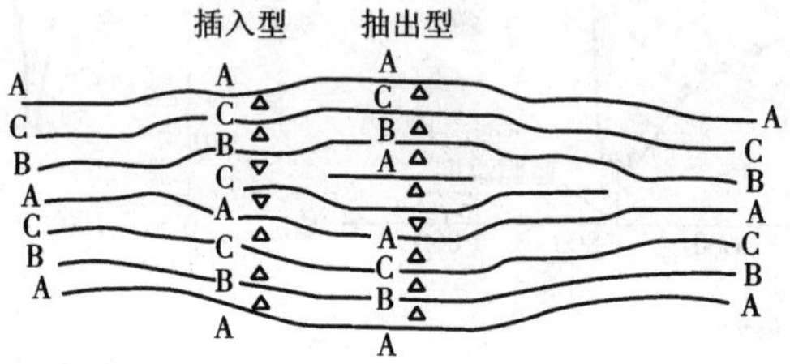

图6-26　经辐照产生间隙原子的聚集，造成层错

6.3.7　置换固溶和间隙固溶与塑性

1. 置换固溶与塑性

①在 α-Fe 置换固溶原子时（在室温下，稀浓度如 3at.%），提高固溶体的流变应力，而加工硬化率改变不大，即不改变应力—应变曲线在加工硬化阶段的斜率，故相应地降低均匀真实应变。在固溶强化时合金元素是以原子态存在于基体中，它对微孔形成以及颈缩后的应变影响不大。通常在合金元素中，以 Si 和 Mn 对铁的塑性损害较大，且置换固溶量越多，塑性应变降低越多。

②增大体心立方点阵金属的脆性解理断裂抗力是令人感兴趣的问题。实际上 α-Fe 中用 Ni 进行置换固溶已成为改善塑性的主要手段。另外，加入 Pt、Rn、Rh、Ir 和 Re 亦可优化塑性。其中 Pt 的作用就更具有吸引力，它不但改善塑性，也有相当大的强化效应。金属的良好塑变性能是与其中螺型位错的交滑移保证相关连的。依据现今的说法，Ni 的改善塑性的原因是促进交滑移，特别是使基体金属在低温下易于发生交滑移。一般的在低温下螺型位错是难以运动的。关于 Pt 等元素的塑化机制还没有确切的解释。α-Fe 的螺型位错不易于分解，但亦并非就无分解可能，例如可以产生如下的位错反应而扩展成为三叶位错：

$$\frac{1}{2}[111]\rightarrow\frac{1}{6}[111]+\frac{1}{6}[111]+\frac{1}{6}[111]$$

可见，位于（111）面的$\frac{1}{2}$[111]可分解成有共同交点的三个$\frac{1}{6}$[111]层错带。这三个层错带伸展在三个滑移面$(1\overline{11})$、$(1\overline{01})$和$(0\overline{11})$上，它们在三个滑移面的公轴[111]相遇，而另一边以$\frac{1}{6}$[111]不全位错为界（图6-27）。这种位错组态是不可滑移的，只有通过热激活作用先局部地形成束集，才能滑动。因此螺型位错的分解将使金属材料增加冷脆性。置换固溶 Pt 等元素

能抑制这种分解，这使螺型位错的交滑移有了保证，或者说使 $a<100>$ 刃型位错的剪切失稳扩大，从而使裂纹形核困难。

合金元素对奥氏体塑性的影响比较复杂。在室温下要取得稳定的奥氏体，必须向铁内添加大量的奥氏体形成元素。奥氏体固溶强化牵涉到合金元素对奥氏体层错能以及形成诱发马氏体相变等方面的作用，因而使流变应力与加工硬化率的变化规律变得比较复杂，最后的综合结果是，奥氏体塑性常在一定的溶质浓度时出现峰值。例如当钢含 17% Cr 时，于约 10% Ni 处 ε 出现最大值；而如钢固定 Ni 量为 8% 时，则在约 19% Cr 处塑性最好（图 6-28）。

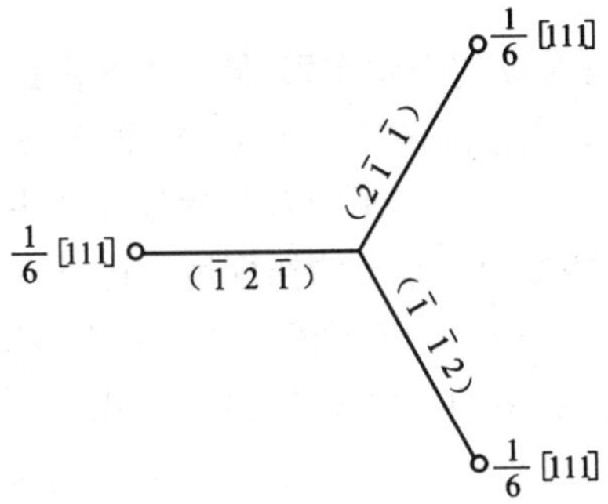

图 6-27　位错反应

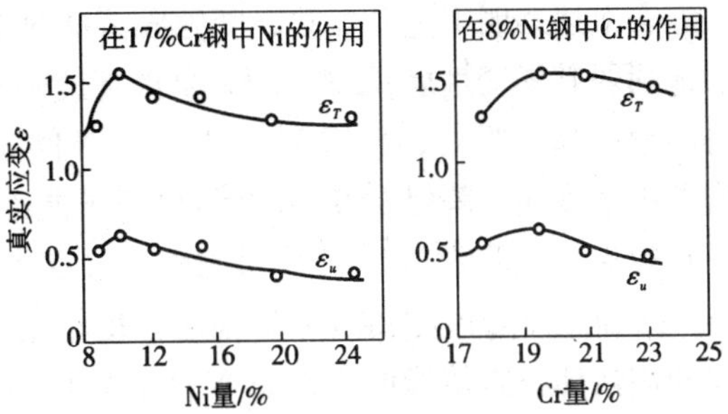

图 6-28　Ni 和 Cr 含量对奥氏体钢塑性的作用

2. 间隙固溶与塑性

①α-Fe 固溶碳量低于 0.2%，例如低碳马氏体（不存在自回火）的 $\frac{c}{a}\approx 1$，不出现点阵正长方度的畸变，全部溶质原子偏聚于刃型位错线附近（$\rho=10^{11}\sim10^{12}\ \mathrm{cm}^{-2}$）。严格地说，低碳位错马氏体并不是真实的间隙固溶体，只有当 $w(\mathrm{C})>0.2\%$ 时，才出现 α-Fe 点阵的间隙固溶体。因此对于低碳位错马氏体，位错可带着气团在铁原子完全规则排列的基体中运动，表现出良好的塑性。现在以为，低碳位错马氏体的强韧性配合是比较合乎理想的。

②间隙固溶体的固溶度和错配度是支配间隙强化的两个主要因素。马氏体组织充分利用了间隙固溶强化作用。在 $w(\mathrm{C})<0.4\%$ 时，当马氏体固溶 C 量增至 0.4% 时，其硬度竟猛升到 60HRC，塑性指标 ψ_K 低到 10%；继续提高 C 量，如 1.2% C，只有 68HRC，而 ψ_K 则低于 5%。C 的间隙固溶造成畸变偶极，增多 α-Fe 的 C 干扰量，因而提高强度；但 $w(\mathrm{C})>0.4\%$，由于间隙固溶原子靠得比较拢，长程的畸变偶极应力场可相互抵消，因而减弱强化效应。C 的间隙固溶提高固溶流变应力和加工硬化率，然而前者的改变幅度大于后者，致使均匀真实应变减低。对于间隙固溶高 C 量时，发生畸变点阵数目多，原子有规则排列区域明显缩小，这意味着切变抗力增高，而正断抗力减低，在晶界或障碍前的位错塞积所引起的应力集中的应力难以通过塑变来松弛，而只能以裂纹的发生和扩展的过程来松弛，表现为脆性断裂，塑性的低劣。

③奥氏体间隙固溶 C 量对其马氏体相变产物的亚结构具有控制作用。位错马氏体的韧性优于孪晶马氏体。位错马氏体具有较大的塑性应变和加工硬化性能，因而塑性和韧性较好。增加 C 量，孪晶马氏体增多，造成塑性下降。

④在退火正火的低中碳钢中，C 是以珠光体方式出现的。当珠光体体积分量低于 25% 时，改变 C 量对屈服强度的影响可以忽略，但可缩短物理屈服平台，因而增高流变应力，导致均匀应变降低。韧性断裂的微观机制是微孔萌生、聚集和长大过程。增多 C 量，加多渗碳体

脆性相,于塑性形变时,易于较早地产生脆性相的破裂或相界面的脱开,降低断裂应变。

⑤在室温时间隙原子与由应变引入固溶体的位错产生交互作用,造成静态应变时效,提高位错运动阻力。如果形变温度在150~300 ℃,间隙原子扩散速率变大。当间隙原子扩散速率和位错滑移速率相当时,扩散着的溶质原子便可与位错在一定位置产生交互作用,钉扎位错,使可动位错数目减少,导致应力增高;继续形变,又使位错重新增殖,产生负的流变应力,从而就出现带有锯齿状的应变—应力曲线,产生 Portvin Le-Chatelier 效应;与室温的应力—应变曲线相比,相变硬化指数变大,延伸率降低,这就是所谓蓝脆。同样,螺型位错的 Snoek 气团也会发生这种效应,引起塑性降低。

综合上述表明下述几点。a. 间隙固溶能赋予 α-Fe 最为有效的强化作用,另一方面由此亦剧烈地削弱其塑变性能;要求 α-Fe 取得高的强化效应,主要依赖间隙固溶 C 或 N 原子;而为求得高塑性则又要从 α-Fe 全部地驱除 C、N 间隙固溶溶质原子。b. 控制固溶强化效应的主要因素是固溶度与点阵错配度,间隙溶质原子能给出远大于置换溶质原子的错配度。因此前者的强化效果可比后者高1~2个数量级。c. 在常温下,α-Fe 置换固溶以 Si、Cu、Mn 和 Mo,特别是 Si 可取得较好的强化效果,Cr 则起软化作用。而 Si、Mn 和 Ni 在约150 K 出现软化。奥氏体置换固溶体铁素体形成元素如 W、Mo、V 和 Si 有较大的强化作用。d. α-Fe 的间隙溶质原子可与刃型位错和螺型位错产生交互作用而构成 Cottrell 气团和 Snoek 气团。置换固溶原子不具有被螺型位错应力场诱发而构成短程有序分布的条件。螺型位错和刃型位错与 Cottrell 气团和 Snoek 气团的交互作用是一样强烈的。Cottrell 气团是 α-Fe 低温强化的主要机制(实际上在室温时 α-Fe 的屈服强度便已与温度无关),在中温区主要是 Snoek 气团(包括动态间隙溶质原子短程有序分布的 Snoek 气团)和铃木气团的强化作用。置换溶质原子没有阻碍螺型位错运动的作用。e. C 在奥氏体的间隙固溶行为类似于置换固溶,但前者与刃型位错有更强的交互作用。f. 置换固溶原子对 α-Fe 的 E 和 μ 值的影响是很值得注意的,Co、Cr 提高 E 和 μ 值,Ni、Mn 和 Si 则反之。

6.4 第二相强化

第二相强化包括第二相粒子强化和多相热处理强化。多相热处理强化理论实质就是固态相变理论,这部分内容已经在扩散与相变一章中述及,在此不再重复。本节主要介绍第二相粒子强化方式(沉淀强化和弥散强化)的物理机制。

沉淀强化通常是在基体上弥散分布着第二相粒子的情况下而产生的,所以又称为分散强化。如果第二相粒子是借粉末冶金方法加入而起到强化作用,则称为弥散强化。不管是通过过饱和固溶体时效处理得到的沉淀强化(时效强化),还是通过粉末冶金得到的弥散强化,统称为第二相粒子强化。第二相粒子强化是强化合金的重要手段之一。Al-Cu 合金系中的沉淀强化是由于高分散度的第二相粒子与位错交互作用的结果。一般认为有两种主要的第二相粒子强化机制。

第二相粒子强化的机理体现在第二相粒子对位错运动的阻碍作用,当滑移位错与第二相质点相遇时,位错通过之前要发生弯曲(如图6-29)。下面通过建立质点障碍模型,阐述沉淀强化的机制。目前比较流行的质点障碍模型是 Orowan 强化模型。

假设第二相质点在滑移面上呈方阵排列，基体是各向同性的弹性介质（如图 6-30）。滑移位错遇到障碍质点受阻时，它的受力关系为 $F=2T\cos\frac{\phi}{2}=\tau bL$，而位错线张力 $T=\frac{1}{2}\mu b^2$，所以，外加切应力与位错线弯曲半径之间的关系为

$$\tau=\frac{\mu b}{2r} \tag{6-38}$$

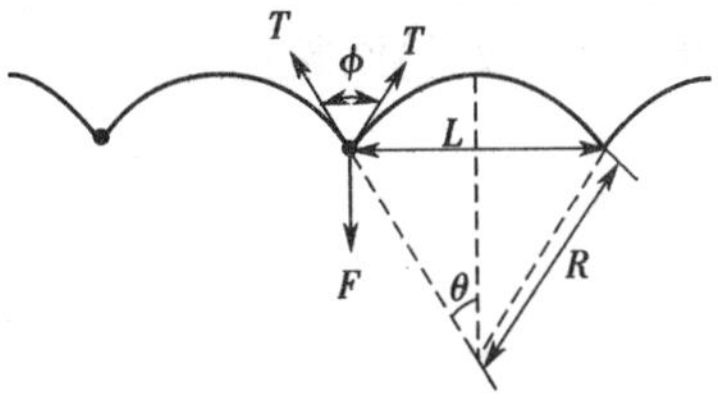

图 6-29　滑移位错遇到第二相质点受力示意图

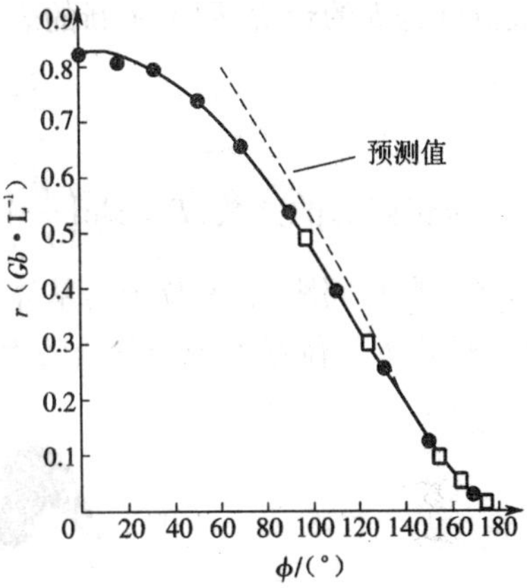

图 6-30　Orowan 公式的关系曲线

这便是 Orowan 公式，而 $L=2r\cos\frac{\phi}{2}$，故得

$$\tau=\frac{\mu b}{L}\cos\frac{\phi}{2} \tag{6-39}$$

式中：L 为有效障碍质点之间的平均间距；错脱钉扎时的 $\cos\frac{\phi}{2}$ 称为障碍强度因子，按此因子的大小将障碍对位错的钉扎作用分为强钉扎和弱钉扎。

考虑到障碍质点的随机分布，滑移面上不同质点的间距不尽相同，对位错运动构成的阻碍强度也不同，故应对 Orowan 公式进行修正：

$$\tau=\frac{f\mu b}{L}\cos\frac{\phi}{2} \tag{6-40}$$

该公式称为 Friedel 公式，f 为小于 1 的系数。由公式可以看出，第二相质点的强化效果与质点间距成反比，间距越大，强化效果越弱。因为质点间距越大，位错弯曲半径越大，位错运动时所需切应力越小，位错容易产生滑动。相反，质点间距越小，则强化效果越显著。

就位错与第二相的交互作用而言，一般将第二相分为变形的与不变形的两大类，其强化机制不同。a. 对多数的沉淀强化合金，在经固溶处理及时效后，在其早期阶段，沉淀相的尺寸小，与基体保持共格，这时的第二相是可变形的，位错可以切过第二相；当第二相长大到一定尺寸后，就属于不可变形的，运动位错接近它时，只可绕过它们（依靠位错的双轴增殖机制）。b. 对于弥散强化，第二相通常是硬粒子，粒子本身不变形，位错只能绕过质点。

对于一般的置换式固溶强化而言，溶解度越大的元素，其固溶强化作用越弱；反之亦然，固溶度越小的元素固溶强化作用越强。

固溶强化的效果不如时效强化（通过时效析出第二相）。对于同类的析出粒子，析出粒子

越分散，粒子间距越小，强化效果越强；细小的共格粒子的强化效果较差，而非共格粗大粒子的强化效果较好。

6.4.1 沉淀强化机制

第二相颗粒强化中的沉淀强化机制是由位错线切过细小而柔软的共格或半共格粒子后而产生的，它又称为位错切过机制。如图 6-31 所示，位错线切过粒子后，粒子会沿滑移面上下错开，形成宽度为 b 的台阶，即产生新的表面需要增加外力，其强化增量

$$\Delta\tau = \frac{1.1\gamma^{3/2} f^{1/2}}{\sqrt{T}\ Gb^2}\cdot r^{\frac{1}{2}} \tag{6-41}$$

式中：T 为位错张力的函数，$T=\alpha\ln\left(\frac{d}{r_0}\right)$，$\alpha$ 是一个系数，对刃型位错 α 取 0.16，对螺型位错 α 取 0.24，d 为颗粒间距；γ 为粒子与基体的界面能；r 为粒子半径；f 为粒子的体积分数；G 为粒子的切变模量；b 为位错的柏氏矢量的大小；r_0 为位错中心半径，可取常数，接近于原子间距。

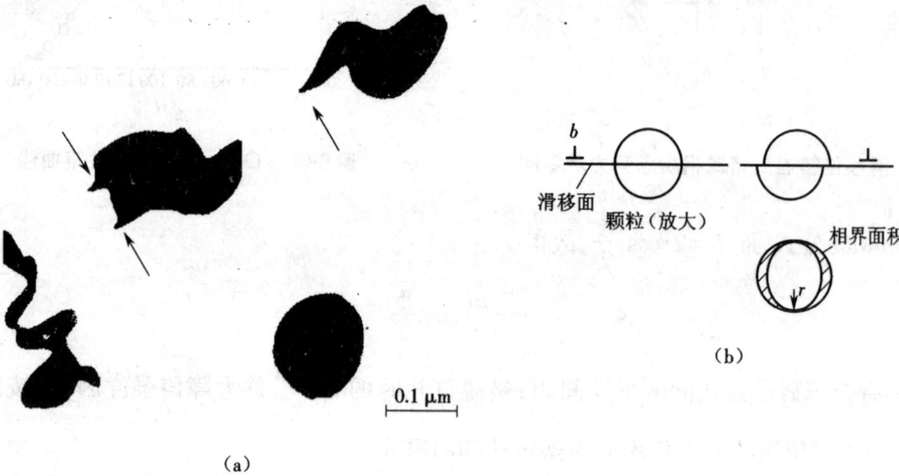

图 6-31 位错切过第二相粒子

(a) Ni-19% Cr-6% Al 合金中位错切过 Ni_3Al 颗粒的透射电子显微像(0.1μm 标度)

(b) 切过示意图

假定沉淀相为有序相，当位错扫过粒子时，在滑移面上将产生反相畴界，而反相畴界能是不能忽视的，它也会产生额外的强化增量，其值

$$\Delta\tau = 0.28\frac{\gamma_A^{3/2} f^{\frac{1}{3}}}{\sqrt{G}\ b^2} r^{\frac{1}{2}} \tag{6-42}$$

式中：γ_A 为反相畴界能，其他同上。

另外，弹性切变模量对位错基本性能有强烈影响。若第二相粒子的弹性模量大于基体时，会使位错能量升高，产生阻力，也导致额外的强化增量。以上为沉淀相与位错的短程交互作用。

当位错接近一个颗粒时（作用距离大于 $10b$），其应力场将与颗粒在基体中造成的应力场发生交互作用，由此引起的强化增量

$$\Delta\tau_{长}=\left[\frac{27.4E^3\varepsilon^3 b}{\pi T(1+\gamma)^3}\right]^{\frac{1}{2}} f^{\frac{5}{6}} r^{\frac{1}{2}} \tag{6-43}$$

式中:E 为杨氏模量,T 为线张力,ε 为错配度的函数,ν 为泊松比,其他同上。

通常只有长程交互作用对 $\Delta\tau$ 的贡献超过短程交互作用时才是重要的。

综合短程交互作用与长程交互作用,切过机制对强化的贡献可简化表示为

$$\Delta\tau\approx\beta f^{\frac{1}{2}} r^{\frac{1}{2}} \tag{6-44}$$

式中:β 为切过颗粒机制中位错与粒子的交互作用参数。

由式(6-44)可以看出,当粒子体积分数一定时,r 越大,强化效果越好;当粒子尺寸一定时,f 越大,强化效果也越好。

6.4.2 弥散强化机制

该理论指出,当沉淀相粒子尺寸较大、强度较高,并与基体为非共格时,位错线难以切过粒子,在粒子处受阻而发生弯曲,最后绕过粒子并在粒子周围留下一个位错环,如图6-32所示。由于位错线具有线张力,如果将它弯曲成某个 R,必须克服线张力做功,从而导致外加应力增加,这便是 Orowan 强化机制,又称为位错绕过机制。它所引起的强化增量可表示为

$$\Delta\tau=k\frac{Gbf^{\frac{1}{2}}}{r}\ln\left(\frac{2r}{r_0}\right) \tag{6-45}$$

式中:k 为常数。作进一步简化,则得

$$\Delta\tau\approx\alpha f^{\frac{1}{2}} r^{-1} \tag{6-46}$$

式中:α 为绕过颗粒机制中位错与粒子的交互作用参数。

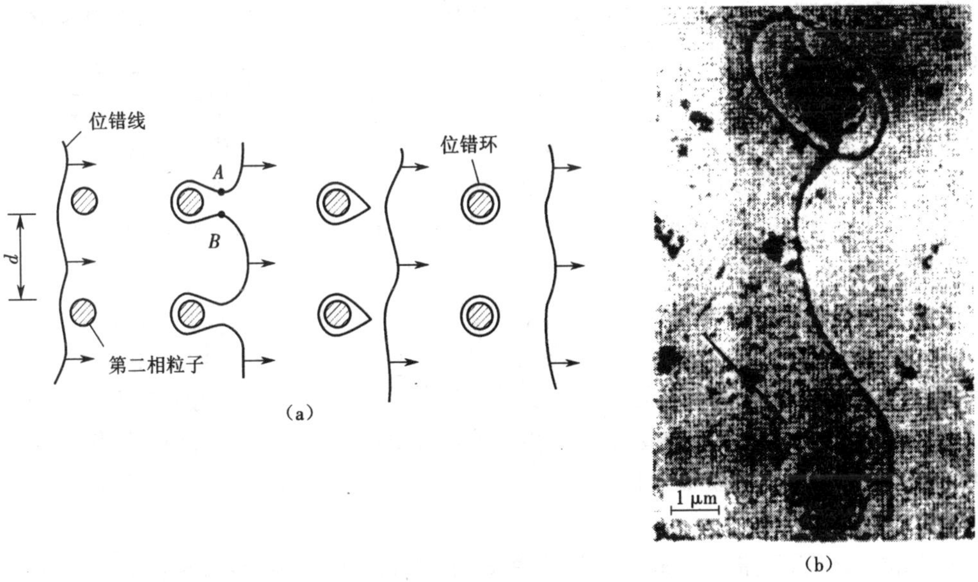

图6-32 位错线绕过第二相颗粒

(a)示意图 (b)α 黄铜中 Al_2O_3 围绕粒子的位错环(透射电镜像)

显然 r 越小,强化效果越好,反之强化减弱;当粒子尺寸一定时,f 越大,强化效果越好。应

当注意的是,当位错线不断绕过粒子时,位错圈会不断增多,粒子间有效间距会变小,导致强化效应增加。此外,粒子形状对强化也有影响,当粒子体积分数相同时,棒状和板条状粒子大约是球形粒子强化作用的两倍。

综上所述,GP 区、θ″的强化依赖于切过机制;θ′,尤其是 θ 的强化依赖于 Orowan 绕过机制,前者的强化效应高于后者。

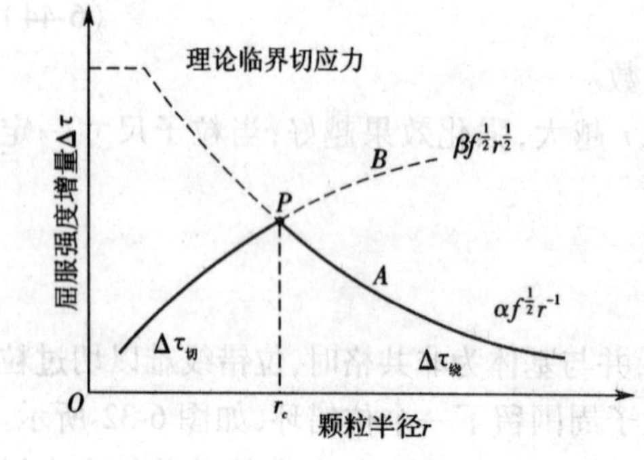

图 6-33　颗粒强化效果与颗粒半径关系

如图 6-33 所示,对于粒子体积分数不变的系统来说,位错绕过机制可以作出图中曲线 A,原则上,这条曲线随着粒子尺寸的减小而上升,直至理论分切应力,绕过颗粒机制将决定由颗粒造成强化效应的上限。位错切过机制则可以作出图中曲线 B,随着粒子尺寸的增大而上升。绕过机制只在位错不能切过粒子时方有可能,因此粒子尺寸由零开始增大时,屈服应力的增加将按曲线 B 变化,直到与曲线 A 相交。在交点以后,强度随粒子尺寸的增大按曲线 A 下降。一般情况下,要使一个合金有效地进行时效强化,在体积分数一定的情况下,有一个最佳的粒子尺寸 r_c,这个 r_c 为 0.01 ~ 0.1 μm,大于 0.1 μm 的第二相粒子强化效果变弱。但对那些通过粉末冶金制出的分散强化型复合材料来讲,第二相粒子都是不可变形的硬微粒,粒径越小,强化效果越好。

6.4.3　第二相粒子强化的应用

第二相粒子强化在材料科学与技术中已得到广泛应用。首先它成功地应用于有色合金的强化,效果特佳,而且沉淀强化是有色合金最重要的强化手段。其次它成功地应用到各种合金钢,使钢的强度明显提高。在富 Ni(约超过 50.5at %)的 Ti-Ni 形状记忆合金中,沉淀相 Ti_3Ni_4 粒子的大小及分布强烈地影响合金的形状记忆效应和超弹性(这里指非线性超弹性,是应力诱发马氏体相变和逆转变的结果,又称相变超弹性)。当含量较高(如 51.8at% Ni)且 Ti_3Ni_4 粒子呈细小弥散分布时,超弹性不出现,适当降低 Ni 含量(如 51.3at% Ni)且使 Ti_3Ni_4 粒子发生聚集长大,超弹性出现。经 1 000 ℃固溶处理并在 500 ℃时效,非线性超弹性或相变弹性达 5%,比目前应用最好的铍青铜还高出几倍。因此,Ti-Ni 合金不仅以其形状记忆效应闻名,更是以其优良的超弹性性能引起工程界和医学界的广泛重视。在超导体中,第二相粒子(包括沉淀析出和粉末冶金)可以使临界电流密度提高几个数量级。另外利用第二相粒子的强化原理,用粉末冶金方法制造出由高熔点、高硬度碳化物颗粒构成的硬质合金刀具,使刀具的耐磨性和使用寿命得到大幅度提高。同样的原理用于复合材料,得到颗粒增强复合材料,使复合材料的性能优化。

第二相粒子强化还被广泛地应用到各种表面强化技术中,使材料得到扩散-反应硬化(diffusion-reaction hardening)。如高速钢的高浓度渗碳,钢的低温渗氮或碳氮共渗、渗金属、离子注入,渗入元素通过反应扩散会在渗层中以细小弥散的碳化物、氮化物或碳氮化合物沉淀析出,使渗层的硬度、强度增加。就是在 TiN 多弧离子镀的过渡层中,也有钛原子和氮原子的增强扩散,特别是氮原子的扩散,扩散距离达 60 μm 左右,这同样可以得到扩散-反应硬化,使过渡层得到强化。笔者研究发现,有扩散-反应硬化过渡层的 TiN 涂层与基体的结合力大大增强,TiN 涂层的耐磨性和使用寿命都有明显提高。

另外,近十多年来,分散电镀(细小硬微粒与金属发生共沉积)和合金电镀(Ni-P 镀层 + 回火、Ni_3P 粒子沉淀析出)也在不断地发展和完善,两种镀层都有较高的硬度和耐磨性,目前已在生产中应用。

下面对几个应用实例分别进行讨论。

1. 有色金属的沉淀强化

(1)铝合金的沉淀强化

沉淀强化(时效强化)是铝合金最重要的强化方法。不论是铸造或锻造铝合金,均可以进行沉淀强化。几种铝合金的硬化处理方法及性能如表 6-1 所示。

表 6-1 中的 7075 铝合金的硬化过程是采用固溶处理加人工时效,先经 465 ℃固溶处理,然后在 120 ℃时效约 25 h,时效后的性能变化如图 6-34 所示。

表 6-1 几种铝合金的硬化方法及性能

合金牌号	主要合金元素	硬化过程	性能范围(由软到硬状态)				典型应用
			抗拉强度 /10^7 Pa	屈服强度 /10^7 Pa	伸长率(在 50 mm 内)/%	疲劳强度(5×10^3 周)/10^7 Pa	
锻 造 合 金							
1100	工业纯铝	冷加工	9~16	3~15	45~15	3~6	炊具
5052	2.5% Mg	冷加工	19~29	9~26	30~8	11~14	公共汽车、卡车等车体
包铝的(Alclad)2024	4.5% Cu,1.5% Mg(纯铝薄板保护)	沉淀	19~47	8~32	22~19	9~14	飞机
6061	1.5% Mg_2Si	沉淀	12~31	6~28	30~17	6~10	一般结构
7075	5.6% Zn,2.5% Mg,1.5% Cu	沉淀	23~51	10~50	16~11	12~16	飞机
铸 造 合 金							
195	4.5% Cu	沉淀	22~28	11~22	8.5~2	5~6	砂型铸件
319	3.5% Cu,6.3% Si	沉淀	19~25	12~18	2~1.5	7~8	砂型铸件
356	7% Si,0.3% Mg	沉淀	23~26	15~19	5~4	8~9	金属型铸件

注:合金化硬化作用除外。

另外,由于合金化和时效处理,使铝合金的耐蚀性下降,所以某些高强度铝合金常采用一个热轧过程,在其表面包上一层牢牢结合的纯铝薄板加以保护,包铝 Alclad2024 就是这类产品的例子。由表 6-1 可以看出,铝合金的沉淀强化效果非常显著。

(2)钛合金的沉淀强化

钛及其合金大量用于航空、航天和军事工业上。另外,在化工、石油、造船、冶金、造纸、机械仪表、医疗卫生等方面的应用也越来越多。目前,钛及钛合金已经成为一种十分重要的结构材料,这是因为它具有一系列突出的优点。钛密度小、强度高、比强高,钛合金具有优良的耐热性、抗蚀性和高强度。

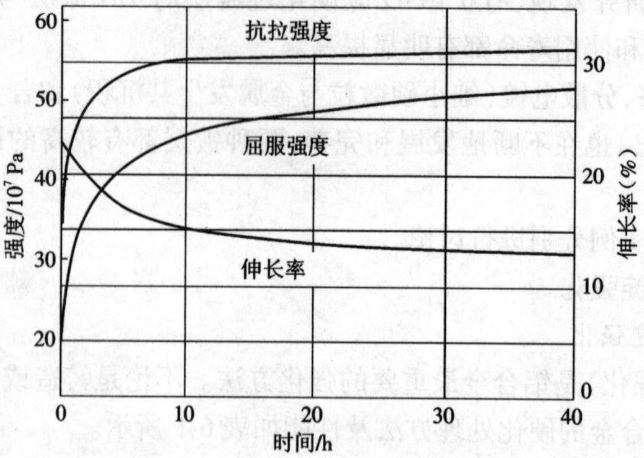

图 6-34　7075 铝合金薄板在 120 ℃时效处理时的性能变化

钛合金的固溶处理和时效过程与铝合金基本相似,不同之处是钛合金淬火可以发生马氏体相变,不过钛合金中的马氏体并无强化效果。钛合金热处理强化主要用于(α + β)型和 β 型合金,合金因含有较多稳定化元素(18% ~19%),故冷却时不形成马氏体。β 合金的时效强化是依靠从淬火后的亚稳 β 固溶体析出细小弥散的 α 相来实现的,经时效强化后具有高的屈服强度和断裂韧性。高强 β 合金不耐热,一般在 300 ℃以下工作,而(α + β)型钛合金含 β 稳定化元素 2% ~10%。钛合金视淬火温度不同有两种强化机制,当淬火温度较高时,β 相所含稳定元素小于临界浓度,淬火时转变为马氏体,时效时马氏体分解为弥散的 α 质点使合金强化。若加热温度较低时,β 相所含稳定元素大于临界浓度,则淬火得到过冷 β 相,时效时 β 相分解为弥散的 α 质点使合金强化,Ti-6Al-4V(α + β)型和 Ti-3Al-8Mo-11Cr(β 型 TB1)时效后的组织如图 6-35 所示。

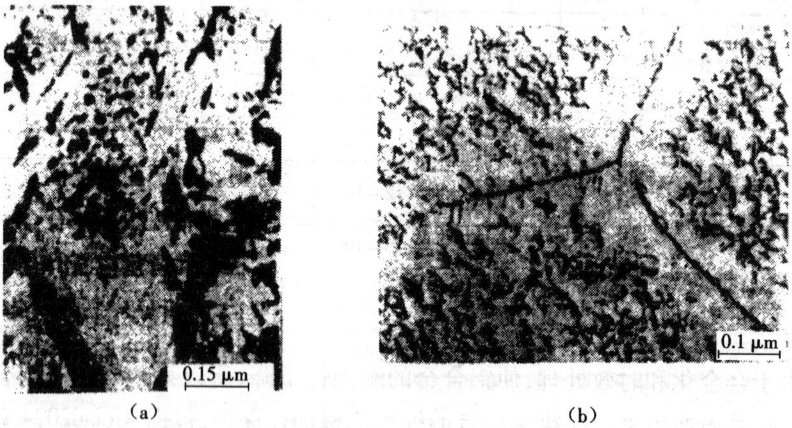

图 6-35　Ti-6Al-4V(α + β)和 Ti-3Al-8Mo-11Cr(β 型 TB1)型合金的时效组织

(a)α + β 合金(540 ℃回火 3 h)　(b)β 型 TB1 合金(800 ℃淬火,450 ℃时效 25 h,6 000 ×)

TB1 钛合金一般采用分级时效,其具体工艺如下。

淬火:800 ± 10 ℃,加热 30 min,水冷。时效:a. 450 ℃保温 12 ~25 h,再在 560 ℃保温 15 min;b. 480 ~500 ℃保温 12 ~25 h,再在 560 ℃保温 15 min。在分级时效第一阶段析出细小

均匀的强化相，第二阶段高温短时加热，析出相略微聚集，塑性得到提高，保证了强度与塑性的良好配合。几种常用(α+β)型和β型钛合金的成分、性能列于表6-2和表6-3。

表6-2 几种常用(α+β)型钛合金的成分和性能

牌号和主要成分	国别	热处理	室温性能(不小于)				高温性能(不小于)			长期工作温度/℃
			σ_b/10^7 Pa	$\sigma_{0.2}$/10^7 Pa	δ/%	φ(%)	瞬时强度/10^7 Pa	100 h持久强度/10^7 Pa	温度/℃	
TC8(Ti-6.5Al-3.5Mo-0.25Si)	中国	退火	105		10	30	72	70	450	<450
TC9(Ti-6.5Al-3.5Mo-0.25Si-2.5Sn)	中国	退火	114		9	25	85	62	500	<450
BT9 (Ti-6.5Al-3.5Mo-0.25Si-2Zr-0.25Fe)	苏联	退火 固溶时效	105~125 120~140	95~115 110~130	10~14 6~10	30~45 18~25	75~78	60~68 78~90	500 450	<450
BT3-1(Ti-6Al-2.5Mo-2Cr-0.4Fe-0.25Si)	苏联	退火 固溶时效	95~120 130	85~110 115	10~16 7~12	25~40 20~25	80 95	78 92	400 400	<400
Ti-7Al-4Mo	美国	退火 固溶时效	101.5 115	94.5 105	10 10	20 20	94		430	<450
1M1550(Ti-4Al-4Mo-2Sn-0.5Si)	英国	固溶时效	120	112	12	35				<400
1M1551(Ti-4Al-4Mo-4Sn-0.5Si)	英国	固溶时效	139	123	10	20				
TC4(Ti-6Al-4V)	中国	退火 固溶时效	95 119		10 13	30 49.3	63	58	400	<380
TC10(Ti-6Al-6V-2Sn-0.5Cu-0.5Fe)	中国	退火	105		12	30	85	80	400	<450

注：形变热处理后的性能。

表6-3 几种典型β钛合金的成分和性能

牌号	国别	名义成分	热处理	σ_b/10^7 Pa	$\sigma_{0.2}$/10^7 Pa	δ/%	φ/%	用途说明
TB1	中国	Ti-3Al-8Mo-11Cr	固溶处理 固溶+时效	≤110 130~150	118~140	16~18 3~6	30	可生产成板、棒材供应
TB2	中国	Ti-5Mo-5V-8Cr-3Al	固溶处理 固溶+时效	≤100 135~140		18~20 7~8	40 10	可生产成板、棒材供应
β-Ⅰ (B120 VCA)	美国	Ti-13V-11Cr-3Al	固溶+时效	120~138	117~129	8~20		焊接性、成形性较差，可用作蜂窝板
β-Ⅲ	美国	Ti-11.5Mo-6Zr-4.5Sn	退火固溶+530 ℃时效 固溶+480 ℃时效	88.3 113 130	73~83.4 106 123	15~20 8 6		成形性好，腐蚀抗力高，用作板材和紧固件
Transage 129	美国	Ti-11.5V-11Zr-2Sn-2Al	固溶处理 炉冷(板材) 固溶+510 ℃时效(锻件)	140 120~130	128 110~121.5	7 5~11		高强度，高断裂韧性，高的疲劳强度，可等温锻造

(3)镍合金的沉淀强化

镍合金也是主要通过沉淀过程来强化的。镍的性能和铁很相似,但耐蚀性却比铁好得多。尽管镍的价格是铁的十倍,但为了多种目的,仍然还在使用它。几种镍合金的性能比较列于表6-4。

表6-4 几种镍合金的性能

合金	主要合金元素(质量分数)	力学性能				典型应用
		抗拉强度/10^7 Pa	屈服强度/10^7 Pa	伸长率(50 mm内)/%	疲劳强度(10^8周)/10^7 Pa	
镍200,热轧	无	45	21	50	21	化学工业
硬镍或杜拉镍(Duranickel)合金301冷拔及沉淀硬化	4.4%铝 0.6%钛	130	105	20	41	弹簧、塑料挤压设备
蒙乃尔(Monel),合金400,热轧	30%铜	62	38	35	29	炼油设备零件
蒙乃尔,合金K500,冷拔及沉淀硬化	29%铜 3%铝	125	110	5	32	泵杆、阀杆
因康镍(Inconel),合金600,热轧	15%铬 8%铁	83	45	35	31	燃气轮机零件
因康镍合金X-750,热轧及700 ℃(1300°F)时效	15%铬 7%铁 2.5%钛	125	90	25	41	耐蚀弹簧及螺栓

2. 各类合金钢中的沉淀强化

(1)马氏体时效钢

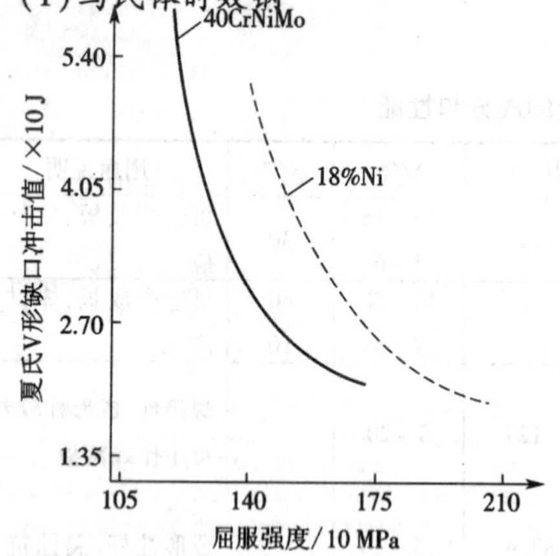

图6-36 18%Ni马氏体时效钢与40CrNiMo钢在各个强度水平下的冲击值的比较

马氏体时效钢(maraging steel)的基本成分是$w(C)\leqslant 0.03\%$、$w(Ni)=18\%\sim25\%$,另外再加入钴和钼及少量铝和钛($w(Co)=8\%\sim12\%$、$w(Ti)=0.2\%\sim1.7\%$、$w(Mo)=3.2\%\sim5\%$、$w(Al)\approx0.1\%$)。这类钢合金元素含量高,固溶处理后过冷奥氏体很稳定,一般在空冷条件下,可转变为马氏体。马氏体的硬度较低,一般只有HRC28~32,但具有很高的塑性和韧性,可进行各种成形加工。将这种硬度较低的马氏体钢在480 ℃左右时效数小时,会发生沉淀硬化,在含碳量极低的马氏体基体上析出许多细小弥散的金属间化合物,它们是Ni_3Mo、Ni_3Ti、Fe_2Mo、$(FeNiCo)_2Mo$等,其大小约为纳米数量级,使马氏体时效钢的硬度提高到HRC52。马氏体时效钢具有很高的强韧性,其抗拉强度可高达2 400 MPa,而且在高强度的情况下,仍然具有良好的韧性。图6-36给出了$w(Ni)=18\%$马氏体时效钢与40CrNiMo低合金超高强度钢在各个强度水平下的夏氏V形缺口冲击韧性的比较，由图可见，在任何强度条件下比较，18% Ni 钢的冲击韧性都高于 40CrNiMo。

马氏体时效钢有三种强化机制：固溶强化、相变强化（亚结构强化）、沉淀强化。它们对强度的贡献如图 6-37 所示，由图可见，沉淀强化贡献最大。

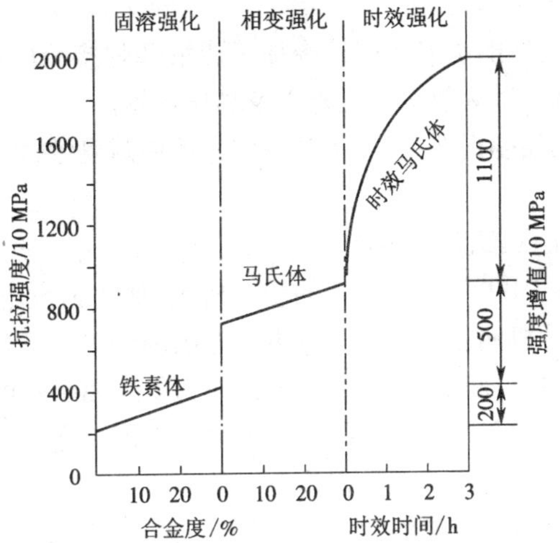

图 6-37 各种强化机制对马氏体时效钢强度的贡献示意图

马氏体时效钢主要用于高精度、高性能要求的航空和宇航工业，制造飞机起落架部件、宇宙飞船壳体、大型火箭发动机壳体等。

（2）沉淀强化不锈钢

为了保持 18-8 奥氏体不锈钢优良的焊接性和加工性，又能具有马氏体铬不锈钢的高强度，发展了两种新型不锈钢。一种是以 18-8 奥氏体不锈钢为基础发展起来的奥氏体－马氏体型沉淀硬化不锈钢，其主要加入元素为 Al、Mo，强化相有 Ni_3Al、β-NiAl、Ni_3Mo。这类不锈钢有三种处理方法：其一，两次时效；其二，冷却处理及时效；其三，冷加工及时效。常用的 0Cr17 Ni7Al 和 0Cr17 Ni7Mo2Al 奥氏体-马氏体型沉淀硬化不锈钢经不同处理的力学性能见表 6-5，由表可见，第一种方法可以得到较高的强度和较好的塑韧性，第三种方法可以得到很高的强度，但塑韧性较差，第二种方法介于两者之间，但具有较高的持久度。

表 6-5 0Cr17 Ni7Al 和 0Cr17Ni7Mo2Al 钢的力学性能

钢号	热处理方法	室温力学性能				315 ℃持久强度		480 ℃持久强度	
		σ_b/ 10^7 Pa	$\sigma_{0.2}$/ 10^7 Pa	δ/%	HRC	σ_{100}/ 10^7 Pa	$\sigma_{1\,000}$/ 10^7 Pa	σ_{100}/ 10^7 Pa	$\sigma_{1\,000}$/ 10^7 Pa
(17-7PH) 0Cr17Ni7Al	两次时效	1 400	1 290	9.0	43	1 190	1 100	430	310
	冷处理＋时效	1 610	1 520	7.2	48	1 320	1 260	370	250
	冷变形＋时效	1 830	1 720	5.0	49	1 440	1 410		
(PH15-7Mo) 0Cr15Ni7Mo2Al	两次时效	1 460	1 390	7.0	45				
	冷处理＋时效	1 790	1 640	5.0	48	1 410	1 400	756	685
	冷变形＋时效	1 850	1 790	3.0	50			875	756

另一类是以 Cr13 型马氏体不锈钢为基础发展起来的低碳马氏体沉淀化不锈超高强度钢，

其主要加入元素有：Ni、Co、Mo、Ti、W、Nb 等，强化相为 B_2A 型的 Fe_2Mo、Fe_2Ti、Fe_2W、Fe_2Nb 和 X 相（$Fe_{36}Cr_{12}Mo_{10}$）等。如含 0.04% C、12.2% Cr、6.3% Mo、10% Co、0.05% N 的钢，经淬火时效后，其抗拉强度高达 1 800 MPa，同时具有较好的冲击韧性。通过铌细化晶粒，可以使冲击韧性进一步提高。

奥氏体-马氏体沉淀硬化不锈钢适用于冷加工成形和焊接，具有较高的中温强度，常用作飞机机体薄壁结构、燃料储箱、火箭发动机外壳及高压容器。

马氏体型不锈钢超高强度钢在大气、水及一些介质中耐腐蚀，可用作液体火箭壳体和核动力装置中的某些部件。

（3）沉淀强化奥氏体耐热钢和耐热合金

在高温（一般为 600 ~ 1 000 ℃）下工作的动力机械，如火力发电机的蒸汽锅炉、蒸汽涡轮或燃气涡轮、航空喷气发动机涡轮及一般工业生产上的加热炉，它们在高温下工作并承受各种载荷。钢和合金在高温下长时间承受载荷时，即使应力低于屈服强度，在恒温恒应力的作用下也会发生缓慢的塑性变形，这种现象称为蠕变。当蠕变量超过允许的变形量时，机件就会发生失效和损坏，因此对高温工作的耐热钢和耐热合金的使用性能有两个主要要求，其一要有足够的高温强度、高温疲劳强度及相应的塑性，其二要有足够高的高温化学稳定性。简单的奥氏体耐热钢（1Cr18Ni9Ti）和固溶强化耐热钢（1Cr18Ni14Mo2Nb）在 650 ℃工作时，高温强度很低，不能满足耐热钢性能要求，只有进一步通过沉淀强化方法得到沉淀强化奥氏体耐热钢才能满足要求。

A－286 是以 15% Cr-25% Ni 为基础，同时加入 Mo、Ti、Al 等强化元素的奥氏体沉淀强化耐热钢（成分为 0Cr15Ni25Mn2Mo1.5Ti2Al），其主要强化相为 γ'-Ni_3（Al、Ti）。γ'在 A－286 钢中呈细小球状析出，与奥氏体共格，这种组织可以达到最大沉淀强化效果。A－286 钢固溶处理后的时效组织如图 6-38 所示。从图中可以看出，在奥氏体基体上分布着细小的 γ'相，晶界上有大块的 G 相（$Ni_{14}Ti_9Si_6$），G 相中的 Si 是作为残余元素存在于钢中的。显然，沉淀相粒子有抑制蠕变、提高高温强度的作用。所以 A－286 耐热钢具有较高的高温强度，可以在 650 ~ 700 ℃工作，对强度要求不高而主要要求抗氧化时，在 850 ℃下工作。若在 A－286 钢的基础上，

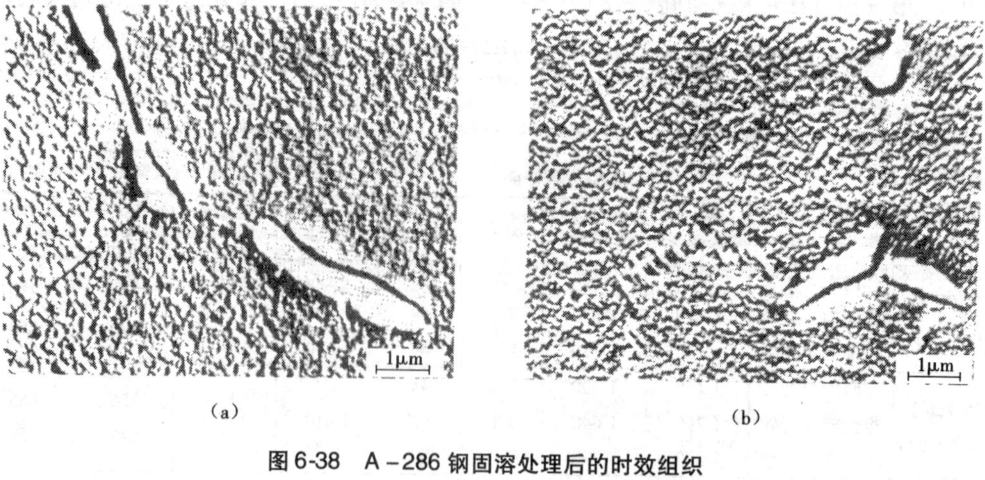

（a）　　　　（b）

图 6-38　A－286 钢固溶处理后的时效组织

（a）A－286 钢 927 ℃固溶处理 4 h，650 ℃时效 200 h。基体上分布细小的 γ'相质点，晶界上大块是 G 相，8 000 ×

（b）A－286 钢 927 ℃固溶处理 4 h，760 ℃时效 200 h，在 γ'相弥散质点中出现 η-Ni_3Ti 相小片，8 000 ×

进一步增加镍（35%左右），同时增加强化元素 W、Ti、Nb 等（0Cr13Ni38Mo5.5NbTi2.5Al1.5B），其高温强度还可进一步提高。这类耐热钢可在 700～750 ℃作为高强度材料使用，以代替耐热合金，它也可以在 850 ℃以下工作。

最好的耐热钢和铁基耐热合金的最高使用温度一般只能达到 750～850 ℃，在更高温度下常用耐热合金。镍基耐热合金是在 Cr20Ni80 合金的基础上加入大量的强化元素，如 W、Mo、Ti、Al、Nb、Co、Ta 等，大多数镍基合金不含或少含铁（<10%）。镍基耐热合金的主要强化相为 γ′-Ni_3(Al、Ti)，细小的 γ′与基体共格，且为有序相，塑性较好，因此大量的 γ′沉淀析出使合金的强度明显提高但不会变脆。这类耐热合金的工作温度范围为 650～1 150 ℃，主要用于喷气发动机涡轮叶片。实验证明，镍基合金通过两次时效处理，可提高持久塑性，减小脆性，如 GH33 耐热合金采用 1 200～1 250 ℃固溶处理，先在 850 ℃时效 24h，再经 700 ℃时效 16h，与只进行一次时效（700 ℃时效 16 h）相比，持久塑性提高三倍，同时持久寿命也提高了三倍。两次时效的组织如图 6-39 所示。图中大颗粒是在 850 ℃时效时析出的，小颗粒是在 700 ℃时效时析出的，小颗粒分布在大颗粒之间的组织比单一的小颗粒组织更好。

图 6-39　GH33 耐热合金的 γ′相
（GH33 成分：Ni-0.06Cr-2.5Ti-Al）

（4）微合金化钢的沉淀强化

自 20 世纪 60 年代以来，微量的 Ti、Nb、V 等合金元素引入钢中，使钢的性能大为改善，强度明显提高。一方面 Ti、Nb、V 都有细化晶粒的作用，从而产生细晶强化；另一方面是微合金化钢中有沉淀析出的细小、分布均匀、稳定性很高的碳氮化合物，产生沉淀强化。如钢中碳的质量分数在 0.05%～0.25% 范围内，Ti、Nb、V 可分别形成 V_4C_3、TiC 和 NbC；若加入 N，还可形成它们的碳氮化合物。如果单独或联合加入（质量分数）0.05%～0.2% V、0.03%～0.15% Ti、0.03%～0.15% Nb，可使微合金化钢的屈服强度由 350 MPa 升至 400～600 MPa，抗拉强度可由 520 MPa 升至 600～800 MPa。在强化的同时，由于晶粒细化，可补偿沉淀强化对塑性和韧性造成的下降。由此可见，微合金化钢的强化机制主要是细晶强化和沉淀强化。

低、中碳微合金化钢经奥氏体化后冷却到 A_1—B_s 间温度等温，或以一定冷速冷却到 A_1—B_s 区间，可发生一种特殊类型的沉淀析出，细小的合金碳氮化合物在奥氏体-铁素体界面上形成，这种转变称为相间沉淀（Honeycombe，1984）。质点在奥氏体与铁素体之间的共格或半共格的二维相界面上形成，而铁素体的长大是通过台阶侧面（可动性高的非共格界面）的迁移来完成的。如图 6-40 所示，当奥氏体完全转变时，成排或二维排列的细质点被埋存在铁素体基体中，有时台阶高度（列间距）小且均匀（图 6-40（a）），有时台阶高度大而不均匀（6-40（b）），原因尚需进一步研究。图 6-41 示出了 0.2% C-0.15% V-0.04% Nb（质量分数）钢中相间沉淀的电镜显微组织，由图可见，微合金化钢相间沉淀析出的合金碳氮化合物非常细小，一般只有 5～10 nm，所以只有在电镜下才能观察到。

若使钢的微合金化配合轧（锻）技术，可得到细晶、沉淀、形变三种强化机制的有效结合，

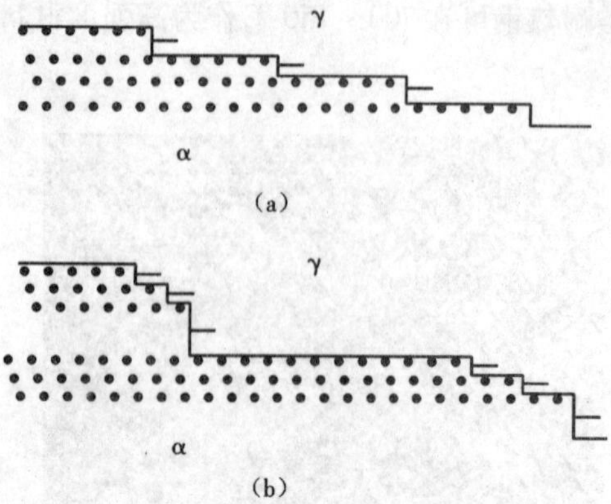

图 6-40 相间沉淀示意图
(a)具有均匀阶层 (b)具有不规则阶层

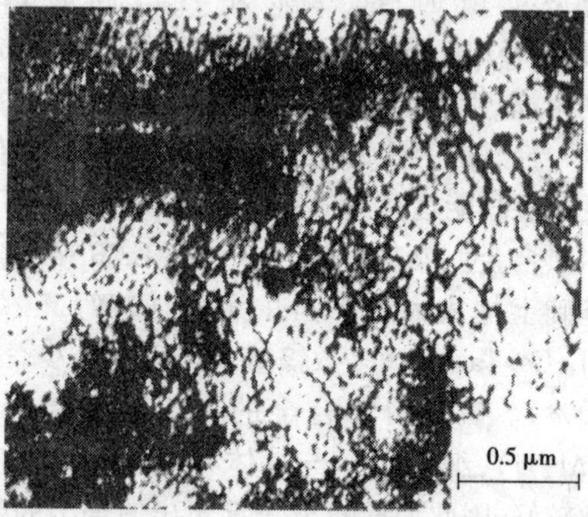

图 6-41 0.2%C-0.15%V-0.14%Nb 钢的相间沉淀电镜显微组织

从而获得高的强韧性。微合金化钢广泛用于石油、天然气管道,高压容器及机车、汽车制造工业。

3. 颗粒增强金属基复合材料

颗粒增强金属基复合材料(Particle Reinforcement Metal Matrix Composite)简称 PRMMC,其基体通常采用密度较低的铝、镁、钛及其合金,增强体多为具有高强度、高硬度、高模量、耐磨、耐高温的陶瓷颗粒,如 SiC、Al_2O_3、TiC、B_4C 及 Si_3N_4 等,其中以 SiC 为主。在 PRMMC 中,粉末状细小的增强体颗粒(一般在 10 μm 以下)均匀分布在基体中,从而使金属基体材料(MMC)强度、模量、耐磨性、耐热性得到提高。PRMMC 应用比较成熟的是铝基复合材料,有$(SiC)_p$/Al、$(Al_2O_3)_p$/Al、$(TiC)_p$/Al、$(SiC)_w$/Al 等(p 表示颗粒,w 表示晶须——wisker)。复合材料的组织结构如图 6-42 所示。

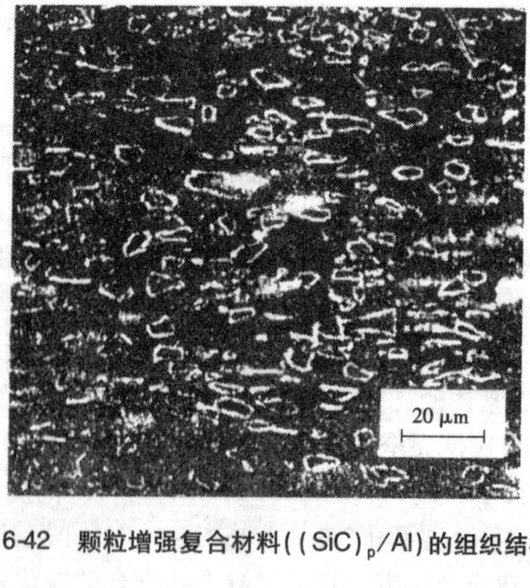

图 6-42 颗粒增强复合材料($(SiC)_p$/Al)的组织结构

(1)PRMMC 的强度和模量

PRMMC 的屈服强度与颗粒在基体中分布的平均间距 D_p 有关,即

$$\sigma_{cy} \propto D_p^{-1/2} \tag{6-47}$$

由式(6-47)可见，随着颗粒间距的增大，MMC的强度下降。也就是说，在颗粒体积(V_P)相同的情况下，颗粒粒径越大，其增强效果越差。通常粒径在0.1μm以下时，分散强化效果最显著；粒径在1μm以上时，强化效果不够显著，但可以改善其他力学性能。

颗粒增强和晶须增强6061铝基复合材料的强度与颗粒(晶须)的体积分数的关系如图6-43所示。由图可见，MMC的强度是随着增强体的体积分数增加而增加的，晶须增强效果明显，要强于颗粒增强。这是由于颗粒粒径较大，晶须本身的强度和长径比都远高于颗粒的缘故。

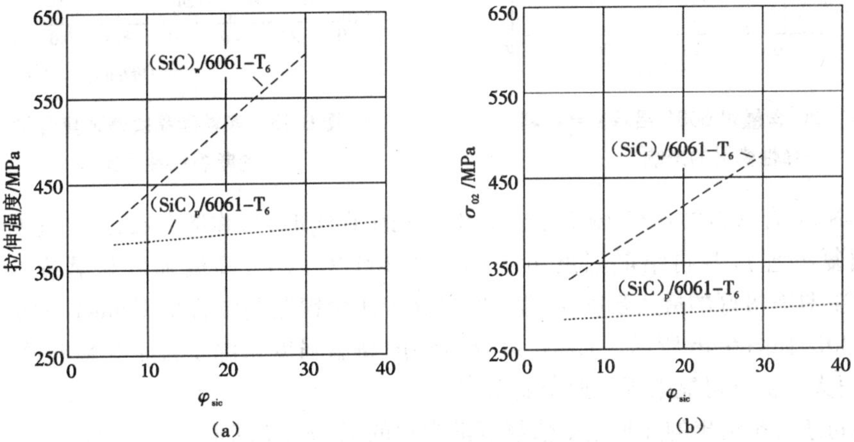

图6-43 SiC含量对6061铝基复合材料强度的影响

(a)抗拉强度 (b)屈服强度(图中T_6表示淬火后完全人工时效)

颗粒增强和晶须增强6061铝基复合材料的弹性模量与颗粒(晶须)的体积分数的关系如图6-44所示。由图可见，颗粒增强和晶须增强6061铝基复合材料的弹性模量随体积分数的增加而显著增加，不过晶须增强效果略高于颗粒增强效果。

(2)断裂韧性(K_{IC})

PRMMC和WRMMC(晶须增强金属基复合材料)在提高强度和模量的同时，降低复合材料的韧性，如图6-45所示。由图可见，20vol% $(SiC)_p$/2124Al、15vol% $(SiC)_w$/2124Al和20vol% $(SiC)_w$/2124Al随着试样厚度的增加，K_{IC}下降，而同样的体积分数(20vol%)，晶须增强铝基复合材料的K_{IC}明显低于颗粒增强铝基复合材料，这是由于晶须易造成基体中的应力集中，引发裂纹或便于裂纹的扩展。对于WRMMC来说，体积分数高(20vol%2124Al)的韧性，低于体积分数低的(15vol%2124Al)。这是因为体积分数低，基体中颗粒间距大，裂纹在韧性基体中扩展的概率大，使裂纹扩展的速率降低。同样理由，在相同的体积百分数情况下，大颗粒增强体的铝基复合材料的韧性高于小颗粒。

(3)高温性能和疲劳性能

由于复合材料中的第二相颗粒不是通过相变沉淀析出的，它们本身在高温下都有很高的稳定性，因此不会随着温度的升高发生聚集长大，而且第二相颗粒还具有阻碍基体再结晶和晶粒长大的作用，所以，PRMMC在高温下仍能保持适当的硬度和强度，具有较好的高温性能。如在铝合金中，30vol%、粒径为0.3 μm的Al_2O_3颗粒，复合材料在300 ℃时抗拉强度可达220

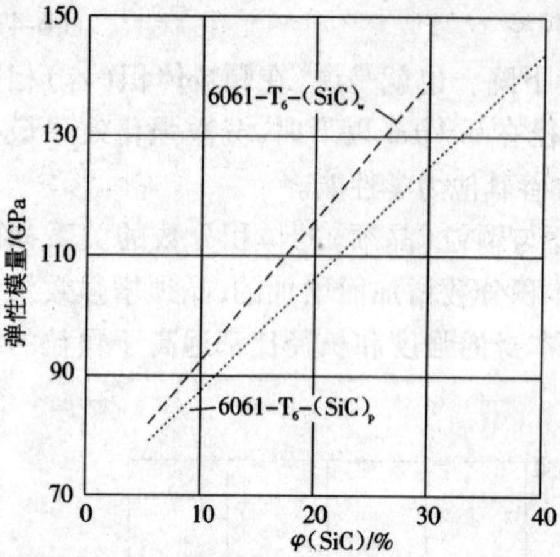

图 6-44　SiC 含量对 6061 铝基复合材料弹性模量的影响

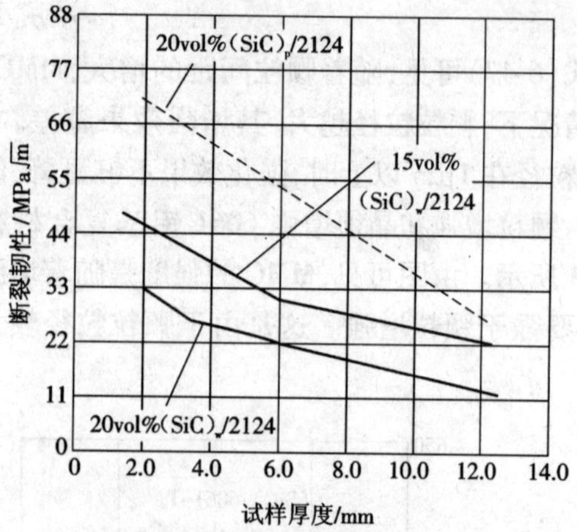

图 6-45　颗粒和晶须增强复合材料的断裂韧性的比较

MPa；在 TD-Ni 复合材料中含有 2wt%、粒径 30 nm 的 ThO_2 时，且弥散分布，经一定处理（一系列变形和回复处理），其再结晶温度可提高到 1 200 ℃ 以上，高温强度显著提高，特别在 1 093 ℃ 以上具有极好的持久强度，$\sigma_{100h}^{1\,200\ ℃}$ 明显高于压延镍基高温合金 Udimet 及铸造钴基高温合金 SM-302，如图 6-46 所示。TD-Ni 复合材料的高温强度来源于位错与氧化物的交互作用，但还有很大一部分可能来源于形变亚结构。

下面通过表 6-6 给出的几种主要依靠沉淀强化的铝、铜、钛基重要工业合金以及一种镍基高温合金和两种钢的强化效果。由表可见，沉淀强化效果十分显著。

另外，PRMMC 和 WRMMC 的疲劳强度和疲劳寿命都比基体合金高，图 6-47 示出了它们的 *S*—*N* 曲线。由图可见，$(SiC)_p$/6061Al 和 $(SiC)_w$/6061Al 复合材料的疲劳强度明显比基体高。在相同的疲劳应力作用之下，PRMMC 和 WRMMC 的疲劳寿命比基体高一个数量级。这是因为在疲劳过程中，颗粒的断裂、基体与颗粒之间界面分离等都需要消耗能量，所以可以延缓疲劳裂纹的扩展速率，从而提高复合材料的疲劳性能。

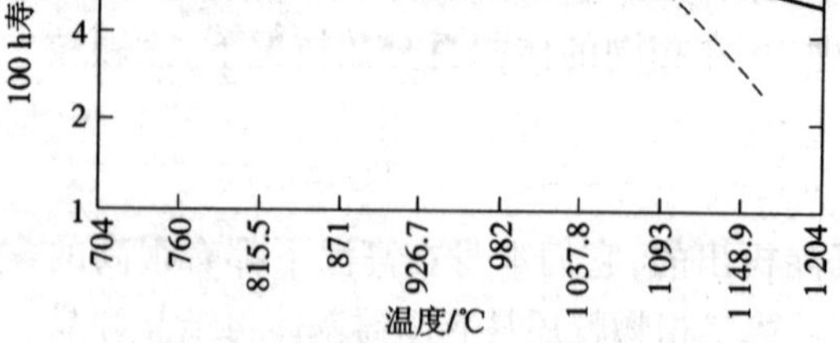

图 6-46　温度对 TD-Ni 复合材料和两种高温合金的应力—破断数据的影响

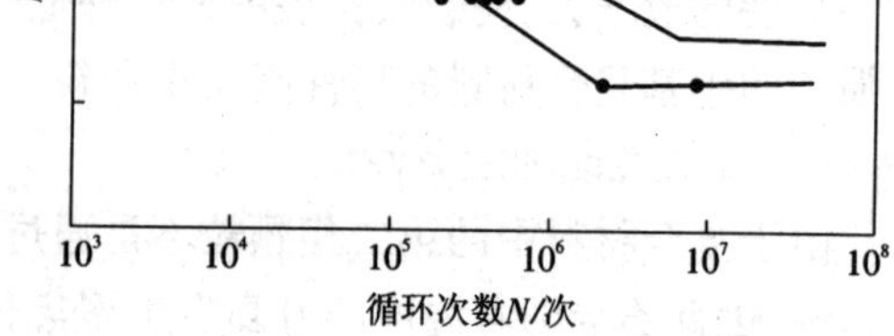

图 6-47　$(SiC)_p$/6061Al 和 $(SiC)_w$/6061Al 复合材料的 *S*—*N* 曲线

表 6-6 几种时效硬化型合金的力学性能

合金牌号	成分/%	状态	屈服点/MPa	抗拉强度/MPa	伸长率/%
铝－7075	5.6Zn,2.5Mg,1.6Cu,0.25Cr,其余为 Al	退火时效	103 503	228 572	16 11
Ti-6Al-4V	6Al,4V,其余为 Ti	退火时效	882 1 069	951 1 172	12 8～15
铍青铜-172	1.9Be,0.25Co,其余为 Cu	退火时效	221 1 069	476 1 220	47 7
Inconel－718（Ni 基高温合金）	19Cr,19Fe,3Mo,0.8Ti,0.6Al,5.2 Nb,其余为 Ni	退火时效	758 1 296	1 010 1 380	 20
不锈钢 0Cr17Ni7Al	17Cr,7 Ni,1.2Al,0.07C,其余为 Fe	退火时效	324 1 276	889 1 380	39 9
马氏体时效钢	18 Ni,8Co,5Mo,0.4Ti,其余为 Fe	退火时效	648 1 530	882 1 572	18 11

从以上分析可以看出,PRMMC 和 WRMMC 具有一系列优良的力学性能,它们是目前应用范围最广、开发前景最好的一种 MMC,主要用于军事工业,制造轻质装甲车、导弹飞翼和直升机部件。在民用工业上主要用于汽车工业,如制造发动机汽缸活塞、喷油嘴部件、制动装置等。

6.5 细晶强化

细晶粒强化是钢的极其重要的强化效应。虽然这个强化机制的物理模型还不十分清楚。但长期以来在金属材料工程上受到极大的关注和广泛的应用,其中原委就在于它既能有效地提高强度,又能明显地优化塑性和韧性,这是其他强化效应所不及的而有价值的特性。

6.5.1 细晶粒强化与刃型位错的塞积

多晶体金属的晶粒通常是以大角度晶界相间界的,相邻的晶粒具有不相同的晶体取向。当受拉力而产生塑性形变时,在 Schmid 因子($\cos\Phi\cos\lambda$)大的晶粒内,位错源先开动,并沿一定晶面产生滑移和增殖。由于相邻晶粒的晶体取向不相同,以及晶界包含着刃型位错和异质原子,且有一定的厚度,滑移至晶界前的位错便为晶界所阻挡。这样,一个晶粒的塑性形变就无法直接传播到相邻的晶粒中去。位错源在外力作用下继续增殖出的刃型位错就在晶界前停步不前,造成刃型位错塞积的局面(图 6-48)。于是相邻晶粒的塑性形变,就只能依靠其内部位错源的重新开动。在外力作用下,晶界上的刃型位错塞积产生出一个应力场,这个应力场作用力就可成为激发相邻晶粒内位错源开动的驱动力。当应力场作用于位错源的作用力等于位错开动的临界应力时,相邻晶粒内的位错源便开动起来,产生位错的滑移与增殖,造成塑性形变。塞积位错应力场的强度与塞积位错数目和外加切应力值有关,而塞积位错数目正比于晶粒尺寸,因此当金属材料的晶粒变细时,遂必须增大外加作用力以激活相邻晶粒内位错源。这就意味着,细晶粒金属产生塑变要求更高的外加作用力,也就体现了细晶粒对金属材料强化的贡献。

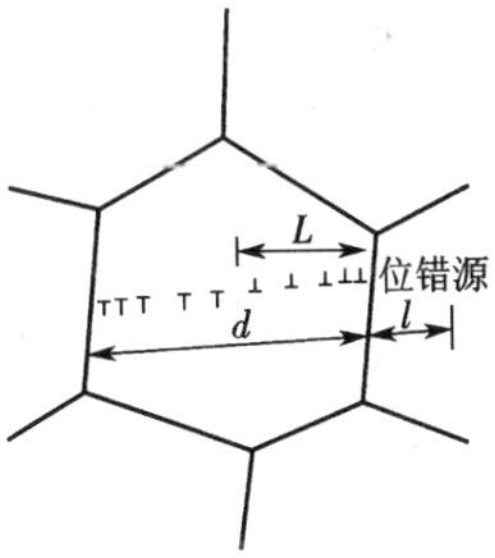

图 6-48 在晶界前的位错塞积

设外加切应力为 τ_s，则晶界前成排地聚集的位错数目 $n=\frac{k\pi\tau_s L}{\mu b}$，$k$ 为系数，L 为晶界和位错源的间距，当 $L=\frac{d}{2}$ 时，d 为晶粒直径，塞积位错数目 $n=\frac{k\pi\tau_s d}{4\mu b}$，其中分母项的系数是4，而非2，这是因为作用于位错源的应力引起了位错源两侧同时出现位错塞积。由于晶界对位错运动阻挡所造成的应力集中的应力为 $n\tau_s$。应力集中所产生的应力场的强度是与 $n\tau_s$ 有关的，也就与 d 有关。在 τ_s 一定时，n 式中的 d 为变数，故 n 为 d 的函数，d 便可作为表征应力集中应力场强度的参量。

设相邻晶粒内位错源与晶界，亦即与应力集中点的距离为 l，则位错所感受到的应力为 $(\tau_s-\tau_i)\left(\frac{d}{l}\right)^{\frac{1}{2}}$，其中 τ_i 为位错运动的摩擦阻力，$(\tau_s-\tau_i)$ 便为作用于塞积位错的有效应力，若相邻晶粒内维持源开动的临界切应力为 τ_n，则开动位错的条件为 $\tau_n=(\tau_s-\tau_i)\left(\frac{d}{l}\right)^{\frac{1}{2}}$。$\tau_i$ 和 l 均系定值，故为达到 τ_n 值，在 d 小时，便需更大的 τ_s 值，或者说，由于 d 较小，位错塞积所构成的应力集中应力场强度就较低，塑性形变便难以在晶粒间交替地传播。这便是细晶粒对金属材料屈服强度增值的贡献。上述式子可写成

$$\tau_s=\tau_i+\tau_n l^{\frac{1}{2}}d^{-\frac{1}{2}} \tag{6-48}$$

对于多晶体，$\sigma_s=M\tau_s$，M 称为 Tayior 取向因子，$\sigma_i=M\tau_i$，$\sigma_n=M\tau_n$，$M=2$ 或 3，故有

$$\sigma_s=\sigma_i+\sigma_n l^{\frac{1}{2}}d^{-\frac{1}{2}}=\sigma_i+k_y d^{-\frac{1}{2}} \tag{6-49}$$

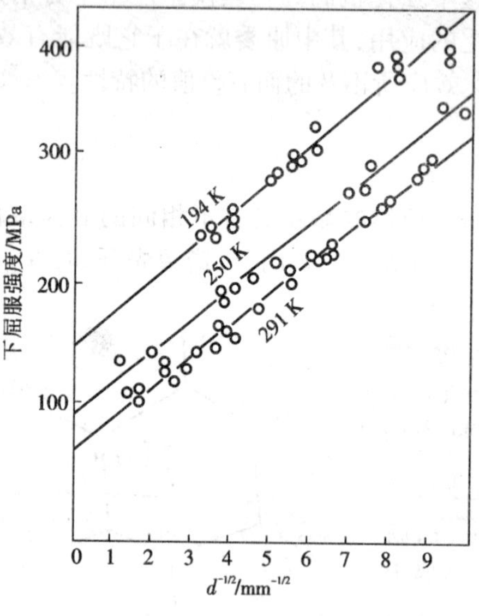

图 6-49 铁的下屈服强度与晶粒直径的关系

这就是在材料强度学上重要的 Hall-Petch 公式(图 6-49)。$k_y=\sigma_n l^{\frac{1}{2}}$，$l\approx 2\times10^{-4}$ cm。k_y 与 σ_n 有关，而 σ_n 与 F-R 源受钉扎状况有关，是一个与材料本质有关的参数。Hall-Petch 公式适用于表示上、下屈服应力，也适用于表示塑性变形范围内流变应力，以致断裂强度；只是 σ_i 和 k_y 的物理意义和数值有所不同，它也可推广用以说明胞状亚结构尺寸(d)对强化的作用，并提出以下修正式子：

$$\sigma_s=\sigma_i+k'_y d^{-\frac{1}{2}} \tag{6-50}$$

式中：σ_i 值现在尚难正确测定。k'_y 是反映位错胞壁对位错阻碍能力的系数。位错亚结构对屈服应力作用只能是一种附加的贡献。

可以认定，Hall-Petch 公式适用的晶粒尺寸是有一个界限的，例如 0.3 ~ 400 μm，因为 <0.3 μm 的非常细小晶粒内提供不出足够条数的位错，以构成足够强度的应力集中应力场，而比 400 μm 更为粗大的晶粒，再增多些塞积位错数目对应力集中应力场强度影响也不大。

低碳位错马氏体在形态上的特征是板条状马氏体铁素体集结而构成束状。在束内板条间是否以小角度相间界似乎尚可讨论，而束间大多是大角度间界，有的还保持孪晶位向关系，故板条束对屈服强度贡献的估算可采用前述的公式，也可用 Hall-Petch 的推广式，即 J. P. Nalyer

公式来计算：

$$\sigma_s = \sigma_i + k_y D_m^{-\frac{1}{2}} \tag{6-51}$$

其中 D_m 为平均板条束直径，

$$D_m = \frac{2}{\pi}\left\{W\ln\left[\tan\left(\frac{\arccos\left(\frac{W}{d_p}\right)}{2}+\frac{\pi}{4}\right)\right]+\frac{\pi}{2}d_p - d_p\arccos\left(\frac{W}{d_p}\right)\right\} \tag{6-52}$$

式中：W 为板条宽度；d_p 为板条束长度，与束直径相接近。

6.5.2 关于 k_y 值

k_y 称为 Petch 斜率，包含着两个重要因素，其中一个因素反映位错被溶质原子特别是 N、C 的钉扎程度。钉扎作用强，k_y 值大。建立上述 Hall-Petch 公式物理模型的条件，一是位错塞积群的客观存在，二是位错源的可激发性。但实际上，存在这样两种情况：a. 距应力集中点的 l_n 处被钉扎的位错在应力场作用下易于脱钉；b. 位错受到强烈的钉扎，在位错脱钉前，便在应力场作用下于距离应力集中点的 l_c 处完整的晶体区内产生出新的可动位错。出现前者的条件是 $\sigma_n l_n^{\frac{1}{2}} < \sigma_c l_c^{\frac{1}{2}}$，$\sigma_c$ 为产生新位错的临界应力，$l_c \approx 3$ nm；反之，则不易于产生新的可动位错。实验证明，铁经炉冷或淬火以及长时间时效后，k_y 不随温度变化，而淬火或淬火后稍经时效，k_y 则因温度改变而改变。前者相当于位错受到强钉扎的情况，后者与弱钉扎的情况相当。在位错受钉扎时，在晶界附近产生新位错，理论估计 $l_c \approx 10$ 个原于间距（$l_c^{\frac{1}{2}} = 5.06\times10^{-5}\,\mathrm{m}^{\frac{1}{2}}$），$\sigma_c \approx \frac{E}{25} = 7\,846$ MPa（对理想晶体 $\sigma_c \approx \frac{E}{20}$），可计算得 $k_y = 2\sigma_c l_c^2 = 0.78\ \mathrm{MPa}\cdot\mathrm{m}^{\frac{1}{2}}$，与实测值 $k_y = 0.68\ \mathrm{MPa}\cdot\mathrm{m}^{\frac{1}{2}}$（$T = 100$ K 以上）相接近。此值即作为形成新位错所需应力的度量。对于低温完全应变时效的 α-Fe，理论计算其位错脱钉的应力 $\sigma_n \approx \frac{E}{80}$。

k_y 的另一主要的影响因素为塑性形变时可以参加滑移的滑移系数目。参加滑移的滑移系少，则 k_y 值大。面心立方点阵金属于形变时的滑移系多，k_y 值较小，晶粒尺寸对流变应力影响就不很强烈；密集六方点阵金属的滑移系少，其 k_y 值高；而体心立方点阵金属的 k_y 值介于此两者之间。事实上，体心立方点阵金属具有最大 k_y 值，这是与 C、N 溶质原子强烈钉扎位错有关的。

关于造成刃型位错塞积的实际原因，强调相邻晶粒间晶体取向的悬殊，从而构成大角度晶界，这就阻挡了位错的继续运动，对晶界本身的强度没有规定。但从位错受到钉扎程度的不同，可以看到晶界的作用有强弱的不同。晶界的强弱程度影响金属材料的屈服强度。在多晶体受到外加作用力而产生塑变过程中，当某些晶粒形态发生改变时，其相邻晶粒形态必亦跟着发生相应的改变，才能保证晶粒间的协调，不然晶粒间的连续性将遭到破坏，晶界出现空洞，故晶界的强弱程度也影响流变应力。

晶界的另一个重要作用是可以作为发射点阵位错的位错源，这个问题下节便要讨论。显然地，合金元素在晶界上的平衡偏聚将影响到晶界作为位错源的能力。Ni、Si 增大 k_y 值，而 Cr 没有作用，少量的 C 或 N 可明显增大 k_y 值。（表 6-7）

表 6-7　295 K 时 Hall-Petch 式中的 k_y 值

合金	$k_y/\mathrm{MPa}\cdot\mathrm{mm}^{\frac{1}{2}}$	合金	$k_y/\mathrm{MPa}\cdot\mathrm{mm}^{\frac{1}{2}}$	合金	$k_y/\mathrm{MPa}\cdot\mathrm{mm}^{\frac{1}{2}}$
Fe	5.45 ±0.83	1.5% Si	5.75 ±5.72	Ferrovac E (存在 C 和 N)	
1.5% Cr	5.45 ±0.83	3.0% Si	9.45 ±1.45	0.09% P	26.9
2.0% Cr	4.95 ±0.62	6.0% Si	9.52 ±1.52	0.18% P	27.5
1.5% Ni	9.65 ±2.48			1.08% P	3.79
3.0% Ni	15.6 ±1.56				

6.5.3　在易于交滑移时晶界的强化作用

前述的 Hall-Perch 公式的物理模型的建立是基于以下的概念,即出现位错的塞积和由此而形成的应力集中场,及其对晶粒内位错源启动的作用。

实验中的观察结果表明,仅在个别钢种如铬镍奥氏体不锈钢的晶界前出现有规则排列的位错塞积群。在低层错能($<10\ \mathrm{MJ/m^2}$)的金属材料中,其纯螺型位错 $\frac{a}{2}[110]$ 可自动分解为两个 Shockley 不全位错 $\frac{a}{6}[12\bar{1}]$ 和 $\frac{a}{6}[211]$,在此两位错之间为扩展位错。扩展位错是只能沿其所属的滑移面上滑移的。扩展位错要进行交滑移,必须预先束集。而低层错金属材料扩展位错宽度大,例如达到 73.8×10^{-10} m,束集非常困难,面心立方结构的束集激活能达到 $\frac{1}{10}\mu b^2 d$ (d 为扩展位错宽度)。所以在低堆垛层错能的金属材料可以见到晶界前存在包括刃型位错和扩展位错所构成的位错塞积群。因而,可以成功地应用位错塞积的应力集中应力场与晶粒内位错源的激发的关系来说明细晶粒强化机制。

而在高层错能材料中,比如 α-Fe 和面心立方结构的铝(约为 250 $\mathrm{MJ/m^2}$)等,由于其扩展位错间距小,易于收缩而合成螺型位错,晶界前位错集聚程度很低。因此,对于高堆垛层错能的金属材料来说,前述的 Hall-Petch 公式物理模型的前提便失去现实的依据,但 Hall-Perch 公式的 σ_s 和 $d^{-\frac{1}{2}}$ 的变化规律并没有改变,依然有效。这表明细晶粒强化机制要以另外的物理模型来加以解释。

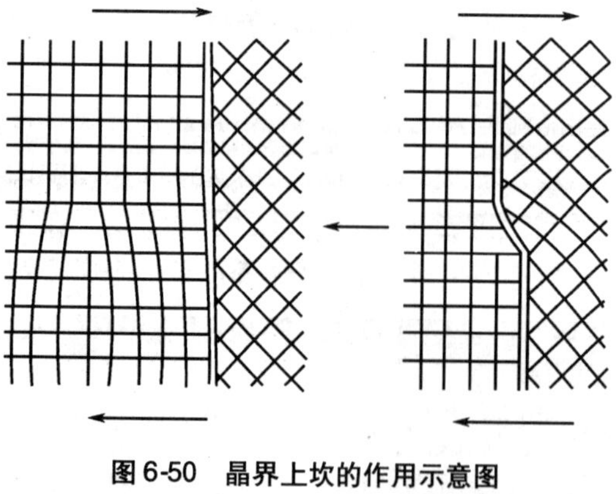

图 6-50　晶界上坎的作用示意图

实验证实,晶界上的"坎"(ledge)可以作为位错的"施主"而放出点阵位错(图 6-50)。屈服强度或流变应力的增大乃是使位错运动和增殖所需克服的阻力的附加作用力,其中阻力是可动位错与林位错或平行位错间交互作用的结果,强化效应是加工硬化所引起的。可动的点阵位错就来自晶界上的坎。由此得出下式:

$$\sigma_s=\sigma_1+\alpha\mu b\left(\frac{8m}{\pi}\right)^{\frac{1}{2}}d^{-\frac{1}{2}}\qquad(6\text{-}53)$$

式中:m 为坎的密度(单位长度晶界上坎数

目)；α 是与位错分布有关的实验待定常数，约等于 0.4。度量晶界上坎放出点阵位错的作用参量 $k_y=\sigma_p l_p^{\frac{1}{2}}$，$\sigma_p$ 为晶界上坎放射位错的应力，若 l_p 为 $\frac{1}{m}$ 级，则 $\sigma_p=\alpha\mu bm\left(\frac{8}{\pi}\right)^{\frac{1}{2}}$。坎的密度可由 mb 值求得，对于钢的 mb 为 0.02～0.2。因为 $\rho=\frac{1}{2}(\pi d^2 m)/\frac{1}{6}\pi d^3=3m/d$，将 ρ 代入 Bailey-Hirsch 关系式(6-65)，亦可得到类似式(6-53)的关系式。

另外，当晶粒内的位错源为溶质原子或第二相沉淀粒子紧牢地钉扎住而无法起错，或在完整晶体内难以产生出新的可动位错，或当晶粒尺寸小于 Hall-Petch 公式适用范围时，塑性形变便只能依靠晶界上的坎提供出新的点阵位错来实现。

"坎"的来源问题值得注意。关于"坎"的形成机制有两种说法，一为由晶界中的晶界位错直接合并而成，另一为晶界亦可以是点阵位错的有效尾闾。已经观察到点阵位错可分解为五个不可分解的晶界位错，并能与晶界内的晶界位错产生反应或被晶界所吸收。

6.5.4 孪晶与位错的交互作用

孪晶可视为晶粒的一种亚结构。由于孪晶界两侧晶体的取向不相同，孪晶界亦体现出阻挡位错继续运动的作用。面心立方点阵纯金属不易于发生孪生形变，固溶某些元素可以改变其堆垛层错能。在 20 ℃时，奥氏体的层错能 γ 与 Ni、Cr 和 C 量有关：

$$\gamma=16.7+2.1w(\mathrm{Ni})-0.9w(\mathrm{Cr})+26w(\mathrm{C})\quad(\mathrm{MJ/m^2})$$

层错能对温度是敏感的，一般认为层错能与温度之间的关系为：

$$\gamma=\gamma(20\ ^\circ\mathrm{C})+0.07(T-20)\quad(\mathrm{MJ/m^2})$$

孪晶和滑移位错可产生交互作用而生成 Frank 不全位错：

$$\frac{a}{2}[011]+\frac{a}{6}[211]\rightarrow\frac{a}{3}[111]\tag{6-54}$$

Frank 位错可分离成为一个在基体中的 Shockley 不全位错和一个在孪晶界上的压杆位错，即生成一个与半个 Lomer-Cottrell 障碍相等效的固定结构：

$$\frac{a}{3}[111]\rightarrow\frac{a}{6}[112]+\frac{a}{6}[110]\tag{6-55}$$

Lomer-Cottrell 位错 $\frac{a}{2}[110](100)$ 是材料取得加工硬化的一个重要原因。孪晶间距 t 对抗拉强度作用相当于晶粒尺寸的作用：

$$\sigma_b=\sigma_1+kt^{-\frac{1}{2}}\tag{6-56}$$

已经观察到，在孪晶前出现位错塞积群。孪晶间距即孪生频率是与奥氏体的堆垛层错能有关的，因而亦影响加工硬化率，而加工硬化率是直接影响抗拉强度的。但孪晶间距对低形变量的屈服强度不起作用，这是因为控制加工硬化率的层错能在测定屈服应力时，层错能作用甚为微弱之故。

在高应力作用下，Shockley 位错是可以通过孪晶界，以交滑移方式又运动到基体中去的，至于铁素体中孪晶的强化作用，是由于位错通穿孪晶时留下位错曲折所致。

6.5.5 次生滑移的强化作用

多晶体的晶界两侧晶粒具有不相同的晶体取向，在受到外加应力时将产生两种不相协调现象:一是晶界两侧晶粒的弹性模量各向异性,在外力作用方向上弹性模量的不一引起弹性形变的不相协调;二是晶界两侧晶粒主滑移系统取向的相异,位错源激活难易程度的差异导致塑性形变的不相协调,为维持相邻晶粒在晶界处的连续关系,晶粒间的弹性形变和塑性形变均相互地受到制约,或者说,这两种不协调相应地便在晶界处诱发出应力集中,以保存晶粒在晶界处的连续性。在这种应力集中应力场作用下,晶界附近诱发出新的可动位错,引起次生滑移,并增殖位错,形成加工硬化微区,阻碍位错运动。这种由于晶界两侧晶粒形变的不协调性,在晶界附近所诱发成的位错称为几何必需位错(geometrically necessary dislocation)。这种强化机制实质上是加工硬化效应。晶界诱发次生滑移强化属于晶界的间接作用。

6.5.6 细化晶粒与塑性

改变金属材料基体相的晶粒尺寸所对引起的塑变性能影响是一个令人感兴趣的问题,因为唯独细化晶粒实际上没有造成材料强塑化的矛盾。在生产实际上,实现晶粒细化的办法有很多种,而且都非常有效,依据裂纹形成的断裂理论,晶粒尺寸(d)与裂纹扩展临界应力(σ_f),以及冷脆转化温度(T_c)有以下的关系:

$$\sigma_f \approx \frac{2\mu\gamma_p}{k_y} d^{-\frac{1}{2}} \tag{6-57}$$

又

$$\beta T_c = \ln B - \ln C - \ln d^{-\frac{1}{2}} \tag{6-58}$$

式中:γ_p为比表面能,即裂纹扩展时每增加单位面积所消耗的功(大部分消耗于塑性形变);k_y为 Perch 斜率;β、B 和 C 为常数。当 γ_p为定值时,d 小则 σ_f高。凡是可提高 σ_f值的因素均能改善塑性。显微组织结构的粗略分析表明,当晶粒尺寸小时,晶粒内的空位数目和位错数目都较少,位错与空位,以及位错间的弹性交互作用的机遇便减少,位错将易于运动,亦即表现出好的塑性。又因为位错数目较少,塞积位错数目减少,只能造成轻度的应力集中应力场,从而便将推迟微孔和微裂纹的萌生,增大断裂应变。除此以外,细晶粒为同时在更多的晶粒内开动位错和增殖位错提供了机遇,亦即细晶粒能使塑变更为均匀,反映出较高塑变性能,还有细晶粒为产生塑性形变所要求的晶粒旋转也较小。

值得注意的是,铁素体基体的晶粒粗细基本上不影响真实均匀应变 ε_u,细化晶粒同时提高加工硬化作用和流变应力,由细化晶粒而引起的加工硬化和流变应力的变化幅度很接近,致使真实均匀应变实际上没有改变,即 $\sigma = \frac{\varepsilon}{n}\frac{d\sigma}{d\varepsilon}$。当 $\sigma \approx \frac{d\sigma}{d\varepsilon}$,$\varepsilon_u$基本不变。

一般的相邻晶粒是以大角度间界相接的,当裂纹穿越晶界而进入相邻晶粒时,势必改变扩展方向,晶粒越细,为裂纹扩展所消耗能量越高,说明细晶粒组织具有较高的断裂韧性。

细化晶粒没有带来强度与塑性相互消长的对立局面,但并不是细晶粒强化不伴随着塑性的削弱,而是细晶粒的塑性削弱可由细晶粒对塑变方便的组织结构因素得到补偿,这是必须加以说明的。

在钢的晶粒内常存在着由缠结位错作为晶界的胞状位错结构,或叫亚晶。与大角度晶界的晶体一样,亚晶尺寸的变细也可引起强度与塑性的改变,亚晶界两边的晶体位向差很小,只有几度。亚晶尺寸变化的强化效果可以应用 Hall-Petch 来估计,如式(6-51),不过它的强化作用赶不上一般的晶粒,减小亚晶尺寸增高形变硬化率$\frac{d\sigma}{d\varepsilon}$,减小形变强化指数 n 降低流变应力,这个变化趋势是有利于均匀应变 δ_u 的改善的，而细化大角度晶界的晶粒则几乎不影响均匀应变。亚晶尺寸的细化虽不为塑性形变提供额外的方便条件，但较小的亚晶尺寸，倘若在亚晶内出现位错塞积，那么在其中的位错塞积群的塞积位错数目便将减小，从而减弱应力集中效应，推迟微孔的萌生，提高局部集中应变。所以认为，出现胞状位错结构以及其尺寸的继续减小，可有利于钢材塑性的提高。至于对韧性的作用，因为一般以为，小角度晶界难以阻挡解理裂纹的穿越，这样亚晶的存在对韧性作用不明显，有效的晶粒仍为原先的晶粒，即式(6-57)的 d 应代以原晶粒尺寸。

6.5.7 钢材晶粒尺寸的控制

钢材的晶粒细化是唯一可使强度和塑性这两个相互对立的性能同时受益的机制，除为改善蠕变强度和持久强度以外，在钢的组织和成分设计时，都要认真考虑晶粒尺寸的控制以取得满意的细晶粒。在常温下钢材基体组织的有效晶粒尺寸首先受到加热时母相奥氏体晶粒尺寸的影响，其次是与过冷奥氏体分解温度有关。因此晶粒尺寸的控制，实际上是奥氏体晶粒长大率及其冷却转变条件的控制。奥氏体晶粒长大是晶界的推移，它是受扩散所控制的原子热激活过程。这个过程的发展还受到两个因素的作用：a. 奥氏体起始晶粒度和其不均匀性；b. 第二相的溶解与沉淀。这两个因素的作用是相互对立的，前者为晶粒长大亦即晶界推移提供驱动力，而后者则可成为晶界推移的阻力。

在奥氏体晶粒长大过程中，奥氏体晶粒长大实际上是其晶界推移的结果，而晶界推移是铁原子在晶界附近扩散所造成的。因此钢的奥氏体晶粒长大与加热温度和恒温时间有关。当加热温度保持不变时，平均晶粒直径 $\overline{D}$ 是恒温时间 τ 的函数：

$$\overline{D} = k\tau^n \tag{6-59}$$

式中：k 和 n 为常数，k 按 Arrhenius 关系随温度而改变。

沿着奥氏体晶界的溶质原子偏聚和第二相质点析出都将延宕或阻碍晶界的推移，或降低晶界的能量，从而取得晶粒细化效果。于生产上广泛采用的诸如 AlN、NbC 和 VC 等粒子，在晶界上的沉淀可有效地控制奥氏体晶粒尺寸。第二相质点对晶界推移的最大阻力 G_m 和质点的半径 r 及体积分量 f 存在下示关系：

$$G_m = \frac{3}{2} \cdot \frac{f \cdot \sigma}{r} \tag{6-60}$$

式中：σ 为界面张力。晶界能所提供的晶界推移驱动力 G_t 正比于 σ，而与晶粒尺寸成反比。晶粒尺寸越小，越不稳定，晶粒长大倾向性越高，故

$$G_t = \frac{2\sigma}{R} \tag{6-61}$$

式中：R 为最大晶粒半径。当 $G_m = G_t$ 时，晶界便被钉扎住，晶粒就不再长大，从而可导出 Zener 的球状晶粒半径 R 与质点半径 r 的关系：

$$R = \frac{4}{3} \cdot \frac{r}{f}$$

或

$$r = \frac{3Rf}{4} \tag{6-62}$$

上式对晶粒长大的驱动力作用估算得比较高，所以从上式得出的晶粒尺寸要比实际观察的更

为粗大。M. Hillert 考虑到晶粒长大与能量改变关系,认为大晶粒的长大是通过吞并小晶粒来实现的。当晶粒长大超过临界半径 R_c后,其能量只有降低,此时

$$R_c = \frac{RK}{K - ER} \tag{6-63}$$

式中:E 为能量改变,K 为常数。M. Hillert 研究了第二相粒子阻碍晶粒长大的一般作用,但没有照顾到粒子分布细节所带来的影响。T. Gladman 所提出的修正模式更能说明实际情况,可以决定球状的第二相质点钉扎多边形晶粒晶界作用,这多边形晶粒假定为截角八面体;同时又强调,即使不存在钉扎晶界的第二相质点,晶粒得以长大,晶粒尺寸也必须具备某种程度的不均匀性,从而得出有效的钉扎 R(实际上为截角八面体的等效半径)晶粒的第二相质点的临界半径

$$r_c = \frac{6Rf}{\pi}\left(\frac{3}{2} - \frac{2}{z}\right)^{-1} \tag{6-64}$$

式中:z 为晶粒尺寸不均匀因子,即长大着的晶粒与其周围的基体晶粒半径之比。这个式子的物理概念是当第二相质点小于临界半径时,才能起到钉扎晶界的作用。当奥氏体起始晶粒尺寸和不均匀性相同时,如第二相质点的体积分量大,r_c便可大些,或者说,奥氏体晶粒粗化温度也就高些。

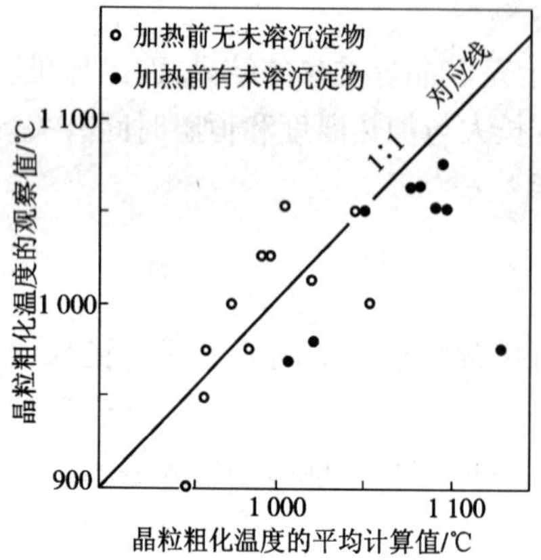

图 6-51　以铝作交流细化剂的锰钢晶粒粗化温度的计算值和实测值

式(6-64)所得出的度量值基本上与钢材实测值相符合。亦有人认为,由此计得的 r_c 值尚嫌较大,建议将系数减半,修正为 3。除此以外,在一定条件下,还可以算出 AlN 细化晶粒的锰钢奥氏体晶粒粗化温度(图 6-51)。

在生产上常用以细化奥氏体的元素有 Ti、Nb、V 和 Al 等。在奥氏体晶粒异常长大过程中,不是所有第二相质点对晶界都有钉扎效果的。其中 AlN 相具有特殊的贡献。在钢中最合适的 Al 残余量应控制在 0.020% ~0.045% 范围内,含量过低或过高都将出现混晶组织。钢中 AlN 相具有规则的几何形态。在较高温度下(>1 000 ℃),析出的 AlN 相主要呈棒状,颗粒较粗,一般在 100 ~200 nm;在析出温度较低时,主要呈针状,颗粒细小,一般在 50 nm 以下;加热温度为 1 200 ~1 250 ℃,AlN 基本上全部溶解于奥氏体,阻碍奥氏体晶粒长大作用便消失殆尽,实际上于 1 000 ℃附近析出的粗大 AlN 质点对晶界钉扎作用已很弱。

依据上述,有必要再次对细晶粒强化的根本原因加以概括。Hall-Petch 公式是一个很有用的经验公式,现在已提出两个物理模型以说明细晶粒强化机制,多晶体因相邻晶粒取向不同所形成的晶界能阻挡可动位错的继续运动,又能向晶粒发射点阵位错,亦能诱发次生滑移,晶界是直接和间接地参与了位错源的激活,这就是多晶体晶界的作用。多晶体强化的一个重要途径是细化晶粒。晶粒细化的结果是导致位错塞积应力集中应力场强度变小,发射点阵位错的数目增高,以及次生滑移所引起的加工硬化微区的数目增多,从而出现屈服强度增大。因此不

同晶体取向的晶粒细化是导致屈服强度增大的根本因素。

6.6 位错强化与加工硬化

6.6.1 位错强化

从金属晶体完整的概念出发,提高强度最为直接的方法是消除其中所存在的缺陷,主要为消除位错,制造完整的不含位错的晶体。但金属晶体缺陷理论又指出,增加晶体中的位错密度,也可以有效地提高金属强度。实用金属材料在受到外加作用后所引起的塑性形变在本质上是位错运动与增殖的结果。位错间的弹性交互作用可造成位错运动的阻力,反映为强度的增高。通过热处理和冷塑性形变以提高位错密度是钢材强化重要手段之一。纯铁多晶体在退火状态下位错密度 ρ 约为 $10^7\ cm^{-2}$,在塑性形变加工为10%时,ρ 可达 $5\times10^{10}\ cm^{-2}$,强度约可升高到 $\mu/200$。Ausforming 处理和冷拔高碳钢的强度已接近晶须的强度。

当晶体中的位错的分布比较均匀时,流变应力 τ 和位错密度间存在 Bailey-Hirsch 关系式:

$$\tau=\tau_0+\varepsilon\mu b\rho^{\frac{1}{2}} \tag{6-65}$$

式中:μ 为切变模量;b 为柏式矢量的大小;α 为系数,多晶体铁素体 $\alpha=0.4$;参量 τ_o表示位错的交互作用以外的因素对位错运动所造成的阻力。上式对体心立方点阵金属和面心立方点阵金属都是适用的,只是 τ_0值有所差异。在 fcc 金属中,位错在完整的晶体中运动的阻力很小,τ_0近于零;bcc 金属的 τ_0不可忽略,如多晶体铁 $\tau_0/\mu=0.46\times10^{-3}$。上式可写成为

$$\Delta\tau=\tau-\tau_0=\alpha\mu b\rho^{\frac{1}{2}} \tag{6-66}$$

这个式子表示位错密度所引起的流变应力增量。由式可见,当 ρ 增高,$\Delta\tau$ 提高。在金属单晶体受到外力作用时,晶体内部增殖大量位错。位错的增殖是塑性形变所造成的。所以流变应力的增大率是与塑性应变的增大率有关的,即流变应力的增大率取决于塑性形变所引起的位错密度增大率。这表明,形变硬化率是依赖于位错分布和它们之间的弹性交互作用的。

纯铁(bcc)位错密度与流变应力之间的变化关系与 BaiIey-Hirsch 式符合得很好(图 6-52)。在塑性形变中,α-Fe 的平均位错密度因塑性形变量增大而渐次提高(图 6-53)。于应变硬化早期阶段时,其平均位错密度的提高与应变量成正比的变化关系,而且细晶粒具有更高的位错增殖效应;在应变量相等时,细晶粒金属材料将获得较高的位错密度。

刃型位错的可动性高于螺型位错,当 α-Fe 受载屈服后,α-Fe 的流变主要是螺型位错运动的结果。在室温下,当形变量小于 1% 时,α-Fe 的位错线还是很平直的;当形变量大于 1% 时,位错变得不很规则,不同柏氏矢量的位错发生交互,在个别晶粒中位错开始集聚,以致相互连接起来而开始构成胞状结构;当形变量约为 3.5% 时,可以见到胞状结构,当达到 9% 形变量时,大部分晶粒便均由胞状结构所组成。胞壁为缠结的位错,倾向于沿{112}和{123}晶面分布,晶胞间的位向差约为 3.5°。在形变早期,晶胞平均尺寸随应变量增大而有所减小。约减小到 1.5 μm 便保持稳定而不改变。纯铁晶胞的出现将使其流变行为受到影响,从而影响流变应力。

Bailey-Hirsch 关系表达位错间交互作用的结果。现在认为,位错交互方式主要有以下几方面:a. 平行位错的弹性交互;b. 滑移位错和穿过滑移面的林位错的弹性交互;c. 位错胞状结

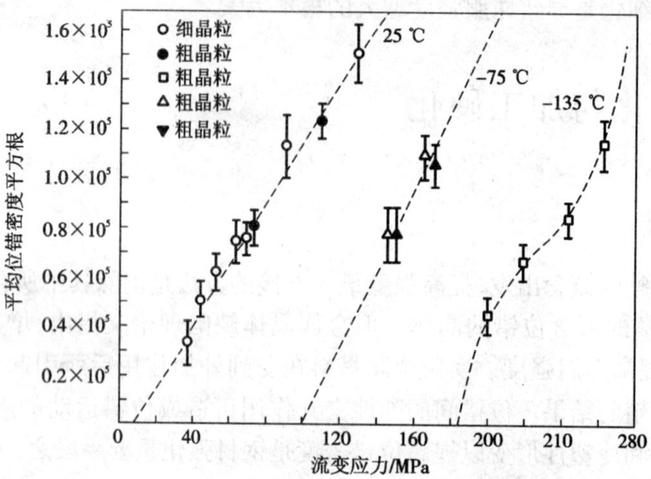

图 6-52　平均位错密度平方根与流变应力的关系

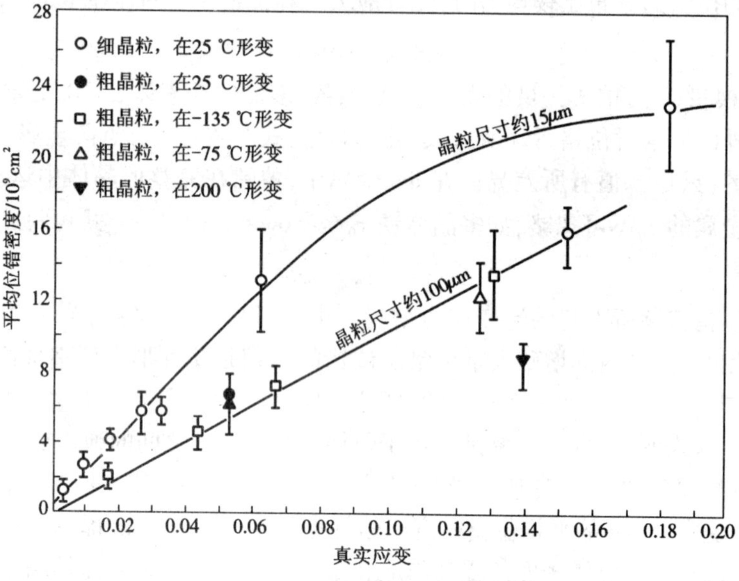

图 6-53　铁的平均位错密度与真实应变的关系

构胞壁与壁外位错的弹性交互。平行位错受到与相平行的位错的应力场作用，壁外位错受到胞壁长程应力场作用，位错间的这种弹性交互作用都将给位错的运动带来困难。如果两条相互垂直的螺型位错相交割，就将产生刃型的位错割阶。带有刃型割阶的螺型位错继续运动，割阶便被迫地发生攀移；攀移联系着物质的交换，称此为非保守运动；显然非保守运动的攀移所带来的后果是在割阶走过的地方留下空位。因此螺型位错的运动要受到割阶的严重牵制，显示明显的强化效应。另外，主滑移面的位借遇到林位错，则可产生位错反应而形成会合位错。会合位错为一个线段，这个位错组态可降低弹性能，然欲使滑移位错继续运动，务必先使会合位错缩回成为交结，继而脱开交结再行滑移；脱开交结就要求增高外力。会合位错的出现对形变阻力是很有贡献的。

形变硬化率取决于位错的增殖与位错的交互作用,所以加工硬化实际上是位错强化的外部表现。以面心立方点阵金属单晶体的典型应力—应变的变化过程为例,第一阶段叫易滑移阶段,在此区内由于只有一个活动的位错滑移系,故很难与其他位错产生交互作用,在位错增殖过程中未观察到明显的加工硬化现象。第二阶段叫硬化阶段,在这阶段中,变形试样的拉伸轴取向发生转动,出现:a. 主、次滑移系统的平行位错交互作用;b. 林位错密度增高,位错与林位错的交互作用;c. 位错偶极(dipol)和小位错圈(debri)与位错产生交互作用。这些交互作用都成为位错滑移的阻力。在这个阶段后期观察到不规则的胞状结构(直径约为数微米)。第三阶段称为抛物线硬化阶段,又叫动态回复阶段,可以认为这是与螺型位错的交滑移,以及不同符号的位错开始迅速消失这一事实相关连的。因此,形变强化是位错增殖造成位错密度升高,以及由于位错彼此间的交互作用,从而使位错变得难以移动的反映。

在钢中影响位错强化作用的因素,亦即影响形变硬化率的因素有三方面。

①位错交滑移的本领(或在高温下的攀移能力)。在奥氏体组织中位错的交滑移和攀移可以由于它的层错能低的缘故而被制止,从而在滑移面上出现列阵位错和位错塞积群,显示出高的应变硬化率。而当加入提高层错能元素使奥氏体的层错能得到增高时,其中螺型位错难于分解,便可出现交滑移。滑移将迅速发展,并倾向于构成亚晶粒(位错胞状结构)。出现亚晶粒,形变硬化率明显降低,减小流变应力。

②目前在电子显微镜下虽尚未在纯铁(α-Fe)中观察到层错,然 α-Fe 是具有较高层错能的。譬如说,其层错能高于纯铝,故易于产生交滑移,可较早地形成胞状结构,形变硬化率便因而减小。在 $\lg \sigma$—$\lg \varepsilon$ 的对数坐标上,在颈缩前的均匀应变阶段出现两个形变强化指数 n 值,且前一个 n 值大于后一个,这个现象称为"双 n 行为"(Double-n behavior)。n 值改变对应于胞状结构的形成。层错能越高,形成胞状结构所要求的塑性形变量越小。值得注意的是,不同碳量的钢也存在这种现象。

③ρ 值与塑性形变量有着正比变化关系。相同塑变量,细晶粒的金属材料可获得更高的位错密度;一般地,细晶粒材料可具有较高的加工硬化率。

除冷形变加工外,淬火应力或在较低温度下的相变所造成的应变亦可使钢引入位错;其次,第二相沉淀粒子与基体间热膨胀系数的差异,或伴随沉淀物的形成而引起比容改变,在局部区域亦将出现位错增多,加强形变硬化。

拉伸试验时,对于钢材,真实应变—真实应变曲线遵循下示关系:

$$\sigma_{\mathrm{f}} = a + b\ln \varepsilon + c(\varepsilon) \tag{6-67}$$

式中:a、b 和 c 为常数。这个式子与实际观察到的情况相符合。可见,随着应变的增大,加工硬化率将逐步降低而达到不变的极限值。

在塑性形变程度很大的冷形变的强化组织和受疲劳作用的组织中,位错分布是不均匀的。此时位错强化增量取决于位错胞壁上的位错密度。上述表明,对这两种组织,Bailey-Hirsch 式便不能直接应用。当然可以粗略地认为,胞壁处的位错密度(ρ_c)约为平均位错密度的 5 倍,可以 $\frac{1}{5}\rho_c$ 代替 ρ,所以这时的加工硬化率是降低了。

6.6.2 位错强化与塑性和韧性

钢的 ρ 值对其塑性和韧性的影响是双重的,要求全盘地分析与考虑。

一般地，钢的位错密度提高，其拉伸塑性和以冷脆转化温度来衡量的韧性都降低。现在认为，均匀分布的位错对韧性的危害小于位错列阵，所以可动的、未被锁住的位错对韧性的损害小于被沉淀物或固溶原子锁住的位错。由间隙原子锁住的位错所产生的明显的强化作用可从马氏体的 Koster 内耗峰得到证实，这个内耗峰是因它们之间的交互作用所导致的。位错遭到钉扎，表明塑性形变受到抑制，塑性就降低。

当位错密度增大时，位错间的交互作用便增强，使位错的可动性降低，提高流变应力；另一方面，随着位错密度提高，异号刃型位错相遇机会增多，易于发挥动态回复，或者螺型位错的重新排列而构成胞状结构，都可引起加工硬化率的降低。综合这两方面作用结果，将导致均匀真实应变的下降。

金属材料的塑性和韧性是受屈服强度 σ_s、裂纹形核应力 σ_r 和裂纹扩展临界应力 σ_c，以及裂纹形核前的形变硬化效应等因素所控制的。在室温下 α-Fe 的流变过程中，易于发生交滑移，同一滑移面上的位错密度不会提高得很快，塞积程度是不高的，σ_r 就有可能提高。而当 σ_r 与 σ_s 相差较大时（$\sigma_r > \sigma_s$），在裂纹形核前，可出现明显塑性形变。σ_c 的数值是十分重要的，在平面应力时，

$$\sigma_c = \left(\frac{2E\gamma_p}{\pi a}\right)^{\frac{1}{2}} \tag{6-68}$$

式中：a 为裂纹长度的一半；γ_p 为比表面能，表示在裂纹扩展时产生新表面的单位面积表面能。γ_p 值的高低反映 σ_c 的大小。如若 ρ 值高，一部分位错，特别是其中的螺型位错又有一定的可动性，则在裂纹尖端塑性区内的应力集中可因位错运动而缓解。塑性区中 ρ 值大，可动的位错越多，有效比表面能就越高，σ_c 值便大，当 σ_r 大于 σ_s，但相差不大，而 σ_c 很低时，材料表现为脆性；若 σ_c 足够高，可转化为韧性状态。因此提高 σ_r 且使 σ_r 高于 σ_s，又有足够高的 σ_c，材料可有好的塑性与韧性。如此，根据这个分析来看，提高可动位错密度对塑性和韧性都是有利的。

刃型位错的可动性高于螺型位错。刃型位错运动不受温度作用，螺型位错运动则受到温度的控制。宏观屈服形变主要依靠螺型位错运动；在低温时，α-Fe 的刃型位错于外加切应力作用下在晶界前形成的塞积所带来的应力集中难以缓解；应力集中的作用使刃型位错合并，可构成断裂核心。如前所述，在 α-Fe 中，两个 $\{110\}$ 面上的 $\frac{a}{2}<111>$ 型刃位错可在滑移面相交线处通过位错反应产生 $a<100>$ 型位错，这是一个降低了能量的纯刃型位错，它的矢量很大，可在 $\{001\}$ 面形成类似楔形的裂纹核心。提高位错密度增大 α-Fe 低温脆性倾向，则降低韧性。

上述讨论表明，位错强化对金属材料强化的贡献是很大的，它的重要作用还远不止于此。事实上，金属材料的所有强化效应都离不开位错的作用；塑变是位错运动与增殖的结果，强化效应是位错运动受阻的外部表现，强化措施的基本出发点就在于为位错运动设置障碍。强化机制的基本内容则为说明位错与障碍物间，也包括位错间的弹性交互作用。以下将分别阐述其他的强化机制。

位错强化的机制，与位错的密度及位错间的交互作用密切相关。随着塑性变形的进行，位错的密度不断增加，因此，位错运动时的相互交割加剧，逐渐产生位错塞积群、割阶、缠结网等位错运动障碍，阻碍位错的进一步运动，引起变形抗力增加，因此提高了金属的强度。

6.6.3 金属的加工硬化

金属材料的加工硬化是位错强化机制的一种主要表现形式。随着塑性变形程度的增加，金属的强度、硬度显著升高，而塑韧性显著下降。一般认为，面心、体心及密排六方的金属单晶体在一定条件下其应力—应变曲线都可清楚地显示出加工硬化有三个阶段。现以室温下铜单晶的拉伸为代表(铝单晶因层错能高，要在低温下拉伸方能显示加工硬化三个区域)总结各个阶段加工硬化的主要特征。

第一阶段的特征：加工硬化速率 $\theta_{\mathrm{I}}=\dfrac{\mathrm{d}\tau}{\mathrm{d}\gamma}$很低，$\theta_{\mathrm{I}}\approx 10^{-4}\mu$，用复型在电镜下观察其表面滑移线，滑移线细而长且均匀分布。对于铜单晶，其滑移线长度典型的数值为600 μm，它的长度与晶体直径相同。在第一阶段中加工硬化速率对晶体位向和杂质十分敏感。对于Cu和Ni-Co单晶，其滑移线长度和滑移线间距在第一阶段均近似为常数，但滑移线高度随变形量而增加。第一阶段末期，每个滑移线上的位错数为20～30。新近的实验工作表明，第一阶段滑移线上的位错数可达100左右，对Cu-Al合金可达数百。对晶体薄膜作电镜观察其位错组态常呈刃型位错多极子排列，其示意图如图6-54。对第一阶段，无论是面心立方晶体Cu、体心立方晶体Nb，还是密排六方晶体Mg，它们都有一个共同特征，即没有螺型位错存在，这可能是由于在相邻滑移面上两个异号螺型位错在交滑移相遇时消失了。只有在层错能低的合金，如Cu-10%Al，才可看到螺型位错。

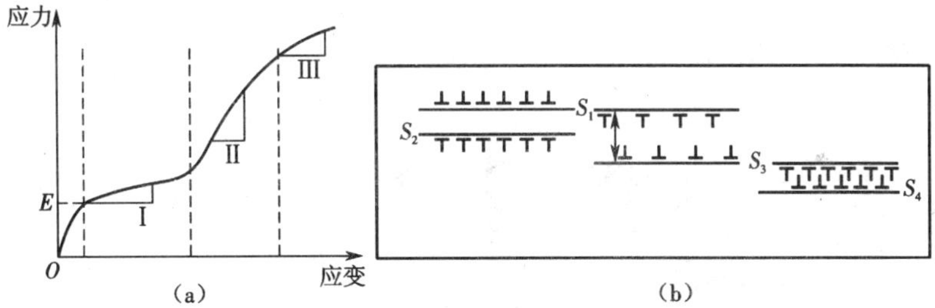

图6-54 加工硬化开始时的位错排列

(a)应力—应变曲线 (b)硬化第一阶段的位错多极子

第二阶段特征：加工硬化速率很高，$\theta_{\mathrm{II}}=\dfrac{1}{300}\mu$，且和应变量呈线性关系。这一阶段对合金成分、晶体位向不敏感。将经过第一阶段变形的单晶电解抛光后继续变形，对Cu单晶和Ni-Co晶体的观察表明，第二阶段的滑移线长度随应变量的增加有以下规律：

$$l_2=\frac{\Lambda_2}{\varepsilon-\varepsilon^*} \tag{6-69}$$

式中：l_2是螺型位错的滑动距离；Λ_2是一常数，对于Cu，$\Lambda_2=4\times10^{-4}$ cm；ε^*相当于第一阶段终止时的应变量。这表明随着应变量的增加，滑移线逐渐变短，由于每根滑移线上位错数大致不变，所以变形量增加又出现许多新的滑移线。以上测量结果是在Cu单晶和Ni-Co晶体中得到的。对于体心立方金属，像Nb、Fe等，由于滑移线呈波纹状而无法测量。

对薄膜晶体作电镜观察，证明在变形第一阶段位错是在主滑移系统上运动，而在变形第二阶段，次生滑移系动作，次滑移系上位错运动对变形的贡献占总变形量的30%～50%。也就是说在第二阶段，主滑移系上的位错和次生滑移系上的位错密度约在同一数量级。同时，位错渐趋相互缠结，有形成胞状的趋势。电镜中也观察到位错偶存在。

第三阶段：加工硬化速率降低，应力—应变曲线由直线部分转变为抛物线段。变形温度和层错能大小影响向第三阶段的过渡，随着温度或层错能的升高，第二阶段渐不明显，由第一阶段很快过渡到第三阶段。第三阶段硬化开始的应力随温度的增加而快速减小：

$$\ln\frac{\tau_{\text{Ⅲ}}}{\mu}=\ln\frac{\tau_{\text{Ⅲ}}(0)}{\mu(0)}-BT \tag{6-70}$$

式中：$\tau_{\text{Ⅲ}}(0)$ 和 $\mu(0)$ 是 0 K 时的应力和切变模量。Cottrell 和 Stoke 发现，加工硬化第三阶段有加工软化现象。例如，纯 Al 在 90 K 变形至第二阶段，继而升高温度，于室温（293 K）下再进行实验时，就有明显的屈服降落，见图 6-55 所示。这说明低温时的硬化会部分地突然去除。显然，低温变形时形成的位错结构是不稳定的，在高温时发生某种变化。Cottrell 和 Stoke 证明，铝在室温下出现的屈服点并不是由于杂质原子偏聚到位错线造成钉扎所致。

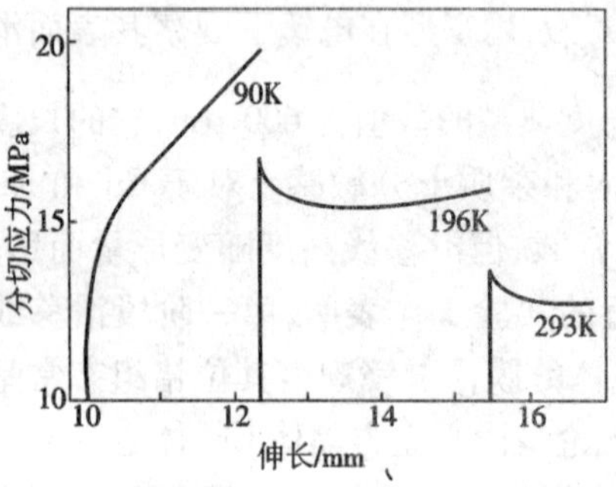

图 6-55　纯铝在 90 K，随后在 196 K、293 K 下相继变形时出现的屈服降落

第三阶段组织变化的特征是出现滑移带和形成胞状结构。随着变形量的增加，滑移带变粗，滑移都集中在带内，在滑移带之间不再出现新的滑移痕迹，滑移带内滑移线密集，可以看到交滑移的特征。变形到第三阶段，用晶体薄膜在电镜下观察，已可以看到有完善的位错胞形成，位错集中分布在胞壁，而在胞内位错很少（图 6-56）。

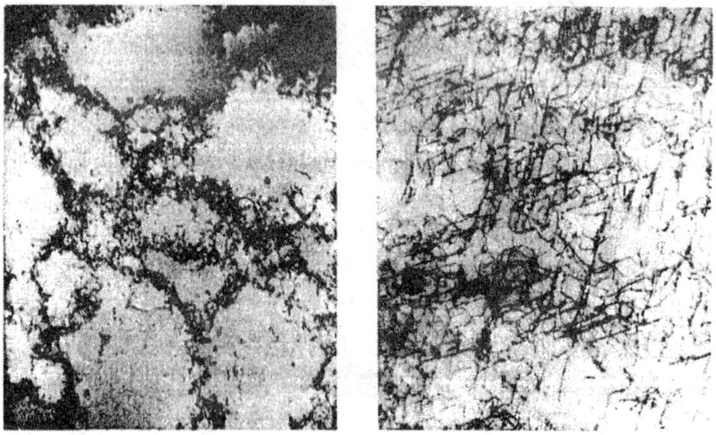

（a）　　（b）

图 6-56　位错胞的形成

（a）由滑移带组成的胞状组织　（b）位错胞组织

由以上实验结果可知，变形第一阶段主要是位错在主滑移系上运动，第二阶段次滑移系开始动作参与了滑移变形，第三阶段则产生了螺型位错的交滑移。对于加工硬化各个阶段的解释有不同的理论，主要有以位错间弹性应力场交互作用为基础的长程加工硬化理论和基于用晶体薄膜对变形各阶段位错的电镜观察为依据的短程加工硬化理论。

6.6.4 加工硬化的微观解释

1. 长程加工硬化的 Seeger 理论

长程加工硬化理论以 Seeger 为代表,以后由 Friedel 和 Hirsch 等人修正完善。Seeger 认为,加工硬化主要来自滑移系统上平行位错间的弹性交互作用,或者是因为位错反应生成 L-C 不动位错,构成位错运动的障碍,造成位错塞积,这是由长程内应力造成的硬化。Seeger 理论没有考虑塞积群的应力集中会因次滑移系位错源的开动使应力松弛,认为次滑移系的动作只对硬化起触媒作用。

这里首先要建立“长程内应力”的概念。变形前,晶体中每个位错都处于周围其他位错所形成的弹性应力场中,并呈平衡状态。如果某个位错运动,必然会破坏平衡,其他位错对运动位错有阻力,这是弹性交互作用产生的阻力。在晶体内任意分布的位错,其平均间距 $r\propto\frac{1}{\sqrt{\rho}}$,$\rho$ 为晶体的平均位错密度。现假定平均位错密度为 $10^{10}\,\mathrm{cm}^{-2}$,位错的平均间距 r 就约为 10^{-5} cm,即约 300 个原子间距。而位错间的作用力 $\tau=\alpha\frac{\mu b}{2\pi r}$,对螺型位错 $\alpha=1$,刃型位错 $\alpha=3/2$。可见,这种内应力作用的范围已达几百个原子间距,它不大可能受热激活过程的影响。

Seeger 理论对加工硬化各阶段的解释如下。

(1)加工硬化第一阶段

设单位体积内位错源数为 N,每一位错源在应力 τ 作用下放出的位错环数为 n,在滑移面上每一个环移动的距离为 l,相邻滑移面间的距离为 d,$d\ll l$,如图 6-57 所示。

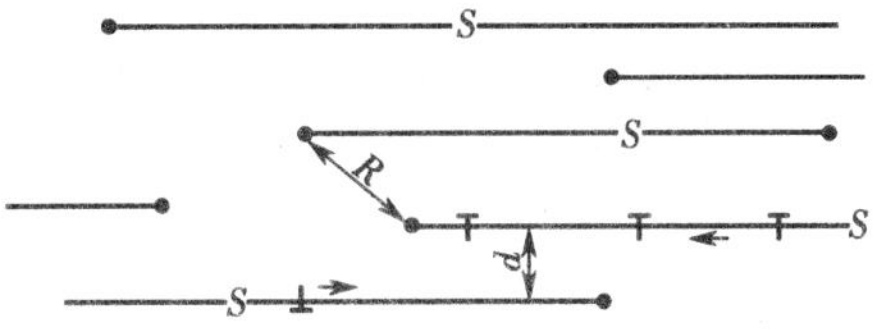

图 6-57 Seeger 位错易滑移模型

因为应变量 $\varepsilon=b\rho_m\bar{x}=bNA$,$\rho_m$ 为可动位错密度,$\bar{x}$为位错平均移动距离,A 为位错环在滑移面上扫过的面积。如应力增加 $\delta\sigma$,引起位错源放出的位错环数增加了 δn,从而使应变量增加了 $\delta\varepsilon$,则

$$\delta\varepsilon=bNl^2\delta n \tag{6-71}$$

因为如取近似方形,应变的影响与 δn 移动了距离 l 相当。又 $N\approx\frac{1}{dl^2}$,因此

$$\delta\varepsilon=\frac{b\delta n}{d} \tag{6-72}$$

在产生 δn 新位错环后,同时也增加了作用在位错源上的反作用力 $\delta\sigma_b$,

$$\delta\sigma_b=\frac{\mu b\delta n}{2\pi l} \tag{6-73}$$

当反作用力 $\delta\sigma_b$等于外加应力增量时,位错源就停止动作了。

将式(6-72)和式(6-73)结合起来,即得

$$\theta_{\mathrm{I}}=\frac{\delta\sigma}{\delta\varepsilon}=\frac{\mu}{2\pi}\cdot\frac{d}{l} \tag{6-74}$$

更精确地计算

$$\theta_{\mathrm{I}}=\frac{8\mu}{9\pi}\left(\frac{d}{l}\right)^{3/4} \tag{6-75}$$

对于 Cu,测得 $d=30\ \mathrm{nm}, l=600\ \mu\mathrm{m}$,代入上式得出 $\theta_{\mathrm{I}}=7.5\ \mathrm{MPa}$,从而应力—应变曲线测得 $\theta_{\mathrm{I}}=7.0\ \mathrm{MPa}$。因此理论计算与实验结果吻合得很好。

(2)加工硬化第二阶段

Seeger 用相似的位错模型处理第二阶段。但有一点作了重要改变:由于在变形第二阶段次生滑移系统参与变形,螺型位错的交滑移及反应生成 L-C 不动位错,构成了后继位错运动的障碍,形成塞积群,并认为这是导致这一阶段加工硬化速率很高(约比第一阶段高一个数量级)的原因。

下面主要是计算位错塞积群的应力场以及由此激活的次生滑移系的位错源。设由于生成 L-C 不动位错造成滑移带内被塞积的位错数为 n,这 n 个位错分布在滑移带的长度 l 内,所产生的效果相当于形成了一个大位错 nb 的作用,仍参照 Seeger 使用的易滑移阶段模型(图 6-57),在两个距离为 R 的塞积群头部,之间的作用力

$$\sigma=\frac{\mu nb}{2\pi R} \tag{6-76}$$

因为滑移带内被塞积的位错数 n 与外加应力和滑移长度乘积成正比,由实验结果变形第二阶段 $l_2=\dfrac{\Lambda_2}{\varepsilon-\varepsilon^*}$,$l_2$随变形量的增大而减小,即滑移长度和应力成反比,所以可大致认为 n 基本保持常数,这将使计算简化。又因为$\dfrac{1}{R}\approx(Nl)^{1/2}$,式中 N 为被塞积群应力集中激活的位错源数。代入式(6-76),得

$$\sigma=\frac{\mu nb}{2\pi R}\approx\frac{\mu nb(Nl)^{1/2}}{2\pi} \tag{6-77}$$

设外应力等于在距离 R 由位错塞积所产生的应力,应变量改变为 $\delta\varepsilon$,所产生的应力改变

$$\delta\sigma=\left(\frac{\mu nb}{2\pi}\right)\approx\left[\left(\frac{\mathrm{d}N}{\mathrm{d}\varepsilon}\right)\left(\frac{l}{N}\right)^{1/2}+\frac{\mathrm{d}l}{\mathrm{d}\varepsilon}\left(\frac{N}{l}\right)^{1/2}\right]\delta\varepsilon \tag{6-78}$$

应变量改变 $\delta\varepsilon$ 与激活的位错源数 δN 有如下关系:

$$\delta\varepsilon=bnl^2\delta N \tag{6-79}$$

将式(6-79)、式(6-77)、式(6-70)代入式(6-78),得

$$\frac{\mathrm{d}\sigma}{\mathrm{d}\varepsilon}=\frac{\mu^2 bn}{8\pi^2\Lambda}\cdot\frac{\varepsilon-\varepsilon^*}{\sigma}-\frac{\sigma}{2(\varepsilon-\varepsilon^*)} \tag{6-80}$$

该方程的解为 $\sigma=\theta(\varepsilon-\varepsilon^*)$,将此解代入式(6-80),得

$$\theta=\frac{\mu}{2\pi}\left(\frac{bn}{3\Lambda}\right)^{1/2} \tag{6-81}$$

已测得 $\Lambda=4\times10^{-4}\ \mathrm{cm}$,因为滑移台阶高度在$(20\sim30)b$ 之间,故取 $n=20\sim30$,代入式(6-81)可得出 θ_{II} 约为 $\mu/300$,与实验结果相符。

Seeger 理论虽然在解释加工硬化速率和滑移线长度随应变的变化方面取得了成功,但在理论方面却不能回答:为什么由塞积群产生的长程内应力不会因范性弛豫而消失?实际上只要次生滑移系的位错源被激活,即一旦塞积群在次滑移系上的应力超过晶体弹性极限,范性弛豫就开始了。如果 l_n为位错网络的尺寸,则作用在次生滑移系上的应力应为 $\mu nb/(2l_n l)$(l 为

塞积群长度),而晶体的弹性极限如以开动 F-R 源的应力为参考标准,$\tau=\frac{2T}{bl_n}$,取线张力 $T=\frac{1}{2}\mu b^2$,则 $\tau=\frac{\mu b}{4l_n}$。照此计算出的位错塞积数很少,不超过5个,就应该塑性松弛。

2. **短程加工硬化理论**

基于用晶体薄膜对变形各阶段位错的电镜观察,提出了多种短程加工硬化理论。这里主要介绍林位错硬化理论和割阶硬化理论。

(1) 林位错硬化理论

穿过主滑移面的位错叫林位错。主滑移面上运动位错必然与次生滑移系上林位错交截产生硬化。Hirsch 等人发现,即使在一般的低中等层错能的金属,如 Cu、Ag、Au 等变形时,也观察不到位错的塞积,只有在层错能很低的不锈钢、α 黄铜、铝青铜中才会看到位错的塞积,但这种塞积也只是在晶界附近,而不是在晶体内部。因此,没有证据表明能形成 L-C 不动位错障碍便足以产生塞积群。这样,塞积群从理论上与实验上都遭到了这一学派的否定。

所有的变形金属,到变形第二阶段都会形成一些位错缠结区,这些高密度位错缠结区将低的或无位错区隔开。Hirsh 认为,位错缠结区正是由于塞积群的长程应力引起滑移系动作导致网络形成的结果。这些位错网络是稳定的并产生硬化。如图 6-58,当主滑移面 a 上有一组平行的位错 $b=DC$,被穿过主滑移面的 d 面上螺型位错 CB 交截,两者伯氏矢量相交成 120°,互相吸引发生以下反应:$DC+CB\rightarrow DB$,即

$$\frac{1}{2}[\overline{1}\overline{1}0]+\frac{1}{2}[01\overline{1}]\rightarrow\frac{1}{2}[\overline{1}01]$$

反应生成的 DB 段以粗实线表示,如图 6-58(b),在线张力的作用下,平衡态为六方位错网络,如图 6-58(c)。位错网络的形成是由应力松弛所造成。

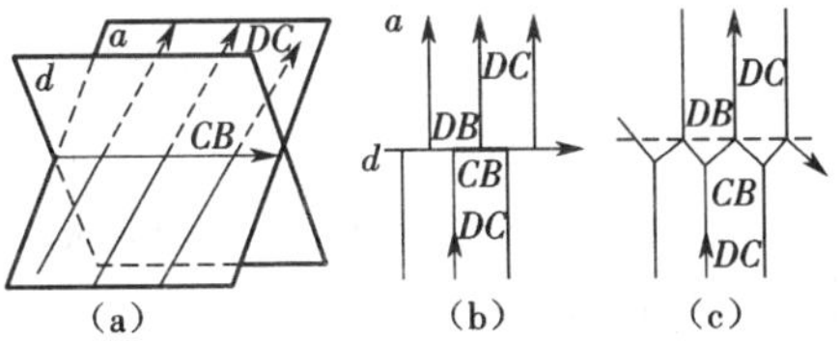

图 6-58 主滑移系上位错和林位错交互作用形成位错网络

(a) 两相交滑移面的位错交截 (b) 位错交截生成林位错 (c) 位错网

因为次生滑移系的位错是由主滑移系上的位错应力激活而生,所以两者的位错密度是成正比例的,并在同一数量级。按照林位错理论,流变应力中与温度无关的分量 τ_g 被认为是原生位错克服林位错弹性应力场所需的应力。而与温度有关的那部分分量 τ^* 则是原生位错切割位错缠结区形成割阶所需的应力。因为这两部分应力都来自同一障碍林位错,因此可以预期,在变形第二阶段,τ^*/τ_g 的比值恒定,与应变量无关,因为应变量增加,林位错密度也增加。因而,流变应力可写为

$$\tau=\alpha\mu b(\rho_f)^{1/2} \tag{6-82}$$

式中:ρ_f 为林位错密度。如以 ρ_p 表示原生位错密度,$\rho_f=K_1\rho_p$,又滑移线长 L 正比于林位错平均间距 l_f,而 $l_f\propto(\rho_f)^{-1/2}$,故 $L=K_2/(\rho_f)^{1/2}$。由于

$$\gamma=\rho_p bL \tag{6-83}$$

因此

$$d\tau = \frac{1}{2}\alpha\mu b(\rho_f)^{-1/2}d\rho_f$$

$$d\gamma = bLd\rho_p = b\frac{K_2}{(\rho_f)^{1/2}}d\rho_p$$

故

$$\theta_{\mathrm{II}} = \frac{d\tau}{dr} \approx \left(\frac{K_1}{K_2}\right)\mu\alpha \tag{6-84}$$

因为应力松弛形成位错网络后林位错的间隔应等于原生位错的间隔，所以 $K\approx1$，通常认为 $\alpha = \frac{1}{4}$。为达到 $\theta_{\mathrm{II}} = \frac{1}{300}\mu$，要求 $K_2 = 75$，这一数值林位错理论很难给出满意解答。

Kuhlmann-Wilsdorf 提出了与林位错理论相似的筛网长度理论。主要差别在于，该理论认为流变应力受开动 F-R 源的应力控制，而不是由位错通过林位错的阻力来决定。随着位错密度的增加，作为位错源段的长度将减小，因为 $\tau\propto\frac{\mu b}{l}$，长度越短，弯曲时向前扩展的临界应力就越大，于是流变应力也增加。

以上两种理论看起来比较简单，也能定性地解释硬化规律，但有一共同的不足之处：理论中都只用了一个参数，如林位错理论用的是林位错间距，筛网长度理论则用位错源线段长度来描述位错的结构，缺少使滑移受阻的基本机制描述，不能说明变形各阶段中基体内位错结构的不均匀性。因为在基体内部，存在易变形的“软区”和不易变形的“硬区”。

(2) 割阶理论

对割阶产生硬化最初没有人提出质疑，20 世纪 60 年代以后，有人认为束集割阶并不产生硬化。螺型位错线上有刃型割阶时，在螺型位错向前运动的同时刃型割阶可以沿着位错线保守性地运动，这个过程既没有导致点缺陷——空位或间隙原子的形成，也不对位错运动构成阻力。所谓割阶硬化理论是指当形成扩展割阶，并成为不动割阶时，要使其运动必须首先束集，然后沿着螺型位错线作保守性地滑动，或者是跟随着螺型位错作非保守性地运动。当以后一种方式运动时，如割阶在其运动方向产生一排间隙原子（即间隙割阶），这种割阶可被应力作用而束集，随后还是作保守性地滑动。但是，空位割阶则不能被应力而束集，因此给螺型位错一个拖曳力，产生硬化。

流变应力由产生的不动割阶数决定，而割阶由次生滑移产生。流变应力可写为

$$\tau = \alpha\mu bm \tag{6-85}$$

式中：m 是不动割阶的密度。因为次生滑移与原生滑移成正比，故割阶密度可写为

$$dm = gfd\gamma \tag{6-86}$$

式中：g 为次滑移与主滑移之比，一般取 $g = 0.3$；f 为不动割阶分数，在割阶总数中大部分为间隙割阶，只有空位割阶才构成不动割阶，经计算 f 约为 1/20。

$$\theta_{\mathrm{II}} = \alpha fg\mu \tag{6-87}$$

取 $\alpha = 0.2$，则 $\theta_{\mathrm{II}} = \frac{1}{300}\mu$，与多数金属实验结果相符。

割阶硬化理论也有一些不足之处：a. 空位型割阶引起的硬化只产生于特定的滑移系交截中，因此预期的 θ_{II} 应该受晶体位向的影响较大，但实验表明 θ_{II} 受晶体位向影响不明显；b. 因为只有少数林位错产生空位割阶，估计的硬化速率小于实验观察速率的 10%；c. 获得不动割

阶的平均间距远小于滑移线长度。

6.6.5 硬化第三阶段与加工软化

1. 加工软化与交滑移

变形第三阶段加工硬化速率明显降低,应力—应变曲线由直线变成抛物线部分,观察到原来在第二阶段受阻的位错又开始运动,伴随着第三阶段开始有交滑移,形成较粗的滑移带。

Seeger 理论和林位错理论都认为第三阶段与发生交滑移的过程有关。在应力足够大和温度较高时,位错可以绕过原先滑移面上的障碍,如 Seeger 提出的 L-C 不动位错或者是林位错中强烈交互作用的位错区,通过交滑移又回到原来的主滑移面上,比如先前所述的双交滑移机制。由于不必强行通过或摧毁障碍,滑移过程容易实现。可以预期,交滑移时螺型位错在遇到平行平面上的异号位错会相互复合而消失。这样,位错源中多半留下了刃型位错部分。第三阶段的硬化主要是留下的刃型位错相互作用造成。

这里要讨论的是:割阶理论如何解释硬化第三阶段?在交滑移面上一个不动割阶如何变为一个可滑动的割阶?

Hirsh 提出以下图解(图 6-59)过程,反应过程以汤姆森四面体符号表示。

①初始状态是主滑移面(δ 面或 ABC 面)上有位错 BC,分解为两个肖克莱位错 $BC \to B\delta + \delta C + SF$,它与其他滑移面($\alpha$ 面或 BCD 面)位错 BD 交截,形成割阶,线方向沿 BD,在交滑移面上扩展分解为 $BC \to B\alpha + \alpha C$,如图 6-59(a)所示。

②然后肖克莱位错 αC 和 δC 反应,生成梯杆位错 $\alpha\delta$,如图 6-59(a)所示。

$$\alpha C + \delta C \to \alpha\delta$$

③继而有反应

$$B\alpha \to B\gamma + \gamma\alpha$$

$$B\gamma + B\delta \to \delta\gamma$$

如图 6-59(b)所示,两个梯杆位错 $\alpha\delta$ 和 $\delta\gamma$ 压在主滑移面和交滑移面上,使割阶在交滑移面上不可动。

④当有足够的应力时,交滑移面上的肖克莱位错 αC 稍稍弓出,与此同时,在应力与热激活帮助下,$B\delta$ 可以和不动的梯杆位错 $\alpha\delta$ 反应,生成可滑动的不全位错 $B\alpha$:

$$B\delta + \alpha\delta \to B\alpha$$

如图 6-59(c)和(d),$B\alpha$ 使割阶束集,产生滑动节点 X,节点 Y 保持不动。随着节点 X 的移动,位错 αC 和 $B\alpha$ 渐渐移出交滑移面,开始了宏观的交滑移。

Hirsch 认为,这种割阶束集的方式较其他两种理论容易些,因为只需要扩展位错的一侧运动。

2. 位错胞的形成

到变形第三阶段,对层错能较高的面心立方金属(如 Al、Ni)以及体心立方金属(如 Fe、Nb 等),已能形成完善的位错胞。只有层错能很低的不锈钢、α-黄铜等,因不易交滑移,多数位错仍沿主滑移系排列,通常称为平直滑移型结构,它们不能形成胞状结构。

晶体中的位错原来在晶内呈不规则任意分布,为什么变形到一定程度后会形成胞状结构呢?实际上这是一个能量降低的过程,自发地趋于一个介稳定的平衡状态。Holt 作出以下解释。

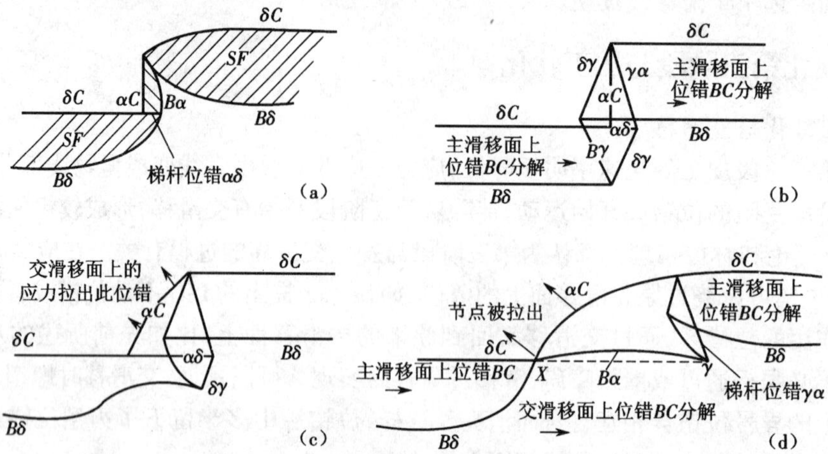

图 6-59　硬化第三阶段不动割阶可通过割阶束集产生交滑移(Hirsh)

设任意分布的位错间距为 $r, r=\dfrac{1}{\sqrt{\rho}}$，$\rho$ 为位错密度。每个位错单位长度的自身能量约为

$$u=\frac{\mu b^2}{2\pi}\lg(r/r_0) \tag{6-88}$$

式中：r_0为位错芯部区半径。假如这些位错运动到胞壁中间没有相互销毁的话，如胞壁宽度为 w，胞的尺寸为 R，则在胞壁内平均位错密度

$$\rho_w \approx \rho\frac{R}{w} \tag{6-89}$$

而在胞内位错的平均间距为 $r_w, r_w \approx r\left(\dfrac{w}{R}\right)^{1/2}$，因此在胞壁内位错的平均自身能量

$$u=\frac{\mu b^2}{2\pi}\lg\left(\frac{rw^{1/2}}{r_0 R^{1/2}}\right) \tag{6-90}$$

对比式(6-90)和式(6-88)可知，位错的平均能量实际上是减小了。

显然，在给定应力下位错胞尺寸有一上限。假如胞的尺寸太大，在胞内会产生新的位错，以减小胞的尺寸。合理的胞状尺寸约比位错平均间距$\left(r=\dfrac{1}{\sqrt{\rho}}\right)$大一个数量级，当应力增加时，胞的尺寸减小。因为位错密度 ρ 随应力而增加，即

$$\sigma \approx \frac{\mu b}{2\pi}\frac{1}{r}=\frac{\mu b}{2\pi}\rho^{1/2}$$

故可以预期流变应力和位错胞尺寸有反比的线性关系。这已在纯 Cu、Al、Fe 中得到证实，如图 6-60 所示。它们的关系式一般写为

$$\tau=\tau_0+k\mu b d^{-m} \tag{6-91}$$

式中：d 为胞直径，多数实验结果 $m=1$。而变形金属在历经回复后形成亚晶，如表示流变应力和亚晶尺寸的关系时，虽然形式也可采用式(6-91)，但 $m=\dfrac{1}{2}$，即服从一般的 Hall-Petch 关系式。

还需要指出，电镜观察表明，在形成位错胞后长程内应力是很低的。Thompson 指出，无论

是位错胞还是亚晶都没有长程应力场，这意味着到变形第三阶段，长程加工硬化理论已没有重要意义了，短程加工硬化理论起主要作用。

影响位错胞形成的主要因素是变形量、变形温度和材料层错能的大小。变形温度低，则不易实现交滑移，硬化第三阶段推迟，难以形成位错胞。图6-61表示纯铁位错胞的形成与温度的关系。

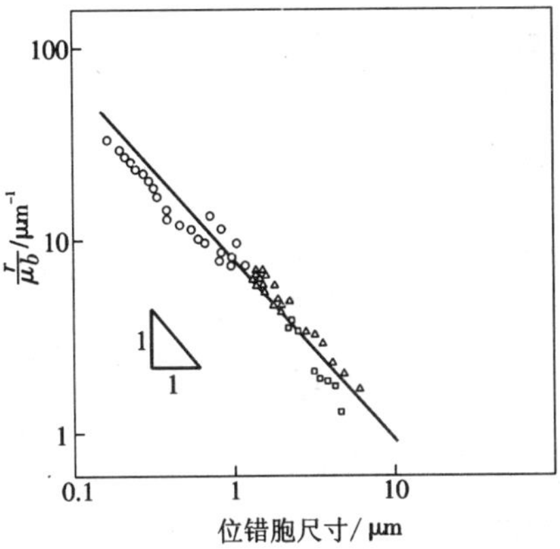

图6-60 流变应力与位错胞尺寸的关系

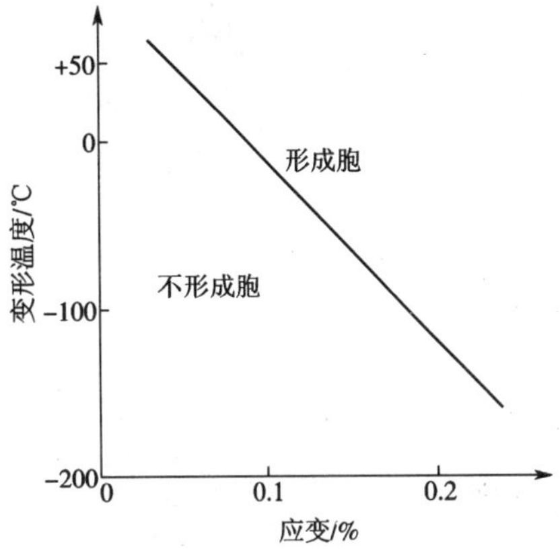

图6-61 应变和温度对纯铁位错胞形成的影响

6.7 强化作用的叠加

如上所述，各个强化机制的作用对强度贡献虽有不同，但所起作用是一致的，而对其他性能，特别是塑性则有差异。由此也可看出，Hall-Petch 式中 σ_i 的内容是很复杂的，它包含着除细晶粒强化作用以外的其他所有强化因子，可写为

$$\sigma_i = \sigma_1 + \sigma_2 \tag{6-92}$$

式中：σ_1 取决于温度和形变速率，是与 p-N 力密切相关的；σ_2 是为组织因素所决定的，可有

$$\sigma_2 = \Delta\sigma_{\text{sh}} + \Delta\sigma_{\text{ph}} + \Delta\sigma_{\text{dh}} + k_{\text{y}} d^{-\frac{1}{2}} \tag{6-93}$$

式中：$\Delta\sigma_{\text{sh}}$，$\Delta\sigma_{\text{ph}}$ 和 $\Delta\sigma_{\text{dh}}$ 相应地为固溶强化、第二相沉淀强化和位错强化所引起的强度增量，如组织中包含着组织结构，还可加入由此而构成的强度增量 $\Delta\sigma_{\text{th}}$。对于纯铁，σ_1 值随温度而发生的变化可由图6-49测得。影响 $\Delta\sigma_{\text{sh}}$，$\Delta\sigma_{\text{ph}}$ 和 $\Delta\sigma_{\text{dh}}$ 的因素是多方面的，在当前要准确计算尚有不少困难。但对于具体钢种可以通过实验予以测定。图6-62为铁素体+珠光体型C-Mn钢于不同C量时各个强化因子对强度的贡献。图6-63为贝氏体和马氏体混合组织的C量改变时所引起各个强化因子作用的变化。图6-64表示晶粒改变时不同钢种屈服强度的改变。

理论上，由于各个强化因子之间的相互作用十分复杂，所以用它们作用的代数和来表达钢材的强化结果是不很确切的。不过将各个强化作用简单地叠加起来所得数值与实测值能基本相符，因此这种处理方法还是有效可行的。

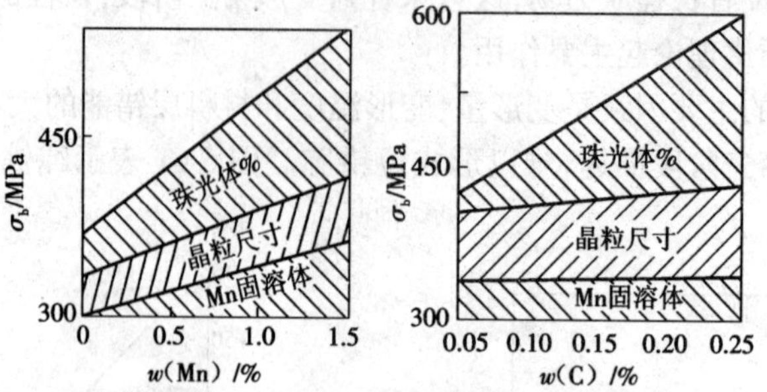

图 6-62 各个强化因子对锰钢强化极限的影响

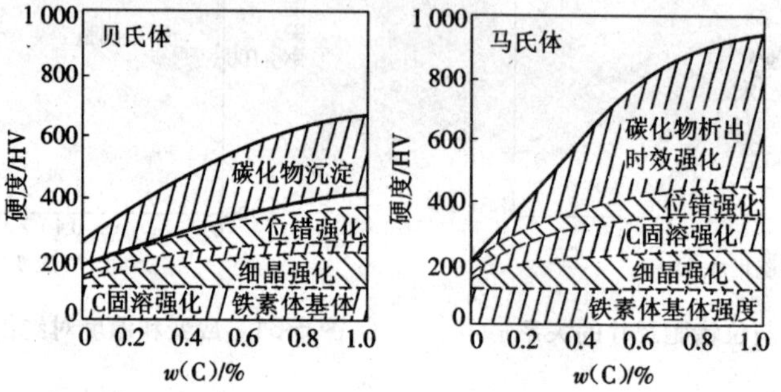

图 6-63 贝氏体和马氏体含碳量与各个强化因素的关系

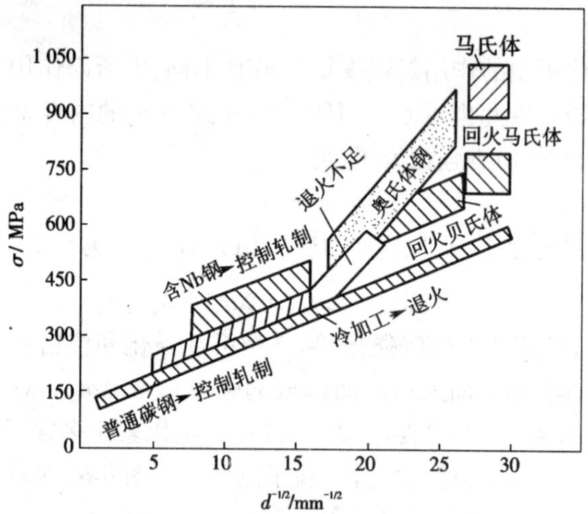

图 6-64 0.1%C 的碳钢在不同热加工条件下的屈服强度与晶粒尺寸的关系

第7章 金属的塑性变形

塑性变形是金属的重要特性之一。一切金属晶体在外力作用下都会发生变形,当外力超过某一临界值(弹性极限)后,如果去除应力,金属晶体就不能恢复原状,而会保留一定的残余变形,这种残余变形就是金属的塑性变形。

从塑性变形的物理机制上看,滑移和孪生是金属塑性变形的两种基本形式。本章将从塑性变形的物理本质上来阐述金属的滑移变形过程和孪生变形过程。

7.1 滑移变形

7.1.1 滑移变形的物理现象

滑移是金属塑性变形的最基本形式,即金属晶体的一部分相对于另一部分发生平移滑动,图7-1是滑移模型的示意图。

对金属以滑移方式进行塑性变形的认识是从大量实验中得出来的。取一块磨光的金属单晶进行拉伸试验,发现在其塑性变形过程中,会在其表面出现许多条纹,这就是平移滑动后在金属表面造成的台阶的痕迹,称为滑移带。有的金属滑移带,往往需用显微镜才能观察到,此时滑移带呈线状,所以有时也称为滑移线。图7-2为镁单晶经拉伸后在表面出现的滑移带。

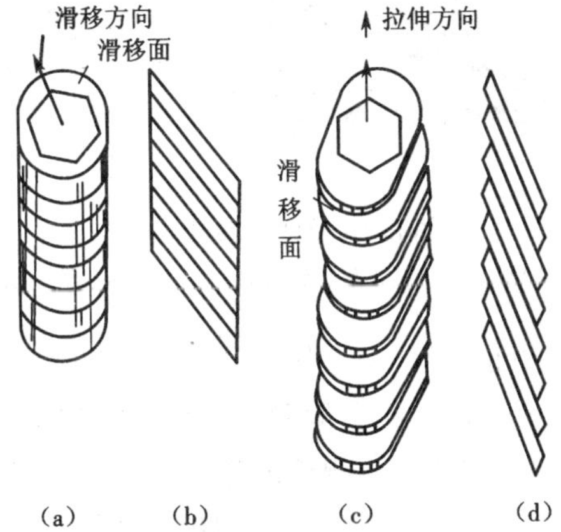

图7-1 滑移模型

(a)、(b)原始状态 (c)、(d)拉伸以后

通过电子显微镜的观察进一步发现,实际上每一条滑移带是由很多滑移线所组成的,图7-3(a)就是电子显微镜摄得的铝单晶体表面的滑移带的结构,可以看到带中有许多细线(滑移线)。图7-3(b)是滑移带与滑移线关系的示意图,对于铝单晶,图中线间距 d 约为20 nm,每一线上的滑移量 s 约为200 nm。从图中还可以看到,滑移所产生的变形是不均匀的,即滑移集

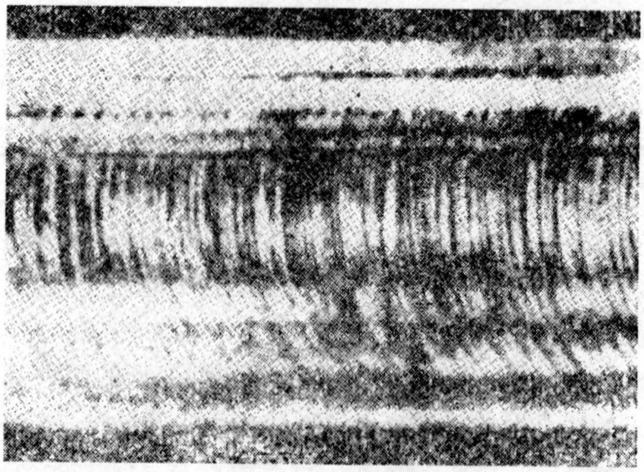

图 7-2　金属表面滑移带迹象(镁单晶)

中在某些晶面上,连续移动了一个很大的距离 s(相当于几百至几千个原子间距),而相邻两条滑移线之间的晶体并未滑移。实验观察表明,变形过程中滑移带的发展是首先出现细线,随后再扩展成带。

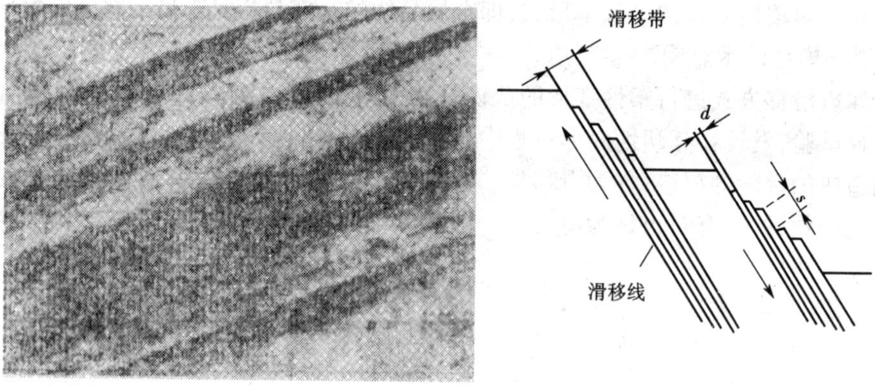

(a)　(b)

图 7-3　铝的滑移带结构

(a)铝中滑移带的电子显微镜照片　(b)滑移带结构示意图

关于滑动机制,早期的设想是:滑移面上的原子面如同刚性的整体而相对滑动,就如纸牌间的相对滑动一样。但在这一设想中,整个滑动原子面上的原子必须同时移动,经理论计算,发生这类滑动所需要的应力值远比实验所测得的应力值大得多,甚至高达 1000 倍左右,显然这是矛盾的,实验的结果否定了这种纸牌式相对滑动的设想。

现在普遍认为滑移过程是位错运动的结果,滑移线是位错线运动到表面所产生的台阶。图 7-4(a)是应用透射电子显微镜对铝薄膜的塑性变形过程直接观察所得到的照片。这是对在塑性变形过程中位错从金属内部运动到表面,从而产生一个塑性变形台阶的一个很好的说明。该照片是在边拉伸边观察的时候拍摄下来的,与图 7-4(b)对照,可以看到铝晶体被拉伸后出现了三个滑移带,这三个滑移带与晶体表面形成三个台阶 s_1、s_2、s_3,经测量,发现这三个台阶分别相当于由 400、3 500、5 000 个位错移出晶体表面所形成。在实验过程中观察到的这三

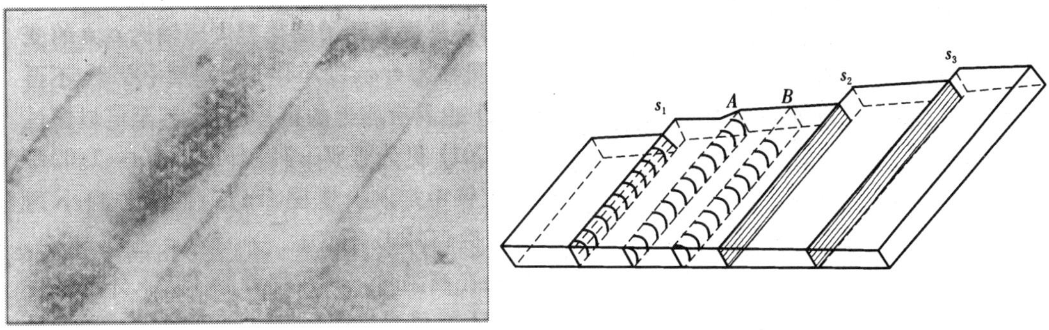

(a) (b)

图 7-4 铝薄膜在外加应力下其位错运动到表面形成的滑移台阶

(a)电镜照片 (b)示意图

个台阶的增大是和位错从晶体中部运动到表面同时发生的,并与移出晶体的位错线的数目成正比。其中在 s_1 的滑移面上还留有若干位错没有滑移到晶体表面。而在此照片上的另两列位错 A、B 尚未移出表面,故未形成台阶,但由于位错列 A 已经非常接近表面,因此已经在表面形成了稍微的弯曲。

这一实验事实说明了滑移是通过在同一滑移面上的成千上百个位错运动移出晶体表面而进行的。这一现象可以应用弗兰克-瑞德位错增殖机制及丽曼-约翰斯顿双交滑移位错增殖机制加以说明。

7.1.2 滑移时的晶体学特征

大量的实验结果表明,滑移总是沿着特定的晶面和晶向进行的。特定的晶面和晶向由晶体结构所确定,而不受外加负载的影响。这里所述的晶面和晶向即称为滑移面和滑移方向,一个滑移面与其上的一个滑移方向合称为一个滑移系统。表 7-1 是实验所测得的几种金属晶体的滑移系统。

表 7-1 几种重要金属晶体的滑移系统

金属	点阵类型	温度/℃	滑移面	滑移方向
Ni、Cu、Ag、Al、Pb	面心立方	20	{111}	<110>
α-Fe、Mo、Nb	体心立方	20	{110},{112},{123}	<111>
Zn、Cd、Mg	六方	20	(0001)	$<11\bar{2}0>$
Mg+14%Li			(0001){$11\bar{1}0$}	$<11\bar{2}0>$
α-Ti			{$11\bar{1}0$} {$11\bar{1}0$} (0001)	$<11\bar{2}0>$
α-Fe+4%Si	体心立方		{110}	<111>

1. 滑移系统与晶格类型

每一种晶格类型的金属都有其特定的滑移系统。例如,凡面心立方的金属(如 Al、Cu、Ni…)的滑移系统是{111}<110>,密排六方金属的滑移系统都包含有(0001)$<11\bar{2}0>$。

2. 滑移系统与原子排列

一般地说，滑移面和滑移方向与金属晶体的原子排列最密排面和最密排方向相适应（但并不绝对化）。这是因为单个位错滑动所需临界切应力 τ（即派-纳力 $\tau \propto \exp[-2\pi d/(1-\nu)\times b]$，式中 d 代表滑移面的面间距）随面间距增大而减小。由于密排面之间的距离 d 最大，所以使位错移动的临界切应力 τ 为最小，也就是说密排面之间最易滑移。

由螺型位错的弹性能公式知，位错的能量与位错柏氏向量平方 b^2 成正比，因此晶体中能量最低的位错（也是最稳定的位错）是具有最短柏氏向量的位错，这种位错移出晶体造成的滑移方向必然是原子密排的方向。

3. 密排六方晶体的滑移系统

密排六方晶体的各晶面上原子密排程度随轴比 c/a 的变化而改变，因此滑移面也会随 c/a 的变化而改变。如当轴比 $c/a<1.633$ 时，基面{0001}不再是唯一的密排面，其他棱柱面$\{10\bar{1}0\}$或棱锥面$\{10\bar{1}1\}$也具有相近的密排程度，甚至可以超过基面。如钛（Ti），$c/a=1.589$，棱柱面的滑移就比{0001}更为重要；而镁（Mg），$c/a=1.624$，接近理想值 1.633，因此滑移面就是{0001}。一旦在镁中加入少量锂（Li），使轴比减小到 1.61，则可以出现$\{10\bar{1}0\}$滑移面。而滑移方向则保持$\langle 11\bar{2}0\rangle$不变。

4. 滑移系统与试验温度

面心立方的铝，当处在高温时，其滑移面除{111}外，还有{100}晶面，六方晶系的镁在 225℃以上时还有$\{10\bar{1}1\}$滑移面出现。对这一现象的一种解释认为，因膨胀系数的各向异性导致高温下密排面的变化，从而导致位错运动阻力——临界切应力的变化。温度变化对滑移方向往往没有影响。

5. 体心立方晶体的滑移系统

体心立方晶体滑移面的实验结果比较杂乱，这是由于体心立方晶体的滑移带往往是波浪形的，很难准确确定其滑移面，因此曾有不同的看法。而滑移方向则都确认为原子排列的最密方向$\langle 111\rangle$，不存在分歧。对于滑移面，有的意见认为没有一定的滑移晶面，而是沿着与滑移方向平行的最大剪应力平面进行；另一种看法认为滑移面是由一些确定的滑移晶面，如{110}、{112}、{123}组合而成的；第三种看法认为真正的滑移面只有{110}面，而出现{112}及{123}滑移面只是滑移时在不同位向的{110}面上有规则地交替滑移的结果。用(111)投影图可以说明上述的关系（见图 7-5）。

图 7-5 为(111)的投影图，滑移方向[111]与纸面垂直，因此投影图上的任何一条直线都是代表包含滑移方向[111]的一个平面。投影图上的直线也可以表示方向，此方向即为包含滑移方向[111]的平面与投影面(111)的交线。从图中可以看出{112}、{113}以及其他任意位向（包含滑移方向[111]）的滑移面都可以由不同位向滑移面{110}有规则地交替组成，这种滑移也称为铅笔状滑移。

后来用电子显微镜对位错进行直接观察，也进一步提出，体心立方晶体滑移是螺型位错沿着相交的{110}面不断作双交滑移的结果，双交滑移使交滑移棱柱面的平均位向接近于最大分切应力平面，这与体心立方晶体由于层错能高，不易形成扩展位错，容易形成交滑移是一致的。如果层错能下降，例如含 $w(\mathrm{Si})>4\%$ 的硅铁合金，由于 Si 的加入导致层错能的下降，螺型位错变宽，而不容易进行交滑移，因此该合金虽属体心立方晶格，但在变形后滑移线并不呈波浪形而呈直线，经实验测定发现其滑移面只有{110}晶面。

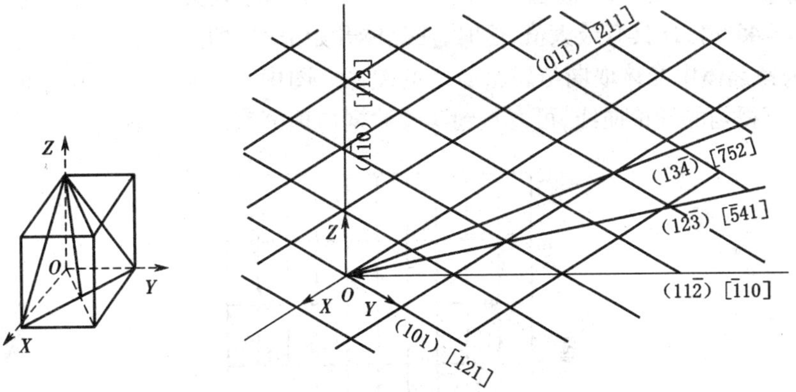

图 7-5 说明体心立方晶体滑移面的(111)投影图

在叙述滑移系统时，通常对滑移面、滑移方向是应用晶面族和晶向族符号{ }、< >来表示的，这表明对同一金属晶体可以有几组晶体学上完全等价的滑移系统，例如密排六方有3个滑移系统，面心立方晶体有12个滑移系统。在一定的外力作用下，有利的滑移系统首先开始起作用。

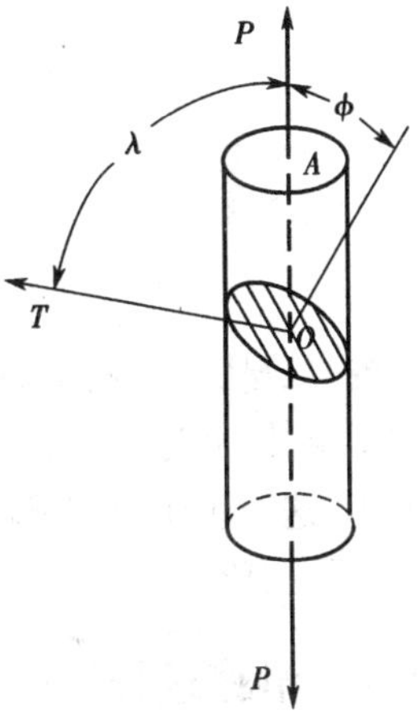

图 7-6 临界分切应力计算

7.1.3 临界分切应力定律

实验证明，只有当作用于滑移面上沿着滑移方向的分切应力达到某一临界值 τ_k 时，晶体才开始发生滑移，即当一个晶体在外力作用下，要沿着一定的滑移系统开始滑移，外力在滑移面和滑移方向上的分量——分切应力必须达到某一恒定的值，这可以用图 7-6 来进行计算。图中所示是一个圆柱形晶体，A 为其横截面面积，沿着轴向受拉力 P，假设滑移面是倾斜的，与横截面之间的夹角为 ϕ，滑移方向 T 与外力 P 的夹角为 λ。横截面 A 上的正应力

$$\sigma_0 = \frac{P}{A} \tag{7-1}$$

滑移面上切应力

$$\tau = \frac{P\cos\lambda}{A/\cos\phi} = \sigma_0\cos\lambda\cos\phi \tag{7-2}$$

式中：$A/\cos\phi$ 为滑移面面积。滑移开始时，$\sigma_0 = \sigma_s$（σ_s 为屈服点），则

$$\tau = \tau_k = \sigma_s\cos\lambda\cos\phi = \sigma_s\Omega \tag{7-3}$$

即表明当 τ 达到 τ_k 时，才开始滑移，τ_k 即是临界分切应力，而式(7-3)即是临界分切应力定律，也称斯密特(Schmid)定律。

τ_k 是标志晶体特性的一个物理量，它不随外力的方向而变化。因此当外力与滑移面之间的位向关系改变，即 $\cos\lambda\cos\phi$ 发生改变时，相应地晶体发生塑性变形的屈服应力 σ_s 也要改变。

$\cos\lambda\cos\phi$ 称为取向因子，用 Ω 表示。对于确定的晶体，由于 τ_k 是一个常数，Ω 值较大时，

σ_s 较小，容易发生塑性变形，称软位向；反之，Ω 值较小时，σ_s 较大，不易发生塑性变形，称硬位向。当 $\lambda=\phi=45°$时，Ω 具有最大值，这时，使晶体开始滑移（即达到 τ_k）所需的 σ_s 为最小。

图 7-7 为镁晶体中晶体取向与屈服应力的关系。图中小白点表示实验数据，曲线代表根据式(7-3)计算得到的理论曲线，可以看到实验数据与理论值符合得很好。

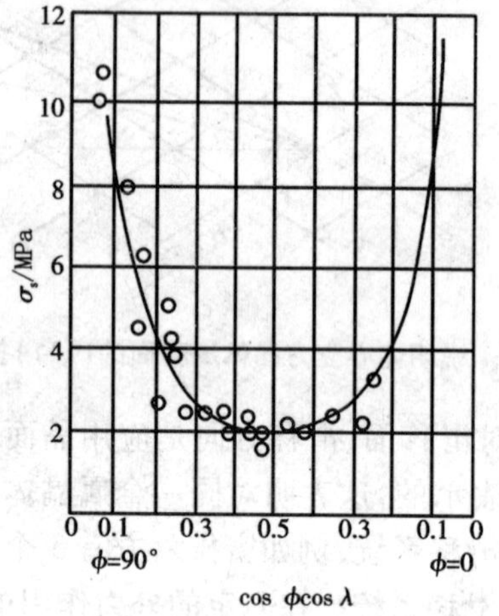

图 7-7 镁晶体的屈服应力与晶体取向的关系

临界分切应力定律的物理本质可以从位错理论得到进一步的说明。晶体的滑移是位错运动的结果，因此这里的临界分切应力就是作用在单位位错长度上促使位错开始发生滑移所需要的力，这与单个位错移动的临界切应力估计式所得到的结论（即位错运动是由滑移面上的切应力沿柏氏向量方向的分量所决定的）是一致的。

7.1.4 滑移过程的一般叙述

1. 滑移过程中晶体的转动

在实际变形的条件下，滑移总是受到各种限制的，因此晶体也就不会像理想的那样无休止地自由地滑移下去，而是会引起晶体的转动。例如在普通拉伸试验时（如图 7-8 所示），如果夹头可以自由移动的话，则在滑移过程中，为使滑移面和滑移方向保持不变，拉伸轴就要不断变

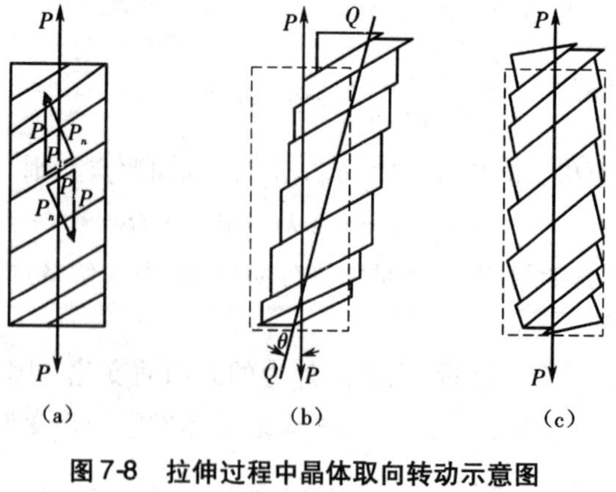

图 7-8 拉伸过程中晶体取向转动示意图

(a)拉伸前 (b)拉伸后(不转动) (c)拉伸后(转动)

化位置(如图 7-8(b))。但实际的情况是夹头固定不动,这样,相应的晶体滑移面和滑移方向就要变化——即晶体在滑移过程中不断发生转动(如图 7-8(c))。

晶体拉伸过程中转动的结果是使滑移方向与拉伸轴的夹角不断变小,也就是使晶体的滑移取向逐渐转到与拉伸轴一致。同理,压缩时,则使滑移面的法线方向与压缩轴相重合,或说成滑移面将转动到与压缩面相平行的位置(图 7-9)。

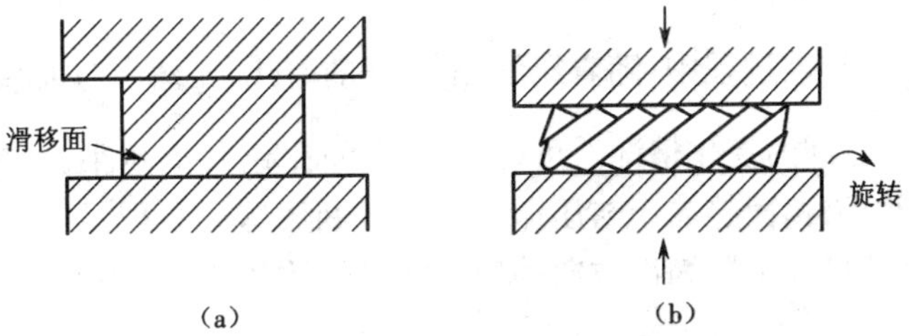

图 7-9 压缩时晶体取向转动示意图

(a)压缩前 (b)压缩后

晶体变形过程中转动规律可以用极图来表示。图 7-10 是面心立方晶系{001}标准投影,图中划分了 24 个相同的位向三角形,拉伸轴处于每一个位向三角形时都可以找到一个相对应的最有利的滑移系统。例如 *F* 点代表拉伸轴的方向,则根据临界分切应力定律,可以确定其最有利的滑移系统是(111)[101]。在拉伸过程中,晶体的滑移方向[101]就将沿着一个通过[101]、*F* 点的大圆向 *F* 点转动。如设晶体位向不变,则轴向 *F* 点就相对向滑移方向[101]转动,因此可以利用拉伸时晶体转动的规律来测定晶体的滑移方向。

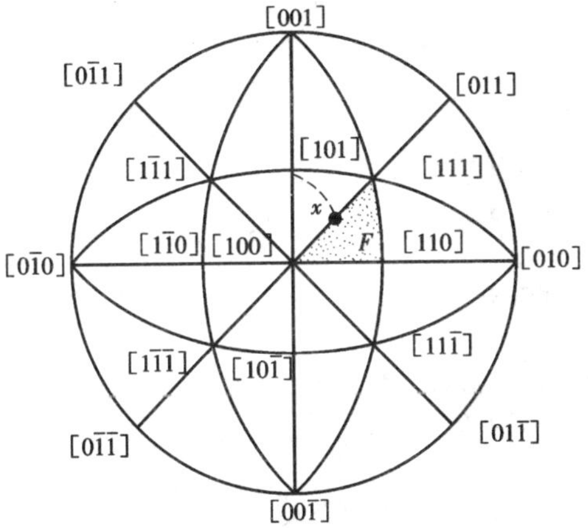

图 7-10 拉伸变形过程中滑移方向的转动

不过应该指出的是,晶体的滑移方向实际上不可能完全转动到拉伸轴的方向,因为当转动到极图上取向三角形的边界时,将有其他的滑移系统起作用,而使晶体转动方向发生改变。

2. 滑移时长度的变化

在拉伸及压缩时长度变化规律如下。

(1)压缩时的变化

由于滑移面上的线段(如图 7-11 上的线段 *a*)在滑移前后应保持不变,则得

$$a=\frac{l_0}{\sin\phi_0}=\frac{l_1}{\sin\phi_1} \tag{7-4}$$

$$\frac{l_1}{l_0}=\frac{\sin\phi_1}{\sin\phi_0}=\frac{\cos x_1}{\cos x_0} \tag{7-5}$$

式中：l_0为初始长度，l_1为压缩后的长度，ϕ_0、ϕ_1分别为压缩前后应力轴和滑移面法线的夹角，x_0、x_1分别为压缩前后应力轴和滑移面的夹角。

式(7-5)反映了在压缩过程中，随着压缩比$\frac{l_0-l_1}{l_0}$的变化，压缩面与滑移面夹角ϕ以及压缩轴与滑移面的夹角x之间的变化情况。可以看出，压缩比越大，l_1越小，ϕ_1越小，x_1越大。这也反映出晶体在压缩时，滑移面趋向于与压缩面平行。利用这一原理，可以测定晶体的滑移面，即使用极图，测定压缩过程中压缩面位向的变化情况，压缩面所趋向的晶面位向就是滑移面的位向。

(2)拉伸时的变化

如图7-12所示，在所选取的坐标系中，使XOY为滑移面，Y轴为滑移方向，原晶体中一线段OP_0经拉伸后变为OP_1，长度由$l_0\to l_1$，则

$$\frac{l_1}{l_0}=\sqrt{\frac{x_1^2+y_1^2+z_1^2}{x_0^2+y_0^2+z_0^2}} \tag{7-6}$$

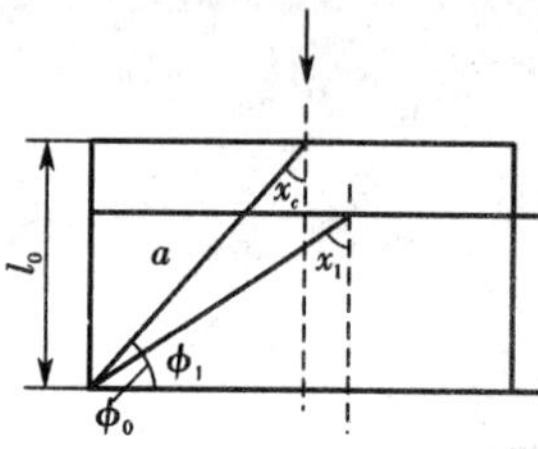

图7-11 压缩变形时长度的变化

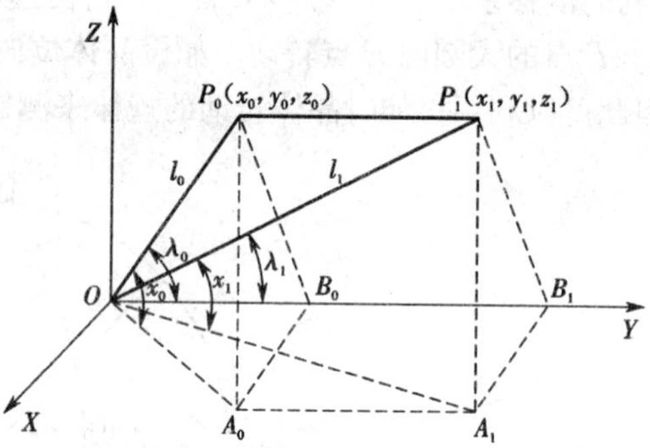

图7-12 拉伸时长度的变化

因为$x_1=x_0$，$y_1=y_0+z_0a$（a为切变量），$z_1=z_0$。又因

$$P_0B_0=P_1B_1=l_0\sin\lambda_0=l_1\sin\lambda_1 \tag{7-7}$$

$$z_0=l_0\sin x_0=l_1\sin x_1 \tag{7-8}$$

$$y_0=l_0\cos\lambda_0 \tag{7-9}$$

式中：λ_0、λ_1分别代表拉伸前、后应力轴与滑移方向的夹角，x_0、x_1分别代表拉伸前、后应力轴与滑移面的夹角。因此，式(7-6)可变为

$$\frac{l_1}{l_0}=\sqrt{1+2a\sin x_0\cos\lambda_0+a^2\sin^2 x_0} \tag{7-10}$$

进一步也可求出轴比$l_1/l_0=d$与切变量a之间的关系，用下式表示：

$$a=\frac{1}{\sin x_0}\left(\sqrt{d^2-\sin^2\lambda_0}-\cos\lambda_0\right) \tag{7-11}$$

式(7-7)、式(7-8)也反映了晶体在拉伸时位向变化的关系，因拉伸轴不变，则λ、x不断变

化，即晶体在拉伸时不断转动，转动趋势是 x、λ 不断减小，即滑移方向逐渐趋向于拉伸轴方向。利用这一原理，也可以测定滑移方向，即使用极图，在拉伸过程中，测定拉伸轴的变化关系，其所趋向的晶体位向，即为滑移方向。

3. 多滑移

上面已经谈到，立方晶系的晶体具有 12 个滑移系统，它们有着同等的滑移条件，即有着相同的临界切应力。因此，哪个滑移系统处于最有利的取向因子的条件(即 $\cos\lambda\cos\phi$ 最大)，滑移就首先在哪个滑移系统上进行。如图 7-10 所示，对于面心立方的晶体，当拉伸轴处在极图中的 F 点时，滑移就首先在$(11\bar{1})[101]$滑移系统上进行，但由于滑移过程中晶体的转动，如拉伸轴由 F 的位向转到位向三角形边界的 x 位置时，就会出现第二个滑移系统$(1\bar{1}1)[110]$，与原滑移系统的取向因子 $\cos\lambda\cos\phi$ 数值相等，处于同等有利的滑移条件，这时就会发生$(11\bar{1})[101]$和$(1\bar{1}1)[110]$的双滑移。同理也有三滑移、四滑移(总称多滑移)。如果发生上述的双滑移，拉伸轴的转动将沿着[100]—[111]的连线而趋向[211]的位置，当轴向达到[211]位置后，晶体在发生双滑移过程中，位向将保持不变，这样的两个滑移系统被称为共轭滑移系统；也称原滑移系统为主滑移系统，第二个滑移系统为共轭滑移系统。实验结果表明，一些纯金属(如铝，铜等)是按这一规律滑移的，而某些合金(如富锌的 α-黄铜)，却不出现两个滑移系统同时作用的双滑移，而只是在两个滑移系统上进行交替滑移。如图 7-13 所示，当拉伸轴取向到达对称线[100]—[111]后，滑移仍在主滑移系统上继续进行，直至 F 点越过对称线达到一定位置后，共轭滑移系统上的滑移才开始进行，这一现象可以反复多次，故被称为超越现象。超越现象进行的程度与 α-黄铜中的含锌量有关，含锌越多，超越就越多。超越现象是由于共轭滑移系统在滑移过程中的硬化比主滑移系统大所造成的，因为在共轭滑移开动时，必然要和主滑移系统中已经增殖的大量位错交截。由于合金的层错能一般比纯金属低，而 α-黄铜的层错能又是随含锌量的增加而减少的，因此扩展位错的宽度较大，致使这一滑移过程比较困难，甚至比激活主滑移系统中滑移线之间的未形变区还要难，因而产生了超越现象。

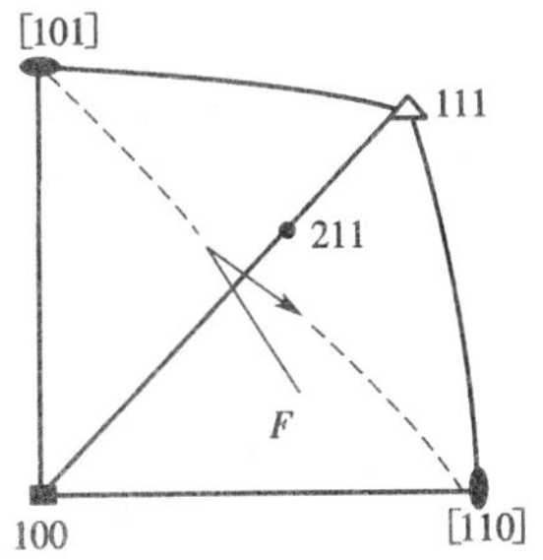

图 7-13 超越现象

此外，对于一个与主滑移系统有相同的滑移方向、不同的滑移面的系统，如$(\overline{1}\overline{1}1)[101]$，称为交滑移系统。螺型位错的运动在一定条件下可产生交滑移。

晶体在多滑移时，其总的拉伸应变应等于各个滑移系统所贡献的拉伸应变的代数和。

4. 不均匀的塑性变形

理想情况下，滑移虽然改变了晶体外形，但并不一定发生点阵的畸变，如果设想扫过滑移面的位错都跑出了晶体，这样晶体的各区域之间就没有位向差。但实际情况却是在塑性变形过程中既发生外形的变化，也发生晶体点阵的畸变。在讨论晶体在滑移过程中的转动时，假设晶体作为一个整体是均匀地转动的，但由于各种原因，实际上转动总是不均匀的。

不均匀转动的一个表现是晶面弯曲。这种弯曲可以是由于宏观的原因造成的，如试样靠近夹头部分的晶面不能自由转动(图 7-14(a))；也可以是由于微观原因造成的，如在滑移面上的两个异号刃型位错相遇时造成的局部弯曲(图 7-14(b))。

晶体晶面的弯曲在电子衍射图上便出现星芒。对星芒进行分析，可以找出弯曲轴，而弯曲

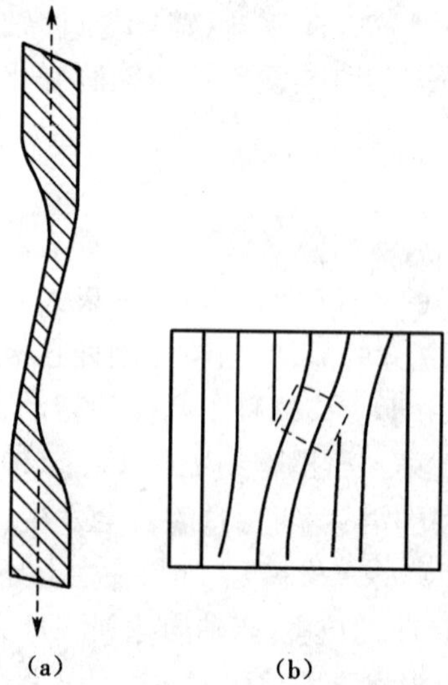

图 7-14　晶面弯曲示意图

(a)拉伸时的晶体转动　(b)不同滑移面上的异号位错导致晶体弯折

轴处于滑移面上,且与滑移方向相垂直。据此,也可以测定晶体的滑移面或滑移方向。即当已知滑移方向时,由星芒测出弯曲轴,在极图上找出与滑移方向及弯曲轴方向都垂直的方向,即为滑移面法线方向,因此可求出滑移面。当已知滑移面时,若测出弯曲轴,则同理可测滑移方向。

晶体的塑性弯曲也可以用滑移面上适当的位错分布来描述(图 7-15)。

当晶体的转动大量集中在很薄的带状区域时就形成形变带。形变带有时亦称为扭折带。样品经抛光后,滑移带消失了,但形变带的痕迹却依然存在。产生形变带的原因,被认为是由于异号位错在不同的滑移面的交互作用,使晶体发生弯折。有时也由于有一系列螺型位错存在,使晶体发生扭转,综合结果形成形变带,见图 7-16(a)、(b)。在形变度较高的情况下,用薄膜透射电镜还能观察到胞状组织,各个单胞之间存在 1°～2°的位向差,这是由于双滑移所引起的(见图 7-16(c))。

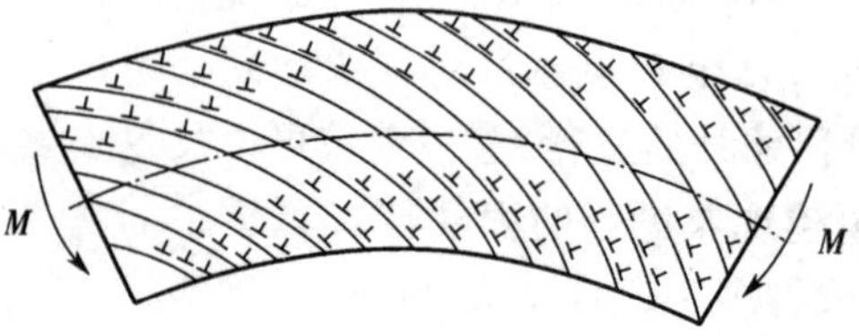

图 7-15　晶体弯曲时的位错分布示意图

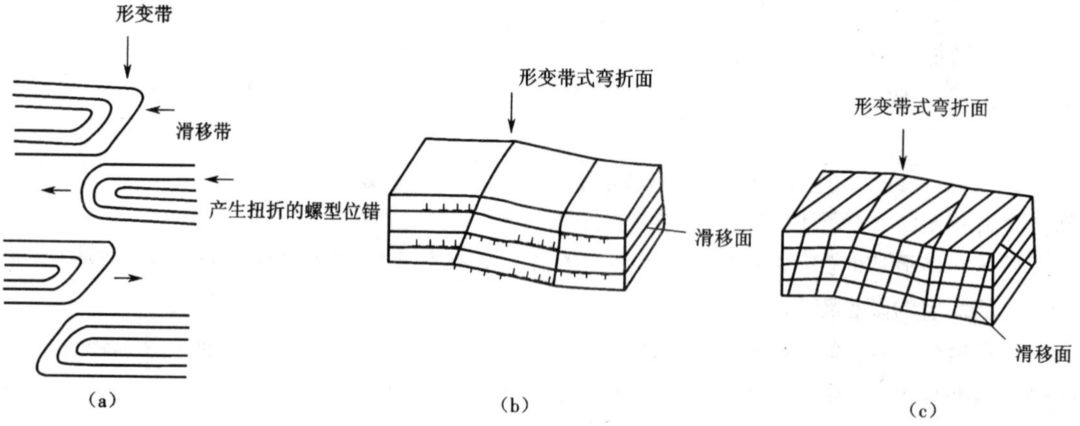

图 7-16　形成扭折带与胞状组织示意图

(a)、(b)单滑移　(c)双滑移

图 7-17 是一个六方晶系的金属镉单晶。在进行压缩时,由于压缩轴平行于基面(0001),而不利于基面的滑移,故理论上讲是不会滑移的。但实际上却发生了形变,即以弯折的形式发生扭转。这是和同号的刃型位错不均匀分布有关的,如图 7-17(b)所示。

点阵畸变的另一种表现形式是扭转。图7-18是扭转的示意图,在滑移面内同号位错的分布就可以造成点阵扭转。在薄膜透射电镜中所观察到的位错网络就是不同程度的点阵扭转的反映。

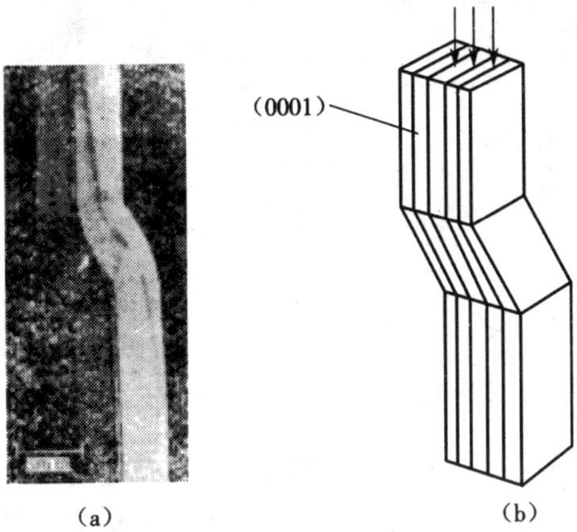

图7-17 镉单晶体的弯折带

(a)照片 (b)示意图

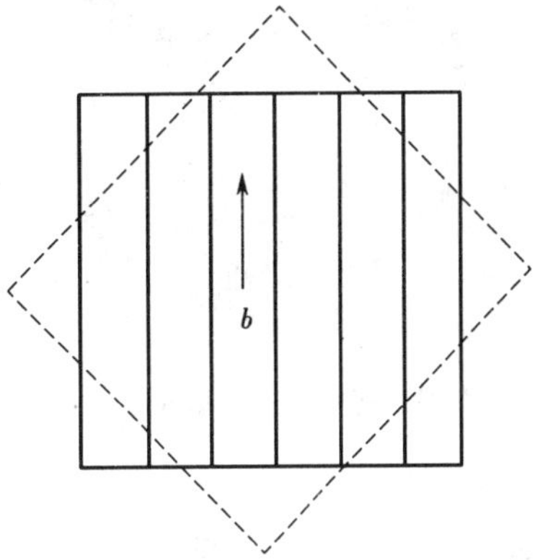

图7-18 扭转

实际的晶体不均匀变形,往往是晶面弯曲与点阵扭转的结合。晶面弯曲的弯曲轴与滑移面平行,点阵扭转的旋转轴与滑移面垂直,一般情况下表现为弯曲轴与滑移面成一定角度,即包括有扭转的因素。

7.2 孪生变形

7.2.1 孪生变形的物理现象

孪生是塑性变形的另一种变形方式。它主要在滑移变形困难的情况下发生。

六方晶系的金属,对称性低,滑移系统少,在晶体取向不利于滑移时,孪生就成为它变形的重要方式。

金属经孪生变形后,会引起晶体表面类似于马氏体转变的表面倾动,形成与基面取向不同的一段孪生带。

图7-19是锌中的变形孪晶。可以看到孪生后的孪晶呈透镜片状。

图7-20为铁-硅合金 $w(\mathrm{Si})=3.7\%$ 的形变孪晶,这种形式的孪晶也称为“牛曼带”。从图中可以看出,试样上原先有的直刻痕在孪生切变时发生了位移。

形变孪晶与滑移带的明显差别在于,它不像滑移带那样经表面抛光后即会消失,而是由于孪晶与基体有着不同的取向,因此经表面抛光后再侵蚀,依然可以显示出孪生带的痕迹。

有人曾对发生孪生变形的晶体,边加应力边观察,发现孪生变形的初期首先是形成一种“弹性孪晶”,在孪生变形尚未穿过晶体整个断面之前,若去除应力,这个已形成的孪晶可以收缩变小,甚至完全消失。相反,继续增加应力,孪晶则逐渐变长变厚,当应力达到一定值后,变形孪晶就横过整个试样。横过整个试样的孪晶称为“塑性孪晶”,即发生了一般所述的孪生变形,此后去除应力,孪晶不再收缩消失而残留在晶体中。

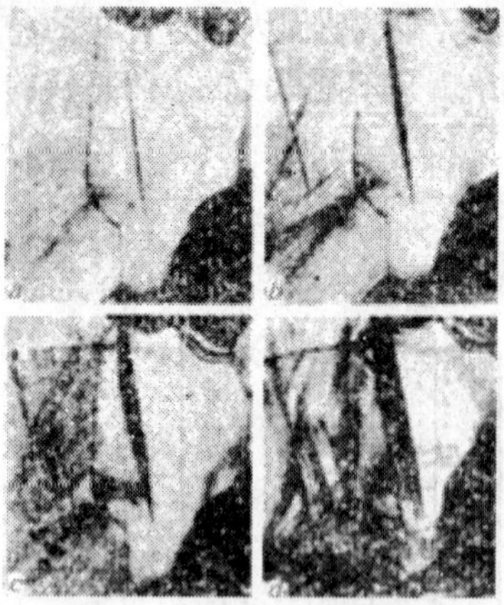

图 7-19 锌中的变形孪晶

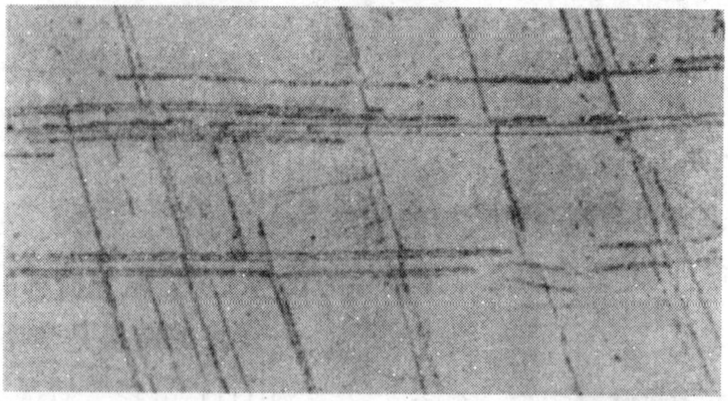

图 7-20 铁-硅合金的形变孪晶——牛曼带

在应力去除后，弹性孪晶的收缩和消失分三种情况：第一种为立刻消失；第二种需经一段时间逐渐消失，即有迟滞现象；第三种是只有部分收缩而不完全消失。这是因为未横过晶体的弹性孪晶其孪晶周围的应变能比较高，处于不稳定状态，当外加应力一去除，则因其本身的高能状态而产生一种驱动力使孪晶收缩甚至消失。然而一旦孪晶横过试样，应变能就明显下降，使孪晶收缩、消失的驱动力也就丧失。一般立方晶系的金属晶体，很容易因滑移而产生松弛，往往在孪生变形横穿试样之前就已经发生滑移，而使其周围应力松弛，因此只是部分收缩而不完全消失。

综上所述，有人把孪生变形过程分为以下几个阶段：

①完全符合胡克定律的弹性变形阶段；

②形成“弹性孪晶”阶段；

③“弹性孪晶”长大并向“塑性孪晶”转化阶段；

④“塑性孪晶”进一步长大阶段。

一般讨论的变形孪晶指的是塑性孪晶。

7.2.2 孪生变形的结晶学关系

1. 孪生与滑移的比较

图 7-21 是晶体受切应力 τ 作用发生孪生和滑移时结构变化的示意图。从图中，一方面可以看到孪生与滑移在变形前、后都保持原有的晶体构造，另一方面也可以看到一些重要的差别。这些差别体现在取向关系和切变情况。

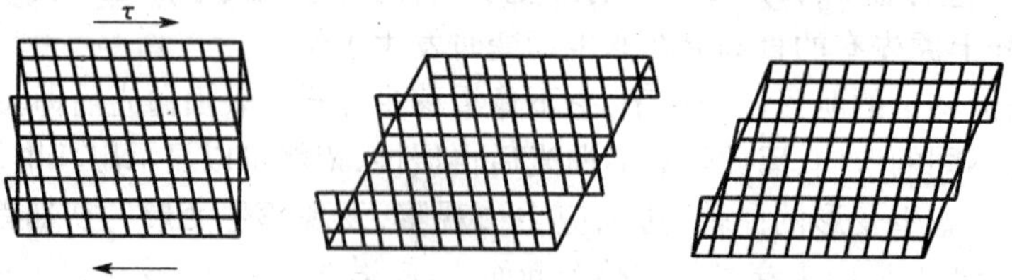

(a)　　(b)　　(c)

图 7-21 孪生与滑移时晶体结构的变化

(a)变形前 (b)滑移后 (c)孪生后

①取向关系。从晶体的位向上看,发生滑移的晶体部分仍保持滑移前的晶体的位向,而孪生的结果是孪生变形部分发生了晶体位向的变化。

②切变情况。滑移是一种不均匀的切变,即滑移只是集中在某一些晶面上大量进行的,而在相邻的两个滑移面之间的晶面上并不发生滑移;孪生则是一种均匀的切变,即每个晶面的位移量是与到基面(或称不变形面)的距离成正比的。以一个在平行于孪生变形方向的侧面上的圆为例(见图7-22),孪生变形的结果只是使它成为一个椭圆;而滑移变形的结果则是使该圆分成四段,表现出滑移变形的不均匀性。

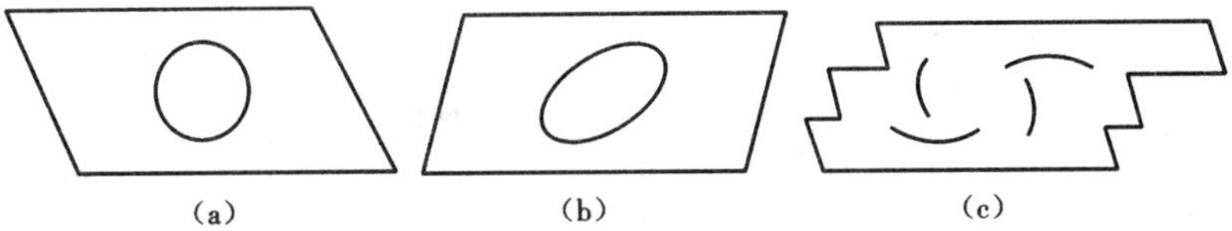

图7-22 孪生与滑移的比较

(a)未变形 (b)孪生 (c)滑移

顺便提一下,"孪晶"一词的含义是指经孪生变形后形成了一个在晶体结构上成镜像对称的两部分,即指孪生不是发生在整个晶体内部,而是只发生在晶体的某一部分上,这样就使发生孪生和未发生孪生的两个部分以它们的界面为晶面,形成了一个镜像对称(见图7-23)的状态。如果像图7-21(c)那样是整个晶体发生孪生,那就只能看到取向变化而看不到镜像对称。相对于基体发生孪生的晶体为孪晶。

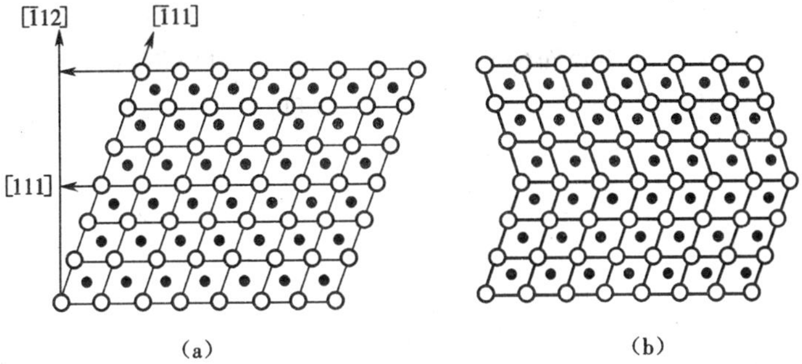

图7-23 孪生后的镜像对称

(a)孪生前的原子组态 (b)孪生后的原子组态

2. 孪生面与孪生方向

与滑移相类似,孪生也是沿着特定的晶面和晶向发生的,该特定晶面和晶向就是孪生面和孪生方向,合称为孪生系统。

表7-2是实验所测得的一些金属和合金的孪生面和孪生方向。与滑移系统并不一致,这是因为孪生的结果是将晶体中的不对称原子组态转化为以孪生面为镜面反映对称的组态,如果某晶面本来就是原来晶体中的对称面,它就不能成为孪生面,如密排六方晶体中的(0001)和体心立方晶体中的{110},它们本来就是对称面,因此它们就不能成为孪生面。

表 7-2 一些金属和合金的孪生系统

晶体结构	金属和合金	K_1	η_1	K_2	η_2	S
面心立方	Cu、Cu-Al、Cu-Zn、Al-Zn、Au-Ag	(111)	$[11\bar{2}]$	$(11\bar{1})$	[112]	0.707
体心立方	Cr、α-Fe、Mo、Na、W	(112)	$[11\bar{1}]$	$(11\bar{2})$	[111]	0.707
金刚石结构	Ge	(111)	$[11\bar{2}]$	$(11\bar{1})$	[112]	0.707
密排六方	Be	$(10\bar{1}2)$	$[\bar{1}011]$	$(10\bar{1}2)$	$[10\bar{1}\bar{1}]$	0.199
	Cd		$[\bar{1}011]$			0.171
	Mg		$[\bar{1}011]$			0.129
	Zn		$[10\bar{1}\bar{1}]$			0.139
	Ti		$[\bar{1}011]$			0.189
正方	β-Sn	(301)	$[\bar{1}03]$	$(\bar{1}01)$	[101]	0.119
	In	(101)	$[10\bar{1}]$	$(\bar{1}11)$	[101]	0.150

表中 K_1、K_2 代表孪生过程中两组不变形面，η_1、η_2 代表孪生过程中两组不变形方向，S 代表切变量。

7.2.3 孪生变形的一些特点

1. 孪生时原子的运动

对于立方晶系的金属来说，可以认为孪生是各层原子平行于孪生面和孪生方向运动的结果，运动的距离正比于该层原子到孪生面的距离。图 7-24 是面心立方晶体孪生前、后原子位置及其运动情况的示意图(以切变面(110)作为投影面)。可以看到，孪生后晶体两部分原子构成以孪生面为镜面的镜像对称关系。根据图 7-24 可以计算出孪生时的切变量 S 的大小，即

$$S=\frac{\frac{1}{3}[1\bar{1}2]}{d_{(\bar{1}11)}}=\frac{\frac{\sqrt{6}}{2}}{\frac{3a}{\sqrt{3}}}\approx 0.707 \tag{7-12}$$

由此可见，面心立方晶体孪生的切变量是很有限的。

也可以看到孪生后，在孪晶面附近最近邻的原子及次近邻原子的距离没有发生变化，只是三级近邻原子的距离稍有变化。图 7-24 中三级近邻原子的距离 $AB=\frac{\sqrt{6}}{2}a$，孪生后三级近邻距离 $AC=\frac{2}{3}\sqrt{3}a$，AB 与 AC 仅相差 5.8%，因此亦可以看到面心立方孪晶界面能较小。

图 7-25 是体心立方晶体孪生前、后原子位置及其运动情况的示意图。图面为$(1\bar{1}0)$的投影面，可以看到孪生前、后晶体两部分构成镜像对称。同样可以求出孪生切变量 S 的大小，即

$$S=\frac{\sqrt{3}\ a}{6\ \times a/\sqrt{6}}=\frac{\sqrt{2}}{2}\approx 0.707 \tag{7-13}$$

经过孪生后，孪晶面附近原子的最近邻距离由 AB 变成 AC，$AB=\frac{\sqrt{3}}{2}a$，$AC=\frac{1}{3}\sqrt{6}a$，AB 与 AC 相差 5.8%，次近邻原子距离也发生变化，因此体心立方的孪晶界面能比面心立方的高。

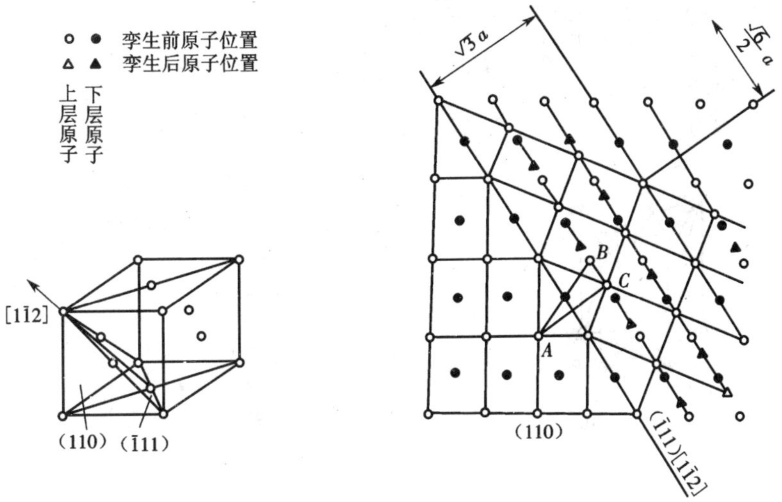

图 7-24　面心立方晶体的孪生变形

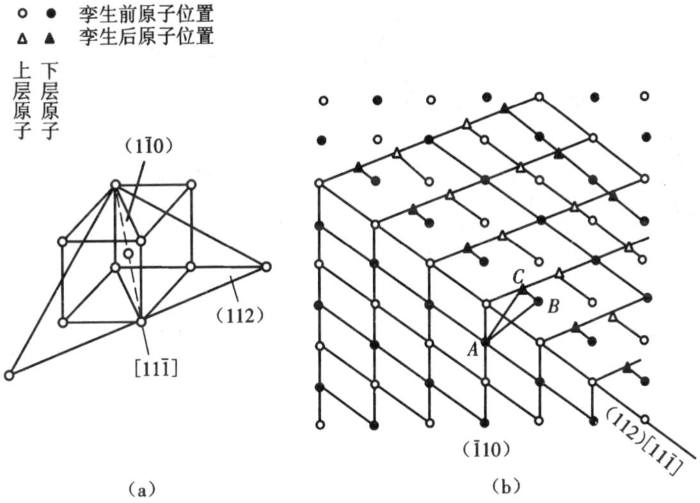

图 7-25　体心立方晶体的孪生变形

六方晶系的金属，在孪生时原子的运动比较复杂，不能看成是各层原子成比例的位移。出于要求镜像对称，各层原子运动的情况（方向）是各不相同的，但服从距孪晶面的距离越远原子移动距离越大的规律。图 7-26 表示六方晶体 Be 的孪晶，其孪生系统在图 7-26(a)中所示为 ($10\bar{1}2$)[$10\bar{1}\bar{1}$]，图(b)为($1\bar{2}10$)面的投影图，并表示了孪生前后晶体变化情况。在投影图上可以看到孪生时只有部分原子沿[$10\bar{1}\bar{1}$]方向移动，而其他原子移动的方向与[$10\bar{1}\bar{1}$]方向不一致。

六方金属孪晶界面附近原子变化比较大，因此孪晶界面能量较高。

2. 孪生时晶体长度的变化

为了清楚地说明孪生变形时长度变化的特点，一般取一个单位半径的球体来进行研究。如图 7-27 所示，该球体被分成上下两部分，上部分发生孪生变形，下部分不变，其分界面即为

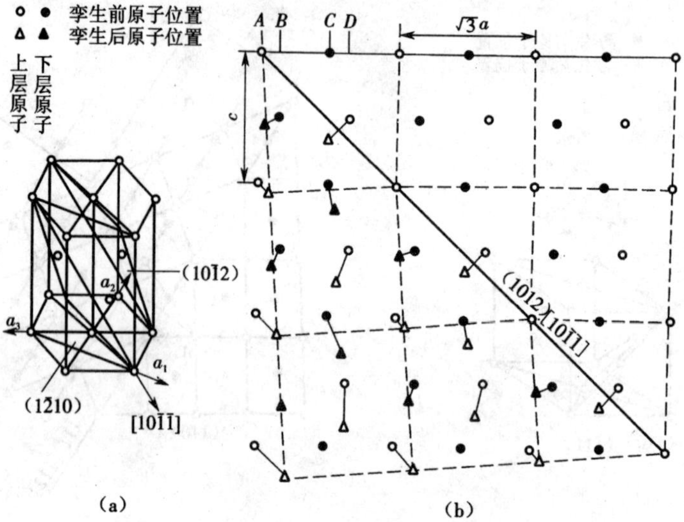

(a) (b)

图 7-26 六方晶体 Be 的孪晶

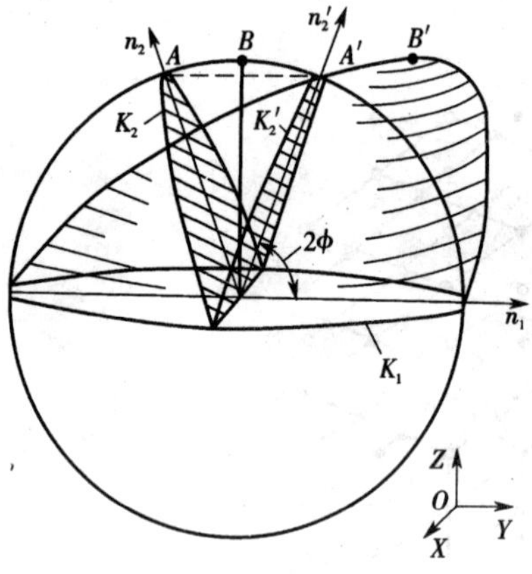

图 7-27 孪生时长度的变化

孪晶面(一般以 K_1 表示)。发生孪生变形的上半球上各点的位移量与到 K_1 面的距离成正比,比例常数为 S。若以 η_1 代表孪生方向,以纸面为切变面,则孪生变形后的上半球体就成了半椭圆体。在整个孪生变形中可以发现存在这两组不发生畸变的面和方向,一组就是 K_1、η_1,另一组是 K_2、η_2(K_2 面与切变面垂直,K_2 与切变面的交线就是 η_2),K'_2、η'_2 即为 K_2、η_2 孪生后的一组不变形面和不变形方向。

若 K_1,K_2 的交角为 2ϕ,则 2ϕ 与 S 有如下关系:

$$\tan 2\phi = \frac{1}{\frac{S}{2}} = \frac{2}{S} \tag{7-14}$$

$$S = 2\cot 2\phi \tag{7-15}$$

由于孪生也是切变过程,孪生前后晶体长度的变化可用与滑移类似的公式(7-10)进行计算:

$$\frac{l_1}{l_0} = 1 + \delta = \sqrt{1 + 2S\sin x_0 \cos \lambda_0 + S^2 \sin x_0} \tag{7-16}$$

式中:l_0、l_1 分别为孪生前后的长度,S 为切变量,δ 为延伸率,x_0、λ_0 分别为所讨论的方向与 K_1 面、η_1 方向的夹角。显然,最大的伸长和缩短发生在切变面上,因此有 $x_0 = \lambda_0$,代入上式,并取 $\frac{d(l/l_0)}{dx_0} = 0$,则

$$\tan x_0 = \frac{S \pm \sqrt{S^2 + 4}}{2} \tag{7-17}$$

式(7-16)也可以改写为

$$\frac{l_1}{l_0}=\sqrt{1+\frac{2S\tan x_0+S^2\tan^2 x_0}{1+\tan^2 x_0}} \tag{7-18}$$

将式(7-17)代入式(7-18),求出极限延伸率

$$\frac{l_1}{l_0}=\sqrt{1+\frac{S^2}{2}\pm S\sqrt{1+S^2/4}} \tag{7-19}$$

一般 S 都很小,在0.1~0.2之间,所以$\frac{l_1}{l_0}$就不会很大。以锌(Zn)为例,$S=0.139$,$\frac{l_1}{l_0}=1.07$,可见单依靠孪生变形是得不到很大伸长量的。

孪生对变形量的直接贡献虽然不大,但它对低对称性的金属来说,仍然是一个重要的形变方式,一方面它可以使新位向有利于滑移而促进滑移的进行,另一方面还可能产生二次再孪生。但即使如此,孪生对形变的贡献也不会很大。

从(图7-27)孪生变形图中可以看到一个重要的规律:凡轴线位于 K_1、K_2 面夹角的锐角区的位向,孪生变形后必然缩短;凡是位于 K_1、K_2 面夹角的钝角区的位向,孪生变形后必然伸长。对以孪生变形占有重要地位的六方晶系金属,这一规律可以作为判断孪生后晶体伸长或缩短的依据。假设某六方晶系金属,其 $c/a>1.732$,它的 K_1、K_2 面(即三对$\{10\bar{1}2\}$面)的极点和(0001)基面极点之角度差为50°(用极图表示在图7-28中)。这样每对{1012}就把图形分成两个区域,中心部分是锐角区(80°),外面是钝角区。根据前述的伸长、缩短的规律,可以得出各区域轴向长度的变化。以图7-28画有阴影的取向三角形为例,结果如表7-3所示。就是说,在孪生变形时,该金属在[0001]方向附近是缩短,而在垂直[0001]方向附近是伸长,这样,对这种金属来说,如果沿着[0001]方向拉伸或沿着垂直[0001]方向压缩是不可能发生孪生变形的,而沿着[0001]方向压缩或沿着垂直[0001]方向拉伸就可以产生孪生变形。对于 $c/a<1.633$ 的金属则有着完全相反的结果。

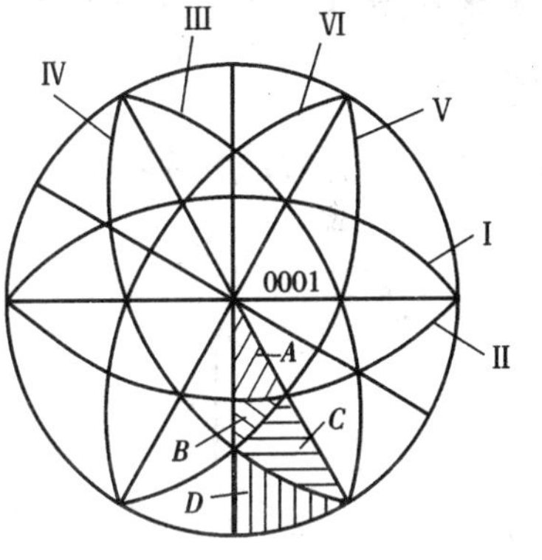

图7-28 六方晶系的[0001]极图

3. 产生孪生变形的条件

在晶体中产生孪生变形的条件可以归纳为两点:一是晶体结构条件,即晶体结构必须适合于孪生变形;二是滑移难于产生。

对于第一个条件,几乎所有实际晶体都能满足。一般来说,对称性差的晶体结构比较容易形成孪生变形,但对称性好的立方晶系晶体结构实际上也完全可以形成孪生变形。

对于第二个条件,首先对称性差、滑移系统少的晶体显然难于产生滑移,因而容易形成孪生变形。其次由于原晶体中或者没有可引起滑移的位错源,或者由于原晶体溶质原子、第二相质点对位错的阻碍作用特别大,即发生滑移位错运动所需要的派-纳力特别大,容易形成孪晶变形。

表 7-3 六方晶体($c/a>1.732$)孪生后轴向长度的变化

区域	K_1K_2		
	Ⅰ、Ⅱ	Ⅲ、Ⅳ	Ⅴ、Ⅵ
A	缩短	缩短	缩短
B	伸长	缩短	缩短
C	伸长	缩短	伸长
D	伸长	伸长	伸长

一般来说,在低温下往往容易观察到孪生变形,这并不是因为孪生变形本身容易产生在低温,而是因随温度的下降,滑移时位错的运动阻力会急剧增加,为孪生变形创造了条件。

晶体变形速度越大,越容易产生孪晶变形。对这一现象,一方面可以从孪生变形的传播特点来解释,因为孪生变形与滑移变形相比更加适合于高速变形;另一方面,从引起滑移所需要的热激活过程来解释,高速变形相当于低温的条件,因而容易形成孪生。

7.2.4 孪生形成机制

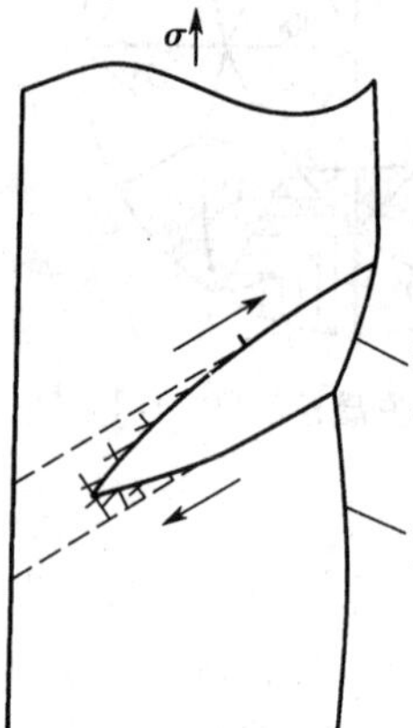

图 7-29 孪生界面上的孪生位错

孪生区和基体区的界面(当不和孪生面相平行时)可以用一系列分位错(孪生位错)来代表。例如,体心立方晶体的孪生位错就是柏氏向量为 1/6 <111> 的分位错。孪生位错墙在切应力作用下移动,将未孪生的区域转化为孪生区,促使孪生带生长(图 7-29)。

根据产生孪生变形的临界切应力的实测值比理论值低得多这一实验现象,曾提出两种不同的孪生成核理论,一种为非均匀成核理论,即在晶体中应力集中的地方(如位错塞积的末端),通过均匀切变形成一小块透镜式的孪生核。另一种理论是孪生位错增殖的极轴机制,完全类似于位错增殖的极轴机制,只是把滑移位错改变为孪生位错,每当它在蜷面上扫过一圈就产生一个单原子层的孪晶,并上升一个原子层。这样不断重复进行,形成大块孪晶,具体模型可参看体心立方晶体孪晶的位错机制和位错极轴机制图。

7.3 多晶体的塑性变形

实际所使用的金属材料绝大多数是多晶体,因此在研究单晶体的基础上必须进而对多晶体的塑性变形特点进行研究。

多晶体与单晶体的一个重要差别就是存在有大量的晶界。显然,这些晶界对塑性变形有着重要影响。从对滑移线的实验观察中知道,滑移线是很少直接穿过晶界的,一个晶粒内的滑移线在达到第二个晶粒时,在晶界上立刻消失。从晶体学的关系上这是可以理解的,因为两个晶粒之间存在着不同的取向,而滑移只能在一定的滑移系统上进行,所以滑移不能在另一个晶粒内连续地发展下去。

7.3.1 多晶体与单晶体的比较

图7-30是实验所测得的铝(Al)(面心立方)、镁(Mg)(密排六方)多晶体与单晶体的应力—应变曲线。由图可以看到,Al的多晶体应力—应变曲线处在不同位向的单晶体应力—应变曲线中间;而Mg的多晶体应力—应变曲线则比所有单晶体的应力—应变曲线都要高。曾经有人企图从单晶体的临界分切应力计算同材料的多晶体的拉伸屈服强度,在单晶体中,根据式(7-3),$\tau = \Omega\sigma_s$,也可写成

$$\sigma_s = m\tau \tag{7-20}$$

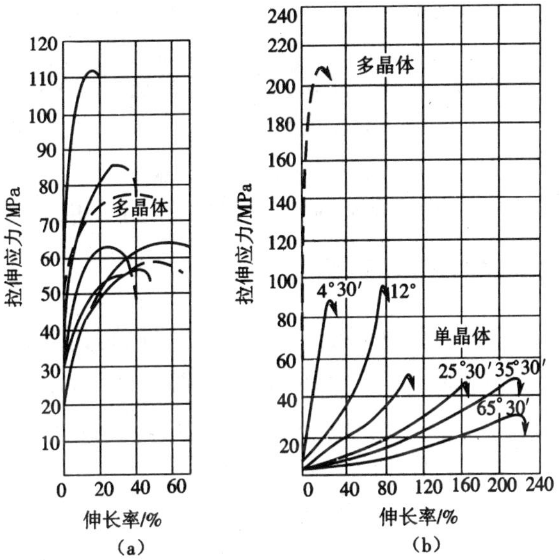

图7-30 多晶体与单晶体应力—应变曲线

(a)铝 (b)镁

式中:m 为最有利滑移系统的取向因子 Ω 的倒数。如果认为多晶体也有类似的关系,则

$$\sigma_s = \overline{m}\tau \tag{7-21}$$

式中:$\overline{m}$为多晶体中不同晶粒的 m 算术平均值。

假设一个多晶体中取向在 m 和 $m + \mathrm{d}m$ 范围内的晶粒数是 $N(m)\mathrm{d}m$,则散布于所有晶粒上的 m 的平均值

$$\overline{m} = \frac{\int mN(m)\,\mathrm{d}m}{\int N(m)\,\mathrm{d}m} \tag{7-22}$$

对于面心立方无规则取向的多晶体$\overline{m} = 2.238$,因而多晶体的拉伸屈服强度 $\sigma_s = \overline{m}\tau$。若再假定在拉伸时所有的晶粒都伸长得一样多,那么可以由单晶体的应力—应变曲线推知多晶体的应力—应变曲线。假定单晶体的切应力 τ 与切应变 γ 的函数关系是 $\tau = f(\gamma)$,则 $\sigma_s = \overline{m}\tau = \overline{m}f(\gamma)$。单晶体的拉伸应变与切应变之间有着相似的关系,即$\frac{\mathrm{d}\gamma}{\mathrm{d}\varepsilon} = m$,并假设 $N(m)$ 在形变过

程中不变，则对多晶体有 $\gamma=\bar{m}\varepsilon$，代入上式得到

$$\sigma_s=\bar{m}f(\bar{m}\varepsilon) \tag{7-23}$$

可是实验结果与理论计算并不一致，理论推导引用单晶体曲线所得出的 $\tau=f(\gamma)$ 的关系式，泰勒以 $\bar{m}=2.22$ 代入式(7-23)，所得的结果与实验所得的多晶体应力—应变曲线比较，并不符合，而若取 $\bar{m}=3.1$，才能符合得很好。这说明多晶体变形不是简单的每个单晶体变形的叠加。对此问题可解释为：因多晶体邻近晶粒的相互牵制作用，且多晶体材料在变形过程中是保持它的连续性的，但由于多晶体邻近晶粒的相互牵制作用，使各晶粒不可能只在取向最有利的一个滑移系统上进行，即有时需要在取向不是最有利的其他滑移系统上进行，这样就具有了较大的 m 值，其有效的 $\bar{m}$ 就大于理论计算的 $\bar{m}$ 值。

7.3.2 多晶体变形的不均匀性

多晶体在变形时，各个晶粒以及同一晶粒内部变形都是不均匀的。有人曾用多晶体的铝进行拉伸试验，试验前各个晶粒与同一晶粒内部的硬度基本相等，但试验后，各个晶粒与晶粒内的硬度变化是不均匀的，局部的变形也是不均匀的，而且明显地看到晶界起着使变形协调的过渡作用。每个晶粒的变形都受到相邻不同位向晶粒的牵制作用，使变形复杂化。

7.3.3 晶体结构对多晶体塑性的影响

多晶体材料在均匀变形时，假定各晶粒的变形大致一样，则其应变可以用三个正应变和三个切应变表示，而一般认为塑性变形时没有体积变化，则正应变的矢量和为 0，这样就剩下五个独立的应变成分。因此一般认为如果有五个以上的独立的滑移系统同时动作，就可以保证每个晶体发生任意形状的变形，从而保证了多晶体各晶粒变形的协调性。这样，多晶体是否具有塑性，首先要看它是否具备五个以上的滑移系统。

立方晶系的金属一般都具备这个条件，因此多晶体状态的立方晶系金属一般也都表现出良好的塑性，反映在应力—应变曲线上(图 7-30(a))为多晶体的曲线介于不同取向的单晶体曲线之间。而对于不具备这一条件的六方金属(仅有三个滑移系统)就不容易使多晶体的各晶粒的变形彼此协调，因而塑性较差，在应力—应变曲线上也反映为多晶体的曲线比各种取向的单晶体曲线都高(图 7-30(b))。如果条件改变，如提高温度，促进某些金属出现了新的滑移系统，其结果完全可以预料到六方金属多晶体的塑性将会提高。

具备五个以上的滑移系统还不是充分条件，多晶体的塑性还与所具备的五个滑移系统能否同时开动有关，或者说，位错的交滑移是否容易，不同的滑移带是否能够彼此穿过。如含 $w(\mathrm{V})=2\%$ 的 Fe-Co 合金，虽属体心立方点阵，具备了五个以上独立的滑移系统，但在其有序化后，由于交滑移变得困难了，塑性就明显变坏。

7.3.4 内应力及其影响

一个试样如果在试验以前经受了压缩或拉伸变形，那么这个预变形将会对其后来的应力—应变曲线产生一定的影响。例如，预先压缩会提高压缩屈服极限或降低拉伸屈服极限，预先拉伸则有相反的结果，这种现象称为包兴格(Baushinger)效应。

包兴格效应的原因是由于多晶体在变形时周晶界的作用而产生的内应力所引起的。这可以由图 7-31 来加以说明，在预拉伸时，不同晶粒与拉伸轴有着不同的取向关系，假定晶粒 1、2

处于软位向，则已发生塑性变形，而晶粒3处于硬位向，尚处在弹性变形阶段，在卸载后，晶粒3就要力图恢复原始长度，而晶粒1、2却要保持相当的塑性变形，从而就会阻止晶粒3的恢复，其结果是使晶粒3处于受拉状态，而晶粒1、2处于受压状态，这样整个试样内存在着许多压应力区和拉应力区，这些内应力彼此平衡。当进行第二次拉伸（或压缩）时，预先受压应力作用的区域势必需要更高的拉应力才能使之开始塑性流动，而对于压应力的抗力将降低，因此引起包兴格效应。

7.3.5 晶界的作用

如上所述，可以知道晶界在多晶体中所起的重要作用，下面对晶界的作用作一些讨论。

卡耳末斯（Chalmers）对锡（Sn）双晶进行了试验，他对由两个晶粒组成的锡试样进行拉伸试验，发现产生一定应变的应力只是与双晶晶粒的位向差 θ 角有关，应力值与 θ 角成直线关系（图7-32）。从图中可看出，双晶体的强度只是与晶粒间的位向差有关，而与晶界无关，但这一论断是不全面的，这是因为锡双晶试样有一个共同的晶向，这种情况不能完全代表一般的晶界。另一方面，如果按这一论断，晶粒大小将对金属塑性变形没有影响，但实际上晶粒大小的因素是显著的，因此说明晶粒位向的差异并不是影响塑性变形的唯一因素。

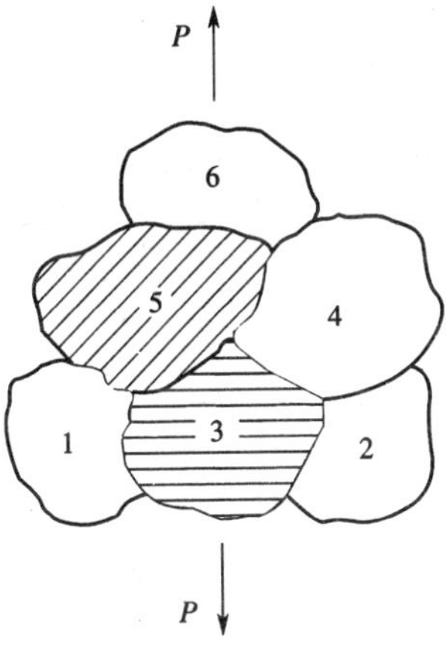

图7-31 包兴格效应示意图

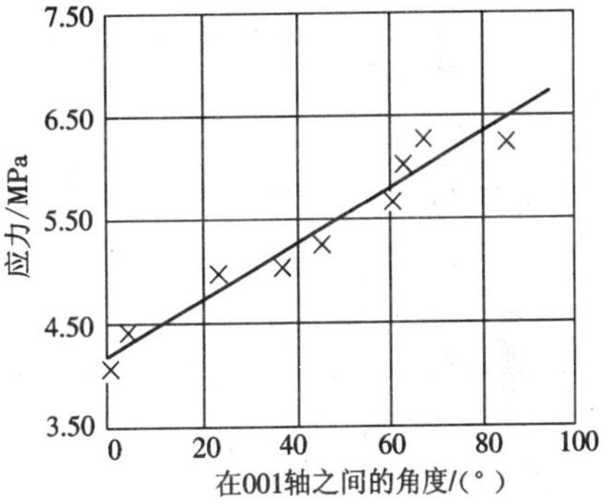

图7-32 晶粒间的位相差 θ 与锡双晶体强度的关系

晶粒边界如第2章所述实际上是一过渡层，在晶界处原子的位置代表两旁晶粒所要求的过渡位置。对于塑性变形，晶界也起着过渡的作用，这可以从原子间的作用力主要是近程力这一理论来说明。

从塑性变形角度看，晶界在高温时是一个弱点，晶粒可以沿着晶界滑动与开裂，这些都引起多晶体形变的复杂化。又由于晶界往往是微量杂质及第二相集中的地方，由此将引起附加作用，使多晶体塑性形变更加复杂化，因此至今尚没有解决多晶体形变问题的完善理论。

7.4 形变织构

多晶体材料在变形过程中，其各个晶粒在变形的同时还发生晶向的转动，在经历了较大的单向变形后，往往可以看到原杂乱取向的各个晶粒的取向会集中于某个共同的方向，这种晶粒择优取向排列的现象称为织构。

7.4.1 形变织构的意义及其表示方法

虽然单晶体是各向异性的，但杂乱取向的多晶体材料是各向同性的，而织构却使多晶体的各向同性遭到破坏，表现出各向异性。

具有织构的金属板，如果用于冷冲圆杯，则冷冲过程中会出现“制耳”，为了消除这种不均匀变形，就需要增加工序，且多消耗材料，甚至会产生废品。因此在这种情况下就要求避免织构。与此相反，织构却可以提高冷轧硅钢片的导磁性，在生产上就需要加以利用。因此，从理论上解决如何获得和防止织构乃是生产的需要。

织构可以分为丝织构和板织构两类。

丝织构——各晶粒只有某一晶向趋于排列一致。

板织构——各晶粒有某一晶面趋于相互平行，而且在此晶面上的某一晶向也趋于一致。

金属的不同织构的形成与加工方法有关，如拔丝、挤压等一般容易形成丝织构，而轧制得到的一般是板织构。形成织构时的取向关系与金属晶体结构有关。表 7-4 列出了不同金属形成织构时的取向情况，其中方向指数表示平行拔丝或轧向的晶轴，面指数表示该种晶面平行于轧制面。

表 7-4 各种金属的织构

晶体结构	板织构	丝织构
面心立方 Cu、Al、Ni	$(110)[1\bar{1}2]$ 或$(112)[\bar{1}\bar{1}\bar{1}]$、$(110)[112]$混合织构	$[111]+[100]$拉 $[110]+[100]$压
体心立方 α-Fe	$(100)[011]$	$[110]$拉 $[110]+[111]$压
密排六方 Mg、Zn	$(0001)[11\bar{2}0]$ $[0001]$与轧向差 70°	$[10\bar{1}0]$ $[0001]$与轴向差 70°

虽然具有织构的多晶体材料中的各晶粒有着排列一致的取向，但仍与单晶体不同，各个晶粒与表 7-4 所列的理想取向总存在着一定的偏离，因而对织构一般应用极图来形象地表示。图 7-33 是面心立方金属 α-黄铜的轧制织构的(111)极图，其理想织构为$\{110\}<112>$。从极图可以清楚地看到其晶粒取向的分布情况。

7.4.2 织构形成理论

在讨论多晶体的变形时，曾讲到必须使每个晶粒至少有五个最有利的滑移系统动作，多晶体才具有塑性。但实验结果表明，实质上起主导作用的仍然只是晶粒内少数滑移系统的动作，因此织构的形成理论主要还是在于考虑不同取向晶体在变形过程中的转动。下面以一些面心立方的多晶体在轧制过程中晶粒取向的变化来说明轧制织构的形成。

轧制过程相当于沿着轧制方向有拉伸应力，而沿轧制面法线方向有压缩应力，拉伸轴与压缩轴正交。在轧制过程中，拉伸应力与压缩应力是同时起作用的，作用的结果将使拉伸轴转向滑移方向，而压缩轴转向滑移面法线方向，在转动时拉伸轴与压缩轴始终保持相互正交的关系。

设变形开始时，相对于某一晶粒拉伸轴 t 在取向三角形[100]—[111]—[110]中，而压缩轴 c 处在与 t 相正交的另一位置(见图7-34)。可以推断，首先开动的是(111)$[10\bar{1}]$滑移系统的单滑移，在变形过程中拉伸轴 t 朝滑移方向$[10\bar{1}]$转动，而压缩轴 c 则应朝滑移面(111)的法线方向转动，当拉伸轴 t 越过[100]—$[11\bar{1}]$界线后，第二个滑移系统$(1\bar{1}\bar{1})$[110]就将开始动作，产生使拉伸轴 t 转向[110]和使压缩轴 c 转向$(1\bar{1}\bar{1})$的趋向，随后进入双滑移阶段，其综合的结果使拉伸轴 t 达到$[21\bar{1}]$，压缩轴 c 达到(011)。其他晶粒转动情况与此类似，虽然动作的滑移系统与上述晶粒不可能相同，但总离不开{111} <110>滑移系统，其最终的终点取向也都是{110} <112>。

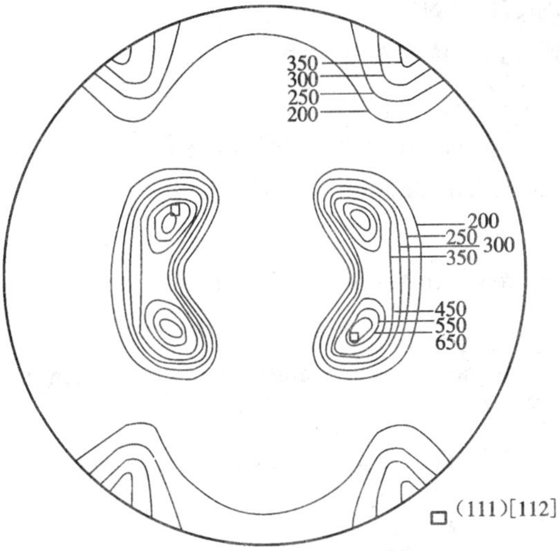

图7-33 面心立方α-黄铜板织构的(111)极图

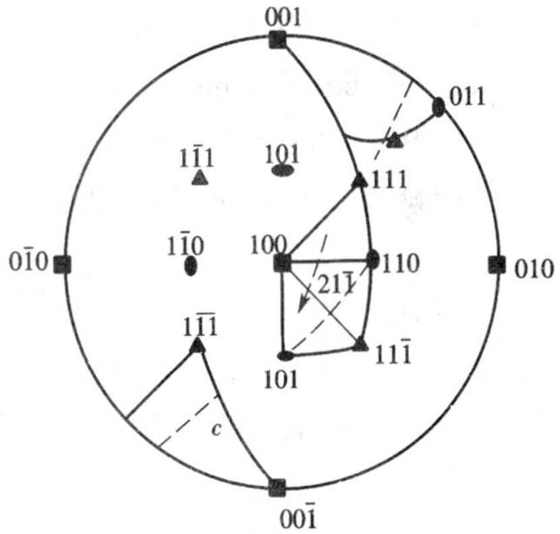

图7-34 轧制时晶体取向的变化

实验还表明，面心立方金属的轧制织构除上述的{010} <112>(通常称为黄铜类型)外，还有一种称为纯铜型的轧制织构，它的指数是无理数，可以表达为$\{1\bar{1}0\}$ <112>和{112} $<11\bar{1}>$的混合织构。因而看来单一地用晶体的转动来解释是不够的，还需要找到其他因素。有人通过实验发现，织构的形成类型与材料的层错能有关，而且找到凡层错能低(小于 3.5×10^{-6} J/cm^2)的材料才形成$\{1\bar{1}0\}$ <112>织构，一般面心立方的合金多半满足这一条件，而纯金属大部分不满足这一条件，也就形成上述称为纯铜型的织构。同时实验又表明，同一材料在不同的温度下轧制可以出现不同类型的织构，如银在室温轧制出现黄铜型的织构，而在185 ℃以上轧制就出现纯铜型的织构了。反过来，若把纯铜在 -196 ℃低温下轧制，也会出现为黄铜型的织构。而金属的层错能与温度关系不大，看来影响织构类型的因素可能是与层错能有关的热激活过程。如交滑移过程，因为低层错能的金属，其扩展位错很宽，交滑移就困难(实验也发现产生黄铜型织构的材料很少发生交滑移)。提高层错能或提高轧制温度，都使交滑移得以大量进行，使织构转变为纯铜型。

六方晶系的锌(Zn)，因轴比 c/a 较大，在形变过程中晶体除滑移外，还有孪生产生，因此锌形成的织构与镁(Mg)的不同(见表7-4)。

上述“理论”实质上只是一些实验结果和一些推测，实质性的织构形成理论应该能说明多晶体在变形过程中各个晶粒的取向变化过程，并正确预测其最终理想的取向关系，现有“理论”距此还有不小的差距。

参考文献

[1] 田莳. 材料物理性能[M]. 北京:北京航空航天大学出版社,2001.
[2] 吴其胜,蔡安兰. 材料物理性能[M]. 上海:华东理工大学出版社,2006.
[3] 王润. 金属材料物理性能[M]. 北京:冶金工业出版社,1993.
[4] 汪复兴. 金属物理[M]. 北京:机械工业出版社,1980.
[5] 程守洙,江之永. 普通物理学[M]. 第2册. 北京:高等教育出版社,1998.
[6] 刘涛. 电阻器[M]. 北京:电子工业出版社,1990.
[7] CHEN L Q, YANG W. Computer simulation of domain dynamics of a quenched system with a large number of nonconserved order parameters, The grain-growth kinetics [J]. Phys. Rev. B, 1994(50):15752 - 15756.
[8] SROLOVITZ D J, ANDERSON M P. Grain growth in two dimensions [J]. Scripta. Mater. 1983(17):241 - 246.
[9] FAN D, CHEN L Q. Computer simulation of grain growth using a continuum field model [J]. Acta Mater., 1997,45(2):611 - 622.
[10] RAABE D. 计算材料学 [M]. 项金钟,吴兴惠,译. 北京:化学工业出版社,2002:235 - 247.
[11] GWHN M E, LUSH M T. Sharp-interface and phase-field theories of recrystallization in the plane [J]. Physica. D,1999,130(1):133 - 154.
[12] KAZARYAN A, WANG Y, PATTON B R. Generalized phase field approach for computer simulation of sintering: incorporation of rigid-body motion [J]. Scripta. Mater., 1999,41(5):487 - 492.
[13] GRAFE U, BTTGER B, TIADEN J, et al. Multicomponent multiphase solidification of Ni-base superalloys: phase field simulations coupled to thermodynamic databases [C]. Aachen:Modeling of Casting, Welding and Advanced Solidification Processes Ⅸ,2000.
[14] SÉMOLOZ A. RAPPAZ M. Texture prediction of hot-dipped galvanized coatings using the phase-field method [C]. Aachen:Modeling of Casting, Welding and Advanced Solidification Processes Ⅸ,2000.
[15] 陈云,康秀红,肖纳敏,等. 多晶材料晶粒生长粗化过程的相场方法模拟 [J]. 物理学报, 2009, 58 (S):S124 - S131.
[16] 徐祖耀. 材料热力学[M]. 北京:高等教育出版社,2009.
[17] 肖纪美. 合金能量学[M]. 上海:上海科学技术出版社,1985.
[18] 魏寿昆. 冶金过程热力学[M]. 上海:上海科学技术出版社,1981.
[19] 石霖. 合金热力学[M]. 北京:机械工业出版社,1992.
[20] 郝士明. 材料热力学[M]. 北京:化学工业出版社,2004.
[21] 孙振岩,刘春明. 合金中的扩散与相变[M]. 沈阳:东北大学出版社, 2002 .

[22] 郑修麟. 材料的力学性能[M]. 西安:西北工业大学出版社, 2000.
[23] 俞德刚. 钢的强韧化理论与设计[M]. 上海:上海交通大学出版社, 1990 .
[24] 郑冀,马卫兵, 许鑫华,等. 材料物理性能[M]. 天津:天津大学出版社,2008.
[25] 关洪. 量子力学基础 [M]. 北京:高等教育出版社,1999.
[26] 黄昆,韩汝琪. 固体物理学[M]. 北京:高等教育出版社,1998.
[27] 耿桂宏. 材料物理与性能学[M]. 北京:北京大学出版社, 2010.
[28] 吴月华,杨杰. 材料的结构与性能[M]. 合肥: 中国科学技术大学出版社, 2001.
[29] 石德珂, 朱维斗. 材料物理[M]. 北京: 机械工业出版社, 2006.
[30] 余宗森,田中卓. 金属物理[M]. 北京:冶金工业出版社,1982.
[31] 汪复兴. 金属物理[M]. 北京:冶金工业出版社,1981.
[32] 陈继勤,陈敏雄、赵敬世. 晶体缺陷[M]. 杭州:浙江大学出版社,1992.
[33] 周如松. 金属物理[M]. 北京:高等教育出版社,1992.
[34] 冯端. 金属物理学[M]. 北京:科学出版社,1987.
[35] 王润. 金属材料物理性能[M]. 北京:冶金工业出版社, 1985.
[36] 范继美,万光珉. 位错理论及其在金属切削中的应用[M]. 上海:上海交通大学出版社,1991.
[37] 刘宗昌,任慧平. 过冷奥氏体扩散型相变[M]. 北京:科学出版社,2007.
[38] 俞德刚. 铁基马氏体时效—回火转变理论及其强韧性[M]. 上海:上海交通大学出版社,2008.
[39] 杨德庄. 位错与金属强化机制[M]. 哈尔滨:哈尔滨工业大学出版社,1991.
[40] 宫秀敏. 相变理论基础及应用[M]. 武汉: 武汉理工大学出版社, 2004.
[41] 戚正风. 金属中的扩散与相变[M]. 北京: 机械工业出版社, 1998.
[42] 熊兆贤. 材料物理导论[M]. 北京: 科学出版社, 2007.
[43] 王矜奉. 固体物理教程[M]. 济南: 山东大学出版社, 2005.
[44] 李志林. 材料物理[M]. 北京: 化学工业出版社, 2009.
[45] 程晓农, 戴起勋, 邵红红. 材料固态相变与扩散[M]. 北京:化学工业出版社, 2006.
[46] 肖纪美. 合金相与相变[M]. 北京: 冶金工业出版社, 2004.